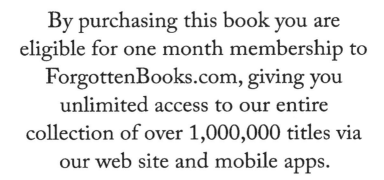

ISBN 978-0-267-08290-2
PIBN 11294306

Uebersetzungsrecht vorbehalten.

Inhalt des zweiten Bandes. Zweiter Teil.

Das Indische Phytoplankton.

Nach dem Material der Deutschen Tiefsee-Expedition 1898–1899.

Bearbeitet von

G. Karsten.

Dritte Lieferung der Gesamtbearbeitung.

———————

Mit Tafel XXXV—LIV.
[Tafel I—XX.]

———✳———

Eingegangen den 29. August 1907.

C. Chun.

I. Das Material der Stationen 162—274.

Aufzählung der jeweils beobachteten Formen nach SCHIMPERs Tagebuch (*) und meinen Untersuchungen.

1. Jan.   Station 162, 43° 44'4 S. Br., 75° 33'7 O. L.
30—0 m.   APSTEIN-SCHIMPER.

Phytoplankton reichlich.

Lebend:

Actinocyclus Valdiviae G. K.
Chaetoceras atlanticum CL.
„   „   f. *audax* GRAN.
„   *peruvianum* BRIGHTW.
„   *tetrastichon* CL.
Coscinodiscus tumidus JAN.
„   *excentricus* EHRBG.
„   *bisulcatus* n. sp.
Corethron Valdiviae G. K.
„   *hispidum* CASTR.
Dactyliosolen laevis G. K.
Fragilaria antarctica CASTR.
Nitzschia seriata CL.
„   *dubia* W. SM.
„   *constricta* GRUN.
„   *Closterium* W. SM.
Rhizosolenia alata BRIGHTW.
„   *amputata* OSTF.
„   *inermis* CASTR.
„   *styliformis* BRIGHTW.
„   *simplex* G. K.
„   *hebetata* (BAIL.) f. *semispina* (HENSEN) GRAN.
Thalassiothrix longhissima CL. u. GRUN.
„   *antarctica* var. *echinata* n. var.
„   *heteromorpha* n. sp.
Ceratium fusus DUJ.
„   *furca* DUJ.
„   *pentagonum* GOURR.
„   *tripos lunula* SCHIMPER.
Peridinium (*divergens* EHRBG.) spec.?
Halosphaera viridis SCHMITZ.
Chlorophyceenfragment, *Ulothrix* ähnlich.
Dictyocha spec.

Tot:

Nitzschia dubia W. SM.
Rhizosolenia curvata O. ZACHARIAS.
Peragallia [tropica?] -Fragment.
Cocconeis-Schale spec.

*Plankton an der Oberfläche recht spärlich, 30 m Tiefe viel reichlicher.

Vorherrschend:

Rhizosolenia hebetata f. *semispina* GRAN.

Daneben:

Chaetoceras atlanticum.
„   spec. cf. *undulatum* CASTR. (?).
Coscinodiscus.

3

Corethron Valdiviae G. K.
Fragilaria antarctica CASTR.
Thalassiothrix heteromorpha n. sp.
Ceratium tripos tergestinum SCHÜTT.
    „   *fusus* DUJ.
    „   *candelabrum* (EHRBG.) STEIN.
Peridinium (divergens) spec.
Halosphaera.

Die Diatomeen in vollkommener Peristrophe.

2. Jan. Station 163, 41° 5′,8 S. Br., 76° 23′,5 O. L.
20—0 m. APSTEIN.

Lebend:	Tot:
Chaetoceras peruvianum BRTW.	*Fragilaria antarctica* CASTR.
Corethron Valdiviae G. K.	*Coscinodiscus difficilis* n. sp.
Coscinodiscus bisulcatus n. sp.	
Nitzschia seriata CL.	
Peragallia.	
Rhizosolenia alata BRTW.	
„ *hebetata* (BAIL.) f. *semispina* (HENSEN) GRAN.	
„ *styliformis* BRTW.	
Thalassiothrix antarctica var. *echinata* n. var.	
„ *heteromorpha* n. sp.	
Ceratium tripos lunula SCHIMPER.	
„ „ *longipes* var. *cristata* n. var.	
„ „ *macroceras* EHRBG.	
„ „ *heterocampum* (JOERG.) OSTF. u. SCHM.	
„ „ *azoricum* CL.	
„ *fusus* DUJ.	
Peridinium (divergens) oceanicum VANHÖFFEN.	
Trichodesmium tenue WILLE.	

Oberfläche. SCHIMPER.

Lebend:	Tot:
Coscinodiscus Kützingii SCHM.	
„ *bisulcatus* n. sp.	
Nitzschia Closterium W. SM.	
Peragallia spec.	
Planktoniella Sol SCHÜTT.	
Ceratium tripos lunula SCHIMPER.	
„ „ *longipes* var. *cristata* n. var.	
„ „ *macroceras* EHRBG.	
„ *fusus* DUJ.	

* Ziemlich reiches Plankton.

Vorherrschend:

Thalassiothrix antarctica CL. u. GRUN.
Rhizosolenia hebetata (BAIL.) f. *semispina* (HENSEN) GRAN.

Daneben:

Chaetoceras peruvianum BRTW. [einzeln oder in sehr kurzen Ketten mit Endstücken].
Corethron Valdiviae G. K.
Coscinodiscus sp.
Fragilaria [leere Kette].
Nitzschia seriata CL.
Rhizosolenia inermis CASTR. [1 Exemplar].
    „ *alata* BRTW.
Thalassiothrix heteromorpha n. sp.

Thalassiosira subtilis OSTF.
Ceratium fusus DUJ.
    „   *tripos tergestinum* SCHÜTT.
    „   „   *lunula* SCHIMPER.
    „   „   *macroceras* EHRBG.
Peridinium (divergens) oceanicum VANHÖFFEN
Dinophysis homunculus STEIN [vereinzelt].
Halosphaera.
Trichodesmium spec.

3. Jan. Station 164, 38° 41',2 S. Br., 77° 36',2 O. L.

Kratersee St. Paul. Oberfläche. SCHIMPER.

Reiches Phytoplankton, fast ausschließlich *Rhizosolenia.*

Lebend:	Tot:
Coscinosira Oestrupii OSTF.	*Rhizosolenia hebetata* (BAIL.) f. *hiemalis* GRAN, in Bruch-
Chaetoceras peruvianum BRTW.	stücken.
Nitzschia seriata CL.	„ *alata* BRTW.
Rhizosolenia hebetata (BAIL.) f. *semispina* (HENSEN) GRAN.	
Synedra spec., überaus winzige Form.	
Thalassiosira subtilis OSTF.	
Keine Peridineen.	

   * Aeußerst reichlich beinahe nur *Rhizosolenia.*

     Vorherrschend:

Rhizosolenia alata BRTW.

     Daneben:

Chaetoceras sp. [ganz vereinzelt], sehr lange Zellen. *Ch. peruvianum?* cf. *Ch. sumatranum* n. sp.
Corethron [vereinzelt].
Nitzschia seriata CL.
Rhizosolenia hebetata semispina GRAN.
Thalassiosira subtilis OSTF.
Thalassiothrix heteromorpha n. sp.
Ceratium tripos tergestinum SCHÜTT.
Peridinium (divergens) antarcticum SCHIMPER.
    „   „   *acutum* n. sp.
Halosphaera [spärlich].

Rhizosolenien meist mit kontrahiertem Inhalt und deutlicher „Peristrophe"? (muß wohl heißen Systrophe).

30 m. APSTEIN.

Fast ausschließlich *Rhizosolenia*-Plankton.

Lebend:	Tot:
Vorherrschend:	*Rhabdonema adriaticum* KTZG.
Rhizosolenia alata BRTW.	*Cocconeis*-Schalen.
„ *hebetata* (BAIL.) f. *semispina* (HENSEN) GRAN.	*Perragallia* spec. (Fragmente).
Daneben:	
Chaetoceras peruvianum BRTW., auffallend lange Zellen	
darunter (cf. *sumatranum* n. sp.).	
Chaetoceras criophilum CASTR.	
Corethron Valdiviae G. K.	
Coscinosira Oestrupii OSTF.	
Dactyliosolen tenuis (CL.) GRAN.	
Grammatophora marina (LYNGB.) KTZG.	
Nitzschia seriata CL.	
„ *Gazellae* G. K.	

5

Lebend: Tot:

Planktoniella Sol SCHÜTT.
Rhizosolenia styliformis BRTW.
    „   *inermis* CASTR.
    „   *amputata* OSTF.
Thalassiothrix heteromorpha n. sp.
    „   *antarctica* var. *echinata* n. var.
Ceratium fusus DUJ. [einzige gefundene Peridinee].

27 m. APSTEIN.

Lebend: Tot:

Asteromphalus heptactis RALFS.   *Peragallia* spec., Bruchstück.
Bacteriastrum elongatum CL.
Corethron Valdiviae G. K.
Chaetoceras criophilum (CASTR.) f. *volans* SCHÜTT.
    „   *peruvianum* BRTW.
    „   *atlanticum* CL.
Dactyliosolen tenuis (CL.) GRAN (mit Parasiten?)
Grammatophora kerguelensis G. K.
Nitzschia seriata CL.
    „   *Closterium* W. SM.
Planktoniella Sol SCHÜTT.
Rhizosolenia inermis CASTR.
    „   *hebetata* (BAIL.) f. *hiemalis* GRAN.
    „   *alata* BRTW.
    „   *truncata* G. K.
    „   *styliformis* BRTW.
Synedra cristallina KTZG.
Triceratium arcticum BRIGHTW.
Thalassiothrix antarctica var. *echinata* n. var.
    „   *heteromorpha* n. sp.
Thalassiosira subtilis OSTF.
Ceratium tripos heterocamptum (JOERG.) OSTF. u. SCHM.
    „   „   *balticum* SCHÜTT.
    „   *fusus* DUJ.
    „   *furca* DUJ. var. *baltica* MÖB.

Oberfläche. APSTEIN.

Rhizosolenia-Plankton.

Lebend: Tot:

Vorherrschend: *Corethron Valdiviae* G. K.
Rhizosolenia hebetata (BAIL.) f. *hiemalis* GRAN [1]).   *Rhabdonema adriaticum* KTZG.
    „   „   „   *semispina* (HENSEN) GRAN.
    „   *alata* BRTW. [1]).
Daneben:
Coscinosira Oestrupii OSTF.
Chaetoceras neglectum G. K.
    „   *criophilum* CASTR.
    „   *peruvianum* BRTW., zum Teil langzellig.
Dactyliosolen tenuis (CL.) GRAR.
Grammatophora marina (LYNGB.) KTZG.
Nitzschia seriata CL.
    „   *Gazellae* G. K.
Rhizosolenia amputata OSTF.
    „   *styliformis* BRTW.
    „   *inermis* CASTR.
Thalassiosira subtilis OSTF.
Thalassiothrix heteromorpha n. sp.
    „   *antarctica* var. *echinata* n. var.
Florideenfragment.

    1) Zellen vielfach mit Mikrosporen.

3. Jan. Station 165, 38° 40′ S. Br., 77° 38′,6 O. L.
30—0 m. APSTEIN.

Keine Peridineen beobachtet.

Lebend:

Vorherrschend:
Rhizosolenia-Arten.
Daneben:
Chaetoceras peruvianum BRTW.
    „   neglectum G. K.
Corethron (Valdiviae?).
Dactyliosolen tenuis (CL.) GRAN.
Nitzschia seriata CL.
Rhizosolenia alata BRTW.
    „   hebetata (BAIL.) f. semispina (HENSEN) GRAN.
    „   „   „   f. hiemalis GRAN.
Thalassiothrix heteromorpha n. sp.
    „   antarctica var. echinata n. var.
Thalassiosira subtilis OSTF.

Tot:

Chaetoceras neapolitanum BR. SCHROEDER, 1 totes Fragment.
Fragilaria antarctica CASTR., 1 Kette.
Planktoniella Sol SCHÜTT (1).

4. Jan. Station 166a, 37° 45′,2 S. Br., 77° 34′,3 O. L.
(Nähe von Amsterdam.)

Lebend:

Vorherrschend:
Kleine Nitzschia und Synedra-Arten.
Daneben:
Asteromphalus heptactis RALFS, vielfach.
Chaetoceras peruvianum BRTW.
Planktoniella Sol SCHÜTT.
Rhizosolenia alata BRTW.
    „   styliformis BRTW.
    „   hebetata (BAIL.) f. semispina (HENSEN) GRAN
        mit Mikrosporen.
Thalassiosira subtilis OSTF.
Ceratium fusus DUJ.
    „   furca DUJ. var. baltica MÖB.
    „   „   pentagonum GOURRET.
    „   tripos heterocamptum (JOERG.) OSTF. u. SCHM.
    „   „   (patentissimum OSTF. ⚋) inversum n. sp.
    „   „   macroceras EHRBG.
Diplopsalis lenticula BERGH.
Gonyaulax polygramma STEIN.
Peridinium (divergens) oceanicum VANHÖFFEN.
    „   ellipticum n. sp.
    „   Steinii JOERG. var. elongata n. var.
    „   globulus STEIN.

Tot:

Actinocyclus spec.
Coscinodiscus lineatus EHRBG.
Corethron spec.

30—0 m. APSTEIN.

Lebend:

Vorherrschend:
Rhizosolenia meist in Bruchstücken.
Daneben:
Asteromphalus heptactis RALFS.
Bacteriastrum elongatum CL.
Chaetoceras peruvianum BRTW.
    „   neglectum G. K.
Corethron criophilum CAST. sehr viel.
Nitzschia seriata CL., zum Teil in Formen, die an N. paradoxa GRUN. erinnern.

Tot:

Coscinodiscus lineatus EHRBG.
Rhabdonema adriaticum KTZG.
Rhoicosphenia spec.

Lebend: Tot:

Nitzschia Closterium W. Sm.
Thalassiothrix antarctica var. *echinata* n. var.
Thalassiosira subtilis Ostf.
Planktoniella Sol Schütt.
Rhizosolenia hebetata f. *hiemalis* Gran.
    „   „   f. *semispina* Gran.
    „   *alata* Brtw.
    „   *styliformis* Brtw.
Rhoicosphenia spec.
Ceratium tripos arcuatum var. *gracilis* Ostf.
    „   „   *macroceras* var. *tenuissima* n. var.
    „   „   *intermedium* Joergensen.
    „   „   „   (*patentissimum* Ostf. =) *inver-
                          sum* n. sp.
    „   „   *heterocamptum* (Joerg.) Ostf. u. Schm.
    „   *furca* var. *baltica* Möb.
    „   *fusus* Duj.
Diplopsalis lenticula Bergh.
Gonyaulax polygramma Stein.
Peridinium Steinii Joergensen var. *elongata* n. var.
    „   *globulus* Stein.
    „   (*divergens*) *ellipticum* n. sp.
    „   „   *oceanicum* Vanhöffen.
Phalacroma doryphorum Stein.
Halosphaera viridis Schmitz.

* Plankton reichlich, reich gemischt. Rhizosolenien meistens in Peristrophe.

Vorherrschend:

Rhizosolenia hebetata (Bail.) f. *semispina* (Hensen) Gran.
    „   *alata* Brtw.

Daneben:

Chaetoceras peruvianum Brtw.
    „   *neapolitanum* Br. Schröder.
Bacteriastrum spec.
Corethron spec.
Nitzschia seriata Cl.
Planktoniella Sol Schütt.
Rhizosolenia (meistens peristroph).
Thalassiosira subtilis Ostf. (viel)
Ceratium furca Duj. var. *baltica* Möb.
    „   *fusus* Duj.
Goniodoma (vereinzelt).
Peridinium (*divergens*) spec.
Podolampas bipes Stein (spärlich).

Station 166 b.
30—0 m. Apstein.

Lebend: Tot:

Asteromphalus   *Rhabdonema adriaticum* Ktzo.
Bacteriastrum elongatum Cl.   *Peragallia* spec.
Corethron Valdiviae G. K.
    „   „   mit Mikrosporen.
Chaetoceras peruvianum Brtw.
    „   *decipiens* Cl., mit Parasiten besetzt, mehrfach,
            denen von *Dactyliosolen* ähnlich.
    „   *neglectum* G. K.

8

Das Indische Phytoplankton nach dem Material der deutschen Tiefsee-Expedition 1898—1899.

229

Lebend: Tot:

Chaetoceras peruvianum BRTW. mit Mikrosporen.
Nitzschia Closterium W. SM.
    „   kleinste Formen; der *N. paradoxa* überaus ähn-
           lich, jedoch nicht in Bändern, sondern einzeln.
    „   *seriata* CL.
Planktoniella Sol SCHÜTT.
Rhizosolenia hebetata (BAIL.) f. *hiemalis* GRAN.
    „   „   (BAIL.) f. *semispina* (HENSEN) GRAN.
    „   *hebetata* (in einer Zelle 460 Mikrosporen ge-
           zählt).
    „   *delicatula* CL.
    „   *styliformis* BRTW.
    „   *alata* BRTW.
    „   *curvata* O. ZACHARIAS.
    „   *simplex* G. K.
    „   *quadrijuncta* H. P.
Thalassiothrix heteromorpha n. sp.
    „   *antarctica* SCHIMPER var. *echinata* n. var.
Thalassiosira subtilis OSTF.
Trichodesmium Thiebautii GOMONT.
Ceratium fusus DUJ.
    „   *furca* DUJ. var. *baltica* MÖB.
    „   *tripos arcuatum* GOURR. var. *gracilis* OSTF.
    „   „   *flagelliferum* CL. var. *angusta* n. var.
    „   „   *macroceras* EHRBG.
    „   „   „   var. *tenuissima* n. var.
Peridinium Steinii JOERG. var. *elongata* n. var.
Einzellige gelbe Alge, *Phaeocystis* ähnlich, in Schleim, wenig
    bisher.

5. Jan.   Station 168, 36° 14',3 S. Br., 78° 45',5 O. L.
30—0 m. APSTEIN.

Vorherrschend:

Eine Menge zerbrochener Rhizosolenien und eine winzig schmale *Synedra*.

Daneben:

Bacteriastrum (*elongatum* CL.).
Chaetoceras peruvianum BRTW.
    „   *neglectum* G. K.
    „   *peruvianum*, Zellen 12:44 μ.
    „   „   in Mikrosporenbildung.
Chuniella Novae Amstelodamae n. sp.
Corethron Valdiviae G. K.
Coscinodiscus lineatus EHRBG. (sehr klein, 24 μ).
Nitzschia seriata CL.
Planktoniella Sol SCHÜTT.
Rhizosolenia simplex G. K.
    „   *hebetata* f. *semispina* GRAN (sehr zart).
    „   *alata* BRTW.
Thalassiothrix, Bruchstücke.
    „   *antarctica* var. *echinata* n. var.
    „   *heteromorpha* n. sp.
Ceratium fusus DUJ.
    „   *furca* var. *baltica* MÖB.
    „   *tripos inclinatum* KOFOID. (Hörner quer abge-
           stutzt.)
    „   „   *coarctatum* PAVILLARD.
    „   „   *macroceras* var. *tenuissima* n. var.
    „   „   *declinatum* n. sp.

Cladopyxis brachiolata Stein in Cysten.
Peridinium (divergens) ellipticum n. sp.
　„　　　　*oceanicum* Vanhöffen.
　„　*Steinii* Joerg. var. *elongata* n. var.
Gonyaulax polygramma Stein.

SCHIMPER:

Lebend:	Tot:
	Corethron Valdiviae G. K., Bruchstücke.

Vorherrschend:
Rhizosolenia.
Thalassiothrix.

Daneben:
Asteromphalus heptactis Ralfs.
Coscinodiscus lineatus Ehrbg.
Actinocyclus spec. Taf. XXXVIII, Fig. 6.
Chaetoceras peruvianum Brtw. (Einzelzellen).
　„　　　　　„　mit Mikrosporen.
Planktoniella Sol Schütt.
Rhizosolenia hebetata (Bail.) f. *semispina* (Hensen) Gran.
Thalassiothrix heteromorpha n. sp.
　„　*antarctica* var. *echinata* n. var.
Trichodesmium Thiebautii Gomont (vereinzelt).
Ceratium fusus Duj.
　„　　„　var. *concava* Gourret.
　„　*furca* var. *baltica* Möb.
　„　*tripos arcuatum* Gourret.
　„　　„　　„　var. *gracilis* Ostf.
　„　　„　*flagelliferum* Cl.
　„　　„　*inclinatum* Kofoid.
　„　　„　*coarctatum* Pavillard.
　„　　„　*macroceras* var. *tenuissima* n. var.
Cyste von *Cladopyxis brachiolata* Stein.
Peridinium (divergens) oceanicum Vanhöffen.
　„　*Steinii* Joerg. var. *elongata* n. var.
　„　*(divergens) ellipticum* n. sp.
　„　*globulus* Stein.
Halosphaera viridis Schmitz.

*Plankton reichlich, gemischt.

　Vorherrschend:
Chaetoceras.
Rhizosolenia hebetata f. *semispina* Gran.

　Daneben:
Bacteriastrum.
Chaetoceras peruvianum Brtw.
　„　*neapolitanum* Br. Schröder.
Corethron criophilum Castr.
Fragilaria granulata n. sp.
Nitzschia seriata Cl.
Planktoniella Sol Schütt.
Rhizosolenia alata Brtw. (viel).
　„　*hebetata* f. *semispina* Gran (sehr viel).
Thalassiothrix heteromorpha n. sp.
Amphidoma nucula Stein.
Ceratium fusus Duj. (lang und kurz).
　„　*furca* var. *baltica* Möb.
　„　*tripos tergestinum* Schütt.
　„　*lunula* Schimper.
Peridinium (divergens) gracile n. sp.
　„　　„　*bidens* n. sp.
Gonyaulax polygramma Stein.

100 m. Ausgesuchtes Material. Chun.

Lebend:		Tot:
Coscinodiscus Janischii SCHMIDT.	| Detritus.	

Cf. Taf. XXV [I], Fig. 9, 9a, Atlant. Phytoplankton.

200 m. Apstein.

Hauptmasse: Bruchstücke von *Rhizosolenia*, *Chaetoceras*, *Thalassiothrix* aus den oberen Schichten, daneben viele verschiedene *Coscinodiscus*-Arten.

Lebend:	Tot:
Asteromphalus heptactis RALPS. (viel).	*Thalassiothrix* spec.
Actinocyclus Valdiviae G. K.	
Bacteriastrum elongatum CL.	
Chaetoceras peruvianum BRTW.	
„ *polygonum* SCHÜTT cf. GRAN.	
„ Zellen mit Mikrosporen.	
Corethron criophilum CASTR.	
Coscinodiscus lineatus EHRBG.	
„ *bisulcatus* n. sp.	
„ *curvatulus* GRUN.	
„ *symmetricus* GREV. n. var.	
Chuniella Novae Amstelodamae n. sp.	
Dactyliosolen laevis G. K.	
Nitzschia seriata CL.	
Planktoniella Sol SCHÜTT.	
Rhizosolenia alata BRTW.	
„ *hebetata* f. *semispina* GRAN.	
Thalassiosira subtilis OSTF.	
Gabelförmige Cyste.	
Ceratium tripos flagelliferum CL.	
„ „ *macroceras* var. *tenuissima* n. var.	
„ „ *intermedium* JOERG.	
„ „ *macroceras* var. *crassa* n. var.	
„ „ *heterocamptum* JOERG.	
„ „ *arcuatum* GOURRET.	
„ *furca* var. *baltica* MÖB.	
„ *fusus* DUJ.	
„ „ var. *concava* GOURRET.	
Oxytoxum Milneri MURR. u. WHITTG.	
Peridinium Steinii JOERG. var. *elongata* n. var.	
„ (*divergens*) *oceanicum* VANHÖFFEN.	
„ „ *cornutum* n. sp.	
„ „ *umbonatum* n. sp.	
„ „ *gracile* n. sp., häufig.	
„ „ Cyste.	
Pyrophacus horologium STEIN.	

6. Jan. Station 169, 34° 13′,6 S. Br., 80° 30′,9 O. L.

1—0 m. Apstein.

Phytoplankton spärlich, Zellen durchweg tot und plasmaleer.

Lebend:	Tot:
Peridinium (divergens) bidens n. sp.	*Chaetoceras*, Bruchstücke.
	Nitzschia seriata CL.
	Planktoniella Sol SCHÜTT.
	Rhizosolenia, Bruchstücke.
	Ceratium tripos arcuatum GOURRET.

11

* Plankton äußerst spärlich, namentlich Diatomeen.

Planktoniella Sol SCHÜTT.
Rhizosolenia alata BRTW.
     „   *hebetata* f. *semispina* GRAN.
Thalassiothrix antarctica SCHIMPER.
Ceratium fusus DUJ. (lang).
     „   „   (kurz).
     „   *furca* var. *baltica* MÖB.
     „   *tripos intermedium* JOERG.
     „   „   *arcuatum* GOURRET.
     „   „   *tergestinum* SCHÜTT var.
     „   „   *macroceras* EHRBG. *tenuissima* n. var.
Peridinium spec.?

100—0 m. AISTEIN.

Lebend:

Asteromphalus heptactis RALFS.
Bacteriastrum spec.
Chaetoceras atlanticum CL. var. *audax* SCHÜTT.
     „   „   „ *exigua* CL.
     „   *neglectum* G. K.
Coscinodiscus incertus n. sp.
Corethron criophilum CASTR.
Dactyliosolen tenuis (CL.) GRAN (mit Parasiten).
Hemiaulus Hauckii GRUN.
Nitzschia seriata CL.
Planktoniella Sol SCHÜTT (viel).
Rhizosolenia simplex C. K.
     „   *hebetata* f. *hiemalis* GRAN.
     „   *alata* BRTW.
     „   „ f. *gracillima* CL.
     „   *styliformis* BRTW.
Thalassiosira subtilis OSTF.
Ceratium tripos coarctatum PAVILLARD.
     „   „   *flagelliferum* var. *major* n. var.
     „   „   „   var. *angusta* n. var.
     „   „   „   CL. (normal!)
     „   „   *macroceras* var. *tenuissima* n. var.
     „   „   unausgewachsene Exemplare, spec.?
     „   „   *inclinatum* KOFOID.
     „   *fusus* DUJ.
     „   „   var. *concava* GOURRET.
Peridinium globulus STEIN.
     „   (*divergens*) *gracile* n. sp.
     „   „   *Schüttii* LEMM.
Podolampas elegans SCHÜTT.

Tot:

Bacteriastrum elongatum CL., Bruchstücke.
Chaetoceras peruvianum BRTW. „
Rhizosolenia hebetata f. *semispina* GRAN., Bruchstücke.
Synedra spathulata SCHIMPER, Bruchstücke.
Thalassiothrix spec., Bruchstücke.

Schließnetzfänge.
10—0 m. SCHIMPER.

Phytoplankton sehr spärlich.

Lebend:

Rhizosolenia alata BRTW.
Ceratium fusus DUJ., kurz.
     „   „   DUJ. var. *concava* GOURRET.
     „   *tripos flagelliferum* CL. var. *major* n. var.
     „   „   *macroceras* var. *tenuissima* n. var.

Tot:

Coscinodiscus sp.
Planktoniella Sol SCHÜTT.
Synedra spathulata SCHIMPER, Bruchstücke.
Rhizosolenia hebetata (BAIL.) f. *semispina* (HENSEN) GRAN, Bruchstücke.

12

Lebend: Tot:

Ceratium furca var. *baltica* Möh.
Peridinium (diturgens) gracile n. sp.
   „   „   *Schüttii* Lemm.
   „   *globulus* Stein.
   „   *(divergens)* var. *bidens* n. sp.

40—20 m. Schimper.

Phytoplankton reichlicher, doch immer noch unerheblich.

Lebend:

Vorherrschend:
Peridinium-Arten.

Daneben:
Planktoniella Sol Schütt.
Rhizosolenia curvata O. Zacharias.
Ceratium tripos macroceras Ehrbg. var. *tenuissima* n. var.
  „   „   „   var. *crassa* n. var.
  „   „   *flagelliferum* Cl. var. *major* n. var.
  „   „   *volans* Cl.
  „   „   *coarctatum* Pavillard.
  „   „   *arcuatum* Gourret.
  „   *fusus* Duj. (klein).
Oxytoxum Milneri Murr. u. Whittg.
Pyrocystis lunula J. Murr.
Peridinium (divergens) gracile n. sp.
  „   „   *bidens* n. sp.
  „   *globulus* Stein.

Tot:

| *Rhizosolenia alata* Brtw., Bruchstücke.
      „   *hebetata* f. *semispina* Gran, Bruchstucke.
Synedra spathulata Schimper, Bruchstücke.

60—40 m. Schimper.

Hauptmasse: **Detritus** aus den oberen Schichten.

Lebend:

Vom lebenden Phytoplankton überwiegend *Planktoniella Sol* in auffallend großen Exemplaren.

Daneben:
Asteromphalus heptactis Ralfs.
Actinocyclus Valdiviae G. K.
Coscinodiscus incertus n. sp.
Planktoniella, Entwickelungsstadium.
     „   häufig mit unregelmäßigem Wachstum.
Ceratium fusus Duj., lang.
  „   *tripos flagelliferum* var. *major* n. var.
  „   „   „   Cl. var. *angusta* n. var.
  „   „   *volans* var. *elegans* Br. Schröder.
  „   „   *platycorne* Daday.
Dinophysis sphaerica Stein.
Oxytoxum scolopax Stein.
Peridinium (divergens) Schüttii Lemm.
    „   „   *gracile* n. sp.
Podolampas palmipes Stein.

Tot:

Dactyliosolen tenuis (Cl.) Gran.
Synedra spathulata Schimper, Bruchstücke.
Rhizosolenia spec., Bruchstücke.
Ceratium spec., Bruchstücke.
Peridinium spec., Bruchstücke.

80—60 m. Schimper.

Lebend:

Vorherrschend:
Peridineen und *Planktoniella*.

Daneben:
Asteromphalus heptactis Ralfs.
Coscinodiscus incertus n. sp.

Tot:

Dactyliosolen tenuis (Cl.) Gran, Bruchstücke.
Rhizosolenia alata Brtw., Bruchstücke.
      „   *hebetata* f. *semispina* Gran, Bruchstücke.
Synedra spathulata Schimper, Bruchstücke.

13

Lebend:

Tot:

Lebend	Tot
Nitzschia seriata CL.	*Gonyaulax polygramma* STEIN.
Planktoniella Sol SCHÜTT.	*Planktoniella*, Schweberänder.
Ceratium tripos volans CL.	
„ „ *flagelliferum* CL. var. *crassa* n. var.	
„ *fusus* DUJ.	
Dinophysis uracantha STEIN.	
Goniodoma acuminatum (EHRBG.) STEIN.	
Oxytoxum scolopax STEIN.	
Peridinium (divergens) gracile n. sp.	
„ „ *rotundatum* n. sp.	
„ „ *asymmetricum* n. sp.	
„ „ *bidens* n. sp.	
„ „ *globulus* STEIN.	
Podolampas elegans SCHÜTT.	

100—80 m. SCHIMPER.

Fast nur *Planktoniella*.

Lebend:

Tot:

Lebend	Tot
Asteromphalus heptactis RALFS.	Detritus.
Planktoniella Sol SCHÜTT.	

*Schließnetzfänge.

100—80 m.

Vorherrschend:
Planktoniella Sol SCHÜTT.
Synedra spathulata SCHIMPER.

Daneben:
Asteromphalus heptactis RALFS.
Bacteriastrum spec.
Chaetoceras peruvianum BRTW.
Nitzschia seriata CL.
Rhizosolenia alata BRTW.
„ *hebetata* (BAIL.) f. *semispina* (HENSEN) GRAN.
Thalassiosira subtilis OSTF.
Ceratium tripos lunula SCHIMPER.
„ *fusus* DUJ.
Peridinium (divergens) gracile n. sp.

Wiederauftreten der *Planktoniella*-Stufe. Peridineen, namentlich Ceratien, fehlen.

80—60 m.

Plankton viel reichlicher als bei 100—80 m, durch starke Zunahme von *Synedra spathulata* bedingt.

Asteromphalus heptactis RALFS.
Planktoniella Sol SCHÜTT.
Synedra spathulata SCHIMPER.
Ceratium tripos macroceras EHRBG. (?).
Dinophysis hastata STEIN.

Planktoniella und *Asteromphalus* stark abgenommen und nur noch vereinzelt. Andere Bestandteile nicht merklich verändert.

60—40 m.

Sehr starke Abnahme des Planktons, bedingt durch Abnahme der *Synedra spathulata*.

Corethron (1 Exemplar).
Synedra spathulata SCHIMPER.
Planktoniella (anscheinend auch spärlicher).
Gonyaulax (1 Exemplar).

14

40—20 m.

Plankton spärlich, Diatomeen treten immer mehr zurück, darunter beinahe nur leere Schalen.

Vorherrschend: *Peridinium*-Formen.

Daneben:

Asteromphalus heptactis RALFS.
Nitzschia seriata CL.
Rhizosolenia (leere Skelette).
Thalassiosira (nur 1 Kette).
Ceratium fusus DUJ., lang.
    „   *tripos macroceras* EHRBG. (?).
    „   „ *lunula* SCHIMPER.

10—0 m. [10—20 nicht durchgesehen.]

Plankton äußerst spärlich, meist in leeren oder desorganisierten Exemplaren.

Asteromphalus (1 Exemplar).
Bacteriastrum.
Chaetoceras.
Nitzschia seriata CL.
Planktoniella.
Thalassiosira.
Ceratium fusus DUJ.
    „   *tripos macroceras* EHRBG. (?) [spärlich].
Gonyaulax.
Peridinium, viel.

400—300 m.

Lebend:	Tot:
Planktoniella 8, jedoch „Chromatophoren in Unordnung".	*Asteromphalus* 1.
Ceratium fusus DUJ. 1 in starker Systrophe.	*Coscinodiscus* 3.
Peridinium Steinii JOERG. 1.	*Hemiaulus?* 1.
„ *(divergens)* 7.	*Planktoniella* 12.
	Rhizosolenia (1 Fragm.) 7.
	Synedra spathulata SCHIMPER 1.

7. Jan. Station 170, 32° 53′,9 S. Br., 83° 1′,6 O. L.
30—0 m. APSTEIN.

Meist Zooplankton, überhaupt spärlich.

Lebend:	Tot:
Cladopyxis brachiolata STEIN.	*Chaetoceras peruvianum* BRTW.
Ceratium tripos arcuatum var. *robusta* n. var.	*Rhizosolenia*, Bruchstücke.
„ „ *macroceras* var. *crassa* n. var.	„ *alata* BRTW., Bruchstücke.
„ „ „ *tenuissima* n. var.	„ *hebetata* f. *semispina* GRAN.
„ *fusus* DUJ. (klein).	
„ *furca* var. *baltica* MÖB.	
Podolampas elegans SCHÜTT.	

100 m. APSTEIN.

Kaum Phytoplankton vorhanden, etwas Detritus.

Lebend:	Tot:
Cladopyxis brachiolata STEIN.	
Ceratium tripos arcuatum GOURRET var. *robusta* n. var.	
Ornithocercus quadratus SCHÜTT.	
Peridinium globulus STEIN.	
Phalacroma Argus STEIN.	

15

Schließnetzfang 200—100 m. SCHIMPER.

Nur Spuren von Phytoplankton.

Lebend: Tot:

Planktoniella, Zellen und Schwebeschirme.
Peridinium globulus STEIN, sehr vereinzelt.

* Phytoplankton äußerst spärlich.

Lebend: Tot:

Vorherrschend:
Ceratium tripos lunula SCHIMPER.   *Rhizosolenia*   leere oder abgestorbene Bruchstücke.
Daneben: *Synedra*
Ceratium tripos intermedium JOERGENSEN.
   „   „   *macroceras* EHRBG.
   „   *fusus* DUJ. (lang und kurz).
Ceratocorys horrida STEIN   } erstes Auftreten.
Ornithocercus magnificus STEIN }

Unverändert.   *Bis 30 m.

*Bis 100 m.

Dieselbe Formen, außerdem *Asteromphalus* beobachtet. Keine *Planktoniella*.

* Schließnetzfänge.

2000 m.

Lebend: Tot:

| *Thalassiothrix antarctica* SCHIMPER, leere Schale (1).

*300—200 m.

Phytoplankton spärlich.

Lebend: Tot:

Asteromphalus (1).   *Coscinodiscus* spec., häufiger.
Planktoniella Sol (3).   *Ceratium* cf. *lunula* [desorganisiert] (1).
Peridinium (divergens) (2).   *Coscinodiscus* [mit schmalem Rande und groben Maschen] (1).
Halosphaera (16) [kleine tropische Form].

*200—100 m.

Lebend: Tot:

         Spärlich:
Asteromphalus (13).   *Planktoniella Sol* SCHÜTT. (10).
Coscinodiscus (2).   *Rhizosolenia alata* BRTW. (4).
Planktoniella Sol (13).   „   *hebetata* f. *semispina* GRAN (6).
Thalassiothrix antarctica SCHIMPER (1).   *Thalassiothrix antarctica* SCHIMPER (4).
Ceratium tripos lunula (1).   *Ceratium tripos lunula* SCHIMPER (1).
Peridinium (divergens) (11), farblos.   „   *platycorne* DADAY (1).
   „   *Steinii* JOERG. (4).   *Ceratocorys* (1).
Phalacroma operculatum STEIN (6).
Halosphaera, meist stärkereich und dabei beinahe oder
ganz farblos (27).

8. Jan.   Station 171, 31° 46',4 S. Br., 84° 55',7 O. L.

20—0 m. APSTEIN.

Phytoplankton sehr spärlich.

Lebend: Tot:

Cladopyxis brachiolata STEIN.   *Asteromphalus heptactis* RALFS.
Ceratium fusus DUJ.   *Chaetoceras*, Bruchstücke.
   „   „   (klein).   *Planktoniella Sol* SCHÜTT.

Lebend:

Ceratium tripos arcuatum GOURRET (vereinzelt).

„   „   *macroceras* EHRBG. var. *crasaa* n. var.

Peridinium globulus STEIN.

„   *(divergens) bidens* n. sp.

Podolampas elegans SCHÜTT.

Tot:

Rhizosolenia spec., Bruchstücke.

Synedra spec., Bruchstücke.

100 m. APSTEIN.

Lebend:

Asteromphalus heptactis RALFS.

Bacteriastrum elongatum CL.

Chaetoceras peruvianum BRTW.

„   *atlanticum* CL.

Corethron criophilum CASTR.

Dactyliosolen meleagris G. K.

Planktoniella Sol SCHÜTT.

Rhizosolenia calcar avis SCHULZE.

„   *hebetata* (BAIL.) f. *semispina* (HENSEN) GRAN.

„   *torpedo* G. K.

Thalassiothrix antarctica var. *echinata* var.

Ceratium tripos coarctatum PAVILLARD.

„   „   *macroceras* EHRBG var. *tenuissima* n. var.

„   „   *arcuatum* GOURRET. var. *robusta* n. var.

„   „   *flagelliferum* CL. var. *major* n. var.

„   „   *buceros* O. ZACHARIAS.

„   *fusus* DUJ. (klein).

„   „   var. *concava* GOURRET.

„   *furca* DUJ. var. *baltica* MÖB.

Cladopyxis brachiolata STEIN.

Dinophysis uracantha STEIN.

Ornithocercus quadratus SCHÜTT.

Peridinium globulus STEIN.

„   *(divergens) bidens* n. sp.

Podolampas elegans SCHÜTT.

Tot:

Navicula spec. ⎫
Peragallia spec. ⎬ Bruchstücke.

* „8. Jan. Station 171. FIENER — nach APSTEIN: Plankton sehr gering, etwas *Ceratium lunula*."

9. Jan. Station 172, 30° 6',7 S. Br., 87° 50',4 O. L.
30—0 m. APSTEIN.

Lebend:

Vorherrschend:

Ceratium tripos arcuatum GOURRET.

„   „   *macroceras* EHRBG.

Daneben:

Ceratium tripos.

„   „   *lunula* SCHIMPER.

„   „   *macroceras* EHRBG. var. *tenuissima* n. var.

„   *fusus* DUJ. (kurz).

Dactyliosolen meleagris G. K.

Tot:

Chaetoceras peruvianum BRTW.

Hemiaulus Hauckii GRUN.

* Bis 30 m.

Plankton spärlich, Diatomeen fehlen.

Ceratium fusus DUJ.

„   *tripos lunula* SCHIMPER.

„   „   *tergestinum* SCHÜTT.

„   „   *macroceras* EHRBG.

„   „   *volans* CL.

17

Peridinium (divergens) spec.
Phalacroma mitra Schütt.
Trichodesmium Thiebautii Gomont.

*** 200 m.**

Plankton spärlich.

Lebend:

Asteromphalus spec.
Coscinodiscus spec.
Planktoniella Sol Schütt.
Rhizosolenia alata Brtw.
Thalassiothrix antarctica Schimper.
Ceratium tripos lunula Schimper.
„   „   *macroceras* Ehrbg.
„   „   *volans* Cl.
„   *fusus* Duj., kurz.
Peridinium (divergens) spec.
„   *Steinii* Joerg.
Phalacroma mitra Schütt.
Podolampas bipes Stein.
Halosphaera viridis Schmitz.

Tot:

Thalassiothrix antarctica Schimper.

200 m.   Apstein.

Lebend:

Asteromphalus heptactis Ralfs.
„   *Hookerii* Ehrbg.
Ceratium fusus Duj.
„   *tripos longipes* (Bail.) Cl.
„   „   *volans* Cl. var. *elegans* Br. Schröder.
„   „   *coarctatum* Pavillard.
„   „   *heterocamptum* (Joerg.) [langes Apicalhorn].
„   „   *arcuatum* Gourret.
„   „   *flagelliferum* Cl.
„   *furca* Duj. var. *baltica* Möb.
Chaetoceras atlanticum Cl. Var.
Corethron criophilum Castr.
Coscinodiscus subfasciculatus n. sp.
Dactyliosolen meleagris G. K. (mit Parasiten).
Nitzschia seriata Cl.
Planktoniella Sol Schütt.
Phalacroma doryphorum Stein.
„   *rapa* Stein.
Rhizosolenia squamosa n. sp.
Thalassiothrix antarctica Schimper var. *echinata* n. var.
Cladopyxis brachiolata Stein.
Diplopsalis lenticula Bergh.
Ornithocercus magnificus Stein.
„   *quadratus* Schütt.
Peridinium (divergens) acutum n. sp.
„   *bidens* n. sp.
„   *Steinii* Joerg.
Heterodinium Blackmani (Murr. u. Whittg.) Kofoid.
Podolampas palmipes Stein.
Challengerien, diverse.

Tot:

Chaetoceras peruvianum Brtw.
Bacteriastrum varians Lauder.

Schließnetzfang.
1850—1600 m.   Chun.

Ceratium tripos macroceras Ehrbg. var. *crassa* n. var.
„   „   *arcuatum* Gourret var. *atlantica* Ostf., mehrfach.
Chaetoceras peruvianum Brtw., Bruchstück.

Station 173.
Schließnetzfang.
3300—2700 m. CHUN.

Ceratium, Bruchstücke.

11. Jan. Station 174, 27° 58',1 S. Br., 91° 40',2 O. L.
30—0 m. APSTEIN.

Meist Zooplankton.

Lebend:

Hemiaulus Hauckii GRUN.
Rhizosolenia hebetata f. *semispina* GRAN.
Ceratium tripos volans CL.
    „   „   *arcuatum* GOURRET.
    „   „   *lunula* SCHIMPER (wenig).

Tot:

Rhizosolenia Temperei H. P. oder ähnliche Bruchstücke.

* Bis 30 m.

Plankton spärlich.

Hemiaulus Hauckii GRUN.
Rhizosolenia squamosa n. sp.
   „   *Temperei* H. P.
Ceratium tripos lunula SCHIMPER.
   „   „   *intermedium* JOERG.
Cladopyxis brachiolata STEIN.
Pyrophacus }
Pyrocystis } erstes Auftreten (APSTEIN).
Halosphaera.

Ausgesuchtes Material. CHUN.
200 m.

Lebend:

Tot:

Ein großes Exemplar von *Rhizosolenia squamosa* n. sp.

200 m. APSTEIN.

Lebend:

Tot:

Vorherrschend:
Hemiaulus Hauckii GRUN.

Daneben:
Asterolampra marylandica EHRBG. var. *major* H. P.
   „   *affinis* GREV.
Asteromphalus stellatus RALFS.
   „   *heptactis* RALFS.
Coscinodiscus subfasciculatus n. sp. (normale Chromatophoren
    mit Pyrenoiden).
   „   *tumidus* JANISCH var. *fasciculata* RATTRAY.
   „   *excentricus* EHRBG.
   „   *Alpha* n. sp.
Chaetoceros peruvianum BRTW.
Dactyliosolen meleagris G. K.
Hemiaulus Hauckii GRUN.
Nitzschia (pelagica) = *oceanica* G. K., cf. Arch. f. Plankton-
   kunde, Bd. I, 1906, S. 380, Anm.
Planktoniella Sol SCHÜTT.
Rhizosolenia calcar avis SCHULZE.
   „   *Temperei* H. P.
   „   *Castracanei* H. P.

Lebend: Tot:

Rhizosolenia squamosa n. sp.
    „   amputata OSTF.
Valdiviella formosa n. g. SCHIMPER M.S.
Ceratium tripos coarctatum PAVILLARD.
    „   „   volans CL. var. elegans BR. SCHRÖDER.
    „   „   macroceras EHRBG.
    „   „   flagelliferum CL.
    „   „   arcuatum var. caudata G. K.
    „   „   „   var. atlantica OSTP.
    „   „   lunula SCHIMPER.
    „   „   limulus GOURRET.
    „   furca DUJ.
    „   „   var. baltica MÖB.
    „   fusus DUJ.
Cladopyxis brachiolata STEIN.
Dinophysis homunculus STEIN.
Goniodoma acuminatum STEIN.
Ornithocercus magnificus STEIN.
    „   quadratus SCHÜTT.
Podolampas bipes STEIN.
Pyrophacus horologium STEIN.
Phalacroma doryphorum STEIN.
Halosphaera viridis SCHMITZ.

*Bis 200 m.

Plankton äußerst spärlich.

Lebend: Tot:

Coscinodiscus subfasciculatus n. sp.
Planktoniella Sol SCHÜTT.
Rhizosolenia Temperei H. P.
Valdiviella formosa n. g. SCHIMPER.
Ceratium tripos intermedium JOERG.
Gonyaulax (einzeln).
Ornithocercus quadratus SCHÜTT.
    „   spec. (splendidus SCHÜTT.)
Peridinium (divergens) spec.
Halosphaera.

12. Jan.   Station 175, 26° 3',6 S. Br., 93° 43',7 O. L.
20—0 m.   APSTEIN.

Lebend: Tot:
Vorherrschend: Asterolampra marylandica EHRBG.
Hemiaulus Hauckii GRUN.
Rhizosolenia Temperei var. acuminata H. P.
    „   squamosa n. sp.
Daneben:
Dactyliosolen meleagris G. K.
Euodia inornata CASTR.
Rhizosolenia calcar avis SCHULZE.
Ceratium fusus DUJ.
    „   „   var. concava GOURRET.
    „   furca var. baltica MÖB.
    „   reticulatum POUCHET var. contorta (GOURRET) G. K.
    „   tripos arcuatum GOURRET.
    „   „   volans CL.
    „   „   flagelliferum CL.
    „   „   macroceras EHRBG.
    „   „   robustum OSTF. u. SCHMIDT.

Lebend:	Tot:
Ceratium tripos volans CL. var. *elegans* BR. SCHRÖDER.	
„ „ *azoricum* CL. var. *brevis* OSTF. u. SCHMIDT.	
Ceratocorys horrida STEIN.	
Cladopyxis brachiolata STEIN.	
Goniodoma acuminatum STEIN.	
Ornithocercus quadratus SCHÜTT.	
Pyrophacus horologium STEIN.	
Peridinium (divergens) bidens n. sp.	
Pyrocystis pseudonoctiluca J. MURRAY.	
Trichodesmium Thiebautii GOMONT.	

100 m. APSTEIN.

Lebend:	Tot:
Asterolampra marylandica EHRBG.	*Chaetoceras diversum* CL.
Hemiaulus Hauckii GRUN.	*Rhizosolenia calcar avis* SCHULZE.
Rhizosolenia Temperei H. P.	
„ var. *acuminata* H. P.	
Dactyliosolen meleagris G. K.	
Ceratium tripos	
„ „ *flagelliferum* CL.	
„ „ *arcuatum* GOURRET.	
„ „ *macroceras* EHRBG. (derb).	
„ „ „ var. *tenuissima* n. var.	
„ *fusus* DUJ.	
Cladopyxis brachiolata STEIN.	
Goniodoma acuminatum STEIN.	
Ornithocercus magnificus STEIN.	
Pyrocystis pseudonoctiluca J. MURRAY.	
„ *fusiformis* (304 : 720 μ!) J. MURRAY.	
Halosphaera viridis SCHMITZ.	

Ausgesuchtes Material. CHUN.

Lebend:	Tot:
Rhizosolenia squamosa n. sp.	*Hemiaulus Hauckii* GRUN.
Halosphaera viridis SCHMITZ. Zellen sehr groß: 540μ. Zahl-	Detritus.
reiche sehr kleine Chromatophoren und Oeltröpfchen.	

* Bis ca. 20 m.
Westaustralische Strömung.

Plankton reichlich.

Lebend:	Tot:
Antelminellia (Vertikalnetz).	*Hemiaulus Hauckii* GRUN.
Planktoniella, reichlich.	
Rhizosolenia squamosa n. sp.	
„ *Temperei*, sehr viel.	
„ *hebetata* f. *semispina* GRAN.	
Ceratium tripos flagelliferum CL. var. *major* n. var.	
Pyrocystis (spärlich).	
Halosphaera.	

„*Rhizosolenia squamosa* vollkommen peristroph, *Rhizosolenia Temperei* durchaus mit stark kontrahiertem Inhalt." *Hemiaulus* zum allergrößten Teile abgestorben.

* Schließnetzfänge.
500—400 m.

Lebend:	Tot:
Coscinodiscus [Peristrophe] (1)	*Rhizosolenia* (11).
Hemiaulus Hauckii (16).	*Thalassiothrix antarctica* (1), Inhalt desorganisiert.

Lebend:

Gonyaulax (1) [ob lebend?].
Halosphaera (1).

Tot:

Hemiaulus Hauckii (1), Inhalt ganz schwarz (39).
Ceratium tripos limulus (2).
„   spec.?, abgestorben (2).
Cladopyxis (1).
Ornithocercus (1).
Peridinium (divergens) (1).
Pyrophacus (2)
Halosphaera (1), desorganisiert.
„   (1), stärkereich, farblos, Stärkekörner netzig.
Von Hemiaulus Hauckii GRUN. nur kurze Fragmente.

400—350 m.

Lebend:

Hemiaulus Hauckii (4).
Planktoniella Sol SCHÜTT (2).
Ceratium (1).
Cladopyxis (1).
Pyrocystis (2).
Peridinium (divergens) (1).
Halosphaera (5).
  („1 stärkereich, Stärkekörner regellos netzig,
   1 ebenso, Stärkekörner schwarz umrandet, durch Licht-
   brechung,
   2 ganz desorganisierte Stärkekörner in großen Klumpen,
   1 Chromatophoren netzig, Stärke winzig.")

Tot:

Asteromphalus (1).
Ceratium (1).
Hemiaulus Hauckii GRUN. (42).
Rhizosolenia, Schale (9).

Schließnetzfang. CHUN.
400—370 m.

Ceratium tripos platycorne DADAY, sehr breit, Chromatophoren in den flachen Antapicalhörnern.
„   „   coarctatum PAVILLARD, mehrfach.

*300—250 m.

Lebend:

Coscinodiscus (1).
Hemiaulus Hauckii GRUN. (1).
Planktoniella Sol SCHÜTT (2).
Rhizosolenia (4).
Diplopsalis lenticula BERGH (2).

Tot:

Hemiaulus Hauckii, nur kurze Fragmente (27).
Rhizosolenia (1).
Ceratium fusus [leer] (1).
„   spec. (2) [desorg. Inhalt (1), leer (1)].

*13. Jan. Station 176, 24° 0',3 S. Br., 95° 7',7 O. L

Plankton weniger als am 12. Januar. Diatomeen beträchtlich abgenommen.

Lebend:

Chaetoceras (mit kontrahiertem Inhalt).
Ceratium tripos intermedium JOERG.
„   fusus DUJ. (lang).
„   furca var. baltica MÖB.
Ceratocorys.
Ornithocercus.
Peridinium (divergens).
Pyrocystis.

Tot:

Rhizosolenia calcar avis SCHULZE, nur in leeren Schalen
oder Bruchstücken solcher vertreten.

*14. Jan. Station 177, 21° 14',2 S. Br., 96° 9',6 O. L

Nicht gefischt.

*15. Jan.   Station 178, 18° 17',6 S. Br., 96° 19',8 O. L.

Plankton ziemlich spärlich, keine Form vorherrschend.

Hemiaulus Hauckii GRUN.
Rhizosolenia (in Peristrophe).
  „   *squamosa* n. sp.
  „   (*imbricata?*)
Amphisolenia bifurcata MURR. and WHITTING.
Ceratium gravidum var. *cephalote* LEMM.
  „   *tripos arcuatum* GOURRET var. *atlantica* OSTF.
  „   „   *volans* CL. var. *elegans* BR. SCHRÖDER.
Ceratocorys horrida STEIN.
Ornithocercus magnificus STEIN.
Heterodinium Blackmani (MURR. and WHITTING) KOFOID.
Pyrocystis pseudonoctiluca J. MURRAY.
  „   *hamulus* CL.
Phalacroma spec.
Peridinium (divergens) elegans CL.

o m. APSTEIN.

Lebend:	Tot:
Vorherrschend:	*Chaetoceras peruvianum* BRTW.
Hemiaulus Hauckii GRUN.	
Daneben:	
Asterolampra marylandica EHRBG.	
Dactyliosolen meleagris G. K.	
Rhizosolenia squamosa n. sp.	
„ *imbricata* BRIGHTW.	
Amphisolenia bifurcata MURR. and WHITT.	
Ceratium fusus DUJ.	
„ „ var. *concava* GOURRET.	
„ *tripos robustum* OSTF.	
„ „ *arcuatum* var. *contorta* (GOURRET) G. K.	
„ „ *flagelliferum* CL.	
„ „ *macroceras* var. *tenuissima* n. var.	
Ceratocorys horrida STEIN.	
Cladopyxis brachiolata STEIN.	
Ornithocercus magnificus STEIN.	
Pyrocystis pseudonoctiluca J. MURRAY.	
„ *fusiformis* J. MURRAY.	
Heterodinium Blackmani (MURRAY and WHITTING) KOFOID.	
Halosphaera viridis SCHMITZ.	

16. Jan.   Station 179, 15° 8',1 S. Br., 96° 20',3 O. L.
5—0 m. APSTEIN.

Plankton spärlich.

Lebend:	Tot:
Rhizosolenia squamosa n. sp.	*Rhizosolenia imbricata* BRTW.
Ceratium tripos lunula SCHIMPER.	
„ „ *flagelliferum* CL.	
„ „ var. *undulata* BR. SCHRÖDER.	
Peridinium (divergens) elegans CL.	
Pyrocystis pseudonoctiluca J. MURRAY.	

*Plankton reichlich, vorherrschend *Pyrocystis noctiluca.*

Lebend: Tot:

Amphisolenia Thrinax SCHÜTT.   *Rhizosolenia* spec.
Ceratium tripos macroceras EHRDG.
    „   „   *lunula* SCHIMPER.
    „   „   *flagelliferum* var. *major* n. var.
    „   „   *volans* var. *elegans* BR. SCHRÖDER.
    „   *fusus* DUJ.   „   „   „   „   in Ketten.
    „   *candelabrum* (EHRBG.) STEIN.
Ceratocorys horrida STEIN.
Heterodinium Blackmani (MURR. and WHITTING) KOFOID.
Pyrophacus horologium STEIN.
Pyrocystis pseudonoctiluca J. MURRAY.
    „   *lunula.*
Peridinium (divergens) [*tumidum* OKAMURA stimmt nicht
vollkommen mit der Zeichnung von SCHIMPER].

---

17. Jan.   Station 181, 12° 6′,8 S. Br., 96° 44′,4 O. L.
10—0 m.   APSTEIN.

Phytoplankton sehr mannigfaltig.

Lebend: Tot:

Bacteriastrum varians LAUDER.   *Asterolampra marylandica* EHRB.
Chaetoceras peruvianum BRTW.   „   *elongatum* CL., Bruchstück.
Coscinodiscus varians G. K.   *Dactyliosolen meleagris* G. K.
Climacodium Frauenfeldianum GRUN.   *Isthmia* spec., Bruchstück.
Rhizosolenia imbricata BRGHTW.
    „   *Shrubsolei* CL.
    „   *squamosa* n. sp.
Rhabdonema adriaticum KTZG.
Amphisolenia Thrinax SCHÜTT.
    „   *palmata* STEIN.
Ceratium palmatum BR. SCHRÖDER.
    „   *fusus* DUJ.
    „   *tripos lunula* SCHIMPER (typisch).
    „   „   *arcuatum* var. *contorta* GOURRET.
    „   „   „   var. *caudata* G. K.
    „   „   *flagelliferum* CL. var. *major* n. var.
    „   „   CL. var. *undulata* BR. SCHRÖD.
    „   „   *volans* CL. var. *elegans* BR. SCHRÖDER.
    „   „   „   (typisch).
    „   „   *robustum* OSTF.
    „   „   f. *macroceras* EHRN. var. *crassa* n. var.
    „   *gravidum* var. *cephalote* LEMM.
Ceratocorys horrida STEIN.
Pyrocystis hamulus CL.
    „   *pseudonoctiluca* J. MURRAY.
    „   *fusiformis* J. MURRAY.
Pyrophacus horologium STEIN.
Peridinium (divergens) tumidum OKAMURA.
Halosphaera viridis SCHMITZ.
Thrichodesmium Thiebautii GOMONT.

20—0 m. APSTEIN.

Lebend: **Tot:**

Chaetoceras coarctatum LAUDER, tritt zuerst wieder hier auf!
Hemiaulus Hauckii GRUN.
Rhizosolenia imbricata BRTW.
    "   *Shrubsolei* CL.
    "   *setigera* BRIGHTW.
Ceratium palmatum BR. SCHRÖDER.
    "   *candelabrum* (EHRBG.) STEIN.
    "   *tripos intermedium* JOERGENSEN.
    "   " *robustum* OSTF.
    "   " *arcuatum* GOURRET var. *robusta* n. var.
Ornithocercus magnificus STEIN.
Peridinium (divergens) elegans CL.
    "   " *acutum* n. sp.
Pyrocystis lunula SCHÜTT.
    "   *hamulus* CL.
Trichodesmium contortum WILLE.

50 m. APSTEIN.

Phytoplankton sehr spärlich.

Lebend: **Tot:**

Amphisolenia bidentata BR. SCHRÖDER.   *Dactyliosolen meleagris* G. K.
Ceratium candelabrum (EHRBG.) STEIN.   *Chaetoceras coarctatum* LAUDER mit Vorticellen.
    "   *gravidum* var. *praelonga* LEMM.   Detritus.
    "   *tripos arcuatum* GOURRET.
    "   "   var. *gracilis* OSTF.
    "   " *flagelliferum* CL.
    "   " *coarctatum* PAVILLARD.
    "   " *macrocerus* EHRBG. var. *tenuissima* n. var.
Ceratocorys asymmetrica n. sp.
Ornithocercus magnificus STEIN.
Peridinium (divergens) tumidum OKAMURA.
    "   " *elegans* CL.
    "   *globulus* STEIN.
Pyrocystis pseudonoctiluca J. MURRAY.
    "   *hamulus* CL.

Küste von Cocos-Inseln.

*"Plankton ziemlich reichlich, vorwiegend *Pyrocystis* und *Rhizosolenia* in krummen Ketten mit vollkommener Peristrophe, jedoch starke Menge Chromatophoren um Zellkern; auch *Rhizosolenia* reichlich. Reichtum der Diatomeen und Nähe der Küste."

   Vorherrschend:
Rhizosolenia spec.? (keine Zeichnungen im Tagebuch, daher Species hier nicht näher zu bezeichnen).
Pyrocystis noctiluca J. MURRAY.

   Daneben:
Chaetoceras coarctatum LAUDER (mit Vorticella).
Ceratium fusus DUJ.
    " *tripos volans* CL.
Goniodoma.
Peridinium.
Halosphaera, ganz vereinzelt.

*Schließnetzfänge.

800—500 m.

Lebend:	Tot:
Halosphaera, stärkereich, netzige Anordnung.	*Asteromphalus* 1. *Coscinodiscus* 2. *Thalassiothrix* 1. *Rhizosolenia* 3. *Ceratium* spec. 3. 　„　*gravidum* GOURRET 2.

500—300 m.

Lebend:	Tot:
Planktoniella Sol 1. *Peridinium divergens* 1. *Halosphaera*, stärkereich, 1.	*Coscinodiscus* 3. *Ceratium gravidum* GOURRET 1. *Ornithocercus magnificus* STEIN 1. *Phalacroma* 1.

200—100 m.

Lebend:	Tot:
Peridinium sp. 2. *Halosphaera* 1.	*Asteromphalus*, Schalen, 2. *Planktoniella Sol* SCHÜTT, Schalen, 4. *Rhizosolenia* 3. *Ceratium*, Schalen, 4. *Ornithocercus magnificus* STEIN, Schalen, 2. *Pyrocystis* 2.

18. Jan.　Station 182, 10⁰ 8′,2 S. Br., 97⁰ 14′,9 O. L.

20—0 m. APSTEIN.

Meist Zooplankton.

Lebend:	Tot:
Amphisolenia bidentata BR. SCHRÖDER. (*Coscinodiscus rex* WALLICH ==) *Antelminellia gigas* SCHÜTT. *Dactyliosolen meleagris* G. K. *Rhizosolenia imbricata* BRTW. 　„　*hebetata* f. *semispina* GRAN. 　„　*Temperei* H. P. *Ceratocorys horrida* STEIN. *Ceratium tripos azoricum* CL. var. *brevis* OSTF. u. SCHM. 　„　　„　*flagelliferum* CL. 　„　　„　*robustum* OSTF. 　„　　„　*arcuatum* GOURRET. 　„　　„　*macroceras* EHRBG. var. *tenuissima* n. var. 　„　*fusus* DUJ. 　„　*reticulatum* POUCHET var. *contorta* GOURRET. *Ornithocercus magnificus* STEIN. *Pyrocystis pseudonoctiluca* J. MURRAY. *Peridinium (divergens) elegans* CL.	*Asterolampra marylandica* EHRBG. *Chaetoceras coarctatum* LAUDER.

Ausgesuchtes Material. CHUN.

200 m.

Lebend:	Tot:
(*Coscinodiscus rex* WALLICH var. ==) *Antelminellia gigas* SCHÜTT, mit sehr feiner Zeichnung, aber den cha- rakteristischen Chromatophoren, vergl. Taf. XXIV, Fig. 3, 4.　512 μ.	Detritus.

200 m. APSTEIN.

Entschieden reicheres Phytoplankton als oben.

Lebend:	Tot:

Lebend:

Asterolampra marylandica EHRBG.
„ *rotula* GREV.
Actinocyclus Valdiviae G. K.
Asteromphalus Roperianus RALFS.
„ *heptactis* RALFS.
Chaetoceras coarctatum LAUDER.
„ *peruvianum* BRTW.
Coscinodiscus suspectus JANISCH.
„ *excentricus* EHRBG.
„ (*rex* WALLICH var.=)*Antelminellia gigas* SCHÜTT.
Gossleriella tropica SCHÜTT.
Hemiaulus Hauchii GRUN.
Planktoniella Sol SCHÜTT.
Rhizosolenia imbricata BRTW.
„ *squamosa* n. sp.
Valdiviella formosa SCHIMPER M.S.
Amphisolenia Thrinax SCHÜTT.
„ *bidentata* BR. SCHRÖDER.
Ceratium fusus (klein).
„ *furca* DUJ. (typisch).
„ „ var. *baltica* MÖB.
„ *palmatum* BR. SCHRÖDER.
„ *gravidum* GOURRET var. *cephalote* LEMM.
„ *limulus* GOURRET.
„ *tripos robustum* OSTF.
„ *coarctatum* PAVILLARD.
„ *flagelliferum* CL.
„ *arcuatum* GOURRET.
„ § „ var. *gracilis* OSTF.
„ „ *macroceras* EHRBG. var. *tenuissima* n. var.
„ *lunula* SCHIMPER.
„ *declinatum* n. sp.
„ *azoricum* CL var. *brevis* OSTF. u. SCHM.
„ *longipes* (BAIL.) CL.
„ *platycorne* DADAY.
„ § *contrarium* GOURRET.
Ceratocorys horrida STEIN.
„ *asymmetrica* n. sp.
„ *spinifera* MURR. and WHITT.
Cladopyxis brachiolata STEIN.
Dinophysis Schüttii MURR. and WHITT.
„ *uracantha* STEIN.
Goniodoma (*fimbriatum* MURR. and WHITT) = *armatum*
JOHS. SCHM. cf. LEMMERMANN.
„ *acuminatum* STEIN.
Ornithocercus magnificus STEIN.
„ *splendidus* SCHÜTT.
Pyrocystis hamulus CL.
„ *pseudonoctiluca* J. MURRAY.
„ *lanceolata* BR. SCHRÖDER.
„ *fusiformis* J. MURRAY.
Peridinium (*divergens*) *elegans* CL.
„ *spinulosum* MURR. and WHITT.
Pyrophacus horologium STEIN.
Podolampas bipes STEIN.
Phalacroma operculatum STEIN.
„ *doryphorum* STEIN.
Oxytoxum Milneri MURR. and WHITT.
Halosphaera viridis SCHMITZ.

Tot:

Climacodium Frauenfeldianum GRUN.
Bacteriastrum varians LAUDER.

* Schließnetzfänge.

500—400 m.

Lebend:

Peridinium Steinii JOERGENSEN (1).

Tot:

Coscinodiscus, desorg. (1).
Planktoniella (1).
Rhizosolenia, Schale (1).
Amphisolenia (1).
Ceratium, Schalen (3).

400—300 m.

Lebend:

Tot:

Planktoniella Sol SCHÜTT (2).
Coscinodiscus, desorg. (1).
Rhizosolenia, Schalen (3).
Ceratium fusus DUJ., Schale (1).
„ spec., Schalen (3).

300—200 m.

Lebend:

Planktoniella Sol SCHÜTT.
Ceratium gravidum GOURRET.
„ *tripos volans* CL.
Goniodoma.
Peridinium (divergens).
Pyrocystis pseudonoctiluca J. MURRAY.

Tot:

Coscinodiscus, desorg.
Rhizosolenia, desorg.

200—100 m.

Lebend:

Coscinodiscus 1.
Gossleriella 2.
Planktoniella Sol 1.
Peridinium (divergens) 1.
„ ? (unleserlich) 1, nicht assimilierend.
Halosphaera, netzig, 3.

Tot:

Amphisolenia 1.
Ceratium fusus DUJ. 1.
Coscinodiscus 1.
Planktoniella 2.
Rhizosolenia 2.
Ornithocercus splendidus SCHÜTT 1.
„ *magnificus* STEIN 1.
Ceratium fusus DUJ. 2.
„ spec. (unleserlich) 1.
„ *tripos* 6.

Oberfläche.

Lebend:

Vorherrschend:
Pyrocystis pseudonoctiluca J. MURRAY.
Daneben:
Ceratocorys.
Goniodoma.
Pyrophacus.

Tot:

„Diatomeen *(Rhizosolenia)* sind in leeren oder ganz abgestorbenen Schalen im Gegensatz zu gestern, wo Küste in Nähe."

19. Jan. Station 183, 8° 14',0 S. Br., 98° 21',6 O. L.

20—0 m. APSTEIN.

Phytoplankton mäßig. Material scheint geschädigt.

Lebend:

Coscinodiscus spec.
Rhizosolenia hebetata f. *semispina* GRAN.
Amphisolenia palmata STEIN.
Ceratium tripos limulus GOURRET.

Tot:

Asterolampra marylandica EHRBG.
Chaetoceras coarctatum LAUDER.
Ceratium tripos flagelliferum CL. var. *undulata* BR. SCHRÖDER.
Coscinodiscus lineatus EHRBG.

Lebend: Tot:

Ceratium tripos arcuatum GOURRET.
   „   „   var. *gracilis* OSTF.
   „   „   *inclinatum* KOFOID.
   „   „   *gibberum* var. *sinistra* GOURRET.
   „   „   *robustum* OSTF.
   „   „   *macroceras* EHRBG. var. *tenuissima* n. var.
   „   *gravidum* var. *cephalote* LEMM.
Ceratocorys horrida STEIN.
Cladopyxis brachiolata STEIN.
Peridinium (divergens) elegans CL.
Pyrocystis pseudonoctiluca J. MURRAY.
   „   *lunula* SCHÜTT.
   „   *hamulus* CL.
Phalacroma rapa STEIN.
Trichodesmium Thiebautii GOMONT.

100 m. APSTEIN.

Lebend: Tot:

Sehr häufig:
Gossleriella tropica SCHÜTT.
Rhizosolenia amputata OSTF.

Daneben:
Asterolampra marylandica EHRBG.
Coscinodiscus excentricus EHRBG.
   „   *lineatus* EHRBG.
Dactyliosolen tenuis (CL.) GRAN.
Hemiaulus Hauckii GRUN.
Planktoniella Sol SCHÜTT.
Amphisolenia Thrinax SCHÜTT.
Ceratocorys horrida STEIN.
Ceratium palmatum BR. SCHRÖDER.
   „   *fusus* DUJ. var. *concava* GOURRET.
   „   „   „   (lang).
   „   „   „   (typisch).
   „   *furca* var. *baltica* MÖB.
   „   *tripos flagelliferum* CL.
   „   „   *arcuatum* var. *gracilis* OSTF.
   „   „   *macroceras* var. *tenuissima* n. var.
   „   „   *coarctatum* PAVILLARD.
   „   „   *azoricum* CL. var. *brevis* OSTF. u. SCHM.
Goniodoma (fimbriatum n-) armatum JOHS. SCHM.
Ornithocercus magnificus STEIN.
   „   *quadratus* SCHÜTT.
   „   *splendidus* SCHÜTT.
Peridinium (divergens) elegans CL.
   „   *acutum* n. sp.
Pyrocystis pseudonoctiluca J. MURRAY.
   „   *hamulus* CL.
   „   *fusiformis* J. MURRAY.
Trichodesmium Thiebautii GOMONT.

Tot:
Chaetoceras neapolitanum BR. SCHRÖDER.
Climacodium Frauenfeldianum GRUN.
Bacteriastrum varians LAUDER.
   „   *elongatum* CL.
Chaetoceras furca CL., Bruchstücke.
   „   *peruvianum* BRTW., Bruchstücke.
   „   *lorenzianum* GRUN., Bruchstücke.
   „   *coarctatum* LAUDER, Bruchstücke.
Rhizosolenia amputata OSTF., in Bruchstücken.
   „   *hebetata* f. *semispina* GRUN., Bruchstücke.
   „   *imbricata* BRTW., Bruchstücke.
   „   *quadrijuncta* H. P., Bruchstücke.

* Planktonvegetation mäßig, ohne besondere vorherrschende Form.

Lebend: Tot:

Rhizosolenia squamosa n. sp. (einzeln auch desorg.)
Ceratium tripos lunula SCHIMPER.
   „   „   *robustum* OSTF.
   „   „   *intermedium* JOERG.
   „   *fusus* DUJ. (kurz).
   „   *candelabrum* (EHRBG.) STEIN.

Tot:
Asteromphalus, leere Schale.
Rhizosolenia spec., Schalen [mit (oder ohne) totem Inhalt].

Lebend:	Tot:
Ceratocorys.	
Goniodoma.	
Ornithocercus magnificus.	
Pyrophacus.	
Peridinium (divergens).	
Pyrocystis.	
Halosphaera (1 Exemplar netzig).	

20. Jan. Station 184, 6° 54',1 S. Br., 99° 27',5 O. L.
o m. APSTEIN.

Phytoplankton sehr spärlich und offenbar geschädigt.

Lebend:	Tot:
	Ceratium reticulatum POUCHET var. *contorta* GOURRET.
	„ *tripos robustum* OSTF.
	„ „ *inclinatum* KOFOID.
	„ „ *volans* CL. var. *elegans* BR. SCHRÖDER.

21. Jan. Station 185, 3° 41',3 S. Br., 100° 59',5 O. L.
25—o m. APSTEIN.

Lebend:	Tot:
Vorherrschend:	*Chaetoceras lorenzianum* GRUN.
Schizophyceen.	*Climacodium Frauenfeldianum* GRUN.
Daneben:	*Corethron criophilum* CASTR.
Asterolampra marylandica EHRBG.	*Rhabdonema adriaticum* KTZG.
Bacteriastrum varians LAUDER.	*Aulacodiscus* spec.
„ *minus* G. K.	
„ *elongatum* CL.	
Chaetoceras lorenzianum GRUN.	
„ *siamense* OSTP.	
„ *peruvianum* BRTW.	
„ *coarctatum* LAUDER.	
„ *tetrastichon* CL.	
Hemiaulus Hauckii GRUN.	
Lauderiopsis costata OSTF.	
Rhizosolenia hebetata f. *semispina* GRAN.	
„ *setigera* BRTW.	
„ *alata* BRTW.	
„ *squamosa* n. sp.	
„ *imbricata* BRTW.	
„ *calcar avis* SCHULZE.	
„ *hebetata* f. *hiemalis* GRAN.	
„ *ampulata* OSTF.	
„ *styliformis* BRTW. mit *Richelia intercellularis*	
„ OSTF. u. SCHMIDT, lebend.	
Pyrocystis pseudonoctiluca J. MURRAY.	
„ *lunula* SCHÜTT.	
„ *hamulus* CL.	
Triceratium sp.	
Thalassiothrix heteromorpha n. sp.	
Tropidoneis Proteus n. sp.	
Ceratium fusus DUJ.	
„ *palmatum* BR. SCHRÖDER.	
„ *furca* var. *baltica* MÖB.	
„ *reticulatum* POUCHET var. *contorta* GOURRET.	
„ *geniculatum* LEMMERMANN.	
„ *tripos intermedium* JOERG. var. *aequatorialis* BR.	
„ SCHRÖDER.	

Das indische Phytoplankton nach dem Material der deutschen Tiefsee-Expedition 1898—1899.

251

Lebend: Tot:

Ceratium tripos macroceras EHRBG. var. tenuissima n. var.
„ „ volans CL. var. elegans BR. SCHRÖDER.
„ „ arcuatum GOURRET.
„ „ var. atlanticum OSTF.
„ „ gibberum var. sinistra GOURRET.
„ „ flagelliferum CL.
„ „ var. undulata BR. SCHRÖDER.
„ „ azoricum CL. var. brevis OSTF. u. SCHM.
„ „ robustum OSTF.
Katagnymene spiralis LEMM.
„ pelagica LEMM.
Trichodesmium Thiebautii GOMONT.
„ contortum WILLE.

150—0 m. APSTEIN.

Viel Zooplankton.

Lebend: Tot:

Asterolampra marylandica EHRBG. Climacodium Frauenfeldianum GRUN.
Bacteriastrum varians LAUDER. Lauderiopsis costata OSTF.
„ elongatum CL. Chaetoceras peruvianum BRTW.
Cerataulina Bergonii H. P. „ coarctatum LAUDER.
(Coscinodiscus rex WALLICH) = Antelminellia gigas SCHÜTT. „ lorenzianum GRUN. ⎫
Gossleriella tropica SCHÜTT. „ furca CL. ⎬ alle meist in
Planktoniella Sol SCHÜTT. „ neapolitanum BR. SCHRÖDER. ⎭ Bruchstücke.
Thalassiothrix heteromorpha n. sp. „ Ralfsii CL.
Trichodesmium Thiebautii GOMONT. Rhizosolenia robusta NORM.
Ceratium fusus DUJ. „ styliformis BRTW.
„ furca GOURRET var. baltica MÖB. „ calcar avis SCHULZE.
„ gravidum var. praelonga LEMM. „ hebetata f. semispina GRAN. ⎫
„ var. cephalote LEMM. „ imbricata BRTW. ⎬ alle mehr oder
„ reticulatum POUCHET var. contorta GOURRET. „ Stolterfothii H. P. ⎬ weniger in
„ geniculatum LEMM. „ squamosa n. sp. ⎬ Bruchstücken.
„ palmatum BR. SCHRÖDER. „ ampulata OSTF.
„ tripos flagelliferum CL. „ alata BRTW.
„ „ macroceras EHRBG. var. tenuissima n. var. „ setigera BRTW.
„ „ intermedium JOERG. f. aequatorialis BR. „ Temperei var. acuminata H. P. ⎭
SCHRÖDER.
„ „ volans CL. var. elegans BR. SCHRÖDER.
„ arcuatum GOURRET.
„ „ azoricum CL. var. brevis OSTF. u. SCHM.
Ceratocorys horrida STEIN.
Pyrocystis fusiformis J. MURRAY.
„ lunula SCHÜTT.
„ hamulus CL.
Katagnymene spiralis LEMM.
„ pelagica LEMM.

Tiefe 100 quant. APSTEIN.

Enthält nichts von 150—0 Abweichendes, ist jedoch viel ärmer.

Scheinbar Grundproben (614 m). SCHIMPER.

Hauptmasse:
Actinocyclus-Ringe und -Schalen spec. ⎫ sehr kleine,
Actinocyclus Valdiviae G. K. gleichend ⎬ dickschalige
Coscinodiscus-Schalen spec., weniger. ⎬ elliptische
Fragilaria-Schalen. ⎭ Formen.
Daneben:
Bacteriastrum varians-Sterne.
Chaetoceras lorenzianum GRUN.

Asterolampra marylandica EHRBG.
Climacodium Frauenfeldianum GRUN.
Podolampas bipes STEIN.
Ceratium tripos flagelliferum CL.
„   „   *macroceras* EHRBG.
„   *fusus* DUJ. var. *concava* GOURRET.
Katagnymene-Fragmente.
Trichodesmium-Fragmente.

21. Jan. Station 186, 3° 22',1′ S. Br., 101° 11',5 O. L
20—0 m. APSTEIN.

Lebend:	Tot:
Vorherrschend:	

Vorherrschend:
Katagnymene spiralis LEMM.
„   *pelagica* LEMM.
Daneben:
Bacteriastrum minus G. K.
„   *varians* LAUDER.
Chaetoceras peruvianum BRTW.
„   *coarctatum* LAUDER.
Climacodium Frauenfeldianum GRUN.
Stigmaphora rostrata WALLICH } in der *Katagnymene*-
Navicula corymbosa AG.   } Gallerte.
Rhizosolenia styliformis BRTW. mit *Richelia intracellularis*
SCHM.
Trichodesmium contortum WILLE.
„   *Thiebautii* GOMONT
Amphisolenia bidentata BR. SCHRÖDER.
Ceratium fusus DUJ.
„   *tripos flagelliferum* CL.
„   „   *arcuatum* GOURRET.
„   „   *volans* CL. var. *elegans* BR. SCHRÖDER.
„   „   *macroceras* EHRBG.
„   „   *reticulatum* var. *contorta* GOURRET.
Pyrocystis pseudonoctiluca J. MURRAY.

Ausgesuchtes Material. CHUN.
100 m.

Lebend:	Tot:
(*Coscinodiscus rex* WALLICH) = *Antelminellia gigas* SCHÜTT mit zahlreichen Oeltropfen, normale Form, ca. 880 µ.	*Katagnymene pelagica* in beginnender Desorganisation. Allerlei Detritus.

100 m. APSTEIN.

Hauptmasse: in Desorganisation begriffene Schizophyceen.

Lebend:	Tot:
Bacteriastrum varians LAUDER.	*Bacteriastrum minus* G. K.
Cerataulina Bergonii H. P.	*Rhizosolenia amputata* OSTF.
Climacodium Frauenfeldianum GRUN (anormal).	*Katagnymene pelagica* LEMM.
Coscinodiscus Beta n. sp.	„ *spiralis* LEMM.
Rhizosolenia styliformis BRTW.	*Chaetoceras peruvianum* BRTW., Bruchstücke.
„ *imbricata* BRTW.	„ *coarctatum* LAUDER, Bruchstücke.
„ *calcar avis* SCHULZE.	„ *aequatoriale* CL.
Stigmaphora rostrata WALLICH.	*Richelia intracellularis*, abgestorben in den lebenden *Rhizo-*
„ *lanceolata* WALLICH.	*solenia*-Zellen.
Synedra crystallina KTZG.	
„ *auriculata* n. sp.	
Ceratium reticulatum POUCHET var. *spiralis* KOFOID.	
„ *tripos lunula* SCHIMPER (typisch).	

Lebend: Tot:

Ceratium tripos Intermedium JOERGENSEN var. aequatorialis
     BR. SCHRÖDER.
  „   „ arcuatum var. contorta GOURRET.
  „   „ robustum OSTF.
Ornithocercus magnificus STEIN.
  „   splendidus SCHÜTT.
Peridinium (divergens) ellipticum n. sp.
Podolampas bipes STEIN.
Aphanocapsa spec.
Rivularien in Bruchstücken.
Spirulina spec.

*Bis 150 m.

Plankton reich, namentlich an Tieren, aber auch viele Diatomeen. Beginn des Gebietes von *Katagnymene*. (Unterscheidung, ob lebend, fehlt.)

Vorherrschend:

Rhizosolenia hebetata f. semispina GRAN. und andere Arten und Chaetoceros in mehreren Arten.

Daneben:

Bacteriastrum varians LAUDER.
Chaetoceras neapolitanum BR. SCHRÖDER.
  „ peruvianum BRTW.
Gossleriella tropica SCHÜTT.
Guinardia flaccida H. P.
Hemiaulus Hauckii GRUN.
Planktoniella Sol SCHÜTT.
Valdiviella formosa SCHIMPER (leere Schale).
Rhizosolenia alata BRTW.
  „ squamosa n. sp.
  „ Temperei H. P.
  „ hyalina OSTF.
Thalassiothrix acuta G. K.
Amphisolenia.
Ceratium tripos volans CL.
  „   „ lunula SCHIMPER.
  „   „ arcuatum GOURRET.
  „ fusus DUJ. (lang).
  „ geniculatum LEMM.
Ceratocorys.
Goniodoma.
Ornithocercus magnificus STEIN.
  „ splendidus SCHÜTT.
Peridinium (divergens) spec.
Pyrocystis pseudonoctiluca J. MURRAY.
Podolampas.
Trichodesmium Thiebautii GOMONT.
Katagnymene spiralis LEMM.

* Nachmittag.

Mitte Kanal zwischen Mentawei-Inseln und Sumatra.

Oberfläche.

„Plankton etwas abweichend von heute morgen, indem die braunen Oscillarien zahlreicher; es sind deren zwei; die eine, sehr gewundene Korkzieher bildende, ist viel dünner als die andere. — Temperatur des Wassers bei 150 m schon 13° C, indem Sprung viel weniger tief als auf hoher See, rührt nach SCHOTT von Vertikalströmungen, die an Küsten häufig. Diese Strömungen bedingen Auftrieb von Tiefenformen."

33

Lebend:

Asteromphalus spec.
Coscinodiscus spec.
Rhizosolenia styliformis BRTW. mit Richelia intracellularis
SCHM., diese bisweilen auch frei!
Halosphaera.
Katagnymene pelagica LEMM.
    „   spiralis LEMM.
Winzige Naviculaceen in wurstartiger Schleimmasse —
Navicula (Schizonema) corymbosa AG., Streptotheca? oder
Navicula membranacea?

Tot:

Planktoniella Sol SCHÜTT.
Chaetoceras (nur leere Skelette).

22. Jan. Station 187, 2° 11',8 S. Br., 100° 27',1 O. L.
20—0 m. APSTEIN.

Lebend:

Vorherrschend:
Schizophyceen.
Daneben:
Climacodium Frauenfeldianum GRUN.
(Coscinodiscus rex WALLICH) = Antelminellia gigas SCHÜTT.
Rhizosolenia styliformis BRTW. mit Richelia intracellularis
SCHM.
Amphisolenia palmata STEIN.
Ceratium tripos azoricum CL. var. brevis OSTF. u. SCHM.
  „   „   inclinatum KOFOID.
  „   „   volans CL. var. elegans BR. SCHRÖDER.
  „   „   arcuatum var. gracilis OSTF.
  „   fusus DUJ.
  „   reticulatum POUCHET.
Ceratocorys horrida STEIN.
Peridinium (divergens) elegans CL.
Pyrocystis pseudonoctiluca J. MURRAY.
  „   fusiformis J. MURRAY.
  „   hamulus CL.
  „   pseudonoctiluca, mit mehreren Plasmaportionen.
Aphanocapsa spec.
Katagnymene spiralis LEMM.
  „   pelagica LEMM.

Tot:

Chaetoceras coarctatum LAUDER.
Ceratium tripos flagelliferum CL.

*Mitte Kanal zwischen Sumatra und Mentawei-Inseln.

Pflanzen-Plankton spärlicher als gestern.

Lebend:

Coscinodiscus spec.
Rhizosolenia styliformis BRTW. mit Richelia intracellularis
SCHM.
Ceratium tripos lunula SCHIMPER.
  „   „   limulus GOURRET.
  „   „   robustum OSTF.
  „   fusus DUJ. (kurz).
Ceratocorys horrida STEIN.
Euodia inornata CASTR.
Ornithocercus magnificus STEIN.
Pyrocystis pseudonoctiluca J. MURRAY, viel.
Peridinium spec.
Katagnymene spiralis LEMM. } spärlicher als gestern
  „   pelagica LEMM. } nachmittag.
Trichodesmium Thiebautii GOMONT.

Tot:

Asteromphalus spec.
Rhizosolenia hebetata f. semispina GRAN.

30. Jan.   Station 189, 0° 57',5 S. Br., 99° 51',1 O. L.
30—0 m.   APSTEIN.

Lebend:

Vorherrschend:
Schizophyceen, zum Teil absterbend.
Daneben:
Bacteriastrum delicatulum CL.
   „ *elongatum* CL.
Climacodium Frauenfeldianum GRUN.
Rhizosolenia hebetata f. *semispina* GRAN.
   „ *squamosa* n. sp.
   „ *styliformis* BRTW. mit *Richelia intracellularis* SCHM.
Navicula corymbosa AG.
Stigmaphora rostrata WALLICH.
Ceratocorys horrida STEIN.
Ceratium reticulatum POUCHET var. *contorta* GOURRET.
   „ *gravidum* var. *cephalote* LEMM.
   „ *geniculatum* LEMM.
   „ *dens* OSTF. u. SCHMIDT.
   „ *tripos arcuatum* GOURRET.
   „   *volans* CL. var. *elegans* BR. SCHRÖDER.
   „   *vultur* CL. var. *sumatrana* n. var.
   „   *macroceras* EHRB. var. *crassa* n. var.
   „   „ var. *tenuissima* n. var.
   „ ? *flagelliferum* CL. var. *undulata* BR. SCHRÖDER.
   „   „ *balticum* SCHÜTT.
   „   „ *azoricum* CL. var. *brevis* OSTF. u. SCHM.
Gonyaulax polliei MURR. and WHITT.
Goniodoma acuminatum STEIN.
Pyrocystis hamulus CL.
   „ *pseudonoctiluca* J. MURRAY.
Aphanocapsa spec.
Trichodesmium Thiebautii GOMONT.
Katagnymene pelagica LEMM.
   „ *spiralis* LEMM.

Tot:

Bacteriastrum varians LAUDER.
Chaetoceras peruvianum BRTW.
   „ *coarctatum* LAUDER.
   „ in unbestimmbaren Bruchstücken.
Ornithocercus magnificus STEIN.

*Plankton an der Oberfläche wesentlich wie am 1. Jan., dagegen im Fange bis zu 200 m sehr viel reichlicher und mit einer sehr großen Menge einer *Euodia*.

Lebend:

Asteromphalus spec.
Coscinodiscus spec.
Planktoniella.
Valdiviella formosa SCHIMPER.
Euodia inornata CASTR.

Tot:

Planktoniella Sol SCHÜTT.

„Temperaturen:

Oberfläche 29,4°   150 m 16,2°
   50 m 27,4°   175 „ 13,1°
   100 „ 27,3°   200 „ ?
   125 „ 19,6°   300 „ 11,5°."

30. Jan.   Station 190, 0° 58',2 S. Br., 99° 43',2 O. L.
30—0 m.   APSTEIN.

Lebend:

Vorherrschend:
Schizophyceen.
Daneben:
Asterolampra marylandica EHRBG.
Bacteriastrum minus G. K.

Tot:

35

Lebend:	Tot:
Bacteriastrum delicatulum CL.	
„ *varians* LAUDER mit Vorticellen.	
Chaetoceras contortum SCHÜTT mit *Richelia intracellularis* SCHM.	
Euodia inornata CASTR.	
Rhizosolenia squamosa n. sp.	
„ *styliformis* mit *Richelia intracellularis* SCHM.	
Streptotheca indica n. sp.	
Amphisolenia bidentata BR. SCHRÖDER.	
Ceratocorys horrida STEIN.	
Ceratium fusus DUJ. (lang).	
„ *tripos volans* CL. var. *elegans* BR. SCHRÖDER.	
„ „ *flagelliferum* CL.	
„ „ „ var. *undulata* BR. SCHRÖDER.	
„ *dens* OSTF.	
Ornithocercus splendidus SCHÜTT.	
„ *magnificus* STEIN.	
Pyrocystis fusiformis J. MURRAY.	
„ *pseudonoctiluca* J. MURRAY.	
Dermocarpa spec. auf *Bacteriastrum*.	
Katagnymene pelagica LEMM.	
„ *spiralis* LEMM.	

Ausgesuchtes Material. CHUN. Quant.

200 m.

Lebend:	Tot:
Katagnymene spiralis 1 Exemplar.	*Katagnymene pelagica* LEMM.
Planktoniella Sol SCHÜTT.	„ *spiralis* LEMM.
Valdiviella formosa SCHIMPER.	*Trichodesmium tenue* WILLE.
Hyalodiscus parvulus n. sp.	„ *Thiebautii* GOMONT.
(*Coscinodiscus rex* WALLICH), große Exemplare == *Antelminellia gigas* SCHÜTT.	*Euodia inornata* CASTR., mehrfach.
	Chaetoceras lorenzianum GRUN.
	„ *contortum* SCHÜTT.
	Bacteriastrum (*varians* LAUDER oder) *delicatulum* CL.
	Detritus mancherlei Art.

200 m. APSTEIN. Quant.

Sehr reichliches Phytoplankton.

Lebend:	Tot:	
Vorherrschend:	*Chaetoceras aequatoriale* CL.	
Diatomeen, weniger Peridineen.	*Dactyliosolen meleagris* G.K.	
Und zwar:	*Chaetoceras lorenzianum* GRUN.	
Asteromphalus stellatus RALFS.	„ *Ralfsii* CL. var.	
„ *Hookeri* EHRBG.	„ *furca* CL.	
„ *heptactis* RALFS.	„ *diversum* CL.	
Asterolampra marylandica EHRBG.	„ *atlanticum* CL.	in Bruchstücken.
Bellerochea malleus (dreieckige Form!) [BRIGHTW.] V. HEURCK.	„ *tetrastichon* CL.	
Bacteriastrum varians LAUDER.	„ *contortum* SCHÜTT	
„ *elongatum* CL.	„ *siamense* OSTF.	
(*Coscinodiscus rex* WALLICH [var. Taf. XXIV, Fig. 4]) == *Antelminellia gigas* SCHÜTT.	„ *sociale* LAUDER	
„ *excentricus* EHRBG.	*Rhizosolenia Stolterfothii* H. P.	
„ *increscens* n. sp.	„ *amputata* OSTF.	
„ *lineatus* EHRBG.	„ *setigera* BRIGHTW.	
„ *Beta* n. sp.	„ *squamosa* n. sp.	in Bruchstücken.
Climacodium Frauenfeldianum GRUN.	„ *quadrijuncta* H. P.	
Cerataulina compacta OSTF.	„ *calcar avis* SCHULZE	
	„ *imbricata* BRIGHTW.	

Lebend: Tot:

Corethron criophilum CASTR.
Dactyliosolen meleagris G.K.
„   tenuis (CL.) GRAN (mit Parasiten).
Detonula Schroederi P. BERGON.
Euodia inornata CASTR.
Gossleriella tropica SCHÜTT.
Guinardia flaccida H. P.
Hyalodiscus parvulus n. sp.
Lauderia punctata n. sp.
Lithodesmium undulatum EHRBG.
Melosira spec.
Navicula membranacea CL.
Nitzschia seriata CL.
„   Closterium W. SM.
Planktoniella Sol SCHÜTT.
Pleurosigma angulatum W. SM.
Rhizosolenia hyalina OSTF.
„   styliformis BRTW. mit Richelia intercellularis
         SCHM.
Streptotheca indica n. sp.
Skeletonema costatum (GREV.) GRUN.
Thalassiothrix acuta G.K.
Valdiviella formosa SCHIMPER.
Amphisolenia palmata STEIN.
Ceratium palmatum BR. SCHRÖDER, in Ketten.
„   fusus DUJ., lang.
„   furca DUJ. var. longa G.K.
„   „   var. baltica MÖB.
„   geniculatum LEMM.
„   tripos arcuatum GOURRET.
„   „   azoricum CL. var. brevis OSTF. u. SCHM.
             in Ketten.
„   „   macroceras EHRBG. var. crassa n. var.
„   „   „   var. tenuissima n. var.
„   „   flagelliferum CL. var. undulata BR. SCHRÖDER.
„   „   lunula SCHIMPER.
„   „   robustum OSTF.
„   „   intermedium JOERGENSEN.
Cladopyxis brachiolata STEIN.
Dinophysis miles CL.
Gonyaulax joliffei MURR. and WHITTING.
Nodularia spec.
Podolampas elegans SCHÜTT (l. c. S. 161).
Peridinium (divergens) elegans CL.
„   „   oceanicum VANHÖFFEN.
„   „   var. acutum n. var.
Pyrocystis hamulus CL.
„   pseudonoctiluca J. MURRAY.
Phalacroma doryphorum STEIN.
Trichodesmium tenue WILLE.
„   Thiebautii GOMONT.

31. Jan.   Station 191.
*Oberfläche.   30 m.   Kanal zwischen zwei Inseln.

Plankton mäßig, Pflanzen spärlich.

Asteromphalus.
Chaetoceras.
Hemiaulus Hauckii GRUN.
Rhizosolenia hebetata f. semispina GRAN.

37

Rhizosolenia styliformis BRTW. mit *Richelia intercellularis* SCHM.
    „   *Temperet* H. P.
Ceratium tripos volans CL. var. *elegant* BR. SCHRÖDER.
    „   *fusus* DUJ., lang.
    „   *digitatum* SCHÜTT.
Ceratocorys.
Euodia inornata CASTR.
Ornithocercus magnificus STEIN.
Peridinium (divergens) spec.
Pyrophacus.
Pyrocystis.
Trichodesmium contortum WILLE.
Katagnymene spiralis LEMM.
    „   *pelagica* LEMM.

Schließnetzfang [100—85 m?] [1]). CHUN.

Lebend:	Tot:
Coscinodiscus gigas EHRBG. var. *diorama* GRUN., 140—308 μ.	*Climacodium Frauenfeldianum* GRUN.
Asterolampra marylandica EHRBG.	*Chaetoceras sumatranum* n. sp., längere Kette.
Gossleriella tropica SCHÜTT.	„ *peruvianum* BRTW.
	„ *lorenzianum* GRUN.
	Rhizosolenia quadrijuncta H. P.
	„ *alata* BRTW.
	„ unbestimmbare Bruchstücke, zum Teil jedenfalls *styliformis*.
	Thalassiothrix longissima CL. u. GRUN.
	Pyrocystis fusiformis J. MURRAY.
	Amphisolenia palmata STEIN.
	Goniodoma, Bruchstücke.
	Peridinium (divergens) elegans CL.
	Ceratium fusus DUJ. (kurz).
	„ *tripos arcuatum* var. *caudata* G. K.
	Katagnymene pelagica LEMM., völlig desorganisiert.
	Detritus mancherlei Art.

Schließnetzfang [120—25 m?] [1]). CHUN.

Eine Menge isolierter Steinzellen und lockeren Parenchyms, wie von fleischigen Früchten. *Ceratocorys horrida* STEIN tot, mehrfach.

*Schließnetzfänge.
200—180 m (210—190 m).

Lebend:	Tot:
Coscinodiscus (2).	*Ceratium tripos intermedium* JOERG. (1).
„ spec. 2 (1).	*Rhizosolenia hebetata* f. *semispina* GRAN. (1), Fragment.
Gossleriella (1).	*Phalacroma* spec., ohne Chromatophoren (1).
Planktoniella Sol SCHÜTT (3).	*Euodia inornata* CASTR. (1).
Goniodoma (1).	*Ornithocercus magnificus* STEIN (1).
Peridinium (divergens) (4).	
„ *Steinii* JOERGENSEN (1).	
Halosphaera (1).	

160—120 m (180—145 m).

Lebend:	Tot:
Thalassiosira (1) [2-gliedrige Kette].	Diatomee incogn. (1).
Peridinium (divergens) (1).	*Planktoniella Sol* STEIN (2).
	Euodia, desorganisiert (1).

---

1) Zahlenangaben wohl zu beanstanden, da als Schließnetztiefe angegeben werden: 210—190, 180—145, 120—85, 80—30 m; cf. Stationen der Deutschen Tiefsee-Expedition 1898/99.

100—60 m (120—85 m).

Lebend:

Gossleriella tropica SCHÜTT (1).
Planktoniella Sol SCHÜTT (1).
Ceratium tripos intermedium JOERG. [3-gliedrige Kette] (1).
Peridinium (divergens) (3).
Pyrocystis pseudonoctiluca J. MURRAY (12).
  „   *ovalis?* ohne Skizze (1).
Katagnymene 2.
Trichodesmium Thiebautii GOMONT (1).

Tot:

Asteromphalus, Schale (1).
Rhizosolenia alata BRTW., Schalen (3).
Ceratium spec. 2.
Ornithocercus magnificus STEIN (2).

60—5 m (80—30 m).

Lebend:

Planktoniella Sol SCHÜTT (1).
Peridinium (divergens) (2).
Pyrocystis pseudonoctiluca J. MURRAY (8).
Halosphaera (1).
Trichodesmium Thiebautii GOMONT (1).

Tot:

31. Jan.   Station 192, 0° 43',2 S. Br., 98° 33',8 O. L.
30 m.   APSTEIN.

Phytoplankton arm; Zellen meist tot.

Lebend:

Bacteriastrum varians LAUDER.
Chaetoceras contortum SCHÜTT mit *Richelia intracellularis* SCHM.
Rhizosolenia styliformis BRTW. mit *Richelia intracellularis* SCHM.
Amphisolenia bidentata BR. SCHRÖDER.
Ceratium fusus DUJ.
  „   *digitatum* SCHÜTT.
  „   *gravidum* GOURRET var. *praelonga* LEMM.
Peridinium (divergens) acutum n. sp.
Katagnymene pelagica LEMM.
  „   *spiralis* LEMM.

Tot:

Chaetoceras lorenzianum GRUN.
  „   *aequatoriale* CL.
  „   *neapolitanum* BR. SCHRÖDER.
  „   *furca* CL.
Dactyliosolen laevis G. K.
Euodia inornata CASTR.
Lauderia punctata n. sp.
Planktoniella Sol SCHÜTT.
Rhizosolenia alata BRTW.
  „   *amputata* OSTF.
  „   *squamosa* n. sp.
  „   *setigera* BRTW.
  „   *cylindrus* CL.
  „   *Stolterfothii* H. P.
Ceratium furca DUJ. var. *baltica* MÖB.
  „   *tripos flagelliferum* CL.
  „   „   *macroceras* EHRBG. var. *crassa* n. var.

1. Febr.   Station 193, 0° 30',2 N. Br., 97° 59',7 O. L.
30—0 m.   APSTEIN.

Phytoplankton reichlich, doch in schlechtem Zustande.

Lebend:

Asterolampra marylandica EHRBG.
Bacteriastrum varians LAUDER.
Chaetoceras densum CL.
  „   *coarctatum* LAUDER mit Vorticellen.
  „   *peruvianum* BRTW.
  „   *atlanticum* CL.
  „   *sociale* LAUDER.
  „   *sumatranum* n. sp.
  „   *contortum* SCHÜTT mit *Richelia intracellularis* SCHM.

Tot:

Chaetoceras diversum CL.
  „   *Ralfsii* CL.
  „   *lorenzianum* GRUN.
  „   *furca* CL.
  „   *aequatoriale* CL.
Coscinodiscus Beta n. spec.
Pleurosigma longum CL.
Rhizosolenia setigera BRTW.
  „   *amputata* OSTF.
  „   *calcar avis* SCHULZE.

39

Lebend:

Climacodium biconcavum CL.
    „   *Frauenfeldianum* GRUN.
Euodia inornata CASTR.
Lauderia punctata n. sp.
Lithodesmium undulatum EHRBG.
Rhizosolenia styliformis BRTW. mit *Richelia intracellularis*
    SCHM.
Thalassiothrix longissima CL. u. GRUN.
Ceratium gravidum var. *cephalote* LEMM.
    „   *fusus* DUJ.
    „   *palmatum* BR. SCHRÖDER.
    „   *furca* var. *baltica* MÖB.
    „   *reticulatum* POUCHET var. *contorta* GOURRET.
    „   *dens* OSTF.
    „   *tripos volans* CL. var. *elegans* BR. SCHRÖDER.
    „   „   *flagelliferum* CL.
    „   „   *lunula* SCHIMPER (typisch).
    „   „   *macroceras* EHRBG. var. *crassa* n. var.
    „   „   var. *tenuissima* n. var.
    „   „   *intermedium* JOERGENSEN var. *aequatorialis*
            BR. SCHRÖDER.
    „   „   *arcuatum* GOURRET.
    „   „   „   var. *gracilis* OSTF.
Ornithocercus magnificus STEIN.
Peridinium (divergens) elegans CL.
    „   „   *oceanicum* VANHÖFFEN.
Podolampas bipes STEIN.
Pyrocystis lanceolata BR. SCHRÖDER.
    „   *pseudonoctiluca* J. MURRAY.
Chamaesiphonacearum genus.
Katagnymene pelagica LEMM.
Trichodesmium contortum WILLE.
    „   *Thiebautii* GOMONT.

Tot:

Rhizosolenia Stolterfothii H. P.
Synedra crystallina BRTW.

*Mitte Kanal zwischen Sumatra und Nias.

Asteromphalus (sehr spärlich).
Coscinodiscus.
Euodia (sehr reichlich).
Chaetoceras.
Guinardia flaccida H. P.
Climacodium Frauenfeldianum GRUN.
Rhizosolenia hebetata f. *semispina* GRAN. und andere spec., peristroph.
    „   *styliformis* BRTW. mit *Richelia intracellularis* SCHM.
Chaetoceras [in Peristrophe, zum Teil mit parasitischer Nostocacee].
Katagnymene.
Trichodesmium Thiebautii GOMONT.

1. Febr.   Station 195, 0° 30',5 N. Br., 98° 14',2 O. L.
30—0 m. APSTEIN.

Lebend:

Chaetoceras coarctatum LAUDER mit Vorticellen.
Climacodium biconcavum CL.
    „   *Frauenfeldianum* GRUN.
Euodia inornata CASTR.
Rhizosolenia styliformis BRTW. mit *Richelia intracellularis*
    SCHM., lebend.
Streptotheca Indica n. sp.
Amphisolenia palmata STEIN.

Tot:

Chaetoceras lorenzianum GRUN. ⎱
    „   *furca* CL. ⎰
    „   *atlanticum* CL.   Bruchstücke
Rhizosolenia amputata OSTF.   vorherrschend.
    „   *setigera* BRTW.
Bacteriastrum varians LAUDER.
    „   *elongatum* CL.
Chaetoceras Ralfsii CL.

Lebend:	Tot:
Ceratium fusus DUJ. var. concava GOURRET.	Chaetoceras aequatoriale CL.
„ palmatum BR. SCHRÖDER.	„ peruvianum BRTW.
„ tripos azoricum CL. var. brevis OSTF. u. SCHM.	„ contortum SCHÜTT mit Richelia intracellularis
„ „ flagelliferum CL.	SCHM.
„ „ arcuatum GOURRET var. atlantica OSTF.	Corethron criophilum CASTR., Schwebespore.
Peridinium (divergens) oceanicum VANHÖFFEN.	Lauderia punctata n. sp.
Chamaesiphonacearum genus.	Nitzschia seriata CL.
Katagnymene pelagica LEMM.	Pyrophacus horologium STEIN.
Richelia intracellularis SCHM., frei.	Rhizosolenia cylindrus CL.
	„ quadrijuncta H. P.
	„ imbricata LAUDER.
	Lithodesmium undulatum EHRBG.

2. Febr.   Station 197, 0° 23′,0 N. Br., 97° 57′,0 O. L.
*Bucht in der Insel Nias.

Reiches, wesentlich von Diatomeen, Euodia, Chaetoceras u. a. gebildetes Plankton, daneben
auch Peridineen.

2. Febr.   Station 198, 0° 16′,5 N. Br., 98° 7′,5 O. L.
30—0 m. APSTEIN.

Lebend: Tot:

Vorherrschend: totes Material.   Bruchstücke von: Chaetoceras lorenzianum GRUN., Chaetoceras atlanticum CL.,
Rhizosolenia hebetata f. semispina GRAN.

Daneben:

Biddulphia sinensis GREV., cf. GRAN, Nord. Plankt.
Bacteriastrum minus G.K.
Chaetoceras contortum SCHÜTT mit Richelia intracellularis
  SCHM.
„ coarctatum LAUDER mit Vorticellen.
„ sumatranum n. sp.
Corethron criophilum CASTR.
Climacodium biconcavum CL.
„ Frauenfeldianum GRUN.
Euodia inornata CASTR.
Guinardia flaccida H. P.
Rhizosolenia Stolterfothii H. P.
„ styliformis BRTW. mit Richelia intracellularis
  SCHM.
„ cylindrus CL.
Skeletonema costatum GRUN.
Thalassiothrix acuta G.K.
Ceratium furca DUJ.
„ fusus DUJ. (kurz).
„ tripos flagelliferum CL.
„ „ contrarium GOURRET.
„ „ macroceras EHRBG. (typisch)
„ „ „ var. crassa n. var.
Peridinium (divergens) elegans CL.
Pyrocystis fusiformis J. MURRAY.
Richelia intracellularis SCHM. (frei).
Trichodesmium contortum WILLE.
„ Thiebautii GOMONT.

Daneben:

Bacteriastrum varians LAUDER.
Chaetoceras furca CL.
„ Ralfsii CL.
„ aequatoriale CL.
„ diversum CL., typisch.
„ peruvianum BRTW.
„ neapolitanum BR. SCHRÖDER.
„ sociale LAUDER.
Guinardia Blavyana H. P.
Lauderia punctata n. sp.
Lithodesmium undulatum EHRBG.
Nitzschia seriata CL.
Planktoniella Sol SCHÜTT.
Rhizosolenia amputata OSTF.
„ alata BRTW. (abweichende Form).
„ setigera BRTW.
„ quadrijuncta H. P.
„ cylindrus CL.
Synedra affinis KTZG. (lang).
Ceratium tripos volans CL. var. elegans BR. SCHRÖDER.

41

100 m. APSTEIN.

Coscinodiscoideen-Plankton, alle Zellen mehr oder minder geschädigt.

Lebend: Tot:

Hauptmasse: Heruntergefallene Bestandteile des Oberflächen-Planktons, tot.

Lebend	Tot
Chaetoceras coarctatum LAUDER.	*Bacteriastrum minus* G. K.
„ *neapolitanum* BR. SCHRÖDER.	„ *varians* LAUDER.
Coscinodiscus lineatus EHRBG.	„ *elongatum* CL.
„ *convergens* G. K.	*Chaetoceras lorenzianum* GRUN.
„ *Simonis* G. K.	„ *sociale* LAUDER.
„ *excentricus* EHRBG.	„ *aequatoriale* CL.
„ *varians* G. K.	„ *contortum* SCHÜTT.
Climacodium Frauenfeldianum GRUN., in Auflösung.	„ *tetrastichon* CL.
Gossleriella tropica SCHÜTT.	„ *peruvianum* BRTW.
Planktoniella Sol SCHÜTT.	„ *furca* CL.
Valdiviella formosa SCHIMPER.	„ *capense* G. K.
Dinophysis Alas n. sp.	„ *diversum* CL.
Phalacroma Blackmani MURR. and WHITT.	„ *contortum* SCHÜTT mit *Richelia intracellularis* SCHM.
Peridinium Steinii JOERGENSSEN.	*Dactyliosolen meleagris* G. K.
„ *(divergens) aculum* n. sp.	*Euodia inornata* CASTR.
	Hemiaulus Hauckii GRUN.
	Lauderia punctata n. sp.
	Rhizosolenia setigera BRTW.
	„ *styliformis* BRTW. mit *Richelia intracellularis* SCHM.
	„ *imbricata* BRTW.
	„ *cylindrus* CL.
	„ *amputata* OSTF.
	„ *quadrijuncta* H. P.
	Lithodesmium undulatum EHRBG.
	Amphisolenia palmata STEIN.
	Ceratocorys horrida STEIN.
	Corethron criophilum CASTR.
	Ceratium dens OSTF.
	„ *tripos reflexum* CL.
	„ „ *macroceras* EHRBG.
	„ „ „ var. *tenuissima* n. var.
	„ „ *flagelliferum* CL.
	„ „ *arcuatum* var. *atlanticum* OSTF.
	Trichodesmium Thiebautii GOMONT, desorganisiert.

2. Febr. Station 199, 0° 15',5 N. Br., 98° 4',0 O. L.

25 m. APSTEIN.

Phytoplankton scheint fast durchweg aus abgestorbenen Zellen zu bestehen.

Lebend: Tot:

Lebend	Tot
Vorherrschend:	*Asterionella japonica* CL.
Chaetoceras lorenzianum GRUN.	*Chaetoceras Ralfsii* CL., ganze Ketten.
Katagnymene pelagica LEMM.	„ *contortum* SCHÜTT.
„ *spiralis* LEMM.	„ „ mit *Richelia intracellularis* SCHM.
	„ *peruvianum* BRTW.
Daneben:	„ *furca* CL.
Bacteriastrum varians LAUDER.	„ *neapolitanum* BR. SCHRÖDER.
„ *minus* G. K.	„ *sociale* LAUDER.
„ *delicatulum* CL.	„ *diversum* CL.
Euodia inornata CASTR.	„ *aequatoriale* CL., eine zweizellige Kette mit
Fragilaria granulata n. sp.	parallelen Borsten.
Hemiaulus indicus n. sp.	*Climacodium Frauenfeldianum* GRUN.
Streptotheca indica n. sp.	*Lithodesmium undulatum* EHRBG.
Ceratium tripos lunula SCHIMPER.	

Lebend:	Tot:
Lyngbya aestuarii LIEBMANN (1 Exemplar).	*Nitzschia (sigma)* spec.
Trichodesmium Thiebautii GOMONT.	*Pleurosigma litorale* W. SM.
	Rhizosolenia calcar avis SCHULZE.
	„ *Stolterfothii* H. P., in Spiralen.
	„ *styliformis* BRTW. mit *Richelia intracellularis* SCHM.
	Catenula? spec.? MERESCHKOWSKY.
	Ceratium tripos macroceras EHRBG.
	„ „ *robustum* OSTF.
	„ „ *flagelliferum* CL.

3. Febr. Station 200, 0° 46',2 N. Br., 96° 23',2 O. L.   SCHIMPER.

Ausschließlich grobfädige *Katagnymene pelagica*.

100—0 m quant. AISTEIN.

Schizophyceen meist abgestorben, auch die *Richelia intracellularis* in *Rhizosolenia*.

Lebend:	Tot:
Coscinodiscus Beta n. sp.	*Bacteriastrum delicatulum* CL.
Euodia inornata CASTR.	*Chaetoceras lorenzianum* GRUN.
Hemiaulus indicus n. sp.	„ *diversum* CL.
Rhizosolenia robusta NORM.	„ *neapolitanum* BR. SCHRÖDER.
Streptotheca indica n. sp.	„ *peruvianum* BRTW.
Amphisolenia Thrinax SCHÜTT.	„ *atlanticum* CL. var.
Ceratium tripos flagelliferum CL. (kleine).	„ *aequatoriale* CL.
„ „ *robens* CL. var. *elegans* BR. SCHRÖDER.	„ *coarctatum* LAUDER mit Vorticellen.
„ „ *coarctatum* PAVILLARD.	„ *contortum* SCHÜTT mit *Richelia intracellularis* SCHM.
„ *dens* OSTF.	„ *furca* CL.
„ *gravidum* var. *praelonga* LEMM.	*Climacodium Frauenfeldianum* GRUN.
„ *digitatum* SCHÜTT.	*Rhizosolenia styliformis* BRTW.
„ *reticulatum* POUCHET var. *contorta* GOURRET.	„ *robusta* NORM.
„ *furca* var. *baltica* MÖB.	„ *Temperei* H. P. mit *Richelia intracellularis* SCHM.
Ceratocorys asymmetrica n. sp.	„ *hebetata* f. *semispina* GRAN.
Peridinium (divergens) ellipticum n. sp.	„ *alata* BRIGHTW.
„ „ *pentagonum* GOURRET.	„ *setigera* BRIGHTW.
„ „ *bidens* n. sp.	„ *calcar avis* SCHULZE.
Pyrocystis hamulus CL.	„ *amputata* OSTF.
„ *pseudonoctiluca* J. MURRAY.	„ *quadrijuncta* H. P.
Podolampas bipes STEIN.	*Thalassiothrix antarctica* SCHIMPER.
Anabaena spec.	*Ceratium tripos volute* CL.
	„ „ *arcuatum* GOURRET var. *gracilis* OSTF.
	„ „ f. *contorta* GOURRET.
	„ „ *macroceras* EHRBG.
	„ „ *azoricum* CL. var. *brevis* OSTF. u. SCHM.
	Ceratocorys horrida STEIN.
	Goniodoma acuminatum STEIN.
	Ornithocercus magnificus STEIN.
	Phalacroma operculatum STEIN.
	Peridinium globulus STEIN.
	Katagnymene pelagica LEMM.
	„ *spiralis* LEMM.
	Richelia intracellularis SCHM.

* 200 m.

Westlich von Nias.

Plankton reich, viele Diatomeen.

Euodia.
Rhizosolenia.

43

Peridineen (einige).
Trichodesmium Thiebautii GOMONT.
Katagnymene spiralis LEMM.
„   *pelagica* LEMM.
Richelia intracellularis SCHM. in *Rhizosolenia*.

„Zwei Schließnetzfänge, 100—80 und 80—60 m, in Wirklichkeit stärkere Strömung, also weniger tief, entbehrten der Rhizosolenien und der Oscillarien, diese beiden Klassen also m e h r o b e r f l ä c h l i c h.“

4. Febr.   Station 202, 1° 48',1 N. Br., 97° 6',0 O. L.

5—0 m.   APSTEIN.

Lebend: Tot:

Vorwiegend: Schizophyceen und *Rhizosolenia*, diese meist in Bruchstücken.

Daneben:	Daneben:
Rhizosolenia calcar avis SCHULZE.	*Bacteriastrum delicatulum* CL.
„ *hebetata* f. *semispina* GRAN.	*Chaetoceras lorenzianum* GRUN.
„ *styliformis* BRTW. mit *Richelia intracellularis* SCHM.	*Climacodium Frauenfeldianum* GRUN.
„ *Temperei* H. P. mit *Richelia intracellularis* SCHM.	*Amphisolenia bidentata* BR. SCHRÖDER.
Ceratium tripos volans CL. var. *elegans* BR. SCHRÖDER.	
Katagnymene pelagica LEMM.	
Richelia intracellularis SCHM.	
Trichodesmium tenue WILLE.	
„ *Thiebautii* GOMONT.	

4. Febr.   Station 203, 1° 47',1 N. Br., 96° 58',7 O. L.

30—0 m.   APSTEIN.

Lebend: Tot:

Vorwiegend: Schizophyceen: *Katagnymene spiralis* und *Katagnymene pelagica*.

Daneben:	Daneben:
Bacteriastrum delicatulum CL.	*Bacteriastrum varians* LAUDER.
Chaetoceras lorenzianum GRUN.	*Chaetoceras aequatoriale* CL., in Bruchstücken.
„ *peruvianum* BRTW.	*Climacodium Frauenfeldianum* CL., in Bruchstücken.
„ *contortum* SCHÜTT mit *Richelia intracellularis* SCHM.	*Euodia inornata* CASTR.
Coscinodiscus incertus n. sp.	*Lithodesmium undulatum* EHRBG.
Hemiaulus Hauckii GRUN.	*Skeletonema costatum* GRUN.
„ *indicus* n. sp.	*Thalassiothrix* spec., Bruchstücke.
Rhizosolenia Stolterfothii H. P.	
„ *styliformis* BRTW. mit *Richelia intracellularis* SCHM.	
„ *Temperei* H. P. mit *Richelia intracellularis* SCHM.	
Stigmaphora rostrata WALLICH.	
Streptotheca indica n. sp.	
Amphisolenia bidentata BR. SCHRÖDER.	
Ceratium tripos azoricus CL. var. *brevis* OSTF. u. SCHM.	
„ „ *flagelliferum* CL.	
„ „ *inclinatum* KOFOID.	
„ „ *volans* CL. var. *elegans* BR. SCHRÖDER.	
„ „ *arcuatum* var. *contorta* GOURRET.	
„ „ „ „ *gracilis* OSTF.	
„ „ *dens* OSTF.	
Peridinium (divergens) sp.	
Katagnymene spiralis LEMM.	
„ *pelagica* LEMM.	
Richelia intracellularis SCHM.	
Trichodesmium tenue WILLE.	
„ *erythraeum* EHRBG.	
„ *Thiebautii* GOMONT.	

*150 m.
Kanal zwischen Nias und Hog Island.
Vegetabilisches Plankton nicht reichlich.

Chaetoceras lorenzianum GRUN.

4. Febr. Station 204, 1° 52',3 N. Br., 97° 1',6 O. L.

*Etwas außerhalb des Kanals zwischen Nias und Hog-Island, nach dem Ocean zu.

Diatomeenplankton mit vielen Oscillarien.

Bacteriastrum minus G.K.
" *varians* LAUDER.
Chaetoceras lorenzianum GRUN.
Enodia inornata CASTR.
Rhizosolenia Temperei H. P. mit *Richelia intracellularis* SCHM.
" *hebetata* f. *semispina* GRAN.
Hemiaulus indicus n. sp.
Cerataulina Bergonii H. P.
Katagnymene pelagica LEMM.
" *spiralis* LEMM.
Trichodesmium Thiebautii GOMONT.
Streptotheca indica n. sp.
Stigmaphora rostrata WALLICH.
Climacodium biconcavum CL.
Peridinium (divergens) elegans CL.

„Keine *Rhizosolenia* ohne Nostoc (= *Richelia intracellularis* SCHM.), Nostoc stets mit Kopf gerichtet nach der nächstgelegenen Spitze."

6. Febr. Station 207, 5° 23',2 N. Br., 94° 48',1 O. L.
20—0 m. APSTEIN.

Lebend:

Vorwiegend:
Schizophyceen (besonders *Katagnymene*).

Daneben:
Hemiaulus indicus n. sp.
Navicula corymbosa AG. } in der Gallerte der *Katagny-*
" *ramosissima* AG. } *mene*-Kolonien.
Rhizosolenia hebetata var. *semispina* GRUN.
" *alata* BRTW.
" *styliformis* BRTW. mit *Richelia intracellularis* SCHM.
" *Temperei* H. P. mit *Richelia intracellularis* SCHM.
Stigmaphora rostrata WALLICH } in der *Katagnymene*-
" *lanceolata* WALLICH } Gallerte.
Ceratium tripos gibberum GOURRET.
" " *macroceras* EHRBG.
" " *arcuatum* var. *contorta* GOURRET.
Pyrocystis fusiformis J. MURRAY.
Anabaena-Knäuel.
Katagnymene spiralis LEMM.
" *pelagica* LEMM.
Richelia intracellularis SCHM.
Trichodesmium Thiebautii GOMONT.
" *erythraeum* EHRBG.

Tot:

Ornithocercus magnificus STEIN.
Peridinium (divergens).

45

Ausgesuchtes Material. Chun.

20 m.

Lebend:	Tot:

Stigmaphora rostrata } in der Gallerte der *Katagnymene.*
" *lanceolata* }
Katagnymene pelagica, kürzere Stücke.
" *spiralis,* kleinere und größere Kolonien.
Trichodesmium Thiebautii, lose Fäden und mehrere Bündel
teils längerer, teils sehr kurzer Fäden.

* Nähe von Atchin, in Sicht auch Pulo Rondo, im freien Ocean.

Braune Oscillarienbrühe.

Climacodium biconcavum Cl.
Navicula ramosissima Ag.
Rhizosolenia Temperei H. P. mit *Richelia intracellularis* Schm., häufig.
Ceratium furca Duj.
" *tripos gibberum* Gourret.
" " " f. *sinistra* Gourret.
" " *macroceras* Ehrbg.
" " *arcuatum* Gourret.
Peridinium (divergens) elegans Cl.
Katagnymene pelagica Lemm.
" *spiralis* Lemm.
Trichodesmium erythraeum Ehrbg.
" *Thiebautii* Gomont.

100 m. Apstein.

Lebend:	Tot:

Vorherrschend:
Schizophyceen, vielfach in absterbendem Zustand.

Daneben:
Rhizosolenia styliformis mit *Richelia intracellularis* Schm.
Ceratium tripos arcuatum var. *contorta* Gourret.
" " *contrarium* Gourret.
" " *flagelliferum* Cl.
" " *coarctatum* Pavillard.
Katagnymene spiralis Lemm. } mit den Gallert bewohnen-
" *pelagica* Lemm. } den *Navicula-* und *Stigma-*
} *phora-*Arten.
Trichodesmium Thiebautii Gomont.
" *erythraeum* Ehrbg.

Pyrocystis hamulus Cl.
Asteromphalus Ralfsianus Grun.
Thalassiothrix spec., Bruchstücke.

Ausgesuchtes Material. Chun.

100 m.

Lebend:	Tot:

(*Coscinodiscus rex* Wallich normal) = *Antelminellia gigas*
Schütt.
Rhizosolenia Temperei H. P.
Pyrocystis pseudonoctiluca J. Murray.
" *fusiformis* J. Murray, Plasmakörper normal,
viele kleine Oeltröpfchen um jedes rundliche
Chromatophor.

Katagnymene, völlig desorganisiert, mehrfach.
" *spiralis* Lemm. } noch normal, jedoch Beginn
" *pelagica* Lemm. } d. Desorganisation deutlich.
Trichodesmium Thiebautii Gomont.

7. Febr. Station 208, 6° 54'0 N. Br., 93° 28',8 O. L.
Oberfläche. APSTEIN.

Phytoplankton meist geschädigt, vielfach abgestorben.

Lebend:	Tot:
Climacodium biconcavum CL.	*Thalassiothrix heteromorpha* n. sp.
„ *Frauenfeldianum* GRUN.	*Bacteriastrum varians* LAUDER, Bruchstücke.
Rhizosolenia Temperei H. P. mit *Richelia Intracellularis* SCHM.	*Chaetoceras lorenzianum* GRUN.
„ *hebetata* f. *semispina* GRAN. mit *Richelia intra-*	„ *coarctatum* LAUDER.
cellularis SCHM.	„ *aequatoriale* CL.
Amphisolenia bidentata BR. SCHRÖDER.	„ „ *furca* CL., Bruchstücke.
Ceratium reticulatum POUCHET var. *contorta* GOURRET.	*Lithodesmium undulatum* EHRBG., Bruchstücke
„ *tripos gibberum* GOURRET.	*Rhizosolenia squamosa* n. sp.
„ „ *arcuatum* var. *gracilis* OSTF.	„ *Temperei* H. P.
„ „ *robustum* OSTF.	„ *quadrijuncta* H. P., Bruchstücke.
„ „ *vultur* CL.	„ *calcar avis* SCHULZE, Bruchstücke.
„ „ *intermedium* JOERG. var. *aequatorialis* BR.	„ *hebetata* f. *semispina* GRAN, Bruchstücke.
SCHRÖDER.	„ *robusta* NORM.
Ornithocercus magnificus STEIN.	„ *imbricata* BRTW., Bruchstücke.
Pyrocystis fusiformis J. MURRAY.	„ *alata* BRTW., Bruchstücke.
„ *pseudonoctiluca* J. MURRAY.	*Ceratium gibberum* var. *contorta* GOURRET.
Trichodesmium Thiebautii GOMONT.	„ *tripos flagelliferum* CL.
Katagnymene pelagica LEMM.	„ „ *azoricum* CL. var. *brevis* OSTF. u. SCHM.

Ausgesuchtes Material. CHUN.
Oberfläche.

Lebend:	Tot:
	(*Coscinodiscus rex* WALLICH) = *Antelminellia gigas* SCHÜTT,
	Plasmakörper in Desorganisation, viel kleinste Oeltröpfchen.
	Chromatophoren unkenntlich.

30—0 m. APSTEIN.

Meist wie an der Oberfläche, aber in erheblich besserer Verfassung.

Lebend:	Tot:
Chaetoceras furca CL.	*Bacteriastrum varians* LAUDER, Bruchstücke.
„ *coarctatum* BRIGHTW.	*Chaetoceras peruvianum* BRTW.
„ *lorenzianum* GRUN.	„ *Seychellarum* n. sp.
Climacodium Frauenfeldianum GRUN.	
„ *biconcavum* CL.	
Licmophora spec.	
Rhizosolenia imbricata BRIGHTW.	
„ *styliformis* BRTW. mit *Richelia intracellularis*	
SCHM.	
„ *Temperei* H. P. mit *Richelia intracellularis* SCHM.	
„ *squamosa* n. sp.	
„ *alata* BRIGHTW.	
„ *hebetata* f. *semispina* GRUN.	
„ *calcar avis* SCHULZE.	
Thalassiothrix heteromorpha n. sp.	
Amphisolenia bidentata BR. SCHRÖDER.	
Ceratium fusus DUJ., lang.	
„ „ var. *concava* GOURRET.	
„ *dens* OSTF.	
„ *tripos flagelliferum* CL.	
„ „ *arcuatum* GOURRET (typisch).	
„ „ „ var. *atlantica* OSTF.	
„ „ *macroceras* EHRBG.	

47

Lebend: 　　　　　　　　　　　　　　　　　　　　Tot:

Ceratium tripos macroceras var. *tenuissima* n. var.
　　　　„　　„　*intermedium* JOERG. var. *aequatorialis* BR.
　　　　　　　SCHRÖDER.
　　„　　*reticulatum* POUCHET var. *contorta* GOURRET.
Ceratocorys horrida STEIN.
Ornithocercus magnificus STEIN.
Pyrocystis pseudonoctiluca J. MURRAY.
　　„　　*fusiformis* J. MURRAY.
Peridinium (divergens) elegans CL.
Podolampas bipes STEIN.
Trichodesmium Thiebautii GOMONT.

Ausgesuchtes Material. CHUN.

30—0 m.

(*Coscinodiscus rex* WALLICH normal) = *Antelminellia gigas* SCHÜTT.

*Südwestlich von Groß-Nikobar (in Sicht).

Plankton reichlich, aber mehr animalisch.

Lebend: 　　　　　　　　　　　　　　　　　　　　Tot:

Vorherrschend:
Rhizosolenia-Arten.

Daneben:
Bacteriastrum varians LAUDER.
Chaetoceras lorenzianum GRUN.
　　„　　*peruvianum* BRTW.
　　„　　*coarctatum* LAUDER.
Climacodium biconcavum CL.
Rhizosolenia calcar avis SCHULZE.
　　„　　*alata* BRTW.
　　„　　*Temperei* H. P.
　　„　　*hebetata* f. *semispina* GRAN.
　　„　　*styliformis* BRTW. mit *Richelia intracellularis*
　　　　　SCHM.
Thalassiothrix heteromorpha n. sp.
Ceratium tripos macroceras EHRBG.
Peridinium (divergens).
Ornithocercus splendidus SCHÜTT.
Katagnymene spiralis LEMM., wenig.

8. Febr. Station 211, 7° 48',8 N. Br., 93° 7',6 O. L.

30—0 m. APSTEIN.

Lebend: 　　　　　　　　　　　　　　　　　　Tot:

Bacteriastrum delicatulum CL.　　　　　　　　　*Bacteriastrum varians* LAUDER, Bruchstücke.
Chaetoceras contortum SCHÜTT mit *Richelia intracellularis*　*Chaetoceras lorenzianum* GRUN., Bruchstücke.
　　　　　SCHM.　　　　　　　　　　　　　　　　　　„　　*aequatoriale* CL.
　　„　　*coarctatum* LAUDER.　　　　　　　　　　　„　　*furca*, Bruchstück.
　　„　　*sociale* LAUDER.　　　　　　　　　　　(*Coscinodiscus rex* WALLICH, mit Chromatophoren) = *An-*
Climacodium Frauenfeldianum GRUN.　　　　　　　*telminellia gigas* SCHÜTT, Bruchstücke.
　　„　　*biconcavum* CL.　　　　　　　　　　　　*Rhizosolenia setigera* BRTW., Schalenspitzen.
Lauderia punctata n. sp.
Planktoniella Sol SCHÜTT.
Rhizosolenia alata BRTW.
　　„　　*amputata* OSTF.
　　„　　*imbricata* BRTW.
　　„　　*calcar avis* SCHULZE.
　　„　　*Stolterfothii* H. P.

Lebend:	Tot:
Rhizosolenia hebetata f. *semispina* GRAN.	
" " *semispina* mit *Richelia intracellularis*	
SCHM.	
" *Temperei* H. P. mit *Richelia intracellularis* SCHM.	
Thalassiothrix heteromorpha n. sp.	
Amphisolenia bidentata BR. SCHRÖDER.	
Ceratium fusus DUJ. var. *concava* GOURRET.	
" *tripos vultur* CL.	
" " *robustum* OSTF.	
" " *azoricum* CL. var. *brevis* OSTF. u. SCHM.	
" " *intermedium* JOERG. var. *aequatorialis* BR.	
SCHRÖDER.	
" " *arcuatum* var. *gracilis* OSTF.	
" " " *contorta* GOURRET.	
" " *flagelliferum* CL. var. *undulata* BR. SCHRÖDER.	
" " " *macroceras-intermedium* (Ueber-	
gangsform).	
Ornithocercus magnificus STEIN.	
Pyrocystis fusiformis J. MURRAY.	
" *pseudonoctiluca* J. MURRAY.	
Trichodesmium Thiebautii GOMONT.	

8. Febr.   Bei Nankauri, Station 212. 7° 49',1 N. Br., 93° 10',5 O. L.
20—0 m.   APSTEIN.

Lebend:	Tot:
Biddulphia mobiliensis GRUN.	*Aulacodiscus* sp., Bruchstücke.
Bellerochea indica n. sp.	*Bacteriastrum varians* LAUDER, Bruchstücke.
Chaetoceros lorenzianum GRUN.	
" *coarctatum* LAUDER.	
" *sumatranum* n. sp.	
" *sociale* LAUDER.	
Climacodium Frauenfeldianum GRUN.	
" *biconcavum* CL.	
Coscinodiscus gigas EHRBG.	
Guinardia Blavyana H. P., vielfach.	
Lauderia punctata n. sp.	
Nitzschia Closterium W. SM.	
Rhizosolenia quadrijuncta H. P.	
" *setigera* BRTW., Spitzen.	
" *squamosa* n. sp.	
" *robusta* NORM.	
" *simplex* G.K. var. *major* n. var.	
" *imbricata* BRTW., viel.	
" *Stolterfothii* H. P.	
" *hebetata* f. *semispina* GRAN.	
" *alata* BRTW.	
" *Temperei* H. P. mit *Richelia intracellularis* SCHM.	
" *calcar avis* SCHULZE.	
Streptotheca indica n. sp.	
Ceratium candelabrum (EHRBG.) STEIN.	
" *fusus* DUJ. (lang).	
" *furca* DUJ. (typisch).	
" *dens* OSTF.	
" *tripos macroceras* EHRBG.	
" " *azoricum* CL. var. *brevis* OSTF. u. SCHM.	
" " *flagelliferum* CL.	
Dinophysis homunculus STEIN.	
Pyrocystis pseudonoctiluca J. MURRAY.	
Katagnymene spiralis LEMM., vereinzelt.	
Trichodesmium Thiebautii GOMONT.	

49

20 m. Quant. APSTEIN.

Sehr wenig Phytoplankton und in schlechtem Zustand.

Lebend:

Amphiprora spec.
Rhizosolenia imbricata BRTW.
  „   Stolterfothii H. P.
Ceratium tripos azoricum CL.

Tot:

Chaetoceras lorenzianum GRUN.
  „   coarctatum LAUDER, Bruchstücke.
Navicula membranacea CL.
  „   pygmaea KTZG.
Rhizosolenia imbricata BRTW.
  „   calcar avis SCHULZE.
  „   alata BRTW.
  „   squamosa n. sp.
Thalassiothrix spec., Bruchstücke.
Trichodesmium Thiebautii GOMONT, desorganisiert.
Ceratium tripos arcuatum GOURRET.
Goniodoma acuminatum STEIN.

SCHIMPER.

Enthält nichts Abweichendes.

Ausgesuchtes Material. CHUN.

Climacodium Frauenfeldianum GRUN., etwas abweichende Form mit kürzeren Armen und daher engeren
    Fenstern, lange Bänder, abgestorben.
Katagnymene pelagica LEMM., desorganisiert.

*Plankton wesentlich wie am 7. Febr., doch sind die braunen Oscillarien fast ganz ver-
schwunden. Die Peridineen haben sehr, die Diatomeen etwas zugenommen.

Chaetoceras.
Climacodium.
Hemiaulus Hauckii GRUN. (viel).
Rhizosolenia.
Ceratium tripos macroceras EHRBG.
  „   „   robustum OSTF.
  „   „   lunula SCHIMPER.
  „   „   gibberum GOURRET.
  „   candelabrum (EHRBG.) STEIN.
  „   fusus DUJ., lang.
Ceratocorys.
Goniodoma.
Ornithocercus magnificus STEIN.
Peridinium (divergens) spec.
Guinardia flaccida H. P.
Trichodesmium Thiebautii GOMONT, vereinzelt.
Katagnymene pelagica LEMM., 1 Exemplar.
  „   spiralis LEMM., 1 Exemplar.

9. Febr. Station 213, 7° 57'9 N. Br., 91° 47'2 O. L.
20—0 m. APSTEIN.

Phytoplankton meist schlecht erhalten.

Lebend:

Chaetoceras coarctatum LAUDER.
Rhizosolenia squamosa n. sp.
Valdiriella formosa SCHIMPER.
Amphisolenia bidentata BR. SCHRÖDER.
Ceratium candelabrum (EHRBG.) STEIN.
  „   gravidum var. cephalote LEMM.

Tot:

Chaetoceras aequatoriale CL.
  „   atlanticum CL.
  „   lorenzianum GRUN.
  „   peruvianum BRTW., Bruchstücke.
Climacodium Frauenfeldianum GRUN.
Rhizosolenia hebetata f. semispina GRAN.

50

Das Indische Phytoplankton nach dem Material der deutschen Tiefsee-Expedition 1898—1899.

271

Lebend:

Tot:

Ceratium fusus Duj. (lang).
  „   furca var. longa G. K.
  „   „   var. baltica Möb.
  „   tripos volans Cl.
  „   „   azoricum Cl. var. brevis Ostf. u. Schm.
  „   „   coarctatum Pavillard.
  „   „   intermedium Joerg. var. aequatorialis Br.
          Schröder.
  „   „   arcuatum var. atlantica Ostf.
  „   „   flagelliferum var. undulata Br. Schröder.
Ceratocorys horrida Stein.
Goniodoma acuminatum Stein.
Pyrocystis pseudonoctiluca J. Murray.
  „   lanceolata Br. Schröder.
Trichodesmium erythraeum Ehrbg.

Synedra affinis Ktzg.
Ornithocercus magnificus Stein.

* Keine Insel sichtbar.

Meerestiefe 3974 m.

Pflanzenleben schwach, die Diatomeen treten stark zurück, am ehesten noch das Vor-ticellen-tragende Chaetoceras.

Chaetoceras coarctatum Lauder, mit Vorticellen.
Planktoniella Sol Schütt.
Rhizosolenia Temperei H. P. mit Richelia intracellularis Schm.
Amphisolenia, unverzweigt.
Ceratium tripos lunula Schimper.
  „   „   robustum Ostf.
  „   „   flagelliferum Cl.
  „   „   volans Cl.
  „   „   azoricum var. brevis Ostf. u. Schm.
  „   candelabrum (Ehrbg.) Stein.
  „   fusus Duj. (lang).
  „   furca Duj.
  „   gravidum Gourret var. cephalote Lemm.
  „   „   „   „   praelonga Lemm.
Ceratocorys.
Goniodoma.
Ornithocercus magnificus Stein.
Peridinium (divergens) spec.
Pyrocystis pseudonoctiluca J. Murray.
  „   hamulus Cl.
  „   fusiformis J. Murray.
  „   lunula Schütt.
Halosphaera viridis Schmitz.
Trichodesmium Thiebautii Gomont.

10. Febr.   Station 214, 7° 43′,2 N. Br, 88° 44′,9 O. L.
30—0 m.   Apstein.

Phytoplankton gering.

Lebend:

Tot:

Rhizosolenia styliformis Brtw. mit Richelia intracellularis |
  Schm.
Amphisolenia bidentata Br. Schröder.
Ceratium tripos vultur Cl.
  „   „   volans Cl.
  „   „   arcuatum var. gracilis Ostf.
Pyrocystis fusiformis J. Murray.
  „   pseudonoctiluca J. Murray.

51

35*

85—0 m. APSTEIN.

Plankton sehr grob, Phytoplankton meist Peridineen.

Lebend:

Asterolampra marylandica EHRBG.
Chaetoceras coarctatum LAUDER mit Vorticellen.
Climacodium biconcavum CL.
Hemiaulus Hauckii GRUN.
Rhizosolenia styliformis BRTW. mit *Richelia intracellularis*
    SCHM.
   „   *robusta* NORM.
   „   *Temperei* H. P.
Amphisolenia palmata STEIN.
   „   *Thrinax* SCHÜTT.
Ceratium fusus DUJ. (lang).
  „ „ *concavum* GOURRET.
  „ *furca* var. *baltica* MÖB.
  „ *candelabrum* (EHRBG.) STEIN.
  „ *reticulatum* POUCHET var. *contorta* GOURRET.
  „ *tripos flagelliferum* CL.
  „ „ „ var. *undulata* BR. SCHRÖDER.
  „ „ *coarctatum* PAVILLARD.
  „ „ *vultur* CL.
  „ „ *robustum* OSTF.
  „ „ *azoricum* CL. var. *brevis* OSTF. u. SCHM.
  „ „ *contrarium* GOURRET.
  „ „ *macroceras* var. *tenuissima* n. var.
  „ „ *arcuatum* var. *gracilis* OSTF.
  „ „ „ „ *robusta* n. var.
  „ „ „ „ *contorta* GOURRET.
  „ „ *volans* CL. var. *elegans* BR. SCHRÖDER.
  „ „ *intermedium* JOERG. var. *aequatorialis* BR.
        SCHRÖDER.
Ceratocorys horrida STEIN.
Histioneis Dolon MURR. and WHITT.
Ornithocercus splendidus SCHÜTT.
Pyrocystis lunula SCHÜTT.
  „ *pseudonoctiluca* J. MURRAY.
  „ *hamulus* CL.
  „ *fusiformis* J. MURRAY.
Peridinium (divergens) elegans CL.
  „ „ *Schüttii* LEMM.
  „ „ *oceanicum* VANHÖFFEN.
Halosphaera viridis SCHMITZ.
Trichodesmium Thiebautii GOMONT, wenig.

Tot:

Chaetoceras peruvianum BRTW.
Climacodium Frauenfeldianum GRUN.
Rhizosolenia simplex G. K. var. *major* n. var.
Thalassiothrix spec., Bruchstücke.

Ausgesuchtes Material. CHUN.

100 m quant.

(*Coscinodiscus rex* WALLICH, lebend) = *Antelminellia gigas* SCHÜTT.

100 m quant. APSTEIN.

Sehr formenreiches Phytoplankton.

Lebend:

Asteromphalus hephactis RALFS.
  „ *elegans* GREV.
Asterolampra marylandica EHRBG.
Bacteriastrum varians LAUDER.
Chaetoceras coarctatum LAUDER.
  „ *furca* CL.
  „ *sumatranum* n. sp.

Tot:

Chaetoceras lorenzianum GRUN.
  „ *aequatoriale* CL.
  „ *peruvianum* BRTW.
  „ *neapolitanum* BR. SCHRÖDER.
  „ *contortum* SCHÜTT mit *Richelia intracellularis*
      SCHM.
Bacteriastrum criophilum CASTR., Endzelle.

Lebend: Tot:

Chaetoceras tetrastichon CL.
Coscinodiscus excentricus EHRBG.
    „   *Rota* n. sp.
    „   *lineatus* EHRBG.
    „   *centrolineatus* G. K.
Climacodium biconcavum CL.
    „   *Frauenfeldianum* GRUN.
Euodia inornata CASTR.
Gossleriella tropica SCHÜTT.
Hemiaulus Hauckii GRUN.
Pyrocystis hamulus CL.
    „   *pseudonoctiluca* J. MURRAY.
    „   *fusiformis* J. MURRAY.
    „   *lunula* SCHÜTT.
Planktoniella Sol SCHÜTT.
Rhizosolenia squamosa n. sp.
    „   *amputata* OSTF.
    „   *annulata* n. sp.
    „   *quadrijuncta* H. P.
    „   *hebetata* f. *semispina* GRAN mit *Richelia intra-*
            cellularis SCHM.
Tropidoneis Proteus n. sp.
Thalassiothrix acuta G. K.
Valdiviella formosa SCHIMPER.
Amphisolenia palmata STEIN.
    „   *Thrinax* SCHÜTT.
Ceratium fusus DUJ. (lang).
    „   „   var. *concava* GOURRET.
    „   *palmatum* BR. SCHRÖDER.
    „   *reticulatum* POUCHET var. *contorta* GOURRET.
    „   *tripos macroceras* EHRBG.
    „   „   „   var. *tenuissima* n. var.
    „   „   *azoricum* CL. var. *brevis* OSTF. u. SCHM.
    „   „   *limulus* GOURRET.
    „   „   *vultur* CL. (Kette).
    „   „   „   „   var. *sumatrana* n. var. (Kette)
    „   „   *volans* CL. var. *elegans* BR. SCHRÖDER.
    „   „   *flagelliferum* CL. var. *angusta* n. var.
    „   „   „   var. *undulata* BR. SCHRÖDER.
    „   „   *gibberum* var. *sinistra* GOURRET.
    „   „   *arcuatum* var. *contorta* GOURRET.
Ceratocorys horrida STEIN.
Gonioloma acuminatum STEIN.
Ornithocercus splendidus SCHÜTT.
Peridinium (divergens).
Trichodesmium contortum WILLE.
    „   *Thiebautii* GOMONT.

* Vegetabilisches Oberflächen-Plankton mäßig, gänzliches Schwinden des parasitären Nostoc(?).

Vorherrschend:
Pyrocystis pseudonoctiluca J. MURRAY.
Daneben:
Chaetoceras aequatoriale CL.
Rhizosolenia alata BRTW.
    „   *hebetata* f. *semispina* GRAN.
    „   *styliformis* BRTW.
    „   *calcar avis* SCHULZE.
Amphisolenia palmata STEIN   }
    „   *Thrinax* SCHÜTT   } häufig.

Ceratium *fusus* Duj. (lang).
   „   *furca* Duj.
   „   *candelabrum* (Ehrbg.) Stein.
   „   *digitatum* Schütt.
   „   *tripos arcuatum* Gourret.
   „   „   „   var. *gracilis* Ostf.
   „   „   *intermedium* Joergensen.
   „   „   *robustum* Ostf.
   „   „   *vultur* Cl. (Kette).
Ceratocorys *horrida* Stein.
Ornithocercus *magnificus* Stein.
Peridinium (*divergens*) spec.
Pyrocystis *hamulus* Cl.
   „   *fusiformis* J. Murray.
   „   *lunula* Schütt.

*Bis 85 m.

Lebend:	Tot:
Asteromphalus *heptactis* Ralfs.	
Euodia *inornata* Castr.	
Planktoniella *Sol* Schütt.	
Goniodoma *armatum* Johs. Schm.	
Halosphaera *viridis* Schmitz.	

11. Febr.   Station 215, 7° 1',2 N. Br., 85° 56',5 O. L.
15—0 m.   Apstein.

Lebend:	Tot:
Asterolampra *marylandica* Ehrbg.	Chaetoceras *lorenzianum* Grun.
Chaetoceras *sumatranum* n. sp.	„ *peruvianum* Brtw.
„ *coarctatum* Lauder.	Bacteriastrum *eriophilum* G. K., Endzelle.
Climacodium *Frauenfeldianum* Grun.	
Hemiaulus *Hauckii* Grun.	
Rhizosolenia *calcar avis* Schulze.	
„ *hebetata* f. *semispina* mit Richelia *intracellularis* Schm.	
Skeletonema *costatum* (Grev.) Cl.	
Thalassiothrix *acuta* n. sp.	
Amphisolenia *bidentata* Br. Schröder.	
Ceratium *fusus* Duj. (lang).	
„ „ var. *concava* Gourret.	
„ *candelabrum* (Ehrbg.) Stein.	
„ *reticulatum* Pouchet var. *contorta* Gourret.	
„ *tripos vultur* Cl.	
„ „ *macroceras* (Uebergang zu *flagelliferum*).	
„ „ *arcuatum* Gourret.	
„ „ „ var. *robusta* n. var.	
„ „ „ „ *contorta* Gourret.	
„ „ *volans* Cl. var. *elegans* Br. Schröder.	
„ „ *flagelliferum* Cl. var. *undulata* Br. Schröder.	
„ „ *intermedium* Joerg. var. *aequatorialis* Br. Schröder.	
Ceratocorys *horrida* Stein.	
Goniodoma *acuminatum* Stein.	
Heterodinium *Blackmani* (Murr. and Whit.) Kofoid.	
Ornithocercus *splendidus* Schütt.	
„ *magnificus* Stein.	
Peridinium (*divergens*) *elegans* Cl.	
„ „ *Schüttii* Lemm.	
„ „ *bidens* n. sp.	

Das Indische Phytoplankton nach dem Material der deutschen Tiefsee-Expedition 1898—1899.

275

Lebend: Tot:

Pyrocystis lunula SCHÜTT.
   "   " (groß).
   " *hamulus* CL.
   " *fusiformis* J. MURRAY.
   " *pseudonoctiluca* J. MURRAY (viel).
Trichodesmium Thiebautii GOMONT.

*Oberfläche.

Chaetoceras coarctatum LAUDER mit Vorticellen.
Climacodium biconcavum CL.
Rhizosolenia calcar avis SCHULZE.
   " *squamosa* n. sp.
   " *hebetata* f. *semispina* GRAN mit *Richelia intracellularis* SCHM.
Amphisolenia palmata STEIN.
Ceratium gravidum GOURRET var. *praelonga* LEMM.
   " *fusus* DUJ. (lang).
   " *palmatum* BR. SCHRÖDER.
   " *tripos intermedium* JOERGENSEN.
   "   " *volans* CL. var. *elegans* BR. SCHRÖDER.
   "   " *lunula* SCHIMPER.
   "   " *flagelliferum* CL. var. *undulata* BR. SCHRÖDER.
   "   " *robustum* OSTF.
   "   " *vultur* CL. (Kette).
Ceratocorys horrida STEIN.
Goniodoma armatum JOHS. SCHM.
Ornithocercus magnificus STEIN.
Peridinium (divergens) elegans CL.
   "   " spec.?
Pyrophacus horologium STEIN.
Pyrocystis hamulus CL.
   " *lunula* SCHÜTT.
Halosphaera.

200 m quant. APSTEIN.

Lebend: Tot:

Asteromphalus heptactis RALFS.
   " *Wyvillii* CASTR.
   " *Hoockerii* EHRBG.
Asterolampra marylandica EHRBG.
Chaetoceras tetrastichon CL.
Coscinodiscus excentricus EHRBG., viel.
   " *lineatus* EHRBG.
   " *Gamma* n. sp.
   " *Alpha* n. sp.
   " *Beta* n. sp.
   " *varians* G. K.
   " *convergens* G. K.
   " *inscriptus* n. sp.
Euodia inornata CASTR.
Gossleriella tropica SCHÜTT.
Hemiaulus Hauckii GRUN.
Planktoniella Sol SCHÜTT.
Rhizosolenia hebetata f. *semispina* GRAN mit *Richelia intracellularis* SCHM.
Valdiviella formosa SCHIMPER.
Amphisolenia palmata STEIN.
Ceratium candelabrum (EHRBG.) STEIN.
   " *fusus* DUJ., lang.
   " *reticulatum* POUCHET var. *spiralis* KOFOID.
   " *reflexum* CL.

(*Coscinodiscus rex* WALLICH) — *Antelminellia* gigas SCHÜTT, Bruchstücke.
Chaetoceros peruvianum BRTW., Bruchstücke.
   " *sumatranum* n. sp., Bruchstücke.
Climacodium biconcavum CL.
   " *Frauenfeldianum* GRUN.
Euodia inornata CASTR.
Rhizosolenia calcar avis SCHULZE.
   " *squamosa* n. sp.
   " *hebetata* f. *semispina* GRAN } Bruchstücke.
   " *amputata* OSTF.
   " *Stolterfothii* H. P.

Lebend:	Tot:

Ceratium tripos arcuatum GOURRET.
     "   "   "   var. *gracilis* OSTF.
     "   "   "   " *robusta* n. var.
     "   "   "   " *contorta* GOURRET.
     "   " *vultur* CL.
     "   " *volans* CL.
     "   "   " var. *elegans* BR. SCHRÖDER.
     "   " *coarctatum* PAVILLARD.
     "   " *azoricum* CL. var. *brevis* OSTF. u. SCHM.
     "   " *flagelliferum* CL.
     "   "   " var. *undulata* BR. SCHRÖDER.
     "   " *macroceras* EHRBG. var. *tenuissima* n. var.
     "   " *inclinatum* KOFOID, sehr zart.
     "   " *declinatum* n. sp.
     "   " *intermedium* JOERG. var. *aequatorialis* BR.
               SCHRÖDER.
     "   " *gibberum* var. *sinistra* GOURRET.
     "   *furca* var. *concava* n. var. (analog *fusus* var.
         concava GOURRET.
Ceratocorys asymmetrica n. sp.
  "   *horrida* STEIN.
  "   "   " mit doppelt so langen Hörnern
             wie der Körperdurchmesser.
Goniodoma acuminatum STEIN.
Ornithocercus magnificus STEIN, mehrfach.
     "   *splendidus* SCHÜTT.
Peridinium (divergens) elegans CL.
Pyrocystis fusiformis J. MURRAY.
  "   *lunula* SCHÜTT.
  "   *pseudonoctiluca* J. MURRAY.
  "   *hamulus* CL.
Halosphaera viridis SCHMITZ.

Ausgesuchtes Material. CHUN.

Gossleriella tropica SCHÜTT, tot.
Coscinodiscus inscriptus n. sp., völlig ungezeichnet, rundliche Chromatophoren, lebend.
Rhizosolenia squamosa n. sp., mehrfach tot und inhaltslos.

Ausgesuchtes Material. CHUN.

200 m.

(*Coscinodiscus rex* WALLICH, völlig normal) = *Antelminellia gigas* SCHÜTT.

*Planktonfang bis 200 m.

Sehr spärlich.

Lebend:	Tot:

Coscinodiscus spec.
Euodia inornata CASTR.
Gossleriella tropica SCHÜTT.
Planktoniella Sol SCHÜTT.
Valdiviella (nach APSTEIN).
Halosphaera viridis SCHMITZ.

Ausgesuchtes Material. CHUN.

Vertikalnetz 2500 m.

Pyrocystis pseudonoctiluca J. MURRAY, mit stark zusammengeballtem, undurchsichtigem, aber anscheinend nicht
   desorganisiertem, sondern in Umbildung begriffenem Inhalt.
Coscinodiscus Delta n. sp., 480—544 μ, mit normal aussehendem Plasmakörper.

Vertikalnetzfang.
2500 m. SCHIMPER.

Meist größere und kleinere Bruchstücke von (*Coscinodiscus rex* WALLICH) = *Antelminellia gigas* SCHÜTT.

Außerdem:
Bruchstück von *Ceratium tripos flagelliferum* CL.
Sphagnum, Blatt.
Detritus.

16. Fehr.   Station 216, 6° 59',1 N. Br., 79° 31',7 O. L.
10—0 m. APSTEIN.

Lebend:	Tot:
Vorherrschend:	*Bacteriastrum varians* LAUDER, Bruchstücke.
Trichodesmium-Arten.	*Biddulphia* spec.
Daneben:	*Hellenchea malleus* VAN HEURCK, Bruchstücke.
Rhizosolenia hebetata f. *semispina* GRAN mit *Richelia intra-*	*Chaetoceras peruvianum* BRTW., Bruchstücke.
cellularis SCHM.	*Ceratocorys horrida* STEIN, Bruchstücke.
Ceratium tripos azoricum CL. (mit längerem Apicalhorn).	
„ „ *arcuatum* GOURRET var. *gracilis* OSTF.	
„ „ *macroceras* (Uebergang zu *flagelliferum*).	
Dinophysis miles CL.	
Ornithocercus magnificus STEIN.	
Peridinium (divergens) elegans CL.	
Trichodesmium erythraeum EHRBG.	
„ *Thiebautii* GOMONT.	

SCHIMPER ohne Tiefenangabe.

Coscinodiscus nodulifer JANISCH; sonst nicht abweichend.
*Vorherrschend: *Trichodesmium Thiebautii* GOMONT.

Lebend:	Tot:
Amphisolenia.	
Ceratium tripos lunula SCHIMPER.	
„ „ *gibberum* GOURRET. *	
„ „ *intermedium* JOERGENSEN.	
„ *fusus* DUJ.	
Ceratocorys.	
Goniodoma.	
Ornithocercus magnificus STEIN.	
Peridinium (divergens).	
Pyrocystis pseudonoctiluca J. MURRAY.	
Dinophysis miles CL.	
Katagnymene spiralis LEMM., 1 Exemplar.	

Station Colombo.
10—0 m. APSTEIN.

Lebend:	Tot:
Vorherrschend:	*Rhizosolenia amputata* OSTF., Bruchstücke.
Skeletonema costatum GRUN. (fast ausschließlich), alles andere	
nur vereinzelt.	
Daneben:	
Achnanthes brevipes AG.	
Bacillaria paradoxa GRUN.	
Bacteriastrum delicatulum CL.	
„ *hyalinum* LAUDER.	
Biddulphia mobiliensis (BAIL.) GRUN.	

Lebend:	Tot:
Chaetoceras sociale LAUDER.	
" *breve* SCHÜTT.	
" *didymum* EHRBG.	
" *lorenzianum* GRUN.	
" *Willei* GRAN.	
Coscinodiscus rotundus G.K.	
" *subtilissimus* n. sp. (non EHRENBERG).	
Climacodium biconcavum CL.	
Detonula Schroederi (P. BERGON) GRAN.	
Ditylium Brightwelli GRUN.	
Guinardia Blavyana H. P.	
Lithodesmium undulatum EHRBG.	
Nitzschia seriata CL.	
Paralia sulcata EHRBG.	
Pleurosigma angulatum W. SM.	
Rhizosolenia alata BRTW.	
" *hebetata* f. *semispina* GRAN.	
" *styliformis* BRTW.	
" *calcar avis* SCHULZE.	
" *imbricata* BRTW.	
" *setigera* BRTW.	
" *Stolterfothii* H. P. var.?	
Streptotheca Indica n. sp.	
Synedra nitzschioides GRUN.	
" *Gallionei* EHRBG.	
Ceratium furca DUJ.	
" *fusus* DUJ.	
" *tripos flagelliferum* CL.	
" " " var. *major* n. var.	
" " *arcuatum* var. *gracilis* OSTF.	
" " *intermedium* JOERG. var. *aequatorialis* BR.	
Dinophysis homunculus STEIN.	
Scenedesmus-Kolonie!	

17. Febr.   Station 217, 4° 56',0 N. Br, 78° 15',3 O. L. 10—0 m.   APSTEIN.

Lebend:	Tot:	
Chaetoceras coarctatum LAUDER.	*Asterolampra marylandica* EHRBG.	
" *tetrastichon* CL.	*Bacteriastrum varians* LAUDER	
Climacodium Frauenfeldianum GRUN.	" *elongatum* CL.	
Euodia inornata CASTR.	" *delicatulum* CL.	
Rhizosolenia calcar avis SCHULZE.	*Chaetoceras lorenzianum* GRUN.	
" *squamosa* n. sp.	" *furca* CL.	
Thalassiothrix acuta G. -K.	" *peruvianum* BRTW.	Bruchstücke.
Amphisolenia palmata STEIN.	" *sumatranum* n. sp.	
Ceratium fusus DUJ. (lang).	" *coarctatum* LAUDER	
" " (kurz).	" *Ralfsii* CL.	
" *candelabrum* (EHRBG.) STEIN.	" *aequatoriale* CL.	
" *palmatum* BR. SCHRÖDER.	*Planktoniella Sol* SCHÜTT, einzeln.	
" *furca* var. *baltica* MÖB.	*Rhizosolenia robusta* NORM.	
" *tripos volans* CL.	" *amputata* OSTF.	
" " " var. *elegans* BR. SCHRÖDER.	" *quadrijuncta* H. P.	Bruchstücke.
" " *azoricum* CL. var. *brevis* OSTF. u. SCHM.	" *imbricata* BRTW.	
" " *gibberum* GOURRET.	" *Temperei* H. P.	
" " " var. *sinistra* GOURRET.	*Ditylium Brightwelli* GRUN.	
" " *intermedium* JOERGENSEN var. *aequatorialis* BR. SCHRÖDER.		
" " *vultur* CL. (Kette).		
" " *arcuatum* var. *contorta* GOURRET.		

Lebend:

Ceratium tripos arcuatum var. *robusta* n. var.
  „   „   „   „   *caudata* G. K.
  „   „   „   „   *atlantica* OSTF.
  „   „   *coarctatum* PAVILLARD.
  „   „   *macroceras* var. *crassa* n. var.
  „   „   „   Uebergang zu *robustum-flagelli-*
           ferum.
  „   „   „   var. *tenuissima* n. var.
  „   „   *flagelliferum* CL. var. *undulata* BR. SCHRÖDER.
  „   *reticulatum* POUCHET var. *contorta* GOURRET.
Ceratocorys horrida STEIN.
Ornithocercus magnificus STEIN.
Pyrocystis hamulus CL.
  „   *pseudonoctiluca* J. MURRAY.
  „   *fusiformis* J. MURRAY.
Peridinium (divergens) elegans CL.
  „   „   *Schüttii* LEMM.
Trichodesmium erythraeum EHRBG.

Tot:

SCHIMPER.

Aeußerst spärliches Material, das nur *Ornithocercus* und *Ceratium tripos volans* var. *elegans* BR. SCHRÖDER erkennen ließ.

* Plankton ziemlich reichlich, vorwiegend *Rhizosolenia*, auch sehr viele Ceratien.

Bacteriastrum varians LAUDER.
Chaetoceras peruvianum BRTW.
  „   *lorenzianum* GRUN.
Climacodium Frauenfeldianum GRUN.
Coscinodiscus spec.
Ethmodiscus?
Guinardia flaccida H. P.
Planktoniella Sol SCHÜTT.
Rhizosolenia calcar avis SCHULZE.
  „   *squamosa* n. spec.
  „   *robusta* NORM.
  „   *alata* BRTW.
  „   *simplex* G. K.
  „   *hebetata* f. *semispina* GRAN.
Stigmaphora rostrata WALLICH.
Ceratium tripos volans CL.
  „   „   „   var. *elegans* BR. SCHRÖDER.
  „   „   *azoricum* CL. var. *brevis* OSTF. u. SCHM.
  „   „   *gibberum* var. *sinistra* GOURRET.
  „   „   *lunula* SCHIMPER.
  „   „   *intermedium* JOERGENSEN.
  „   „   *robustum* OSTF.
  „   „   *vultur* CL. (Kette.
  „   *candelabrum* (EHRBG.) STEIN, Kette.
  „   *gravidum* GOURRET var. *praelonga* LEMM.
  „   *palmatum* BR. SCHRÖDER.
  „   *fusus* DUJ. (lang).
  „   *furca* DUJ. var. *baltica* MÖB.
Goniodoma armatum JOHS. SCHM.
Pyrocystis hamulus CL.
  „   *lunula* SCHÜTT.
Amphisolenia palmata STEIN.
Ceratocorys horrida STEIN.
Ornithocercus magnificus STEIN.
Halosphaera viridis SCHMITZ.

18. Febr.   Station 218, 2° 29′,9 N. Br., 76° 47′,0 O. L.

30—0 m.   APSTEIN.

Meist grobes Zooplankton, Pflanzen spärlich darunter und in Bruchstücken.

Lebend:	Tot:
Ceratium fusus DUJ., lang.	*Chaetoceras aequatoriale* CL.
„ *tripos macroceras* (Uebergang *flagelliferum*).	„ *coarctatum* LAUDER.
„ „ *lunula* SCHIMPER.	*Climacodium Frauenfeldianum* GRUN.
„ „ *flagelliferum* CL. var. *undulata* BR. SCHRÖDER.	*Rhizosolenia alata* BRTW.
„ „ *volans* CL. var. *elegans* BR. SCHRÖDER.	„ *styliformis* BRTW.
„ „ *arcuatum* var. *robusta* n. var.	„ *amputata* OSTF. } Bruchstücke.
„ „ *macroceras* var. *tenuissima* n. var.	„ *calcar avis* SCHULZE
Ceratocorys horrida STEIN.	„ *Temperei* H. P.
Pyrocystis pseudonoctiluca J. MURRAY.	„ *robusta* NORM.
„ *hamulus* CL.	„ *quadrijuncta* H. P.
„ *lunula* (groß).	*Thalassiothrix acuta* G. K.
„ *fusiformis* J. MURRAY.	*Pyrophacus horologium* STEIN.
Trichodesmium contortum WILLE, einzeln.	

18 m quant. APSTEIN.

Material sehr feinfädig, durchweg in schlechtem Zustand abgestorben.

Lebend: Tot:

Vorherrschend: *Chaetoceras*-Formen in Bruchstücken.

Daneben:	Daneben:
Ceratium tripos macroceras EHRBG.	*Bacteriastrum delicatulum* CL., häufig.
„ „ *volans* var. *elegans* BR. SCHRÖDER.	*Chaetoceras aequatoriale* CL.
„ *intermedium* JOERGENSEN var. *aequatorialis* BR. SCHRÖDER.	„ *contortum* SCHÜTT.
	„ *atlanticum* CL.
	„ *peruvianum* BRTW. var., durchweg einzellig und oberes Hörnerpaar wagerecht abspreizend, um erst in weitem Bogen sich abwärts zu senken var. *Suadivae* n. var.
	Climacodium Frauenfeldianum GRUN., vielfach.
	Rhizosolenia alata BRTW.
	„ *amputata* OSTF.
	„ *calcar avis* SCHULZE
	„ *quadrijuncta* H. P.

*Plankton wie am 17. Febr.

Corethron spec.
Rhizosolenia calcar avis SCHULZE.
     „   *amputata* OSTF.
     „   *squamosa* n. sp.
     „   *hebetata* f. *semispina* GRAN.
Chaetoceras neapolitanum BR. SCHRÖDER.
     „   *peruvianum* BRTW. var.. *Suadivae* n. var.
Amphisolenia bidentata BR. SCHRÖDER.
     Thrinax SCHÜTT.
Ceratium tripos azoricum CL. var. *brevis* OSTF. u. SCHM.
     „   *flagelliferum* CL.
     „   *anchora* SCHIMPER.
     „   *volans* CL.
     „   *arcuatum* GOURRET.
     „   *gravidum* var. *praelonga* LEMM.
     „ *fusus* DUJ., lang.
Gonyaulax polygramma STEIN, gelblich, aber Chromatophoren nicht erkennbar.
Peridinium (divergens) remotum n. sp.

Ceratocorys horrida STEIN.
Pyrocystis fusiformis J. MURRAY.
　　„　　*lunula* SCHÜTT.
　　„　　*pseudonoctiluca* J. MURRAY.
Pyrophacus horologium STEIN.
Halosphaera.

Station Suadiva.
15—0 m. APSTEIN.

Reichliches Phytoplankton.

Lebend:	Tot:
Vorherrschend:	*Dactyliosolen* spec., Bruchstücke.
Chaetoceras peruvianum BRTW., einzellige Form: var. *Suadivae* n. var.	*Planktoniella Sol* SCHÜTT.
Danchen:	

Asterolampra marylandica EHRBG. var. *major* H. P. (feiner gestreift).
Bacteriastrum hyalinum LAUDER.
Cerataulina Bergonii H. P.
Chaetoceras neapolitanum BR. SCHRÖDER.
　　„　　*sumatranum* n. sp.
　　„　　*subtile* CL.
　　„　　*sociale* LAUDER.
　　„　　*Ralfsii* CL.
　　„　　*breve* SCHÜTT.
　　„　　*Seychellarum* n. sp.
Climacodium Frauenfeldianum GRUN., viel.
Gossleriella tropica SCHÜTT.
Rhizosolenia calcar avis SCHULZE.
　　„　　*amputata* OSTF.
　　„　　*quadrijuncta* H. P.
　　„　　*hebetata* f. *semispina* GRAN.
　　„　　*styliformis* BRTW.
　　„　　*cylindrus* CL.
　　„　　*alata* BRTW.
　　„　　*Stolterfothii* H. P.
　　„　　*delicatula* CL.
　　„　　*robusta* NORM.
　　„　　*Temperei* H. P. var. *acuminata* H. P.
Rhabdonema spec.
Thalassiothrix acuta G. K.
Amphisolenia palmata STEIN.
Ceratium fusus DUJ., kurz.
　　„　　*furca Incisum* G. K. (Atl. Phytopl.)
　　„　　*reticulatum* POUCHET var. *contorta* GOURRET.
　　„　　*dens* OSTF., häufig.
　　„　　*tripos declinatum* n. sp.
　　„　　„　　*arcuatum* var. *caudata* G. K.
　　„　　„　　*flagelliferum* CL.
　　„　　„　　„　　var. *undulata* BR. SCHRÖDER.
　　„　　„　　*robustum* OSTF.
　　„　　„　　*macroceras* (Uebergang *flagelliferum*).
　　„　　„　　„　　var. *tenuissima* n. var.
　　„　　„　　*volans* var. *elegans* BR. SCHRÖDER.
　　„　　„　　*intermedium* JOERGENSEN var. *aequatorialis* BR. SCHRÖDER.
Peridinium (divergens) oceanicum VANHÖFFEN.
Pyrocystis fusiformis J. MURRAY.
　　„　　*hamulus* CL.
Halosphaera viridis SCHMITZ.
Trichodesmium Thiebautii GOMONT, wenig.

SCHIMPER.

Lebend:	Tot:
Ceratium tripos flagelliferum CL. „ „ *arcuatum* var. *caudata* G. K. *Pyrocystis pseudonoctiluca* J. MURRAY.	Bruchstücke zahlreicher Rhizosolenien, besonders *Rhizosolenia calcar avis* SCHULZE.

Rand Lagune(?) SCHIMPER.

Lebend:	Tot:
. *Rhizosolenia delicatula* CL.	*Climacodium Frauenfeldianum* GRUN. ⎫ *Chaetoceras* spec. ⎬ Bruchstücke. *Rhizosolenia calcar avis* SCHULZE ⎭

Abends. SCHIMPER.

Lebend:	Tot:

Asterolampra marylandica EHRBG.
Planktoniella Sol SCHÜTT.
Amphisolenia palmata STEIN.
Ceratium flagelliferum CL.
    „   *tripos volans* CL.
    „   „   var. *elegans* BR. SCHRÖDER.
    „   „   *arcuatum* GOURRET var. *caudata* G. K.
    „   „   *intermedium* JOERG. var. *aequatorialis* BR.
                      SCHRÖDER.
Trichodesmium Thiebautii GOMONT.
	Rhizosolenia, Bruchstücke sehr zahlreich.
	      „ *calcar avis* SCHULZE.
	      „ *alata* BRTW.
	      „ *styliformis* BRTW.
	      „ *Temperei* H. P.
	      „ *quadrijuncta* H. P.

Schließnetzfänge. CHUN.
80—40 m.

Merkwürdigerweise alles tot.

Lebend:	Tot:

	Gossleriella tropica SCHÜTT, mit Inhalt.
	Planktoniella Sol SCHÜTT, mit Inhalt.
	Rhizosolenia alata BRTW.
	      „ *amputata* OSTF.
	      „ *robusta* NORM.
	      „ *squamosa* n. sp.
	      „ *styliformis* BRTW.
	Amphisolenia Thrinax SCHÜTT.
	Ceratium tripos lunula SCHIMPER.
	      „ „ *longipes* (BAIL.) CL.
	      „ „ *volans* CL.
	      „ „ *flagelliferum* CL.
	      „ „ *macroceras* EHRBG. var. *tenuissima* n. var.
	      „ „ *arcuatum* GOURRET var. *gracilis* OSTF.
	      „ *reticulatum* POUCHET var. *contorta* GOURRET.
	Pyrocystis fusiformis J. MURRAY (viel).
	      „ *pseudonoctiluca* J. MURRAY.

80—40 m. (2 Präparate CHUN.)

Lebend:	Tot:

Asterolampra marylandica EHRBG.
Planktoniella Sol SCHÜTT.
Valdiviella formosa SCHIMPER.
Ceratium palmatum BR. SCHRÖDER.
     „   *tripos lunula* SCHIMPER.
     „   „   *arcuatum* var. *contorta* GOURRET.
     „ „ *buceros* O. ZACHARIAS.	

120—100 m.

Lebend:	Tot:
Coscinodiscus excentricus EHRBG. (ein wenig unregelmäßig).	*Asterolampra marylandica* EHRBG.
Gossleriella tropica SCHÜTT ⎫ mit normalem Inhalt neben	*Rhizosolenia squamosa* n. sp.
Planktoniella Sol SCHÜTT ⎬ toten Individuen.	„ *calcar avis* SCHULZE.
Valdiviella formosa SCHIMPER ⎭	„ *styliformis* BRTW.
	„ *Temperei* H. P. var. *acuminata* H. P.
	Ceratium tripos inclinatum KOFOID.

120—80 m. (Präparat CHUN.)

Lebend:	Tot:
Coscinodiscus guineensis G. K. (Atl. Phytopl.).	
„ *inscriptus* n. sp.	
Planktoniella Sol SCHÜTT.	
Ceratium tripos arcuatum GOURRET var. *robusta* n. var.	
Peridinium (divergens) acuta n. sp.	

*Schließnetzfänge.

2000—1700 (1800) m.

Lebend:	Tot:
	Coscinodiscus [Schale] (3) mit braunen Inhaltsresten.
	Peridinium (divergens) [1].
	Rhizosolenia (6).
	Planktoniella (1) mit noch braunem und frischem Inhalt.
	Ceratium gravidum GOURRET (1) mit gelbem, desorganisiertem Inhalt.
	Pyrocystis (1) mit grauem Inhalt.

300—200 m.

Lebend:	Tot:
Coscinodiscus (3).	*Coscinodiscus* (1).
„ zweite Art, grobmaschig.	*Chaetoceras*, Schale (1).
Planktoniella Sol SCHÜTT (1).	*Planktoniella Sol* SCHÜTT (1).
Diplopsalis (3).	*Rhizosolenia* (1).
	„ *robusta* NORM. (6).
	Ceratium fusus DUJ. (1).
	„ *gravidum* GOURRET (1).
	Pyrophacus (1).
	Pyrocystis (1).
	Phalacroma (1).

*100—80 m.

Lebend:	Tot:
Coscinodiscus (6).	*Asteromphalus* (2).
Planktoniella Sol SCHÜTT (7).	*Planktoniella Sol* SCHÜTT (2).
Diplopsalis (1).	*Rhizosolenia*-Arten (2).
Ornithocercus magnificus STEIN (1).	*Ceratium* (1).
	Pyrocystis (2).
	Pyrophacus (1).

*80—60 m.

Lebend:	Tot:
Chaetoceras (aequatoriale?) (1).	*Rhizosolenia* (2).
Coscinodiscus (1).	*Planktoniella Sol* SCHÜTT (3).
Rhizosolenia (12).	*Ceratium* (2).
Amphisolenia Thrinax SCHÜTT (1).	*Pyrocystis lunula* (1).

63

	Lebend:	Tot:

Ceratium (1).
Diplopsalis (1).
Peridinium (divergens) (4).
Pyrocystis pseudonoctiluca J. Murray (7).
   „ *fusiformis* J. Murray (1).
Pyrophacus (2).

*60—40 m.

Im wesentlichen wie 80—60, doch anscheinend mehr *Pyrocystis*, immer noch sehr wenig Ceratien; keine *Planktoniella* und *Coscinodiscus*.

Gossleriella (1).

*40—20 m.

	Lebend:	Tot:

Anscheinend pflanzenärmer, sonst ähnlich.

Asteromphalus (1).
Planktoniella (1).
Halosphaera (1).

*Bemerkungen.

1) Der Temperatursprung (26⁰ bis 100 m, 13⁰ bis 200 m) scheint ohne Einfluß
2) Die Lichtflora hört plötzlich und im ganzen bei ca. 80 m auf.
3) Eine deutliche Gliederung zwischen 0—80 m scheint nicht vorhanden.

20. Febr. Station 219, 0⁰ 2′,3 S. Br., 73⁰ 24′,0 O. L.
20—0 m. Apstein.

Lebend:	Tot:
Chaetoceras aequatoriale Cl.	*Asterolampra marylandica* Ehrb.
„ *peruvianum* Brtw.	*Chaetoceras furca* Cl., Bruchstücke.
„ „ var. *Suadivae* n. var.	*Climacodium Frauenfeldianum* Grun.
„ *neapolitanum* Br. Schröder.	*Planktoniella Sol* Schütt
„ *sumatranum* n. sp.	*Rhizosolenia alata* Brtw.
„ *indicum* n. spec.	„ *robusta* Norm.
„ *coarctatum* Lauder.	„ *amputata* Ostf. } Bruchstücke.
(*Coscinodiscus rex* Wallich) = *Antelminellia gigas* Schütt,	„ *calcar avis* Schulze
mit vielem Oel.	
Pleurosigma resp. *Navicula* spec.?	
Rhizosolenia hebetata f. *semispina* Gran.	
„ *cylindrus* Cl.	
„ *Temperei* H. P. var. *acuminata* H. P.	
„ *Castracanei* H. P., mit sehr groben Punkten.	
Stigmaphora rostrata Wallich.	
Thalassiothrix acuta G. K.	
„ *longissima* Cl. u. Grun.	
Amphisolenia Thrinax Schütt.	
„ *bidentata* Br. Schröder.	
Ceratium fusus Duj., lang.	
„ „ var. *concava* Gourret.	
„ *furca* Duj. var. *baltica* Möb.	
„ *dens* Ostf.	
„ *tripos volans* Cl.	
„ „ var. *elegans* Br. Schröder.	
„ *flagelliferum* Cl.	
„ „ „ var. *major* n. var.	
„ *robustum* Ostf.	

Lebend:	Tot:
Ceratium tripos inclinatum KOFOID var. *minor* n. var.	
„ „ *intermedium* JOERGENSEN var. *aequatorialis* BR. SCHRÖDER.	
„ „ *macroceras* var. *tenuissima* n. var.	
„ „ *flagelliferum* CL. var. *undulata* BR. SCHRÖDER.	
Ceratocorys horrida STEIN.	
Pyrocystis fusiformis J. MURRAY.	
„ *lunula* SCHÜTT.	
„ *pseudonoctiluca* J. MURRAY.	
„ *hamulus* CL.	
Peridinium (divergens) elegans CL.	
Halosphaera viridis SCHMITZ.	
Trichodesmium Thiebautii GOMONT, wenig.	
Langverzweigte Florideenstücke in Tetrasporenbildung.	

20—0 m. AISTEIN.

Zweites Glas. Ganz wie das erste Glas.

*„Massenhaft Diatomeen 18 m Tiefe. Vorkommen der Schattenpflanzen in seichtem Wasser. Unabhängigkeit der Diatomeen vom Salzgehalt (dieselbe Salzmenge). Abhängigkeit von Nähe des Landes.“

Asterolampra marylandica var. *major* H. P.
Coscinodiscus spec.
Dactyliosolen meleagris G. K.
Chaetoceras breve SCHÜTT.
„ *neapolitanum* BR. SCHRÖDER.
„ *peruvianum* BRTW. var. *Suedicae* n. var.
Climacodium Frauenfeldianum GRUN.
Planktoniella Sol SCHÜTT.
Valdiviella formosa SCHIMPER.
Rhizosolenia amputata OSTF.
„ *alata* BRTW.
„ *calcar avis* SCHULZE.
„ *Temperei* H. P.
„ *squamosa* n. sp.
„ *cylindrus* CL.
Peridinium (divergens) gracile n. sp.
Ceratium tripos contrarium GOURRET.
Pyrocystis fusiformis J. MURRAY.
„ *lunula* SCHÜTT.
„ *pseudonoctiluca* J. MURRAY.
Phalacroma doryphorum STEIN.
Pyrophacus horologium STEIN.
Synedra crystallina KTZG.?

* *Asterolampra marylandica* EHRBG.
Chaetoceras peruvianum BRTW.
Rhizosolenia (crassa) = squamosa G. K. (*crassa* SCHIMPER M. S., cf. Antarkt. Phytopl., S. 901.)
„ *alata* BRTW.
„ *hebetata* f. *semispina* GRAN.
„ *calcar avis* SCHULZE.
„ *Temperei* H. P. var. *acuminata* H. P.
„ *amputata* OSTF.
„ *cylindrus* CL.

65

G. KARSTEN,

Dactyliosolen Bergonii H. P.
Streptotheca indica n. sp.
Ceratium furca DUJ. var. *baltica* MÖB.
  „   *tripos azoricum* CL.
  „   „ *lunula* SCHIMPER.
  „   „ *volans* var. *elegans* BR. SCHRÖDER.
  „   „ *intermedium* JOERGENSEN.
  „   „ *flagelliferum* CL.
  „   „ *robustum* OSTF.
Goniodoma.
Amphisolenia Thrinax SCHÜTT.
  „   *palmata* STEIN.
Ornithocercus quadratus SCHÜTT.
Pyrocystis pseudonoctiluca J. MURRAY.
Podolampas bipes STEIN.
Peridinium (divergens) spec. ?
Ceratocorys horrida STEIN.
Halosphaera.

21. Febr.   Station 220, 1° 57′,0 S. Br., 73° 19′,1 O. L.
30—0 m.   APSTEIN.

Lebend:

Asterolampra marylandica EHRBG. var. *major* H. P.
Thalassiothrix acuta G. K. (sehr viel).
Amphisolenia palmata STEIN.
Ceratocorys horrida STEIN.
Ceratium fusus DUJ.
  „   *tripos arcuatum* GOURRET.
  „   „ *lunula* SCHIMPER (groß).
  „   „ *anchora* SCHIMPER.
  „   „ *volans* CL. var. *elegans* BR. SCHRÖDER.
  „   „ *flagelliferum* CL. var. *undulata* BR. SCHRÖD.
  „   „ *intermedium* JOERGENSEN var. *aequatorialis*
                BR. SCHRÖDER.
  „   „ *inclinatum* KOFOID var. *minor* n. var.
  „   „ *gibberum* var. *sinistra* GOURRET.
  „   „ *coarctatum* var. *major* n. var.
  „   *reticulatum* POUCHET var. *contorta* GOURRET.
Goniodoma acuminatum STEIN.
Pyrocystis pseudonoctiluca J. MURRAY.
  „   *hamulus* CL.
  „   *fusiformis* J. MURRAY.
Trichodesmium Thiebautii GOMONT.

Tot:

Bacteriastrum varians LAUDER.
Chaetoceras coarctatum LAUDER. ⎫
  „   *peruvianum* BRTW.   ⎬ Bruchstücke.
  „   *indicum* n. sp.   ⎭
Planktoniella-Flügel.
Pyrophacus horologium STEIN.
Rhizosolenia alata BRTW.
  „   *calcar avis* SCHULZE, Bruchstück.

200 m quant.   APSTEIN.

Lebend:

Asterolampra marylandica EHRBG.
  „   „ var. *major* H. P.
Asteromphalus heptactis RALFS.
  „   „ „ von ovaler Umrißform mit
                längl. Chromatophoren.
  „   *Wyvilli* CASTR.
Bacteriastrum eriophilum G. K.
  „   *varians* LAUDER, meist Bruchstücke.
Coscinodiscus inscriptus n. sp. (Suadiva).
  „   *difficilis* n. sp.
  „   *lineatus* EHRBG.

Tot:

Chaetoceras neapolitanum BR. SCHRÖDER ⎫
  „   *coarctatum* LAUDER   ⎬ Bruchstücke.
  „   *peruvianum* BRTW.   │
  „   *contortum* SCHÜTT.   ⎭
Peridinium globulus STEIN.
Rhizosolenia alata BRTW.
  „   *calcar avis* SCHULZE.
  „   *amputata* OSTF.
  „   *quadrijuncta* H. P.
  „   *Temperei* H. P., Bruchstücke.
  „   *styliformis* BRTW.

Lebend:	Tot:

Lebend:

Coscinodiscus nodulifer JANISCH.
„　*Incertus* n. sp.
„　spec., mit Mikrosporen (6—32).
„　*excentricus* EHRBG., normale Form.
„　*guineensis* G. K.
Chaetoceras tetrastichon CL.
„　*indicum* n. sp.
„　*Seychellarum* n. sp.
„　*sumatranum* n. sp.
„　*buceros* n. spec.
„　*bacteriastroides* n. sp.
Dactyliosolen meleagris G. K.
Euodia inornata CASTR.
Guinardia Blavyana H. P.
Gossleriella tropica SCHÜTT.
„　„　„　mit Chromatophorenplättchen
　　　　und Pyrenoiden.
Planktoniella Sol SCHÜTT.
„　„　„　in Erneuerung d. Flügels begriffen.
„　„　„　mit regeneriertem Flügel.
Rhizosolenia cylindrus CL.
Valdiviella formosa SCHIMPER.
Amphisolenia Thrinax SCHÜTT.
„　*bidentata* BR. SCHRÖDER.
Ceratium palmatum BR. SCHRÖDER.
„　*furca* DUJ.
„　„　var. *baltica* MÖB.
„　*fusus* DUJ.
„　„　„　(lang):
„　„　„　var. *concava* GOURRET.
„　*reticulatum* POUCHET var. *spiralis* KOFOID.
„　*tripos heterocamptum* (JOERG.) OSTF. u. SCHM.
„　„　*anchora* SCHIMPER.
„　„　*lunula* SCHIMPER.
„　„　*flagelliferum* CL.
„　„　*gibberum* var. *sinistra* GOURRET.
„　„　*volans* CL.
„　„　„　var. *elegans* BR. SCHRÖDER.
„　„　*inclinatum* KOFOID (typisch).
„　„　*macroceras* var. *tenuissima* n. var.
„　„　„　Uebergang zu *flagelliferum*.
„　„　*arcuatum* GOURRET.
„　„　„　var. *gracilis* OSTF.
„　„　*intermedium* JOERGENSEN var. *aequatorialis*
　　　　BR. SCHRÖDER.
Dinophysis miles CL.
Goniodoma acuminatum STEIN.
Gonyaulax polygramma STEIN.
Ornithocercus splendidus SCHÜTT.
Peridinium (divergens) elegans CL.
Halosphaera viridis SCHMITZ.
Trichodesmium erythraeum EHRBG.

Tot:

Thalassiothrix acuta G. K.
„　*longissima* CL. u. GRUN.

* Vegetatives Plankton ziemlich reichlich.

Lebend:	Tot:

Lebend:

Vorherrschend:
Rhizosolenia calcar avis SCHULZE.

Daneben:
Asterolampra marylandica EHRBG. var. *major* H. P.
Bacteriastrum varians LAUDER.

Tot:

Planktoniella (3).

67

Lebend: Tot:

Chaetoceros coarctatum LAUDER, in Spuren.
Rhizosolenia alata BRTW.
    „   *Temperei* H. P.
    „   *amputata* OSTF.
Stigmaphora rostrata WALLICH.
Thalassiosira spec.
Amphisolenia Thrinax SCHÜTT.
    „   *bidentata* BR. SCHRÖDER.
Ceratium furca DUJ. var. *concava* n. var.
    „   *tripos gravidum* GOURRET var. *praelonga* LEMM.
    „   „   *lunula* SCHIMPER.
    „   „   *azoricum* CL. var. *breve* OSTF. u. SCHM.
    „   „   *flagelliferum* CL.
    „   „   *volans* CL. var. *elegans* BR. SCHRÖDER.
Diplopsalis lenticula BERGH.
Ornithocercus quadratus SCHÜTT.
Peridinium (divergens) spec.
Podolampas bipes STEIN.
Pyrocystis fusiformis J. MURRAY.
    „   *pseudonoctiluca* J. MURRAY.
    „   *lunula.*
    „   *hamulus* CL.
Halosphaera.

*Abends. Unmittelbare Nähe der Südinsel.

Aehnlich wie nachmittags. Dazu *Gossleriella tropica* SCHÜTT.

Schließnetzfang. CHUN.

2800—2200 m.

(*Coscinodiscus rex,* Schalenbruchstück) = *Antelminellia gigas* SCHÜTT.
    „   *incertus* [169] n. sp. ⎱
    „   *Janischii* A. S.   ⎰ Schalen.
    „   *Kützingii* SCHM.
    „   *excentricus* EHRBG.
    „   *symmetricus* GREV.
Asterolampra marylandica EHRBG.
Asteromphalus elegans RALFS, mehrfach.
    „   *Hookeri* EHRBG.
Planktoniella Sol SCHÜTT, mehrfach.
Rhizosolenia calcar avis SCHULZE.
    „   *Temperei* H. P. var. *acuminata* H. P.
    „   *alata* BRTW.
    „   spec., Schuppen, 2 auf den Umlauf, lang, Punktierung deutlich.
    „   *robusta* H. P.
    „   *hebetata* f. *semispina* GRAN.
Euodia inornata CASTR.
Thalassiothrix acuta G. K.
Chaetoceras spec., Bruchstücke.
Bacteriastrum varians LAUDER.
Ceratium tripos arietinum CL.
    „   „   spec., Bruchstücke.
Pyrophacus horologium STEIN.

Ausgesuchtes Material. CHUN.

200 m quant.

(*Coscinodiscus rex* var. [Taf. XXIV, Fig. 4], lebend, mehrfach) = *Antelminellia gigas* SCHÜTT.
Rhizosolenia calcar avis SCHULZE, totes Material.

* Schließnetzfänge.
3000 m (2800—2200 m).

Asteromphalus, Schale (2).
Coscinodiscus (8).
Euodia, Schale (3).
Planktoniella, Schale (1).
Rhizosolenia, Schale (17).

22. Febr.   Station 221, 4° 5',8 S. Br., 73° 24',8 O. L.
30—0 m.   APSTEIN.

Ueberwiegend Zooplankton, Phytoplankton meist in schlechtem Zustand.

Lebend:	Tot:
(*Coscinodiscus rex* WALLICH) = *Antelminellia gigas* SCHÜTT, ganz mit großen schwarzen Oeltropfen angefüllt.	*Bacteriastrum varians* LAUDER
Ceratocorys horrida STEIN.	*Chaetoceras peruvianum* BRTW.
Ceratium furca DUJ., sehr klein.	„ *neapolitanum* BR. SCHRÖDER } Bruchstücke.
„ *tripos lunula* SCHIMPER.	„ *coarctatum* LAUDER
„ „ *intermedium* JOERGENSEN var. *aequatorialis* BR. SCHRÖDER.	*Peragallia* spec.
„ „ *macroceras* EHRBG.	*Pyrophacus horologium* STEIN.
„ „ *flagelliferum* CL.	*Rhizosolenia calcar avis* SCHULZE, Bruchstücke.
„ „ *arcuatum* GOURRET.	„ *amputata* OSTF.
„ „ „ var. *contorta* GOURRET.	„ *robusta* CL., Bruchstücke.
„ „ *azoricum* CL. var. *brevis* OSTF. u. SCHM.	„ *Temperei* H. P. var. *acuminata* H. P.
„ „ *volans* CL.	*Thalassiothrix* spec.
„ *reticulatum* POUCHET var. *contorta* GOURRET.	
Goniodoma acuminatum STEIN.	
Peridinium (divergens) elegans CL.	
Pyrocystis pseudonoctiluca J. MURRAY.	
„ *fusiformis* J. MURRAY.	
„ *lunula* SCHÜTT.	
Pyrophacus horologium STEIN.	
Trichodesmium Thiebautii GOMONT.	

100 m quant.   APSTEIN.

Lebend:	Tot:
Chaetoceras bacteriastroides n. sp.	*Bacteriastrum varians* LAUDER, Bruchstücke.
Coscinodiscus excentricus EHRBG.	*Chaetoceras coarctatum* LAUDER, mit Vorticellen.
„ *guineensis* G. K.	„ *tetrastichon* CL.
Euodia inornata CASTR.	„ *peruvianum* BRTW., Bruchstücke.
Planktoniella Sol SCHÜTT.	*Dactyliosolen meleagris* G. K.
Valdiviella formosa SCHIMPER.	*Rhizosolenia robusta* NORM.
Ceratium furca DUJ. var. *baltica* Möll.	„ *simplex* G. K. var. *major* n. var.
„ *tripos intermedium* JOERGENSEN.	„ *calcar avis* SCHULZE
„ „ *arcuatum* GOURRET.	„ *alata* BRTW.
„ „ „ var. *robusta* n. var.	„ *hebetata* f. *semispina* GRAN. } Bruchstücke.
„ „ *azoricum* CL. var. *brevis* OSTF. u. SCHM.	„ *amputata* OSTF.
„ „ *macroceras* EHRBG.	„ *Temperei* H. P. var. *acuminata* H. P.
„ „ „ var. *tenuissima* n. var.	*Thalassiothrix acuta* G. K.
„ „ *flagelliferum* CL.	
„ „ *intermedium* JOERG. var. *aequatorialis* BR. SCHRÖDER.	
„ „ „ var. *Hundhausenii* BR. SCHRÖD.	
„ „ *arcuatum* var. *gracilis* OSTF.	
„ *candelabrum* (EHRBG.) STEIN.	
Goniodoma acuminatum STEIN.	
Ornithocercus magnificus STEIN.	

69

Lebend:	Tot:

Peridinium (divergens) Schüttii Lemm.
„   spec., in Teilung.
Pyrocystis pseudonoctiluca J. Murray.
„   *lunula* Schütt.

Zwei Gläser 221 Schimper enthalten nichts wesentlich Abweichendes.

*Vegetabilisches Leben viel spärlicher, indem *Rhizosolenia*-Arten ganz beträchtlich abgenommen haben.

Chaetoceras peruvianum Brtw.
Rhizosolenia calcar avis Schulze.
„   *alata* Brtw.
Ceratium fusus Duj.
Ceratocorys horrida Stein.
Phalacroma spec.
Ornithocercus magnificus Stein.
Pyrocystis pseudonoctiluca J. Murray.

*Nachmittags.

Aehnliches Bild, doch mehr *Pyrocystis* und verschiedene Rhizosolenien.

Rhizosolenia ampulata Ostf.
„   *robusta* Norm.
„   *styliformis* Brtw.

„Bei beiden Fängen keine Spur der Schattenflora, außer einer ganz leeren Schale von *Antelminellia gigas* Schütt."

Schließnetzfänge. Chun.

1600—1000 m.

Rhizosolenia ampulata Ostf., Schale.
Valdiviella formosa Schimper, mehrfach.
Asterolampra marylandica Ehrbg., mehrfach.
Coscinodiscus excentricus Ehrbg.
„   *incertus* (169) n. sp.
Planktoniella Sol Schütt.
Peridinium (divergens) oceanicum Vanhöffen, lebend.
Asteromphalus Wyvilli Castr.
„   *Roperianus* Ralfs.
„   *elegans* Ralfs.
Gossleriella tropica Schütt.
Rhizosolenia styliformis Brtw.
„   *Temperei* var. *acuminata* H. P., Schale.
Viel Radiolarienskelette und Tintinnengehäuse.

220—185 m.

Coscinodiscus guineensis n. sp. (Taf. XXVI, Fig. 15), lebend.
(„   *rex* Wallich) = *Antelminellia gigas* Schütt, 600 μ, var.?, 1 lebend, 1 tot.
Planktoniella Sol Schütt, tot mehrfach, zum Teil mit erneuertem Flügel.
„   „   „   1 lebend.
Valdiviella formosa Schimper, 2 lebend, 1 tot.
Asterolampra marylandica Ehrbg., tot.
Rhizosolenia squamosa n. sp., tot.
„   *calcar avis* Schulze, Bruchstück, tot.
„   *Temperei* var. *acuminata* H. P., Bruchstück, tot.

Chaetoceras atlanticum CL. var. (cf. Atlant. Phytopl.).
„   spec., kleinere Bruchstücke.
„   *didymum* CL., Kette.
„   *coarctatum* LAUDER, größere Kette, tot.
Ceratium fusus DUJ. var. *concava* GOURRET, tot.
„   *tripos intermedium* JOERGENSEN.
„   „   *anchora* SCHIMPER, dickwandig, tot.
„   „   *inclinatum* KOFOID, tot.

185—145 m.

(*Coscinodiscus rex* WALLICH) = *Antelminellia gigas* SCHÜTT, Bruchstücke und Schalen.
Planktoniella Sol SCHÜTT, lebend und Bruchstück, ebenso mit Doppelflügel, lebend, mehrfach? alle lebend.
Valdiviella formosa SCHIMPER, Plasmakörper anormal, lebend.
Chaetoceras coarctatum LAUDER, ziemlich vollständig, Kette mit Plasmaüberresten in den Zellen, tot.
Amphisolenia Thrinax SCHÜTT, tot?, doch mit Plasmainhalt.
Ceratium palmatum BR. SCHRÖDER, tot.
„   *tripos flagelliferum* CL., 2 tot.

140 —105 m.

Gossleriella tropica SCHÜTT, lebend.
Asteromphalus elegans RALFS, tot.
Planktoniella Sol SCHÜTT, lebend vielfach.
Ceratium tripos intermedium JOERG.
„   „   *gibberum* var. *sinistra* GOURRET.
Valdiviella formosa SCHIMPER, lebend, Systrophe 1? wie 185—145.
Rhizosolenia quadrijuncta H. P., Bruchstück, tot.

*Schließnetzfänge.
1600—1000 m.

Asteromphalus, Schalen (8).
Coscinodiscus, Schalen (8).
Chaetoceras, Schalen (2).
Euodia, Schalen (3).
Planktoniella, Schalen (1).
Rhizosolenia, Schalen (6).
Peridinium (divergens) (2) lebend.

200—160 m.

Lebend:	Tot:
Antelminellia (5).	*Pyrocystis pseudonoctiluca* (1).
Chaetoceras, mit Vorticellen (1).	*Phalacroma* (1).
Planktoniella Sol (5).	*Coscinodiscus*, Schalen (2).
Goniodoma (2).	„ desorganisiert (2).
Ornithocercus magnificus STEIN (6).	*Planktoniella*, Schalen (2).
Peridinium (divergens) (3).	*Rhizosolenia*, Schalen (3).
Pyrocystis lunula (1).	*Ceratium*, Schale (1).
Halosphaera viridis SCHMITZ (3).	

160—120 m.

Lebend:	Tot:
Planktoniella Sol (8).	*Coscinodiscus*, desorganisiert (2).
Peridinium (divergens) (5).	„ Schale (1).
Halosphaera (6).	*Euodia*, Schale (1).
	Ornithocercus magnificus (1).
	Pyrocystis pseudonoctiluca (1).
	„ *(ovata?)* desorganisiert (1).

120—80 m.

Lebend:	Tot:
Asteromphalus (1).	Planktoniella Sol SCHÜTT (1).
Coscinodiscus (1).	Antelminellia, Schale (1).
Gossleriella (1).	Coscinodiscus, Schale (1).
Planktoniella Sol SCHÜTT (11).	Ceratium candelabrum (EHRBG.) STEIN (1).
Goniodoma (1).	Rhizosolenia, Schale (6).
Peridinium (divergens) (4).	Ornithocercus (2).
Pyrocystis pseudonoctiluca J. MURRAY (1).	Pyrocystis pseudonoctiluca J. MURRAY (3).
„ lunula (1).	„ lunula (1).
Phalacroma (1).	
Halosphaera (2).	

22. Febr.   Station 222, 4° 31′ S. Br., 73° 19′7, O. L.

20—0 m.   APSTEIN.

Phytoplankton ärmlich, vielfach in schlechtem Zustand.

Lebend:	Tot:
Amphisolenia bidentata BR. SCHRÖDER.	Chaetoceras neapolitanum BR. SCHRÖDER.
Ceratium fusus DUJ.	„ peruvianum BRTW.
„ reticulatum POUCHET var. contorta GOURRET.	„ Seychellarum n. sp. ⎫ Bruchstücke.
„ tripos azoricum CL. var. brevis OSTF. u. SCHM.	Rhizosolenia calcar avis SCHULZE
„ „ macroceras EHRBG.	„ amputata OSTF.
„ „ flagelliferum CL.	„ robusta OSTF.
„ „ lunula SCHIMPER.	„ hebetata f. semispina GRAN.
„ „ arcuatum GOURRET.	„ cylindrus CL.
„ „ volans CL. var. elegans BR. SCHRÖDER.	„ alata BRTW. ⎫
„ „ intermedium JOERG. var. aequatorialis BR.	„ styliformis BRTW. ⎬ Bruchstücke.
SCHRÖDER.	Thalassiothrix spec. ⎭
Ceratocorys horrida STEIN.	
Peridinium (divergens) Schüttii LEMM.	
Pyrocystis pseudonoctiluca J. MURRAY.	
„ (ovata SCHIMPER?), elliptische Form von pseudo-	
noctiluca?	
Ornithocercus splendidus SCHÜTT.	

* 23. Febr.   Station 223, 6° 19′,3 S. Br., 73° 18′,9 O. L.

„Seit gestern ist eine starke Veränderung in den oceanographischen Verhältnissen ein-getreten. Andere Strömungen, Salzgehalt. Starker Wind. Total anderes Bild des Planktons. Die Diatomeen nur noch in schwachen Spuren, meist leere Schalen. Dickköpfige Ceratien vom lunula-Typus; C. macroceras- etc. Arten fast ganz fehlend."

Vorherrschend:
Großköpfige, kurzarmige Ceratien.
Ceratium lunula SCHIMPER.
    „   azoricum CL. var. brevis OSTF. u. SCHM.
    „   arcuatum GOURRET.
Goniodoma spec.
Ornithocercus magnificus STEIN.
Ceratocorys horrida STEIN.
Peridinium (divergens) spec.?

24. u. 25. Febr.   Station 224.   SCHIMPER.

Lebend:	Tot:
Nitzschia Gazellae G. K.	Chaetoceras coarctatum LAUDER ⎫ Bruchstücke.
Ceratium fusus DUJ.	Thalassiothrix ⎭
„ furca DUJ., in auffallend kleinen Exemplaren.	
„ tripos macroceras EHRBG.	
Peridinium vexans MURR. and WHITT.	

Station Diego Garcia. APSTEIN.

Kurzes Zooplankton mit nur vereinzelten Pflanzenzellen.

Lebend:	Tot:
Chaetoceras coarctatum LAUDER, mit Vorticellen.	Rhizosolenia calcar avis SCHULZE \]
Nitzschia (Sigma) indica n. sp.	„ robusta NORM.
Ceratium fusus DUJ., kurz.	„ alata BRTW. Bruchstücke.
„ tripos azoricum CL. var. brevis OSTF. u. SCHM.	„ Temperei H. P. \]
„ „ flagelliferum CL.	simplex G. K. var. major n. var.
Pyrocystis pseudonoctiluca J. MURRAY.	Gonyaulax polygramma STEIN.
„ fusiformis J. MURRAY.	Pyrophacus horologinm STEIN.

*Pflanzliches Plankton sehr spärlich. Die kleinen kurzarmigen Ceratien wie gestern, dazu *Ceratium furca* DUJ.

    Chaetoceras coarctatum LAUDER, mit Vorticellen.
    Ceratium tripos lunula SCHIMPER.
      „   „ *azoricum* CL. var. *brevis* OSTF. u. SCHM.
      furca DUJ.

25. Febr. Station Diego Garcia. APSTEIN.

Vorherrschend: Peridineen, anscheinend meist tot, zwischen einer Masse von Zooplankton.

Lebend:	Tot:
Synedra Gallionii EHRBG., sehr schmal, ≍ (4 : 136 μ).	·Ceratium fusus DUJ. \]
„ Hennedyana GREG. 2.	„ furca DUJ. alles mehrfach.
Nitzschia longissima W. SM. 2, eine in Teilung, und 2 tot.	„ tripos lunula SCHIMPER \]
Trichodesmium contortum WILLE, langer Faden.	„ „ macroceras EHRBG. var. aequatorialis BR.
Enteromorpha spec. (REINBOLD).	SCHRÖDER, sehr wenig.
	Peridinium (divergens) spec.
	„ Steinii JOERGENSEN.
	Chaetoceras coarctatum LAUDER.
	„ Kopfzelle (cf. Taf. XVI, Fig. 6).
	Rhizosolenia styliformis BRTW., 1 Stück.
	Synedra crystallina KTZG., halbe Zelle.
	Striatella unipunctata AG., 1 Schale.

Station 224. Diego Garcia.
Tiefe 25 m quant. APSTEIN.

Lebend:	Tot:
Rhizosolenia robusta NORM.	Chaetoceras aequatoriale CL., Bruchstück.
„ styliformis BRTW.	
Ceratium tripos arcuatum GOURRET var. gracilis OSTF.	
Diplopsalis lenticula BERGH.	

27. Febr. Station 226, 4° 5',8 S. Br., 70° 1',9 O. L.
10—0 m. APSTEIN.

Vorherrschend: *Rhizosolenia*, Bruchstücke.

Lebend:	Tot:
Daneben:	Chaetoceras peruvianum BRTW. \]
(Coscinodiscus oder Peridineen, Gallertsporen?). Zahl-	„ tetrastichon CL.
reiche Cysten in geringer Gallertmasse beisammen.	„ coarctatum LAUDER
Mikrosporen ähnlich, aber Membran stark verdickt,	Rhizosolenia alata BRTW. Bruch-
deutlich doppelt konturiert.	„ robusta NORM. stücke.
Rhizosolenia Stolterfothii H. P., Kette.	„ simplex G. K. var. major n. var.
Peridinium (divergens) elegans CL.	„ calcar avis SCHULZE \]

Lebend: Tot:

Ceratocorys horrida STEIN.
Ceratium fusus DUJ., kurz.
    „   *tripos flagelliferum* CL.
    „   „   *declinatum* n. sp.
    „   „   *vultur* CL., 3-zellige Kette
    „   „   *volans* CL.
    „   „   *contrarium* GOURRET.
    „   „   *arcuatum* GOURRET.
    „   „   „   var. *gracilis* OSTF.
    „   „   *intermedium* JOERG. var. *aequatorialis* BR.
           SCHRÖDER.
    „   „   *macroceras* (Uebergang zu *flagelliferum* var.
           angusta).
Pyrocystis pseudonoctiluca J. MURRAY.
    „   *fusiformis* J. MURRAY.
Ornithocercus splendidus SCHÜTT.

200 m quant. APSTEIN.

Lebend: Tot:

Vorwiegend: *Rhizosolenia*, Bruchstücke.

Daneben: Daneben:

Lebend	Tot
Asterolampra marylandica EHRBG.	(*Coscinodiscus rex* WALLICH) ⚊ *Antelmi-*
„ „ var. *major* H. P.	*nellia gigas* SCHÜTT.
Asteromphalus elegans GREV.	*Chaetoceras buceros* n. sp.
„ *heptactis* RALFS.	„ *peruvianum* BRTW.
„ *Hookerii* EHRBG.	*Corethron* spec.
Chaetoceras furca CL.	*Rhizosolenia firma* n. sp.
„ *tetrastichon* CL.	„ *hebetata* f. *hiemalis* GRAN.,
„ *coarctatum* LAUDER.	einzeln
„ *bacteriastroides* n. sp.	„ „ f. *semispina* GRAN
Cerataulina Bergonii H. P.	„ *robusta* NORM.
Coscinodiscus radiatus EHRBG.	„ *calcar avis* SCHULZE
„ *excentricus* EHRBG.	„ *cylindrus* CL.
„ *lineatus* EHRBG.	„ *Temperei* H. P. var. *acuminata* H. P.
„ *guineensis* G. K.	
„ *inscriptus* n. sp.	
„ *tumidus* JANISCH.	
„ *nodulifer* JANISCH.	
„ *Zeta* n. sp.	
„ spec. (Mikrosporen).	
„ *Delta* n. sp.	
Euodia inornata CASTR.	
Gossleriella tropica SCHÜTT.	
Guinardia Blavyana H. P.	
Planktoniella Sol SCHÜTT.	
Valdiviella formosa SCHIMPER.	
Cladopyxis brachiolata STEIN.	
Ceratocorys horrida STEIN.	
Ceratium palmatum BR. SCHRÖDER.	
„ *reticulatum* POUCHET var. *contorta* GOURRET.	
„ *furca* DUJ. var. *baltica* MÖB.	
„ *fusus* DUJ. var. *concava* GOURRET.	
„ *tripos lunula* SCHIMPER.	
„ „ *inclinatum* KOFOID var. *minor* n. var.	
„ „ *azoricum* CL. var. *brevis* OSTF. u. SCHM.	
„ „ *coarctatum* PAVILLARD.	
„ „ *buceros* O. ZACHARIAS.	
„ „ *macroceras* EHRBG.	
„ „ *flagelliferum* CL.	

Bruchstücke

Lebend: Tot:

Ceratium tripos arcuatum var. contorta GOURRET.
  „   „   „   var. robusta n. var.
  „   „   platycorne DADAY.
  „   „   intermedium JOERG. var. aequatorialis BR.
               SCHRÖDER.
Dinophysis n. sp.
Goniodoma acuminatum STEIN.
Gonyaulax polygramma STEIN.
Heterodinium rigdenae KOFOID.
Ornithocercus splendidus SCHÜTT, viel.
Pyrocystis pseudonoctiluca J. MURRAY.

200 m. SCHIMPER, Vertikalnetz (ausgetrocknet gewesen, zahlreiche Pilzsporen).

Lebend: Tot:

Coscinodiscus Zeta n. sp.   Chaetoceras coarctatum LAUDER
Planktoniella Sol SCHÜTT.   Rhizosolenia alata BRTW.   } Bruchstücke.
Valdiviella formosa SCHIMPER.   „   calcar avis SCHULZE, vielfach }
Amphisolenia Thrinax SCHÜTT.
Ceratium tripos lunula SCHIMPER.
  „   „   arcuatum GOURRET.
  „   „   flagelliferum CL.
Pyrocystis pseudonoctiluca J. MURRAY.
Peridinium (divergens) elegans CL.

Ausgesuchtes Material. CHUN.

50 m quant.

(Coscinodiscus rex WALLICH) = Antelminellia gigas SCHÜTT, lebend.

100 m quant.

(Coscinodiscus rex WALLICH) = Antelminellia gigas SCHÜTT, vielfach; lebend.

200 m quant.

(Coscinodiscus rex WALLICH) = Antelminellia gigas SCHÜTT, vielfach; bis 2 mm Durchmesser.

* Vegetabilisches Plankton reichlich.

Chaetoceras peruvianum BRIGHTW.
Cerataulina Bergonii H. P.
Rhizosolenia squamosa n. sp.
  „   Temperei H. P.
  „   amputata OSTF.
  „   calcar avis SCHULZE, massenhaft.
  „   alata BRIGHTW.
Navicula corymbosa AG.
Ceratium tripos arcuatum GOURRET var. contorta GOURRET.
  „   „   lunula SCHIMPER.
  „   „   volans CL. var. elegans BR. SCHRÖDER.
  „   „   flagelliferum CL.
  „   „   anchora SCHIMPER.
Ornithocercus splendidus SCHÜTT.
  „   magnificus STEIN.
Phalacroma doryphorum STEIN.
Ceratocorys horrida STEIN.
Peridinium (divergens) elegans CL.
Pyrocystis lunula SCHÜTT.
Amphisolenia Thrinax SCHÜTT.

75

* Bis 200 m.

Lebend:	Tot:
Asteromphalus (APSTEIN).	
Ethmodiscus (APSTEIN).	
Gossleriella tropica SCHÜTT.	
Planktoniella Sol SCHÜTT, viel.	

28. Febr. Station 227, 2° 56',6 S. Br., 67° 59',0 O. L.
30—0 m. APSTEIN.

Vorherrschend: Radiolarien, sehr viel *Ceratium tripos* spec. spec.

Lebend:	Tot:
Amphisolenia palmata STEIN.	Planktoniella Sol SCHÜTT, vereinzelt.
„ Thrinax SCHÜTT.	Rhizosolenia, wenig: Bruchstücke.
Rhizosolenia calcar avis SCHULZE.	Pyrophacus horologium STEIN.
„ styliformis BRIGHTW.	
Ceratium fusus DUJ., lang.	
„ reticulatum POUCHET var. contorta GOURRET.	
„ tripos arcuatum GOURRET.	
„ „ „ var. gracilis OSTF.	
„ „ „ var. robusta n. var.	
„ „ intermedium JOERG. var. aequatorialis BR. SCHRÖDER.	
„ „ macroceras EHRBG.	
„ „ flagelliferum CL.	
„ „ volans CL. var. elegans BR. SCHRÖDER.	
„ „ gibberum var. sinistra GOURRET.	
Peridinium (divergens) Schüttii LEMM.	
„ „ elegans CL.	
Pyrocystis lunula SCHÜTT.	

50 m quant. APSTEIN.

Meist Zooplankton, Radiolarien.

Lebend:	Tot:
Ceratium tripos macroceras EHRBG.	Chaetoceras tetrastichon CL.
„ „ flagelliferum CL.	Climacodium Frauenfeldianum GRUN.
„ „ azoricum var. brevis OSTF. u. SCHM.	Rhizosolenia calcar avis SCHULZE, Bruchstücke.
„ „ arcuatum GOURRET var. gracilis OSTF.	Pyrocystis pseudonoctiluca J. MURRAY.
„ „ „ var. robusta n. var.	
„ „ intermedium JOERG. var. aequatorialis BR. SCHRÖDER.	
Ornithocercus splendidus SCHÜTT.	
Peridinium (divergens) elegans CL.	

* Rhizosolenien viel weniger. Peridineen nichts Bemerkenswertes.

Rhizosolenia Temperei H. P.
    „   calcar avis SCHULZE.
    „   alata BRTW.
Ceratium tripos contrarium GOURRET.
    „   „   macroceras EHRBG.
    „   „   intermedium JOERG. var. aequatorialis BR. SCHRÖDER.
    „   „   lunula SCHIMPER.
    „   „   arcuatum var. contorta GOURRET.
    „   gravidum var. praelonga LEMM.

Ornithocercus magnificus STEIN.
Pyrophacus horologium STEIN.
Pyrocystis pseudonoctiluca J. MURRAY.
    „   *fusiformis* J. MURRAY.
Peridinium (divergens) marginatum n. sp.
Amphisolenia bidentata BR. SCHRÖDER.

Schließnetzfänge. CHUN.

1000—800 m.

(*Coscinodiscus rex* WALLICH) = *Antelminellia gigas* SCHÜTT, Schalen und Bruchstücke mehrfach.
Rhizosolenia styliformis oder *semispina*, Gürtel ohne Schale.

800—600 m.

Coscinodiscus symmetricus GREV.
    „   spec., völlig glatte Schale.
Rhizosolenia calcar avis SCHULZE.
Ceratium tripos arcuatum GOURRET var. *gracilis* OSTF.
Valdiviella-Rand ohne Zelle.

600—400 m.

Bruchstücke von *Rhizosolenia* ⎫ unbestimmbar.
    „   „ *Chaetoceras* ⎭
Asterolampra marylandica EHRBG.
Ceratium tripos arcuatum GOURRET var. *caudata* G. K.
Valdiviella formosa SCHIMPER, mit erneuertem Flügelrand! mehrfach.

Ausgesuchtes Material. CHUN.

20 m.

(*Coscinodiscus rex* WALLICH) = *Antelminellia gigas* SCHÜTT, lebend, jedoch Chromatophoren etwas anormal.

*Schließnetzfänge.

1000—800 m.

Asteromphalus, Schale (1).
Coscinodiscus, Schale (1).
Chaetoceras, Schale (1).
Eunotia, Schalen (2), eine Zelle mit Inhalt.
Goosleriella, Schale (1), mit Inhalt.
Rhizosolenia, Schalen (17).
Phalacroma [nicht assimilierend] (3), anscheinend lebend.

800—600 m.

Coscinodiscus, Schalen (6), 2 mit Inhalt.
Eunotia, Schale (1), mit Inhalt.
Planktoniella, Schalen (2), eine Zelle mit Inhalt.
Rhizosolenia, Schalen (14).
Ceratium, Schalen (6), 5 mit Inhalt.
Goniodoma, Schale (1), mit Inhalt.
Peridinium (divergens) (6), lebend.
Phalacroma, Schalen (2).
Halosphaera (2), lebend.

600—400 m.

Asteromphalus, Schalen (5).
Coscinodiscus, Schalen (13)
    „   (4), lebend.

77

Euodia, Schalen (3).
Gossleriella, Schale (1).
Planktoniella, Schalen (8).
Rhizosolenia, Schalen (12).
Ceratium, Schalen (3).
Ornithocercus magnificus (2), 1 Zelle mit Inhalt.
Peridinium (divergens) (3), lebend.
Pyrophacus, Schale (1).
Podolampas (1), mit desorganisiertem Inhalt.
Halosphaera (9), stärkereich, teils lebend normal 2, teils von netziger Struktur 4, teils desorganisiert 3.

1. März. Station 228, 2° 38',7 S. Br., 65° 59',2 O. l.

30—0 m. APSTEIN.

Lebend:

Chaetoceras coarctatum LAUDER.
"   *peruvianum* BRTW.
Rhizosolenia robusta NORM. (kleine Exemplare).
Thalassiothrix acuta G. K.
Ceratium fusus DUJ., kurz.
"   "   var. *concava* GOURRET.
"   *reflexum* CL.
"   *tripos macroceras* EHRBG.
"   "   *volans* CL.
"   "   *arcuatum* GOURRET.
"   "   *lunula* SCHIMPER, Kette.
"   "   *robustum* OSTF., Kette.
"   "   *flagelliferum* CL. var. *undulata* BR. SCHRÖD.
"   "   "   var. *angusta* n. var., Uebergang
                                zu *macroceras*.
"   "   *intermedium* JOERG. var. *aequatorialis* BR.
                                SCHRÖDER.
"   "   *reticulatum* POUCHET var. *contorta* GOURRET,
                                Kette.
"   "   *macroceras* EHRBG. var. *tenuissima* n. var.,
                                wenig.
Ornithocercus splendidus SCHÜTT.
Pyrocystis fusiformis J. MURRAY.
"   *pseudonoctiluca* J. MURRAY.
Peridinium (divergens) elegans CL.
Halosphaera viridis SCHMITZ.
Trichodesmium Thiebautii GOMONT, wenig.

Tot:

Rhizosolenia hebetata f. *semispina* GRAN.
"   *alata* BRTW.
"   *amputata* OSTF.
"   *calcar avis* SCHULZE.
Pyrophacus horologium STEIN.

100 m quant. APSTEIN.

Sehr viel Radiolarien.

Lebend:

Chaetoceras peruvianum BRTW.
"   *coarctatum* LAUDER.
"   *neapolitanum* BR. SCHRÖDER.
Gossleriella tropica SCHÜTT (rundliche Chromatophoren).
Planktoniella Sol SCHÜTT.
Amphisolenia palmata STEIN.
Ceratium palmatum BR. SCHRÖDER.
"   *tripos azoricum* CL. var. *brevis* OSTF. u. SCHM.
"   "   *longipes* (BAIL.) CL.
"   "   *contrarium* GOURRET.
"   "   *flagelliferum* CL.
"   "   *cultur* CL., Kette.
"   "   *volans* CL. var. *elegans* BR. SCHRÖDER.

Tot:

Bacteriastrum varians LAUDER, Bruchstücke.
Chaetoceras convolutum CASTR., Bruchstücke.
Dactyliosolen spec.
Rhizosolenia hebetata f. *semispina* GRAN, Bruchstücke.
"   *calcar avis* SCHULZE, Bruchstücke.
"   Bruchstücke.
Pyrophacus horologium STEIN.

78

Lebend: Tot:

Ceratium tripos intermedium JOERG. var. *aequatorialis* BR.
            SCHRÖDER.
    „   „   *macroceras* EHRBG.
    „   „   var. *tenuissima* n. var.
Ornithocercus splendidus SCHÜTT.
Phalacroma rapa STEIN.
Podolampas bipes STEIN.
Trichodesmium Thiebautii GOMONT, wenig.

*Wie gestern, aber viel mehr *Rhizosolenia calcar avis*, vorherrschend.

Chaetoceras spec.
Rhizosolenia alata BRTW.
      „   *calcar avis* SCHULZE.
      „   *amputata* OSTF.
Ceratium fusus DUJ., lang.
    „   *palmatum* BR. SCHRÖDER.
    „   *tripos heterocamptum* (JOERG.) OSTF. u. SCHM.
    „   „   *flagelliferum* CL.
    „   „   „   var. *undulata* BR. SCHRÖDER.
    „   „   *robustum* OSTF.
    „   „   *lunula* SCHIMPER var. *robusta* n. var.
    „   „   *arcuatum* GOURRET.
    „   „   *volans* CL. var. *elegans* BR. SCHRÖDER.
    „   „   *anchora* SCHIMPER.
    „   „   *macroceras* EHRBG.
    „   „   *azoricum* CL. var. *brevis* OSTF. u. SCHM.
Ceratocorys horrida STEIN.
Ornithocercus splendidus SCHÜTT.
      „   *quadratus* SCHÜTT.
Peridinium (divergens) remotum n. sp.
Pyrophacus horologium STEIN.
Pyrocystis lunula SCHÜTT.
      „   *pseudonoctiluca* J. MURRAY.
Halosphaera viridis SCHMITZ.

Schließnetzfänge. CHUN.

420—350 m.

Asteromphalus elegans RALFS.
Valdiviella formosa SCHIMPER, häufig; meist mit wohlerhaltenem Plasmakörper.
Rhizosolenia calcar avis SCHULZE.
      „   *styliformis* BRTW.
      „   *hebetata* f. *semispina* GRAN.
      „   *Temperei* var. *acuminata* H. P., mehrfach.
Ceratium tripos arcuatum GOURRET, junges unentwickeltes Individuum.
    „   „   *longipes* (BAIL.) CL., aber viel zarter!
Peridinium-Schalen.

320—250 m.

Rhizosolenia Temperei H. P., sehr viel.
      „   var. *acuminata* H. P.
      „   (*styliformis* BRTW., aber sehr zart?).
      „   *hebetata* f. *semispina* GRAN.
Valdiviella formosa SCHIMPER, häufig, Randerneuerung vielfach!
(*Coscinodiscus rex* WALLICH) ▬ *Antelminellia gigas* SCHÜTT, zartest.
Ceratium tripos flagelliferum CL.
    „   „   *macroceras* EHRBG., junges Stadium.
Chaetoceras-Fragmente.
Asterolampra marylandica EHRBG.

79

Ausgesuchtes Material. CHUN.

220—150 m.

Valdiviella formosa SCHIMPER, tot, häufig, zum Teil noch mit Plasmakörper.
Ceratium tripos macroceras EHRBG. (eng), tot.
Peridinium (divergens) remotum n. sp.
Rhizosolenia squamosa n. sp., tot.
(*Coscinodiscus rex* WALLICH) = *Antelminellia gigas* SCHÜTT, äußerst zarte Formen.

100 m quant.

(*Coscinodiscus rex* WALLICH) = *Antelminellia gigas* SCHÜTT.
Rhizosolenia squamosa n. sp.

* Schließnetzfänge.

400—300 m.

Lebend:	Tot:
Antelminellia (1).	*Coscinodiscus* (t).
Coscinodiscus (2).	*Amphisolenia*, Schale (1).
Planktoniella Sol (4).	*Planktoniella* Sol (2).
Pyrocystis lunula (1).	*Rhizosolenia*, Schalen (6).
	Ceratium, Schalen (3).

300—200 m.

Lebend:	Tot:
Coscinodiscus (1).	*Asteromphalus*, Schale (t).
Ethmodiscus, desorganisiert (t).	*Planktoniella* Sol (6).
Planktoniella Sol (9).	*Phalacroma* (1).
Peridinium (divergens) (7).	*Rhizosolenia* (21).
Ornithocercus magnificus (1).	*Ceratium*, Schale (1).
Pyrophacus (1).	
Halosphaera (4).	

200—100 m.

Lebend:	Tot:
Antelminellia (6).	*Planktoniella* Sol SCHÜTT (14).
Planktoniella Sol SCHÜTT (5).	*Ceratium gravidum* GOURRET (2).
Ornithocercus magnificus (2).	„ Schale (1).
Peridinium (divergens) (2).	
Pyrocystis pseudonoctiluca (1).	
Phalacroma (2), desorganisierter Plasmakörper.	
Halosphaera (4).	

2. März   Station 229, 2° 38',9 S. Br., 63° 37',9 O. L.
30—0 m. APSTEIN.

Phytoplankton schlecht erhalten.

Lebentl:	Tot:	
Ceratium fusus DUJ., lang.	*Chaetoceras coarctatum* LAUDER	
„ *tripos arcuatum* GOURRET.	*Planktoniella* Sol SCHÜTT	Bruchstücke.
„ „ *flagelliferum* CL.	*Rhizosolenia hebetata* f. *semispina* GRAN	
„ „ *macroceras* EHRBG.		
„ „ *coarctatum* PAVILLARD.		
„ . „ *volans* CL. var. *elegans* BR. SCHRÖDER.		
„ „ *intermedium* JOERGENSEN var. *aequatorialis* BR. SCHRÖDER.		

Lebend:	Tot:
Ornithocercus splendidus SCHÜTT.	
Peridinium (divergens) elegans CL.	
Pyrocystis pseudonoctiluca J. MURRAY.	
„　*lunula* SCHÜTT.	
Trichodesmium Thiebautii GOMONT.	

SCHIMPER.
Oberfläche enthält außerdem:

Lebend:	Tot:
Amphisolenia Thrinax SCHÜTT.	*Rhizosolenia robusta* NORM., Bruchstücke.
Ceratium anchora SCHIMPER.	
Peridinium (divergens) elegans CL.	

50— o m quant. APSTEIN.

Lebend:	Tot:
Vorherrschend:	*Dactyliosolen* spec., mit Parasiten.
Radiolarien.	*Chaetoceras convolutum* CASTR.
Daneben:	„　*tetrastichon* CL.
Coscinodiscus spec., Mikrosporen.	„　*lorenzianum* GRUN.　⎫
Ceratium fusus DUJ., lang.	*Rhizosolenia hebetata* f. *semispina* GRAN.　⎬ Bruchstücke.
„　*candelabrum* (EHRBG.) STEIN.	„　*squamosa* n. sp.　⎭
„　*tripos macroceras* EHRBG.	*Ceratium tripos flagelliferum* CL. var. *undulata* BR. SCHRÖDER.
„　„　*azoricum* CL. var. *brevis* OSTF. u. SCHM.	*Pyrophacus horologium* STEIN.
„　„　*arcuatum* GOURRET var. *gracilis* OSTF.	
„　„　*volans* CL. var. *elegans* BR. SCHRÖDER.	
„　„　*gibberum* GOURRET var. *sinistra* GOURRET.	
„　„　*vultur-robustum*, Uebergangsformen.	
„　„　*intermedium* JOERG. var. *aequatorialis* BR. SCHRÖDER.	
Goniodoma acuminatum STEIN.	
Ornithocercus splendidus SCHÜTT.	
Peridinium (divergens) Schüttii LEMM.	
Halosphaera viridis SCHMITZ.	
Trichodesmium Thiebautii GOMONT.	

Schließnetzfang. CHUN.
200—·20 m.

Lebend:	Tot:
Vorherrschend:	*Climacodium Frauenfeldianum* GRUN.
Coscinodiscoideen und Ceratien.	*Chaetoceras lorenzianum* GRUN.
Daneben:	„　*aequatoriale* CL.　⎫
Asteromphalus heptactis RALFS.	„　*contractum* LAUDER　⎬ Bruchstücke.
„　*Hookerii* EHRBG.	„　*furca* CL.　⎭
„　*elegans* GREV.	„　*Ralfsii* CL., Endhörner.
Asterolampra marylandica EHRBG.	„　*bacteriastroides* n. sp., mit End-　⎫
Coscinodiscus Alpha n. sp.	„　*neapolitanum* BR. SCHRÖDER　⎬ Bruchstücke.
„　*lineatus* EHRBG.	hörnern　⎭
„　*nodulifer* JANISCH.	*Dactyliosolen Bergonii* H. P.
„　*Eta* n. sp.	*Rhizosolenia robusta* NORM.　⎫ Bruchstücke.
„　*excentricus* EHRBG.	„　*simplex* G. K.　⎬
„　*Zeta* n. sp. (*guineensis* im Schalenbau gleichend).	„　*amputata* OSTF.
Chaetoceras buceros n. sp.	*Ceratium tripos azoricum* CL. var. *brevis* OSTF. u. SCHM.
Gossleriella tropica SCHÜTT.	„　„　*robustum* OSTF.
Guinardia Blavyana H. P.	„　„　*arcuatum* var. *gracilis* OSTF.
Planktoniella Sol SCHÜTT.	„　„　*flagelliferum* CL.
„　vielfach mit Doppelflügel.	„　„　*intermedium* JOERGENSSEN var. *aequatorialis*
Valdiviella formosa SCHIMPER.	BR. SCHRÖDER.

Lebend:	Tot:
Ceratium gravidum GOURRET.	*Ornithocercus quadratus* SCHÜTT.
„ *tripos gibberum* var. *sinistra* GOURRET.	*Peridinium (divergens)* spec.
„ „ *macroceras* EHRB. var. *tenuissima* n. var.	„ „ *tumidum* OKAMURA.
Dinophysis n. spec.	*Pyrocystis fusiformis* J. MURRAY.
Goniodoma acuminatum STEIN.	*Podolampas bipes* STEIN, Bruchstücke.
Peridinium globulus STEIN.	
„ *(divergens) elegans* CL.	
Trichodesmium Thiebautii GOMONT, desorganisiert.	

*Nur Spuren von Rhizosolenien (*R. calcar avis*), Peridineen wie gestern.

Rhizosolenia calcar avis SCHULZE, vereinzelt,
Ceratium fusus DUJ., lang und kurz.
    „   *palmatum* BR. SCHRÖDER.
    „   *tripos lunula* SCHIMPER.
    „   „   *azoricum* CL.
    „   „   *inclinatum* KOFOID.
    „   „   *flagelliferum* CL.
    „   „   *arcuatum* GOURRET.
    „   „   *intermedium* JOERGENSEN.
Pyrocystis pseudonoctiluca J. MURRAY.
    „   *fusiformis* J. MURRAY.

Schließnetzfänge. CHUN.
1600—1400 m.

Alles tot.

Eunodia inornata CASTR.
(*Coscinodiscus rex* WALLICH) = *Antelminellia gigas* SCHÜTT.
Rhizosolenia squamosa n. sp.
Coscinodiscus incertus n. sp. (160).
    „   *nodulifer* JANISCH, mehrfach.
    „   *Zeta* n. sp.
Asterolampra marylandica EHRBG.
Ceratium tripos declinatum n. sp., mehrfach.
Valdiviella formosa SCHIMPER.

1000—800 m.

(*Coscinodiscus rex* WALLICH) = *Antelminellia gigas* SCHÜTT, Bruchstücke.
    „   *Janischii* A. SCHM.
Valdiviella-Flügel.

800—600 m.

Valdiviella formosa SCHIMPER, mehrfach, zum Teil mit Plasmakörper.
Asterolampra marylandica EHRBG.
Coscinodiscus nodulifer JANISCH, noch mit Plasmakörper, mehrfach.
    „   *Eta* n. sp.
    „   *incertus* n. sp.
Asteromphalus Wyvilli CASTR.

600—400 m.

Rhizosolenia squamosa n. sp.
    „   *alata* BRTW.
Coscinodiscus Eta n. sp.
    „   *nodulifer* JANISCH.
Valdiviella, Flügel und Zellen.
Chaetoceras lorenzianum GRUN.

Asteromphalus heptactis RALFS.
    „   *Wyvilli* CASTR.
Asterolampra marylandica EHRBG.
Bacteriastrum elongatum CL.
Ceratium tripos arcuatum GOURRET var. *gracilis* OSTF.
Climacodium Frauenfeldianum GRUN.
Ornithocercus splendidus SCHÜTT.

400—200 m.

Lebend:

Valdiviella formosa SCHIMPER pro parte.
Coscinodiscus excentricus EHRBG.
    „   *nodulifer* JANISCH.
    „   *Eta* n. sp.
Peridinium (divergens) acutum n. sp.

Tot:

Asteromphalus heptactis RALFS.
Asteromphalus Wyvilli CASTR.
Asterolampra marylandica EHRBG.
Bacteriastrum elongatum CL.
Coscinodiscus nodulifer JANISCH.
    „   *Eta* n. sp.
    „   *incertus* n. sp. (160).
    „   *Zeta* n sp.
Gossleriella tropica SCHÜTT.
Rhizosolenia robusta NORM.
    „   *calcar avis* SCHULZE.
    „   *Temperei* H. P., vielfach.
    „   „   var. *acuminata* H. P.
Valdiviella formosa SCHIMPER, häufig, vielfach mit Doppelrand.
Ceratium tripos vultur CL. var. *sumatrana* n. var.
Pyrocystis pseudonoctiluca J. MURRAY.
Pyrophacus horologium STEIN.

200—20 m.

Asteromphalus heptactis RALFS.
    „   *Wywilli* CASTR.
    „   *Arachne* (DE BRÉB.) RALFS.
    „   spec., *elegans* ähnlich, Mittelfeld viel kleiner.
Valdiviella formosa SCHIMPER, lebend viel.
Coscinodiscus Zeta n. sp., lebend.
    „   *lineatus* EHRBG.
    „   *Eta* n. sp.
    „   *excentricus* EHRBG.
Gossleriella tropica SCHÜTT, lebend.
Chaetoceras furca CL.
    „   *Ralfsii* CL.
    „   *peruvianum* BRTW.
Rhizosolenia amputata OSTF.
    „   *imbricata* BRTW.
    „   *alata* BRTW.
    „   *styliformis* BRTW.
Thalassiothrix acuta G. K.
Guinardia flaccida H. P.
    „   *Blavyana* H. P.
Dactyliosolen spec.
Ceratium tripos azoricum CL. var. *brevis* OSTF. u. SCHM.
    „   „   *flagelliferum* CL.
    „   „   „   var. *undulata* BR. SCHRÖDER.
    „   „   *arcuatum* var. *gracilis* OSTF.
    „   „   „   var. *caudata* G. K.
    „   „   *macroceras* EHRBG.
    „   „   *limulus* GOURRET.
    „   „   *contrarium* GOURRET.
    „   „   *anchora* SCHIMPER.
    „   *gravidum* var. *praelonga* LEMM.

Ceratium candelabrum (EHRBG.) STEIN.
Ornithocercus magnificus STEIN.
    „   *splendidus* SCHÜTT.
Peridinium Steinii JOERGENSEN.
    „   *globulus* STEIN.
Oxytoxum Milneri MURR. and WHITT.
Phalacroma nasutum STEIN.
    „   *operculatum* STEIN.
Pyrophacus horologium STEIN.
Podolampas bipes STEIN.
Pyrocystis fusiformis J. MURRAY.
    „   *pseudonoctiluca* J. MURRAY.
Halosphaera viridis SCHMITZ.

*Schließnetzfänge.
1600—1400 m.

Lebend:	Tot:
Goniodoma (1).	*Asteromphalus*, Schalen (3).
Peridinium divergens (3).	*Coscinodiscus*, Schalen (4).
Phalacroma doryphorum (1).	*Euodia*, Schalen (3).
	Gossleriella, Schale (1).
	Rhizosolenia (4).
	Ceratocorys, Schale (1).

1000—800 m.

Lebend:	Tot:
Coscinodiscus [Chromatophoren in Unordnung] (1).	*Antelminellia*, Schale (1).
Planktoniella, lebend, aber gestört (1).	*Coscinodiscus*, Schalen (9).
Peridinium divergens, Schalen (4).	„ spec. (1).
	Euodia, Schale (1).
	Navicula, Schale (1).
	Planktoniella, Schalen (2).
	Rhizosolenia (2).
	Ceratium fusus, Schale (1).
	„ Schalen (2).
	Ornithocercus magnificus, Schale (1).
	Peridinium (divergens), Schalen (2).
	Pyrophacus, Schale (1).
	Halosphaera [stark netzig] (1).

800—600 m.

Lebend:	Tot:
Peridinium (divergens) (3).	*Asteromphalus*, Schale (1).
	Coscinodiscus, Schalen (20).
	Euodia, Schalen (3).
	Rhizosolenia, Schale (1).
	Ceratium (1).
	Planktoniella Sol (21).
	Pyrocystis pseudonoctiluca (1).
	Phalacroma (1).
	Halosphaera (1).

600—400 m.
(Hier das doppelte Quantum untersucht!)

Lebend:	Tot:
Peridinium (divergens) (2).	*Asteromphalus*, Schalen (11).
Coscinodiscus (1).	*Coscinodiscus*, Schalen (21).
Planktoniella (9).	*Euodia*, Schalen (2).

Lebend: Tot:

Planktoniella Sol (21).
Rhizosolenia, Schale (1).
Triceratium, Schale (1).
Ceratium, Schalen (2).
Goniodoma (3).
Peridinium (divergens) (4).
Pindolampas (1).

400—200 m.

Lebend: Tot: ·

Asteromphalus (2).	*Planktoniella Sol* (7).
Coscinodiscus (10).	*Peridinium (divergens)* (1).
Euodia (2).	*Phalacroma* (1).
Planktoniella Sol (10).	*Gossleriella*, Schalen (2).
Peridinium (divergens) (5).	*Halosphaera* (4).
Halosphaera (9).	Viele tote *Planktoniella, Coscinodiscus, Asteromphalus.* Bei *Halosphaera* bleibt nach dem Tode Stärke erhalten.

200—0 m.

Asteromphalus (13).
Coscinodiscus (10).
Euodia (3).
Gossleriella (8).
Planktoniella Sol (18).
Diatomeen (3).
Halosphaera (9).

Außerordentliche Reichhaltigkeit der dysphotischen Flora.

3. März. Station 230, 2° 43',8 S. Br., 61° 12',6 O. L.

SCHIMPER.

Coscinodiscus Zeta n. sp., Schale.
    „   *inscriptus* n. sp.
Planktoniella Sol SCHÜTT.
Rhizosolenia calcar avis SCHULZE
    „   *cylindrus* CL.
    „   *amputata* OSTF.
    „   *styliformis* BRIGHTW.
    „   *alata* BRIGHTW.   } Bruchstücke.
    „   *imbricata* BRIGHTW.
    „   *robusta* NORMANN
Chaetoceras lorenzianum GRUN.
    „   *sumatranum* n. sp.
    „   *peruvianum* BRIGHTW.
Amphisolenia palmata STEIN.
Ceratium tripos flagelliferum CL.
    „   „   *volans* CL. var. *elegans* BR. SCHRÖDER.
    „   „   *arcuatum* GOURRET var. *gracilis* OSTF.
Ornithocercus splendidus SCHÜTT.
    „   *magnificus* STEIN.
Pyrocystis pseudonoctiluca J. MURRAY.

*Wie gestern, aber reiches Wiederauftreten der Rhizosolenien, namentlich *calcar avis.*

Chaetoceras coarctatum LAUDER, mit Vorticellen.
Rhizosolenia calcar avis SCHULZE.
    „   *alata* BRTW.
    „   *amputata* OSTF.
    „   *Temperei* H. P.

Rhizosolenia robusta NORM.
Amphisolenia bidentata BR. SCHRÖDER.
Ceratium fusus DUJ., lang.
    „   *candelabrum* (EHRBG.) STEIN.
    „   *tripos rolans* CL. var. *elegans* BR. SCHRÖDER.
    „   „   *lunula* SCHIMPER.
    „   „   *arcuatum* GOURRET.
    „   „   „   var. *gracilis* OSTF.
    „   „   „   „   *contorta* GOURRET.
    „   „   *gibberum* var. *sinistra* GOURRET.
    „   „   *flagelliferum* CL.
    „   „   „   var. *undulata* BR. SCHRÖDER.
    „   „   *intermedium* JOERGENSEN.
    „   „   „   var. *aequatorialis* BR. SCHRÖDER.
Ornithocercus quadratus SCHÜTT.
Pyrocystis pseudonoctiluca J. MURRAY.
Pyrophacus horologium STEIN.
Peridinium (divergens) spec.

4. März.   Station 231, 3° 24',6 S. Br., 58° 38',1 O. L.
30—0 m. APSTEIN.

Lebend:	Tot:
Chaetoceras peruvianum BRTW.	*Rhizosolenia alata* BRTW.
„ *lorenzianum* GRUN.	„ *hebetata* f. *semispina* GRAN.
„ *coarctatum* LAUDER.	„ *calcar avis* SCHULZE.
„ *sumatranum* n. sp.	*Pyrophacus horologium* STEIN.
„ *Seychellarum* n. sp.	*Planktoniella Sol* SCHÜTT, vereinzelt.
Rhizosolenia styliformis BRTW.	
„ *robusta* NORM.	
„ *amputata* OSTF.	
„ *squamosa* n. sp.	
„ *cylindrus* CL.	
Thalassothrix acuta G. K.	
Amphisolenia bidentata BR. SCHRÖDER.	
Ceratium tripos macroceras EHRBG.	
„ „ *robustum* OSTF.	
„ „ *flagelliferum* CL. var. *undulata* BR. SCHRÖDER.	
„ „ *macroceras* var. *tenuissima* n. var.	
„ „ *arcuatum* GOURRET var. *atlantica* OSTF.	
„ „ „ „ *caudata* G. K.	
„ „ *intermedium* var. *aequatorialis* BR. SCHRÖDER.	
Ornithocercus splendidus SCHÜTT.	
Pyrocystis pseudonoctiluca J. MURRAY.	
Trichodesmium Thiebautii GOMONT, wenig.	

SCHIMPER.

Enthält nichts Neues.

100 m quant. APSTEIN.

Lebend:	Tot:
Vorherrschend: Viel Radiolarien und Bruchstücke von Rhizosolenien.	

Daneben:	Daneben:
Coscinodiscus spec.	*Chaetoceras Ralfsii* CL.
Planktoniella Sol SCHÜTT.	„ *coarctatum* LAUDER.
Rhizosolenia robusta NORM.	„ *aequatoriale* CL.
Ceratium tripos flagelliferum CL.	„ *sumatranum* n. sp. ⎫
Dinophysis ovum SCHÜTT.	„ *Seychellarum* n. sp. ⎬ Bruchstücke.
Goniodoma acuminatum STEIN.	„ *lorenzianum* GRUN. ⎭

86

Lebend: Tot:

> *Rhizosolenia imbricata* BRTW.
>   „   *alata* BRTW.
>   „   *hebetata* f. *semispina* GRAN   } Bruchstücke.
>   „   *calcar avis* SCHULZE
>   „   *simplex* G. K. var. *major* n. var.
> *Thalassiothrix acuta* G. K.

* Starkes Vorherrschen der Rhizosolenien, die sehr zahlreich und mannigfach sind.

Chaetoceras peruvianum BRTW.
    „   *neapolitanum* BR. SCHRÖDER.
    „   *lorenzianum* GRUN.
    „   *sumatranum* n. sp.
Rhizosolenia amputata OSTF.
    „   *calcar avis* SCHULZE.
    „   *alata* BRTW.
    „   *simplex* G. K. var. *major* n. var.
    „   *robusta* NORM.
    „   *Temperei* H. P.
    „   *styliformis* BRTW.
    „   *cylindrus* CL.
Thalassiothrix acuta G. K.
Amphisolenia bidentata BR. SCHRÖDER.
    „   *Thrinax* SCHÜT.
Ceratium tripos arcuatum GOURRET var. *contorta* GOURRET.
    „   „   „   var. *atlantica* OSTF.
    „   „   *lunula* SCHIMPER.
    „   „   *anchora* SCHIMPER.
    „   „   *gibberum* GOURRET f. *sinistra* GOURRET.
    „   „   *flagelliferum* CL.
    „   *fusus* DUJ.
Gymnodinium teredo SCHÜTT.
Ornithocercus quadratus SCHÜTT.
Peridinium (divergens) marginatum n. sp.
Pyrocystis fusiformis J. MURRAY.
    „   *pseudonoctiluca* J. MURRAY.

* Bis 200 m.

Asteromphalus Wyvillii CASTR.
Asterolampra marylandica EHRBG. var. *major* H. P.
Coscinodiscus (grobmaschig) = *nodulifer* JANISCH.
    „   (sehr fein punktiert) = *Eta* n. sp.
    „   *inscriptus* n. sp.
Gossleriella tropica SCHÜTT.
Planktoniella Sol SCHÜTT.
Valdiviella formosa SCHIMPER.
Halosphaera viridis SCHMITZ.

Schließnetzfang. CHUN. (Fehlt im Verzeichnis!)
80—30 m.

Climacodium Frauenfeldianum GRUN., lebend, aber anormal.
Rhizosolenia alata BRTW., Bruchstücke.
    „   *hebetata* f. *semispina* GRAN.
Coscinodiscus Janischii A. S., tot.
    „   *Zeta* n. sp., tot.
Valdiviella formosa SCHIMPER, lebend.
Chaetoceras lorenzianum GRUN., tot mehrfach.
Ceratium tripos flagelliferum CL., tot.
    „   „   *lunula* SCHIMPER var. *caudata* G. K., tot.
    „   „   *intermedium* JOERGENSEN, tot.

Ausgesuchtes Material. CHUN.

100 m.

(*Coscinodiscus rex* WALLICH) = *Antelminellia gigas* SCHÜTT.
Rhizosolenia calcar avis SCHULZE, tot

200 m quant.

Trichodesmium Thiebautii GOMONT, mehrfach in Bündeln.
(*Coscinodiscus rex* WALLICH) = *Antelminellia gigas* SCHÜTT.

4. März. Station 232, 3° 26′,2 S. Br., 58° 34′,2 O. L
20—0 m. APSTEIN.

Lebend:

Chaetoceras peruvianum BRTW.
„ *coarctatum* LAUDER.
„ *lorenzianum* GRUN.
Ceratocorys horrida STEIN.
Coscinodiscus (Mikrosporen in Gallerte, mindestens 128 Stück).
Rhizosolenia robusta NORM.
„ *imbricata* BRTW.
„ *styliformis* BRTW.
„ *simplex* G. K. var. *major* n. var.
Ceratium candelabrum (EHRBG.) STEIN.
„ *tripos flagelliferum* CL.
„ „ *azoricum* CL. var. *brevis* OSTF. u. SCHM.
„ „ *lunula* SCHIMPER.
„ „ *arcuatum* GOURRET var. *robusta* n. var.
„ „ „ var. *gracilis* OSTF.
„ „ *volans* CL. var. *elegans* BR. SCHRÖDER.
„ „ *intermedium* JOERG. var. *aequatorialis* BR. SCHRÖDER.
„ „ *macroceras* EHRBG.
„ „ „ var. *tenuissima* tt. var.
„ „ *gibberum* var. *sinistra* GOURRET. Kette.
„ *fusus* DUJ. var. *concava* GOURRET.
Dinophysis orum SCHÜTT.
Goniodoma acuminatum STEIN.
Ornithocercus magnificus STEIN.
Pyrocystis pseudonoctiluca J. MURRAY.
„ *lunula* SCHÜTT.
„ *fusiformis* J. MURRAY.
Trichodesmium Thiebautii GOMONT.

Tot:

Chaetoceras sumatranum n. sp.
„ *Seychellarum* n. sp.
Rhizosolenia calcar avis SCHULZE
„ *hebetata* f. *semispina* GRAN } Bruchstücke.
„ *cylindrus* CL.
„ *amputata* OSTF.
Thalassiothrix acuta G. K.

100 m quant. APSTEIN.

Lebend:

Amphisolenia Thrinax SCHÜTT.
„ *bidentata* BR. SCHRÖDER.
Asterolampra marylandica EHRBG.
Asteromphalus heptactis RALFS.
Chaetoceras neapolitanum BR. SCHRÖDER.
„ *sumatranum* n. sp.
„ *peruvianum* BRTW.
„ *Ralfsii* CL.
Coscinodiscus nodulifer JANISCH.
Dactyliosolen Bergonii H. P.
Planktoniella Sol SCHÜTT.
Rhizosolenia alata BRTW.
„ *robusta* NORM.
„ *cylindrus* CL.
„ *amputata* OSTF.

Tot:

Bacteriastrum varians LAUDER }
Chaetoceras lorenzianum GRUN. } Bruchstücke.
„ *furca* CL.
„ *peruvianum* BRTW.
Rhizosolenia alata BRTW.
„ *calcar avis* SCHULZE
„ *simplex* G. K. var. *major* n. var. } Bruch-stücke.
„ *hebetata* f. *semispina* GRAN.
Ceratium tripos flagelliferum CL.

Lebend:	Tot:
Rhizosolenia styliformis Brtw., Sehr großer Zelldurchmesser.	

Thalassiothrix acuta G. K.
Ceratocorys horrida Stein.
Ceratium tripos arcuatum Gourret.
    „   „   „ var. *atlantica* Ostf.
    „   „ *azoricum* Cl. var. *brevis* Ostf. u. Schm.
    „   „ *macroceras* Ehrbg. var. *tenuissima* n. var.
    „   „ *volans* Cl. var. *elegans* Br. Schröder.
    „   „ *intermedium* Joerg. var. *aequatorialis* Br.
             Schröder.
Dinophysis ovum Schütt.
Goniodoma acuminatum Stein.
Ornithocercus splendidus Schütt.
    „   *quadratus* Schütt.
Trichodesmium Thiebautii Gomont, sehr wenig.

Diatomeen ausgelesen. Chun.

(*Coscinodiscus rex* Wallich) = *Antelminellia gigas* Schütt.

5.—7. März. Station 233. Mahé.
10—0 m. Apstein.

Hauptmasse Zooplankton. Phytoplankton stets nur in vereinzelten Exemplaren, allein *Rhizosolenia imbricata* zahlreich.

Lebend:	Tot:
Amphora spec.	*Chaetoceras Weissflogii* Schütt, Bruchstücke.
Bellerochea indica n. sp.	*Coscinodiscus subtilissimus* n. sp., Colombo, Centrum frei.
Bacteriastrum delicatulum Cl.	*Climacodium Frauenfeldianum* Grun.
„ *minus* G. K., in Gallerthülle.	

Guinardia Blavyana H. P.
Lauderia punctata n. sp.
Navicula membranacea Cl.
Pleurosigma Normanni var. *Mahé* n. var.
    „ Chromatophoren *angulatum*-ähnlich.
Rhizosolenia robusta Norm.
   „   *setigera* Brtw.
   „   *alata* Brtw.
   „   *Stolterfothii* H. P., mit relativ großen pyrenoid-
       haltenden runden Chromatophoren.
Synedra Gallionii Ktzg.
Streptotheca indica n. sp.
Stephanopyxis Palmeriana var. *javanica* Grun.
Triceratium orbiculatum var. *elongata* Grun.
Ceratium dens Ostf.
    „ *tripos lunula* Schimper.
    „   „ var. *robusta* n. var.
    „   „ *macroceras* Ehrbo.
    „   „ *flagelliferum* Cl. var. *crassa* n. var.
    „   „ *porrectum* n. sp., wie ein Eispickel.
Cerataulina Bergonii H. P.

8. März. Station 234. Praslin.
0 m. Apstein.

Phytoplankton in schlechtem Zustand.

Lebend:	Tot:
Rhizosolenia imbricata Brtw.	*Rhizosolenia alata* Brtw.
	„ *styliformis* Brtw., Bruchstücke.

89

Lebend:

Tot:

Rhizosolenia annulata n. sp.
Thalassiothrix spec., Bruchstücke.
Ceratium dens OSTF.
  „   *tripos macroceras* EHRBG.
  „   „ *intermedium* JOERGENSEN.
  „   „ *flagelliferum* CL.
  „   „ *macroceras-flagelliferum*, Uebergangsform.

15—0 m. APSTEIN.

Bruchstücke zahlreicher Rhizosolenien.

Lebend:

Chaetoceras contortum SCHÜTT.
Rhizosolenia Stolterfothii H. P.
Stephanopyxis Palmeriana var. *javanica* GRUN.
Ceratium dens OSTF.
  „   *tripos macroceras* EHRBG.
  „   „ *arcuatum* GOURRET var. *robusta* n. var.
  „   „ „ var. *atlantica* OSTF.
  „   „ *coarctatum* PAVILLARD.
  „   „ *flagelliferum* CL. var. *undulata* BR. SCHRÖDER.
Pyrocystis pseudonoctiluca J. MURRAY.

Tot:

Chaetoceras furca CL.
  „   *peruvianum* BRTW. } Bruchstücke.
  „   *sumatranum* n. sp. }
Planktoniella Sol SCHÜTT, einzeln.
Rhizosolenia alata BRTW.
  „   *robusta* NORM.
  „   *calcar avis* SCHULZE
  „   *imbricata* BRTW.
  „   *amputata* OSTF. } Bruchstücke.
  „   *styliformis* BRTW.
  „   *cylindrus* CL.
Bacteriastrum varians LAUDER

SCHIMPER.

Stephanopyxis Palmeriana GRUN. var. *javanica* GRUN.
Rhizosolenia alata BRTW.
  „   *calcar avis* SCHULZE.
  „   *styliformis* BRTW.
  „   *imbricata* BRTW.
  „   *robusta* NORM.
Chaetoceras spec., kleinere Bruchstücke.
Ceratium fusus DUJ., kurz.
  „   *dens* OSTF.
  „   *furca* DUJ. var. *baltica* MÖB.
  „   *candelabrum* (EHRBG.) STEIN.
  „   *tripos arcuatum* GOURRET.
  „   „ *declinatum* n. sp.
  „   „ *flagelliferum* CL.
  „   „ *intermedium* JOERG. var. *aequatorialis* BR. SCHRÖDER.
  „   „ *macroceras* EHRBG.
Ornithocercus splendidus SCHÜTT.
Pyrocystis pseudonoctiluca J. MURRAY.
Peridinium (divergens) grande KOFOID.

15—0 m quant. APSTEIN.

Lebend:

Chaetoceras contortum SCHÜTT.
  „   *Seychellarum* n. sp.
Cerataulina Bergonii H. P., gekrümmt.
Rhizosolenia imbricata BRTW., meist intakt.
Stephanopyxis Palmeriana var. *javanica* GRUN.
Ceratium tripos volans CL. var. *elegans* BR. SCHRÖDER.
  „   „ *flagelliferum* CL.

Tot:

Bacteriastrum delicatulum CL.
Biddulphia Agulhas G. K.
Chaetoceras furca CL.
  „   *coarctatum* LAUDER
  „   *teres* CL.
  „   *Wighami* BRIGHTW. } Bruchstücke.
  „   *lorenzianum* GRUN.
  „   *peruvianum* BRTW.
  „   *aequatoriale* CL.

Lebend:

Tot:

Rhizosolenia robusta NORM.	
„ *calcar avis* SCHULZE	Bruchstücke.
„ *styliformis* BRTW.	
„ *imbricata* BRTW.	
Thalassiothrix acuta G. K.	

9. März.   Station 235, 4° 34',8 S. Br., 53° 42',8 O. L.
30—0 m. APSTEIN.

Bruchstücke größter *Rhizosolenia*-Arten, wie *robusta*, *Castracanei* etc.

Lebend:

Tot:

Asteromphalus heptactis RALFS.
Bacteriastrum delicatulum CL.
Amphisolenia bidentata BR. SCHRÖDER.
Ceratium tripos azoricum CL. var. *brevis* OSTP. u. SCHM.
„   „   *buceros* O. ZACHARIAS, vereinzelt.
„   „   *arcuatum* GOURRET.
„   „   „ var. *caudata* G. K.
„   „   *intermedium* JOERGENSEN var. *aequatorialis*
                BR. SCHRÖDER.
„   *candelabrum* (EHRG.) STEIN.
Ornithocercus splendidus SCHÜTT.
Peridinium (divergens) elegans CL.
Pyrocystis fusiformis J. MURRAY.
„   *lunula* SCHÜTT.
„   *pseudonoctiluca* J. MURRAY (auffallend groß).

Chaetoceras coarctatum LAUDER
„   *Seychellarum* n. sp.
(*Coscinodiscus rex* WALLICH) = *Antelmi-
nellia gigas* SCHÜTT
Gossleriella tropica SCHÜTT
Pyrophacus horologium STEIN
Rhizosolenia robusta NORM.
„   *styliformis* BRTW.
„   *amputata* OSTF., sehr klein
Ceratium tripos macroceras EHRBG.

Bruchstücke.

100 m quant. APSTEIN.

Phytoplankton ärmlich, beschränkt auf einzelne Exemplare von:

Lebend:

Tot:

Rhizosolenia quadrijuncta H. P.
„   *styliformis* BRTW.
„   *simplex* G. K.
Thalassiothrix acuta G. K.
Diplopsalis lenticula BERGH.
Ornithocercus magnificus STEIN.
Ceratocorys horrida STEIN var. *africana* n. var.
Ceratium tripos lunula SCHIMPER.
„   „   *arcuatum* GOURRET var. *gracilis* OSTF.
Pyrocystis pseudonoctiluca J. MURRAY.

Planktoniella Sol SCHÜTT.
Ceratium tripos macroceras EHRBG. var. *crassa* n. var.
„   „   *intermedium* JOERGENSEN var. *aequatorialis*
                BR. SCHRÖDER.

Diatomeen ausgesucht. CHUN.
Tiefe?

(*Coscinodiscus rex* WALLICH) = *Antelminellia gigas* SCHÜTT, lebend.
Rhizosolenia Temperei var. *acuminata*, tot.

10. März.   Station 236, 4° 38',6 S. Br., 51° 16',6 O. L.
20—0 m. APSTEIN.

Meist Zooplankton.

Amphisolenia bidentata BR. SCHRÖDER.
Ceratium tripos vultur CL.
„   „   *flagelliferum* CL.
„   „   *lunula* SCHIMPER (Typus).
„   „   *azoricum* CL. var. *brevis* OSTF. u. SCHM.

40*

Ceratium tripos volans CL. var. *elegans* BR. SCHRÖDER.
    „   „   *coarctatum* PAVILLARD.
    „   „   *macroceras* EHRBG. var. *tenuissima* n. var.
    „   „   *arcuatum* GOURRET var. *atlantica* OSTF.
    „   „   *intermedium* JOERGENSEN var. *aequatorialis*
            BR. SCHRÖDER.
    „   „   spec. spec., noch unfertig, auffallend viel.
Peridinium (divergens) elegans CL.
Pyrocystis pseudonoctiluca J. MURRAY.
    „   *fusiformis* J. MURRAY.

200 m quant. APSTEIN.

Hier eine Grenze durch neue Formen charakterisiert.

Lebend:

Asteromphalus heptactis RALFS.
    „   *Wyvilli* CASTR.
    „   *Roperianus* RALFS.
Coscinodiscus lineatus EHRBG.
    „   *excentricus* EHRBG.
    „   spec., Mikrosporen.
    „   *Zeta* n. sp.
Chaetoceras bacteriastroides n. sp. (Chromatophoren völlig
    normal trotz der Tiefe).
Euodia inornata CASTR.
Gossleriella tropica SCHÜTT.
Planktoniella Sol SCHÜTT, mit Doppelrand.
Rhizosolenia Castracanei H. P.
    „   *styliformis* BRTW.
    „   (Spitzen fehlen)?
Valdiviella formosa SCHIMPER.
Amphidoma nucula STEIN.
Amphisolenia Thrinax SCHÜTT.
Ceratocorys horrida STEIN var. *africana* n. var.
Ceratium californiense KOFOID.
    „   *candelabrum* (EHRBG.) STEIN.
    „   *gravidum* GOURRET var. *praelonga* LEMM.
    „   *furca* DUJ. var. *baltica* MÖB.
    „   *tripos axiale* KOFOID.
    „   „   *vultur* CL., Kette.
    „   „   *anchora* SCHIMPER.
    „   „   *declinatum* n. sp.
    „   „   *azoricum* CL. var. *brevis* OSTF. u. SCHM.
    „   „   *flagelliferum* CL.
    „   „   *macroceras* EHRBG.
    „   „   var. *tenuissima* n. var.
    „   „   *arcuatum* GOURRET var. *robusta* n. var.
    „   „   *intermedium* JOERGENSEN var. *aequatorialis*
            BR. SCHRÖDER.
    „   „   *volans* CL. var. *strictissima* G. K.
    „   „   *pulchellum* BR. SCHRÖDER.
Dinophysis rotundata CLAP. et LACHM.
Goniodoma acuminatum STEIN.
Ornithocercus splendidus SCHÜTT.
    „   *quadratus* SCHÜTT.
Peridinium (divergens) elegans CL.
    „   „   *Schüttii* LEMM.
    „   „   *gracile* n. sp.
    „   *globulus* STEIN.
    „   *pedunculatum* SCHÜTT.
    „   spec., kontrahierter Inhalt zweigeteilt.

Tot:

(*Coscinodiscus rex* WALLICH) = *Antelminellia gigas* SCHÜTT,
    Bruchstücke.
Pyrophacus horologium STEIN.
Trichodesmium Thiebautii GOMONT.

92

Lebend: Tot:

Pyrocystis fusiformis J. MURRAY.
„ *lunula* SCHÜTT.
„ *pseudonoctiluca* J. MURRAY.
Phalacroma doryphorum STEIN.
Halosphaera viridis SCHMITZ.
Trichodesmium spec., sehr wenige Stückchen.

* Oberfläche.

Fehlen der Diatomeen („keine Strömung, keine Diatomeen")?

Vorherrschend:
Ceratium tripos lunula SCHIMPER.

Daneben:
Ceratium tripos flagelliferum CL.
„ „ *macroceras* EHRBG.
„ „ *intermedium* JOERGENSEN.
„ *candelabrum* (EHRBG.) STEIN.
Goniodoma.
Ornithocercus magnificus STEIN.
Peridinium (divergens) spec.
Pyrocystis fusiformis J. MURRAY.
„ *pseudonoctiluca* J. MURRAY.
Pyrophacus.
Trichodesmium Thiebautii GOMONT, Einzelfaden.

Temperaturen:

Oberfläche	28,2°	100 m	20,0°
50 m	27,8°	150 „	15,1°
60 „	27,0°	200 „	14,3°
80 „	24,5°	400 „	10,3°

Sprungschicht in 90 m Tiefe.

Schließnetzfänge. CHUN.
2600—2300 m.

Asteromphalus Wywillii CASTR.
„ *elegans* RALFS.
Coscinodiscus incertus n. sp.
„ *excentricus* EHRBG.
„ *tumidus* JANISCH.
Rhizosolenia styliformis BRTW.
„ *robusta* NORM., Schale.
„ *Temperei* H. P., Schale.
Valdiviella, freie Schale und eine Schale mit fast aufgelöstem Flügel.
Euodia inornata CASTL.
Pyrophacus horologium STEIN.
Guinardia Blavyana H. P.
Ceratium tripos arcuatum var. *contorta* GOURRET.
„ „ *macroceras* EHRBG. var. *tenuissima* n. var.
„ „ „ „ *crassa* n. var.
„ „ *coarctatum* PAVILLARD.

180—130 m.

Valdiviella formosa SCHIMPER, sehr viel, teils lebend, normal, teils abgestorben.
Ceratium tripos gibberum var. *sinistra* GOURRET, tot.
„ „ *arcuatum* GOURRET var. *caudata* G. K., tot.
„ „ „ „ *atlantica* OSTF.
„ „ spec., Bruchstück.
Rhizosolenia Temperei H. P., tot.
Ornithocercus magnificus STEIN, tot.
Asteromphalus heptactis RALFS, tot.
(*Coscinodiscus rex* WALLICH) = *Antelminellia gigas* SCHÜTT.

100—65 m.

Ceratium tripos arcuatum var. *gracilis* OSTF.
„ „ „ „ *caudata* G. K.
„ „ *coarctatum* PAVILLARD.

93

Ceratium tripos anchora SCHIMPER.
  „ „ „ var.?, das rechte Antapikalhorn abgespreizt?
  „ „ *macroceras* EHRBG. und var. *tenuissima* n. var.
  „ „ *flagelliferum* CL.
  „ „ *robustum* OSTF. (aber weiter gespreizt).
  „ *reticulatum* POUCHET var. *contorta* GOURRET.
Rhizosolenia Temperei H. P. var. *acuminata* H. P.
  „ *styliformis* BRTW., lebend.
Valdiviella formosa SCHIMPER, lebend.
Pyrocystis pseudonoctiluca J. MURRAY, ganz kleine (junge?) Exemplare, vielfach.
Amphisolenia Thrinax SCHÜTT, lebend.

Ausgesuchtes Material. CHUN.

200 m quant.

(*Coscinodiscus rex* WALLICH) = *Antelminellia gigas* SCHÜTT, lebend, vielfach.
  „ *Zeta* n. sp., lebend.

Pflanzliches Material ausgesucht. CHUN.

Rhizosolenia amputata OSTF., tot.
Pyrocystis pseudonoctiluca J. MURRAY, Plasmakörper zusammengeballt, desorganisiert, mehrfach.
Trichodesmium Thiebautii GOMONT, desorganisiert.

* Schließnetzfänge.

2600—2300 m.

Asteromphalus Wyvillii, Schale (1).
Chaetoceras, Fragment (1).
Coscinodiscus, Schalen (4), eine mit Inhalt.
Euodia, Schalen (3) mit Inhalt.
Rhizosolenia, Schalen (2).
Ornithocercus, Schalen (2).

160—120 m.

Lebend:
Coscinodiscus (4).
Planktoniella Sol (8).

Tot:
Coscinodiscus, Schalen (3).
Ceratium lunula, Schalen (4).
Peridinium (divergens), Schalen (2).

100—80 m.

Lebend:
Asteromphalus (3).
Coscinodiscus spec. (3).
Euodia (2).
Gossleriella (4).
Planktoniella Sol (16).
Rhizosolenia Temperei (1).
Ornithocercus magnificus (1).
Peridinium (divergens) (3).
Pyrocystis fusiformis (1).
  „ *lunula* (2).
Halosphaera (1).
  „ desorganisiert (1).

Tot:
Antelminellia, Schale (1).
Coscinodiscus, Schalen (3).
Planktoniella Sol, Schalen (7).
Amphisolenia, Schalen (2).
Ceratium candelabrum, Schalen (2).
  „ spec.?, Schale (1).
  „ *tripos lunula*, Schalen (2).
  „ „ *arcuatum* var. *contorta*, Schalen (4).
  „ „ *flagelliferum*, Schalen (2).
Goniodoma, Schalen (1).
Ornithocercus magnificus, Schalen (2).
Pyrocystis, Schalen (3).

80—40 m.

Lebend:	Tot:
Planktoniella Sol, (6).	*Coscinodiscus*, Schale (1).
Ceratium tripos lunula var. *robusta* n. var.	*Planktoniella Sol.* Schalen (3).
Pyrocystis pseudonoctiluca (10) [viele desorganisiert].	*Ceratium tripos flagelliferum*, Schale (1).
„ *lunula* (8), desorganisiert.	„ „ *lunula*, Schalen (4).
fusiformis (9).	„ „ „ var. *robusta* n. var., Schalen (2).

11. März. Station 237, 4° 45',0 S. Br., 48° 58',6 O. L.

30— 0 m. Apstein.

Lebend:	Tot:
Viel Radiolarien.	*Chaetoceras tetrastichon* Cl., Bruchstücke.
(*Coscinodiscus rex* Wallich) = *Antelminellia gigas* Schütt, mit Chromatophoren.	„ *peruvianum* Brtw., Bruchstücke.
Ceratium tripos azoricum Cl. var. *brevis* Ostf. u. Schm.	*Coscinodiscus nodulifer* Janisch.
„ „ *arcuatum* Gourret.	*Rhizosolenia formosa* H. P.
„ „ „ var. *atlantica* Ostf.	„ *styliformis* Brtw. ⎫ Bruchstücke.
„ „ *macroceras* Ehrbg.	„ *calcar avis* Schulze ⎭
„ „ *flagelliferum* Cl.	*Amphisolenia bidentata* Br. Schröder.
„ „ „ var. *undulata* Br. Schröder.	*Ceratium tripos vultur* Cl., Kette.
„ „ *volans* var. *elegans* Br. Schröder.	*Ornithocercus magnificus* Stein.
„ „ *lunula* Schimper var. *robusta* n. var.	*Katagnymene spiralis* Lemm., einzeln.
„ „ *intermedium* Joergensen var. *aequatorialis* Br. Schröder.	*Trichodesmium Thiebautii* Gomont, 1 Bündel.
Pyrophacus horologium Stein.	
Pyrocystis fusiformis J. Murray.	

*Vegetatives Plankton ziemlich spärlich, vorwiegend Ceratien; von Diatomeen nur Spuren.

Rhizosolenia Temperei H. P.
Ceratium fusus Duj., lang.
„ *tripos volans* var. *elegans* Br. Schröder.
„ „ *intermedium* Joergensen.
„ „ „ var. *aequatorialis* Br. Schröder.
„ „ *flagelliferum* Cl.
„ „ „ var. *undulata* Br. Schröder.
„ „ *azoricum* Cl. var. *brevis* Ostf. u. Schm.
„ „ *arcuatum* var. *gracilis* Ostf.
Ceratocorys horrida Stein.
Pyrocystis lunula Schütt.
„ *fusiformis* J. Murray.
„ *pseudonoctiluca* J. Murray.
Ornithocercus quadratus Schütt.
Peridinium (divergens) acutum n. sp.
Halosphaera.
Trichodesmium erythraeum Ehrbg.

100 m quant. Apstein.

Meist Zooplankton.

Lebend:	Tot:
Viel Radiolarien.	*Chaetoceras peruvianum* Brtw. ⎫
Asterolampra marylandica Ehrbg.	„ *tetrastichon* Cl. ⎪
Amphisolenia Thrinax Schütt.	„ *Schillarum* n. sp. ⎪
Chaetoceras bacteriastroides n. sp.	(*Coscinodiscus rex* Wallich) = *Antelmi-* ⎬ Bruchstücke.
Gossleriella tropica Schütt.	*nellia gigas* Schütt ⎪
Ceratium furca Duj. var. *baltica* Möb.	*Rhizosolenia alata* Brtw. ⎪
„ *tripos flagelliferum* Cl.	„ *Temperei* H. P. ⎪
„ „ *arcuatum* var. *robusta* n. var.	„ *calcar avis* Schulze ⎭

Lebend:	Tot:
Ceratium tripos arcuatum var. *gracilis* OSTF. *Pyrocystis pseudonoctiluca* J. MURRAY. „ *lunula* SCHÜTT.	*Amphisolenia bidentata* BR. SCHRÖDER. *Ornithocercus splendidus* SCHÜTT.

100 m quant. APSTEIN.

Lebend:	Tot:

Chaetoceras indicum n. sp.
    „   *bacteriastroides* n. sp.
    „   *Seychellarum* n. sp.
Ceratium candelabrum (EHRBG.) STEIN.
    „   *fusus* DUJ.
    „   *tripos azoricum* CL. var. *brevis* OSTF. u. SCHM.
    „   „ *declinatum* n. sp.
    „   „ *flagelliferum* CL.
    „   „ *arcuatum* GOURRET.
    „   „   „ var. *gracilis* OSTF.
    „   „ *volans* CL. var. *elegans* BR. SCHRÖDER.
    „   „   „   „ *strictissima* G. K.
    „   „ *intermedium* JOERGENSEN var. *aequatorialis*
               BR. SCHRÖDER.
    „   „ *macroceras* EHRBG. var. *tenuissima* n. var.
    „   „ *vultur (robustum)* Uebergang.
Ceratocorys horrida STEIN var. *africana* n. var.
Goniodoma acuminatum STEIN.
Dinophysis ovum SCHÜTT.
Ornithocercus magnificus STEIN.
    „   *splendidus* SCHÜTT.
Peridinium pedunculatum SCHÜTT.
    „   *(divergens) acutum* n. var.
Pyrocystis pseudonoctiluca J. MURRAY.
    „   *lunula* SCHÜTT.
    „   *lanceolata* BR. SCHRÖDER.
Halosphaera viridis SCHMITZ.
	Chaetoceras tetrastichon CL., Bruchstücke.
	    „ *aequatoriale* CL.

Schließnetzfang. CHUN.

4950—4600 m.

Pflanzlicher Detritus, u. a. ein Splitterchen Coniferenholz.
Valdiviella formosa SCHIMPER, Schale und Flügel isoliert.
Coscinodiscus lineatus EHRBG.
    „   *incertus* n. sp., mehrfach.
    „   *varians* G. K. (Taf. XXV, Fig. 10a) var. *major* G. K.
    „   spec. spec., sehr abgeschliffen und am Rand angefressene Schalenreste.
Asteromphalus elegans RALFS.
Triceratium spec., eine viereckige Zelle zerdrückt.
Thalassiothrix spec., Bruchstück.
Radiolarien, Bruchstücke.

Vertikalnetzfang. CHUN.

2000 m.

Sehr viel Detritus allerlei Art.

(*Coscinodiscus rex* WALLICH) = *Antelminellia gigas* SCHÜTT (zum Teil nur ca. 500 μ! lebend, normal aus-
    sehentl, mehrfach).
Pyrocystis pseudonoctiluca J. MURRAY, Plasmakörper zusammengeballt, mehrfach; zum Teil normal.
Rhizosolenia calcar avis SCHULZE, Bruchstück.
    „   *alata* BRTW., tot.
Thalassiothrix acuta G. K., Bruchstück.
Trichodesmium Thiebautii GOMONT, desorganisiert.

12. März.   Station 238, 5° 12',5 S. Br., 46° 32',3 O. L.
30—0 m.   APSTEIN.

Lebend:

Ceratium tripos macroceras EHRBG.
" " " var. *tenuissima* n. var., unfertig.
" " " *lunula* SCHIMPER.
" " " *intermedium* JOERGENSEN, unfertig.
" " " " var. *aequatorialis* BR. SCHRÖD.
" " " *volans* CL. var. *elegans* BR. SCHRÖDER.
" " " " " *strictissima* G. K.
" " " *flagelliferum* CL.
" " *reticulatum* POUCHET var. *contorta* GOURRET.
Ceratocorys horrida STEIN var. *africana* n. var.
Diplopsalis lenticula BERGH.
Ornithocercus magnificus STEIN.
Peridinium (divergens) acutum n. spec.
" " *elegans* Cl.
" " *Schüttii* LEMM.
Pyrocystis fusiformis J. MURRAY.
" *pseudonoctiluca* J. MURRAY.

Tot:

Coscinodiscus nodulifer JANISCH, Schale.
Climacodium Frauenfeldianum GRUN.
Pleurosigma (Gyrosigma) litorale W. SM.
Pyrophacus horologium STEIN.

SCHIMPER.

Enthält außerdem:

Ceratium palmatum BR. SCHRÖDER.
" *tripos robustum* OSTF.
" " *azoricum* CL. var. *brevis* OSTF. u. SCHM.

100 m quant. APSTEIN.

Lebend:

Sehr viel Radiolarien.
Ceratocorys horrida, normal.
Ceratium tripos arcuatum GOURRET.
" " *declinatum* n. sp.
" " *flagelliferum* CL.
" " *macroceras* EHRBG. var. *tenuissima* n. var.
" " *intermedium* JOERGENSEN var. *aequatorialis*
BR. SCHRÖDER.
Peridineen-Gallertsporen.

Tot:

Chaetoceras coarctatum LAUDER.
" spec. (sehr klein), Bruchstücke.
" *tetrastichon* CL.
Rhizosolenia, Schale *(Temperei?)*.
Amphisolenia palmata STEIN.
Ornithocercus magnificus STEIN.

Alle diese Ceratien (außer *tripos arcuatum*) in Neubildung ihrer Hörner begriffen, also vermutlich durch deren mangelnden Formwiderstand so tief herabgesunken.

*Vegetabilisches Plankton arm.   Vorherrschend *Pyrocystis*, viel Peridineen, Fehlen der Diatomeen.

Amphisolenia palmata STEIN.
Ceratium fusus DUJ., lang und kurz.
" *candelabrum* (EHRBG.) STEIN.
" *tripos flagelliferum* CL.
" " *intermedium* JOERGENSEN.
" " *anchora* SCHIMPER.
" " *volans* CL. var. *elegans* BR. SCHRÖDER.
" " *arcuatum* GOURRET.
" " " var. *contorta* GOURRET.
" " *pulchellum* BR. SCHRÖDER.
" " *longipes* (BAIL.) CL.
" " *lunula* SCHIMPER.
" " " var. *robusta* n. var.
" " *azoricum* CL. var. *brevis* OSTF. u. SCHM.

97

Ceratocorys horrida STEIN.
Phalacroma doryphorum STEIN.
Peridinium (divergens) grande KOFOID.
Pyrophacus horologium STEIN.
Pyrocystis lunula.
    „   *pseudonoctiluca* J. MURRAY.
Ornithocercus quadratus SCHÜTT.
Halosphaera viridis SCHMITZ.

13. März. Station 239, 5° 42′,3 S. Br., 43° 36′,5 O. L.
30—0 m. APSTEIN.

Phytoplankton ärmlich.

Lebend:

Amphisolenia palmata STEIN.
Ceratium fusus DUJ., lang.
  „   „   sehr klein.
  „ *tripos* spec.?, unfertig.
  „   „ *macroceras* EHRBG.
  „   „ *flagelliferum* CL.
  „   „ *lunula* SCHIMPER (typisch).
  „   „ *volans* CL. var. *strictissima* G. K.
  „   „   „ var. *elegans* BR. SCHRÖDER (Spitzen
           unfertig).
  „   „ *intermedium* JOERGENSEN var. *aequatorialis*
           BR. SCHRÖDER.
  „   „   „ var. *Hundhausenii* BR. SCHRÖD.
  „   „ *arcuatum* GOURRET.
  „   „   „ var. *contorta* GOURRET.
  „   „ *vultur* CL., lange Kette.
Ceratocorys horrida STEIN (normal).
Pyrocystis pseudonoctiluca J. MURRAY.
  „ *lanceolata* BR. SCHRÖDER.

Tot:

Chaetoceras coarctatum LAUDER
Rhizosolenia calcar avis SCHULZE } Bruchstücke.
  „   *Temperei* H. P.
Ceratium tripos azoricum CL. var. *brevis* OSTF. u. SCHM.
Pyrophacus horologium STEIN.

SCHIMPER.

Chaetoceras Seychellarum n. sp.
Climacodium Frauenfeldianum GRUN.
  „ *biconcavum* CL.
Rhizosolenia imbricata BRTW.
  „ *hebetata* f. *semispina* GRAN.
  „ *styliformis* BRTW. mit *Richelia intracellularis* SCHM., auffallend kleine Zellen von *Richelia*.
Streptotheca indica n. sp.
Ceratium fusus DUJ., kurz.
  „ *tripos arcuatum* GOURRET.
  „   „ var. *contorta* GOURRET.
  „   „ *flagelliferum* CL.
  „   „ *macroceras* EHRBG., Bruchstück.
  „   „ *volans* CL.
  „   „ *vultur* CL.
  „   „ *intermedium* JOERGENSEN var. *aequatorialis* BR. SCHRÖDER.
  „ *reticulatum* POUCHET var. *contorta* GOURRET.
Ceratocorys horrida STEIN.
Ornithocercus splendidus SCHÜTT.
Peridinium (divergens) elegans CL.
Pyrophacus horologium STEIN.
Pyrocystis pseudonoctiluca J. MURRAY.
  „ *fusiformis* J. MURRAY.

100 m quant. APSTEIN.

Phytoplankton ärmlich und in schlechtem Zustande.

Lebend:	Tot:
Goniodoma acuminatum STEIN.	Chaetoceras tetrastichon CL.
Peridinium (divergens) bidens n. sp.	Climacodium Frauenfeldianum GRUN.
	Pyrocystis pseudonoctiluca J. MURRAY.
	Ceratium tripos longipes (BAIL.) CL.
	„ „ azoricum var. brevis OSTF. u. SCHM.
	„ „ macroceras EHRBG.
	„ „ arcuatum GOURRET.
	„ „ vultur CL., Kette.
	„ „ flagelliferum CL.

Vertikalnetzfang. CHUN.
1500 m.

Ceratium tripos vultur CL., lange Ketten, 6 und 7 Zellen mit Plasmainhalt.
(Coscinodiscus rex WALLICH) = Antelminellia gigas SCHÜTT, Bruchstücke mit Chromatophoren und Oeltröpfchen.
Pyrocystis pseudonoctiluca J. MURRAY, mit Plasmakörper, mehrfach.

*Annäherung an Küste. Wiederauftreten der Diatomeen, ebenso von *Rhizosolenia semispina*;
vorherrschend *Pyrocystis pseudonoctiluca.*

Ethmodiscus? = Antelminellia gigas?
Rhizosolenia hebetata f. semispina GRAN.
  „ squamosa n. sp.
  „ calcar avis SCHULZE.
Climacodium Frauenfeldianum GRUN.
Amphisolenia spec.
Ceratium fusus DUJ., lang.
  „ tripos lunula SCHIMPER.
  „ „ anchora SCHIMPER.
  „ „ arcuatum GOURRET.
  „ „ azoricum CL. var. brevis OSTF. u. SCHM.
  „ „ flagelliferum CL.
  „ „ volans CL. var. elegans BR. SCHRÖDER.
  „ „ intermedium JOERGENSEN.
  „ „ var. aequatorialis BR. SCHRÖDER.
  „ „ vultur CL., Kette.
Ceratocorys horrida STEIN.
Peridinium (divergens) remotum n. sp.
  „ grande KOFOID.
Pyrocystis fusiformis J. MURRAY.
  „ pseudonoctiluca J. MURRAY.
Pyrophacus horologium STEIN.
Ornithocercus splendidus SCHÜTT.
Oxytoxum spec. (= Ceratium biconicum MURR. and WHIT).
Halosphaera.

Stufenfänge. CHUN.
13—0 m.

Lebend:	Tot:
Climacodium Frauenfeldianum CHUN.	Chaetoceras spec., Bruchstücke.
Chaetoceras tetrastichon CL.	„ Seychellarum n. sp.
(Coscinodiscus rex WALLICH) = Antelminellia gigas SCHÜTT.	Planktoniella Sol SCHÜTT.
Rhizosolenia imbricata BRTW., vielfach.	Rhizosolenia styliformis BRTW., Bruchstücke.
Ceratium fusus DUJ.	Ceratium spec., Bruchstücke.
„ tripos flagelliferum CL.	„ vielfach tot.
„ „ arcuatum GOURRET.	Detritus.

99

Lebend:	Tot:
Ceratium tripos arcuatum var. *gracilis* Ostf.	.
„ „ „ „ *atlantica* Ostf.	
„ „ „ „ *contorta* Gourret.	
„ „ *vultur* Cl., Kette.	
„ „ *macroceras* Ehrbg.	
„ „ *volans* Cl. var. *elegans* Br. Schröder, mehrfach.	
„ „ „ var. *strictissima* G. K.	
„ „ *intermedium* Joergensen var. *aequatorialis* Br. Schröder.	
Pyrocystis pseudonoctiluca J. Murray.	
„ *fusiformis* J. Murray.	

20—3 m.

Lebend:	Tot:
Climacodium Frauenfeldianum Grun.	*Chaetoceras Seychellarum* n. sp., Bruchstücke.
Rhizosolenia Temperei H. P.	(*Coscinodiscus rex* Wallich) = *Antelminellia gigas* Schütt, Bruchstück mit Plasmainhalt.
Ceratocorys horrida Stein, normal.	*Rhizosolenia* spec., Bruchstücke.
„ „ var. *africana* n. var.	„ *styliformis* Brtw.
Ceratium tripos lunula Schimper.	*Amphisolenia palmata* Stein.
„ „ *vultur* Cl.	*Ceratium* spec., Bruchstücke.
„ „ *macroceras* Ehrbg.	„ *reticulatum* Pouchet var. *contorta* Gourret, Bruchstücke.
„ „ *flagelliferum* Cl.	Detritus (mehr als in 13—0 m).
„ „ *arcuatum* Gourret.	
„ „ „ var. *atlantica* Ostf.	
„ „ „ „ *caudata* G. K.	
„ „ *volans* var. *elegans* Br. Schröder.	
„ „ *intermedium* Joerg. var. *aequatorialis* Br. Schröder.	
Pyrocystis fusiformis J. Murray.	
„ *pseudonoctiluca* J. Murray.	
Trichodesmium Thiebautii Gomont, Fäden ohne Inhalt.	

Ceratien sehen hier normaler aus.

40—23 m.

Lebend:	Tot:
Climacodium Frauenfeldianum Grun., viel.	*Chaetoceras Seychellarum* n. sp., Bruchstücke.
Ceratocorys horrida Stein.	(*Coscinodiscus rex* Wallich) = *Antelminellia gigas* Schütt, Bruchstück mit Chromatophoren.
Ceratium tripos vultur Cl.	*Rhizosolenia Temperei* H. P., Bruchstücke.
„ „ *arcuatum* var. *contorta* Gourret.	Detritus (Coniferenholzsplitter).
„ „ mehrfach.	
„ „ *volans* Cl. var. *elegans* Br. Schröder.	
„ „ *flagelliferum* Cl. var. *undulata* Br. Schröd.	
„ „ *intermedium* Joerg. var. *aequatorialis* Br. Schröder.	
Pyrocystis pseudonoctiluca J. Murray.	
Trichodesmium Thiebautii Gomont, einzelne Fäden.	

60—45 m.

Lebend:	Tot:
Climacodium Frauenfeldianum Grun., sehr viel.	*Chaetoceras* spec., Borsten.
Ceratium fusus Duj.	(*Coscinodiscus rex* Wallich) = *Antelminellia gigas* Schütt, Bruchstück.
„ „ var. *concava* Gourret.	*Planktoniella Sol* Schütt, Bruchstücke.
„ *tripos macroceras* Ehrbg.	*Rhizosolenia styliformis* Brtw., Bruchstücke.
„ „ *arcuatum* Gourret var. *robusta* n. var.	*Ceratocorys horrida* Stein, Bruchstücke.
„ „ *volans* Cl. var. *elegans* Br. Schröder.	Detritus, wenig.
„ „ *flagelliferum* Cl.	

Lebend:	Tot:
Ceratium tripos vultur CL., Kette, mehrfach.	
„ „ *intermedium* JOERG. var. *aequatorialis* BR. SCHRÖDER, sehr viel.	
Pyrocystis fusiformis J. MURRAY.	
„ *pseudonoctiluca* J. MURRAY.	

81—67 m.

Lebend:	Tot:
Climacodium Frauenfeldianum GRUN., viel.	Detritus; allerlei Gewebeformen.
Planktoniella Sol SCHÜTT.	
Ceratium tripos vultur CL., Kette.	
„ „ *macroceras* EHRBG.	
„ „ *flagelliferum* CL.	
„ „ *arcuatum* GOURRET var. *robusta* n. var.	
„ „ „ var. *caudata* G. K.	
Cenatocoryx horrida STEIN.	
„ „ var. *africana* n. var.	
Pyrocystis pseudonoctiluca J. MURRAY.	

103—85 m.

Lebend:	Tot:
Chaetoceras lorenzianum GRUN.	*Chaetoceras* spec. spec., Bruchstücke.
Climacodium Frauenfeldianum GRUN., viel.	*Rhizosolenia robusta* NORM., Bruchstücke.
Planktoniella Sol SCHÜTT.	
Rhizosolenia quadrijuncta H. P., mehrfach.	
Amphisolenia Thrinax SCHÜTT, mehrfach.	
Ceratium tripos arcuatum GOURRET.	
„ „ „ var. *robusta* n. var.	
„ „ „ „ *caudata* G. K.	
„ „ *flagelliferum* CL.	
Ornithocercus magnificus STEIN.	
Pyrocystis pseudonoctiluca J. MURRAY.	

121—104 m.

Lebend:	Tot:
Asterolampra marylandica EHRBG.	*Rhizosolenia robusta* NORM., Bruchstücke.
Chaetoceras Seychellarum n. sp., vielfach.	*Ceratium tripos arcuatum* GOURRET, Bruchstücke.
Planktoniella Sol SCHÜTT, mit Erneuerungsflügeln mehrfach und sonst sehr viel.	*Coscinodiscus nodulifer* JANISCH, Schale.
Rhizosolenia styliformis BRTW.	
Ceratium tripos lunula SCHIMPER var *robusta* n. var.	
„ „ *intermedium* JOERG. var. *aequatorialis* BR. SCHRÖDER.	

*Schließnetzfänge.

120—105 m.

Lebend:	Tot:
Asteromphalus (Wyvillii?) (2).	*Ceratium gravidum* (1).
Euodia (4).	*Ornithocercus magnificus* (1).
Planktoniella Sol (30).	*Pyrocystis fusiformis* (1).
Rhizosolenia semispina [in Peristrophe] (1).	*Coscinodiscus*, Schale (2).
Peridinium (divergens) (2).	*Ceratium*, Schale (3).
Phalacroma doryphorum (1).	
Halosphaera [normal] (5).	

„Nach SCHOTT große Durchsichtigkeit."

100—85 m.

Lebend: Tot:

Antelminellia [in Teilung, äußerst fein punktiert] (1).   Planktoniella Sol (2).
Asteromphalus (1) [ganz desorganisiert].   Ceratium (4).
Diatomeenkette (1).   Goniodoma (1).
Planktoniella Sol (3), desorganisiert.   Pyrocystis fusiformis (1).
Ceratium gravidum (1), desorganisiert.   „   pseudonoctiluca (1).
Pyrocystis pseudonoctiluca (8).
Peridinium (divergens) (2).
Halosphaera (1).

80—65 m.

Lebend: Tot:

Antelminellia (1).   Chaetoceras (2).
Chaetoceras (2).   Pyrocystis fusiformis (6).
Climacodium (5).   „   pseudonoctiluca (6).
Coscinodiscus (1).   Ceratium (2).
Ethmodiscus (1).
Planktoniella Sol (1) [desorganisiert].
Pyrocystis fusiformis (2).
   „   pseudonoctiluca (3).
Rhizosolenia semispina (1).
   „   „   in Peristrophe (2).
Ceratium macroceras (2).
   „   flagelliferum var. undulata.
   „   anchora (3).
   „   gravidum (2).
Ornithocercus magnificus (3).
Peridinium (divergens) (10).

60—45 m.

Lebend: Tot:

Chaetoceras (1).   Ceratium lunula (1).
Rhizosolenia spec. (2).
Amphisolenia (1).
   „   Thrinax (1).
Ceratium typ. intermedium (3).
   „   [typ. lunula] (1).
   „   Kette.
   „   fusus, lang (2).
   „   kurz (1).
Goniodoma (3).
Ornithocercus magnificus (2).
Pyrocystis pseudonoctiluca (10).
   „   fusiformis (11).
Pyrophacus (1).
Peridinium (divergens) [ziemlich viel].
Podolampas (1) [mit Chromatophoren].

40—25 m.

Chaetoceras (3).
Climacodium (1).
Rhizosolenia squamosa n. sp. (1).
   „   calcar avis (3).
Ceratocorys (2).
Ceratium macroceras (7).
   „   flagelliferum (9).
   „   fusus (1).
   „   lunula (1).

Ceratium flagelliferum var. undulata (1).
„   intermedium JOERG. (1).
„   typus lunula [abweichend] (5).
„   lunula, typisch (1).
„   gravidum (1).
„   anchora (1).
Ornithocercus magnificus (7).
Peridinium [ziemlich viel].
Pyrocystis pseudonoctiluca (10).
„   fusiformis (2).
Pyrophacus (2).
Halosphaera (1).

20—15 m.

Chaetoceras (1).
Climacodium (1).
Rhizosolenia semispina (1).
„   squamosa n. sp. (1).
„   calcar avis (6).
Ceratocorys (3).
Ceratium flagelliferum (2).
„   „   var. undulata (1).
„   lunula typus (11).
„   fusus [kurz] (1).
„   „ lang (5).
„   lunula, typisch (1).
„   intermedium (10).
„   contrarium (3).
„   arcuatum var. contorta (3).
„   macroceras (1).
Ornithocercus magnificus (2).
Pyrocystis fusiformis (2).
„   pseudonoctiluca (5).

13—0 m.

Climacodium (z).
Ethmodiscus (1), desorganisiert.
Pyrocystis pseudonoctiluca (8).
Rhizosolenia semispina (4).
„   calcar avis (1).
Amphisolenia (1).
Ceratocorys (6).
Ceratium (1).
„   macroceras (1).
„   flagelliferum var. undulata (1).
„   lunula (z).
„   flagelliferum (1).
„   contrarium (z).
„   lunula, typisch (6).
„   arcuatum var. contorta (2).
„   fusus, lang (1).
„   intermedium (3).

Die massiven und dickwandigen Formen von Ceratium lunula unten, die leichten, namentlich flagelliferum var. undulata, contrarium, fusus lang, oben. Zunahme der Ceratien von unten (60—40 m), wo sehr spärlich, nach oben.

Zunahme von Pyrocystis pseudonoctiluca von unten nach oben — Abnahme von Pyrocystis fusiformis? Maxima in den obersten 20 m.

14. März. Station 240, 6° 12',9 S. Br., 41° 17',3 O. L.

o m. APSTEIN.

Ausschließlich:

Trichodesmium erythraeum EHRBG., in geschlossenen großen Bündeln sehr viel, zum Teil in Dauersporen-
bildung.

    „   *tenue* WILLE, in einzelnen Fäden dazwischen.

SCHIMPER.

Climacodium Frauenfeldianum GRUN.
Rhizosolenia styliformis BRTW. mit *Richelia intracellularis* SCHM.
    „   *robusta* NORM., Bruchstück.
    „   *imbricata* BRTW.
    „   *Temperei* H. P., Bruchstück.
Ceratium reticulatum POUCHET var. *contorta* GOURRET.
    „   *tripos macroceras* EHRBG.
    „   „   *arcuatum* var. *contorta* GOURRET.
    „   „   *azoricum* CL. var. *brevis* OSTF. u. SCHM.
Ceratocorys horrida STEIN.
Peridinium (divergens) bidens n. sp.
Pyrocystis pseudonoctiluca J. MURRAY.
Trichodesmium erythraeum EHRBG., viel.

30—o m. APSTEIN.

Lebend:	Tot:
Asterolampra marylandica EHRBG.	*Chaetoceras coarctatum* LAUDER
Coscinodiscus spec., Mikrosporen.	„ *Seychellarum* n. sp. } Bruchstücke.
Climacodium biconcavum CL.	„ *peruvianum* BRTW. *(currens)*
„ *Frauenfeldianum* GRUN.	*Pyrophacus horologium* STEIN.
Peridinium (divergens) Schüttii LEMM.	*Rhizosolenia Temperei* H. P.
Rhizosolenia imbricata BRTW.	„ *hebetata* f. *semispina* GRAN } Bruchstücke.
„ *styliformis* mit *Richelia intracellularis* SCHM.	„ *squamosa* n. sp.
Ceratocorys horrida STEIN.	
„ „ var. *africana* n. var.	
Amphisolenia palmata STEIN.	
Ceratium fusus DUJ.	
„ *dens* OSTF.	
„ *tripos flagelliferum* CL.	
„ „ *macroceras* EHRBG.	
„ „ *arcuatum* GOURRET.	
„ „ „ var. *contorta* GOURRET.	
„ „ *gibberum* var. *sinistra* GOURRET.	
„ „ *volans* CL. var. *strictissima* G. K.	
„ „ *intermedium* JUERG. var. *aequatorialis* BR.	
SCHRÖDER.	
Ornithocercus magnificus STEIN.	
Trichodesmium tenue WILLE.	
„ *erythraeum* EHRBG.	

Ausgesuchtes Material. CHUN.

50 m quant.

Bruchstücke von (*Coscinodiscus rex* WALLICH) = *Antelminellia gigas* SCHÜTT und 2 ganze Zellen lebend.
    „   „   *Rhizosolenia Temperei* var. *acuminata* H. P.
Rhizosolenia styliformis BRTW., Schalenspitze.
Ceratium fusus DUJ. (klein).

* Nähe Küste Ost-Afrika.

An der Oberfläche sehr viel Oscillarien.

Chaetoceras coarctatum LAUDER mit Vorticellen.
Rhizosolenia hebetata f. *semispina* GRAN.
     „   „   „   „   mit *Richelia intracellularis* SCHM.
        imbricata BRTW.
        Temperei H. P. (mit *Richelia*).
   %   *squamosa* n. sp.
Climacodium Frauenfeldianum GRUN.
Ceratien.
Ceratium tripos intermedium JOERG.
    „   „   „   var. *aequatorialis* BR. SCHRÖDER.
    „   „   *arcuatum* GOURRET var. *contorta* GOURRET.
    „   *fusus* DUJ., lang.
Ceratocorys horrida STEIN.
Ornithocercus.
Pyrocystis fusiformis J. MURRAY.
   „   *pseudonoctiluca* J. MURRAY.
Peridinium (divergens) grande KOFOID.
Katagnymene spiralis LEMM.
    „   *pelagica* LEMM.
Trichodesmium tenue WILLE.
    „   *erythraeum* EHRBG.
Halosphaera.

Wiederauftreten der *Rhizosolenia semispina*, Verschwinden von *Rhizosolenia calcar avis*, große Bündel gelber Oscillarien wie Hobelspänchen.

100 m quant. APSTEIN.

Lebend:	Tot:
Planktoniella Sol SCHÜTT.	*Pyrophacus horologium* STEIN.
Dactyliosolen meleagris G. K.	*Ceratium gravidum* LEMM.
„ *Bergonii* H. P.	„ *tripos azoricum* CL. var. *brevis* OSTF. u. SCHM.
Asterolampra marylandica EHRBG.	„ „ *vultur* CL., Kette.
Gossleriella tropica SCHÜTT.	„ „ *flagelliferum* CL.
Asteromphalus heptactis RALFS.	„ „ *intermedium* JOERG.
Thalassiothrix acuta G. K.	„ „ „ var. *aequatorialis* BR. SCHRÖD.
Antelminellia gigas SCHÜTT.	„ *macroceras* EHRBG. var. *tenuissima* n. var.
Ornithocercus magnificus STEIN.	*Chaetoceras peruvianum* BRTW.
Goniodoma acuminatum STEIN.	„ *Seychellarum* n. sp. ⎫
Peridineen, Gallertsporen.	„ *bacteriastroides* n. sp. ⎬ Bruchstücke.
Pyrocystis pseudonoctiluca J. MURRAY.	„ *Ralfsii* CL. ⎭
„ *hamulus* CL.	*Peridinium (divergens)* spec.?
Amphisolenia bidentata BR. SCHRÖDER.	*Cerataulina Bergonii* H. P.
Phalacroma cuneus SCHÜTT.	*Climacodium Frauenfeldianum* GRUN.
	Rhizosolenia styliformis BRIGHTW. ⎫
	„ *robusta* NORM. ⎬ Bruchstücke.
	„ *amputata* OSTF. ⎭
	Trichodesmium erythraeum EHRBG.
	Richelia intracellularis SCHM.

15.—20. März. Station 241. Dar es Salam.
10—0 m. APSTEIN.

Lebend:	Tot:
Chaetoceras lorenzianum GRUN.	*Climacosphenia moniligera* EHRBG.
„ *contortum* SCHÜTT.	*Chaetoceras coarctatum* LAUDER ⎫
Bacteriastrum delicatulum CL.	*Rhizosolenia robusta* NORM. ⎬ Bruchstücke.
Coscinodiscus nodulifer JANISCH.	„ *styliformis* BRIGHTW. ⎭

Lebend:

Coscinodiscus subtilissimus n. sp.
　　"　　curratulus GRUN. var.
Rhizosolenia calcar avis SCHULZE.
　　"　　imbricata BRIGHTW.
　　"　　alata BRTW. (sehr schmal).
Biddulphia mobiliensis (BAIL.).
Lithodesmium undulatum EHRBG.
Isthmia capensis GRUN.
Trichodesmium erythraeum EHRBG.
Pyrocystis hamulus CL.
Ceratium tripos macroceras EHRBG.
　　"　　"　　"　　var. tenuissima n. var.
　　"　　"　　arcuatum GOURRET var. robusta n. var.
　　"　　furca DUJ.
　　"　　fusus DUJ., kurz.
Peridinium (divergens) grande KOFOID.

Tot:

Rhizosolenia styliformis BRIGHTW. mit Richelia intracellularis
　　　　　　　　　SCHM., Bruchstücke.
　　"　　Tempereï H. P. ⎫
　　"　　setigera BRTW. ⎬ Bruchstücke.
Navicula Lyra EHRBG.
Nitzschia (Sigma) indica n. sp.
　　"　　longissima RALFS.
Pleurosigma litorale W. SM.
　　"　　angulatum W. SM.
Climacodium Frauenfeldianum GRUN., Bruchstücke.

20. März.　Station 242, 6⁰ 34',8 S. Br., 39⁰ 35',5 O. L.
10—0 m.　APSTEIN.

Lebend:

Chaetoceras lorenzianum GRUN.
　　"　　contortum SCHÜTT mit Richelia intracellularis
　　　　　　　　　SCHM.
Coscinodiscus subtilissimus n. sp.
　　"　　spec., Mikrosporen.
Rhizosolenia styliformis BRTW. mit Richelia intracellularis
　　　　　　　　　SCHM.
　　"　　Stolterfothii H. P., Kette.
　　"　　Tempereï H. P. mit Richelia intracellularis SCHM.
　　"　　robusta NORM.
　　"　　setigera BRTW.
Isthmia capensis GRUN.
Streptotheca indica n. sp.
Thalassiothrix acuta G. K.
Ceratium furca DUJ.
　　"　　fusus DUJ.
　　"　　tripos flagelliferum CL.
　　"　　"　　var. angusta n. var.
　　"　　"　　vultur CL.
　　"　　"　　macroceras EHRBG.
　　"　　"　　declinatum n. sp.
　　"　　"　　intermedium JOERG. var. aequatorialis BR.
　　　　　　　　　SCHRÖDER.
　　"　　"　　volans CL. var. elegans BR. SCHRÖDER.
Peridinium (divergens) grande KOFOID.
Peridineen, Gallertsporen.
Trichodesmium Thiebautii GOMONT.
　　"　　erythraeum EHRBG.
Richelia intracellularis SCHM.
Halosphaera viridis SCHMITZ.

Tot:

Bacteriastrum varians LAUDER, Bruchstücke.
　　"　　delicatulum CL., Bruchstücke.
　　"　　Wallichii RALFS var. hispida CASTR., Bruch-
　　　　　　　　　stücke.
Chaetoceras coarctatum LAUDER ⎫
　　"　　peruvianum BRTW. ⎪
　　"　　breve SCHÜTT ⎬ Bruchstücke.
　　"　　Willei GRAN ⎪
Rhizosolenia alata BRTW. ⎪
　　"　　imbricata BRTW. ⎪
　　"　　quadrijuncta H. P. ⎭
Climacodium Frauenfeldianum GRUN.
Guinardia Blavyana H. P.

SCHIMPER.

Fast ausschließlich *Trichodesmium erythraeum* EHRBG. und wenig *Trichodesmium tenue* WILLE dazwischen.

SCHIMPER.

22. März.　Station 244, 5⁰ 55',8 S. Br., 39⁰ 1',2 O. L.

Chaetoceras lorenzianum GRUN.
Rhizosolenia calcar avis SCHULZE, Bruchstücke.

Rhizosolenia cochlea BRUN.
    „   styliformis BRTW. mit Richelia intracellularis SCHM.
    „   Temperei H. P.
    „   quadrijuncta H. P.
    „   cylindrus CL.
    „   hyalina OSTF.
} alle in Bruchstücken.

Climacodium Frauenfeldianum GRUN.
Lauderia punctata n. sp.
Ceratium tripos flagelliferum CL.
    „   „   macroceras EHRBG.
    „   „   flagelliferum-macroceras, Uebergangsformen.
    „   „   volans CL. var. elegans BR. SCHRÖDER.
    „   „   azoricum CL. var. brevis OSTF. u. SCHM.
Gonyaulax polygramma STEIN.
Peridinium (divergens) gracile n. sp.
    „   „   grande KOFOID.
Halosphaera viridis SCHMITZ, tot.
Trichodesmium Thiebautii GOMONT.

20—0 m. APSTEIN.

Vorwiegend *Trichodesmium* und *Chaetoceras coarctatum*.

Lebend:

Bacteriastrum minus G. K.
Chaetoceras coarctatum LAUDER, stets mit Vorticellen besetzt.
    „   contortum SCHÜTT mit Richelia intracellularis SCHM.
Crataulina Bergonii H. P.
Climacodium biconcavum CL.
Attheya? oder Moelleria?, einzeln.
Coscinodiscus subtilissimus n. sp.
    „   Theta n. sp.
Hemiaulus Hauckii GRUN.
Climacosphenia moniligera EHRBG.
Lithodesmium undulatum EHRBG.
Streptotheca Indica n. sp., vielfach.
Rhizosolenia Stolterfothii H. P.
    „   Temperei H. P. mit Richelia intracellularis SCHM.
    „   quadrijuncta H. P., mit Parasiten.
    „   hyalina OSTF., sehr zart (wurstförmig).
    „   cylindrus CL., mit Richelia intracellularis SCHM.
Synedra nitzschioides GRUN.
Thalassiothrix acuta G. K.
Tropidoneis Proteus n. sp.
Ceratium fusus DUJ.
    „   tripos flagelliferum CL.
    „   „   „   var. angusta n. var.
    „   „   contrarium GOURRET.
    „   „   macroceras EHRBG.
    „   „   arcuatum GOURRET var. gracilis OSTF.
    „   „   volans CL. var. elegans BR. SCHRÖDER.
Ceratocorys horrida STEIN.
Phalacroma Jourdani (GOURRET) SCHÜTT.
Peridinium Steinii JOERGENSEN.
Peridineen, Gallertsporen mit Panzerresten.
Freie Richelia intracellularis SCHM.
Trichodesmium erythraeum EHRBG.
Katagnymene spiralis LEMM.

Tot:

Bacteriastrum varians LAUDER.
Chaetoceras furca CL., Bruchstücke.
    „   peruvianum BRTW. var. Suadivae n. var., Bruchstücke.
    „   lorenzianum GRUS.
Rhizosolenia imbricata BRTW.
    „   alata BRTW.
    „   setigera BRTW.
    „   calcar avis SCHULZE
} Bruchstücke.
Nitzschia seriata CL.
Pyrophacus horologium STEIN.

42*

SCHIMPER.

Bacteriastrum delicatulum CL.
Chaetoceras peruvianum BRTW. } Bruchstücke.
Climacodium Frauenfeldianum GRUN. }
„   *biconcavum* CL.
Streptotheca indica n. sp.
Ceratium fusus DUJ., kurz, vielfach.
„   *tripos macroceras* EHRBG.
„   „   *flagelliferum* CL.
„   „   „   var. *angusta* n. var.
Peridinium (divergens) gracile n. sp.
„   „   *elegans* CL.
„   „   *grande* KOFOID.
Trichodesmium spec.

*Zwischen Pemba und Zanzibar.
Ca. 50 m.

Bild vom 14. März verschieden.

Chaetoceras coarctatum LAUDER, mit Vorticellen.
Rhizosolenia Tempereï H. P., mit Nostoc *(Richelia intracellularis)*.
„   *calcar avis* SCHULZE, ohne Nostoc.
„   *hebetata* f. *semispina* GRAN, mit Nostoc.
„   *alata* BRTW., ohne Nostoc.
„   *robusta* NORM., ohne Nostoc.
Ceratium lunula SCHIMPER.
„   *flagelliferum* CL.
„   „   var. *undulata* BR. SCHRÖDER.
„   *fusus* DUJ.
„   *azoricum* CL. var. *brevis* OSTF. u. SCHM.
„   *macroceras* CL.
Trichodesmium erythraeum EHRBG.

*Nachmittags ca. 400 m Tiefe.

„Bild ähnlich, doch *Rhizosolenia calcar avis* beinahe ganz verschwunden, viel *Rhizosolenia Tempereï* und *semispina*, beide meist mit Nostoc, letztere in schöner Peristrophe. Hie und da *Pyrocystis*, viel *Chaetoceras*, jedoch ohne Vorticellen."

22. März.   Station 245,   5° 27',9 S. Br., 39° 18',8 O. L.
30—0 m.   APSTEIN.

Lebend:	Tot:
Bacteriastrum minus G. K.	*Bacteriastrum Wallichii* RALFS } Bruchstücke.
Chaetoceras lorenzianum GRUN., viel.	„ *varians* LAUDER }
„ *contortum* SCHÜTT.	*Chaetoceras Ralfsii* CL.
„ *breve* SCHÜTT.	„ *peruvianum* BRTW.
Climacodium Frauenfeldianum GRUN.	„ *Seychellarum* n. sp.
„ *biconcavum* CL.	„ *sociale* LAUDER } Bruchstücke.
Guinardia Blavyana H. P.	*Rhizosolenia setigera* BRTW.
„ *flaccida* (CASTR.) H. P.	„ *alata* BRTW.
Eunodia inornata CASTR., in Teilung, sehr zart.	
Cerataulina Bergonii H. P.	
Antelminellia gigas SCHÜTT.	
Coscinodiscus subtilissimus n. sp.	
Rhizosolenia styliformis BRTW. } mit *Richelia intracellularis*	
„ *Tempereï* H. P. } SCHM.	
„ *cylindrus* CL. }	

Lebend:	Tot:

Rhizosolenia robusta NORM.
    „   *calcar avis* SCHULZE.
    „   *hyalina* OSTF.
    „   *imbricata* BRTW.
    „   *quadrijuncta* H. P.
    „   *delicatula* CL.
    „   *Stolterfothii* H. P.·
Synedra nitzschioides GRUN.
Streptotheca indica n. sp., häufig.
Ceratium fusus DUJ., kurz.
    „   *furca* DUJ. var. *baltica* MOEB.
    „   *tripos macroceras* EHRBG.
    „   „   „   var. *tenuissima* n. var.
    „   „   *flagelliferum* CL.
    „   „   *arcuatum* GOURRET var. *gracilis* OSTF.
    „   „   *intermedium* JOERGENSEN var. *aequatorialis*
                BR. SCHRÖDER.
Peridinium (divergens) grande KOFOID.
Ceratocorys horrida STEIN.
Pyrophacus horologium STEIN.
Trichodesmium Thiebautii GOMONT.

100 m quant. APSTEIN.

Reichliches *Chaetoceras*- und *Bacteriastrum*-Plankton, vielfach abgestorben.

Lebend:	Tot:

Lebend:

Bacteriastrum delicatulum CL.
    „   *varians* LAUDER.
    „   *minus* G. K.
Chaetoceras lorenzianum GRUN.
    „   *Ralfsii* CL.
    „   *sociale* LAUDER.
    „   *coarctatum* LAUDER.
    „   *Seychellarum* n. sp.
    „   *breve* SCHÜTT.
    „   *didymum* EHRBG.
    „   *peruvianum* BRTW. (einzelne Zellen).
    „   *furca* CL.
    „   *peruvio-atlanticum* n. sp.
Climacodium biconcavum CL.
Coscinodiscus excentricus EHRBG.
    „   *lineatus* EHRBG.
Planktoniella Sol SCHÜTT.
Navicula membranacea EHRBG.
Rhizosolenia alata BRTW.
    „   *setigera* BRTW.
    „   *hyalina* OSTF.
    „   *Stolterfothii* H. P.
    „   *imbricata* BRTW.
Ceratium tripos flagelliferum CL.
    „   „   *macroceras* EHRBG.
    „   „   *arcuatum* GOURRET.
    „   „   *gibberum* var. *sinistra* GOURRET.
Goniodoma acuminatum STEIN.
Peridineen, Gallertsporen.
Peridinium Steinii JOERGENSEN.

Tot:

Dactyliosolen Bergonii H. P.
Lauderia annulata CL.
Climacodium Frauenfeldianum GRUN.
Corethron criophilum CASTR.
Rhizosolenia cochlea BRUN.
    „   *quadrijuncta* H. P. } Bruchstücke.
    „   *Temperei* H. P. } mit *Richelia intracellularis*
    „   *styliformis* BRTW. } SCHM.
Chaetoceras contortum SCHÜTT mit *Richelia intracellularis* SCHM.
Trichodesmium spec., völlig desorganisiert.
Pyrocystis lunula SCHÜTT.

Diatomeen und Oscillarien ausgesucht. CHUN.

(*Coscinodiscus rex* WALLICH) — *Antelminellia gigas* SCHÖTT, lebend normal.
Rhizosolenia squamosa n. sp., lebend.
Coscinodiscus Janischii SCHM., tot, aber noch mit Inhalt.
Trichodesmium contortum WILLE, desorganisiert.
„ *tenue* WILLE, desorganisiert.

23. März. Station 247, 3° 38′,8 S. Br., 40° 16′,0 O. L.
5—0 m. APSTEIN.

Viel Radiolarienkolonieen.

Lebend:

Bacteriastrum minus G. K.
Chaetoceras coarctatum LAUDER.
Detonula Schroederi P. BERGON.
Climacodium Frauenfeldianum GRUN.
Stephanopyxis Palmeriana var. *javanica* GRUN.
Nitzschia seriata CL.
Hemiaulus Hauckii GRUN.
Rhizosolenia annulata n. sp.
„ *styliformis* BRTW. mit *Richelia intracellularis* SCHM.
„ *Stolterfothii* H. P.
Synedra nitzschioides GRUN.
Ceratium tripos macroceras EHRBG.
„ „ „ var. *tenuissima* n. var.
„ „ *flagelliferum* CL.
„ „ *contrarium* GOURRET.
„ *fusus* DUJ., lang.
Ceratocorys horrida STEIN.
Peridinium (divergens) elegans CL.
„ „ spec.?
Peridineen, Gallertsporen.
Ornithocercus magnificus STEIN.
Pyrocystis pseudonoctiluca J. MURRAY.
„ *fusiformis* J. MURRAY.
Trichodesmium Thiebautii GOMONT.

Tot:

Bacteriastrum varians LAUDER, Bruchstücke.
Chaetoceras Ralfsii CL.
„ *furca* CL.
„ *peruvianum* BRTW.
„ *lorenzianum* GRUN.
Rhizosolenia styliformis BRTW.
„ *alata* BRTW., mit Auxospore } Bruchstücke.
„ *cochlea* BRUN.
„ *imbricata* BRTW.

SCHIMPER.

Außerdem noch:
Rhizosolenia robusta NORM., Bruchstücke.
Ceratium tripos arcuatum GOURRET var. *caudata* G. K.

*Küste von Englisch-Ostafrika in Sicht.

„Vorherrschend: Diatomeen, namentlich *Rhizosolenia semispina* (meist mit Nostoc) und *Chaetoceras*. Peridineen spärlich, nur *Ceratium flagelliferum* ziemlich.“

Asterolampra marylandica EHRBG.
Bacteriastrum spec.
Chaetoceras lorenzianum GRUN.
„ *peruvianum* BRTW., einzeln.
„ *coarctatum* LAUDER.
„ *breve* SCHÖTT.
Climacodium Frauenfeldianum GRUN.
Nitzschia Closterium W. SM.
Biddulphia mobiliensis GRUN.
Ethmodiscus spec.

Rhizosolenia (meist mit Nostoc).
- „ *hebetata* f. *semispina* GRAN.
- „ *delicatula* CL.
- „ *alata* BRTW.
- „ *calcar avis* SCHULZE.
- „ *setigera* BRTW.
- „ *Temperei* H. P., mit und ohne Nostoc.
- „ *hyalina* OSTF.
- „ *squamosa* n. sp.
- „ *Stolterfothii* H. P.

Amphisolenia palmata STEIN.
Ceratium tripos flagelliferum CL.
- „ „ *macroceras* EHRBG.
- „ „ *cultur* CL., Kette.
- „ „ *lunula* SCHIMPER.
- „ „ *arcuatum* var. *contorta* GOURRET.
- „ „ *fusus* DUJ., lang.

Ornithocercus, vereinzelt.
Pyrocystis pseudonoctiluca J. MURRAY.
Trichodesmium (erythraeum?).

23. März. Station 248, 3° 17',3 S. Br., 40° 42',7 O. L.

20—0 m. AJSTEIN.

Lebend:

Bacteriastrum minus G. K.
- „ *delicatulum* CL.

Chaetoceras van Heurckii GRUN.
Rhizosolenia hyalina OSTF.
- „ *styliformis* BRTW. mit *Richelia intracellularis* SCHM.
- „ *Stolterfothii* H. P.

Climacodium Frauenfeldianum GRUN.
- „ *biconcavum* CL.

Hemiaulus Hauckii GRUN.
Streptotheca indica n. spec.
Ceratium fusus DUJ., lang.
- „ *tripos arcuatum* GOURRET.
- „ „ „ var. *atlantica* OSTF.
- „ „ „ „ *caudata* G. K.
- „ „ *contrarium* GOURRET.
- „ „ *gibberum* var. *sinistra* GOURRET.
- „ „ *macroceras* EHRBG.
- „ „ „ var. *tenuissima* n. var.
- „ „ *flagelliferum* CL.
- „ „ „ var. *undulata* BR. SCHRÖDER.
- „ „ *intermedium* JOERGENSEN.
- „ „ „ var. *aequatorialis* BR. SCHRÖD.
- „ „ *volans* CL.
- „ „ „ var. *elegans* BR. SCHRÖDER.
- „ „ *lunula* SCHIMPER var. *robusta* n. var.
- „ „ *azoricum* CL. var. *brevis* OSTF. u. SCHM.

Ornithocercus magnificus STEIN.
Pyrocystis lunula SCHÜTT.
Peridinium (divergens) elegant CL.

Tot:

Chaetoceras Seychellarum n. sp. ⎫
- „ *sociale* LAUDER ⎬ Bruchstücke.
- „ *lorenzianum* GRUN. ⎭
- „ *Ralfsii* CL., tot.

Bacteriastrum varians LAUDER ⎫
Rhizosolenia styliformis BRTW. ⎪
- „ *imbricata* BRTW. ⎬ Bruchstücke.
- „ *setigera* BRTW. ⎪
- „ *Temperei* H. P. ⎭

Amphisolenia palmata STEIN.
Pyrocystis fusiformis J. MURRAY.

23. März. Station 249, 3° 7′,0 S. Br., 40° 45′,8 O. L.
5—0 m. APSTEIN.

Lebend:	Tot:
Chaetoceras contortum SCHÜTT mit *Richelia intracellularis* SCHM.	*Chaetoceras peruvianum* BRTW.
(*Coscinodiscus rex* WALLICH) = *Antelminellia gigas* SCHÜTT.	„ *coarctatum* LAUDER
Rhizosolenia imbricata BRTW.	„ *lorenzianum* GRUN. } Bruchstücke.
„ *styliformis* BRTW. mit *Richelia intracellularis* SCHM.	*Rhizosolenia Temperei* H. P.
Hemiaulus Hauckii GRUN.	„ *styliformis* BRTW.
Ceratium fusus DUJ., kurz, lang.	*Ceratium tripos volans* CL. var. *elegans* BR. SCHRÖDER.
„ *tripos declinatum* n. sp.	
„ „ *macroceras* EHRBG.	
„ „ „ var. *tenuissima* n. var.	
„ „ *flagelliferum* CL.	
„ „ „ var. *undulata* BR. SCHRÖDER.	
„ „ *intermedium* JOERG. var. *aequatorialis* BR. SCHRÖDER.	
„ *reticulatum* POUCHET var. *contorta* GOURRET.	
Ceratocorys horrida STEIN.	
Peridinium (divergens) spec.	
Pyrocystis pseudonoctiluca J. MURRAY.	
Trichodesmium erythraeum EHRBG.	

24. März. Station 250, 1° 47′,8 S. Br., 41° 58′,8 O. L.
20—0 m. APSTEIN.

Lebend:	Tot:
Bacteriastrum fehlt!	*Rhizosolenia amputata* OSTF., Bruchstücke.
Chaetoceras filiferum n. sp.	„ *alata* BRTW.
„ *coarctatum* LAUDER mit Vorticellen.	
„ *sociale* LAUDER.	
„ *Willei* GRAN.	
„ *contortum* SCHÜTT.	
„ *Schmidtii* OSTF.	
„ *buceros* n. sp.	
Rhizosolenia africana n. sp.	
„ *quadrijuncta* H. P.	
„ *robusta* NORM.	
„ *Stolterfothii* H. P.	
„ *imbricata* BRTW.	
„ *calcar avis* SCHULZE.	
„ *cochlea* BRUN.	
„ *styliformis* mit *Richelia intracellularis* SCHM.	
Guinardia flaccida H. P.	
Fragilaria granulata n. sp.	
Thalassiothrix acuta G. K.	
Langhörnige Ceratien fehlen.	
Ceratium tripos azoricum var. *brevis* OSTF. u. SCHM., häufig.	
„ „ *lunula* SCHIMPER var. *robusta* n. var.	
„ „ *robustum* OSTF. var.?	
„ „ *vultur* CL.	
„ „ *gibberum* var. *sinistra* GOURRET.	
Amphisolenia palmata STEIN.	
Dinophysis homunculus STEIN.	
Ornithocercus magnificus STEIN.	
Trichodesmium erythraeum EHRBG.	

SCHIMPER.

Zeigt nichts Abweichendes, außer einem langen *Spirulina*-Faden und einer toten Zellreihe von *Coscinosira* spec.

100 m quant. APSTEIN.

Vorwiegend abgestorbene und in die Tiefe gesunkene Zellen des Oberflächenplanktons, besonders *Chaetoceras filiferum* n. sp.

Lebend:	Tot:
Planktoniella Sol SCHÜTT.	*Bacteriastrum varians* LAUDER, Bruchstücke.
Rhizosolenia Stolterfothii H. P.	*Chaetoceras lorenzianum* GRUN., Bruchstücke.
„ *imbricata* BRTW.	„ *filiferum* n. sp.
„ *hyalina* OSTF.	„ *Weissflogii* SCHÜTT, Bruchstücke.
„ *robusta* NORM.	„ *buceros* n. sp.
	„ *Schmidtii* OSTF.
	Rhizosolenia amputata OSTF.
	„ *alata* BRTW.
	„ *styliformis* BRTW.
	„ *cochlea* BRUN., Bruchstücke.
	„ *calcar avis* SCHULZE, Bruchstücke.
	„ *cylindrus* CL.
	„ *setigera* BRTW., Bruchstücke.
	„ *Temperei* H. P., Bruchstücke.
	„ *simplex* G. K. var. *major* n. var.
	Navicula membranacea CL.
	Ceratium candelabrum STEIN.
	„ *tripos azoricum* CL. var. *brevis* OSTF. u. SCHM.
	„ „ *lunula* SCHIMPER var. *robusta* n. sp.
	„ „ *gibberum* var. *sinistra* GOURRET.
	„ „ *macroceras* EHRBG.!
	Peridinium (divergens) acutum n. sp.
	„ „ *gracile* n. sp.
	„ *Steinii* JOERGENSEN.
	Dinophysis homunculus STEIN.
	Podolampas bipes STEIN.
	Goniodoma acuminatum STEIN.
	Ornithocercus magnificus STEIN.
	Pyrocystis pseudonoctiluca J. MURRAY.

Ausgesuchtes Material. CHUN.

100 m quant.

Bruchstücke von einem lebenden (*Coscinodiscus rex* WALLICH) — *Antelminellia gigas* SCHÜTT, normal.
„ „ „ „ *Rhizosolenia* spec., groß *(annulata?).*
Rhizosolenia imbricata, lebend.
Pyrocystis pseudonoctiluca, lebend.
„ *fusiformis* J. MURRAY var. (eiförmig).

24. März. Station 251, 1° 40',6 S. Br., 41° 47',1 O. L.

20—0 m. APSTEIN.

Lebend:	Tot:
Chaetoceras filiferum n. sp.	*Chaetoceras furca* CL.
„ *coarctatum* LAUDER mit Vorticellen.	*Rhizosolenia alata* BRTW.
„ *lorenzianum* GRUN.	„ *amputata* OSTF. } Bruchstücke.
„ *breve* SCHÜTT.	*Thalassiothrix acuta* G. K.
„ *van Heurckii* GRAN?	*Ornithocercus* spec.
„ *Schmidtii* OSTF.	
Climacodium biconcavum CL.	
Hemiaulus Hauckii GRUN.	

113

Lebend: Tot:

Rhizosolenia similis n. sp., mit *Richelia intracellularis* SCHM.
   „   *styliformis* BRTW., mit *Richelia intracellularis*
        · SCHM.
   „   *quadrijuncta* H. P.
Ceratium tripos intermedium JOERG. var. *aequatorialis* BR.
        SCHRÖDER.
   „   „   *inclinatum* KOFOID.
   „   „   *volans* CL. var. *elegans* BR. SCHRÖDER.
   „   „   *anchora* SCHIMPER M. S.
   „   „   *azoricum* CL. var. *brevis* OSTF. u. SCHM.
Phalacroma doryphorum STEIN.
Peridineen, Gallertsporen.
Pyrocystis pseudonoctiluca J. MURRAY.
Trichodesmium Thiebautii GOMONT.

100 m quant. APSTEIN.

Lebend: Tot:

Lebend	Tot
Asteromphalus Wyvillii CASTR.	*Chaetoceras coarctatum* LAUDER.
Asterolampra marylandica EHRBG.	„ *lorenzianum* GRUN.
Planktoniella Sol SCHÜTT.	„ *breve* SCHÜTT.
Coscinodiscus subtilissimus n. sp.	· „ *Schmidtii* OSTF.
Chaetoceras tetrastichon CL.	„ *filiferum* n. sp.
„ *sociale* LAUDER.	„ *neapolitanum* BR. SCHRÖDER.
„ *atlanticum* CL.	*Bacteriastrum delicatulum* CL., Bruchstücke.
Cerataulina Bergonii H. P.	*Climacodium Frauenfeldianum* GRUN.
Climacodium biconcavum CL.	*Corethron criophilum* CASTR.
Rhizosolenia Stolterfothii H. P.	*Rhizosolenia styliformis* BRTW., mit toter *Richelia.*
„ *cylindrus* CL.	„ *imbricata* BRTW.
„ *Castracanei* H. P., mit abgestorbener *Richelia.*	„ *alata* BRTW., Bruchstücke.
„ *cochlea* BRUN.	„ *amputata* OSTF., Bruchstücke.
„ *calcar avis* SCHULZE.	*Thalassiothrix acuta* G. K.
Guinardia flaccida H. P.	*Katagnymene* spec., völlig desorganisiert.
Amphisolenia bidentata BR. SCHRÖDER.	
Ceratium candelabrum (EHRBG.) STEIN.	
„ *furca* DUJ. var. *baltica* MÖB.	
„ *tripos lunula* SCHIMPER.	
„ „ „ var. *robusta* n. var.	
„ *arcuatum* GOURRET var. *robusta* n. var.	
„ „ „ *atlantica* OSTF.	
„ „ *macroceras* EHRBG.	
„ „ *flagelliferum* CL.	
„ „ *volans* CL. var. *elegans* BR. SCHRÖDER.	
„ „ *gibberum* var. *sinistra* GOURRET.	
„ „ *intermedium* JOERG. var. *aequatorialis* BR.	
SCHRÖDER.	
Diplopsalis lenticula BERGH.	
Goniodoma acuminatum STEIN.	
Phalacroma doryphorum STEIN.	
Peridinium (divergens) grande KOFOID.	
„ „ *ellipticum* n. sp.	

*Viel weiter von der Küste.

Chaetoceras peruvianum BRTW., einzelne Zellen.
   „   *breve* SCHÜTT.
   „   *filiferum* n. sp.
   „   *buceros* n. sp.
Ethmodiscus spec.
Rhizosolenia (Nostoc spärlich).

Rhizosolenia amputata OSTF.
      "   hebetata f. semispina GRAN.
      "   cylindrus CL.
      "   Temperei H. P.
      "   cochlea BRUN.
      "   alata BRTW.
      "   robusta NORM.
Thalassiothrix acuta G. K.
Gymnodinium spirale BERGH.
Ceratium tripos anchora SCHIMPER.
      "   "   azoricum CL. var. brevis OSTF. u. SCHM.
      "   "   intermedium JOERGENSEN.
Ceratocorys horrida STEIN.
Ornithocercus magnificus STEIN.
Dinophysis homunculus STEIN.
Katagnymene spec.?
Trichodesmium erythraeum EHRBG.

„Noch viel *Chaetoceras*, aber nicht das mit Vorticellen; meist sehr zart. *Rhizosolenia* stark abgenommen, keine wohl vorherrschend, Wiederauftreten der *amputata* OSTF., Nostoc-*Rhizosolenia* spärlich, nur in *Rh. semispina; Rh. Temperei* ist fast verschwunden. *Ceratium flagelliferum* var. *undulata* fehlt, kräftige Ceratienformen spärlich vorhanden. Sehr wenig Oscillarien, wenig Peridineen."

25. März. Station 252, 0° 24',5 S. Br., 42° 49',4 O. L.

20—0 m. APSTEIN.

Lebend:	Tot:
Chaetoceras coarctatum LAUDER.	Rhizosolenia Temperei H. P., Bruchstücke.
" sumatranum n. sp.	
" tetrastichon CL.? (aber Borsten glatt).	
" lorenzianum GRUN.	
" atlanticum CL.	
" convolutum CASTR.?	
Rhizosolenia alata BRTW.	
" amputata OSTF.	
" styliformis BRTW.	
" hebetata f. semispina GRAN.	
" robusta NORM.	
" africana n. sp.	
Thalassiothrix acuta G. K.	
Planktoniella Sol SCHÜTT.	
Climacodium Frauenfeldianum GRUN.	
Ceratium fusus DUJ., lang.	
" tripos macroceras EHRBG.	
" " " var. tenuissima n. var.	
" " flagelliferum CL.	
" " arcuatum var. atlantica OSTF.	
" " " var. robusta n. var.	
" " volans CL. var. elegans BR. SCHRÖDER.	
" " intermedium JOERG. var. aequatorialis BR.	
SCHRÖDER.	
Amphisolenia palmata STEIN.	
" bidentata BR. SCHRÖDER.	
Pyrophacus horologium STEIN.	
Radiolarien.	

43*

100 m quant. APSTEIN.

Lebend:	Tot:

Lebend:

Coscinodiscus nodulifer JANISCH.
„   lineatus EHRBG.
Planktoniella Sol SCHÜTT.
Asteromphalus Wywillii CASTR.
Euodia inornata CASTR.
Chaetoceras tetrastichon CL.
Hemiaulus Hauckii GRUN.
Amphisolenia bidentata BR. SCHRÖDER.
Goniodoma acuminatum STEIN.
Ornithocercus magnificus STEIN.
„   splendidus SCHÜTT.
Dinophysis orum SCHÜTT.
Pyrocystis hamulus CL.
„   lunula SCHÜTT.
Peridinium (divergens) Schüttii LEMM.
„   „   gracile n. sp.
„   „   tumidum OKAMURA.
Ceratium digitatum SCHÜTT.
„   gravidum var. praelonga LEMM.
„   tripos flagelliferum CL.
„   „   vultur CL.
„   „   arcuatum GOURRET var. atlantica OSTF.
„   „   „   „   „   robusta n. var.
„   „   „   „   „   contorta GOURR.
„   „   contrarium GOURRET.
„   „   macroceras EHRBG., Jugendstadium.
„   „   gibberum GOURRET,
„   „   pulchellum BR. SCHRÖDER.

Tot:

Coscinodiscus spec., Bruchstück.
Chaetoceras coarctatum LAUDER.
„   Seychellarum n. sp. Bruchstück.
„   lorenzianum GRUN.
Rhizosolenia amputata OSTF. } Bruchstücke.
„   robusta NORM. }
„   hyalina OSTF.
„   styliformis BRTW., Bruchstück.
„   alata BRTW.
„   africana n. sp. } Bruchstücke.
„   similis n. sp. }
Climacodium Frauenfeldianum GRUN.
Tropidoneis Proteus n. sp.
Pyrophacus horologium STEIN.

CHUN.

Bruchstück von (Coscinodiscus rex WALLICH ▬) Antelminellia gigas SCHÜTT.

*„Seit vorgestern Abend Temperaturen niedriger (26° an Oberfläche). Starke Abnahme der zarten, starke Zunahme der derben Ceratien.

Zunahme des Salzes erklärt Schwinden der Cyanophyceen, starke Abnahme von Chaetoceras, Schwinden der breiten Rhizosolenia, Wiederauftreten von Rhizosolenia amputata und Auftreten an Oberfläche von Planktoniella Sol."

Planktoniella Sol SCHÜTT.
Chaetoceras neapolitanum BR. SCHRÖDER.
Rhizosolenia amputata OSTF.
„   styliformis BRTW.
„   alata BRTW.
„   hebetata f. semispina GRAN, ohne Nostoc.
„   robusta NORM.
Thalassiothrix acuta G. K.
Ceratium tripos flagelliferum CL.
„   „   vultur CL.
„   „   gibberum GOURRET.
„   „   arcuatum GOURRET var. contorta GOURRET.
„   „   „   „   „   robusta n. var.
„   „   „   Jugendstadium, seine Hörner verlängernd.
„   „   anchora SCHIMPER.
„   „   lunula SCHIMPER.
Amphisolenia palmata STEIN.

Amphisolenia Thrinax SCHÜTT.
Peridinium (divergens) gracilis n. sp.
" " spec.?
Ornithocercus magnificus STEIN.
Pyrocystis pseudonoctiluca J. MURRAY.
Pyrophacus horologium STEIN.
Phalacroma doryphorum STEIN.

25. März. Station 253, 0° 27′,4 S. Br., 42° 47′,3 O. L.
20—0 m. APSTEIN.

Lebend:

Chaetoceras coarctatum LAUDER.
" convolutum CASTR.
" sumatranum n. sp.
Rhizosolenia hebetata f. semispina GRAN.
" imbricata BRTW.
" styliformis BRTW.
Climacodium Frauenfeldianum GRUN.
Thalassiothrix acuta G. K.
Amphisolenia bidentata BR. SCHRÖDER.
Ceratium tripos macroceras EHRBG.
" " var. tenuissima n. var.
" " flagelliferum CL.
" " arcuatum GOURRET var. atlantica OSTF.
" " azoricum CL. var. brevis OSTF. u. SCHM.
Peridinium (divergens) elegans CL.
Pyrocystis pseudonoctiluca J. MURRAY.
Trichodesmium Thiebautii GOMONT.

Tot:

Chaetoceras lorenzianum GRUN.
Rhizosolenia similis n. sp.
" alata BRTW.
" amputata OSTF. ⎫
" robusta NORM. ⎭ Bruchstücke.

SCHIMPER.

Planktoniella Sol SCHÜTT.
Amphisolenia palmata STEIN.
" bidentata BR. SCHRÖDER.
" Thrinax SCHÜTT.
Ceratium tripos arcuatum GOURRET var. robusta n. var., in Neubildung der Antapikalhälfte.
" " " var. contorta GOURRET.
" " " " caudata G. K.
" " " macroceras EHRBG. var. tenuissima n. var.
Peridinium (divergens) Schüttii LEMM.
" " bidens n. sp.

25. März. Station 254, 0° 29′,3 S. Br., 42° 47′,6 O. L.
20—0 m. APSTEIN.

Lebend:

Chaetoceras convolutum CASTR.
" neapolitanum BR. SCHRÖDER.
" sumatranum n. sp., mit Vorticellen besetzt.
" contortum SCHÜTT.
Rhizosolenia robusta NORM.
" styliformis BRTW.
" Temperei var. acuminata H. P.
" hebetata f. semispina GRAN.
" africana n. sp., 72 μ.
" cylindrus CL.
Pyrocystis lunula SCHÜTT.
" pseudonoctiluca J. MURRAY.

Tot:

Chaetoceras coarctatum LAUDER ⎫
Rhizosolenia alata BRTW.
" amputata OSTF.
" similis n. sp. ⎬ Bruchstücke.
Thalassiothrix acuta G. K.
Planktoniella Sol SCHÜTT
Pyrophacus horologium STEIN. ⎭

Lebend:	Tot:
Amphisolenia bidentata Br. SCHRÖDER.	
„ Thrinax SCHÜTT.	
Ceratium fusus DUJ., kurz.	
„ tripos macroceras EHRBG.	
„ „ „ var. tenuissima n. var.	
„ „ volans CL. var. strictissima G. K.	
„ „ „ „ elegans BR. SCHRÖDER.	
„ „ arcuatum GOURRET var. atlantica OSTF.	
„ „ „ „ „ contorta GOURR.	
„ „ „ „ „ robusta n. var.	
„ „ coarctatum PAVILLARD.	
„ „ gibberum var. sinistra GOURRET.	
„ „ intermedium JOERG. var. aequatorialis BR. SCHRÖDER.	
„ „ „ „ „ Hundhausenii BR. SCHRÖDER.	
„ „ azoricum CL. var. brevis OSTF. u. SCHM.	
Ornithocercus magnificus STEIN.	

*26. März. Station 255. Nicht gefischt.

27. März. Station 256, 1° 49′,0 N. Br., 45° 29′,5 O. L.
10—0 m. APSTEIN.

Fast ausschließlich tierisches Plankton.

Lebend:	Tot:	
Ceratium tripos anchora SCHIMPER.	Coscinodiscus spec.	
„ „ flagelliferum CL.	Rhizosolenia spec.	
„ reticulatum POUCHET.	Thalassiothrix spec.	
	Ceratium tripos longipes (BAIL.) CL.	
	„ „ flagelliferum CL.	Bruchstücke.
	Ornithocercus quadratus SCHÜTT	
	Pyrophacus horologium STEIN.	
	Euodia inornata CASTR.	

100 m quant. APSTEIN.

Viel Radiolarien, wenig pflanzliches Material.

Lebend:	Tot:	
Rhizosolenia robusta NORM.	Bacteriastrum elongatum CL.	
Planktoniella Sol SCHÜTT.	Rhizosolenia alata BRTW.	
Dinophysis ovum SCHÜTT.	„ ampulata OSTF.	
Goniodoma acuminatum STEIN.	„ hebetata f. semispina GRAN.	Bruchstücke.
Peridinium (divergens) grande KOFOID.	„ styliformis BRTW., mit Richelia intracellularis SCHM.	
Ceratium tripos gibberum GOURRET.		
„ „ anchora SCHIMPER.	Chaetoceras sumatranum n. sp.	
„ „ vultur CL. var. robusta n. var.	Ornithocercus splendidus SCHÜTT.	
„ „ macroceras EHRBG. var. tenuissima n. var.	Ceratium palmatum BR. SCHRÖDER.	
„ „ intermedium JOERG. var. aequatorialis BR. SCHRÖDER.	„ tripos flagelliferum CL., Bruchstück.	
	„ „ macroceras EHRBG.	
	„ „ volans CL. var. elegans BR. SCHRÖDER.	
	„ „ lunula SCHIMPER.	
	„ reticulatum POUCHET var. contorta GOURRET.	

Diatomeen. CHUN.

Pyrocystis?, völlig inhaltsleer, vielleicht eher Halosphaera.
Bruchstücke von Schale und Gürtelband von (Coscinodiscus rex WALLICH) = Antelminellia gigas SCHÜTT.

*Kühle Temperatur des Wassers, starker Strom, starke Salinität.

Lebend:

Tot:

Chaetoceras (Bruchstücke).
Amphisolenia.
Ceratium tripos lunula SCHIMPER.
    „   „   *arcuatum* GOURRET.
    „   „   *azoricum* CL. var. *brevis* OSTF. u. SCHM.
    „   „   *gravidum* GOURRET.
    „   „   *anchora* SCHIMPER.
Goniodoma acuminatum STEIN.
Ornithocercus magnificus.
Peridinium (divergens) spec.?
Podolampas?
Keine *Pyrocystis.*
Trichodesmium spec. (kurz, Fragment).

Rhizosolenia (wenig).

„Fang ganz oberflächlich und daher mit den früheren nicht vergleichbar. Die meisten Ceratien gehören trotz der ganz oberflächlichen Schicht (bei hohem Salzgehalt) nicht den dünnsten Formen an. *Ceratium macroceras, tenuissimum, flagelliferum* fehlen.“

*Nachmittags Tiefe ca. 15—20 m.

„Aehnlich wie vorher. Beinahe nur kurzstielige oder auch dickwandige Ceratien; *flagelliferum* ganz vereinzelt, *Rhizosolenia* in Spuren, sämtliche abgestorben (namentlich *amputata* OSTF.). *Chaetoceras* Vorticellen tragend mit kurzen lebenden Fragmenten, beide, sowie die Fragmente von *Trichodesmium* wohl durch Strömung. Daß Rhizosolenien trotz Strömung fehlen, auf Salinität zurückzuführen; Fehlen von *Pyrocystis*, vielleicht auf Salinität; ziemlich viel Pyrophacen!“

27. März. Station 257, 1° 48',2 N. Br., 45° 42',5 O. L.

SCHIMPER.

Amphisolenia bidentata BR. SCHRÖDER.
    „   *palmata* STEIN.
Ornithocercus magnificus STEIN.
Ceratium tripos intermedium JOERG. var. *aequatorialis* BR. SCHRÖDER.
    „   „   *flagelliferum* CL.
    „   „   *macroceras* EHRBG. var. *tenuissima* n. var.
    „   „   *vultur* CL. var. *sumatrana* n. var. (mit nachgewachsenen Antapikalhörnern).

Nachmittags.

Amphisolenia palmata STEIN.
Ceratium tripos azoricum CL. var. *brevis* OSTF. u. SCHM.
    „   „   *flagelliferum* CL.
    „   „   *macroceras* EHRBG., Bruchstücke.
    „   „   *intermedium* JOERGENSEN.
Goniodoma acuminatum STEIN.
Ornithocercus magnificus STEIN.
Pyrophacus horologium STEIN.

15—0 m. APSTEIN.

Ueberwiegend Zooplankton.

Lebend:

Tot:

Amphisolenia bidentata BR. SCHRÖDER,
Ceratium tripos flagelliferum CL.

Chaetoceras sumatranum n. sp.⎱ Bruchstücke.
Rhizosolenia amputata OSTF. ⎰

Lebend:	Tot:
Ceratium tripos robustum OSTF.	*Rhizosolenia robusta* NORM., Bruchstücke.
„ „ *vultur* CL. var. *robusta* n. var.	*Planktoniella Sol* SCHÜTT.
„ „ *arcuatum* GOURRET var. *gracilis* OSTF.	

28. März. Station 258, 2⁰ 58',5 N. Br., 46⁰ 50',8 O. L.
20—0 m. APSTEIN.

Zooplankton vorherrschend.

Lebend:	Tot:
Rhizosolenia robusta NORM.	*Chaetoceras* sp., unbestimmbare Fragmente.
Pyrocystis lunula SCHÜTT.	*Ceratium tripos macroceras* EHRBG.
Goniodoma acuminatum STEIN.	„ „ *flagelliferum* CL.
Ornithocercus magnificus STEIN.	„ „ *longipes* (BAIL.) CL.
Ceratium tripos lunula SCHIMPER var. *robusta* n. var.	„ „ *intermedium* JOERG. var. *Hundhausenii* BR.
„ „ *gibberum* GOURRET, in Neubildung der	SCHRÖDER.
Antapikalhälften.	
Trichodesmium erythraeum EHRBG.	

SCHIMPER.

Ceratium tripos vultur CL.
Ornithocercus magnificus STEIN.
Peridinium (divergens) acutum n. sp.
Rhizosolenia robusta NORM., Bruchstücke.

100 m quant. APSTEIN.

Lebend:	Tot:
Halosphaera viridis SCHMITZ.	*Rhizosolenia robusta* NORM., Bruchstück.
Planktoniella Sol SCHÜTT.	„ *ampulata* OSTF.
Chaetoceras sumatranum n. sp.	„ spec. spec.
Rhizosolenia africana n. sp.	„ *quadrijuncta* H. P. } Bruchstücke.
Thalassiothrix acuta G. K.	*Gymnodinium fusus* SCHÜTT.
Goniodoma acuminatum STEIN.	
Dinophysis ovum SCHÜTT.	
Phalacroma doryphorum STEIN.	
Ornithocercus splendidus SCHÜTT.	
„ *magnificus* STEIN.	
Podolampas bipes STEIN.	
Peridinium (divergens) acutum n. sp.	
„ *globulus* STEIN.	
Ceratium tripos lunula SCHIMPER.	
„ „ *arcuatum* var. *atlantica* OSTF.	
„ „ „ „ *robusta* n. var.	
„ „ *intermedium* JOERGENSEN	
„ „ *contrarium* GOURRET? *flagel-* } unfertige	
liferum CL.? } Antapikal-	
„ „ *macroceras* EHRBG. var. *tenuis-* } hälften.	
sima n. var.	

*Pflanzenplankton spärlich. Dichtes Wasser. Küste in Sicht.

Lebend:	Tot:
Vorherrschend:	*Chaetoceras*, 2 Fragmente.
Ceratien mit relativ kurzen Gliedern oder dicken	*Rhizosolenia ampulata* OSTF.
Wänden.	
Daneben:	
Rhizosolenia calcar avis.	
„ *hebetata* f. *semispina* GRAN.	

Lebend:

Rhizosolenia alata Brtw.
　„　　*amputata* Ostf.
　„　　*robusta* Norm., junge Zellen.
Phalacroma spec.
Trichodesmium spec.
Amphisolenia palmata Stein.
Ceratium tripos flagelliferum Cl.
　„　　„　*gibberum* var. *sinistra* Gocrret.
　„　　„　*arcuatum* Gourret.
　„　　„　　var. *contorta* Gourret.
　„　　„　*macroceras* Ehrbg.
　„　　„　*anchora* (dickwandig) Schimper.
　„　　„　*vultur* Cl., Kette.
　„　　*candelabrum* (Ehrbg.) Stein.
　„　　*furca* Duj.
　„　　*fusus* Duj., kurz.
Ceratocorys, wenig.
Goniodoma.
Ornithocercus magnificus Stein.
Pyrophacus.
Pyrocystis (Spuren).
Halosphaera viridis Schmitz, in Sporenbildung.

Tot:

---

28. März.　Station 259, 2° 58′,8 N. Br., 47° 6′,1 O. L.

200 m quant. Apstein.

Peridineen vorherrschend.

Lebend:

Planktoniella Sol Schütt.
Rhizosolenia styliformis Brtw.
　„　　*robusta* Norm.
Euodia inornata Castr.
Ceratium candelabrum (Ehrbg.) Stein.
　„　　*furca* Duj. var. *baltica* Moeb.
　„　　*gravidum* Gourret var. *praelonga* Lemm.
　„　　*tripos*, typisch.
　„　　„　*anchora* Schimper.
　„　　„　*tergestinum* Schütt.
　„　　„　*azoricum* Cl. var. *brevis* Ostf. u. Schm.
　„　　„　*robustum* Ostf., Kette.
　„　　„　*macroceras* Ehrbg. var. *crassa* n. var.
　„　　„　*arcuatum* Gourret. var. *robusta* n. var.
　„　　„　„　　„　*atlantica* Ostf.
　„　　„　*lunula* Schimper. var. *robusta* n. var.
Ornithocercus magnificus Stein.
　„　　*quadratus* Schütt, junges Exemplar.
Pyrophacus horologium Stein.
Dinophysis ovum Schütt.
Peridinium (divergens) grande Kofoid.
　„　　„　*Schüttii* Lemm.
　„　　„　*gracile* n. sp.
Goniodoma acuminatum Stein.
Phalacroma doryphorum Stein.
Pyrocystis pseudonoctiluca J. Murray.
　„　　*fusiformis* J. Murray.

Tot:

Coscinodiscus spec.
Rhizosolenia alata Brtw.　⎫
　„　　*amputata* Ostf.　⎬ Bruchstücke.
Thalassiothrix spec.　⎭
Chaetoceras spec., kleines Bruchstück.
Ceratium tripos macroceras Ehrbg., Bruchstück.

29. März. Station 260, 4° 33',5 N. Br., 48° 23',1 O. L.
*Dichtes Wasser.

Aehnlich wie gestern, ziemliche Pflanzenarmut.

Rhizosolenia amputata OSTF.
  „   *alata* BRTW.
  „   *robusta* NORM., jung.
  „   *calcar avis* SCHULZE.
  „   *hebetata* f. *semispina* GRAN.
Ceratium fusus DUJ., lang.
  „   *tripos anchora* SCHIMPER, viel.
  „   „ *gibberum* GOURRET.
  „   „ *arcuatum* GOURRET var. *contorta* GOURRET.
  „   „ *intermedium* JOERGENSEN, Kette.
  „   „ *lunula* SCHIMPER.
  „   „   var. *robusta* n. var.
  „   „ *flagelliferum* CL., vereinzelt.
  „   „ *macroceras* EHRBG., einzeln.
  „   „ *azoricum* CL. var. *brevis* OSTF. u. SCHM.
Ceratocorys.
Ornithocercus.
Pyrocystis pseudonoctiluca J. MURRAY.
  „   *lunula* SCHÜTT.
Pyrophacus.
Amphisolenia bidentata BR. SCHRÖDER.
Peridinium (divergens) grande KOFOID.

(Rhizolenien spärlich und sehr schmal. *Chaetoceras* fehlt, ebenso Oscillarien. *Pyrocystis* sehr spärlich, *Pyrophacus* etwas mehr. Ceratien nur massive Typen, zahlreich.)

SCHIMPER.

Ceratium tripos intermedium JOERGENSEN.
  „   „ *azoricum* CL. var. *brevis* OSTF. u. SCHM.
  „   „ *volans* CL.
Ornithocercus magnificus STEIN, mehrfach.

29. März Station 261, 4° 36',1 N. Br., 48° 37',6 O. L.
30—0 m. APSTEIN.

Vorwiegend grobes Zooplankton.

Lebend:	Tot:
Amphisolenia palmata STEIN.	*Rhizosolenia* spec.,
„ *bidentata* BR. SCHRÖDER.	„ *alata* BRTW. Bruchstücke.
Ornithocercus magnificus STEIN.	„ *quadrijuncta* H. P.
Pyrocystis pseudonoctiluca J. MURRAY.	
Ceratium reticulatum POUCHET var. *spiralis* n. var.	
„ *tripos arcuatum* GOURRET.	
„ „ *macroceras* EHRBG. var. *crassa* n. var.	
„ „ „ „ var. *tenuissima* n. var.	

100 m quant. APSTEIN.

Lebend:	Tot:
Asteromphalus heptactis RALFS.	*Rhizosolenia quadrijuncta* H. P.
Coscinodiscus subtilissimus n. sp.	„ *amputata* OSTF. Bruchstücke.
Planktoniella Sol SCHÜTT.	*Pyrophacus horologium* STEIN.
Chaetoceras coarctatum LAUDER.	
Rhizosolenia robusta NORM.	

Lebend:	Tot:

Lebend:

Rhizosolenia styliformis BRTW.
Ceratium gravidum var. *praelonga* LEMM.
   „   *tripos anchora* SCHIMPER.
   „   „ *arcuatum* GOURRET.
   „   „ *macroceras* EHRBG.
   „   „ *azoricum* CL. var. *brevis* OSTF. u. SCHM.
   „   „ *volans* CL. var. *strictissima* G. K., unfertige Antapikalhälfte.
Amphisolenia palmata STEIN.
Diplopsalis lenticula BERGH.
Goniodoma acuminatum STEIN.
Phalacroma doryphorum STEIN.
Ornithocercus magnificus STEIN.
Pyrocystis pseudonoctiluca J. MURRAY.
   „   *lunula* SCHÜTT.
Peridinium (divergens) grande KOFOID.
   „   „ *acutum* n. sp.

Ausgesuchtes Material. CHUN.

100 m quant.

4 intakte und normale Zellen von (*Coscinodiscus rex* WALLICH =) *Antelminellia gigas* SCHÜTT.

30. März. Station 264, 6° 18',8 N. Br., 49° 32',5 O. L.
*Größere Dichtigkeit des Wassers.

Lebend:	Tot:
	Pyrocystis (1).

Lebend:

Trichodesmium erythraeum EHRBG.
Ceratium fusus DUJ., kurz.
   „   *tripos flagelliferum* CL.
   „   „ *gibberum* GOURRET.
   „   „ *anchora* SCHIMPER.
   „   „ *lunula* SCHIMPER var. *robusta* n. var.
   „   „ *arcuatum* GOURRET var. *caudata* G. K.
   „   „ *azoricum* CL. var. *brevis* OSTF. u. SCHM.
Ornithocercus magnificus STEIN.
Halosphaera.

Beinahe nur *Ceratium*, aber ziemlich viel, ausschließlich dickwandige, sehr kurzgliedrige, schwere Formen mit Ausnahme ganz vereinzelter *flagelliferum*. Diatomeen fehlen durchaus.

30. März. Station 265, 6° 24',1 N. Br., 49° 31',6 O. L.
10—0 m. APSTEIN.

Ausschließlich dickwandige, schwere *Ceratium*-Arten.

Ceratium tripos anchora SCHIMPER.
   „   „ *contrarium* GOURRET.
   „   „ *arcuatum* GOURRET.
   „   „ *macroceras* EHRBG. var. *crassa* n. var.
   „   „ *azoricum* CL. var. *brevis* OSTF. u. SCHM.
   „   „ *vultur* CL. var. *sumatrana* tt. var., dickwandig.
   „   „ *intermedium* JOERG. var. *Hundhausenii* BR. SCHRÖDER, 1 sehr kurzes Exemplar.
   „   „ *flagelliferum* CL., 1 Exemplar.
Pyrocystis pseudonoctiluca J. MURRAY, 1 Exemplar.

SCHIMPER.

Amphisolenia bidentata BR. SCHRÖDER.
Ceratium dens OSTF.
„ *tripos macroceras* EHRBG.
„ „ *anchora* SCHIMPER.
„ „ *intermedium* JOERGENSEN.
„ „ *longipes* (BAIL.) CL.
„ „ *gibberum* GOURRET.
„ „ *azoricum* CL. var. *brevis* OSTP. u. SCHM.
„ „ *vultur* CL., mit Armnachwuchs.
Ornithocercus quadratus SCHÜTT.

31. März. Station 267, 8° 9',1 N. Br., 51° 34',1 O. L.
20—0 m. APSTEIN.

| Lebend: | | Tot: |

Lebend:

Chaetoceras sumatranum n. sp.
Amphisolenia bidentata BR. SCHRÖDER.
Dinophysis ovum SCHÜTT.
Ceratium fusus DUJ., lang.
„ *tripos inclinatum* KOFOID.
„ „ *macroceras* EHRBG.
„ „ „ var. *tenuissima* n. var.
„ „ „ „ *crassa* n. var.
„ „ *flagelliferum* CL., häufig.
„ „ „ var. *undulata* BR. SCHRÖDER.
„ „ *arcuatum* GOURRET var. *gracilis* OSTP.
„ „ „ var. *robusta* n. var., einzeln.
„ „ *contrarium* GOURRET.
„ „ *volans* CL. var. *elegans* BR. SCHRÖDER.
„ „ *robustum* OSTP.
„ „ *vultur* CL., var. *sumatrana* n. var. (Arme auswachsend).
„ „ *intermedium* JOERG. var. *aequatorialis* BR. SCHRÖDER.
Peridinium (divergens) grande KOFOID.
Pyrocystis pseudonoctiluca J. MURRAY.
Trichodesmium erythraeum EHRBG.

Tot:

Chaetoceras peruvianum BRTW. }
Rhizosolenia amputata OSTP. } Bruchstücke.
„ *Temperei* H. P. }
„ *squamosa* n. sp.
„ *calcar avis* SCHULZE, Bruchstück.
Coscinodiscus spec., Gürtelbänder.
Gonyaulax spinifera DIESING.

SCHIMPER.

Rhizosolenia calcar avis SCHULZE, Bruchstücke.
Amphisolenia bidentata BR. SCHRÖDER.
Ceratium tripos arcuatum GOURRET var. *caudata* G. K.
„ „ „ var. *gracilis* OSTP.
„ „ *azoricum* CL. var. *brevis* OSTP. u. SCHM.
„ „ *macroceras* EHRBG.
„ „ „ var. *tenuissima* n. var.
„ „ *flagelliferum* CL.
Ornithocercus magnificus STEIN.
Pyrophacus horologium STEIN.
Pyrocystis fusiformis J. MURRAY.
„ *lunula* SCHÜTT.
Trichodesmium tenue WILLE.

100 m quant. APSTEIN.

Meist abgestorben.

| Lebend: | Tot: |

Lebend:

Dinophysis ovum SCHÜTT.
Goniodoma acuminatum STEIN.
Ceratium tripos volans CL. var. *elegans* BR. SCHRÖDER.

Tot:

Chaetoceras peruvianum BRTW.
„ *tetrastichon* CL.
Coscinodiscus sublineatus GRUN.

Lebend:　　　　　　　　　　　　　　　　　　　Tot:

Coscinodiscus nodulifer JANISCH.
Asteromphalus heptactis RALFS.
Gossleriella tropica SCHÜTT.
Rhizosolenia calcar avis SCHULZE.
　　　" 　　amputata OSTF.
　　　" 　　alata BRTW.　⎱
　　　" 　　robusta NORM. ⎰ Bruchstücke.
Thalassiothrix acuta G. K.
Ceratium fusus var. concava GOURRET.
　　　" 　　furca DUJ.
　　　" 　　candelabrum (EHRBG.) STEIN.
　　　" 　　tripos anchora SCHIMPER.
　　　" 　　　" coarctatum PAVILLARD.
　　　" 　　　" arcuatum GOURRET.
　　　" 　　　" 　　" var. contorta GOURRET.
　　　" 　　　" 　　" 　" gracilis OSTF.
　　　" 　　　" macroceras EHRBG.
　　　" 　　　" 　　" var. tenuissima n. var.
　　　" 　　　" gibberum var. sinistra GOURRET.
　　　" 　　　" contrarium GOURRET.
　　　" 　　　" azoricum var. brevis OSTF. u. SCHM.
　　　" 　　　" flagelliferum CL.
Cladopyxis brachiolata STEIN.
Ornithocercus magnificus STEIN.
Peridinium Steinii JOERGENSEN.
　　　" 　　(divergens) acutum n. sp.
Amphisolenia bidentata BR. SCHRÖDER.
　　　" 　　Thrinax SCHÜTT.
Pyrocystis fusiformis J. MURRAY.
　　　" 　　pseudonoctiluca J. MURRAY.
Pyrophacus horologium STEIN.

Ausgesuchtes Material. CHUN.

100 m quant.

(Coscinodiscus rex WALLICH =) Antelminellia gigas SCHÜTT, lebend.
Rhizosolenia Temperei H. P., lebend.

*Weniger Salz, höhere Temperatur (SCHOTT), Abnahme der Dichtigkeit.

Antelminellia.
Rhizosolenia alata BRTW.
　　" 　　Temperei H. P.
　　" 　　amputata OSTF.
　　" 　　calcar avis SCHULZE.
Ceratium fusus DUJ., kurz und lang.
　　" 　tripos flagelliferum CL.
　　" 　　" macroceras EHRBG.
　　" 　　" volans CL.
　　" 　　" intermedium JOERG. var. Hundhausenii BR. SCHRÖDER.
　　" 　　" arcuatum GOURRET var. caudata G. K.
　　" 　" 　　" 　　" 　　" gracilis OSTF.
Oxytoxum cf. diploconus STEIN.
Pyrgidium STEIN spec.
Pyrocystis pseudonoctiluca J. MURRAY.
　　" 　　lunula SCHÜTT.
　　" 　　fusiformis J. MURRAY.
Amphisolenia Thrinax SCHÜTT.
Trichodesmium erythraceum EHRBG.

* „Wiederauftreten der langarmigen Formen von *Ceratium macroceras* ziemlich viel, von *Rhizosolenia calcar avis* und *Temperei*, von *Pyrocystis*; Schwinden der schweren Ceratien, der *Rhizosolenia semispina*, weil an niedere Temperaturen gebunden, im Kampfe ums Dasein."

1. April. Station 268, 9° 6',1 N. Br., 53° 41',2 O. L.

30—0 m. APSTEIN.

Ueberwiegend Zooplankton, viel Radiolarien.

Lebend:	Tot:
Amphisolenia bidentata BR. SCHRÖDER.	*Ceratium tripos arcuatum* GOURRET var. *robusta* n. var.
„ *Thrinax* SCHÜTT.	
Ceratium fusus DUJ.	
„ *furca* DUJ. var. *incisa* G. K.	
„ *tripos contrarium* GOURRET.	
„ „ *inclinatum* KOFOID.	
„ „ *macroceras* EHRGB.	
„ „ „ var. *tenuissima* n. var.	
„ „ *arcuatum* GOURRET var. *gracilis* OSTP.	
„ „ *flagelliferum* CL.	
„ „ *vultur* CL. var. *sumatrana* n. var., lange Kelle.	
„ „ *intermedium* JOERG. var. *aequatorialis* BR.	
SCHRÖDER.	
Gonyaulax polygramma STEIN.	
Ornithocercus quadratus SCHÜTT.	
„ *magnificus* STEIN.	
Peridinium (divergens) acutum n. sp.	
„ „ (nackter Plasmaklumpen in Form	
eines *Peridinium divergens*).	
Trichodesmium erythraeum EHRBG.	

Stufenfänge. CHUN.

17—0 m.

Amphisolenia bidentata BR. SCHRÖDER.
Ceratium fusus DUJ.
„ *tripos contrarium* GOURRET.
„ „ *flagelliferum* CL.
„ „ *intermedium* JOERG. var. *aequatorialis* BR. SCHRÖDER.
Ornithocercus magnificus STEIN.
Peridinium (divergens) acutum n. sp.

24—4 m.

Lebend:	Tot:
Planktoniella Sol SCHÜTT.	*Coscinodiscus excentricus* EHRBG., Schale.
Amphisolenia bidentata BR. SCHRÖDER.	Viele *Ceratium* spec. spec., Bruchstücke.
Ceratium fusus DUJ. var. *concava* GOURRET.	
„ *tripos arcuatum* GOURRET.	
„ „ „ var. *gracilis* OSTF.	
„ „ *flagelliferum* CL.	
„ „ *macroceras* EHRBG.	
„ „ „ var. *tenuissima* n. var.	
„ „ *intermedium* JOERG. var. *aequatorialis* BR.	
SCHRÖDER.	
Pyrophacus horologium STEIN.	

Das Indische Phytoplankton nach dem Material der deutschen Tiefsee-Expedition 1898—1899.

347

42—15 m.

Lebend:

Planktoniella Sol SCHÜTT.
Ceratium palmatum BR. SCHRÖDER.
  „ tripos arcuatum GOURRET.
  „ „ flagelliferum CL.
  „ „ azoricum CL. var. brevis OSTF. u. SCHM.
  „ „ intermedium JOERG. var. aequatorialis BR.
      SCHRÖDER.
Ornithocercus magnificus STEIN, mehrfach.
Peridinium sphaericum MURR. and WHITT.
Trichodesmium tenue WILLE.

Tot:

Coscinodiscus nodulifer JANISCH, Schale.
  „ spec., Bruchstücke.

63—46 m.

Lebend:

Coscinodiscus nodulifer JANISCH.
  „ subtilissimus n. sp.
Planktoniella Sol SCHÜTT, mehrfach.
Amphisolenia bidentata BR. SCHRÖDER, mehrfach.
Ceratium fusus DUJ., klein, mehrfach.
  „ candelabrum (EHRBG.) STEIN.
  „ geniculatum LEMM.
  „ tripos macroceras EHRBG. var. tenuissima n. var.
Ornithocercus magnificus STEIN, mehrfach.
Phalacroma nasutum STEIN.
Podolampas bipes STEIN.
Dictyocha speculum.

Tot:

Rhizosolenia, Bruchstücke.
  „ styliformis BRTW. ⎫
  „ amputata OSTF. ⎬ Bruchstücke.
Große Navicula spec., Schale.
Pyrophacus horologium STEIN.

80—67 m.

Lebend:

Valdiviella formosa SCHIMPER.
Planktoniella Sol SCHÜTT, mehrfach.
Thalassiothrix heteromorpha n. sp.
Ceratium tripos azoricum CL. var. brevis OSTF. u. SCHM.,
  mehrfach.
  „ „ gibberum var. sinistra GOURRET.
Ornithocercus splendidus SCHÜTT.
Pyrocystis lunula SCHÜTT.
Trichodesmium tenue WILLE.

Tot:

Pyrocystis pseudonoctiluca J. MURRAY.

105—88 m.

Lebend:

Coscinodiscus nodulifer JANISCH.
  „ subtilissimus n. sp.
Planktoniella Sol SCHÜTT, mehrfach.
Amphisolenia bidentata BR. SCHRÖDER.
Ceratium tripos macroceras EHRBG.
  „ vultur(-robustum?) CL., Kette.
  „ gravidum GOURRET var. praelonga LEMM.
Phalacroma doryphorum STEIN.
Trichodesmium tenue WILLE.

Tot:

Gossleriella tropica SCHÜTT, Schale.
Rhizosolenia imbricata BRTW., Schale.
Thalassiothrix spec., Bruchstück.
Halosphaera viridis SCHMITZ.
Ceratium tripos intermedium JOERG., Bruchstück.
  „ „ azoricum CL. var. brevis OSTF. u. SCHM.
  „ „ flagelliferum CL.
Ornithocercus splendidus SCHÜTT.
Peridinium (divergens) acutum n. sp.
Pyrophacus horologium STEIN.

Schließnetzfänge, ausgesuchtes Material. CHUN.

Einige Schalen von Coscinodiscus nodulifer JANISCH.

200 m quant. APSTEIN.

Lebend:

Coscinodiscus nodulifer JANISCH.
  „ lineatus EHRBG.

Tot:

Ceratium tripos azoricum CL. var. brevis OSTF. u. SCHM.
Pyrophacus horologium STEIN.

Lebend:

Coscinodiscus sublineatus GRUN.
    „   Zeta n. sp. (188 μ).
Planktoniella Sol SCHÜTT.
Asteromphalus Wyvillii CASTR. (80 μ).
Euodia inornata CASTR.
Fragilaria granulata n. sp.
Rhizosolenia robusta NORM.
Ceratium candelabrum (EHRBG.) STEIN.
   „   fusus DUJ., kurz.
   „   palmatum BR. SCHRÖDER.
   „   geniculatum LEMM.
   „   tripos declinatum n. sp.
   „   „ platycorne DADAY.
   „   „ flagelliferum CL.
   „   „ macroceras EHRBG. var. tenuissima n. var.
Dinophysis ovum SCHÜTT.
Goniodoma acuminatum STEIN.
Gonyaulax polygramma STEIN.
   „   birostris STEIN.
Ornithocercus magnificus STEIN.
   „   splendidus SCHÜTT.
Peridinium globulus STEIN.
   „   sphaericum MURR. and WHITT.
   „   (divergens) acutum n. sp.
   „   „ gracile n. sp.
   „   „ grande KOFOID.
   „   „ ellipticum n. sp.
Phalacroma rapa STEIN.
Podolampas bipes STEIN.
Pyrocystis hamulus CL.
   „   lanceolata BR. SCHRÖDER.
   „   pseudonoctiluca J. MURRAY
   „   lunula SCHÜTT.
Steiniella cornuta n. sp.

* Oberfläche (bis ca. 30 m).

Spärliches Auftreten der Pflanzen, keine Strömung, keine Diatomeen; ca. 250 Meilen von der Küste.

Amphisolenia.
Ceratium-Arten, langhörniger Typus.
Ornithocercus magnificus STEIN.
Peridinium (divergens) (1).
Phalacroma doryphorum STEIN.
Oscillaria (etwas).

* Schließnetzfänge.
105—88 m.

Schattenpflanzen.

Lebend:	Tot:
Coscinodiscus (1).	Ceratium (2).
Rhizosolenia alata (1), Peristrophe.	Ornithocercus magnificus STEIN (2).
Peridinium (divergens) (2).	
Planktoniella Sol SCHÜTT (9).	
Phalacroma doryphorum STEIN (1), ohne Chromatophoren.	
Halosphaera (1).	

84—67 m.

Arme Region.

Lebend:

Planktoniella Sol (1).
Peridinium (divergens) (z).
Ceratium tripos arcuatum var. *contorta* GOURRET.
„   „   *flagelliferum* CL. (1), leere Schale.
„   *fusus* DUJ. (3), desorganisiert.
Pyrocystis lunula (1).

Tot:

| *Ceratium* (1).

63—46 m.

Lebend:

Asteromphalus.
Euodia.
Planktoniella Sol SCHÜTT.
Rhizosolenia alata BRTW.
Thalassiothrix longissima CL. u. GRUN.
Amphisolenia.
Ceratium fusus DUJ. (kurz).
„   *intermedium* JOERGENSEN.
„   *lunula* SCHIMPER.
..   spec.
„   *gravidum* GOURRET.
„   *gibberum* GOURRET.
„   *anchora* SCHIMPER.
„   *platycorne* DADAY.
„   *flagelliferum* var. *undulata* BR. SCHRÖDER.
Pyrophacus.
Phalacroma operculatum STEIN.
„   *doryphorum* STEIN.
Trichodesmium.

Tot:

| *Pyrocystis fusiformis* J. MURRAY.

42—25 m.

Lebend:

Planktoniella Sol SCHÜTT (2).
Amphisolenia [einfach] (1).
Ceratium intermedium JOERG.
„   *gibberum* GOURRET.
„   *fusus* DUJ. [mittel] (1), [kurz] (1).
„   *furca* DUJ. (1).
„   *anchora* SCHIMPER (1).
„   *gravidum* GOURRET (1).
Ceratocorys (1).
Ornithocercus magnificus STEIN (2).
Pyrocystis pseudonoctiluca J. MURRAY (1).
Pyrophacus (1).
Podolampas (1).
Phalacroma (1).
Trichodesmium (3).

Tot:

Ceratium tripos flagelliferum CL. (2).
„   „   *macroceras* EHRBG. (1).

21—4 m.

*Hier beinahe nur Ceratien beobachtet.

Amphisolenia Thrinax SCHÜTT (1).
Ceratium fusus DUJ. (4).
„   *tripos macroceras* EHRBG. (2).
„   „   *gibberum* GOURRET (z).
„   „   *flagelliferum* CL. (2).

129

Ceratium tripos flagelliferum var. *undulata* BR. SCHRÖDER (1).
      "   "   *intermedium* JOERG. (1).
      "   "   *arcuatum* GOURRET (4).
      "   "   "   var *contorta* GOURRET (3).
      "   "   *lunula* SCHIMPER (4).
      "   "   *robustum* OSTF. (1).

17—0 m.

Lebend:	Tot:
Thalassiothrix longissima CL. u. GRUN. (1).	*Ceratium tripos flagelliferum* CL. var. *undulata* BR. SCHRÖD. (3).
Amphisolenia [einfach] (6).	
Ceratium fusus DUJ. (1).	
" " DUJ. [mittel] (1), [lang] (4), [kurz] (1).	
" *lunula* SCHIMPER (10).	
" " var. *robusta* n. var. (2).	
" *flagelliferum* CL. (6).	
" " var. *undulata* BR. SCHRÖDER (3).	
" *macroceras* EHRBG. (12).	
" *intermedium* JOERGENSEN (3).	
" *gibberum* GOURRET (3).	
" *arcuatum* GOURRET (4).	
" *candelabrum* (EHRBG.) STEIN (1).	
" *robustum* OSTF. (2).	
Ornithocercus magnificus STEIN (1).	
Peridinium (divergens) (4).	
Pyrocystis lunula SCHÜTT (2).	
Pyrophacus (2).	
Trichodesmium, Fragment (2).	

*Allgemeine Resultate:

   I. Die Schattenflora die gleiche wie sonst.

   II. Die arme Region (60—80) trotz der Gesamtarmut erkennbar.

   III. Wahrscheinlich wegen größerer Dichtigkeit des Wassers dringen die Schattenformen etwas höher (oder Vertikalströmung?).

   IV. Die *Oscillaria* nicht auf Oberfläche beschränkt.

   V. Die dünn- und langgliedrigen Ceratien (*Ceratium macroceras, flagelliferum* u. fl. var. *undulata,* wohl auch das lange *fusus*) sind auf die 5 obersten Meter beschränkt, werden weiter unten kurzgliedrig, oft dickwandig.

SCHIMPER.

Amphisolenia Thrinax SCHÜTT.
     "   *palmata* STEIN.
     "   *bidentata* BR. SCHRÖDER.
Ceratium tripos volans CL. und zahlreiche Bruchstücke der verschiedenen *Ceratium*-Arten.
Ornithocercus magnificus STEIN.
Pyrophacus horologium STEIN.
Trichodesmium Thiebautii GOMONT.

3. April   Station 269, 12° 51',8 N. Br., 50° 10',7 O. L.
100 m quant. APSTEIN.

Hauptmasse: *Rhizosolenia*-Bruchstücke.

Lebend:

Planktoniella Sol SCHÜTT.
Coscinosira Oestrupii OSTF.
Coscinodiscus subtilissimus n. sp.
Antelminellia gigas SCHÜTT.
Stephanopyxis Palmeriana GRUN. var. *javanica* GRUN.
Lauderia punctata n. sp.
Rhizosolenia Castracanei H. P.
  „   *Temperei* H. P.
  „   *imbricata* BRTW.
  „   *cylindrus* CL.
  „   *styliformis* BRTW. (120 μ Durchmesser).
  „   *squamosa* n. sp.
  „   *robusta* NORM.
  „   *hyalina* OSTF.
  „   *delicatula* CL., vereinzelt.
Guinardia Blavyana H. P.
Ceratium gravidum GOURRET var. *praelonga* LEMM.
  „   *furca* DUJ. var. *baltica* MÖB.
  „   *tripos arcuatum* GOURRET.
  „   „   „   „   var. *gracilis* OSTF.
  „   „   „   „   *contorta* GOURR.
  „   „   *gibberum* var. *sinistra* GOURRET.
  „   „   *azoricum* CL. var. *brevis* OSTF. u. SCHM.
  „   „   *macroceras* EHRBG. var. *tenuissima* n. var.
  „   „   *intermedium* JOERG. var. *aequatorialis* BR. SCHRÖDER.
Ceratocorys horrida STEIN.
Diplopsalis lenticula BERGH.
Goniodoma acuminatum STEIN.
Ornithocercus splendidus SCHÜTT.
Peridinium Steinii JOERG.
  „   *globulus* STEIN.
  „   (*divergens*) *longipes* n. sp.
  „   „   *pustulatum* n. sp.
  „   „   *remotum* n. sp.
Phalacroma nasutum STEIN.
Pyrocystis fusiformis J. MURRAY.

Tot:

Rhizosolenia alata BRTW., 7—36 μ Durchmesser.
  „   *calcar avis* SCHULZE
  „   *styliformis* BRTW., schmal
  „   *similis* n. sp.
  „   *quadrijuncta* H. P.
Chaetoceras furca CL.
  „   *sumatranum* n. sp.
  „   *lorenzianum* GRUN.
  „   *coarctatum* LAUDER, mit Plasma!
Dactyliosolen Bergonii H. P.
Climacodium Frauenfeldianum GRUN.
  „   *biconcavum* CL.
Katagnymene pelagica LEMM., völlig desorganisiert

Bruchstücke.

CHUN.

Rhizosolenia spec., lebend (groß, *annulata* ?).
(*Coscinodiscus rex* WALLICH =) *Antelminellia gigas* SCHÜTT, lebend.

*Mitte Golf von Aden.

Vorherrschend:
Ceratien.

Daneben:
Stephanopyxis Palmeriana GRUN. var. *javanica* GRUN.
Chaetoceras coarctatum LAUDER.
Guinardia Blavyana H. P.
Climacodium biconcavum CL.
Rhizosolenia hebetata f. *semispina* GRAN.
  „   *calcar avis* SCHULZE.
  „   *imbricata* BRTW.

Rhizosolenia amputata OSTF.
   „   *alata* BRTW.
 . „   *squamosa* n. sp.
   „   *Temperei* H. P.
   „   *styliformis* BRTW.
   „   *robusta* NORM., jung.
Amphisolenia bidentata BR. SCHRÖDER (1 desorganisiert).
Ceratium fusus DUJ., kurz.
   „   *candelabrum* STEIN.
   „   *gravidum* GOURRET var. *praelonga* LEMM.
   „   *furca* DUJ.
   „   *tripos anchora* SCHIMPER.
   „   „   *robustum* OSTF.
   „   „   *arcuatum* GOURRET.
   „   „   „   var. *contorta* GOURRET.
   „   „   *macroceras* EHRBG.
   „   „   *flagelliferum* CL.
   „   „   *azoricum* CL. var. *brevis* OSTF. u. SCHM.
   „   „   *vultur* CL. var. *sumatrana* n. var.
Dinophysis miles CL.
Ornithocercus magnificus STEIN.
Pyrocystis pseudonoctiluca J. MURRAY.
   „   *lanceolata* BR. SCHRÖDER.
Peridinium (divergens) spec.
Phalacroma doryphorum STEIN.
Oscillaria.

„Sehr reich, namentlich an Rhizosolenien und Ceratien; letztere vorwiegend, aber nicht ausschließlich zu den schweren Formen. Große Armut an *Chaetoceras, Pyrocystis* und Oscillarien, wohl auf Salz zurückzuführen. *Pyrophacus* nicht gesehen. *Amphisolenia* ein Exemplar. Reiche Häufung wohl auf Strömungen zurückzuführen. In dem Wasser in Schälchen: an der Oberfläche *Ceratium macroceras, flagelliferum, fusus* (lang)."

SCHIMPER.

Chaetoceras coarctatum LAUDER, Bruchstücke.
Climacodium Frauenfeldianum GRUN.
Dactyliosolen Bergonii H. P.
Guinardia flaccida H. P.
Rhizosolenia, zahlreiche Bruchstücke.
Stephanopyxis Palmeriana GRUN. var. *javanica* GRUN.
Amphisolenia palmata STEIN.
Ceratium gravidum GOURRET var. *praelonga* LEMM.
   „   *furca* DUJ., sehr klein.
   „   „   *pentagonum* (GOURRET) LEMM.
   „   *tripos arcuatum* GOURRET var. *caudata* G. K.
   „   „   *intermedium* JOERGENSEN.
   „   „   *macroceras* EHRBG. (unausgewachsene Antapikalhälfte).
   „   „   „   var. *tenuissima* n. var.
   „   „   *anchora* SCHIMPER.
   „   „   *flagelliferum* CL.
   „   „   *vultur* CL.
Ceratocorys horrida STEIN.
Dinophysis miles CL.
Ornithocercus magnificus STEIN.
Peridinium (divergens) acutum n. sp.
   „   „   *elegans* CL.
   „   „   *grande* KOFOID.
Pyrocystis fusiformis J. MURRAY.
Halosphaera viridis SCHMITZ.

Das Indische Phytoplankton nach dem Material der deutschen Tiefsee-Expedition 1898—1899.

353

4. April. Station 270, 13° 1',0 N. Br., 47° 10',9 O. L.

20—0 m. APSTEIN.

Lebend:	Tot:
Chaetoceras lorenzianum GRUN.	*Chaetoceras peruvianum* BRTW.
„ *coarctatum* LAUDER.	„ *coarctatum* LAUDER pro parte.
Rhizosolenia imbricata BRTW.	*Rhizosolenia alata* BRTW.
„ *quadrijuncta* H. P.	„ *calcar avis* SCHULZE
Climacodium Frauenfeldianum GRUN.	„ *ampulata* OSTF.
Amphisolenia bidentata BR. SCHRÖDER.	*Thalassiothrix acuta* G. K.
Ceratium fusus DUJ., lang.	Bruchstücke.
„ *reticulatum* POUCHET var. *contorta* GOURRET.	
„ *tripos arcuatum* GOURRET.	
„ „ „ var. *contorta* GOURRET.	
„ „ „ „ *atlantica* OSTF.	
„ „ *flagelliferum* CL.	
„ „ „ var. *undulata* BR. SCHRÖDER.	
„ „ *intermedium* JOERGENSEN var. *aequatorialis*	
BR. SCHRÖDER.	
„ „ „ var. *Hundhausenii* BR. SCHRÖD.	
„ „ *macroceras* EHRBG. var. *tenuissima* n. var.	
„ „ *volans* CL. var. *elegans* BR. SCHRÖDER.	
Ornithocercus splendidus SCHÜTT.	
Ceratocorys horrida STEIN.	
Peridinium (divergens) elegans CL.	
„ „ *pustulatum* n. sp.	
„ „ *grande* KOFOID.	
Pyrocystis pseudonoctiluca J. MURRAY.	
„ *fusiformis* J. MURRAY.	

100 m quant. APSTEIN.

Viel Radiolarien. Vorherrschend *Climacodium Frauenfeldianum*, abgestorben, jedoch zum größten Teil noch mit Plasmainhalt.

Lebend:	Tot:
Coscinodiscus nodulifer JANISCH.	*Rhizosolenia quadrijuncta* H. P.
„ *subtilissimus* n. sp.	„ *alata* BRTW. (sehr schmächtig).
Rhizosolenia hyalina OSTF.	„ *calcar avis* SCHULZE.
Dactyliosolen Bergonii H. P., 28 μ.	„ *robusta* NORM.
Euodia inornata CASTR.	„ *Temperei* H. P. mit *Richelia intracellularis* SCHM.
Amphisolenia bidentata BR. SCHRÖDER.	*Chaetoceras sumatranum* n. sp.
„ *palmata* STEIN.	„ *Schmidtii* OSTF.
Diplopsalis lenticula BERGH.	„ *lorenzianum* GRUN.
Ceratium tripos inclinatum KOFOID.	„ *peruvianum* BRTW.
„ „ *vultur* CL., Kette von 2 Zellen.	*Detonula Schröderi* P. BERGON.
„ „ *macroceras* EHRBG. var. *tenuissima* n. var.	*Ceratium tripos flagelliferum* CL.
Goniodoma acuminatum STEIN.	
Ornithocercus splendidus SCHÜTT.	
„ *magnificus* STEIN.	
Phalacroma cuneus SCHÜTT.	
Peridinium globulus STEIN.	
„ *(divergens) longipes* n. sp.	
„ „ *pustulatum* n. sp.	
Pyrocystis pseudonoctiluca J. MURRAY.	
„ *fusiformis* J. MURRAY.	

Diatomeen ausgesucht. CHUN.

50 (100) m quant.

(*Coscinodiscus rex* WALLICH ⚊) *Antelminellia gigas* SCHÜTT, lebend, in einigen Exemplaren.

*Golf von Aden.

„Bild ganz anders als gestern, indem die breiten Rhizosolenien ganz verschwunden, das leistenförmige *Climacodium*, das gestern fehlte, stark vorherrschend, *Chaetoceras* ganz verschwunden. Ceratien nicht viele, sehr verschiedenartig, am meisten *vultur* CL., entweder in Kette (teils sehr lang) oder, viel seltener, einzeln."

4. April. Station 271, 13° 2',8 N. Br., 46° 41',6 O. L.

o m. APSTEIN.

Phytoplankton fast durchweg abgestorben.

Lebend:

Ceratium furca var. baltica MÖB.
    „   tripos arcuatum GOURRET.
    „   „   intermedium JOERGENSEN.
Diplopsalis lenticula BERGH.
Trichodesmium Thiebautii GOMONT.

Tot:

Climacodium Frauenfeldianum GRUN.
Ceratium tripos arcuatum GOURRET var. contorta GOURRET.
    „   „   inclinatum KOFOID.
    „   „   flagelliferum CL.
    „   „   macroceras EHRBG.
    „   „   „   var. tennissima n. var.
    „   „   vultur CL.
    „   fusus DUJ., lang.
Ceratocorys horrida STEIN, zum Teil winzig kleine Exemplare.
Peridinium sphaericum MURR. and WHITT.
    „   (divergens) grande KOFOID.

20—0 m. APSTEIN.

Lebend:

Climacodium Frauenfeldianum GRUN., meist abgestorben, doch auch lebende Zellen vielfach vorhanden.
Amphisolenia bidentata BR. SCHRÖDER.
Ceratium fusus DUJ., lang.
    „   tripos arcuatum GOURRET.
    „   „   „   var. contorta GOURRET.
    „   „   anchora SCHIMPER.
    „   „   inclinatum KOFOID.
    „   „   macroceras EHRBG.
    „   „   vultur CL., Kette und Zellen.
    „   „   flagelliferum CL.
Ceratocorys horrida STEIN.
Gonidoma acuminatum STEIN.
    „   sphaericum MURR. and WHITT.
Ornithocercus magnificus STEIN.
    „   splendidus SCHÜTT.
Phalacroma doryphorum STEIN.
Peridinium (divergens) elegans CL.
    „   „   pustulatum n. sp.
    „   „   tumidum OKAMURA.
Podolampas bipes STEIN.
Pyrocystis fusiformis J. MURRAY.
    „   pseudonoctiluca J. MURRAY.
Trichodesmium erythraeum EHRBG.

Tot:

Rhizosolenia calcar avis SCHULZE ⎫
    „   quadrijuncta H. P.   ⎬ Bruchstücke.
                                   ⎭

*20 Meilen weiter nach Aden zu. Nachmittags.

Dasselbe Bild.

Climacodium Frauenfeldianum GRUN.
Planktoniella (1 Exemplar).
Rhizosolenia squamosa n. sp.
    „   alata BRTW.
    „   calcar avis SCHULZE.

Ceratium fusus Duj., lang.
  „   *gravidum* GOURRET var. *praelonga* LEMM.
  „   *tripos flagelliferum* CL.
  „   „   *anchora* SCHIMPER.
  „   „   *vultur* CL., lange Ketten.
  „   „   *volans* CL. var. *elegans* BR. SCHRÖDER
  „   „   *macroceras* EHRBG.
  „   „   *arcuatum* GOURRET var. *contorta* GOURRET,
Ceratocorys horrida STEIN.
Dinophysis miles CL.
Goniodoma.
Ornithocercus.
Phalacroma.
Peridinium (divergens) elegans CL.
  „   „   spec. ?
Pyrocystis pseudonoctiluca J. MURRAY.
  „   *fusiformis* J. MURRAY.
Halosphaera (1 Exemplar).
Katagnymene, in Dauersporen zerfallen.
Trichodesmium spec.

100 m quant. APSTEIN.

Lebend:	Tot:
Coscinodiscus nodulifer JANISCH.	⎫ *Coscinodiscus subtilissimus* n. sp. ⎫
Rhizosolenia simplex G. K. var. *major* n. var.	⎪ *Rhizosolenia squamosa* n. sp. ⎪
„ *styliformis* BRTW.	⎪ „ *calcar avis* SCHULZE ⎬ Bruchstücke.
Tropidoneis Proteus n. sp.	„ *imbricata* BRTW. ⎪
Ceratium fusus Duj.	„ *quadrijuncta* H. P. ⎭
„ *furca* Duj. var. *incisa* G. K.	*Dactyliosolen Bergonii* H. P.
„ *gravidum* GOURRET var. *praelonga* LEMM.	*Climacodium Frauenfeldianum* GRUN.
„ *tripos arcuatum* GOURRET	*Tropidoneis*, leere Schalen.
„ „ „ var. *gracilis* OSTF.	*Ceratium tripos flagelliferum* CL.
„ „ „ „ *contorta* GOURRET.	*Trichodesmium* ⎰ völlig desorganisiert und daher nicht sicher
„ „ *inclinatum* KOFOID.	*Katagnymene* ⎱ bestimmbar.
„ „ *intermedium* JOERGENSEN var. *aequatorialis*	
BR. SCHRÖDER.	
„ „ *macroceras* EHRBG. var. *tenuissima* n. var.	
Ceratocorys horrida STEIN (kleine Formen).	
„ *asymmetrica* n. sp.	
Diplopsalis lenticula BERGH.	
Goniodoma acuminatum STEIN.	
Phalacroma cuneus SCHÜTT.	
„ *operculatum* STEIN.	
„ *doryphorum* STEIN.	
Ornithocercus splendidus SCHÜTT.	
„ *magnificus* STEIN.	
Peridinium (divergens) elegans CL.	
„ „ *pustulatum* n. sp.	
„ „ *tumidum* OKAMURA.	
Podolampas bipes STEIN.	
Pyrocystis fusiformis J. MURRAY.	
„ *pseudonoctiluca* J. MURRAY.	

Ausgesucht. CHUN.

50 (100) m quant.

7 intakte lebende Exemplare von (*Coscinodiscus rex* WALLICH =) *Antelminellia gigas* SCHÜTT (ebenso 100 m quant).

Aden.

9—0 m. Apstein.

Meist Zooplankton, Radiolarien etc.

Lebend:

(Bacillaria) *Nitzschia paradoxa* Grun.
Nitzschia (Sigma) indica n. sp., 12 : 240—260 μ.
Chaetoceras lorenzianum Grun.
" *sociale* Lauder.
" *constrictum* Gran.
" *van Heurckii* Gran?
Climacodium Frauenfeldianum Grun.
Ceratium furca Duj.
Dinophysis miles Cl.

Tot:

Pyrophacus horologium Stein.

Schimper.

Climacodium Frauenfeldianum Grun. vorherrschend.
Amphisolenia palmata Stein.
" *bidentata* Br. Schröder.
Ceratium furca Duj.
" *reticulatum* Pouchet var. *contorta* Gourret.
" *tripos vultur* Cl., häufig.
" " *macroceras* Ehrdg.
" " *intermedium* Joergensen.
" " *flagelliferum* Cl.
" " *arcuatum* Gourret var. *caudata* G. K.
" " " var. *contorta* Gourret.
" " *volans* Cl. var. *strictissima* G. K.
" " *azoricum* Cl. var. *brevis* Ostf. u. Schm.
Goniodoma acuminatum Stein.
" *armatum* Johs. Schm.
Ceratocorys horrida Stein.
Peridinium (divergens) elegans Cl.
" " *acutum* n. sp.
" " *bidens* n. sp.
" " *grande* Kopoid.
Ornithocercus magnificus Stein.
" *splendidus* Schött.
Pyrocystis fusiformis J. Murray.
" *lunula* Schött.

7. April. Station 272, 15° 22',5 N. Br., 41° 34',8 O. L.
30—0 m. Apstein.

Lebend:

Chaetoceras lorenzianum Grun.
Rhizosolenia imbricata Brtw.
" *hyalina* Ostf.
" *alata* Brtw.
Climacodium Frauenfeldianum Grun.
Amphisolenia bidentata Ostf.
Ceratium fusus Duj., lang.
" *tripos arcuatum* Gourret.
" " " var. *atlantica* Ostf.
" " *vultur* Cl.
Ornithocercus magnificus Stein.
Peridinium (divergens) gracile n. sp.
Pyrocystis fusiformis J. Murray.
" *pseudonoctiluca* J. Murray.
Trichodesmium erythraeum Ehrdg.

Tot:

Rhizosolenia Temperei H. P. } Bruchstücke.
" *styliformis* Brtw. }

100 m quant. APSTEIN.

Lebend:	Tot:
Rhizosolenia hyalina OSTF.	*Chaetoceras Wighami* BRTW.
„ *fragillima* BERGON., häufig.	„ *Seychellarum* n. sp.
„ *imbricata* BRTW.	
„ *quadrijuncta* H. P.	
„ *setigera* BRTW.	
Coscinodiscus excentricus EHRBG.	
Guinardia flaccida H. P.	
Streptotheca indica n. sp. 1.	
Peridinium (divergens) pustulatum n. sp.	
Trichodesmium erythraeum EHRBG.	

* Rotes Meer.

Nicht reich an Pflanzen.

Vorherrschend:

Rhizosolenia hyalina OSTF.

Danebett:

Climacodium biconcavum CL.? oder *Frauenfeldianum* GRUN.? (Zeichnung undeutlich).
Guinardia flaccida H. P.
Rhizosolenia Temperei H. P.
„ *alata* BRTW.
Ceratium fusus DUJ., kurz.
„ *flagelliferum* CL.
„ *vultur* CL., lange Kette.
Ornithocercus magnificus STEIN.
Pyrocystis pseudonoctiluca J. MURRAY.
„ *fusiformis* J. MURRAY.
Trichodesmium erythraeum EHRBG.
Peridinium (divergens) gracile n. sp.
„ *pustulatum* n. sp.
Podolampas bipes STEIN.

„Nicht reich an Pflanzen, vorwiegend Rhizosolenien, charakteristisch rötliche *Oscillaria*."

8. April. Station 273, 18° 20′,7 N. Br., 39° 50′,4 O. L.
15—0 m. APSTEIN.

Lebend:	Tot:
Climacodium Frauenfeldianum GRUN.	*Chaetoceras lorenzianum* GRUN. ⎫
Coscinosira Oestrupii OSTF.	„ *peruvianum* BRTW. ⎬ Bruchstücke.
Thalassiothrix acuta G. K.	*Rhizosolenia amputata* OSTF. ⎭
Ceratium fusus DUJ., lang.	„ *imbricata* BRTW.
„ *tripos arcuatum* GOURRET.	*Ceratium tripos azoricum* CL. var. *brevis* OSTF. u. SCHM.
„ „ *macroceras* EHRBG.	
„ „ *intermedium* JOERGENSEN var. *aequatorialis*	
BR. SCHRÖDER.	
„ „ var. *Hundhausenii* BR. SCHRÖD.	
Ceratocorys horrida STEIN.	
Amphisolenia bidentata BR. SCHRÖDER.	
Ornithocercus splendidus SCHÜTT.	
Peridinium (divergens) ellipticum n. sp.	
Pyrocystis pseudonoctiluca J. MURRAY.	

SCHIMPER.

Amphisolenia bidentata BR. SCHRÖDER.
„ *palmata* STEIN.
Peridinium (divergens) gracile n. sp.

137

100 m quant. APSTEIN.

Lebend:

Climacodium Frauenfeldianum GRUN.
Coscinosira Oestrupii OSTF.
Planktoniella Sol SCHÜTT.
Chaetoceras Seychellarum n. sp.
　　„　　sumatranum n. sp.
　　„　　peruvianum BRTW.
　　„　　coarctatum LAUDER.
　　„　　neapolitanum BR. SCHRÖDER.
Guinardia flaccida H. P.
Rhizosolenia alata BRTW.
　　„　　imbricata BRTW.
　　„　　Stolterfothii H. P.
　　„　　hyalina OSTF.
Thalassiothrix acuta G. K.
Ceratium fusus DUJ., lang.
　　„　　„　　DUJ., kurz.
　　„　　furca DUJ. var. incisa G. K.
　　„　　„　　var. baltica MOEB.
　　„　　tripos contrarium GOURRET.
　　„　　„　　volans CL.
　　„　　„　　arcuatum GOURRET.
　　„　　„　　„　　var. gracilis OSTF.
　　„　　„　　flagelliferum CL.
Peridinium sphaericum MURR. and WHITT.
　　„　　Steinii JOERGENSEN.
　　„　　(divergens) gracile n. sp.
　　„　　„　　grande KOFOID.
Trichodesmium Thiebautii GOMONT.
　　„　　erythraeum EHRBG., Bündel.

Tot:

Chaetoceras Wighami BRTW.
　　„　　lorenzianum GRUN.
　　„　　furca CL.
Rhizosolenia amputata OSTF., Bruchstück.

*Rotes Meer.

Climacodium Frauenfeldianum GRUN. (gezeichnet wie biconcavum CL.).
Chaetoceras coarctatum LAUDER.
　　„　　lorenzianum GRUN.
　　„　　peruvianum BRTW., einzeln.
Rhizosolenia alata BRTW.
　　„　　amputata OSTF.
　　„　　calcar avis SCHULZE.
　　„　　hyalina OSTF.
Amphisolenia palmata STEIN.
Ceratium fusus DUJ., lang.
　　„　　„　　var. concava GOURRET.
　　..　　dens OSTF.
　　„　　furca var. baltica MÖB.
　　„　　tripos gibberum GOURRET var. sinistra GOURRET.
　　„　　„　　arcuatum GOURRET.
　　„　　„　　„　　var. contorta GOURRET.
　　„　　„　　intermedium JOERGENSEN.
　　„　　„　　volans CL.
　　„　　„　　flagelliferum CL.
　　„　　„　　vultur CL., lange Kette.
Ceratocorys horrida STEIN.
Ornithocercus magnificus STEIN.
Peridinium (divergens) gracile n. sp.
Dinophysis miles CL.
Pyrocystis pseudonoctiluca J. MURRAY.
Pyrophacus horologium STEIN.

11. April. Station 274, 26° 37',3 N. Br., 34° 36',7 O. L.

25—0 m. APSTEIN.

Meist Zooplankton, Phytoplankton nur in Spuren vorhanden.

Ceratium tripos flagelliferum CL.
Trichodesmium erythraeum EHRBG.

100 m quant. APSTEIN.

Lebend:	Tot:
Coscinodiscus lineatus EHRBG.	*Chaetoceras lorenzianum* GRUN.
Coscinosira Oestrupii OSTF.	*Katagnymene* spec., völlig desorganisiert.
Planktoniella Sol SCHÜTT.	*Trichodesmium erythraeum* EHRBG.
Synedra crystallina W. SM.	
Halosphaera viridis SCHMITZ.	
Ceratium fusus DUJ., lang.	
„　　reticulatum POUCHET var. contorta GOURRET.	
„　　tripos arcuatum GOURRET.	
„　　„　　„　var. contorta GOURRET.	
„　　„　heterocamptum (JOERG.) OSTF. u. SCHM.	
„　　„　azoricum CL. var. brevis OSTF. tt. SCHM.	
Amphisolenia bidentata BR. SCHRÖDER.	
Ceratocorys horrida STEIN, kleine Zellen.	
Dinophysis homunculus STEIN.	
Goniodoma acuminatum STEIN.	
Phalacroma operculatum STEIN.	
Peridinium globulus STEIN.	
„　　(divergens) acutum n. sp.	
„　　„　　pustulatum n. sp.	
„　　„　　Schüttii LEMM.	
Pyrocystis lunula SCHÜTT.	

*Rotes Meer.

Großer Salzgehalt. Sehr pflanzenarm.

Coscinodiscus (1 Exemplar).
Ceratium tripos flagelliferum CL. (1).
„　　„　gibberum GOURRET (1).
Peridinium (divergens) spec.
Halosphaera (1 Exemplar).
Leere Diatomeenschalen, spec.?, eine davon mit *Richelia*.

Schließnetzfang. APSTEIN.

100 m.

Coscinodiscus (1 kleines Exemplar).

46*

II. Systematischer Teil.

A. Diatomaceae.

Discoideae.

Coscinodiscus Ehrbg.[1]).

Zellen frei (sehr selten zu mehr als zwei kettenförmig vereinigt), diskusförmig. Schalen-durchmesser größer als die Pervalvarachse. Schalenumriß kreisförmig, selten elliptisch oder polygonal. Oberfläche gewölbt, oft im Centrum vertieft, bisweilen mit Buckeln oder Wellen versehen. Zeichnung von Mitte und Rand oft verschiedenartig, punktiert, areoliert, gestrichelt. Randdornen häufig.

Chromatophoren zahlreich, klein, von sehr verschiedener Form.

Untergattung I. *Eucoscinodiscus*[2]) F. S.

A. Coscinodisci simplices. Zellen sehr flach, nur eine Lage Chromatophoren.

C. *Schimperi* G. K., Antarkt. Phytopl., S. 77, Taf. III, Fig. 1.
C. *compressus* G. K., Antarkt. Phytopl., S. 77, Taf. III, Fig. 2.

B. Coscinodisci ordinarii. Chromatophoren schalenständig oder rings an der Ober-fläche verteilt.

a) Inordinati Rattray. Mittelfeld fehlend oder excentrisch, keine Centralrosette, Zeich-nung wechselnd.

C. *non scriptus* G. K., Antarkt. Phytopl., S. 77, Taf. III, Fig. 3.
C. *inornatus* G. K., Antarkt. Phytopl., S. 78, Taf. IV, Fig. 9.
C. *parvulus* G. K., Atlant. Phytopl., S. 151, Taf. XXIV, Fig. 1.

C. *inscriptus* n. sp. (215, 100 m; 236, 200 m etc.)

90—115 μ. Völlig flache und glatte Schalen ohne jede Wölbung oder Zeichnung oder Randmarken.

Chromatophoren rundlich-oblong-biskuitförmig mit je einem deutlichen Pyrenoid; beiden Schalen dicht nebeneinander, mosaikartig gedrängt, anliegend.

Taf. XXXVI, Fig. 3. Zelle mit Plasmakörper (500:1) 375.

b) Cestodiscoidales Rattray. Mit besonderem Randstreifen versehene Formen mit einer im übrigen sehr verschiedenartigen Schalenzeichnung.

---

1) J. Rattray, Revision of the Genus *Coscinodiscus* etc. Proceedings R. Soc. Edinburgh, 1888—89, p. 449—692. G. Karsten, Antarktisches Phytoplankton, S. 76. — Derselbe, Atlant. Phytoplankton, S. 151.
2) Nur diese kommt hier in Betracht.

C. gracilis G. K., Antarkt. Phytopl., S. 78, Taf. III, Fig. 4.
C. minimus G. K., Antarkt. Phytopl., S. 78, Taf. IV, Fig. 8.
C. horridus G. K., Antarkt. Phytopl., S. 78, Taf. V, Fig. 9.
C. planus G. K., Antarkt. Phytopl., S. 79, Taf. IV, Fig. 1.
C. australis G. K., Antarkt. Phytopl., S. 79, Taf. IV, Fig. 2.
C. bifrons Castr., cf. G. K., Antarkt. Phytopl., S. 79, Taf. IV, Fig. 3.
C. Castracanei G. K., Antarkt. Phytopl., S. 79, Taf. IV, Fig. 4.
C. chromoradiatus G. K., Antarkt. Phytopl., S. 79, Taf. IV, Fig. 5.

c) **Excentrici** Pant. Ohne Mittelfeld oder Rosette, die Schrägzeilen treten schärfer hervor als die Radialreihen.

C. excentricus Ehrbg., cf. G. K., Antarkt. Phytopl., S. 80, Taf. VI, Fig. 8.

C. excentricus var. n. (220, 200 m.)

94 μ. Die vorliegende Zelle unterscheidet sich, abgesehen von der mehr als doppelten Größe, auch durch die Chromatophoren ganz erheblich von der antarktischen Form, obwohl die Schalenzeichnung mit 4—5 Sechsecken auf 10 μ und 10 radialen Randstrichen auf 10 μ der auf Taf. VI, Fig. 8 gegebenen Abbildung völlig entspricht. Es liegt hier einer derjenigen Fälle vor, daß zu gleichen oder doch sehr ähnlichen Schalen differente Plasmakörper gehören, wie z. B. *Navicula Scopulorum* in zwei völlig verschiedenen Formen bekannt ist[1]). Gerade die Schalenzeichnung von *Coscinodiscus excentricus* kehrt nun außergewöhnlich häufig wieder, *Planktoniella* und *Valdiviella*, *Thalassiosira* und endlich einige von Rattray weiter unterschiedene *Coscinodiscus*-Arten stimmen im Schalenbau so auffallend überein, daß es schwer fällt, die Formen auseinanderzuhalten, sobald der Zellinhalt fehlt, und ob eine Form, die 3 Sechsecke auf 10 μ zählt, von einer übereinstimmenden mit deren 4 auf 10 μ zu trennen ist, scheint mir mindestens zweifelhaft zu sein.

Taf. XXXVII, Fig. 1. Schalenansicht und Plasmakörper einer Zelle. (1000:1) 800.

Eine völlig unregelmäßige, aber ähnliche Schale, deren Plasmakörper leider fehlte, giebt die Fig. 2, Taf. XXXVII wieder. Sie stammt von Station 218, 120—100 m, und fand sich Station 226, 200 m, abermals.

C. lineatus Ehrbg., cf. G. K., Antarkt. Phytopl., S. 80, Taf. VIII, Fig. 2.
C. lineatus Ehrbg. var. G. K., Antarkt. Phytopl., S. 80, Taf. VI, Fig. 7.
C. marginato-lineatus Sch., cf. G. K., Antarkt. Phytopl., S. 80, Taf. VI, Fig. 6.
C. tumidus Jan., cf. G. K., Antarkt. Phytopl., S. 80, Taf. VI, Fig. 1.
C. centrolineatus G. K., Atlant. Phytopl., S. 152, Taf. XXIV, Fig. 2.
C. oculoides G. K., Antarkt. Phytopl., S. 81, Taf. VI, Fig. 3.

d) **Radiantes** Schürr. Strahlige Struktur.

α) **Radiati** Rattray. Radiale Einzelreihen.

1. **Punctati.** Zeichnung aus Punkten oder Perlen bestehend, die auch bei stärkster Vergrößerung sich nicht in Polygone auflösen lassen.

Coscinodiscus lacvis G. K., Antarkt. Phytopl., S. 82, Taf. V, Fig. 6.
C. neglectus G. K., Antarkt. Phytopl., S. 82, Taf. V, Fig. 7.

---

1) Vergleiche dazu G. Karsten, Diatomeen der Kieler Bucht, l. c. S. 146, und Referat über C. Mereschkowsky, Études sur l'endochrome des Diatomées I, Bot. Ztg., 1902, Abt. II, S. 151.

C. *oppositus* G. K., Antarkt. Phytopl., S. 82, Taf. VII, Fig. 5.
C. *furcatus* G. K., Antarkt. Phytopl., S. 82, Taf. IV, Fig. 7.
C. *kerguelensis* G. K., Antarkt. Phytopl., S. 83, Taf. III, Fig. 7.

(C. *rex* WALLICH =) *Antelminellia gigas* (CASTR.) SCHÜTT.

Cf. G. K., Atlant. Phytopl. S. 152, Taf. XXIV, Fig. 3 u. 4.

Diese Art wechselt außerordentlich in der Länge ihres Gürtels. Bei dem sehr großen Schalendurchmesser wird in vielen Fällen die an die Gattungszugehörigkeit von *Coscinodiscus* geknüpfte Bedingung, daß der Durchmesser die Pervalvarachse an Länge übertrifft, gewahrt bleiben, so z. B. bei denjenigen Exemplaren, die meiner Diagnose und Zeichnung zu Grunde lagen. Bei der Durchsicht der Schließnetzfänge aber habe ich mich überzeugen müssen, daß es nicht immer der Fall ist. So konnte ich messen:

	Durchmesser	Pervalvarachse
Station 237	400 :	480 μ
„ 239	760 :	1000 μ

und in zahlreichen anderen Fängen standen die großen Zellen mir bereits isoliert zur Verfügung und zeigten deutlich eine den Durchmesser erheblich übertreffende Länge der cylinderförmigen Zelle, während die Struktur der Schalen wie der Gürtelbänder und die apfelsinensektor-ähnlichen Chromatophoren völlig mit dem für *Coscinodiscus rex* festgestellten Verhalten übereinstimmten. Demnach fallen die Zellen im ausgewachsenen Zustande aus der Diagnose der Gattung und werden zu identifizieren sein mit der von SCHÜTT aufgestellten *Antelminellia gigas* (CASTR.) SCHÜTT. Die stark wechselnde Feinheit der Punktlinien würde sich wohl mit der Diagnose vereinigen lassen, cf. SCHÜTT in ENGLER-PRANTL, l. c. S. 65.

Die Ungleichheit der Schalen, welche CASTRACANE[1]) bereits erwähnt, wird darauf zurückzuführen sein, daß ihm ein Exemplar vorlag, dessen eine Schale neugebildet war; im Laufe des weiteren Lebens würde sich diese in ähnlicher Weise gewölbt haben, wie die ältere Schale; wie ja auch in langen *Fragilaria*- etc. -Ketten die jüngsten Schalen geradlinig fest aneinander liegen, während die älteren Individuen deutlich gekrümmte Schalen zeigen.

C. *cornutus* G. K., Atlant. Phytopl., S. 153, Taf. XXIV, Fig. 5.

C. *Alpha* n. sp. (174, 200 m.)

96—100 μ. Radiale Punktreihen nicht in Bündel geordnet, durch vom Rande her mehr oder minder weit eingeschobene Einzelreihen den Raum füllend; ca. 12 Punkte auf 10 μ. Im Centrum etwas geräumiger stehend. Am Rande rings in etwa gleichen Abständen 10—12 länglich-radiale Randmarken deutlich.

Chromatophoren wenig zahlreiche große Platten von rundlich unregelmäßigem Umriß mit je einem Pyrenoid versehen.

Fig. XXXV, Fig. 8. Zelle mit Inhalt und Schalenzeichnung. (1000:1) 800.

C. *Beta* n. sp. (186, 100 m; 190, 200 m.)

86 μ. Radiale Punktreihen, nicht fasciculiert, durch vom Rande her eingeschobene neue Reihen stetig vervollständigt, ca. 11 Punkte auf 10 μ. Am Rande sehr zahlreiche kleine Dornen, jede 13. bis 14. Reihe stehend.

---

1) CASTRACANE, Challenger Report, l. c. p. 169, Pl. XIV, Fig. 5.

Chromatophoren kleine ovale bis biskuitförmige Plättchen, nicht sehr zahlreich.
Taf. XXXVI [II], Fig. 1.   Zelle mit Inhalt und Schalenzeichnung (1000:1) 800.

C. Gamma n. sp. (215, 200 m.)

70—86 μ. Schalen etwas gewölbt. Schalenzeichnung: Im Centrum ein freier runder Raum von einem Durchmesser, der etwa ¼ des Schalenradius beträgt; einzelne isolierte Punkte darin. Der Rest der Schale mit radialen vom Rande her eingeschobenen Punktreihen ohne Bündel oder Keilanordnung gezeichnet. 12 Punkte auf 10 μ, am Rande enger und kleiner.

Chromatophoren in lange unregelmäßige Fortsätze oder Arme ausgezogen. Größte Längenausdehnung meist in Richtung des Radius gelegen; beiden Schalen angelagert.
Taf. XXXVI, Fig. 4.   Schalenzeichnung und Plasmakörper. (1000:1) 800.

C. Delta n. sp. (215, 2500 m; 226, 200 m.)

462—544 μ. Schalen stark gewölbt. Zeichnung grobe Punkte, 6 auf 10 μ in radialen, nicht gebündelten oder keilförmigen Reihen. Einzelreihen stets zur Ausfüllung eingeschoben. Bei tiefer Einstellung verbreitert sich die Basis der Punkte und geht in mehr oder minder regelmäßige Sechsecke über. Schräglinien deutlich.

Chromatophoren sehr kleine Kügelchen oder Scheibchen; ebenso wie der Kern und Plasmagehalt trotz der großen Tiefe völlig normal.
Taf. XXXVI, Fig. 5.   Zelle mit Kern und Chromatophoren. (125:1) 94.
Fig. 5a.   Schalenrand mit Zeichnung. (1000:1) 800.

C. subtilissimus n. sp. (non Ehrbg.). (Colombo, 10—0 m.)

150—250 μ. Völlig durchsichtig erscheinende Form, deren Schalen ziemlich flach, nur am Rande gewölbt sind und erst bei starker Vergrößerung eine sehr zarte und schwer sichtbar zu machende Zeichnung radialer, nicht gebündelter Punktreihen erkennen lassen, die sich durch Einschiebung vom Rande her gegen außen vervollständigen, 13 Punkte auf 10 μ. Im Centrum ein freier Raum.

Chromatophoren zahlreiche sehr kleine runde Plättchen, über die Schalenoberflächen verteilt. (Anscheinend eine Oberflächenform?)
Taf. XXXVI, Fig. 2.   Schale und Plasmakörper bei geringer Vergrößerung. (250:1) 188.
Fig. 2a.   Schalensektor mit Zeichnung. (1000:1) 800.

2. (Radiati) Areolati. Schalen mit Polygonen oder in solche auflösbaren Perlen gezeichnet.

Coscinodiscus caudatus G. K., Antarkt. Phytopl., S. 82, Taf. V, Fig. 8.
C. Hoxvei G. K., Antarkt. Phytopl., S. 83, Taf. III, Fig. 0.
C. grandineus Rattray, cf. G. K., Antarkt. Phytopl., S. 83, Taf. VI, Fig. 2.
C. Simonis C. K., Atlant. Phytopl., S. 153, Taf. XXV, Fig. 0.
C. rotundus G. K., Atlant. Phytopl., S. 154, Taf. XXVI, Fig. 18.
C. stephanopyxioides G. K., Atlant. Phytopl., S. 154, Taf. XXV, Fig. 7.
C. Victoriae G. K., Adant. Phytopl., S. 154, Taf. XXV, Fig. 8.
C. Janischii Schm., Atlas, cf. G. K., Atlant. Phytopl., S. 155, Taf. XXV, Fig. 0.
C. varians G. K., Atlant. Phytopl., S. 155, Taf. XXV, Fig. 10.
C. varians var. major G. K., Adant. Phytopl., S. 155, Taf. XXV, Fig. 10a.

G. KABATES.

C. bisulcatus n. sp. (162, 30—o m; 163, 20—o m.)

112—140 μ. Dem *Coscinodiscus Victoriae* G. K. sehr ähnlich, unterscheidet die Art sich durch zwei einander opponierte kleine, fein punktierte Wülste, die im ein wenig eingesenkten Centrum deutlich hervortreten. Später traten einzelne Individuen der Art auf, die bei sonst vollständiger Uebereinstimmung in Bezug auf diese Wülste Abweichungen zeigten. Sie waren zwar in ihren Umrissen kenntlich, aber minder deutlich abgehoben, weil die vorher angeführten Pünktchen durch sehr kleine Sechsecke ersetzt waren, deren Umrisse man von der sonstigen Schale nur minder gut unterscheiden konnte. Sechsecke auf ½ Radius am größten, im Centrum 8 auf 10 μ, ½ Radius 5—6 auf 10 μ, am Rande 9—10 in radialer, 12 in tangentialer Richtung auf 10 μ.

Chromatophoren kleine runde bis ovale Scheibchen, rings an der Oberfläche verteilt.

Taf. XXXV, Fig. 9. Schale bei schwacher Vergrößerung. (500:1) 332.

Fig. 9a. Schalenstück über das Centrum hinaus. (1000:1) 800.

C. nodulifer JANISCH. (220, 200 m, auch sonst häufiger.)

• Cf. RATTRAY, l c. S. 520.

66—118 μ. Schalenzeichnung aus Sechsecken, im Centrum klein, 4—5 auf 10 μ, ½ Radius am größten, 3 auf 10 μ, am Rande wieder klein, 4—5 auf 10 μ. Keine Reihe durchlaufend, da nach außen stets Gabelungen ohne direkte Reihenverlängerung vorliegen. Mittelding zwischen fascikuliert und eingeschoben, da die Gabelung einer Mittelreihe bereits den Anschein eines Bündels bringen kann; aber die Form ist besser den nicht fascikulierten zuzuzählen. Im Mittelpunkte der Schale eine große Perle, ein wenig erhaben über der Oberfläche. Rand mit groben Radialstrichen, 6—7 auf 10 μ, gezeichnet.

Plasmakörper schwer kenntlich unter der Schalenzeichnung; der Kern normal im Centrum einer Schale, also Plasmakörper offenbar gut erhalten. Spärliche längliche Chromatophoren über die Schalenoberfläche verteilt.

Taf. XXXVI, Fig. 6. Schalenzeichnung und Plasmakörper. (1000:1) 800.

C. Theta n. sp. (244, Oberfläche.)

400 μ. Die Art gleicht der im Adant. Phytopl., S. 154, Taf. XXV, Fig. 7 beschriebenen Form C *stephanopyxioides* auffallend, doch fehlen die für diese Art charakteristischen Röhrenfortsätze am Rande, die den Namen bedingen. Sechsecke in einzelnen Reihen, die vom Rande her stets vervollständigt werden. Am Rande 3, ½ Radius 4—4½, Mitte 5 Sechsecke auf 10 μ. Größendifferenzen also minder erheblich als bei der genannten verwandten Form, und Zeichnung überhaupt gröber.

Plasmakörper auffallend stark radiär strahlig. Chromatophoren kleine runde Scheibchen, mit je einem kleinen Pyrenoid ausgerüstet.

Taf. XXXVII, Fig. 5. Ganze Zelle mit Plasmakörper. (250:1) 166.

Fig. 5a. Sektor mit Schalenzeichnung. (500:1.)

C. *Zeta* n. sp. (229, 200—20 m; 226, 200 m.)

144—152 μ. In einigen indischen Fängen war mir bereits vor den genannten Stationen aufgefallen, daß eine Form, die dem atlantischen C *guineensis* G. K. (non GRUNOW), cf. Adant. Phytopl., l. c. S. 156, Taf. XXVI, Fig. 15, außerordentlich ähnlich sah, häufiger auftrat. Centrum 5, 1/2 Radius 9, Rand 12—13 Sechsecke. Unterschiede waren nur in dem Fehlen der Keile (dort wenige, breite und unauffällige!) und in der Gegenwart zahlreicher nicht völlig regelmäßig verteilter Randmarken zu konstatieren.

Völlig abweichend war jedoch der Plasmakörper. An Stelle der wenig zahlreichen großen, pyrenoidführenden Chromatophoren fanden sich hier äußerst zahlreiche und sehr kleine Chromatophoren, so daß eine Identität völlig ausgeschlossen erscheint.

Taf. XXXVII, Fig. 4. Zelle mit Plasmakörper. (1000:1) 500.

Fig. 4a. Schalenzeichnung. (1000:1) 800.

β) Fasciculati. Radiale Reihen in Bündeln parallelen Verlaufes beisammen, so daß die Mittelreihen am weitesten, die äußeren immer weniger tief gegen das Centrum eindringen. So entstehen an den Grenzen zweier Bündel keilförmige Figuren.

1. Punctati. Zeichnung nur aus Punkten oder Perlen bestehend, die auch bei starker Vergrößerung nicht in Polygone auflösbar sind.

Coscinodiscus minutiosus G. K., Antarkt. Phytopl., S. 81, Taf. V, Fig. 1.
C. *transversalis* G. K., Antarkt. Phytopl., S. 81, Taf. V, Fig. 2.
C. *similis* G. K., Antarkt. Phytopl., S. 81, Taf. V, Fig. 3.
G. *Valdiriae* G. K., Antarkt. Phytopl., S. 81, Taf. V, Fig. 4.

Diese vier l. c. wegen des starken Hervortretens ihrer transversalen Reihenanordnung zu den „Excentrici" gerechneten Formen sind bei den Fasciculati punctati besser untergebracht.

C *fasciculatus* O. M'E. var., cf. G. K., Antarkt. Phytopl., S. 83, Taf. III, Fig. 5
u. s. w. l. c. No. 32—38 und 40—43, ferner:
C *lentiginosus* JANISCH cf. G. K., Atlant. Phytopl., S. 155, Taf. XXVI, Fig. 11.
C *solitarius* G. K., Atlant. Phytopl., S. 155, Taf. XXVI, Fig. 12.
C. *symmetricus* GREV. var. *tenuis* G. K., Atlant. Phytopl., S. 156, Taf. XXVI, Fig. 13.
C. *intermittens* G. K., Atlant. Phytopl., S. 156, Taf. XXVI, Fig. 14.

C. *difficilis* n. sp. (163, 20—o m.)

48—66 μ. Kleine, ziemlich gewölbte Zellen. Die Schalenzeichnung ist — von dem Centrum selbst, wo einige wenig zahlreiche Punkte ohne Ordnung liegen, abgesehen — deutlich fascikuliert und besteht in Punkt- oder Perlreihen, die sich nicht in Polygone auflösen lassen. Die Punkte sind auf der Schale selbst alle von ziemlich gleicher Größe, 7—10 auf je 10 μ (in radialer Richtung). An der Schalenumbiegung gegen den Gürtel werden sie plötzlich auffallend kleiner, wie nur von der Gürtelseite aus erkannt werden kann; ich fand hier, und zwar am Gürtelbandansatz, 15—20 (in tangentialer Richtung). Am Rande der Schale d. h. der Schalenfläche sitzen kleine Höckerchen oder Dornfortsätze im regelmäßigen Abstand von je 5 μ.

Die Form war nach RATTRAY nicht bestimmbar, gehört aber, trotz der verschiedenen Reihenzahl in den einzelnen Keilen, jedenfalls zu den Fasciculati punctati.

Chromatophoren fehlten leider den angetroffenen wenigen Exemplaren.

Taf. XXXV, Fig. 5. Schalenansicht. (1000:1) 800.

145

C. symmetricus GREV. an var.? (168, 200 m.)

83 µ. Fascikulierte grobe Perlreihen vom Rande bis über ³/₄ der Schale. Perlen 6—7 auf 10 µ. Im Centrum unregelmäßig verteilte, gleich große Perlen. Rand glatt. Chromatophoren unregelmäßig eckig oder abgerundet.

Die Form steht dem *C. symmetricus* mindestens sehr nahe, cf. RATTRAY, l. c. S. 490.

Taf. XXXV, Fig. 6. Schale mit Chromatophoren. (1000:1) 800.

C. Eta n. sp. (229, 200—20 m.)

124—140 µ. Außerordentlich feine Punktreihen (ca. 20—25 auf 10 µ) in 13—16 sehr schmalen Keilen. Quincunciale Anordnung nur innerhalb der einzelnen Keile aufrecht erhalten; die transversalen Linien setzen also hier immer scharf ab, und daher tritt die Keilgrenze schärfer, als sonst gefunden wird, hervor.

Chromatophoren runde Scheibchen mit je einem Pyrenoid.

Taf. XXXVII, Fig. 3. Zelle mit Plasmakörper. (500:1) 250.

Fig. 3a. Schalenstruktur. (1000:1) 800.

2. (Fasciculati) Areolati. Zeichnung besteht aus Polygonen.

C. spiralis G. K., Antarkt. Phytopl., S. 81, Taf. V, Fig. 5.
C. kryophilus GRUN. cf. G. K., Antarkt. Phytopl., S. 85, Taf. VII, Fig. 4.

Ersterer war l. c. bei den „Excentrici", letzterer versehentlich bei den Fasciculati punctati untergebracht (wohl versehen, weil die Zeichnung nicht ausgeführt, sondern durch Punktierung angedeutet war).

Ferner No. 44 (S. 86) — No. 50; außerdem:
C. guineensis (non GRUN.) G. K., Atlant. Phytopl., S. 156, Taf. XXVI, Fig. 15.
C. convergens G. K., Atlant. Phytopl., S. 156, Taf. XXVI, Fig. 16.
C. rectangulus G. K., Atlant. Phytopl., S. 157, Taf. XXVI, Fig. 17.

C. incertus n. sp. (169, 100—40 m, charakteristisch für diese Station.)

32—71 µ. Fascikulierte Sechsecke. Bündel sehr schmal, nur bis zu 4 Reihen am Rande, von den eigentlichen kleinen Zwickeln abgesehen. Sechsecke auf ¹/₂ Radius am größten, ca. 7 auf 10 µ, nach dem Centrum wie nach dem Rande hin stark abnehmend; Uebergänge nicht sehr schroff. Rand radial gestrichelt, 15 auf 10 µ.

Chromatophoren wenig zahlreich, rundlich-scheibenförmig.

Taf. XXXV, Fig. 2. Schalenzeichnung. (1000:1) 800.

Fig. 2a. Zellinhalt. (1000:1) 500.

C. Kützingii SCH. (163, 20—0 m.)

70 µ. Fascikulierte Sechsecke, die einzelnen Bündel von ungleichem Umfange. Sechsecke resp. Areolen nicht durchweg gleich groß, auf ¹/₄—³/₄ Radius am größten und hier 6—7 auf 10 µ, in der Mitte eine geringe Vertiefung und 9(—10) Sechsecke auf 10 µ. Am Rande fallen die Sechsecke aus der normalen Größe plötzlich auf ¹/₂ oder noch kleinere, die in Schrägzeilen sich schneiden. Innerhalb der Bündel sind die Schrägzeilen der Sechsecke normaler Größe ebenfalls sehr deutlich.

Chromatophoren sind innerhalb der Zelle schlecht genau zu erkennen, da die Zeichnung zu dicht ist und die Beobachtung sehr erschwert. Doch war an geplatzten Zellen kenntlich, daß ihre Form plattenförmig, mehr oder minder eckig bis abgerundet ist.

Taf. XXXV, Fig. 1. Schalenansicht der Zelle mit einigen Chromatophoren. (1000:1) 800.

C. subfasciculatus n. sp. (172; 174, 200 m.)

94—140 μ. Sechsecke fasfikuliert. Bündel nur bis 2/3 Radius vom Centrum aus deutlich. Auf 1/2 Radius Sechsecke am größten, 6 auf 10 μ. Nach innen wie außen abnehmend, am äußersten Rand schließlich nur noch perlähnlich. Schrägzeilen konkav gegen das Centrum, nur bis 2/3 Radius zu verfolgen resp. am Rande konkav nach außen werdend. Am Rande 35 Marken außerhalb der Zeichnung, dann glatter Schlußring.

Chromatophoren rundlich-eckig, zahlreich, mit je einem Pyrenoid.

Taf. XXXV, Fig. 4. Zelle mit Chromatophoren. (500:1) 250.

Fig. 4 a. Schalensektor. (1000:1) 800.

C. increscens n. sp. (190, 200 m).

60—130 μ. Schalenmitte zeigt sehr kleine Sechsecke, 10—12 auf 10 μ, dann nach kurzem Uebergang, bis an den Rand selbst völlig gleichmäßig 6 auf 10 μ. Anordnung keilförmig, jedoch nicht völlig streng, da die Einschiebung von Einzelreihen außerdem die Regelmäßigkeit stört. Querreihen der Sechsecke spiralig geordnet. Sehr kleine Randmarken in großer Zahl.

Größere ovale Chromatophoren mit je einem Pyrenoid.

Taf. XXXV, Fig. 3. Schalenausschnitt mit 1 1/2 Keilen und zahlreichen eingeschobenen Einzelreihen. (1000:1) 800.

Fig. 3 a. Habitus der Zelle mit Chromatophoren. (500:1) 250.

C. gigas EHRBG.[1]). (191, 100—85 m.)

. ? Eine Zelle dieser Art angetroffen. Die völlige Abrundung des Sechseck-Innenraumes, ihre Größenabnahme und Auflösung in Reihen gegen das Centrum und der glatte Mittelraum wie der Uebergang in schärfer eckige Polygone am Rande machen die Form kenntlich.

Chromatophoren waren runde zahlreiche Plättchen.

Taf. XXXV, Fig. 7. Mittelstück der Schale. (1000:1) 800.

Fig. 7 a. Randstück der Schale. (1000:1) 800.

Taf. XXXV.

Fig. 1. *Coscinodiscus Kützingii* Sch. (1000:1) 800. Schalenzeichnung.
" 2. " *incertus* n. sp. (1000:1) 800. Schalenzeichnung.
" 2 a. " " " (1000:1) 500. Plasmakörper.
" 3. " *increscens* n. sp. (1000:1) 800. Stück Schalenzeichnung.
" 3 a. " " " " (500:1) 250. Plasmakörper.
" 4. *Coscinodiscus subfasciculatus* n. sp. (500:1) 250. Plasmakörper.

1) A. Grunow, Diatomeen von Franz-Josefs-Land, l. c. S. 76. — Rattray, l. c. S. 541. — Vergl. auch A. Schmidt, Atlas Taf. LXIV, Fig. 1.

47*

Fig. 4a. *Coscinodiscus subfasciculatus* n. sp. (1000:1) 800. Stück Schalenzeichnung.
„ 5. 　„　　 *difficilis* n. sp. (1000:1) 800. Schalenzeichnung.
„ 6. 　„　　 *symmetricus* (var?). (1000:1) 800. Schalenzeichnung und Plasmakörper.
„ 7. 　„　　 *gigas* EHRBG. (1000:1) 800. Mitte.⎱ Schalenzeichnung.
„ 7a. 　„　　 „　　 „ (1000:1) 800. Rand.⎰
„ 8. 　„　　 *Alpha* n. sp. (1000:1) 800. Schalenzeichnung. ·
„ 9. 　„　　 *bisulcatus* n. sp. (500:1) 333. Schalenzeichnung.
„ 9a. 　　　 „　 „ „ (1000:1) 800. Vergrößertes Stück davon.

Taf. XXXVI.

Fig. 1. *Coscinodiscus Beta* n. sp. (1000:1) 800.
„ 2. 　„　　 *subtilissimus* n. sp. (non EHRBG.). Habitusbild der Zelle mit Plasmakörper.
　　　　　　　　　　　　　　　 (250:1) 188.
„ 2a. 　　　　 „　　 „　　 „　　 „ Schalensektor mit Zeichnung (1000:1) 800.
„ 3. 　„　　 *inscriptus.* (500:1) 375.
„ 4. 　„　　 *Gamma.* (1000:1) 800.
„ 5. 　„　　 *Delta.* (125:1) 94.
„ 5a. 　„　　 „ Schalenzeichnung. (1000:1) 800.
„ 6. 　„　　 *nodulifer* JANISCH. (1000:1) 800.

Taf. XXXVII.

Fig. 1. *Coscinodiscus excentricus* var., etwa normale Schale mit völlig abweichendem Plasmakörper.
　　　　　　　　　　　　　　　 (1000:1) 800.
„ 2. 　　　　　　　　 „　　 „ leere Zelle mit sehr eigenartiger Schalenstruktur. (1000:1) 800.
„ 3. 　„　　 *Eta* n. sp., Plasmakörper der Zelle. (500:1) 250.
„ 3a. 　„　　 „ „ „ Schalenzeichnung. (1500:1) 1200.
„ 4. 　„　　 *Zeta* n. sp., Plasmakörper der Zelle. (1000:1) 500.
„ 4a. 　„　　 „ „ „ Schalenzeichnung. (1000:1) 800.
„ 5. 　„　　 *Theta* n. sp., Plasmakörper der Zelle. (250:1) 166.
„ 5a. 　„·　 „ „ „ Schalensektor der Form. 500:1.
„ 6. 　*Coscinosira Oestrupii*, Kette. Habitus. (500:1) 333.
„ 6a. 　„　　 „ Schalenansicht. 1000:1.

An die Gattung *Coscinodiscus* schließen sich unmittelbar an die Formen *Gossleriella*, *Planktoniella* und *Valdiviella*.

Gossleriella SCHÜTT [1]), tropisch warme Meere, Tiefenform.

Eine Art: *Gossleriella tropica* SCHÜTT.

Coscinodiscus-Zelle mit glatten Schalen und einem Rand von Stacheln stärkerer und schwächerer Art.

Chromatophoren kleine länglich-rundliche Plättchen mit je einem Pyrenoid.

Vergl. Allgem. Teil Abschnitt: Extramembranöses Plasma Taf. XL, Fig. 14. Zelle mit Plasmakörper. (1000:1) 800.

1) F. SCHÜTT in ENGLER-PRANTL, Pflanzenfamilien, I, 1b, S. 76. — Ders., Das Pflanzenleben der Hochsee, l. c. S. 20.

Planktoniella SCHÜTT [1], tropische und subtropische Meere, häufige Tiefenform.

Eine Art: *Planktoniella Sol* SCHÜTT.

Coscinodiscus excentricus-Zelle mit einem Schwebeflügel aus radialen Kämmerchen bestehend, die rings geschlossen sind und keinen selbständigen Plasmakörper enthalten.

Chromatophoren rundlich-scheibenförmig.

Wie im allgemeinen Teil ausführlicher gezeigt wird, ist das Verhältnis von Zell- und Flügeldurchmesser ein überaus wechselndes, da der Schweberand nachträgliches Wachstum besitzt. Infolgedessen ist die von SCHIMPER aufgestellte Form *Planktoniella Woltereckii* SCHIMPER [2]) nicht aufrecht zu erhalten, sondern muß mit *Planktoniella Sol* wiederum vereinigt werden.

Taf. XXXIX, Fig. 1—11. Genauere Erklärung vergl. Allgem. Teil Abschnitt: Extramembranöses Plasma.

Dieser Art sehr ähnlich ist das, wie es bisher scheint, auf den Indischen Ocean beschränkte, von SCHIMPER M.S. neu aufgestellte Genus: *Valdiviella*, in einer Art bekannt:

Valdiviella formosa SCHIMPER. (174; 182 etc., 200 m.)

92—104 μ Gesamtdurchmesser. Schale 34—50 μ, Rand (einfach) 26—27 μ. Zelle äußerlich einer *Planktoniella* sehr ähnlich; die Schale gleicht dem *Coscinodiscus excentricus*, und ein breiter Schweberand umschließt sie rings. Die Streben der Schale verjüngen sich nach außen zu, während sie am äußersten Rand bei *Planktoniella* eher eine größere Höhe aufzuweisen pflegen. Infolgedessen ist die Randkontur im mikroskopischen Bilde äußerst zart, bei *Planktoniella* dagegen sehr derb. Außerdem stehen die Streben wohl in der Regel dichter als bei *Planktoniella*, endlich sind die flachen Ober- und Untermembranen der Flügelkammern deutlich radial gestreift.

Der Zellinhalt weist neben dem centralständigen Kern eine ganze Zahl von rundlichen bis biskuitförmigen Chromatophorenscheiben auf, die, normalerweise den beiden Schalen anliegend, eine mosaikartig ineinander geschobene Assimilationsfläche bilden; in Individuen dagegen, die durch zu hohe oder zu tiefe Schwebelage beeinträchtigt worden sind, ist ihre Ordnung verschoben. Sie sind dann mehr in Systrophe gelegen, schwer deutlich zu machen, und eine Menge rundlicher oder ovaler kleiner Oeltropfen überlagert und verdeckt sie. Diese finden sich in normalen Zellen zwar ebenfalls, aber rings dem Gürtelband anliegend vor.

Taf. XXXIX, Fig. 12. Zellinhalt mit einem Teil des Schweberandes. (1000:1) 750:1.

Taf. XL, Fig. 13. Ganze Zelle mit Schalenzeichnung und Schweberand. (1000:1) 800:1.

Hyalodiscus EHRBG.

Vergl. „Antarktisches Phytoplankton", l. c. S. 74 u. 75.

H. parvulus n. sp. (190, 200 m.)

30 μ Kreisrunde hochgewölbte Schalen, Gürtelbänder deutlich gewellt. Chromatophoren allseitig oberflächenständig; vierlappige Gebilde mit je einem kleinen Pyrenoid in jedem Lappen. Zellkern der einen Schale in der Mitte anliegend.

Schalenzeichnung unkenntlich.

---

1) F. SCHÜTT in ENGLER-PRANTL, l. c. I, 1 b, S. 72. — Ders., Das Pflanzenleben der Hochsee, l. c. S. 30.

2) G. KARSTEN, Atlant. Phytopl., S. 157, Taf. XXVII, Fig. 3.

Taf. XXXVIII, Fig. 5a. Zelle in Schalenansicht.
Fig. 5b. Zelle in Gürtellage.   } (1000:1) 666.
Fig. 5c. Zelle in Teilung mit Gürtelband.

Actinocyclus EHRBG.

Vergl. G. K., Antarkt. Phytoplankton, S. 91.

A. sp. (166, Tiefe?)

26 μ. Eine leere Zelle im SCHIMPER'schen Material gefunden. Die beiden Oeffnungen oder Marken der Schalen in der Zelle opponiert. Schalenzeichnung radiale Reihen von Sechsecken in Bündeln oder Keilen gruppiert, 9—10 auf 10 μ.
Taf. XXXVIII, Fig. 6. Schalenzeichnung. (1500:1) 1200.

Asteromphalus EHRBG.[1]).

Vergl. G. K., Antarkt. Phytopl., S. 89; Atlant. Phytopl., S. 158.

A. *elegans* GREV.[2]). (214, 100 m; 221 1600—1000 m, Schließnetzfang.)

90—180 μ. Leere Schalen wurden mehrfach in Schließnetzfängen beobachtet, lebende Individuen bei ca. 100 m Tiefe.

Der innere Endpunkt des schwächer ausgebildeten Strahles entspricht etwa dem Centrum der Schale. Röhrenstrahlen sehr zahlreich, in den vorliegenden Fällen z. B. 17 und 24. Innere Röhre eines jeden mit Ausgangsporus am Rande stets deutlich, der schwächere Strahl läßt den angeschwollenen inneren Teil im langausgezogenen Mittelfeld besonders scharf hervortreten. An den Rand des Mittelfeldes ansetzende Radien mehr oder minder geknickt, zum Teil auch ein- oder mehrmals gegabelt. Schalenzeichnung zwischen den Strahlen dekussierte Punktreihen, die vom Rande zur Mitte deutlicher werden, 15—17 Punkte auf 10 μ.

Chromatophoren in normalen Exemplaren nur unter den gezeichneten Feldern, die Röhren bleiben stets frei.
Taf. XXXVIII, Fig 3. Schalenzeichnung. (500:1) 400.
Fig. 3a. Plasmakörper eines halb so großen Exemplares. (1000:1) 666.

A. *Wywillii* CASTR.[3]). (215, 200 m; 221, 1600—1000 m; Schließnetzfang.)

104 μ. Die vorliegende leere Schale aus dem Schließnetzfange schien mir der genannten Art, die bei RATTRAY nicht aufgeführt ist, am besten zu entsprechen. Zwar bleiben Durchmesser und Strahlenzahl geringer, als von CASTRACANE angegeben, doch beide sind variable Merkmale. Dagegen werden die ans Mittelfeld ansetzenden Radiallinien hin und her gebogen, wie die Diagnose es fordert, auch sind einige gegabelt. Die dekussierten Punktreihen nehmen vom Rande gegen die Mitte an Größe und Abstand zu, so daß im radialen Sinne innen 12, am Rande ca.

---

1) J. RATTRAY, On the genus *Coscinodiscus* etc., l. c. p. 654.
2) RATTRAY, l. c. p. 660.
3) CASTRACANE in Challenger Report, l. c. p. 134, Taf. V, Fig. 6.

20—24 Punkte auf 10 μ entfallen; in tangentialem Sinne zählte ich innen ca. 17, am Rande ca. 25 auf 10 μ. Diese Differenz ist von CASTRACANE nicht hervorgehoben worden; seine Figur läßt überhaupt zu wünschen übrig.

Chromatophoren mehr oder minder lang bandförmig, meist radial gelegen und stets nur unter den punktierten Flächen der Schale, niemals unter den Röhren angetroffen.

Taf. XXXVIII, Fig. 4. Schalenzeichnung. (1000:1) 800.

Fig. 4a. Plasmakörper. (1000:1) 500.

Asterolampra EHRBG.[1]).

Zellen *Coscinodiscus*-ähnlich und nächst verwandt mit *Asteromphalus*. Im Centrum der Schalen ein glatter Raum, von dem aus radiale Linien einfach oder dichotom verzweigt ausgehen. Diese Linien setzen an den Scheitel von mehr oder minder zahlreichen, keilförmig vom Rande ab sich nach innen verschmälernden Feldern mit dekussierter Punktzeichnung an. Am Rande der Felder stets erheblich gröbere Punkte. Zwischen je zweien dieser keilförmigen Felder verläuft ein glatter Strahl (hohle Röhre) vom Rande an gegen das Centrum hin; Strahlen alle gleichartig. Zwei benachbarte keilförmige Felder etwas kürzer als die anderen, so daß der beiden gemeinsame Strahl _dem_ schwächeren Strahl bei *Asteromphalus* entsprechen dürfte.

Chromatophoren ovale oder biskuitförmige Scheibchen, die im normalen Zustande der Zelle stets unter den strukturierten keilförmigen Feldern liegen, niemals unter den Strahlen gefunden werden.

A. marylandica EHRBG. var. (174; 182 etc., 200 m.)

82—108 μ. Punkte am Rande der Felder 15 auf 10 μ; Punktreihen den Hohlstrahlen parallel und am Ende resp. der Spitze des Keiles konvex gegen das Centrum gewendet, dekussiert ca. 20 Punkte auf 10 μ.

Zellinhalt dem Charakter der Gattung entsprechend.

RATTRAY, l. c. p. 641. A. SCHMIDT, Atlas, Taf. CXXXVII Fig. 19—21.

Taf. XXXVIII, Fig. 1. Schale mit Zeichnung. (1000:1) 800.

Fig. 1a. Zelle mit Inhalt. (500:1) 332.

A. marylandica var. *major* H. P. (220; 226 etc., 100—200 m.)

168 μ. Von der Hauptform durch kleineres Centralfeld, längere Radien und feinere Zeichnung der Schalensektoren unterschieden; daneben meist von erheblich größeren Dimensionen.

Die Chromatophoren sind schmale Stäbchen, etwa 10mal so lang wie breit. Ihre Lage unter den gestrichelten Sektoren, oder sehr häufig radial an den Röhrenradien entlang, entspricht genau dem Verhalten bei der Hauptform und *Asteromphalus*.

Taf. LIII, Fig. 10. Habitus der Zelle mit Chromatophoren. (500:1) 400.

---

1) JOHN RATTRAY, On the genus *Coscinodiscus* and some allied genera. Proceedings Royal Soc. Edinburgh, Vol. XVI, 1889. — H. et M. PERAGALLO, Diat. de France, p. 405, Taf. CX.

A. rotula GRUN. = A. Grevilleï WALLICH[1]). (174; 182, 200 m.)

104 μ. Cf. RATTRAY, l. c. p. 643.

Strahlen 20, alle gleich, bis an den Rand verlaufend und auf 4/5 des Radius nach innen deutlich. Keilförmige Felder dazwischen schmal mit dekussierten überaus feinen Punktreihen gezeichnet, die ich auf ca. 30—35 auf 10 μ schätze, nur die erste am Rande verlaufende Punktreihe besser kenntlich 16—18 auf 10 μ. Die an den Scheitel dieser Felder ansetzenden Linien vereinigen sich paarweise oder zu dreien, bevor sie sich gegen das Centrum hinwenden. Centralfeld zwischen diesen dichotomischen Radiallinien glatt.

Chromatophoren sehr zahlreich, ausschließlich unter den keilförmigen gezeichneten Feldern liegend.

Taf. XXXVIII, Fig. 2. Zelle mit Inhalt und Schalenzeichnung. (1000:1) 800.

Taf. XXXVIII.

Fig. 1. *Asterolampra marylandica* var. (1000:1) 800. Schalenzeichnung.
„ 1 a. „ „ „ „ (500:1) 333. Plasmakörper.
„ 2. „ *rotula* GREV. (1000:1) 800. Schalenzeichnung und Plasmakörper.
„ 3. *Asteromphalus elegans* RALFS. (500:1) 400. Schalenzeichnung.
„ 3 a. „ „ „ (1000:1) 666. Plasmakörper.
„ 4. „ *Wywillii* CASTRACANE. (1000:1) 800. Schalenzeichnung.
„ 4 a. „ „ „ (1000:1) 500. Plasmakörper.
„ 5 a. *Hyalodiscus parvulus* n. sp. (1000:1) 666. Schalenansicht.
„ 5 b. „ „ „ „ (1000:1) 666. Gürtelansicht.
„ 5 c. „ „ „ „ (1000:1) 666. Teilung.
„ 6. *Actinocyclus* spec. (1500:1) 1200. Schalenzeichnung.

Coscinosira GRAN.

Schalen *Coscinodiscus*-ähnlich; Zellen flach oder durch Streckung der Gürtelbänder kugelig bis büchsenförmig. Schwesterschalen, durch mehrere an verschiedenen Punkten der flachen Schalenoberfläche ausgeschiedene Gallertstränge in Verbindung bleibend, vereinigen die Zellen zu Ketten.

C. Oestrupii OSTENFELD. (269, 100 m.)

21 μ. Kurze Zellreihe in Gallerte eingebettet, durch stärkere Schleimstränge vereinigt, die in größerer Anzahl von Schale zu Schale zu verfolgen sind. Schalen mit Punktzeichnung in dekussierter Anordnung, die an *Coscinodiscus excentricus* erinnert; im Centrum gröber als am Rande, hier ca. 15 Punkte auf 10 μ.

Taf. XXXVII, Fig. 6. Zellreihe aus 4 Zellen mit Plasmakörper, Gallertsträngen und Hüll-gallerte. (500:1) 333.

Fig. 6a. Schale mit Zeichnung. 1000:1.

---

1) Cf. H. et M. PERAGALLO, Diatomées marines de France, p. 405, Taf. CX, Fig. 3.

Skeletonema costatum GRUN. (Colombo, 10—0 m, vorherrschend.)

Kugelige oder ein wenig plattgedrückte Zellchen durch einander entsprechende feine Kieselröhrchen, die in der Mitte zwischen je zwei Zellen in kleinen Knötchen aufeinander treffen, zu Ketten verbunden.

Die Form ist hier nur aus dem Grunde erwähnt, weil die in der Kieler Bucht während der Herbstmonate häufigen Zellen meist ein plattenförmiges Chromatophor besitzen, während hier die Zellen durchweg mit je zwei kurz-bandförmigen Chromatophoren ausgestattet waren.

Taf. XLVI, Fig. 6. Kette mit Zellinhalt. (1000:1) 666.

Stephanopyxis EHRBG.

Cf. Antarkt. Phytopl., S. 72.

Schalen flach oder gewölbt, von sehr verschiedener Größe, mit hexagonaler Zeichnung. Zellen kugelig bis cylindrisch, durch mehr oder minder zahlreiche auf dem Schalenrand stehende ansehnliche Kieselröhren, die, von den Schwesterschalen ausgehend, stets aufeinander treffen und im lebenden Zustande, ebenso wie bei *Skeletonema*, von Plasmasträngen durchsetzt werden, zu Ketten vereinigt. Gürtelbänder fehlen meist; sie werden nur bei Zellteilungen entwickelt und gehen schnell zu Grunde.

St. Palmeriana var. javanica GRUN. (234, Praslin, 15—0 m.)

112:76 μ oder mit Gürtel 112:212 μ. Schalendeckel ziemlich flach, Kieselröhren gerade an der Umbiegungsstelle im Kreise geordnet. Zeichnung durchweg hexagonal. Auf dem Deckel 3—3½ Sechsecke auf 10 μ, nach der Gürtelseite zu kleiner werdend und in Bogen geordnet, etwa der Zeichnung von *Coscinodiscus excentricus* entsprechend; am Rande schließlich ganz kleine Sechsecke 12 auf 10 μ; damit schneiden beide aufeinander treffende Ränder ab.

Taf. LIV, Fig. 9a. Stück der Wölbung bis zum Rande der Schale. (1000:1) 800.
Fig. 9b. Reihe von 3 Zellen im Zusammenhange. (125:1) 83.

Euodia BAIL

Zellen einzeln. Schalen halbkreisförmig, Gürtelbänder ungleich lang, so daß der mediane Querschnitt (Transapikalschnitt) eine keilförmige Gestalt besitzen muß. Schalenstruktur den Coscinodiscen ähnlich. Chromatophoren kleine Scheibchen, kreisförmig, sehr zahlreich. Richtige systematische Stellung noch zweifelhaft; wohl eher bei den Discoideae, cf. GRAN, Nord. Plankton, l. c. S. 45, als bei den Biddulphioideae, wo SCHÜTT sie untergebracht hatte.

E. inornata CASTR. [1])

Zellen vom Charakter der Gattung. Schalen mit radialen Punktreihen gezeichnet, die von der Mitte etwa ausgehen. CASTRACANE zeichnet diese Punktreihen zwar, erwähnt ihrer in der Beschreibung aber nicht. Die Gürtelbänder ebenfalls von ein wenig feineren Punktreihen be-

---

1) F. CASTRACANE, Challenger Report, l. c. p. 148, 149, Taf. XII, Fig. 1.

deckt. Zwischenbänder fehlen. Am geraden Schalenrande einer Schale ein kleiner Knoten, etwa der Mitte der Randlinie entsprechend.·

Taf. XLII, Fig. 8.   Zelle in Schalenansicht mit Chromatophoren. (500:1) 400.

Fig. 8 a.   Zelle in halber Gürtel- und Schalenansicht. (1000:1) 800.

Solenoideae.

Dactyliosolen CASTR.[1]).

Zellen lang-cylindrisch, Schalen flach, kreisrund, ohne Dornen oder Auswüchse. Zwischenbänder ringförmig oder halbkreisförmig, mit den Enden in- oder ein wenig übereinander greifend; je nach der Zahl der Bänder auf einem Querschnitte entstehen 1 oder 2 derartige Endstellen, die entweder geradlinig übereinander liegen oder die Zelle in steiler Spirale umlaufen. Species durch die verschiedenartigen Zelldimensionen und Zeichnung ihrer Zwischenbänder zu unterscheiden.

D. Bergonii H. P. (232; 240 etc., 100 m.)

10—28:56 μ. Zwischenbänder stoßen in einer Zickzacklinie aufeinander, welche ohne spiralige Drehung über den Gürtel verläuft. An der Stelle, wo beide Gürtel übereinander geschoben sind und neue Zwischenbänder eingeschoben werden, sind die Grenzlinien nicht kenntlich. Dadurch wird diese Art von den übrigen Species leicht unterschieden (cf. Antarkt. und Adant. Phytopl., l. c.). Zeichnung besteht in ziemlich groben, ein wenig langgezogenen Punkten, die in quincuncialer Ordnung über jede einzelne Schuppe laufen, ca. 10—12 auf 10 μ.

Plasmakörper war stets völlig kontrahiert oder aus den Bruchstücken herausgefallen.

Taf. XLI, Fig. 11 a.   Zellreihe, 2-zellig mit Imbrikationslinien. (125:1) 100.

Fig. 11 b.   Oberflächenzeichnung der Schuppen. (1000:1) 800.

Lauderia CLEVE[2]).

Zellen cylindrisch, Schalen kreisrund mit kleinem randständigen Dorn. Gallertporen rings am Schalenrande verteilt, lassen Gallertfäden hervortreten, die die Nachbarschalen verbinden. Zwischenbänder zahlreich, stellen „halskragenförmig" (GRAN) geschlossene Ringe vor.

Chromatophoren zahlreiche längliche oder verschieden geformte Plättchen.

L. punctata n. sp. (190, 200 m und später mehrfach.)

14—36:50—90 μ. In einem sehr reichen Phytoplanktonfange fanden sich häufig Ketten von geraden Zellen, deren Oberfläche von zahlreichen, langgestreckten Chromatophorenbändchen in Längsrichtung der Zellen bedeckt war. Vielfach hafteten kleine, durch Osmiumsäure geschwärzte Oeltröpfchen an den Chromatophoren. Der Kern lagerte einer Schale an, und ein Plasmafaden durchsetzte den Zellraum bis zur gegenüberliegenden Schale. Die Zelle zeigte am

---

1) H. PERAGALLO, Monographie, l. c. p. 104, Taf. I, Fig. 6—a. — Derselbe, Diatom. marines de France, Taf. CXXII, Fig. 5, 6. — H. H. GRAN, Nord. Plankton, l. c. S. 25, Fig. 25, 26. — G. KARSTEN, Antarkt. Phytopl., S. 93, Taf. IX, Fig. 10, 11, und Atlant. Phytopl., l. c. S. 160, Taf. XXIX, Fig. 1, 2.

2) H. PERAGALLO, Monographie, l. c. p. 105, Taf. I, Fig. 10—13. — Derselbe, Diatom. marines de France, Taf. CXXI, Fig. 3—4. — H. H. GRAN, Nord. Plankton, l. c. S. 22, Fig. 22, 23. — G. KARSTEN, Atlant. Phytopl., S. 161, Taf. XXIX, Fig. 6.

Rande aufgewölbte, im Centrum etwas eingesenkte, kreisrunde Schalen, an denen rings an der Wölbung kleine Gallertporen längere, von ihnen ausgeschiedene Gallertfädchen erkennen ließen, die von Zelle zu Zelle eine Verbindung herstellten. Ein besonderer Randdorn konnte nicht nachgewiesen werden. Der Gürtel zeigte sich aus Ringen zusammengesetzt, die eine Zeichnung von dekussierten Punkten besaßen. Die Punktreihen der Ringe ließen sich nicht über die aneinander liegenden Ringe geradlinig weiter verfolgen, sondern jeder Ring war einzeln für sich punktiert.

Die abgebildete Zellreihe stand offenbar kurz vor der Zellteilung, da jede Zelle zwei Kerne, an jeder Schale einen, aufweist.

Taf. XLII, Fig. 7. Zellreihe mit Plasmakörper. (500:1) 400.

Fig. 7a. Einzelne Zelle mit Gürtelzeichnung. (1000:1) 800.

Detonula SCHÜTT[1]).

Cylindrische Zellen, mit kreisrunden, flachen Schalen, die im Centrum einen die Nachbarschalen verbindenden Gallertfaden besitzen. Randdorn fehlt. Gallertporen rings am Schalenrande alternieren miteinander.

Chromatophoren zahlreiche kleine Plättchen von verschiedener Form.

D. Schroederi (P. BERGON) GRAN. (Colombo.)

14—15:45 p. Gerade, zarte Zellreihen von kreisrundem Querschnitt. Die Schalen sind im Centrum ein wenig vertieft und hier mit einem eingelassenen Gallertfaden aneinander befestigt. Rings am Rande entspringen kleine Dornen oder Zäpfchen, die mit einer geringen Anschwellung abschließen. In den benachbarten Zellen alternieren diese Zäpfchen. Der Gürtel ist aus zahlreichen schmalen Ringen zusammengesetzt, die in derselben Weise wie bei den Rhizosoleniae annulatae aneinander schließen.

Chromatophoren kleine kreuzförmige Gebilde mit 4 kurzen Armen. Kern in der Zellmitte wandständig.

Taf. XLI, Fig. 10. Eine Zelle mit Anschluß an die Nachbarzellen, Gürtelbändern und Plasmakörper. (1000:1) 800.

Rhizosolenia (EHRBG.) BRIGHTWELL[2]).

Zellen mehr, oder minder langgestreckt, cylindrisch. Schalen helmartig, mit Spitze versehen; meist unsymmetrisch und mit dem Abdruck der gleichzeitig gebildeten Schwesterschale gezeichnet. Häufig bleiben die Schalen aneinander haften und verbinden die Zellen zu Ketten. Gürtel aus zahlreichen Zwischenbändern in verschiedener Form und Anordnung zusammengesetzt; schwächer gebaut und minder widerstandsfähig als die Schalen. Zellen gerade oder gekrümmt, im letzteren Falle bisweilen rechtwinklig zur Krümmungsebene zusammengedrückt. Einteilung der Gattung nach H. PERAGALLO und der im Antarktischen Phytoplankton S. 94 gegebenen Erweiterung.

---

1) SCHÜTT in ENGLER-PRANTL, l. c. S. 83. — H. H. GRAN, Nord. Plankton, l. c. S. 21, Fig. 19—21.

2) H. PERAGALLO, Monogr. du genre *Rhizosolenia*, l. c. p. 108. — H. H. GRAN, Nord. Plankton, l. c. S. 46. — G. KARSTEN, Antarkt. Phytopl., l. c. S. 94. — Ders., Atlant. Phytopl., l. c. S. 162.

A. Zellen symmetrisch. Spitze der Schale in allen Lagen der Zelle median. Abdrücke oder Verwachsungsstellen der Schwesterschale fehlen, die Zellen daher stets einzeln. — Simplices.

Rhizosolenia simplex G. K., Antarkt. Phytopl., S. 95, Taf. X, Fig. 1.

Rh. simplex G. K. var. *major* n. var. (Nancauri, 20—0 m.)

128:910 μ. Eine völlig gerade aufgesetzte Spitze in jeder Lage der Zelle wie das Fehlen einer Verwachsungsstelle der Schale weisen die Zugehörigkeit zu den „Rhizosoleniae simplices" nach. Der Umriß ähnelt der in der Antarktis nicht seltenen Art *Rhizosolenia simplex* G. K. so sehr, daß ich in diesen riesigen Zellen nur eine Varietät annehmen möchte. Die Schale ist sehr zart längsgestreift und endet in einen schwachen Stachel, ohne jede Anschwellung oder Wandverdickung an seiner Basis. Der Gürtel besteht aus sechseckigen Schuppen, die sehr regelmäßig geformt sind und nur am Schalenansatz einige Abweichung ihrer geradlinigen und scharfeckigen Form zu einem etwas mehr bogig geschweiften Umriß erkennen lassen.

Chromatophoren fanden sich in den wenigen vorgekommenen Exemplaren nicht mehr vor.

Taf. XLI, Fig. 1 a. Eine ganze Zelle zur Charakterisierung der Form. (125:1) 83.

Fig. 1 b. Zellspitze mit Schuppenzeichnung. (250:1) 166.

Rh. Torpedo G. K., Antarkt. Phytopl., Taf. X, Fig. 2.

Rh. stricta G. K., Atlant. Phytopl., S. 162, Taf. XXIX, Fig. 11.

Rh. amputata OSTF.[1]). (183, 100 m und später überall häufig.)

34:528 μ. Relativ kurze gerade Zellen. Spitze abgestumpft, von einer die Verbindung des Zellinnern nach außen vermittelnden Röhre durchsetzt, die sich in der Basis bauchig erweitert. Gerade Punktreihen, die sich auch in Querzeilen ordnen, sind an der Schale deutlich. Jede 4. bis 6. Längszeile tritt erheblich stärker hervor, ohne vertieft oder erhaben zu sein. Alle Punktreihen schwächen sich gegen den Gürtelansatz hin völlig ab, so daß sie kaum als Linien wahrnehmbar bleiben. In gleicher wenig bemerkbarer Art sind die schuppigen Gürtelpanzerstücke gezeichnet.

Chromatophoren: zahlreiche winzige Körnchen an der ganzen Zelloberfläche verteilt.

Taf. XLII, Fig. 2. Zelle mit Plasmakörper. (187:1) 150.

Fig. 2 a. Zellende mit Schalen und Gürtelbandzeichnung. (1000:1) 800.

Rh. cylindrus CLEVE[2]). (65; 192 etc.)

12—32:172—292 μ. Stachellänge 28 μ. Diese zierliche kleine Form ward nur in dem wärmsten Oberflächenwasser sowohl des Atlantischen wie Indischen Oceans angetroffen. Sie ist in den Tabellen bereits unter Station 65 S. 201 als „*eriensis*-ähnlich" aufgeführt. Die Zellen waren einzeln, cylindrisch, mit kurz vorgezogener Spitze, der ein zarter, aber im ausgewachsenen Zustande nicht hohler Stachel von ziemlicher Länge stets schief eingefügt ist. Bisweilen hängen 2 Zellen durch Krümmung ihrer Stacheln eine Zeitlang zusammen. Imbrikationslinien schwach sichtbar als (Halb-)Ringe, deren Treffpunkte die Zelle steil spiralig ansteigend umlaufen. Weitere Zeichnung gelang nicht sichtbar zu machen.

1) C. H. OSTENFELD, Koh Chang, l. c. S. 227, Fig. 4.
2) H. H. GRAN, Nord. Plankton, l. c. S. 49, Fig. 56, nach CLEVE. — C. H. OSTENFELD, Koh Chang, l. c. S. 229, Fig. 7.

Die Form gehört ihrer Gestalt nach und wegen des Fehlens eines Schwesterzellabdruckes zu den Simplices. Nur der schief sitzende Stachel könnte zu Bedenken Veranlassung geben, die aber von minderem Gewicht sind, da der Stachel massiv ist, also nur ein Anhängsel, keinen integrierenden Bestandteil der Zelle bildet.

Ich glaubte, die mir häufig begegnete Form mit *Rhizosolenia cylindrus* CL. identifizieren zu sollen, obgleich die Schuppengrenzlinien nach der bei GRAN wiedergegebenen Zeichnung CLEVE's nicht zu meiner Fig. 6a passen. Dagegen stimmen meine und OSTENFELD's Abbildungen überein.

Chromatophoren winzig, an der ganzen Oberfläche verteilt.

Taf. XLII, Fig. 6. Zelle mit Plasmakörper. (250:1) 200.

Fig. 6a. Zellhälfte mit Imbrikationslinien. (1000:1) 800.

Rh. firma n. sp. (226, 200 m.)

Fragment, 272 μ Durchmesser an der breitesten Stelle.

Das Fragment gehört offenbar zu einer sehr großen Zelle, wie schon aus der Breite hervorgeht. Der Form nach würde die Einreihung unter die Simplices wohl die richtige Stellung sein, doch läßt sich bei Fehlen der Imbrikationslinien weiteres nicht aussagen.

Auffallend ist die enorme Wanddicke der Schale, die im optischen Längsschnitt gezeichnet wurde, um diesen Umstand hervorheben zu können. Die Spitze ist kurz, dickwandig und scharf zulaufend; ihr Innenraum kommuniziert mit dem Zelllumen. Schalenzeichnung sehr große, in Quincunx stehende Punkte, die hier die Wand durchsetzende Tüpfel vorstellen, wie bei Einstellung auf den optischen Durchschnitt deutlich hervortrat: jedem Punkte entsprach eine Vertiefung auf der inneren Oberfläche, an die vermutlich ein haarfeiner, die Wand durchbohrender Kanal anschließt, der sich seines geringeren Durchmessers wegen aber der Wahrnehmung entzieht.

Die ganze innere Oberfläche der Zelle ist mit einer Unzahl winzig kleiner, kugeliger bis biskuitförmiger Chromatophoren bedeckt.

Taf. XLI, Fig. 2a. Habitusbild des Fragmentes mit Chromatophoren. (125:1) 83.

Fig. 2b. Spitze der Zelle mit Schalenzeichnung und Angabe der Wanddicke im optischen Längsschnitt. (1000:1) 666.

Diese Einteilung in Simplices und Eurhizosoleniae nimmt auf die verschiedenartige Zusammensetzung des Gürtels keine Rücksicht. So gut dies als Unterteilungsprinzip innerhalb der Eurhizosoleniae verwendbar ist, scheint mir doch Symmetrie und Asymmetrie der ganzen Zelle eine der anderen überzuordnende Thatsache zu sein. Und so sind innerhalb der Simplices allerlei verschiedenartige Gürtelformen vereinigt. Ringförmige Gürtelschuppen besitzt *Rhizosolenia cylindrus* OSTF., squamosen Bau zeigen *Rhizosolenia simplex* und *Rhizosolenia amputata*, zu den Genuinae würde *Rhizosolenia stricta* zählen. Unbekannt bleibt der Aufbau für *Rhizosolenia Torpedo* und *Rhizosolenia firma*.

Da scheint mir hier der Ort zu sein, eine sonst nirgends unterzubringende Art anzufügen, die nach CASTRACANE's[1]) Beschreibung und Zeichnung ihren Gürtel aus „gleichen, rechteckigen" Schuppen aufbaut:

---

1) PERAGALLO, *Rhizosolenia*, l. c. p. 109, Taf. I, Fig. 20. — CASTRACANE, Challenger, l. c. p. 72, Taf. XXIV, Fig. 12.

Rh. Murrayana Castr.[1]). (198, 30—0 m.)

28:184 μ. Sporn außerdem ca. 3 μ. Ein einziges Exemplar einer cylindrischen Zelle mit kugelig gewölbten Schalen und kurzem, ein wenig gekrümmtem Sporn am Gipfel schien dieser von Castracane freilich für das Antarktische Meer angegebenen Art zu entsprechen. Von Imbrikationslinien war leider nichts zu bemerken, nur die Schalengrenze konnte gesehen werden. An der Wölbung dicht unter dem Sporn war der Eindruck der Schwesterzelle kenntlich. Das ganze Gürtelband zeigte sich leicht punktiert.

Der Zellkern liegt in der Zellmitte wandständig. Die Chromatophoren sind kurze, ein wenig geschlängelte Stäbchen, die, vom Kern radial ausstrahlend, diesem ein Ende zukehren.

Taf. XLII, Fig. 5. Zelle mit Plasmakörper. (500:1) 400.

B. Zellen unsymmetrisch. Schalenspitze seitlich inseriert, so daß die Zelle vom Rücken und von den Flanken aus verschiedene Bilder giebt: Eurhizosoleniae.

1. Annulatae mit ringförmigen Zwischenbändern.

Subsectio 1. Lauderioideae Gran. Schalen abgerundet mit aufgesetztem Stachel oder Borste.

Rhizosolenia antarctica G. K., Antarkt. Phytopl., S. 95, Taf. XI, Fig. 1.
Rh. delicatula (Cleve) G. K., Atlant. Phytopl., S. 163, Taf. XXIX, Fig. 8, ist zu identifizieren mit *Rhizosolenia fragillima* Bergon, cf. H. H. Gran, Nord. Plankton, l. c. S. 49, Fig. 54.

Rh. Stolterfothii H. Perag.

Cf. Atlant. Phytopl., S. 163, Taf. XXIX, Fig. 9.

Gegenüber dem dort angegebenen Durchmesser von 20—28 μ kann hinzugefügt werden, daß im indischen Phytoplankton an individuen, die vielleicht kurz nach einer Auxosporenbildung sich befanden, Durchmesser von 47 μ:100 μ Länge gemessen werden konnten.

Taf. XLI, Fig. 3. Eine solche Zelle. (1000:1) 666.

Subsectio 2. Robustae. Schalen verschiedenartig, kegel- oder helmförmig. Die Schalen sind selber nicht aus einem Stücke gebildet, sondern durch verschiedenartig verlaufende Trennungslinien zerlegbar. Zellen abgeplattet.

Rhizosolenia robusta Norman, cf. Atlant. Phytopl., S. 163, Taf. XXIX, Fig. 10, und Taf. LIV, Fig. 2.

Nach der Annulation würde hierher auch gehören *Rh.* [*styliformis var. latissima* Brw.] cf. Br. Schröder. Phytopl. warmer Meere, l. c. S. 345, Fig. 6a und b, eventuell zu vereinigen mit folgender Art:

Rh. annulata n. sp. (214, 100 m und sonst.)

112:1000 — ? μ. Diese sehr große Art ist vielleicht bereits häufiger mir begegnet und als *Rhizosolenia robusta* im Stationsverzeichnis aufgeführt, denn sobald ihr die Spitze fehlt, gleicht der Gürtel jener genannten Art vollständig. Er besteht also aus Ringen, die die Zelle fast vollkommen umfassen und deren Trennungslinien rechtwinklig zur Pervalvarachse der Zelle orientiert sind. Die durch scharfe Umbiegung kurz vor dem Aufeinandertreffen der Gürtelbänder ge-

---

1) Peragallo, *Rhizosolenia*, l. c. p. 109, Taf. I, Fig. 10. — Castracane, Challenger, l. c. p. 72, Taf. XXIV, Fig. 12.

bildeten Schnittpunkte der Trennungslinien liegen in Flankenansicht an einer der beiden Seiten, also auf Bauch- oder Rückenseite und zwar geradlinig übereinander.

Die Spitze ist völlig einseitig aufgesetzt, sie endet mit einem starken, am Scheitel etwas gerundeten, hohlen Stachel, dessen Höhlung nicht mit dem Zelllumen kommunizieren dürfte. Die ersten 2—3 Trennungslinien sind wohl zur Schale zu rechnen; sie zeigen starke Einwölbung gegen die Spitze hin, bevor die beschriebenen regelmäßigen Ringe des Gürtels einsetzen; auch entspricht ihre Zeichnung derjenigen der übrigen Schalenoberfläche.

Eine äußerst feine quincunciale Strichelung durch zarte Punktreihen ist auf der ganzen Zelloberfläche nachweisbar, auf jedem Schuppenringe für sich verlaufend. Sie ist auf der Schale noch erheblich feiner als auf den Gürtelbändern.

Chromatophoren waren stets in Knäuel zusammengeballt, sie besitzen sehr geringe Größe und rundliche bis kurz-stäbchenförmige Figur.

Taf. XLI, Fig. 4a. Ganze Zelle mit den Gürtelbändern. (250:1) 166.

Fig. 4b. Zellspitze mit der Schalen- und Gürtelzeichnung. (1000:1) 800.

2. **Eurhizosoleniae genuinae.** Abweichend von H. PERAGALLO, der hierher auch noch Formen rechnet, deren Zellen bis zu 4 rhombische Schuppen auf einem Querschnitt führen, beschränke ich sie auf solche, die nur 2 derartige Schuppen auf dem Querschnitt besitzen. Die Schuppenränder ordnen sich zu Zickzacklinien, welche je nach der Lagerung der Schuppen auf verschiedene Seiten der Zelle entfallen.

a) **Imbricatae.** Schuppen flankenständig, Zickzacklinie verläuft über Rücken und Bauchseite der Zellen:

Rhizosolenia imbricata BRIGHTW., cf. Antarkt. Phytopl., S. 98, Taf. XI, Fig. 3.

Rh. Shrubsolei Cl., cf. ibid. S. 99, Taf. XI, Fig. 4.

Rh. Chunii G. K., cf. ibid. S. 99, Taf. XI, Fig. 5.

b) **Styliformes.** Schuppen rücken- und bauchständig, Zickzacklinien auf den Flanken sichtbar, Spitze scharf bewehrt.

Rhizosolenia styliformis BRIGHTW., cf. Antarkt. Phytopl., S. 96, Taf. X, Fig. 5, größter gemessener Durchmesser, 120:820 μ.

Rhizosolenia hebetata (BAIL.) GRAN, cf. Nord. Plankton, L c., S. 55.

a) forma *semispina* (HENSEN), cf. Antarkt. Phytopl., S. 96, Taf. X, Fig. 4. Atlant. Phytopl., S. 164, Taf. XXIX, Fig. 13.

b) forma *hiemalis* GRAN.

Der Nachweis der Zusammengehörigkeit beider Formen ist von H. H. GRAN, Diat. der arkt. Meere, 1904, l. c. S. 524, Taf. XVII, Fig. 9—12 geführt worden. Ich traf diese Dauersporenform neben der in der Regel weit häufigeren *semispina* besonders zahlreich einmal im Material aus dem Kratersee von St. Paul. Die Zellen waren durchweg in ihre Schalen und Gürtelschuppen zerfallen und lieferten so den Beweis dafür, daß die Falzstellen die Orte minoris resistentiae sind, wie HENSEN zuerst behauptet hatte, cf. G. KARSTEN, Antarkt. Phytopl. S. 11.

Taf. XLII, Fig. 4a. Gürtelschuppe.⎫
Fig. 4b. Zwei Schwesterschalen.⎭ (1000:1) 800.

Rhizosolenia setigera BRIGHTW. ist hier nicht mitaufgeführt, doch soll betont werden, daß ich mit den von GRAN, Nord. Plankton, l. c. S. 53 angeführten Synonymen völlig übereinstimme; vor allem halte ich die von PERAGALLO in seiner Monographie, l. c. gegebenen und in den Diatom. marines de France, Taf. CXXIV, Fig. 13—15, wiederholten Abbildungen nur für *Rhizosolenia hebetata* forma *semispina* (HENSEN) GRAN, Fig. 11 und 12 für *Rh. calcar avis* SCHULZE, und nicht für *Rh. setigera*. Ich erwähne dies hier aus dem Grunde, weil BR. SCHRÖDER (Phytopl. warmer Meere, l. c. S. 344, Fig. 5) typische *Rhizosolenia setigera* abbildet — der schmale Hohlraum im Stachel ist freilich. meist nur als eine Linie noch wahrnehmbar — und sie als neue Form *Rh. crassispina* BR. SCHRÖDER bezeichnet. Dieser Name ist also mit *Rh. setigera* BRIGHTWELL synonym und fällt fort. Wie die Imbrikationslinien der Art verlaufen, vermochte ich nicht fest-zustellen, da mir immer nur ganz vereinzelte Exemplare vorlagen; andere Abbildungen der Art mit Trennungslinien kenne ich nicht, so daß dieser Nachweis noch erst erbracht werden müßte.

Rh. *Rhombus* G. K., cf. Antarkt. Phytopl., S. 97, Taf. X, Fig. 6.

Rh. curvata O. ZACHARIAS (= *curva* G. K.), cf. Antarkt. Phytopl., S. 97, Taf. XI, Fig. 2, und Atlant. Phytopl., S. 164.

Rh. bidens G. K., Antarkt. Phytopl., S. 98, Taf. IX, Fig. 15.

Hier schiebt sich eine Form ein, die zu einigem Zweifel Anlaß geben kann, da sie bald als genuin, bald als squamos gebildet auftritt.

Rh. calcar avis SCHULZE. (Unter den Tropen sehr häufig.)

20—54 : 340 μ etc. Sehr zarte und zerbrechliche Form. Spitze der Zelle ein wenig ge-bogen und mit leicht gekrümmtem Stachel versehen. In meinen Exemplaren war der Stachel minder dickwandig, als er von PERAGALLO[1]) und HENSEN[2]) gezeichnet wird, und die Gürtel-schuppenabgrenzung völlig derjenigen von *styliformis, semispina* etc. entsprechend, während an den angeführten Stellen kürzere, nicht halbumlaufende Schuppen gezeichnet werden, deren also 3—4 auf einen Querschnitt entfallen müßten. SCHRÖDER[3]) dagegen zeichnet die Imbrikations-linien so, wie ich sie auch gesehen habe. Es dürfte hauptsächlich mit Rücksicht auf diese Species geschehen sein, daß PERAGALLO auch Zellen mit 3—4 Schuppen auf einem Querschnitt zu den Genuinae rechnet.

Zeichnung der Spitze und der Gürtelringe resp. Schuppen völlig abweichend von allen bisher beobachteten Arten und sehr schwer sichtbar zu machen.

Die Spitze mit sehr stark schräg verlaufenden, feinen Punktlinien, deren Richtung dem äußeren konvexen Umfang etwa parallel ist. Die Schuppen resp. Ringe mit etwas feineren Punkten in Bogenlinien, die sich auf das wirrste untereinander schneiden und keinerlei gemeinsame Richtung weder gegen den Rand noch die Schuppengrenze erkennen lassen. Im ganzen ist vielleicht eine gewisse Rücksicht auf die Mitte der breitesten Schuppenstelle zu bemerken. Zeich-nung derjenigen von *Rh. alata* ähnlich, aber erheblich feiner punktiert.

Taf. XLI, Fig. 5. Zellende. (500 : 1) 333.

Taf. XLII, Fig. 1. Detail von Schale und Gürtel. (1000 : 1) 800.

---

1) PERAGALLO, Monographie, l. c. p. 113, Taf. IV, Fig. 9, 10.

2) HENSEN, l. c. S. 86, Taf. V, Fig. 40.

3) BR. SCHRÖDER, Phytopl. warmer Meere, l. c. S. 346, Fig. 7.

Rh. cochlea BRUN. (Nancauri, 250 etc., 20—0 m.)

50—75 μ Durchmesser. Diese Form besitzt in dem gebogenen Schalenende eine gewisse Aehnlichkeit mit *Rhizosolenia calcar avis*, sie wird von OSTENFELD (Koh Chang, l. c. S. 228, Fig. 5) als Varietät von *calcar avis* aufgeführt. Durch die weit schärfere Krümmung des Schalenendes und Stachels ist jedoch die Unterscheidung beider sehr leicht. Läßt man die Zellen eintrocknen, so zieht sich freilich die Schale am Ende ein wenig länger aus. Sie hat in dem gezeichneten Falle dem Drucke des Deckglases völlig widerstanden, während die Gürtelbänder gesprengt, in den Nähten auseinandergerissen sind und die Zellröhre plattgedrückt ist. Bei starker Vergrößerung erkennt man aber jetzt, daß Schale wie Gürtelbänder sehr zarte Längsreihen von Punkten aufweisen, die in den benachbarten Schuppen jedoch in ihrer Richtung divergieren. Demnach ist die feinere Struktur von Schale wie Gürtel von derjenigen bei *calcar avis* völlig abweichend, und beide Formen sind als selbständige Species zu betrachten.

Chromatophoren zahlreiche, sehr kleine, ovale bis rundliche Körnchen, der ganzen Oberfläche anliegend.

Taf. XLI, Fig. 6a. Ganze Zelle, oben noch der Gürtel der Mutterzelle erhalten. (250:1) 166.

Fig. 6b. Zellende mit Chromatophoren und Kern. (500:1) 333.

Fig. 6c. Feinere Struktur von Schale und Gürtel nach einem eingetrockneten Exemplar. (1000:1) 800.

c) A l a t a e. Wie die Styliformes, jedoch ohne Stachelspitze. Zellende stumpf und mehr oder minder breit.

Rhizosolenia inermis CASTR., cf. Antarkt. Phytopl., S. 98, Taf. IX, Fig. 12.

Rh. alata BRIGTHW.[1]). (Ueberall häufig.)

Die Formen der Schalen und der Zellspitzen sehr wechselnd, doch finden sich alle möglichen Uebergänge der einen zu den anderen, so daß ich, bis auf die in ihren Zwischenbändern abweichende var. *indica*, wirklich streng getrennte Varietäten nicht annehmen möchte. Durchmesser der Zellen sehr wechselnd. Sehr schmächtige Zellen fanden sich z. B. in Material von St. Paul vor, von nur 4:252 μ. Sonst gemessen 5—36 μ Durchmesser; es kommen häufig stärkere Zellen vor, GRAN l. c. giebt für var. *indica* 48 μ an.

Hier sollte nur auf die Struktur von Schale und Gürtel aufmerksam gemacht werden, die recht schwierig zu erkennen ist und sich nirgends dargestellt findet. Die Schale zeigt an getrockneten Zellen eine recht feine, dem Schalenumriß parallel laufende Zeichnung von punktierten Längslinien. In den Gürtelschuppen dagegen sind die Punkte etwas gröber, ca. 15—16 auf 10 μ, aber die Richtungen laufen bunt durcheinander, bald krumm, bald gerade, und in jeder Schuppe für sich allein. So kommt ein sehr merkwürdiges Bild zu stande, demjenigen von *Rh. calcar avis* ähnlich, nur in der Punktierung erheblich gröber.

Taf. XLI, Fig. 7. Ende einer Zelle nach trockenem Material von Station 251. (1000:1) 800.

[1]) H. PERAGALLO, Monographie *Rhizosolenia*, l. c. p. 115, Taf. V, Fig. 11, 12. — H. H. GRAN, Nord. Plankton, l. c. S. 56, Fig. 68.

3. Eurhizosoleniae squamosae. Gürtel aus verschieden geformten kleineren Schuppen aufgebaut, deren 3 bis sehr viele auf einen Querschnitt gehen. Durch die Beobachtung von H. H. GRAN [1]), daß die Auxospore von *Rhizosolenia styliformis* an ihrer ersten Schale ein squamoses Gürtelband ausbildet, sind verwandtschaftliche Beziehungen zwischen den Squamosae und Genuinae nachgewiesen, und es wird im folgenden häufiger die Beobachtung gemacht werden, daß eine Reihe von Parallelformen zwischen diesen beiden Unterabteilungen existiert, welche die ganze Einteilung, wie sie hier im Anschluß an H. PERAGALLO wiedergegeben ist, als eine künstliche, der Abstammungsgeschichte vermutlich nur wenig entsprechende erscheinen läßt.

α) Typische Squamosae nach der Definition von H. PERAGALLO, l. c. p. 110.

Rhizosolenia Temperei H. P., cf. G. K., Atlant. Phytopl., S. 164, Taf. XXX, Fig. 15, u. Taf. LIV, Fig. 1.

Dazu var. *acuminata* H. P., cf. H. PERAGALLO, l. c. p. 110, Taf. III, Fig. 4.

Rhizosolenia Castracanei H. P., cf. G. K., Atlant. Phytopl., S. 164, Taf. XXX, Fig. 14.

Rhizosolenia Clevei OSTF., Koh Chang, l. c. G. K., S. 220, Fig. 6, vielleicht mit dem Fragment Atlant. Phytopl., S. 165, Taf. XXX, Fig. 16 zu identifizieren.

Durch abweichende Form der Schuppen von allen diesen Formen verschieden erweist sich eine neue Form:

Rh. squamosa n. sp. (175 und sonst häufig, 20—0 m.)

200—264 : 760—1000 μ und mehr. Vollständige Individuen selten, da die Zellen äußerst vergänglich; nur die Schalen und Spitzen auch in tieferen Lagen häufiger.

Zellen der *Rhizosolenia crassa* (cf. G. K., Antarkt. Phytopl., S. 99, Taf. XI, Fig. 6) ähnlich. jedoch mit sehr viel mehr Schuppen auf jedem Querschnitt. Zellenden stumpf abgeschnitten. Stachel einseitig vorgezogen. Schuppen sechseckig. Zwei kurze Seiten einander gegenüber genau quer zu der Längsrichtung der Zelle liegend, vier lange einander etwa gleiche Seiten, die paarweise einen spitzen Winkel einschließen, setzen mit stumpfen Winkeln beiderseits an jene an und sind ein wenig schräg gegen die Längsrichtung der Zelle orientiert. Die Schuppenreihen, schräg über die Zelloberfläche in der Längsrichtung verlaufend. Schuppenzeichnung dekussierte gröbere Punktreihen, 9 Punkte auf 10 μ.

Chromatophoren zahlreiche äußerst kleine runde Scheibchen, der Oberfläche anliegend. Taf. XLII, Fig. 3. Zelle mit Inhalt und Schuppenkleid. (125:1) 100.

Fig. 3a. Eine Schuppe mit Zeichnung. (1000:1) 800.

Hier würde sich *Rhizosolenia arafurensis* CASTR., l. c. S. 74, Taf. XXX, Fig. 12 anreihen, cf. H. PERAGALLO, l. c. p. 111, Taf. III, Fig. 6.

Die vorher als *Rh. simplex* var. *major* n. var. angeführte Form könnte zu den Zeichnungen passen, da die Schuppenform etwa die nämliche ist, aber *Rh. arafurensis* soll keinen hohlen Stachel führen, der bei meiner Form deutlich vorhanden ist.

β) Squamosae minores, durch eine weit geringere Zahl von Schuppen auf demselben Querschnitte ausgezeichnet, von H. PERAGALLO zu den Genuinae gerechnet.

Rhizosolenia crassa SCHIMPER, cf. G. K., Antarkt. Phytopl., S. 99, Taf. XI, Fig. 6.

---

1) H. H. GRAN, Norweg. Nordmeer, l. c. S. 173, Taf. I, Fig. 8 u. 9.

Außerdem gehören hierher eine Anzahl von Parallelformen der richtigen Genuinae, die in einigen Fällen auch direkt in solche Squamosae minores umschlagen zu können scheinen. Ein Beispiel dafür wäre *Rhizosolenia calcar avis* SCHULZE, die ich vorher S. 380 als genuin beschrieben und abgebildet habe, worin mit mir BR. SCHRÖDER (Phytopl. warmer Meere, l. c. S. 346, Fig. 7) übereinstimmt, während H. PERAGALLO (Monographie, l. c. p. 113, Taf. IV, Fig. 9, 10) und V. HENSEN (Plankton, l. c. S. 86, Taf. IV, Fig. 40), wie H. H. GRAN, freilich nur auf HENSEN's Abbildung gestützt (Nord. Plankton, l. c. S. 54), diese Form bei gleichem Außenumriß squamos zeichnen. Auch *Rhizosolenia cochlea* BRUN wird von OSTENFELD (Koh Chang, l. c. S. 228, Fig. 5) squamos wiedergegeben, während ich dieselbe Art (cf. S. 381) genuin auffand. Während hier aber die Arten sich in einem labilen Gleichgewichtszustand befinden, der — vielleicht vom jeweiligen Querdurchmesser des Individuums beeinflußt — bald nach dieser, bald nach jener Seite umschlägt, sind gewisse Parallelformen zu stabilen Verhältnissen gelangt. Das ist der Fall zunächst für *Rhizosolenia alata*, die genuin ausgebildet wird, während ihre Nachbarform *Rhizosolenia indica* H. P. (l. c. S. 116, Taf. V, Fig. 16, und ebenso BR. SCHRÖDER, l. c. S. 346, Fig. 9) offenbar squamosen Gürtel besitzt. Der Form *Rhizosolenia quadrijuncta* H. P. (l. c. S. 116, Taf. V, Fig. 17, und G. K., Atlant. Phytopl., S. 164, Taf. XXIX, Fig. 12) ist wohl ein weit größerer Abstand von *Rhizosolenia alata* BRIGHTW. zuzuweisen — auch bereits ihrer Umrißform nach. Dagegen habe ich jetzt eine Art aufgefunden, die ich zunächst für eine besonders stark ausgefallene *alata*-Zelle ansehen mußte, bis die genauere Untersuchung typisch squamosen Bau erkennen ließ:

Rh. africana n. sp. (250, 20—0 m, und folgende Stationen.)

50—72 µ:768 µ. Die Spitzen dieser relativ großen Zellen haben mit den Schalen von *Rhizosolenia alata* eine unverkennbare Aehnlichkeit; auch die tief eindringende Narbe der Schwesterzelle findet sich in ähnlicher Form nur bei *Rh. alata*.

Dagegen ist der Bau der Zelle völlig abweichend. Die Gürtel sind aus etwa rhombischen Schuppen zusammengesetzt, welche durch Abschneiden der beiden in die Längsrichtung der Zelle fallenden Ecken zu ungleichmäßigen Sechsecken werden. Genauere Zeichnung konnte hier nicht wahrgenommen werden.

Der Plasmakörper besteht aus einem inmitten des Zellumens an Plasmasträngen aufgehängten Zellkern und sehr zahlreichen, überaus kleinen, rundlich-ovalen, wandständigen Chromatophoren.

Taf. XLI, Fig. 8a. Ganze Zelle mit Plasmakörper. (125:1) 83.

Fig. 8b. Schuppenpanzer und Schale einer Zellhälfte. (250:1) 166.

In ähnlicher Weise bildet eine weitere Art die squamose Parallelform zu der weitverbreiteten *Rh. styliformis* BRIGHTW., für die übrigens H. PERAGALLO (Monogr., l. c. p. 111, Taf. IV, Fig. 7) bereits als squamose Nebenform die *Rh. polydactyla* CASTR. aufführt:

Rh. similis n. sp. (251, 20—0 m, und folgende Stationen.)

56 µ—100 µ. Die Schuppen sind zu 3—4 auf einem Querschnitt vorhanden, von ziemlich hoher Form. Ansatzstelle der Schwesterzelle überaus deutlich, wie es ja auch bei *styliformis* selbst zu sein pflegt. Die Spitze ist an der Basis hohl; nach der Narbe der Schwesterschale

zu urteilen, die durch die im Innern vorhandene *Richelia*-Zellreihe minder deutlich zu erkennen ist, wird sie erheblich länger angelegt als sie sich hier erhalten zeigt.

Inhalt war abgestorben. *Richelia intracellularis*, die in den Zellen sich zeigte, war ebenfalls tot.

Taf. XLI, Fig. 9. Zellspitze mit Angabe der Imbrikationslinien. (500:1) 333. *Richelia intracellularis* im Zellraum an der Spitze.

Taf. XLI.

Fig. 1. *Rhizosolenia simplex* var *major*. a ganze Zelle. (125:1) 83. b Zellspitze mit Imbrikationszeichnung. (250:1) 166.

„ 2. „ *firma*. a Habitus des gefundenen Fragmentes. (125:1) 83. b Zellspitze mit Zeichnung und Dickenangabe der Wandung. (1000:1) 800.

„ 3. „ *Stolterfothii*. Zelle von auffallender Stärke. (1000:1) 666.

„ 4. „ *annulata*. a ganze Zelle. (250:1) 166. b Zellspitze mit Zeichnung der Oberfläche. (1000:1) 800.

„ 5. „ *calcar avis*. Habitus der Zelle. (500:1) 333.

„ 6. „ *cochlea*. a ganze Zelle. (250:1) 166. b Zellspitze und Inhalt. (500:1) 333. c Schalen- und Gürtelzeichnung nach trockenem Material. (1000:1) 800.

„ 7. „ *alata*. Zellspitze mit Schalen- und Gürtelzeichnung. (1000:1) 800.

„ 8. „ *africana*. a Habitus der Zelle. (125:1) 83. b Zellspitze mit Imbrikationslinien. (250:1) 166.

„ 9. „ *similis*. Zellspitze mit Imbrikationslinien. (500:1) 333.

„ 10. *Detonula Schroederi*. Zellreihe. (1000:1) 800.

„ 11. *Dactyliosolen Bergonii*. H. P. a Zellreihe mit Imbricationslinien. (125:1) 100. b Zeichnung der Gürtelbänder. (1000:1) 800.

Taf. XLII.

Fig. 1. *Rhizosolenia calcar avis*. Schalen- und Gürtelbandzeichnung. Spitze fehlt. (1000:1) 800.

„ 2. „ *amputata* Ostf. Ganze Zelle mit Chromatophoren. (187:1) 150.

„ 2a. „ „ „ Zellspitze, Schale und Gürtelband mit Zeichnung. (1000:1) 800.

„ 3. *Rhizosolenia squamosa* n. sp. Ganze Zelle mit Inhalt und Gürtelschuppen. (125:1) 100.

„ 3a. „ „ „ „ Schuppenzeichnung. (1000:1) 800.

„ 4a. *Rhizosolenia hebetata* f. *hiemalis* Gran. Eine Schuppe isoliert. (1000:1) 800.

„ 4b. „ „ „ „ „ Schalen zweier Schwesterzellen isoliert. (1000:1) 800.

„ 5. *Rhizosolenia Murrayana* Castr. Zelle mit Inhalt. (500:1) 400.

„ 6. „ *cylindrus* Cleve. Eine Zelle mit Inhalt. (250:1) 200.

„ 6a. „ „ „ Schale und Gürtel mit den Imbrikationslinien. (1000:1) 800.

„ 7. *Lauderia punctata* n. sp. Eine Zelle mit Inhalt. (500:1) 400.

„ 7a. „ „ „ „ Eine Zelle mit Gürtelbandzeichnung. (1000:1) 800.

Biddulphioideae.

Chaetoceras EHRBG. [1]

Schalen elliptisch bis kreisförmig, jede mit 2 mehr oder minder weit vom Rande entspringenden Hörnern, die mit gleichen oder ähnlichen Bildungen der Schwesterschale auf kürzere oder längere Strecken verwachsen und dadurch die Vereinigung der mehr oder minder langen Zellen zu Ketten von oft erheblicher Zellenzahl bedingen.

Untergattung *Phaeoceras* GRAN.

Zahlreiche Chromatophoren, die in die Hörner hinein verbreitet sind.

Sectio Atlantica OSTENFELD.

Schalen mit kurzem Stachelfortsatz etwa im Schalencentrum. Hörner in derselben Ebene, ohne Haar- oder Borstenbekleidung. Endhörner oft in Form und Richtung von den übrigen verschieden.

Ch. atlanticum CL. G. K., Antarkt. Phytopl., l. c. S. 115, Taf. XV, Fig. 9; Taf. XVI, Fig. 1.

Ch. atlanticum CL. und var.? G. K., Atlant. Phytopl., l. c. S. 166, Taf. XXXI, Fig. 1.

Ch. cruciatum G. K., Antarkt. Phytopl., S. 116, Taf. XV, Fig. 5 = *Ch. polygonum* SCHÜTT? cf. GRAN, Nord. Plankt., S. 67, Fig. 78.

Ch. Janischianum CASTR. syn. *Ch. dichaeta* EHR. G. K., Antarkt. Phytopl., S. 116, Taf. XV, Fig. 6.

Ch. neapolitanum BR. SCHRÖDER, cf. GRAN, Nord. Plankt., l. c. S. 65, Fig. 76, im Indischen Ocean laut Materialaufnahme der Stationen häufiger gefunden.

Sectio Borealia OSTENFELD.

Schalen (meist!) ohne centralen Stachel, Hörner der Ketten nicht auf eine Ebene beschränkt und meist mit Haaren oder Borsten bedeckt.

Subsectio Criophila G. K.

Chromatophoren oft bis in die Spitze der Hörner zu beobachten, diese mehr oder minder dicht mit Borsten oder Haaren bekleidet.

Als Verbindungsglied zu den Atlanticae hinüber betrachte ich:

Ch. peruvio-atlanticum n. sp. (245, 100 m.)

56:36 µ. Diese eigenartige Form wurde nur einmal beobachtet in einer zweizelligen Kette; obere Zelle springt rechts, die untere links über die Ebene vor. Zellen sehr niedrig; sie können aber, wie das Ueberstehen der älteren Schalengürtel bezeugt, größere Höhe erreichen. Die Gürtelzone ist durch Einkerbung scharf abgesetzt. Obere Schale stark gewölbt; ihre Borsten entspringen nahe dem Schalencentrum, vereinigen sich oberhalb, lassen jedoch an der Basis eine kleine offene Stelle zwischen sich. Die Unterschale ist annähernd geradlinig abgeschnitten; sie trägt zwischen den dem Schalenrande genäherten Abgangsstellen der Borsten einen zapfenartigen Vorsprung, wie er für die Sectio Atlantica

[1] Vergl. H. H. GRAN, Nord. Plankton, l. c. S. 58; — Derselbe, Norske Nordhavs Exped. Protophyta, 1897, S. 6. — C. H. OSTENFELD, Faeröes etc., 1903, S. 570. — Derselbe, Koh Chang etc., 1902, S. 233. — G. KARSTEN, Antarkt. Phytopl., l. c. S. 115. — Derselbe, Atlant. Phytopl., l. c. S. 165.

charakteristisch ist. Die Hörner sind abwärts gestreckt und mit vier Längsreihen starker, abwärts gerichteter Haare besetzt. Borstenenden fehlen meinem Präparate.

Chromatophoren viel kleiner als die irgend einer bisher bekannten Art der Untergattung *Chaetoceras*; sie gehen mit in die mächtigen Borsten hinein.

Taf. XLIII, Fig. 1a. Habitusbild der zweizelligen Kette (Borstenende abgebrochen). (125:1) 83.

Fig. 1b. Die beiden Zellen mit Inhalt. (500:1) 333.

Ch. Castracanei G. K., Antarkt. Phytopl., S. 116, Taf. XV, Fig. 1.
Ch. criophilum CASTR., cf. H. H. GRAN, Nord. Plankt., S. 71, Fig. 85; G. K., Antarkt. Phytopl., S. 118, Taf. XV, Fig. 8a, b, d, e.
Ch. criophilum forma *volans* SCHÜTT, GRAN, l. c. S. 72, Fig. 86; G. K., l. c. S. 118, Taf. XV, Fig. 8, 8c.
Ch. peruvianum BRIGHTW., cf. H. H. GRAN, Nord. Plankton, S. 70, Fig. 84; G. K., Atlant. Phytopl., S. 166, Taf. XXXI, Fig. 4.
Ch. peruvianum var. *Victoriae* G. K., Atlant. Phytopl., S. 166, Taf. XXXI, Fig. 5.

Chaetoceras peruvianum ist eine sehr veränderliche Art. Im Indischen Ocean trat es meist in Form einzelner Zellen auf, nur sehr selten in zusammenhängenden Ketten. Die als *Ch. volans* SCHÜTT bezeichnete Art scheint mir ebenso wie GRAN (Nord. Plankton, S. 72) besser bei *Ch. criophilum* als bei *Ch. peruvianum* untergebracht, wohin OSTENFELD (Koh Chang, S. 238) sie rechnet. *Ch. currens* CL. dürfte, worin beide genannten Autoren einig sind, mit *Ch. volans* SCHÜTT übereinstimmen.

Ch. peruvianum var. *Suadivae* n. var. (218.)

Einzellige Form, welche durch die fast wagerechte Abspreizung der oberen Hörner sehr auffallend ist. Beim Vergleiche mit der im Atlantischen Ocean gefundenen und in tropischen Breiten häufigen Form *Ch. peruvianum* var. *Victoriae* (vergl. G. KARSTEN, Atlant. Phytopl, l. c. S. 166, Taf. XXXI, Fig. 5) wolle man die Vergrößerungszahlen beachten. Es ist bei dieser neuen indischen Form eine mehr als 5mal so große Borstenspannung zu erkennen, die ebenso wie die im gleichen Verhältnis gesteigerte Borstenlänge einen erheblich wirksameren Formwiderstand gewährleisten dürfte.

Die Chromatophoren sind kleine runde Plättchen, wie sie der Art selbst und ihren Varietäten zukommen.

Taf. XLIII, Fig. 3a. Ganze Zelle. 62:1.

Fig. 3b. Zelle mit oberen Borstenteilen. (500:1) 333.

Fig. 3c. Borstenende. (500:1) 333.

Ch. densum CL., cf. H. H. GRAN, Nord. Plankton, S. 67, Fig. 79; G. K., Atlant. Phytopl., S. 166, Taf. XXXI, Fig. 2.
Ch. coarctatum LAUDER, cf. G. K., Atlant. Phytopl. S. 166, Taf. XXXI, Fig. 3.

Die Beschreibung und Abbildung der Form bei H. H. GRAN, Nord. Plankton, ist unvollständig, da die besonders charakteristischen In der Abbildung von LAUDER wie bei CLEVE (Diat. from Java, 1873, l. c. p. 9, Taf. II, Fig. 10) deutlich hervortretenden Endborsten keinerlei Erwähnung finden.

Ch. indicum n. sp. (219; 220, 20—0 m.)

Breite der Zellreihen 30 μ. Länge der Endborsten 250—300 μ.

Die Zellen dieser Art sind sehr niedrig, Schalen- und Gürtelbandhöhe ungefähr gleich. Ketten und Zellen ein wenig tordiert. Schalen eingesenkt, so daß die Fenster schmale elliptische Form erhalten. Borstenansatz auf dem Schalenrücken, etwa im zweiten Drittel vom Schalen-centrum zum Rande gerechnet. Alle Borsten gleichsinnig mehr oder minder scharf abwärts gebogen, dick und spitz endend; mit langen steifen, dem Ende zugekehrten Haaren in 4 Längszeilen besetzt, die am Borstenansatz mehr vereinzelt als kleine Zähnchen beginnen, dann länger und dichter werden und gegen das Ende hin wiederum spärlicher stehen und kürzer bleiben. Obere Endschale und Borsten nicht abweichend, untere Endschale minder ausgebuchtet und Borsten direkt abwärts, fast geradlinig verlaufend.

Höchst eigenartig ist, daß die beiden unteren Borsten jeder Zelle bei ihrer Abzweigung einen — wie es scheint — offen endenden Zahnfortsatz gegen die obere Nachbarschale treiben, von dem ich nicht feststellen konnte, ob er in die Nachbarzelle einmündet oder auf der Schale endet. Das Material war leider für genauere Untersuchung zu spärlich [1].

Chromatophoren ovale Plättchen, die weit in die Borsten hineinwandern.

Taf. XLIII, Fig. 2. Kette von 3 Zellen. (500: 1) 333.

Ch. Seychellarum n. sp. [2].

(Suadiva, 15—0 m, Bruchstücke; 232, 100 m, häufig; 234, 15—0 m, Bruchstücke, und sonst häufiger.)

14—27:33—62 μ. Form von auffallender Größe der Einzelzellen wie der Ketten. Zellen durch die am Ansatz der Gürtelbänder rings eingeschnittene Rinne in drei etwa gleiche Abschnitte zerlegt; bisweilen erreicht jedoch das Mittelstück größere Länge als die beiden Schalen. Hörneransatz auf den Schalen; Endzellen durch ihre Hörner unterschieden. Obere Endzelle spreizt die Hörner der Endschale, gleich über der Ansatzstelle rechtwinklig umbiegend, annähernd wagerecht oder in leichtem nach unten konkavem Bogen ab. Die untere Endschale dagegen läßt die Hörner von ihrer Ansatzstelle aus fast gerade abwärts wachsen unter leichter Krümmung, deren konkave Seiten einander zugekehrt sind. Indem die oberen und unteren Hörner jeder Zelle mehr oder minder genau dem Verhalten der betreffenden Endhörner entsprechen, doch so,

---

1) Das Verhalten erinnert an das von LAUDER beschriebene und abgebildete *Chaetoceras denticulatum* LAUDER, doch sind die Zellen dort sehr lang und die Hörner, rechtwinklig von der Zellreihe abstehend, laufen einander etwa parallel. LAUDER, On marine Diatoms found at Hongkong. Transactions Microsc. Soc., New Ser. Vol. XII, 1864, p. 75, Pl. VIII, Fig. 9. Die Form ist von Hr. SCHRÖDER (Phytoplankton warmer Meere, l. c. S. 349, Fig. 14) neuerdings wiedergefunden und der LAUDER'schen Form genau entsprechend beschrieben und abgebildet worden, so daß ich meine Art nicht mit derjenigen voll LAUDER identifizieren kann; auch fehlt der meinigen die Querstrichelung der Borsten.

In einer mir soeben noch zugehenden Arbeit von K. OKAMURA, Some *Chaetoceras* and *Peragallia* of Japan, l. c. p. 91, findet sich mit deutlicher Unterscheidung gegen das eben behandelte *Chaetoceras denticulatum* LAUDER, in Anknüpfung an eine Figur von Hr. SCHRÖDER l. c., die dieser als „breite Form" von *Ch. denticulatum* LAUDER aufgefaßt hatte, eine der meinigen zum mindesten sehr viel näher stehende Art beschrieben und abgebildet als *Chaetoceras nanodenticulatum* K. OKAMURA. Der einzige Unterschied scheint mir in Richtung der Hörner zu liegen, die bei meiner Form einseitig umgebogen herabhängen, dort schräg auseinandergespreizt von den Zellen abstehen. Es wird weiteres Material erst entscheiden können, ob beide unter dem früher veröffentlichten Namen von OKAMURA zu vereinigen sind.

2) TUFFEN-WEST, Remarks on some Diat. etc., Transact. Microsc. Soc. London, New Ser. Vol. VIII, 1860, giebt p. 152, Taf. VII, Fig. 13 eine einzelne Zelle dieser oder einer nahe verwandten Art als *Ch. boreale* BAIL.

daß der Bogen der oberen Hörnerpaare mit Annäherung gegen das untere Ende der Kette mehr und mehr geschwungen wird, kommt eine große Mannigfaltigkeit des Habitus und erheblicher Formwiderstand zu stande. Die Hörner sind mit sehr zarten, in kleinen Einbuchtungen weit voneinander stehenden Haaren besetzt; die Endigung ist abgerundet bei den stärkeren und kürzeren Endhörnern sowohl wie bei den übrigen. Die Abgangsstelle der Hörner liegt in den ein wenig zurücktretenden Zellecken selbst, die an den unteren Endhörnern bisweilen (Fig. 4 d) fast aneinander stoßen. Im Kettenverlauf sind die beiden Nachbarschalen an den Hörnerbasen fest verwachsen, was besonders in breiter Gürtelansicht hervortritt (Fig. 4 b). Es bleibt ein kleines rechteckiges Fensterchen frei. In schmaler Gürtelansicht tritt die Kreuzung der Borsten hervor, und in der Schalenlage läßt sich eine Uebereinanderlagerung der Borstenansätze erkennen.

Zahlreiche oval-elliptische Chromatophoren gehen weit in die Borsten hinein.

Taf. XLIII, Fig. 4 a.   Kette mit oberer und unterer Endzelle. (250:1) 166.

Fig. 4 b.   Mittelzellen in breiter Gürtelansicht.   Querschnitt des zweiten Hornes jedesmal angegeben. (1000:1) 666.

Fig. 4 c.   Borstenenden.   α Endborste, β Seitenborste. (1000:1) 666.

Fig. 4 d.   Endzelle in breiter Gürtelansicht. (500:1) 333.

Fig. 4 e.   Zellen halb von der schmalen Gürtelseite. (500:1) 333.

Ch. sumatranum n. sp. (ca. 190—199, 25 m.)

32:114 μ.   Eine besonders stattliche Art, die ich in Bruchstücken wohl früher antraf und dann als *densum* bezeichnet habe, war an den genannten Stationen in längeren Ketten vorhanden und stellte sich als eine neue zur Untergattung *Phaeoceras* GRAN, Sectio Borealia OSTF., Subsectio Criophila G. K., gehörige Form dar. Die einzelnen Zellen erreichen eine ungewöhnliche Länge, und zwar dadurch, daß das Gürtelband sich bis zur dreifachen Schalenhöhe ausdehnen kann. An der Ansatzstelle von Schale und Gürtelband ist eine halbkreisförmige Einkerbung zu sehen. Die Schalen sind ein wenig verschieden. Die obere Endschale einer Kette ist fast geradlinig abgeschnitten, nur die fast wagerecht abstehenden von den Ecken (in Gürtellage!) ausgehenden Hörner wölben sich an ihrer Abgangsstelle ein wenig nach oben vor; unter ihnen ist eine geringe Verjüngung bemerkbar, die die Oberschale kuppelig gewölbt erscheinen läßt. Die übrigen Schalen zeigen die Borstenansätze um etwa 1/3 des Zellenquerdurchmessers von den Ecken nach innen zu verschoben; die Borsten kreuzen sich gleich am Ansatz, und alle bilden einen sehr flachen Bogen, dessen Konkavität gegen den Verlauf der Kette hin gerichtet ist. Untere Endzelle fehlte. Die Borsten sind von sehr verschiedener Länge, sie enden mit einer leichten Zuschärfung. Die Borsten der Endschale sind besonders lang und stark und mit sehr kräftigen langen und scharfen, reihenweis stehenden Dornen besetzt, die, in der Entfernung des halben Zelldurchmessers von der Abgangsstelle beginnend, bis ans Borstenende zu beobachten sind. Auch die übrigen, etwas schwächer und zum Teil erheblich kürzer ausgebildeten Borsten sind mit Dornen besetzt, die aber stets weit kürzer bleiben und sehr viel geringere Ausbildung erhalten. Durch die langen und weit abspreizenden Borsten ist der Formwiderstand der Art ein sehr erheblicher.

Chromatophoren kleine geschlängelte Stäbchen, die vom wandständigen Kern in der Zellmitte radial ausstrahlen, auch in die Borsten hinein zu verfolgen sind.

Taf. XLV, Fig. 2.   Drei Zellen vom oberen Ende der Kette. (500:1) 333.

Fig. 2a.   Habitusbild einer unvollständigen Kette. (62:1) 50.

Ch. aequatoriale CL. (186; 190, 200 m etc.)

23:22 µ.   Zellen stets einzeln. Ober- und Unterschale einander gleichend (von der Richtung der Borsten abgesehen). Beide Schalen mit tiefer Rinne kurz vor dem Schalenende. Schalenumriß kreisrund. Borsten lang und dick, spitz endend, jede Borste 4-kantig. Am Borstenansatz eine Torsion der Borsten an der Lagerung ihrer Kanten deutlich zu erkennen. Die im ganzen Verlauf der Borsten an der Unterseite liegende Kante dreht sich hier im Bogen auf die Oberseite hinüber. Kanten mit starken Stacheln besetzt. Die ganzen Borsten quer gestrichelt. Borsten im weiten Bogen nach unten verlaufend und mit den Enden hier einander von links und rechts genähert oder gar übereinander gekreuzt.

Die Art ist, wie sich aus einem gerade nach stattgehabter Teilung aufgefundenen Exemplaro ergiebt, zu identifizieren mit *Chaetoceras aequatoriale* Cl. (Diat. from Java, l. c. p. 10, Taf. II, Fig. 9). Die beiden aus Schwesterschalen nach derselben Seite entwickelten Borsten verlaufen nämlich abweichend von dem sonst zu verfolgenden Verhalten bei *Chaetoceras* von Anfang an parallel nebeneinander, o h n e s i c h z u k r e u z e n und o h n e m i t e i n a n d e r z u v e r w a c h s e n. Daraus erklärt sich gleichzeitig, daß diese Art stets einzellig bleibt. Es ist reiner Zufall, daß CLEVE bereits einen der eben erst erfolgten Teilung entsprechenden zweizelligen Zustand zu beobachten vermochte. Freilich legt er das Gewicht auf die Parallelität der oberen mit der unteren gleichseitigen Borste, doch ist der andere eben hervorgehobene, für die Oekologie wichtigere Umstand, die Vereinzelung der Zellen (wie seine Zeichnung rechts erkennen läßt, l. c. Fig. 9) damit verbunden.

Zellinhalt nur abgestorben und kontrahiert gesehen.

Taf. XLV, Fig. 1.   Zelle mit Borstenansatz und -Zeichnung. (1000:1) 800.

Fig. 1a.   Habitus einer Zelle. (250:1) 166.

Fig. 1b.   Zwei Zellen im Begriffe sich zu trennen. (250:1) 166.

Fig. 1c.   Borstenende. (1000:1) 800.

Subsectio Radicula G. K.   Hörner glatt, ohne Borsten; Chromatophoren nur in dem angeschwollenen basalen Teil wahrnehmbar.

Ch. Schimperianum G. K., Antarkt. Phytopl., S. 117, Taf. XV, Fig. 2.

Ch. radiculum CASTR., G. K., Antarkt. Phytopl., S. 117, Taf. XV, Fig. 3.

Ch. Chunii G. K., Antarkt. Phytopl., S. 117, Taf. XV, Fig. 4.

Ch. pendulum G. K., Antarkt. Phytopl., S. 118, Taf. XV, Fig. 7.

Untergattung *Hyalochaete* GRAN.

Sectio Dicladia GRAN [1]). Größere Chromatophoren 4—10 (oder kurz nach der Zellteilung nur 2) in jeder Zelle. Endborsten von den übrigen verschieden.

---

[1]) Im Interesse der größeren Gleichförmigkeit in der Einteilung dieser wichtigen Gattung nehme ich im wesentlichen die von GRAN im Nord. Plankton gebrauchten Bezeichnungen an Stelle der im Antarkt. Phytoplankton zur Verwendung gelangten Namen OSTENFELD's; also hier Dicladia GRAN, statt Oceanica OSTF.

Ch. dicladia CASTR. var., G. K., Antarkt. Phytopl., S. 119, Taf. XVI, Fig. 2.
Ch. decipiens CL. var., G. K., Atlant. Phytopl., S. 167, Taf. XXXII, Fig. 9.
Ch. lorenzianum GRUN., G. K., Atlant. Phytopl., S. 167, Taf. XXXI, Fig. 6.
Ch. tetras G. K., Atlant. Phytopl., S. 167, Taf. XXXII, Fig. 10.
Ch. capense G. K., Atlant. Phytopl., S. 167, Taf. XXXI, Fig. 7.

Sectio Cylindrica OstF. Kleinere Chromatophoren in größerer Anzahl in jeder Zelle. Endborsten von den übrigen mehr oder minder verschieden in Richtung oder Form, bisweilen auch erheblich stärker als diese.

Ch. buceros n. sp. (220, 200 m; 226, 200 m.)

Zellbreite ca. 35—40 μ. Mehrere Zellen einer Kette ohne Endzellen lagen vor. Endzellen in Verbindung mit Kettenzellen fanden sich darauf später. Zellen von einer Seite breit, von der Kante schmal, also von elliptischer Querschnittsform. Fenster elliptisch bis sechseckig, durch die festverwachsenden Zellecken (in breiter Gürtellage) eingeengt. Borsten relativ kurz, die einem Paare angehörenden nur wenig divergierend und dem betreffenden näher liegenden Ende der Kolonie zugeneigt. Endzellen mit sehr starken und um mehr als 90^0 divergierenden Hörnern, die unten leicht geschwungen, im oberen Drittel eine vollkommene Schraubenlinie, etwa einem Büffelhorn entsprechend, beschreiben. Sie enden in scharfer, auf- resp. abwärts gerichteter Spitze. Im ganzen Verlauf finden sich in kurzen Abständen knotenartige Verdickungen an ihrer Oberfläche, die den anderen seitenständigen Borsten fehlen.

Chromatophoren sehr klein und überaus zahlreich, nicht in die Borsten hineingehend.
Taf. XLIV, Fig. 1. Eine Zellreihe mit Inhalt. (500:1) 333.

Ch. bacteriastroides n. sp. (220, 200 m; 226, 200 m, und sonst mehrfach.)

Zellbreite 16 μ. Eine einzige, jedoch bis auf die nur in den Ansätzen vorhandenen Endhörner vollständige Kette dieser eigenartigen Form lag zunächst vor. Weitere Funde, welche auch die Endhörner enthielten, bestätigten die hier folgende Beschreibung.

Die Zellen sind ziemlich lang, Schalen und Gürtelbänder werden nicht deutlicher gegeneinander abgesetzt. Die einander zugekehrten Nachbarschalen zeigen meist wohl 7 einander gegenüberstehende Zapfen oder Vorsprünge, welche verwachsen. Zwei einander gegenüberstehende sind stärker entwickelt und bilden die Hörnerpaare, die auf eine kurze Strecke vereinigt bleiben, dann sehr regelmäßig auseinander gabeln und sich mit denen der nächst benachbarten Zellen kreuzen. Das letzte und vorletzte Paar vor dem Ende der Kette neigt mehr oder minder stark gegen die betreffende Endzelle hinüber. Die Endhörner selbst entfallen etwa in Richtung der Kette, indem sie mit leichtem Bogen, dessen konkave Seite sie einander zukehren, ein wenig divergieren. Ihre Endigungen sind stumpf abgerundet.

Die übrig bleibenden 5 Zäpfchen sind auch an den Endzellen als kurze Höckerchen wahrnehmbar. Auf die eine breite Gürtelansicht entfallen 3, auf die andere 2 von ihnen, und es schien dieser Unterschied durch die ganze Kette hin gleichartig beibehalten zu werden.

Die Aehnlichkeit der Zellform dieser vermöge der 2 Borsten jeder Schale zu *Chaetoceras* zu rechnenden Art mit *Bacteriastrum* ist höchst merkwürdig, denn jene 5 korrespondierenden Zäpfchen stellen doch nichts anderes als Hörneranlagen vor, die nicht zur vollen Ausbildung gelangen.

Der Plasmakörper zeigt einen im Mittelpunkt befindlichen Kern und zahlreiche schmale, lang-bandförmige, hin und her gebogene Chromatophoren.

Taf. XLIV, Fig. 2 a. Habitusbild der Kette (Endborsten vervollständigt). (250:1) 166.

Fig. 2 b. Drei Zellen des einen Endes im Verbande. (1000:1) 666.

Fig. 2 c. Endzelle mit ihren Hörnern. (1000:1) 666.

Sectio Compressa OSTENF. Chromatophoren 4—20. Einzelne Paare von Mittelborsten abweichend ausgebildet.

Ch. contortum SCHÜTT.

Die Borsten der benachbarten Schalen wachsen direkt aufeinander zu, umschlingen sich und stehen mehr oder minder rechtwinklig von der Zellkette ab. Die Lücken sind daher im Verhältnis zu den kleinen Zellen relativ erheblich. Einzelne Borstenpaare waren stärker entwickelt und etwas unduliert, wie es ja für die Art charakteristisch ist, cf. GRAN, Nord. Plankton, S. 78. Der Zellinhalt war meist geschädigt, ließ aber 5—6 Chromatophoren in Ueberresten erkennen.

Taf. XLV, Fig. 3, 3 a, 3 b. Zellreihen von *Chaetoceras contortum* SCHÜTT mit *Richelia*-Fäden in den Lücken. (500:1) 400.

Sectio Protuberantia OSTENF. Zwei pyrenoidführende Chromatophorenschalen mit einer halbkugeligen Ausbuchtung in der Mitte.

Ch. didymum EHRBG., G. K., Atlant. Phytopl., S. 168, Taf. XXXII, Fig. 11.

Ch. didymum var.? G. K., Antarkt. Phytopl., S. 119, Taf. XVI, Fig. 3.

Sectio Constricta OSTENF. Chromatophoren 2, schalenständig, Gürtel mit deutlichen Einschnürungen am Rande der Schalen.

Ch. strictum G. K., Atlant. Phytopl., S. 168, Taf. XXXII, Fig. 12.

Ch. Van Heurckii GRAN? (248, 20—0 m.)

In kleinen Bruchstücken ohne Borsten fanden sich hie und da an der genannten und den benachbarten Stationen Ketten einer ihrem Erhaltungszustande nach unbestimmbaren *Chaetoceras*-Art, die nach der Zellform am meisten Aehnlichkeit mit *Ch. Van Heurckii* zeigte, wie sie von OSTENFELD (Koh Chang, l. c. S. 240) abgebildet ist. Die Form von der schmalen Gürtelansicht differiert etwas von derjenigen bei OSTENFELD, doch mag das daran liegen, daß ich die Zellen im optischen Durchschnitte gezeichnet habe.

Von Chromatophoren giebt OSTENFELD l. c. einen an, das würde zu meiner Figur passen. Die kleinen runden Körper in den Zellen werden Oeltropfen vorstellen.

Taf. XLIV, Fig. 6 a. Stück einer Kette in der breiten Gürtelansicht. (500:1) 333.

Fig. 6 b. Zwei noch von der Membran der Mutterzelle umhüllte Zellen im optischen Durchschnitt, von der schmalen Gürtelseite. (500:1) 333.

Sectio Stenocincta OSTENF. Chromatophor 1, gürtelständig. Dichte Ketten, Endborsten deutlich.

Ch. Willei GRAN, cf. H. H. GRAN, Nord. Plankton, S. 81, Fig. 98.

Ch. Willeï GRAN var.? (Colombo, 10—0 m.)

Ketten gerade, Zellen ca. 12 μ breit, Zwischenräume sehr schmal, die Zellenden berühren einander, und eine kleine Vorwölbung in der Schalenmitte stößt meist ebenfalls an diejenige der Nachbarzelle. Gürtelzone meist ein wenig mehr als ⅓ der Zelllänge. Borsten spreizen etwa rechtwinklig von der Kette ab. Endborsten ein wenig stärker als die übrigen und in Richtung der Kette leicht voneinander divergierend.

Ein Chromatophor mit mittelständigem Pyrenoid.

Abweichungen gegenüber Ch. Willeï GRAN in der relativ breiten Gürtelzone und Vorhandensein des Pyrenoids.

Taf. XLIV, Fig. 3 a. Kette. (500:1) 333.

Fig. 3 b. Zwei Zellen mit Inhalt. (1000:1) 666.

Sectio Laciniosa OSTENF. Chromatophoren 1—2, meist schalenständig. Ketten mit großen Fenstern.

Ch. breve SCHÜTT var.? (245, 100 m; 251, 20—0 m.)

Cf. H. H. GRAN, Nord. Plankton, S. 83, Fig. 100.

Schalen in der Mitte ein wenig aufgewölbt, Lücken groß, in der Mitte leicht verengt. Borsten wenig gekrümmt an den Zellecken (in breiter Gürtellage) entspringend.

Chromatophor gelappt, mit Pyrenoid, schalenständig.

Taf. XLIV, Fig. 4. Kette mit Zellinhalt. (500:1) 333.

Sectio Diadema (OSTF.) GRAN. Chromatophor einzeln, gürtelständig. Endborsten deutlich verschieden, Ketten mehrzellig.

Ch. *seiracanthum* GRAN, cf. G. K., Atlant. Phytopl., s. 168, Taf. XXXIII, Fig. 15.

Ch. (*difficile* CL?) G. K., Atlant. Phytopl., s. 168, Taf. XXXII, Fig. 14.

Ch. *Ralfsiï* CL., cf. G. K., Atlant. Phytopl., s. 168, Taf. XXXIII, Fig. 16, 17 u. 18.

Sectio Diversa OSTF. Chromatophor einzeln; abweichende Borstenpaare in dem Kettenverlauf sind charakteristisch.

Ch. *diversum* CL., cf. G. K., Atlant. Phytopl., s. 169, Taf. XXXIII, Fig. 19.

Ch. *furca* CL., cf. G. K., Atlant. Phytopl., s. 169, Taf. XXXII, Fig. 13.

Sectio Brevicatenata GRAN. Ketten kurz, gerade. 1—2 Chromatophoren. Meist Endborsten abweichend.

Ch. *subtile* CL., cf. G. K., Atlant. Phytopl., S. 170, Taf. XXXIII, Fig. 20.

Sectio Furcellata OSTF. Ketten ohne abweichende Endborsten, schlaff, gerade oder gedreht.

Ch. *neglectum* G. K., Antarkt. Phytopl., s. 119, Taf. XVI, Fig. 5.

Ch. filiferum n. sp. (250, 20—0 m; 251.)

20 μ. Ketten ohne besondere Endzellen oder abweichende Endborsten. Zellen in breiter Gürtelansicht etwa quadratisch, in jüngeren eben geteilten Zellen rechteckig. Schalen etwa kreis-

förmig, aufgewölbt. An dem Abfall der Wölbung gegen den Rand hin setzen die Borsten an. Sie sind haarfein, geradlinig abgestreckt. Verwachsungsstelle in einigem Abstande von der Kette. Chromatophoren in jeder Zelle 2, dem Gürtel anliegend, mit je einem Pyrenoid. Viereckige bis unregelmäßige Platten, nach dem Absterben in kleine kreisrunde Stäbchen kontrahiert. Taf. XLIV, Fig. 5 a. Kette mit quadratischen Zellen. (500:1) 333.
Fig. 5 b. Kette mit vor kurzem geteilten, rechteckigen Zellen. (500:1) 333.

Bellerochea VAN HEURCK.

Vergl. H. H. GRAN, Nord. Plankton, S. 111.

Zellreihen bandförmig flach oder von dreieckigem Querschnitt. Zellen berühren einander an den Schalenenden, vielfach auch in der Mitte, während sie dazwischen weitere Oeffnungen lassen. Specifische Trennung der dreieckigen und der flachen Zellen wird bisher nicht angenommen, scheint auch kaum durchführbar zu sein. Chromatophoren zahlreich, klein, scheibenförmig.

B. malleus VAN HEURCK[1]). (190, 200 m.)

Hier war nur die dreikantige Form vorhanden. Zellen viel breiter, so daß die Gürtelseiten etwa quadratisch werden. Wellung des Schalenrandes unregelmäßiger und beträchtlicher als bei der Bandform. Schalenzeichnung auch hier sehr zarte punktierte Querreihen ca. 12 auf 10 μ.
Chromatophoren kleine Plättchen wandständig und in den vom Kern ausstrahlenden Plasmasträngen.
Taf. XLVI, Fig. 1. Habitus einer dreieckigen Zellreihe. (1000:1) 666.

B. indica n. sp. (Nancauri. 20—0 m.)

172 μ. Flache Bänder, wie ja die vorgehende Art oft ebenfalls aus solchen besteht. Die Zellen zeigen eine weit stärkere Einschnürung, gleich hinter der randständigen Berührungs- und Verwachsungsstelle, so daß die Zellreihe größere Lücken aufweist und bei oberflächlicher Betrachtung mit *Climacodium* verwechselt werden könnte. Doch ist der Centralknoten der Schalen stets deutlich und die feine Schalenstreifung gleicht derjenigen der ersteren Art.
Chromatophoren, sehr kleine stabförmige Gebilde, die im ganzen Zellraum verstreut sind.
Taf. XVI, Fig. 2. Zellen im Verbande mit Inhalt. (500:1) 333.

Hemiaulus EHRBG.

Vergl. H. H. GRAN, Nord. Plankton, S. 99.

Schalen kreisrund oder elliptisch, an zwei gegenüberliegenden Stellen der Oberfläche, oder im letzteren Falle an beiden Polen, lange Fortsätze treibend, welche die Schwesterschalen zu Ketten verbinden. Ketten gerade oder gekrümmt [und zwar dann in der schmalen Gürtelansicht (Transapikalansicht), während die ähnlichen Formen *Eucampia* und *Mölleria* in der breiten Gürtel-

---

1) G. KARSTEN, Atlant. Phytoplankton, S. 172, Taf. XXVIII, Fig. 7a

ansicht (Apikalansicht) gekrümmt sind, vergl. G. K., Antarkt. Phytopl, S. 120, Taf. XI, Fig. 7 und 8, mit Atlant. Phytopl, S. 172. Taf. XXVIII, Fig. 9.]
Chromatophoren zahlreich, rundlich, scheibenförmig

H. Hauckii GRUN. (169.)

Hemiaulus Hauckii trat an einigen Stationen des südlichen Indischen Oceans vorherrschend auf (cf. 174, 175, 178.) An dieser Form war die Vergrößerung der Formwiderstand schaffenden Fortsätze im Indischen Ocean sehr deutlich wie beim Vergleich mit den im Atlant. Plankton gefundenen Individuen (cf. l. c. Taf. XXVIII, Fig. 9a kenntlich) sein wird.

Die Kette ist hier halb von der schmalen Gürtelseite dargestellt, so daß sowohl die Krümmung wie beide Fortsätze zur Geltung kommen.

Taf. XLVI, Fig. 3. *Hemiaulus Hauckii* Kette. (126:1) 83.

H. indicus n. sp. (193, 198, 199 etc. 30—0 m.)

34—42 μ. Zellen von kreisförmiger bis elliptischer Querschnittsform. Schalen stark gewölbt, mit zwei Fortsätzen an den Schwesterschalen haftend und die Zellen zu langen geraden Ketten verbindend. Die an den Zeichnungen weit vorstehenden Gürtelbänder weisen darauf hin, daß die Zellen eine erheblich größere Länge erreichen können, als sie in den beobachteten Exemplaren gefunden ist.

Kern wandständig in der Zellmitte, Chromatophoren zahlreich in Form kleiner elliptischrundlicher Scheiben.

Taf. XLVI, Fig. 4. 3 Zellen mit Inhalt, den Hornansatz zeigend. (1000:1) 666.

Fig 4a. Längere Kette, etwas mehr von der Seite, so daß die Fortsätze fast auf die überstehenden Gürtel fallen. (250:1) 166.

Climacodium GRUN[1]).

Zellen wie bei *Bellerochea* an den Schalenenden zusammenhängend, große elliptische bis sechseckige Fenster frei lassend. Ketten gerade oder um die Längsachse tordiert.

Cl. biconcavum CL., cf. Atlant. Phytopl., S. 172, Taf. XXVIII, Fig. 10.

Cl. Frauenfeldianum GRUN. (190, 30 m, und sonst häufig.)

Cf. H. H. GRAN, Nord. Plankton, l. c. S. 100, Fig. 129.

16:104 μ in der Gürtelansicht. Lücken 40 μ breit in·den Ketten. Zellumrisse viel unregelmäßiger als in CLEVE's Abbildung.

Chromatophoren kugelig, zahlreich.

Taf. XLVI, Fig. 5. Stück einer Kette. Zellen mit Inhalt. (250:1) 166.

Cerataulina H. P.[2]).

Schalen kreisrund mit zwei gegenüberstehenden, dem Rande genäherten Fortsätzen, denen mehr oder minder lange Borsten oder Haare aufsitzen. Die Schwesterschalen durch diese ihnen

---

1) Vergl. H. H. GRAN, Nord. Plankton, S. 100.
2) Vergl. H. H. GRAN, Nord. Plankton, S. 101.

eingepaßten Borsten zusammenhängend. Der Gürtel oft sehr langgestreckt und aus Zwischen-bändern wie bei den Solenoideen aufgebaut, die jedoch oft der Beobachtung sich entziehen und erst an trockenem Material deutlich werden.

Chromatophoren zahlreiche kleine rundliche Platten.

C. Bergonii H. P., cf. Atlant. Phytopl., S. 162, Taf. XXIX, Fig. 7.

C. compacta OSTF.[1]). (190, 200 m.)

34:36—68 μ. Zellen cylindrisch. Schalen mit drei Fortsätzen, die mit entsprechenden der Nachbarzelle eine Verbindung herstellen. Schalen zwischen den Fortsätzen eingesenkt. In dem Zellfaden bildet die Verbindungslinie dieser Fortsätze eine steil ansteigende Spirale. Gürtel aus zahlreichen schwer sichtbar zu machenden Zwischenbändern aufgebaut.

Chromatophoren biskuitförmig oder rundlich mit je 1 Pyrenoid (Teilungszustände mit 2), Kern wandständig an der Gürtelseite.

Taf. XLVI, Fig. 7. Stück einer Kette mit Schalenzeichnung und Plasmakörper. (500:1) 333.

Streptotheca SHRUBS.

Gattungsdiagnose nach GRAN, Nord. Plankt., l. c. S. 101.

Ketten ohne Lücken, flach, stark gedreht. Zellwand sehr schwach verkieselt. Chromatophoren zahlreich, klein. Schalen schmal-elliptisch, mit einem rudimentären Central-knoten (wie bei *Eucampia*).

Diese auf die bisher einzig bekannte Art *Str. thamensis* SHRUBS. passende Diagnose wird einiger Erweiterung bedürfen, wie sich aus dem Folgenden ergiebt.

St. indica n. sp. (190, 30—0 m, und sonst.)

Eventuell synonym mit CLEVE's *Str. maxima*, cf. Plankt. from Ind. Ocean etc., Handlingar XXXV, p. 57, Pl. VIII, Fig. 5.

Zellen unregelmäßig-viereckig, um eine der Diagonalen bis zu 90° gedreht. Schalen sind rechteckig, ca. 4mal so lang wie breit. In der Mitte scheinen sie bisweilen etwas eingezogen zu sein. Sie liegen in den Ketten natürlich Rücken an Rücken. Centralknoten durch eine geringe Einkerbung angedeutet. Die breite Seite der Gürtelansicht liegt in dem Schraubenband der Kette flach, die schmale Seite nimmt die hohe Kante ein.

Die Chromatophoren sind zahlreich und kugelig, eine Form, die ihnen sonst nur bei *Climacodium*, soweit ich sehe, zukommt.

Die Art unterscheidet sich in verschiedener Hinsicht von der *Streptotheca thamensis* SHRUBS; vor allem, wenn ich sie mit der von H. PERAGALLO in den Diatomées marines de France wieder-gegebenen Zeichnung von P. BERGON (Études sur la flore diat. d'Arcachon, l. c. Pl. II, Fig. 8) vergleiche, ist die Ausdehnung der schmalen Gürtelseite, also die Transapikalachse der Zelle, erheblich länger als dort, wo die Figur etwa einem tordierten Papierstreifen ähnlich sieht. So glaube ich, daß es sich um zwei differente Arten handelt.

---

1) OSTENFELD u. SCHMIDT, Röde Hav etc., l. c. S. 153, Fig. 7.

Taf. XLVI, Fig. 8. Eine Zelle mit Inhalt, Schale von oben. (500:1) 333.
Fig. 8a. Zwei Zellen, flach gelegt, im Zusammenhang. (250:1) 166.
Fig. 8b. Eine Kette. (125:1) 83.

Catenula[1]) spec. MÉRESCHKOWSKY?

Des komplexen Gürtelbandes und ähnlichen Habitus halber stelle ich einige zu einer kleinen Kette vereinigte Zellen ohne deutlichen Inhalt mit großem Zweifel zu dem neuen Genus *Catenula* MÉRESCHKOWSKY. Aufmerksam machen wollte ich nur auf die eigenartige Verbindung dieser Zellen, die von der hohen Kante aus winklig ineinander greifen.

Taf. XLVI, Fig. 9. Gürtelansicht. (1000:1) 666.
Fig. 9a. Ansicht der hohen Zellkante. (1000:1) 666.

Fragilarioideae.

Fragilaria LYNGB.

Vergl. G. K., Antarkt. Phytopl., S. 122.

Fr. granulata n. sp. (199, 25 m; 250, 20—0 m, auch sonst sehr zerstreut.)

50 µ. Kleine Ketten, deren Zellen Schale an Schale sitzen. Durch geringe gleichseitige Biegung in den Berührungslinien gelangen die Ketten in die Lage, ihre Endzellen halb in Schalenlage zu zeigen, wenn die Mittelzellen in Gürtelansicht vorliegen. Schale mit Pseudoraphe und rechtwinklig zu ihr verlaufenden Querstrichen, 10—11 auf 10 µ.

Chromatophoren zahlreich, rundliche Körnchen oder Scheibchen. Damit wäre eine zweite Species[2]) mit zahlreichen Chromatophoren in jeder Zelle für diese Gattung aufgefunden; wieder ein Beweis, daß die Zahl der Chromatophoren nicht immer für Gattungs-, wohl aber für Speciesunterscheidung brauchbare Merkmale abgeben kann.

Taf. LIV, Fig. 8. Eine kleine Kette mit Schalenzeichnung und Zellinhalt. (1000:1) 666.

Thalassiothrix CL. u. GRUN.

Cf. G. K., Antarkt. Phytopl., S. 124; Atlant. Phytopl., S. 173.

Th. antarctica SCHIMPER var. echinata n. var. (162, 30—0 m; 163, 164 etc.)

4—5 µ : 1224—2280 µ. Der im antarktischen Phytoplankton[3]) so überaus häufigen Form *Thalassiothrix antarctica* in Bezug auf Zellenlänge und -Schlängelung sehr ähnlich, weist die neue Form eine feine Querstreifung der Schalen von etwa 12 auf 10 µ auf; die Mittel-

---

1) C. MÉRESCHKOWSKY, Sur *Catenula*, un nouveau genre de Diatomées. Scripta botanica Horti Univ. Petropolitanae, Fasc. XIX, St. Petersburg 1902.

2) Cf. C. MÉRESCHKOWSKY in CLEVE and MÉRESCHKOWSKY, Ann. and. Magaz. Nat. Hist., Ser. 7, Vol. X, 1902, p. 30. — Ders. in Types de l'endochrome. Scripta botan. Horti Univ. Petropolitanae, Fasc. XXI, 1903, p. 70.

3) G. KARSTEN, Antarktisches Phytoplankton l. c. S. 124. Bei einer daraufhin unternommenen Nachuntersuchung zeigte sich, daß auch beim antarktischen Material an einzelnen Zellen Ansätze zu solchen Borsten vorhanden sind, die bei ihren erheblich geringeren Dimensionen mir früher entgangen waren. Andere Zellen dagegen, und zwar weitaus die Mehrzahl, ließ nichts Derartiges erkennen.

linie wird durch eine schmale Pseudoraphe markiert. In der Gürtellage erkennt man, daß diese Linie einem niedrigen Kamme entspricht, der auf je 5 μ Abstand mit steifen, etwa 5 μ langen Borstenhaaren besetzt ist, welche alle dem einen Zellende zugekehrt, in spitzem Winkel von der Oberfläche abstehen. Die Richtung scheint an beiden Schalen stets die gleiche zu sein. Das Schalenende besitzt auf der Gürtelseite einen scharfen Einschnitt, so daß der erwähnte Kamm als Spitze erscheint.

Chromatophoren kleine ovale Plättchen.

Taf. XLVI, Fig. 10, 10a. Zwei Zellen verschiedener Länge und Form. (62:1) 41.

Fig. 10b. Schalenende mit Pseudoraphe und Querstrichen. (1000:1) 666.

Fig. 10c. Gürtelseitenende mit Stacheln, Schalenzeichnung und Chromatophoren. (1000:1) 666.

Th. heteromorpha n. sp. (163, 164, 27 m.)

720—1020 μ:2—6 μ (je nach der Stelle). Zelle lang und vollkommen geradlinig. Zellenden verschieden. Das eine Ende scharf zugespitzt läßt Schalenansicht mit sehr zarten Querstrichen 17—20 auf 10 μ erkennen. Die Schalenbreite steigt bald hinter der Spitze auf 6 μ und bleibt über die mit langgestrecktem Kern versehene Zellmitte hinaus etwa von gleicher Breite. Dann aber tritt langsame Verschmälerung bis auf 2 μ ein und an dieser schmalen Stelle gleichzeitig die schwer sichtbare Drehung der Zelle, so daß das Zellende hier in Gürtellage vorliegt und bis auf 8 μ Breite anschwellend scharf abschneidet. Dreht man die Zelle oder dieses Zellende in Schalenlage, so ist die Querstrichelung des abgerundeten Schalenendes auch hier deutlich.

Chromatophoren: zahlreiche kleine rundlich-ovale Plättchen. Aus der Breite des in Gürtellage wiedergegebenen Zellendes erklärt es sich, daß die Zelle stets in dieser Lage zu Gesicht kommt.

Taf. XLVI, Fig. 11. Ganze Zelle. (62:1) 41.

Fig. 11a. Spitzes Schalenende. (1000:1) 666.

Fig. 11b. Zellmitte in Schalenlage. (1000:1) 666.

Fig. 11c. Breites Zellende in Schalenlage. (1000:1) 666.

Fig. 11d. Breites Zellende in Gürtellage. (1000:1) 666.

Anmerkung: Septroneis Victoriae G. K., vergl. Atlantisches Phytoplankton, S. 173, 174, Taf. XXVIII, Fig. 8, ist zu streichen. Es handelt sich um die isolierten Stacheln von Sticholonche Zanclea (R. Hertwig) Fol. einer Taxopode, die auch im Indischen Ocean gefunden wurde, wie ich nach Vergleichung eines Präparates meines Kollegen A. Borgert feststellen konnte. Herr Prof. Vanhöffen-Berlin hatte die Freundlichkeit, mich darauf aufmerksam zu machen.

Tabellarioideae.

Rhabdonema[1]) spec. (Suadiva, 15—0 m.)

Ein zweizelliges Rhabdonema-Stück im absterbenden Zustande. Zwischenschalen mit einer centralen Oeffnung. Schalenzeichnung sehr feine Querstriche, 15—16 auf 10 μ, rechtwinklig zur Pseudoraphe.

---

1) G. Karsten, Diatomeen der Kieler Bucht, l. c. S. 36.

Chromatophoren kleinkörnig, zu mehreren um ein Centralpyrenoid vereinigt, die Gruppen im Zellraum etwa gleichmäßig verteilt.

Taf. LIII, Fig. 9a. Zwei Zellen mit ihren Zwischenschalen, eine davon mit dem Plasma-körper. (250:1) 200.

Fig. 9b. Schale und 2 Zwischenschalen mit ihrer Zeichnung. (1000:1) 800.

Naviculoideae.

Pleurosigma W. Sm.

Cf. G. K., Antarkt. Phytopl., S. 127; Atlant. Phytopl., S. 175.

Pleurosigma Normani[1]) RALFS var. Mahé n. var. (233, 10—0 m.)

270 : 40 μ. Stattliche Form, die völlig dem Pleurosigma Normani gleicht. Leicht sigmoide, breite, stumpflich abgerundete Zelle, deren Schalen in den drei Richtungen verlaufende Striche, etwa 15 auf 10 μ, zeigen, die Querstriche treten am meisten hervor.

Chromatophoren zahlreiche kleine, ovale bis elliptische Körperchen, an den ganzen Schalen entlang verbreitet.

Taf. LIV, Fig. 12a. Zelle mit Plasmakörper. 500:1.

Fig. 12b. Stück der Schale mit ihrer Zeichnung. 1000:1.

Tropidoneis Cl.[2]).

Tr. Proteus n. sp. (168, 200 m, und sonst.)

44:172 μ. Schalenansicht scheinbar Navicula-ähnlich (Fig. 1a), aber an einer Seite anstatt der gleichmäßigen Rundung zwischen Mitte und Zellende etwas abgeflacht oder gar eingewölbt. Raphe gekielt; nur am Centralknoten ein wenig in die Schale vertieft resp. eingedrückt. Halb-wegs zwischen Raphe und Schalenrand beiderseits ein Kiel, der sich, nach beiden Zellenden hin langsam ansteigend, schließlich ziemlich steil erhebt, dann abflacht. Der Raum zwischen beiden Kielen ist feingestreift durch Striche, die der Raphe parallel laufen. Eine ganz geringfügige Drehung der Zelle nach der Gürtelseite hinüber, so daß der eine Kiel scheinbar in die Mittellinie entfällt (Fig. 1b), läßt durch die einander überschneidenden Linien der beiden gleichseitigen Kiele der Zelle auf der unteren Zellkontur bei tiefer Einstellung eine kleine muldenförmige Einsenkung sichtbar werden. Gleichzeitig treten an beiden Zellenden auf kurze Strecken verkürzte Ansichten der Gürtelseite hervor. Da sie auf den entgegengesetzten Seiten liegen, muß eine geringfügige Torsion der Zelle um die Apikalachse angenommen werden.

---

1) H. PERAGALLO, Monographie du genre Pleurosigma, Diatomiste, l. c. Pl. IV, Fig. 5, 6. — CLEVE, Naviculoid Diatoms, l. c. Vol. I, p. 40. Es wäre wichtig, zu wissen, ob Pleurosigma Normani RALFS etwa stets coccochromatisch erscheint; in dem Falle würde die beschriebene Form dem Typus entsprechen, die Varietät also in Fortfall kommen. Leider liegen meines Wissens keine entsprechenden Beobachtungen vor.

2) Cf. P. T. CLEVE, Naviculoid Diatoms, l. c. p. 22. — G. KARSTEN, Diatomeen der Kieler Bucht, l. c. S. 87. — Ders., Antarktisches Phytoplankton, S. 127. Daselbst weitere Literatur, die für die hier in erster Linie stehende Zellform weniger in Betracht kommt, als für den Bau des Plasmakörpers.

Fig. 1 c giebt die reine Gürtellage. Die Zellgrenzen werden teils durch die Raphe, teils durch die Seitenkiele gebildet, deren Höhepunkte hier aber nicht zur Geltung kommen. Diese treten dagegen in Fig. 1 d und e hervor als ziemlich scharfe Ecken. In Fig. 1 d ist rechts die seichtere Raphenvertiefung zu sehen, welche in Fig. 1 e auf der linken Seite neben dem Kiele verlaufend kenntlich wird.

Die Zellform ist somit ganz außerordentlich schwierig wiederzugeben, und jede Lagenänderung bietet ein völlig verändertes, oft sehr schwer deutbares Bild, da bei der ungemeinen Durchsichtigkeit die richtige Erkennung all der vielen einander schneidenden Linien nur bei größter Vorsicht gelingen kann.

Die Chromatophoren sind als mehr oder minder gewundene kurze Bändchen, meist mit der Längsrichtung radial vom Kern ausstrahlend, in der ganzen Zelle zerstreut.

Taf. XLVII, Fig. 1 a und 1 b. Zelle mehr oder minder in Schalenlage. (500:1) 333.

Fig. 1 c bis 1 e. Verschiedene durch geringfügige Drehungen um die Apikalachse der Zelle in Erscheinung tretende Gürtelansichten. (500:1) 333.

Stigmaphora WALLICH [1]).

Zellen *Navicula*-ähnlich. Zellenden mit einer Reihe grober Perlen (5—8). In der Mitte jeder Schale springen an einer ins Zelllumen hineinragenden Leiste zwei kleine Fächer ein, die, Rücken an Rücken liegend, sich gegen die Schalenenden verjüngen: einige reihenweis liegende Perlchen, weit kleiner als jene vorher an den Schalenenden genannten, sind in oder wohl auf diesen Kämmerchen kenntlich. In der Zelle liegen die Fächer der einen Schale höher als die der anderen, so daß verschiedene Einstellung in Schalen- wie in Gürtelansicht notwendig wird, um sie an beiden Schalen nacheinander zu Gesicht zu bekommen. Raphe gerade. Centralknoten breit.

Chromatophoren scheinen zwei gürtelständige Platten zu sein; in dem zu Gesicht gekommenen Material waren sie schlecht erhalten.

St. rostrata WALL, l. c. (186, 100—0 m.)

85—128:4 resp. 14 μ im Schleimmantel von *Katagnymene* lebend. Zellenden spornartig vorgezogen und verjüngt. Schalen sehr fein quergestreift. Zeichnung sehr schwer sichtbar zu machen.

St. lanceolata WALL. (186, 100—0 m.)

84—92:6 μ. Am gleichen Orte unter der anderen Form. Schalen lanzettlich auf ihrer ganzen Länge von etwa gleicher Breite. Zeichnung hier nicht sichtbar zu machen.

Taf. XLVII, Fig. 3 a. Gürtelansicht von *St. rostrata*. (1000:1) 666.

Fig. 3 b. Schalenansicht von *St. rostrata*. (1000:1) 666.

Fig. 4. Gürtelansicht von *St. lanceolata*. (1000:1) 666.

1) Cf. On the silicious organisms found in the digestive cavities of the Salpae. Transactions of the Microscopical Society of London, New Ser., Vol. VIII, 1860, p. 43, Pl. II, Fig. 5—8.

P. T. CLEVE, Navicuoid Diatoms, Vol. II, p. 162, möchte die Gattung zu *Mastogloia* ziehen, H. PERAGALLO, Diatom. marines de France, l. c. p. 39, Pl. V, Fig. 23, ist derselben Ansicht.

Nitzschioideae.

Nitzschia HASSALL.

Cf. G. K., Antarkt. Phytopl., S. 128.

N. obesa CASTR. (168, 200 m.)

48—80:18—20 μ. Nur tote Zellen einer wohl dieser Species CASTRACANE's zuzurechnenden Art fanden sich in dieser Tiefe. Zeichnung querlaufende Punktreihen; 10—12 Punkte auf 10 μ.
Taf. XLVII, Fig. 5 a. Gürtelansicht. (1000: 1) 666.
Fig. 5 b. Schalenansicht. (1000: 1) 800.

N. (Sigma) var. *indica* n. var. (Diego Garzia, Aden, 25 m.)

240—400:12 μ. Zelle in Gürtelansicht S-förmig gekrümmt, gehört also zu der Abteilung Sigmata. In Schalenansicht gerade oder ebenfalls ganz leicht S-förmig. Kiel exzentrisch. Kielpunkte 6—7 auf 10 μ. Schalenzeichnung unkenntlich.
Chromatophoren zahlreiche kleine, unregelmäßig geformte Plättchen.
Taf. LIV, Fig. 11 a. Zelle in Gürtellage. (500:1) 333.
Fig. 11 b. Zelle in Schalenansicht. (500: 1) 333.

Chuniella G. K.

Vergl. G. KARSTEN, Antarkt. Phytopl., l. c. 129.

Ch. Novae Amstelodamae n. sp. (168, 200—0 m.)

18—20:154—160 μ. Gürtel- und Schalenseite gerade. Kanalraphe gekielt aus der Schalenmitte nach rechts verschoben und unregelmäßig hin und her geschwungen, 10—12 knotige Kielpunkte auf 10 μ. Ein weiterer besonderer Kiel fehlt. Raphe außerhalb der Mitte tief einschneidend. Der Kieleinschnitt der Raphe an der oberen Hälfte der Gürtelansicht kenntlich. Auf der unteren Schale ist der Einschnitt auf das andere Zellende verlegt. Dekussierte Schalenzeichnung.
Chromatophoren kleinkörnig (ob deformiert?).
Taf. XLVII, Fig. 2 a. Schalenansicht mit geschwungener Kanalraphe. (500:1) 333.
Fig. 2 b. Gürtelansicht mit dem Einschnitt des Kieles. (500:1) 333.
Fig. 2 c. Stück der Schale mit dekussierter Zeichnung. (1000:1) 800.

B. Schizophyceae.

Pelagisch lebende Schizophyceen kommen zwar in den warmen Meeresabschnitten nicht gerade selten, hin und wieder sogar als vorherrschender Bestandteil vor, doch ist die Auswahl verschiedener Arten, Genera und Familien eine sehr beschränkte. Folgt man in der Reihenfolge der Bearbeitung von O. KIRCHNER [1]), so ist zunächst zu erwähnen:

---

1) O. KIRCHNER, Schizophyceae, in ENGLER-PRANTL, Pflanzenfamilien, I, 1a, 1900. — N. WILLE in Nord. Plankton, l. c. Bd. XX, Leipzig 1903.

Fam. Chroococcaceae NAEGELI.

Aphanocapsa litoralis HANSGIRG, cf. N. WILLE Schizophyceen der Plankton-Expedition, l. c. 1904, S. 47, Taf. I, Fig. 3—5; cf. Station 186, 100 m, als „zufälliger Gast von der Strandflora" aufzufassen, l. c. S. 49.

Fam. Chamaesiphonaceae BORZI.

Dermocarpa Leibleiniae (REINSCH) BORNET var. *pelagica* WILLE, cf. WILLE, l. c. S. 50, Taf. I, Fig. 1, 2, auf *Trichodesmium tenue* WILLE; pelagisch lebend.

Chamaesiphonacea, genus? (193; 195, 30—0 m.)

Zellen einzeln kugelig, zu vielen in Gallertschläuchen beisammen, ohne deutliche Fadenbildung. Gallertschläuche mannigfaltig verzweigt. Nur in kleineren Bruchstücken angetroffen. Die Gebilde entsprechen vielleicht Konidangien einer nicht genauer zu bestimmenden Chamäsiphonacee, welche ihre Konidien offenbar durch Verquellung und Vergehen der Gallertschläuche austreten läßt.

Taf. XLV, Fig. 7. Verzweigte Gallertschläuche mit zahlreichen Konidien. (500 : 1) 250.

Fam. Oscillariaceae (BORY) FISCHER.

Katagnymene LEMM.[1]): „Fäden vielzellig, freischwimmend, mit dünnen, dicht anliegenden Scheiden versehen, in weiten, aufgequollenen, außen unebenen Gallertscheiden liegend. Fäden sehr bald in einzelne Stücke zerfallend."

Katagnymene pelagica LEMM. (203, 30—0 m, und sonst.)

Durchmesser 28—44 μ, Gallerthülle völlig verquollen. LEMMERMANN giebt nur ca. 16 μ und Gallerthülle 93—100 μ an, und WILLE, l. c. S. 51, 21—27 μ als Durchmesser der Fäden und 100—165 μ für die Gallerthülle.

Die Vermehrung wird, wie bereits LEMMERMANN beobachtet hat, durch Zerfallen der Fäden ermöglicht, indem einzelne Zellen oder Zellreihen absterben und damit die beiden Enden von-einander lassen. Die absterbenden Zellen verquellen.

Ich konnte häufig das Gleiche beobachten. Es geht in dem Material der Tiefsee-Expedition das Absterben hie und da so weit, daß nur einzelne Zellen in der Scheide liegend übrig bleiben. Diese runden sich kugelig ab. WILLE ist nicht geneigt, dies als Vermehrungsart gelten zu lassen, da der Vorgang des Absterbens allzu unregelmäßig erfolge. Mir scheint hingegen, daß das Absterben zu einer Periode eintreten dürfte, wo die normale Vegetation der *Katagnymene* ihrem Ende sich nähert, und ich halte die Bildung kugeliger Zellen für die Einleitung der Dauerzell-bildung, aus denen die Zellfäden für die nächste Vegetationsperiode ihrer Zeit hervorgehen werden. Entsprechende Beobachtungen über Verschwinden und Wiederauftreten der Form liegen jedoch bisher nicht vor.

Taf. XLV, Fig. 6. Zellfaden in Gallerthülle. (250 : 1) 125.

Fig. 6a. Fadenende mit zwei sich bildenden Zerfallstellen. (500 : 1) 333.

Fig. 6b. Fadenscheide mit kugeligen Zellen und kurzen Zellreihen. (500 : 1) 333.

[1] LEMMERMANN, Reise nach dem Pacifik, l. c. 1899, S. 354, Taf. III, Fig. 38—40, 42.

K. spiralis LEMM.[1]). (203, 30—0 m, und sonst.)

Fadendurchmesser 20 μ. Gallerthülle 100 μ und mehr. LEMMERMANN giebt Faden-durchmesser zu 20—22 μ und Gallerthülle zu 150—168 μ an. WILLE beobachtete dagegen nur 10—14 μ Durchmesser, „Fäden unregelmäßig gewunden in einer ovalen Gallerthülle".

Die Windungen fand ich bald recht regelmäßig spiralig, bald mehr unregelmäßig; im übrigen ist dem über *Katagnymene pelagica* Gesagten nichts wesentlich Abweichendes hinzuzufügen. Taf. XLV, Fig. 5. Faden in Gallerthülle. (125:1) 83.

Trichodesmium EHRBG.

Die bei weitem häufigste Gattung von pelagischen Oscillariaceen ist *Trichodesmium*. Ihre einander sehr ähnlichen Arten sind von N. WILLE[2]) zuletzt sehr gründlich durchgearbeitet worden, so daß ich nur darauf zu verweisen brauche. Er unterscheidet *Trichodesmium erythraeum* EHRBG., *Trichodesmium Thiebautii* GOMONT, *Trichodesmium tenue* WILLE, und *Trichodesmium contortum* WILLE. Die Namen *Heliotrichum* und *Xanthotrichum* fallen fort.

Hier sollte nur darauf hingewiesen werden, daß der Zerfall der Fäden genau ebenso wie bei *Katagnymene* erfolgt. Das gezeichnete Fadenstück führt den Vorgang deutlich vor Augen. Die absterbenden Zellen werden durch den Turgor der lebenden Fadenstücke zusammen- und schließlich aus dem Verbande hinausgedrängt.

Taf. LIV, Fig. 5. Zellfaden von *Trichodesmium erythraeum* im Zerfall begriffen. (1000:1) 666.

Die früheren Bezeichnungen, cf. G. K., Antarktisches Phytoplankton, S. 133, sind folgender-maßen richtig zu stellen:

Oscillatoria oceanica G. K. = *Trichodesmium contortum* WILLE, *Xanthotrichum contortum* WILLE = *Trichodesmium erythraeum* EHRBG.

Lyngbya aestuarii LIEBMANN LIEBMANN, cf. G. K., Atlant. Phytopl., S. 176, Taf. XXXIV, Fig. 8, ist bereits als nur zufälliger Be-standteil des Küstenplanktons charakterisiert worden.

Nostocaceae[3]).

Unverzweigte Fäden durch den Besitz von Grenzzellen ausgezeichnet.

Anabaena[4]) spec. (200; 207, 100—0 m.)

Formlose Lager von mannigfach gewundenen Fäden in gemeinsame Gallertmasse ein-gebettet. Grenzzellen interkalar, kugelig, vom doppelten Durchmesser der Fadenzellen. Diese 2—5:6—7 μ, jene 7—9:9—10 μ.

In ganzen Reihen wie auch einzeln fanden sich in den Lagern größere Zellen vor von kugeliger Form, die in einen langen, den Zelldurchmesser um das Doppelte übertreffenden Hals ausgezogen waren und ihren Inhalt bis auf geringe körnige Reste verloren hatten. Die Zu-sammengehörigkeit dieser flaschenförmigen Zellen mit den *Anabaena*-Zellen wird kaum zu

---

1) LEMMERMANN, l. c. S. 354. Taf. III, Fig. 41, 47—49.
2) N. WILLE, Schizophyceen der Plankton-Expedition, 1904.
3) KIRCHNER, Schizophyceae, in ENGLER-PRANTL, l. c. S. 70.
4) KIRCHNER, l. c. S. 74.

bezweifeln sein, denn in den *Anabaena*-Lagern waren solche Zellen stets zu finden, während sie sonst sich nirgends zeigten. Diese Zellen 7—8:9—10 μ ohne Hals, Hälse 16, 17 etc. μ.

Es könnten also entweder parasitische, an die *Anabaena*-Lager gebundene Organismen sein, etwa eine Chytridiacee, oder es läge eine bisher unbekannte abweichende Entwickelung der Dauerzellen vor. Bei dem Fehlen des Inhaltes und anderer Entwickelungsstadien läßt sich nichts darüber sagen, welche dieser beiden Möglichkeiten hier die größere Wahrscheinlichkeit besitzt. Immerhin wird auf das Vorkommen und die Zusammengehörigkeit der beiden Zellformen, sei es als Entwickelungsstufen einer Pflanze oder als Nährpflanze und Parasit, weiter zu achten sein.

Taf. XLV, Fig. 8. Zellfaden mit Grenzzellen. (500:1) 400.

Fig. 8a. Zellreihe von flaschenförmigen Zellen. (500:1) 400.

Fig. 8b. Eine solche Zelle. (1000:1) 800.

Richelia SCHMIDT[1]).

„Novum genus ex affinitate *Microchaetes* THURET."

R. intracellularis SCHMIDT. (190, 30—0 m, untl sonst häufig.)

Die Artbeschreibung lautet: „Filaments short (50—150 μ long), straight or nearly straight, sheathless, occurring inside the living cells of *Rhizosolenia styliformis*. Trichomatas usually rather unequal, torulous, consisting of few (7—20) cells, thickened at both extremities ..... Heterocysts single basilar ..... 9,8—11,2 μ broad, cells 5,6—9,8 μ broad ....."

Die Art fand sich in verschiedenen *Rhizosolenia*-Arten und auch in den Fensterlücken von *Chaetoceras contortum* in völlig gleicher Form, bisweilen sind auch freie lebende Exemplare geschen. Alles Weitere im allgemeinen Teil.

Taf. XLV, Fig. 3. *Richelia intracellularis* in den Fenstern von *Chaetoceras contortum*; dieses von der schmalen Gürtelseite. (500:1) 400.

Fig. 3a und 3b. Dasselbe von der breiten Gürtelseite. (500:1) 400.

Fig. 4. *Richelia intracellularis* in einer Zelle von *Rhizosolenia styliformis*. (250:1) 200.

Fig. 4a. Dasselbe. Zellspitze mit zahlreichen, der Wirtsoberseite rings angeschmiegten Bewohnern (obere Wölbung allein gezeichnet). (250:1) 200.

Fig. 4b. Zwei *Rhizosolenia*-Zellspitzen mit *Richelia*. (500:1) 400.

C. Peridiniaceae.

Ceratium SCHRANK.

Cf. SCHÜTT in ENGLER-PRANTL, I, 1b, S. 17 und 20.

Die Identifizierung der verschiedenen *Ceratium*-Arten ist nicht am wenigsten durch den Umstand erschwert, daß diese ungeheuer formenreiche Gattung überall ein gewisses Lokalkolorit annimmt und dadurch modifiziert wird[2]). Wenn man dies vernachlässigt, und überall eigene

---

1) OSTENFELD u. SCHMIDT, RÖde Hav, l. c. S. 146.

2) Eine mir soeben zugehende Arbeit von K. OKAMURA, Plankton microorganisms of the Japanese coast., Annotationes Zoologicae Japonenses, Vol. VI, 3., 1907, stimmt im allgemeinen mit der hier entwickelten Beurteilung der Formen und in der Kritik der Publikationen von Bg. SCHRÖDER überein; die große Variabilität wird in einem Postskript ebenfalls hervorgehoben. Einige Abweichungen unserer Anschauungen werden gegebenen Orts hervorzuheben sein.

Arten auf sehr geringe Unterschiede, die ich eben als Lokalkolorit bezeichnete, gründen will, kommt man zu keinem Ende. Ein zweites erschwerendes Moment liegt darin, daß jetzt die Phytoplanktonfrage fast überall in Fluß gekommen ist und von allen Seiten gleichzeitig dieselben oder ähnliche Species beschrieben werden. Soweit es mir möglich war, sind die neuesten Veröffentlichungen noch sämtlich bei der Benennung meiner Formen berücksichtigt worden. Es waren dadurch verschiedene Male völlige Umarbeitungen dieser Gattung notwendig und daher differieren vielfach die Tafelbezeichnungen und die Figurenerklärungen, weil die Tafeln früher fertiggestellt werden mußten; die giltige Benennung ist also stets der Figurenerklärung zu entnehmen. ˋ

A. Subgenus *Ceratium tripos* Nitzsch.

umfaßt alle Formen, deren Antapikalhörner unverzweigt sind und mit ihren Enden oberhalb der nach unten gekehrten Scheitelfläche des Centralkörpers bleiben. Die Platten des Centralkörpers sind grob oder fein getüpfelt, aber nicht mit polygonaler Struktur versehen. Ueber die Lage (Rückenlage, Apikalhorn senkrecht aufwärts gekehrt etc.) und Bezeichnungsweise vergl. Atlant. Phytopl. S. 140.

Für die Einteilung in Sektionen unwesentliche Merkmale sind: Länge der Apikal- wie der Antapikalhörner, Dicke der Wandungen, Vorhandensein oder Fehlen von Zackenkämmen oder hyalinen ungezackten Leisten. Auch die Dimensionen der ganzen Zellen sind nur mit Vorsicht zu benutzen, ja in einzelnen Fällen können selbst die Formen der Antapikalhörner zu Täuschungen Veranlassung geben, da das Nachwachsen der bei Zellteilungen abgegebenen Stücke ein relativ sehr langsam verlaufender Vorgang zu sein scheint.

Meine Obereinteilung lautet daher:

(Cf. G. Karsten, Atlant. Phytopl. S. 140).

1. Sectio Rotunda: alle Formen, deren Antapikalhörner sich in den Centralkörper einfügen, ohne über die (nach unten gekehrte) Scheitelfläche hinaus irgendwie hervorzuragen, diese bildet also den Abschluß nach unten.

2. Sectio Protuberantia: alle Formen, deren Scheitelfläche gegenüber dem Ansatz der Apikalhörner eingesenkt ist.

Damit glaube ich eine einfache Zerlegung der *Tripos*-Arten in zwei wesentlich verschiedene Formenkreise getroffen zu haben. Die für Zuteilung zu dieser oder jener Sektion zu vernachlässigenden Merkmale der Individuen, wie Hörnerausmaße und Dicke der Wandungen, werden dagegen bei der Speciesbeschreibung und der Varietätenaufstellung eine gewisse Berücksichtigung erfahren müssen; besonders das Verhältnis der beiden Antapikalhörner zu einander — nicht dagegen im allgemeinen das Apikalhorn — und die an ausgewachsenen Individuen oder ihrer älteren Hälfte erkennbare Wandstärke lassen sich verwerten.

Sectio Rotunda.

Hierher gehört zunächst die Ausgangsform oder, sagen wir lieber, die als Typus der Gattung zu betrachtende Species, die in Uebereinstimmung mit Schütt [1], Cleve [2], Joergensen [3],

---

[1] F. Schütt, Pflanzenleben der Hochsee, l. c. S. 28, Fig. IV a; S. 32 u. S, 70, Fig. 1.
[2] P. T. Cleve, 15. Ann. report expedition „Research" etc, p. 301, Pl. VIII, Fig. 1.
[3] E. Joergensen, Protophyten etc., Bergens Mus., Aarbog, 1899, S. 42.

GRAN[1], OSTENFELD[2], BR. SCHRÖDER[3] und PAVILLARD[4]) in *Ceratium tripos balticum* SCHÜTT anerkannt werden kann. GOURRET[5]) freilich hat eine völlig abweichende, in die Sectio Protuberantia gehörende Art als *Ceratium tripos* var. *typicum* GOURRET bezeichnet, doch ist das nur eine unglückliche Nomenklatur, da er selber auf die Abbildung von „*Cercaria tripos*" in O. F. MÜLLER, Inf., S. 136, Taf. XIX, Fig. 22 (= *Ceratium tripos balticum* SCHÜTT!) für sein *Ceratium tripos* NITZSCH verweist[6]), so daß in diesem Punkte völlige Uebereinstimmung vorhanden ist. . Da die Art für uns keine besondere Bedeutung hat, muß es genügen, auf die zahlreichen verschiedenen Abbildungen hingewiesen zu haben.

Daran schließt sich zunächst *Ceratium tripos gracile* GOURRET[7]). Die starke Krümmung des Apikalarmes der zugehörigen Abbildung nehme ich freilich als zufällige individuelle Abweichung in Anspruch. Die Aehnlichkeit von *Ceratium tripos balticum* SCHÜTT und *Ceratium tripos gracile* GOURRET sind so groß, daß neuerdings[8]) PAVILLARD die Mehrzahl der für *balticum* aufgezählten Literatur für *gracile* reklamieren will; mir scheint das weder richtig noch zweckmäßig zu sein. Ferner ist hier einzufügen *Ceratium tripos axiale* KOFOID[9]), vergl. Taf. LI, Fig. 2a, 2b. Es folgt *Ceratium tripos limulus* (GOURRET), l. c. p. 33, Pl. I, Fig. 7, cf. auch G. K., Antarkt. Phytopl., l. c. S. 133, Taf. XIX, Fig. 11, und Atlant. Phytopl., S. 140. Zu ihm gehört *Ceratium tripos limulus* GOURRET var. *contorta* O. ZACHARIAS, die dieser im Archiv für Planktonkunde, Bd. I, 1906, S. 559, Fig. 18, abbildet. Daß nach den neuesten Ausführungen von PAVILLARD (Golfe du Lion, l. c. p. 149) die GOURRET'sche Figur von *Ceratium tripos limulus*, weil ohne Zeichenapparat entworfen, unrichtig sei, ändert an meiner Zusammenstellung nichts, die ebensogut von der Figur bei POUCHET oder von der meinigen ausgehen kann.

Es schließt sich daran *Ceratium tripos gibberum* GOURRET, cf. G. K., Atlantisches Phytoplankton, S. 141, Taf. XX, Fig. 1, und die zugehörige *Ceratium tripos gibberum* var. *sinistra* GOURRET, ibidem, Fig. 2a—2d. Die von PAVILLARD[10]) versuchte Umbenennung dieser Form in *Ceratium (tripos) curvicorne* DADAY wüßte ich nicht zu rechtfertigen, da die Arbeit von GOURRET 1883, diejenige DADAY's 1888 erschienen ist. Bei der Aehnlichkeit der Figg. 12, 14, 17 bei DADAY[11]) könnte höchstens doch in Frage kommen, daß diese unter *Ceratium tripos gibberum* var. *sinistra* GOURRET fallen. Der von K. OKAMURA in seiner mir soeben zugehenden Schrift: Plankton of the Japanese coast, l. c. p. 128 versuchten Gleichsetzung der Hauptart und Varietät kann ich nicht beistimmen.

Ceratium tripos azoricum CL., cf. G. K., Atlant. Phytoplankton, Taf. XX, Fig. 3, 4.

Ceratium tripos azoricum var. *reducta* G. K., ibidem, Fig. 5. PAVILLARD faßt die Formgrenze allzu eng, wenn er[12]) meine Figg. 3 und 4 anschließen will, und verkennt etwas sehr

---

1) H. H. GRAN, Norweg. Nordmeer, l. c. S. 192, 193.
2) C. H. OSTENFELD, FACTORS etc., l. c. S. 583.
3) BR. SCHRÖDER, Golf von Neapel etc., l. c. Taf. I, Fig. 17a.
4) J. PAVILLARD, L'étang de Thau etc., l. c. Pl. I, Fig. 5 u. 7.
5) P. GOURRET, Les Peridiniens etc., l. c. p. 31, Pl. II. Fig. 36.
6) Derselbe, ibid. p. 23.
7) Derselbe, ibid. p. 24, Pl. I, Fig. 1.
8) M. J. PAVILLARD, Golfe du Lion etc., l. c. p. 150.
9) C. A. KOFOID, Bull. Mus. compar. Zoology Harvard Coll., Vol. L, No. 6, 1907, p. 170, Pl. IV, Fig. 26.
10) PAVILLARD, Golfe du Lion, l. c. p. 153.
11) E. V. DADAY, Dinoflagellaten des Golfes von Neapel, l. c. Fig. 12, 14, 17.
12) PAVILLARD, l. c. p. 150.

Wesentliches, wenn er die var. *reducta* als typische Form ansicht. Die Benennung hatte ich davon hergeleitet, daß die Querfurche auf der Rückenseite fehlt, also kann in der var. *reducta* niemals der Typus gesehen werden.

Ceratium tripos azoricum var. *brevis* OSTF. u. SCHM.[1]), cf. Taf. XLVIII, Fig. 1, kommt für den Indischen Ocean jetzt dazu. Die Form ist meist in allen Teilen kleiner als die Hauptart; und das rechte Antapikalhorn ist wesentlich schärfer dem Körper angedrückt als bei jener. Im Atlantischen Ocean habe ich diese Varietät nicht beobachtet.

Ceratium tripos (arietinum CL.) = *heterocamptum* (JOERG.) OSTF. u. SCHMIDT[2]), rechtes Antapikalhorn scharf eingebogen, cf. G. K., Atlant. Phytopl., Taf. XX, Fig. 6, und Taf. XLVIII, Fig. 3.

Im gerade umgekehrten Sinne, also auswärts, wird das rechte Antapikalhorn gekrümmt bei der kleinen im südlichen Indischen Ocean nicht seltenen Form *Ceratium tripos declinatum* n. sp., Taf. XLVIII, Fig. 2, und durch annähernd parallelen Verlauf aller drei Arme ausgezeichnet ist *Ceratium tripos coarctatum* PAVILLARD [syn. *Ceratium tripos symmetricum* PAVILLARD][3], cf. G. K., Atlant. Phytopl., S. 142, Taf. XX, Fig. 7, und Taf. XLVIII, Fig. 7, aus dem Indischen Ocean. *Ceratium tripos pulchellum* BR. SCHRÖDER[4]) ist durch auffallende Kürze des rechten Antapikalhornes gegenüber dem linken unterschieden, Taf. XLVIII, Fig. 5, und Taf. LI, Fig. 1.

Hier könnte noch eingefügt werden *Ceratium tripos bucephalus* CLEVE in Fifteenth ann. rep. Fishery Board for Scotland, l. c. p. 302, Pl. VIII, Fig. 5.

Eine in den verschiedenen bekannt gewordenen Vertretern mit erheblichen, vielleicht nur individuellen, resp. Alters-Unterschieden behaftete Gruppe ist *Ceratium tripos platycorne* DADAY[5]). Die breiten, flachen Antapikalhörner legen sich in älteren Exemplaren dem Apikalhorn mit ihren Innenseiten fest an, wie die Figg. 4a, 4b, Taf. LI zeigen. In jüngeren Exemplaren bleibt ein größerer Abstand dazwischen vorhanden, und die Anschwellung der Antapikalhörner ist an ihren Enden am bedeutendsten, Taf. XLVIII, Fig. 10. Oder aber, was mir persönlich minder wahrscheinlich ist, es liegt hier eine Varietät vor, wie es dann auch in den Figg. 9, 10, Taf. XIX des Antarkt. Phytopl. der Fall sein könnte. Diese Form ist damals als *Ceratium tripos* forma *dilatata*, l. c. S. 132 bezeichnet; sie gehört jedenfalls in die Verwandtschaft von *Ceratium tripos platycorne* DADAY, und ich ziehe vor, sie als einen Entwickelungszustand mit noch unfertigen Antapikalhörnern zu betrachten[6]).

Es folgt *Ceratium tripos curvicorne* DADAY, l. c. Fig. 4, 8 [12, 14, 17]. CLEVE[7]) hat die Art wiederzufinden gemeint; er giebt eine Abbildung, Taf. VII, Fig. 2, und identifiziert sie mit der Zeichnung von SCHÜTT[8]), VIIa. Diese letztere kann ich nur für *Ceratium tripos gibberum* forma *sinistra* GOURRET halten, zu welcher Form auch die Figg. 12, 14, 17 von DADAY gehören, während mir diejenige von CLEVE ein Mittelding zwischen dieser Form und *Ceratium tripos arcuatum* var. *contorta* zu sein scheint.

---

1) OSTENFELD und SCHMIDT, Röde Hav, l. c. p. 164.
2) Ibidem p. 165.
3) PAVILLARD, L'étang de Thau, l. c. p. 52, Pl. I, Fig. 4 u. 6. Trotz des Protestes von PAVILLARD, Golfe du Lion, l. c. p. 153, kann ich nur wiederholen, daß hier eine Ueberschätzung kleinster Abweichungen vorliegt.
4) BR. SCHRÖDER, Phytopl. warmer Meere, l. c. S. 358, Fig. 27.
5) E. v. DADAY, Dinoflagellaten etc., l. c. Fig. 1, 3.
6) Dasselbe ist zu sagen von der Figur von C. A. KOFOID, Bull. Mus. comp. Zoology Harvard Coll., Vol. I., No. 6, 1907, p. 171, Pl. IV, Fig. 25.
7) P. T. CLEVE, Notes on some Atlant. Plankt. Organ. K. Sv. Akad. Handlingar, Bd. XXXIV, 1901, p. 14, Pl. VII, Fig. 2.
8) F. SCHÜTT, Pflanzenleben der Hochsee, 1893, l. c. S. 30.

Als eine Subsectio möchte ich den Formenkreis der Arcuata aufstellen, zu denen ich die Species *Ceratium tripos lunula* SCHIMPER [1]) und *Ceratium tripos arcuatum* GOURRET [2]) mit allen Nebenformen rechne.

Behält man als Kriterium für die Art *Ceratium tripos lunula* SCHIMPER bei, daß die Verlängerung des Apikalarmes durch den Körper etwa einen rechten Winkel zu der Umrißlinie bilden soll, während dieser Winkel bei *Ceratium tripos arcuatum* GOURRET mehr in einen spitzen — andererseits stumpfen — Winkel übergeht, daß ferner bei *Ceratium tripos lunula* SCHIMPER beide Antapikalarme annähernd gleich lang sind, so stellen die Figg. 8 und 9, Taf. XX, Atlant. Phytopl. l. c. typische Exemplare von *Ceratium tripos lunula* SCHIMPER vor und es ist der Unterschied gegen *arcuatum* festgestellt. Fig. 12, Taf. XX war nur provisorisch unter *lunula* eingereiht. Die Form ist auch im Indischen Ocean recht häufig gefunden. Sie may nach einem im Tagebuch SCHIMPER's stehenden Namen als *Ceratium tripos anchora* SCHIMPER M. S. abgetrennt werden. KOFOID [3]) stellt neuerdings eine Form *Ceratium tripos Schrankii* KOFOID auf, die er mit der oben genannten *Ceratium tripos anchora* SCHIMPER Fig. 12 a b, Taf. XX, Atlant. Phytopl. identifiziert. Bei richtiger Beachtung der Größenverhältnisse würde er nicht diese, seine Form um das doppelte an Größe übertreffende, sondern die Figg. 10 und 11, Taf. XX, Adant. Phytopl. gewählt haben, die ich seiner Art *Ceratium tripos Schrankii* KOFOID zurechne. In den Figg. 3a 3b Taf. LI finden sich weitere ebenfalls dieser Species KOFOID's zugehörige Exemplare. — Zu *Ceratium tripos lunula* SCHIMPER gehört endlich noch als Varietät eine durch ihre auffallende Dickwandigkeit — eventuell nur Anzeichen höheren Alters — unterschiedene Form *Ceratium tripos lunula* var. *robusta* n. var. Taf. LI, Fig. 5a 5b.

Wenden wir uns jetzt zu *Ceratium tripos arcuatum* GOURRET. Man hat dieser Art bisher dem Vorgange von CLEVE [4]) folgend Formen von etwas stärkerem Baue z. B. Atlant. Phytopl. Taf. XX, Fig. 13, 14, OSTENFELD und SCHMIDT, Röde Hav. p. 165, Fig. 15 etc. zugerechnet und das ist auch in dieser vorliegenden Arbeit beibehalten worden. So gehört eine durch auffallende Wandstärke — ähnlich wie bei *lunula* — sich unterscheidende indische Varietät Taf. XLVIII, Fig. 6a, 6b, als *Ceratium tripos arcuatum* var. *robusta* n. var. hierher. Ebenso das durch starke Verlängerung des rechten und Auswärtskrümmung beider Antapikalarme charakterisierte *Ceratium tripos arcuatum* var. *caudata* G. K. Atlant. Phytopl. S. 143, Taf. XX, Fig. 14a, 14b und an dieses schließt sich durch stärkere Krümmung und mehr oder minder große Torsion desselben rechten Antapikalarmes *Ceratium tripos arcuatum* var. *contorta* (GOURRET) G. K., l. c, Taf. XXI, Fig. 17a—17c an. (Ueber CLEVE's [5]) Form *Ceratium contortum* GOURRET ist bereits Atlant. Phytopl. S. 143 das nötige gesagt worden.) Synonym dazu ist *Ceratium tripos gibberum* GOURRET var. *contorta* GOURRET und die von BR. SCHRÖDER [6]) neuerdings aufgestellten Arten *Ceratium subcontortum* BR. SCHRÖDER und das wohl nur individuell davon unterschiedene *Ceratium saltans* BR. SCHRÖDER halte ich ebenfalls für synonym. Die ebendort beschriebene Form *Ceratium Okamurai* BR. SCHRÖDER [7]) würde noch unter *Ceratium tripos arcuatum* GOURRET fallen

---

1) M.S. cf. G. KARSTEN, Atlant. Phytopl., l. c. S. 142, Taf. XX. Fig. 8, 9 etc.
2) GOURRET, Ann. de Marseille l. c. p. 25, Pl. II, Fig. 42? cf. auch OSTENFELD und SCHMIDT, Röde Hav etc., p. 165, Fig. 15.
3) C. A. KOFOID, Dinoflagellata of the San Diego region III. l. c. p. 306, Taf. XXVIII. Fig. 29 a—31.
4) P. T. CLEVE, Atlantic Plankton organisms. Acad. Handl., Vol. XXXIV, 1900, l. c. p. 13. Pl. VII, Fig. 11.
5) Ibidem Pl. VII, Fig. 10.
6) BRUNO SCHRÖDER, Phytoplankton warmer Meere etc., l. c. S. 358—360, Fig. 28, 29.
7) Ders. ibidem S. 360, Fig. 30.

und den ersten ganz leichten Uebergang zur Sectio Protuberantia andeuten. — Diesen ganzen Formenkreis will dagegen PAVILLARD [1]) unter strengerer Anlehnung an die Figur von GOURRET [2]) spalten, indem er den Typus *arcuatum* auf diese Abbildung einschränkt, daneben aber auf Grund meiner Figg. 13, 14, Taf. XX, Atlant. Phytopl. *Ceratium tripos Karstenii* PAVILLARD aufstellt, dem wohl alle anderen hier behandelten Formen einzuordnen wären. Es läßt sich darüber diskutieren, doch ziehe ich die Beibehaltung der weiteren Fassung von *Ceratium tripos arcuatum* GOURRET vor. Inkonsequent erscheint mir dieses Vorgehen von PAVILLARD auch aus dem Grunde, weil er selbst [3]) zuerst auf die Ungenauigkeit der Zeichnungen von GOUARET hinweisen zu müssen glaubte.

Durch Verkürzung der Antapikalarme gegenüber dem typischen, in der weiteren Fassung beibehaltenen *Ceratium tripos arcuatum* GOURRET sind die Varietäten bedingt: *Ceratium tripos arcuatum* GOURRET var. *atlantica* OSTENF. [4]) und *Ceratium tripos arcuatum* GOURRET var. *gracilis* OSTENF. [5]).

Den Abschluß der Sectio Rotunda erreicht man sodann mit *Ceratium tripos longinum* G. K., Atlant. Phytopl., S. 143, Taf. XXI, Fig. 18, dessen Scheitelfläche etwa eine gerade Linie bildet, die sich bis auf die Ansätze der Antapikalarme verfolgen läßt.

Sectio Protuberantia.

Subsectio *Ceratium tripos volans* CL. [6]). CLEVE stellt für diese seine neue Form als Kriterien auf; gerade, lange Antapikalhörner, die rechtwinklig zum Apikalarm stehen und erst gegen das Ende hin sich ihm entgegenneigen, und er nennt als eventuell übereinstimmende Form *Ceratium tripos carriense* GOURRET [7]). Da CLEVE nur den Ansatz der Antapikalarme am Centralkörper zeichnet, wird man sich wesentlich mit an die Abbildung GOURRET's halten müssen.

Als typische Abbildungen für *Ceratium tripos volans* CL. wolle man demnach vergleichen G. K., Atlant. Phytopl., S. 144, Taf. XXI, Fig. 19, 20, und auch K. OKAMURA, l. c. Taf. IV, Fig. 18a u. 18b. Dagegen weichen die Figuren von OSTENFELD [8]), PAVILLARD [9]), BR. SCHRÖDER [10]) und K. OKAMURA, l. c. Taf. IV, Fig. 18d u. 18c, dadurch von den Anforderungen CLEVE's ab, daß die Winkel der Antapikalhörner zum Apikalarm spitz sind und erheblich weniger als 90° betragen, worauf übrigens alle drei erstgenannten Autoren selber aufmerksam machen; ich möchte sie als *Ceratium tripos volans* CL var. *campanulata* n. var. zu bezeichnen vorschlagen.

Weitere hierher gehörige Formen sind *Ceratium tripos volans* var. *strictissima* G. K., Atlant. Phytopl., S. 144, Taf. XXI, Fig. 21, und *Ceratium tripos volans* var. *recurvata* G. K., l. c. S. 144, Taf. XXI, Fig. 22, mit zurückgekrümmten Hornenden. Eine zarte Form, bei der die Rückkrümmung gleich beim Ansatze der Antapikalarme am Körper beginnt, aber nur sehr ›

---

1) M. J. PAVILLARD, Golfe du Lion etc., l. c. p. 151, 152.
2) M. P. GOURRET, Péridiniens etc., Pl. II, Fig. 42.
3) PAVILLARD, l. c. p. 149.
4) C. H. OSTENFELD, Färöes, l. c. p. 583, Fig. 132, 133.
5) OSTENFELD und SCHMIDT, Röde Hav, l. c. p. 165, Fig. 14.
K. OKAMURA and T. NISHIKAWA, Species of *Ceratium* in Japan, 1904, l. c. Pl. VI, Fig. 3 entspricht *Ceratium tripos arcuatum* GOURRET, 3a, dagegen *Ceratium tripos anchora* SCHIMPER, und 4 wäre hier auch wohl am besten einzureihen, wenn man sie nicht zu *inclinatum* KOFOID ziehen will.
6) P. T. CLEVE, Atlant. Plankt. organisms. K. Sv. Vet. Ak. Handlingar, Vol. XXXIV, 1901, p. 15, Pl. VII, Fig. 4.
7) P. GOURRET, Péridiniens, l. c. p. 38, Pl. IV, Fig. 57.
8) C. H. OSTENFELD u. JOHS. SCHMIDT, Röde Hav, l. c. S. 168, Fig. 31.
9) J. PAVILLARD, L'étang de Thau, l. c. p. 54, Pl. I, Fig. 1.
10) BR. SCHRÖDER, Phytoplankton warmer Meere, l. c. S. 363, Fig. 34.

geringfügig ist, möchte KOFOID[1]) von *volans* trennen als besondere Species *tenuissima*. Dazu scheint mir kein hinreichender Anlaß gegeben, ich füge sie hier als *Ceratium tripos volans* var. *tenuissima* (KOFOID) an, vergl. Taf. XLIX, Fig. 17a, 17b. Endlich muß unter *volans* noch eine der häufigsten und auffallendsten Formen des Indischen Oceans eingereiht werden als *Ceratium tripos volans* var. *elegans* BR. SCHRÖDER[2]), cf. Taf. XLIX, Fig. 18. Um diese charakteristische Form in derselben Vergrößerung wie die übrigen zu geben, mußte eine Doppeltafel gewählt werden. In gemessenen Exemplaren fanden sich folgende Ausmaße: Körper 70:80 μ, Apikalarm 880 μ, linker Antapikalarm 1080 μ, rechter Antapikalarm 1120 μ, Station 181, 10—0 m; in einem anderen Falle, Station 189, 30—0 m: Körper 72:72 μ, Apikalarm 560 μ, linker Antapikalarm 1320 μ, rechter Antapikalarm 1400 μ. Aehnliche Zellen werden wohl O. ZACHARIAS, Archiv für Planktonkunde, l. c. S. 558, vorgelegen haben, der in Phytoplanktonaufsammlungen aus dem Atlantik zwischen den Capverden und St. Paul 12° N. Br. 28° W. L. *Ceratium tripos volans* beobachtete, dessen Körper 65:60 μ, Apikalhorn 1020 μ aufwies, während die beiden Antapikalhörner „noch um eine Wenigkeit länger" waren. Freilich sollen die Antapikalhörner hier vollkommen geradegestreckt gewesen sein, während für unsere Form an den Hornenden eine Hinneigung des linken, kürzeren Antapikalhornes zum, eine Rückkrümmung des rechten längeren vom Apikalhorn regelmäßig zu beobachten war.

Vielleicht läßt sich hier noch am besten eine kleinere Form einfügen, die von O. ZACHARIAS[3]) als *Ceratium (tripos) buceros* O. ZACHARIAS aufgestellt worden ist und sich durch eigenartig geschwungene, etwa horizontal abspreizenden Hörner auszeichnet (Taf. XLVIII, Fig. 16, u. Taf. LI, Fig. 8).

Alle bisher besprochenen *volans*-Arten stimmen darin überein, daß der Ansatz des linken Antapikalhornes am Centralkörper tiefer liegt als der des rechten. Von dieser gewöhnlichen Orientierung schien nach der gegebenen Abbildung eine von OSTENFELD und SCHMIDT[4]) als *Ceratium patentissimum* OSTF. u. SCHM. bezeichnete Art abzuweichen, die gerade umgekehrt das rechte Antapikalhorn tiefer ansetzen läßt. PAVILLARD[5]) hat nun durch Anfrage beim Autor festgestellt, daß diese Figur fehlerhaft sei, daß sie statt der gezeichneten Rückenseite vielmehr der Bauchseite entspreche. Somit ist der Unterschied *volans* gegenüber nur geringfügig, und die Art kann als *Ceratium tripos volans* var. *patentissima* (OSTF. u. SCHM.) beibehalten werden. Andererseits aber existiert wirklich eine solche umgekehrt orientierte Art. Sie fand sich häufig im Atlantischen Ocean sowohl, wie mehr vereinzelt im Indischen und mag jetzt den Namen *Ceratium tripos inversum* n. sp. erhalten (cf. Atlant. Phytopl., l. c. S. 144, Taf. XXI, Fig. 23, 23a).

Dem von BR. SCHRÖDER[6]) ausgesprochenen Zweifel an der Identifizierungsmöglichkeit von *Ceratium tripos volans* var. *patentissima* OSTF. u. SCHM. mit der Fig. a bei CHUN, Tiefen des Weltmeeres, 2. Aufl., S. 76, muß ich mich vollkommen anschließen. Sollte dagegen *Ceratium*

1) C. A. KOFOID, Dinoflagellata of the San Diego region etc., l. c. p. 307, Pl. XXIX, Fig. 32, 33. Beweis für die nahe Zusammengehörigkeit ist, daß auch KOFOID die Form an *Ceratium carriense* GOURRET anschließt.

2) BR. SCHRÖDER, Phytoplankton warmer Meere, l. c. S. 365, Fig. 36. Aller Wahrscheinlichkeit nach ist auch Fig. 35 dieselbe Form, doch läßt es sich nicht mit Bestimmtheit behaupten, da Einzeichnung von Querfurchen- und Längsfurchendeckplatte unsicher läßt, ob Rücken- oder Bauchseite abgebildet sein soll; vergl. darüber cf. K., Atlant. Phytopl., l. c. S. 143, Abs. 4.

3) O. ZACHARIAS, Periodizität, Variation und Verbreitung etc., l. c. S. 551.

4) OSTENFELD u. SCHMIDT, Röde Hav, l. c. S. 160, Fig. 22.

5) PAVILLARD, Golfe du Lion etc., l. c. p. 227.

6) BR. SCHRÖDER, Phytoplankton warmer Meere etc., l. c. S. 364.

tripos ceylanicum BR. SCHRÖDER [1]) etwa die Rückenseite wiedergeben, so wäre diese Figur dem *Ceratium tripos inversum* n. sp. anzureihen. Die beiden Figuren von K. OKAMURA, Taf. III, Fig. 2a, 2b, enthalten denselben Fehler, daß sie ohne genaue Berücksichtigung der Lage von Rücken- resp. Bauchseite entworfen sind. Es könnte also nur Fig. 2b dem *Ceratium tripos volans* var. *patentissima* (OSTF.) entsprechen, während Fig. 2a eventuell der erwähnten Umkehrung *Ceratium tripos inversum* n. sp. zuzurechnen wäre.

Subsectio *Ceratium tripos flagelliferum* CL. Wiederum ist es CLEVE [2]), dem dieser Formenkreis seinen Namen verdankt. Charakteristisch ist der mehr oder minder weite Kreisbogen, den die Antapikalhörner von ihrer Ansatzstelle am Körper aus über den zwischen ihnen eingesenkten Scheitel der Zelle hinaus nach unten beschreiben, bis sie in einer etwa dem Apikalhorn parallelen Lage lang nach oben hin auslaufen. Die ersten Abbildungen stammen von SCHÜTT [3]), der in der Uebersicht verschiedener Typenkreise in Fig. Va und Vb verschiedene Formen dieser tropischen Artengruppe angab. Charakteristische Wiedergaben der Grundform finden sich im Atlant. Phytopl., S. 145, Taf. XXII, Fig. 31, und K. OKAMURA and T. NISHIKAWA, l. c. Pl. VI, Fig. 6 u. 7. Vielleicht sind die Individuen, welche von GOURRET [4]) als *Ceratium tripos contrarium* GOURRET (cf. Atlant. Phytopl., S. 145, Taf. XXII, Fig. 30) angeführt werden, nicht voll zur Entwickelung gelangte *Ceratium tripos flagelliferum* CL., und diese Möglichkeit wird mir fast zur Gewißheit bei der Fig. 1, Pl. II von PAVILLARD [5]).

Sonstige Angehörige dieses Formenkreises sind folgende: *Ceratium tripos flagelliferum* CL. var. *crassa* G. K., Atlant. Phytopl., S. 146, Taf. XXII, Fig. 32, durch massigere Ausbildung der Arme und des Zellkörpers kenntlich, wie auch auf Taf. XLIX, Fig. 25 zu erkennen ist. Ferner, durch geringere Spannungsweite der von den Hörnern beschriebenen Kreisbogen unterschieden: *Ceratium tripos flagelliferum* var. *angusta* G. K., Atlant. Phytopl., S. 146, Taf. XXII, Fig. 33a, und Taf. XLIX, Fig. 24: sodann *Ceratium tripos flagelliferum* CL. var. *undulata* BR. SCHRÖDER [6]), cf. O. ZACHARIAS [7]), Fig. 13, und G. K., Taf. XLIX, Fig. 23; weiter *Ceratium tripos flagelliferum* CL. var. *claviceps* BR. SCHRÖDER [8]); dazu wäre die nicht besonders benannte Fig. 31c und 31d, Taf. XXII des Atlantischen Phytoplanktons zu vergleichen. Ich habe zwischen *undulata* und *claviceps* keinen Unterschied gemacht, z. B. in der Material-Aufzählung. Hierher gehört außerdem *Ceratium tripos inflexum* GOURRET [9]). Und endlich ist diesem Verwandtschaftskreise anzugliedern ein durch weites Auseinanderspreizen der Antapikalhörner bei sonst gleicher Formbildung gekennzeichnetes *Ceratium tripos flagelliferum* CL. var. *major* G. K., Taf. XLIX, Fig. 22.

In einigen Fällen waren bei *flagelliferum*-Arten quer abgestutzte und offene Antapikalarme zu beobachten (cf. Taf. XLIX, Fig. 25c), wie sie für andere Formenkreise charakteristisch sind.

---

1) BR. SCHRÖDER, Phytopl. warm. Meere, Fig. 35: über die Zweideutigkeit dieser Figur vergl. S. 409, Anm. 2.

2) P. T. CLEVE, Atlant. Plankt. organisms. Ak. Handlingar, Vol. XXXIV, l. c. p. 14, Pl. VII, Fig. 12.

3) FR. SCHÜTT, Pflanzenleben der Hochsee, l. c. S. 29, Fig. Va u. Vb.

4) GOURRET, Péridiniens etc., l. c. p. 32, Pl. III, Fig. 51.

5) J. PAVILLARD, L'étang de Thau etc., l. c. p. 53, Pl. II, Fig. 1. — Ders., Golfe du Lion, l. c. bestätigt meine Auffassung p. 229.

6) BR. SCHRÖDER, Golf von Neapel etc., S. 16, Taf. I, Fig. 17l (als *macroceras* var. *undulata* bezeichnet).

7) O. ZACHARIAS, Archiv für Planktonkunde, Bd. I, S. 541, Fig. 13 (als *Ceratium tripos flagelliferum* bezeichnet).

8) BR. SCHRÖDER, l. c. S. 16, Taf. I, Fig. 17n (fälschlich *macroceras* var. *claviceps* genannt.

9) P. GOURRET, l. c. p. 29, Pl. III, Fig. 44; vergl. auch BR. SCHRÖDER, l. c. S. 16, Taf. I, Fig. 17h.

Subsectio *macroceras* EHRBG.

Am leichtesten wird hier eine Verständigung gelingen, wenn man von den typischen Formen ausgeht. · Als solche können gelten SCHÜTT[1], Fig. 4c (und nur diese eine der ganzen Arbeit!), ferner CLEVE[2], Fig. 6, und OSTENFELD[3], Fig. 19.

BR. SCHRÖDER[4], Fig. 17f, und VANHÖFFEN[5], Taf. V, Fig. 10, wie auch K. OKAMURA, l. c. Taf. IV, Fig. 19 u. 20, entsprechen schon nicht mehr völlig dem normalen Typus. Das Kriterium liegt also, in einer scharfen Biegung der etwa um die Centralkörperlänge unter die Scheitelfläche hinab verlängerten und an diese in oft bis zu 90° betragenden Winkeln ansetzenden Antapikalarme, so daß sie, in ihrem weiteren Verlaufe wieder apikalwärts aufgerichtet, dem Apikalarm annähernd parallel sind oder auch mehr oder minder auswärts divergieren können, so z. B. meine Figuren Taf. XLIX, Fig. 26, und Taf. LI, Fig. 11a u. 11b, und man ersieht, daß hier Uebergangsformen nach *Ceratium tripos flagelliferum* CL., besonders *Ceratium tripos flagelliferum* var. *angusta* G. K. sich finden müssen, die mit gleichem Rechte der einen wie der anderen Sektion überwiesen werden können.

Durch ein mehr oder minder weit geltendes Auseinanderspreizen der Antapikalarme kommen bereits innerhalb unzweifelhafter Formen von *macroceras* sehr große habituelle Verschiedenheiten zu stande. Man vergleiche z. B. Atlant. Phytopl., Taf. XXII, Fig. 29b, 29d, K. OKAMURA and T. NISHIKAWA, l. c. Pl. VI, Fig. 2, und die vorher citierten Figuren von BR. SCHRÖDER und OKAMURA.

Besonders abtrennen möchte ich hier *Ceratium tripos macroceras* var. *crassa* n. var., die in sehr mannigfaltigen Formen Taf. XLIX, Fig. 27a—e wiedergegeben ist; größere Dicke der Arme und ihrer Wandungen, aufgesetzte Leisten und Kämme, quer abgestutzte, offene Antapikalarme sind Kennzeichen. Zu den typischen Formen von *macroceras* zähle ich endlich noch eine überaus zarte Form mit noch weiter spreizenden Antapikalarmen, als *Ceratium tripos macroceras* var. *tenuissima* n. var., Taf. XLIX, Fig. 28a—d. Dieser Unterart scheint die von C. A. KOFOID, Dinoflagellata of the San Diego region, l. c. p. 302, Pl. XXIV, Fig. 10—12 aufgestellte Species *Ceratium tripos gallicum* KOFOID nahezustehen.

Von diesen typischen *macroceras*-Formen führt nun eine allmähliche Stufenleiter hinab sogar bis zu Formen, die eng an die Sectio Rotunda grenzen: Und zwar läßt sich dieser Uebergang am besten daran verfolgen, daß das linke Antapikalhorn die Winkelung seines Ansatzes gegen die Scheitelfläche mehr und mehr verringert, bis beide eine gerade Linie bilden. Das rechte Antapikalhorn freilich behält zunächst noch stets einen winkligen Ansatz an die Scheitelfläche bei. Diese Zwischenstufe hatte ich im Atlantischen Phytoplankton als *Ceratium tripos protuberans* bezeichnet, und daher ist auch der jetzige Sektionsname entlehnt. Doch müssen die Formen *Ceratium tripos intermedium* JOERG.[6] heißen, da dieser Autor zuerst die Unterscheidung aufgestellt hatte. Hierher gehört nun eine sehr große Zahl von Abbildungen unter den ver-

---

1) F. SCHÜTT, Pflanzenleben der Hochsee, l. c. S. 28, Fig. IV c.

2) P. T. CLEVE, Fifteenth ann. rep. of the Fisher. Board for Scotland, l. c. p. 301, Pl. VIII, Fig. 6.

3) OSTENFELD u. SCHMIDT, Röde Hav, l. c. p. 167, Fig. 19.

4) BR. SCHRÖDER, Golf von Neapel etc., l. c. S. 15, Taf. I, Fig. 17 f, die einzige, die hier von allen dort so benannten überhaupt in Frage kommen kann.

5) E. VANHÖFFEN, Fauna und Flora Grönlands, in E. v. DRYGALSKI, Grönland-Expedition 1891—93, Bd. II, Berlin 1897.

6) E. JOERGENSEN, Protophyten etc. Bergens Museum Aarbog, 1899, S. 42, Taf. I, Fig. 10. — Derselbe, Protistplankton. Bergens Museum Skrifter, 1905, S. 111, 112.

schiedensten Namen. Synonym sind mit *Ceratium tripos intermedium* JOERG. = *Ceratium tripos* var. *scotica* SCHÜTT[1]) = *Ceratium horridum* CL. (cf. GRAN, Norw. Nordmeer, l. c. S. 194) = *Ceratium horridum* forma *typica* (GRAN) und *Ceratium horridum* forma *intermedia* (JOERG.), bei OSTENFELD, Färöes (l. c. S. 585, Fig. 136—139) = *Ceratium tripos macroceras* forma *armata* G. K. (Antarkt. Phytopl., S. 132, Taf. XIX, Fig. 7 u. 8; cf. auch Rektifizierung im Atlant. Phytopl., S. 146), = *Ceratium tripos protuberans* G. K. (Atlant. Phytopl., S. 145, Taf. XXII, Fig. 27 a—c u. 27 f), = *Ceratium tripos macroceroïdes* G. K. (ibid. Fig. 28 a, b).

Als selbständige Form kann abgetrennt werden *Ceratium tripos intermedium* var. *aequatorialis* BR. SCHRÖDER[2]), eine besonders im Indischen Ocean häufig begegnete Varietät, die sich durch glockenartig zusammenneigende Antapikalhörner leicht unterscheiden läßt, cf. G. K., Atlant. Phytopl., S. 145, Taf. XXII, Fig. 27 d, e, g, 29 a, und Taf. XLIX, Fig. 21. In entgegengesetztem Sinne spreizt *Ceratium tripos intermedium* var. *Hundhausenii* BR. SCHRÖDER[3]) die Enden der sonst ebenso verlaufenden Antapikalhörner in antapikaler Richtung auswärts, cf. Taf. LI, Fig. 10, und K. OKAMURA, l. c. Taf. IV, Fig. 18 c.

Die Rückleitung dieses Formenkreises zu der Sectio Rotunda vermittelt eine Species, die von KOFOID[4]) als *Ceratium tripos inclinatum* KOFOID bezeichnet worden ist, Taf. XLIX, Fig. 19, 20. Die Zeichnungen geben eine schmächtige, zierliche Art wieder, die den Umrissen der *intermedium*-Formen ähnelt, aber dabei die Ansatzstellen der Antapikalhörner wesentlich verkürzt. Eine verkleinerte Ausgabe derselben, *Ceratium tripos inclinatum* forma *minor* genannt, Taf. LI, Fig. 9, besitzt dann in der Tat mehr oder minder deutlich die über den Scheitel und die Antapikalhornansätze ungebrochen fortlaufende Bogenlinie der Rotunda.

Subsectio *tergestina* SCHÜTT umfaßt im wesentlichen nördliche, temperierte bis arktische Formen, die nur ganz vereinzelt zu Gesicht gekommen sind. Nach JOERGENSEN[5]) ist ihnen allen die Krümmung des Apikalarmes gemeinsam, woran sie leicht erkannt werden können. Hierher rechnen nach JOERGENSEN[6]) *Ceratium tripos tergestinum* SCHÜTT[7]) = *Ceratium tripos* var. *longipes* CL.[8]), cf. G. K., Atlant. Phytopl., S. 144, Taf. XXI, Fig. 24, und *Ceratium tripos tergestinum* SCHÜTT forma *horrida* CL.[9]). Neuerdings scheint JOERGENSEN aber (cf. Protistplankton, l. c.) beide Formen mit *Ceratium tripos longipes* (BAIL.) CL. vereinigen zu wollen unter Erweiterung der Grenzen. Hier würden dann die Figuren Taf. XXI, Fig. 25, des Atlant. Phytopl., l. c. auch noch als *Ceratium tripos longipes* (BAIL.) CL. unterkommen können, ebenso Taf. XLVIII, Fig. 11,

---

1) F. SCHÜTT, Pflanzenleben der Hochsee, l. c. S. 70, Fig. 35. IV; cf. dazu JOERGENSEN, l. c.
2) BR. SCHRÖDER, Phytoplankton warmer Meere, l. c. S. 361, Fig. 32.
3) Derselbe, ibid. S. 366, Fig. 37.
4) C. A. KOFOID, Univ. of California Publ., III, April 1907, Dinoflagellata of the San Diego region, III etc., Berkeley 1907. *Ceratium inclinatum* KOFOID wird hier identifiziert mit „*Ceratium tripos patentissimum* OSTF.", KARSTEN, Atlant. Phytopl., l. c. S. 144, Taf. XXI, Fig. 23, 23 a (also dem jetzigen *Ceratium tripos inversum* G. K.), mit dem Zusatze: „symmetry reversed". KOFOID hat die Figuren und den Sinn meiner Auseinandersetzungen über die Mehrdeutigkeit von CLEVE's Zeichnungen, sowie über die Verschiedenheit von *Ceratium tripos volans* CL. und *Ceratium tripos (patentissimum) inversum* G. K. völlig mißverstanden. Die Symmetrie ist nicht von mir umgekehrt worden, sondern es handelt sich um thatsächlich verschiedene Formen, und ohne Beachtung dieser Differenzen in den Körperumrissen wird man niemals zu einer klaren systematischen Einteilung der Arten von *Ceratium tripos* gelangen; die bloße Aufstellung neuer Formen nützt hier gar nichts.
5) F. JOERGENSEN, Protistplankton, 1905, p. 112.
6) Derselbe, Bergens Museum Aarborg, l. c. S. 43.
7) F. SCHÜTT, Pflanzenleben der Hochsee, l. c. S. 70, Fig. 35 II.
8) P. T. CLEVE, Fifteenth ann. report etc., l. c. p. 302, Pl. VIII, Fig. 2.
9) Derselbe, ibid., Fig. 4? VANHÖFFEN, l. c. Taf. V, Fig. 11.

und Taf. LI, Fig. 12, 13; Taf. XXI, Fig. 26 dagegen wäre mit Taf. XLVIII, Fig. 12 zu vereinigen als *Ceratium tripos longipes* (BAIL.) CL. var. *cristata* n. var. Zu derselben Subsectio *tergestina* SCHÜTT zählt dann die mir nur in dem gütigst zur Verfügung gestellten Material VANHÖFFEN's bekannt gewordene Art *Ceratium tripos arcticum* (EURBG.) CL. [synonym *Ceratium tripos* var. *labradorica* SCHÜTT] [1].

Ich kann nicht unterlassen, hier nochmals darauf hinzuweisen, wie wenig Rücksicht in den CLEVE'schen Figuren, die immer wieder als allgemeines Verständigungsmittel benutzt werden müssen, auf richtige Darstellung der Rücken- resp. Bauchansicht genommen ist, so daß die zahlreichen Mißverständnisse innerhalb der schwierigen Gattung zum großen Teile diesem Fehler zuzuschreiben sind. Vergleicht man z. B. die Figg. 2, 3, 4 der Arbeit CLEVE's (Fifteenth ann. report) mit denen von GRAN (Norw. Nordmeer etc., S. 44—47), so ergiebt sich, daß 2 und 3 der Bauchseite, 4 der Rückenseite entsprechen müssen, obgleich alle drei in der Zeichnung als Rückenseiten ausgestattet sind. Ebenso möchte ich darauf hinweisen, daß die Differenzen zwischen *Ceratium tripos intermedium* JOERG. und *Ceratium tripos longipes* CL. flüssig sind und beide Formen ineinander auslaufen lassen. In der mehrfach angeführten Arbeit von K. OKAMURA sind in der Taf. IV, Fig. 21a—h als *Ceratium (tripos) horridum* (CL.) GRAN eine Anzahl sehr verschiedener Formen vereinigt. Zunächst ist der Namen gegen *Ceratium (tripos) intermedium* einzutauschen (cf. oben S. 412). Sodann würde ich Fig. 21a zur Subsectio *tergestina* rechnen, 21b und f vielleicht zu *Ceratium tripos inclinatum* KOFOID, 21c, d, e und h mögen *Ceratium tripos intermedium* JOERG. etwa entsprechen, während 21g unverkennbar Beziehungen zu *Ceratium tripos arcuatum* GOURRET aufweist. Fig. 22 endlich — sehr viel stärker vergrößert wiedergegeben — gehört sicherlich zu *Ceratium tripos azoricum* CL., doch ist die Zuspitzung des Apikalhornes kaum den Thatsachen entsprechend gezeichnet.

Subsectio *robusta* OSTENF. Eine letzte Subsectio bleibt zu erörtern, die an *Ceratium tripos robustum* OSTF. u. SCHM. [2] anknüpfen mag, als die schärfst ausgeprägte Form. Bei den bisher betrachteten Formenkreisen waren zwar oft sehr starke Bogenlinien der Antapikalhörner zu beobachten, hier findet sich ein Novum darin, daß es zu direkten Knickungen kommt, oder doch zu Krümmungen von so geringem Radius, daß der Eindruck von Knickungen hervorgerufen werden muß. Im Atlantischen Ocean scheinen die Formen zu fehlen, oder doch weit seltener zu sein, im Indischen Meere treten sie recht häufig auf. Abnorm dicke Wände, die außen von hyalinen Säumen bekleidet sind, quer abgestutzte Antapikalhörner und deren zum Apikalhorn paralleler Verlauf zeichnen die Art aus. Das rechte Antapikalhorn erfährt gleich an der Ansatzstelle eine Knickung, die seine Richtung apikalwärts bedingt, das linke dagegen wächst zunächst geradlinig abwärts über die Scheitelfläche des Centralkörpers hinaus und erleidet dann erst in größerer oder geringerer Entfernung von ihr die scharfe Umbiegung, die seine Richtung um 180° verändert. Taf. XLVIII, Fig. 13, und Taf. XIX, Fig. 12 [3] (nicht 12a!) sind typische Beispiele für *Ceratium tripos robustum* OSTF. u. SCHM. In allernächsten Beziehungen zu dieser Form steht das von BR. SCHRÖDER [4] abgebildete *Ceratium japonicum* BR. SCHRÖDER; ich halte

---

1) Vergl. die Abbildungen GRAN, Norw. Nordmeer, l. c. S. 46. 47; VANHÖFFEN, l. c. Taf. V, Fig. 8.
2) OSTENFELD und SCHMIDT, Röde Hav, l. c. p. 166, Fig. 17.
3) Vergl. auch die frühere Bezeichnung dieser Form als *Ceratium tripos cultur*, Adant. Phytopl., S. 146.
4) BR. SCHRÖDER, Phytoplankton warmer Meere, l. c. S. 361, 362, Fig. 33.

es für einen jugendlichen Zustand von *robustum*, der noch nicht Zeit gefunden, die Zellwände soweit zu verdicken, wie die Art es der Regel nach thut. Da der Autor gleich beide Arten hintereinander abbildet, wundert es mich, daß er die Verwandtschaft nicht selber hervorhebt.

Die zweite Form, die hierher gehört, ist ebenfalls recht charakteristisch; es ist *Ceratium tripos vultur* CL.[1]). Die Beschreibung könnte fast genau wiederholt werden, nur sind die Antapikalhörner dem Apikalhorn nicht parallel, sondern sie weichen in verschiedenen Winkeln von seiner Richtung ab. Daher ist die Knickung zwar ebenso plötzlich, aber niemals so scharf wie bei der ersteren Form. Die Art ist in einem sogar für *Ceratium tripos* auffallend hohen Grade variabel; sie findet sich oftmals in langen Ketten, in denen kein einziges Individuum dem anderen gleicht. Charakteristische Figuren der Art sind auf Taf. XLVIII, Fig. 14, und Taf. XIX, Fig. 12a, ebenso K. OKAMURA, l. c. Pl. III, Fig. 1a u. 1c. Eine Form mit besonders scharf hervortretender Knickung an den betreffenden Stellen der Antapikalhörner habe ich als *Ceratium tripos vultur* CL var. *sumatrana* n. var. abgesondert, und die Fig. 15, Taf. XLVIII, und Fig. 14, Taf. LI, geben sie wieder. Damit ist das reichhaltige Material der Gattung *Ceratium tripos* wohl ziemlich erschöpfend dargestellt, und die bisher vorliegende Litteratur zusammengebracht. Einige hier nicht eingehender behandelte Punkte, wie das Wachstum der Antapikalarme und ihre offenen Enden, sollen im allgemeinen Teil besprochen werden.

Der vorhin S. 404 gegebenen Definition der Untergattung *Ceratium tripos* fügen sich nicht und sind deshalb direkt unter *Ceratium* einzureihen folgende Arten:

Ceratium dens OSTENF. u. SCHMIDT[2]), cf. Taf. XLVIII, Fig. 8.

Ceratium californiense KOFOID, Univ. of California Publications, Zoology, Vol. III, April 1907. (Station 236, 200 m.)

Antapikalhörner geweihähnlich abstehend und auseinanderstrebend. Spitzen geschlossen und ein wenig verjüngt, Enden abgerundet, leichte Kammzähne auf dem Rücken der Antapikalhörner, seltene Form. Taf. LI, Fig. 15. Deckplatte der Bauchseite schimmert durch.

Ceratium reflexum CL.[3]), cf. Taf. XLVIII, Fig. 9.

Ceratium recurvatum BR. SCHRÖDER[4]).

Ceratium palmatum BR. SCHRÖDER[5]), cf. G. K., Atlant. Phytopl., S. 148, Taf. XXIII, Fig. 3a—d, und Taf. XL, Fig. 6, 7 (syn. *Ceratium ranipes* CL, Handlingar, Vol. XXXIV, Pl. VII, Fig. 1).

Ceratium (hexacanthum GOURRET —) *reticulatum* POUCHET, cf. G. K., Atlant. Phytopl., S. 148, Taf. XXIII, Fig. 1.

Ceratium hexacanthum var. *contorta* LEMM., cf. ibidem Fig. 2, und Taf. L, Fig. 4.

Ceratium hexacanthum var. *spiralis* KOFOID (Station 186, 100 m), durch sehr viel längere Ausdehnung des rechten und größere Länge wie am Ende spiralige Eindrehung des linken Antapikalhornes unterschieden. Taf. L, Fig. 5.

---

1) P. T. CLEVE, Atlantic Plankton organisms etc., l. c. p. 15, Pl. VII, Fig. 5.
2) OSTENFELD u. SCHMIDT, Köde Hav etc., p. 165, Fig. 16.
3) P. T. CLEVE, Atlant. Plankt. organisms. Handlingar, Vol. XXXIV, p. 15, Pl. VII, Fig. 8, 9.
4) BR. SCHRÖDER, Phytoplankton warmer Meere etc., l. c. S. 367, Fig. 40.
5) Ders., Golf von Neapel, S. 16, Taf. I, Fig. 17 o—p, hat nach BR. SCHRÖDER die Priorität vor CLEVE's Namen *ranipes*.

Ceratium gravidum GOURRET[1]) var. *cephalote* LEMM.[2]), cf. Taf. L, Fig. 1, synonym *Ceratium gravidum* var. *hydrocephala* BR. SCHRÖDER[3]).

Ceratium gravidum GOURRET var. *praelonga* LEMM.[4]), cf. Taf. I., Fig. 2.

Ceratium geniculatum LEMM.[5]), cf. Taf. L, Fig. 3.

Ceratium furca[6]) (EHRBG.) DUJ. typ., cf. G. K., Atlant. Phytopl., S. 148, Taf. XXIII, Fig. 4.

Ceratium furca var. *longa* G. K., Atlant. Phytopl., ibidem Fig. 5, syn. *Ceratium pacificum* BR. SCHRÖDER[7]).

Ceratium furca DUJ. var. *incisa* G. K., Atlant. Phytopl., ibidem Fig. 6.

Ceratium furca var. *Schroeteri* BR. SCHRÖDER[8]).

Ceratium furca var. *pentagona* (GOURRET) LEMM., cf. G. K., Atlant. Phytopl., S. 149 Taf. XXIII, Fig. 8.

Ceratium furca var. *baltica* MÖB., cf. G. K., Atlant. Phytopl., S. 149, Taf. XXIII, Fig. 7. Diese bei SCHÜTT, Peridineen, l. c. in der Erklärung zu Fig. 36, Taf. IX (1896), stehende Benennung dürfte älter sein als die synonyme *Ceratium lineatum* (EHRBG.) Cl.

Peridinium EHRBG.

Die Zugehörigkeit zu der Gattung muß von der Uebereinstimmung in der Panzerzusammensetzung mit der von STEIN[9]) dargelegten Panzerung von *Peridinium (divergens)* abhängig gemacht werden. Freilich ist diese nicht in allen Fällen leicht zu erkennen. Eine natürliche Einteilungsmethode ergiebt sich aus dem Umstande, daß die Hörner der Antapikalhälfte entweder nur massive Membranplatten sind (ohne Plasmainhalt) oder wirkliche Zellausstülpungen, also mit Protoplasma gefüllt. Diese Einteilung ist im wesentlichen bereits von BERGH[10]) gegeben, von JOERGENSEN[11]) und schärfer von GRAN[12]) weitergeführt. Danach unterscheiden wir:

Sectio I. *Protoperidinium* BERGH.

Antapikalhälfte mit Membranleisten oder Dornen versehen. Querfurche auf der Bauchseite rechts höher apikalwärts aufsteigend als links (ob dies durchweg gültig ist, erscheint zweifelhaft).

Peridinium Steinii JOERGENSEN (syn. *Peridinium Michaëlis* STEIN) var. *elongata* n. var. Station 168, 200 m (syn. *P. tenuissimum* KOFOID. Bull. Museum compar. Zoology, Vol. L, No. 6 p. 176, Pl. V, Fig. 34).

Membranleisten zu zwei scharfen ein wenig divergierenden Spitzen ausgezogen. Apikalende

1) GOURRET, Péridiniens, l. c. p. 58, Pl. I, Fig. 15.

2) E. LEMMERMANN, Reise nach dem Pacifik, l. c. S. 349. Taf. I, Fig. 16 (*cephalote* richtige feminine Endung).

3) BR. SCHRÖDER, Phytoplankton warmer Meere, l. c. S. 369, Fig. 44.

4) LEMMERMANN, l. c. Fig. 15.

5) Ders., ibidem Fig. 17 unter *C. fusus* var. *geniculatum* LEMM., es müßte dann wohl eher noch *furca* heißen? *Ceratium tricarinatum* KOFOID ist, soweit ich sehe, mit *Ceratium geniculatum* LEMM. identisch, cf. C. A. KOFOID, BULL., Mus. compar. Zoology Harvard Coll., Vol. L, No. 6. Cambridge Mass., Febr. 1907, p. 173. Pl. III, Fig. 20.

6) Die Formen *Ceratium fusus* als *Amphiceratium* und *Ceratium furca* als *Biceratium* abzutrennen, wie VANHÖFFEN, Zool. Anzeiger, 1896, No. 499 vorgeschlagen, kann ich nicht für vorteilhaft halten.

7) BR. SCHRÖDER, Phytoplankton warmer Meere, l. c. S. 368, Fig. 42.

8) Ders., ibidem Fig. 43.

9) F. v. STEIN, Organismus der arthrodelen Flagellaten, Leipzig 1883, S. 11, Taf. X.

10) R. S. BERGH, Organismus der Cilioflagellaten, Leipzig 1881, S. 227, Morph. Jahrb., Bd. VII, Heft 2.

11) E. JOERGENSEN, Protophyten und Protozoen. Bergens Mus. Aarbog, 1899, l. c. S. 36, Ders. Protist Plankton, l. c. S. 108, Taf. VIII, Fig. 29.

12) H. H. GRAN, Norw. Nordmeer, l. c. S. 184.

stielförmig verlängert, dem *Peridinium pedunculatum* SCHÜTT ähnlich. — Ein kleines Neben-dörnchen wurde bald an der rechten, bald an der linken (in der Rückenansicht) Antapikalspitze beobachtet.

Taf. L, Fig. 12 a—c. (500:1) 250.

P. globulus STEIN var. (Station 169, 100 m.)

Zellform kugelig. Antapikale Hälfte trägt vier (auf jeder Seite der Längsfurche zwei) Membranspitzen an Stelle der bei STEIN gezeichneten zwei, auch sind sie breiter als dort. Api-kalende ein wenig länger stielartig, als STEIN es zeichnet.

Taf. L, Fig. 15 a, b. (500:1) 250.

P. cornutum n. sp. (Station 168, 200 m.)

Die ganze Panzeroberfläche der mehr oder minder kugeligen Zelle mit kleinen warzigen Erhabenheiten bedeckt. Antapikalhälfte trägt zwei krumme Membranhörnchen, auf jeder Seite der Längsfurche eines. Zelle gegen das Apikalende hin stärker verjüngt.

Taf. L, Fig. 13 a, b. (500:1) 250.

P. complanatum n. sp. (Station 236, 200 m.)

Zellform schief von der Seite zusammengedrückt. Längsfurche von zwei kleinen Membran-dornen berandet, hinter denen in einigem Abstand je ein zweiter längerer sich befindet. Quer-furche rechts höher ansteigend. Apikalende konisch, kurz aufragend.

Taf. LIII, Fig. 4 a, 4 b. (500:1) 400.

Sectio II. *Euperidinium* GRAN.

Antapikale Zellhälfte in zwei mehr oder minder umfangreiche mit Plasma gefüllte Fort-sätze auslaufend. Querfurche meist an der linken Seite in Bauchansicht der Zelle höher apikal-wärts aufsteigend. Diese Sektion hätte ich lieber „*divergens*" genannt, da fast alle Angehörigen auf diesen Grundtypus zurückzuführen scheinen, doch ist *Euperidinium* GRAN der zweifellos rechtmäßige Namen.

Peridinium (divergens) Schüttii LEMM., cf. G. K., Atlant. Phytopl., S. 149, Taf. XXIII, Fig. 10.
Peridinium (divergens) pentagonum GRAN, cf. G. K., Atlant. Phytopl., S. 149, Taf. XXIII, Fig. 11.
Peridinium (divergens) obtusum G. K., Atlant. Phytopl., S. 149, Taf. XXIII, Fig. 12.

Peridinium (divergens) ellipticum n. nom. (= *pallidum* G. K. non OSTF., Atlant. Phytopl., S. 150, Taf. XXIII, Fig. 13), cf. H. H. GRAN, Ref. Botan. Ztg., 1907, Abt. II, S. 42.

Peridinium (divergens) pyramidale G. K., Atlant. Phytopl., S. 150, Taf. XXIII, Fig. 14.
Peridinium (divergens) excavatum G. K., Atlant. Phytopl., S. 150, Taf. XXIII, Fig. 15.
Peridinium (divergens) curvicorne G. K., ibidem, Fig. 16.

Peridinium (divergens) granulatum G. K., ibidem, Fig. 27, ist mit *Peridinium (divergens) elegans* CL., Handlingar, Vol. XXXIV, Taf. VII, Fig. 15, 16, zu identifizieren.

Peridinium (divergens) antarcticum SCHIMPER, G. K., Antarkt. Phytopl., S. 131, Taf. XIX, Fig. 1—4.

Peridinium (divergens) elegans (CL. var. G. K., Antarkt. Phytopl., S. 132, Taf. XIX, Fig. 5, 6), ist mit *Peridinium (divergens) oceanicum* VANHÖFFEN, Flora und Fauna Grönlands, l. c. Taf. V, Fig. 2, zu identifizieren.

P. (divergens) gracile n. sp. (168; 169, 30—0 m.)

Scheint der vorigen Form nahezustehen und teilt mit ihr jedenfalls die vom Typus abweichende, auf der rechten Seite in Ventrallage höher als links hinaufsteigende Querfurche. Die beiden kleinen Membrandornen am Rande der Längsfurche fehlen hier. Apikalende ziemlich lang ausgezogen.

Taf. L, Fig. 9 a, b. (250:1) 125.

P. (divergens) acutum n. sp. (168, 30—0 m.)

Zellform rundlich, sehr klein, mit stielförmig vorstehendem Apikalende und seichter Einbuchtung auf der Ventralseite zwischen den beiden gerade abwärts gerichteten Antapikalarmen, deren jedem ein Membrandorn aufgesetzt ist. Querfurche ein wenig links ansteigend.

Taf. L, Fig. 8. (1000:1) 500.

P. (divergens) bidens n. sp. (169, 40—0 m.)

Zellform einem mit den Grundflächen gegeneinander gerichteten doppelten Kegel vergleichbar. Antapikalende zweigespalten, jeder Arm mit 2 ungleich großen Membrandornen gekrönt. Panzer hexagonal. gefeldert. Querfurche rechts ein wenig höher ansteigend.

Taf. L, Fig. 10 a, b. (500:1) 250.

Fig. 10 c. Felderung der Platten. (1000:1) 666.

P. (divergens) tessellatum n. sp. = tumidum K. OKAMURA. (181, 10—0 m.)

Zelloberfläche durchweg getäfelt. Apikalende lang vorgezogen. Antapikalhörner weit divergierend, scharf zugespitzt; an den oberen Teilen ebenso wie das Apikalende rauh, gekörnelt. Zwischen den Antapikalhörnern, und zwar der Rückenseite genähert, eine Wand ausgespannt, die einem flachen, jedoch mit Plasma versehenen Auswuchs der Zelle entspricht und der breiten Längsfurche der Ventralseite einseitigen Schutz zu gewähren scheint. Querfurche links ansteigend. Form identisch mit *Peridinium (divergens) tumidum* K. OKAMURA, l. c. 1907, p. 133, Pl. V, Fig. 37.

Taf. L, Fig. 11. (500:1) 250.

P. (divergens) pustulatum n. sp. (269, 10 m.)

Zellform etwas von der Bauch- resp. Rückenseite plattgedrückt. Die ganze Zelloberfläche mit Pusteln, d. h. Porenstellen mit etwas erhabenem Rande bedeckt. Antapikalhörner mit je zwei verschieden großen Membrandornen, die auf dem rechten nahe bei einander stehen, auf dem linken einen breiten Rücken zwischen sich lassen. Die beiden äußeren größeren sind auswärts zurückgebogen. Querfurche rechts ansteigend.

Taf. LII, Fig. 5 a, 5 b. (500:1) 400.

P. (divergens) remotum n. sp. (247 und sonst.)

Apikalhälfte kegelförmig. Antapikalhörner sehr breit auslaufend. Am äußeren Ende eines jeden Antapikalhornes ein starker langer, einwärts gekrümmter Membrandorn, am inneren, durch breiten Rücken von jenem getrennt, ein oder zwei sehr kleine Zacken. Querfurche links höher ansteigend, Längsfurche sehr tief einschneidend. Platten mit vereinzelten großen Poren gezeichnet.

Taf. LIII, Fig. 5a, 5b. (500:1) 400.

P. (divergens) grande KOFOID. (240; 248; häufig, 100—0 m.)

Apikal- wie Antapikalhörner steil aufsteigend, so daß an der Querfurche ein breiter, fast flacher Rand verbleibt. Hexagonale Felderung der Platten deutlich. Die Grenzen der Platten an den Innenseiten der Antapikalhörner treten bisweilen als kleine Zahnhöcker eine wenig hervor. Querfurche rechts höher ansteigend (cf. C. A. KOFOID, Albatross-Exped., l. c. p. 174, Pl. V, Fig. 28).

Taf. LII, Fig. 4a, 4b. (500:1) 400.

P. (divergens) longipes n. sp. (269, 100 m.)

68:144 μ. Zellform kugelig, mit langem halsförmigem Apikalarm und 2 nicht ganz so langen divergierenden Antapikalarmen, die beiderseits von hyalinem Saum begleitet und scharf zugespitzt sind. Querfurche den kugeligen Körper etwa in der Mitte umlaufend.

Taf. LIII, Fig. 6a, 6b. (500:1) 400.

P. (divergens) rotundatum n. sp. (169, 80—60 m.)

Kleine Form mit sehr seichtem Einschnitt zwischen beiden an den Enden mehr oder minder abgerundeten Antapikalhörnern. Querfurche rechts ein wenig ansteigend.

Taf. LIII, Fig. 3. Bauchseite. (500:1) 400.

P. (divergens) pulchellum n. sp. (181, 10—0 m.)

Kleine, vom Rücken etwa symmetrische Form mit 2 gleichen Antapikalhörnern, an jedem an der Innenseite ein kleines Zähnchen.

Taf. LIII, Fig. 1. Rückenseite. 250:1.

P. (divergens) asymmetricum n. sp. (169, 40—20 m.)

Völlig asymmetrische Form. Apikalhälfte auf der einen Seite (in Bauchansicht rechts) geradlinig, auf der anderen stark gewölbt. Antapikalhörner ebenfalls ungleich, das (in Bauchansicht) links liegende mit einfacher Spitze endend, das andere mit 2 kleinen Membranzähnen. Querfurche stark rechts ansteigend.

Taf. LIII, Fig. 2. Bauchansicht. (500:1) 400.

P. umbonatum n. sp. (168, 200 m.)

Zellform gleicht zwei niedrigen, mit ihren Grundflächen aneinander gelegten Kegeln. Apikalende ein wenig aufragend, Antapikalende abgerundet.

Taf. L, Fig. 14. (500:1) 250.

Heterodinium KOFOID.

Bisher unter *Peridinium* miteinbegriffene Formen, die aber etwas abweichende Panzer-zusammensetzung und auffallend starke Strukturierung der Oberfläche zeigen, hat Kofoid [1]) unter diesen neuen Gattungsbegriff gebracht. Es scheint sich hauptsächlich um einen Warmwasser-formenkreis zu handeln.

H. Blackmani (MURR. and WHITTING) KOFOID. (178, o m, und sonst.)

Die Form ist ausführlicher beschrieben von MURRAY und WHITTING [2]). KOFOID [3]) geht ebenfalls genauer darauf ein, so daß weitere Beschreibung sich erübrigt.

Taf. XLVII, Fig. 6 a. Rückenseite. (500:1) 250.

Fig. 6 b. Bauchseite. (500:1) 250.

Ceratocorys STEIN [1]).

C. horrida STEIN var. *africana* n. var. (236; 200 m, 240; 30—o m.)

Die typische Form besitzt ein stark verkürztes Vorderende; dieses führt 4 Zwischen-platten und eine schmale Schloßplatte, der Spalt und Oeffnung eingefügt sind. Das Hinterende besteht ebenfalls aus 4 Zwischenplatten und einer viereckigen, an jeder Ecke in einen gefiederten Stachel auslaufenden Schlußplatte. Die linke Längsfurchenrandleiste und die angrenzende linke dorsale Zwischenplatte an ihrem dorsalen Rande führen den 5. und 6. gefiederten Stachel, die die Form so charakteristisch machen.

Vorliegende Varietät besitzt außerdem am rechten wie am linken Rande derselben dorsalen Zwischenplatte je einen weiteren gefiederten Stachel, so daß die Zelle mit 8 Stacheln ausgerüstet ist. Außerdem ist große Neigung zur Bildung weiterer kürzer bleibender Federstacheln an allen Nahtstellen der Hinterhälfte vorhanden. Die Form fand sich an einigen Stationen der afrikanischen Küste entlang häufiger.

Taf. LII, Fig. 1. Linke Seitenansicht und Aufsicht auf die Vorderhälfte. (500:1.)

Fig. 2. Rechte Seitenansicht, ein wenig zum Rücken hin verschoben. (500:1.)

Fig. 3. Zelle vom Hinterende. (500:1.)

(*C.?*) *asymmetrica* n. sp. (181, 50 m.)

In ganz vereinzelten Exemplaren fand sich eine anscheinend neue Peridineen-Form, die trotz vieler Abweichungen zu der Gattung *Ceratocorys* noch die meisten Beziehungen besitzen dürfte und ihr daher vorläufig zugerechnet werden mag. — Die Querfurche zerlegt den Körper in eine sehr niedrige obere Apikalhälfte und eine untere mit zwei unsymmetrisch stehenden

---

1) C. A. KOFOID, Dinoflagellata of the San Diego region. I. On *Heterodinium*, a new genus of the Peridinidae. Univ. of California Publ., Zoology, Vol. II, 1906, No. 8, p. 342; vergl. auch G. K., Atlant. Phytopl., l. c. S. 150, Taf. XXIII, Fig. 18, *Heterodinium scrippsi* KOFOID.

2) G. MURRAY and F. G. WHITTING, New Peridiniaceae from the Atlantic. Transact. Linnean Soc. London, Vol. V, Pt. 9. 2nd Ser., Botany, 1899, p. 327. Pl. XXIX, Fig. 6.

3) l. c. p. 358.

4) Cf. SCHÜTT in ENGLER-PRANTL, I, 1 b, l. c. S. 25.

bauchigen Auftreibungen versehene. Antapikalhälfte; jede der beiden Auftreibungen läuft in einen scharfen Stachel aus. Die Apikalhälfte besteht aus drei (bisweilen wie es schien vier) Platten; eine Endplatte und Apikalporus fehlen. In Fig. 9d giebt die Einkerbung des Querfurchenumrisses die Lage der sehr verkürzten Längsspalte an. In diesem Falle sind zwei Platten der Apikalhälfte nach vorn gekehrt und werden durch eine auf die Einkerbung zulaufende Naht verbunden. In den anderen Figg. 9a, 9b war nur eine große nach vorn gekehrte Platte vorhanden.

Die Antapikalhälfte schien ebenfalls meist aus 3 Platten zu bestehen. Die eine Naht verläuft über den Rücken (Fig. 9c), die beiden anderen Nähte entfallen auf die Flanken. Demnach entspricht die nach vorn gerichtete bauchige Auftreibung mit Stachel einer Platte, während der Rest der Antapikalhälfte zu ziemlich gleichen Teilen aus den anderen beiden Platten zusammengesetzt ist. Leider gelang es nicht, die Zelle auf die apikale Fläche zu legen, wodurch eine Aufsicht auf die antapikale Seite ermöglicht worden wäre. Alle Platten sind gleichmäßig mit zahlreichen großen in die Oberfläche vertieften Poren bedeckt. Die beiden geraden oder mäßig gekrümmten Stacheln sind schräg nach vorn gerichtet.

Bei der Spärlichkeit des Materials gelang es nicht, weitere Aufklärung über die Form zu gewinnen.

Taf. XLVII, Fig. 9a, 9b. Die beiden Flankenansichten. 500:1.

Fig. 9c. Rückenansicht. 500:1.

Fig. 9d. Bauchansicht mehr von oben, so daß die Längsfurche verdeckt bleibt und nur die Einkerbung der Querfurche sichtbar wird. 500:1.

Steiniella SCHÜTT.

St. cornuta n. sp. (174 und 268; 200 m.)

Das Genus *Steiniella* SCHÜTT [1]) ist charakterisiert durch ein kegelartig verjüngtes Vorderende, eine spiralig ansteigende Querfurche und eine hinten breite, zum Apex hin sich verschmälernde und dorsalseits fortgesetzte Längsfurche.

Danach würde eine Form aus dem Indischen Ocean hierher gehören, die mit einem dem Hinterende eingefügten längeren und gekrümmten Stachel leicht kenntlich wird. Die Bauchseite mit der Längsfurche ist tief eingesenkt und schwer zu Gesicht zu bekommen. Das spiralige Ansteigen der Querfurche ist an der Flankenansicht wie der halben Ventralansicht kenntlich. Eine Zusammensetzung des Panzers aus zahlreichen im Vorder- wie Hinterende einmal quer unterbrochenen Platten ist deutlich.

Taf. LIII, Fig. 7a. Rückenseite.
Fig. 7b. Halb von der Bauchseite. } (500:1) 400.
Fig. 7c. Flanke.

1) SCHÜTT in ENGLER-PRANTL., I, 1b, S. 19.

Phalacroma STEIN [1]).

Ph. circumsutum n. sp.

Form dem *Phalacroma doryphorum* STEIN sehr nahestehend; aber durch einen ringsum laufenden Saum unterschieden, der vom Sporn bis an die Querfurche die dorsale Naht begleitet. Taf. LIII, Fig. 8. Zelle, von der Seite gesehen. (500:1) 400.

Dinophysis EHRBG. [2]).

D. (Nias n. sp.) = triacantha KOFOID. (198, 100 m.)

Dem *Dinophysis Schüttii* MURRAY and WHITTING [3]) nahestehend, doch durch andere Form des Segels und einen weiteren auf der Rückenseite sitzenden Stachel unterschieden. Die hyaline Membran beschränkt sich bei beiden Rückenstacheln außerdem nicht auf die Basis, sondern zieht sich bis an die Spitze hinauf. Die Schale wird von zahlreichen kleinen Poren durchsetzt. Die Form ist inzwischen bereits von KOFOID, Bull. Museum compar. Zoolog., Vol. L, No. 6, 1907, p. 196, Pl. XII, Fig. 74, bekannt gemacht worden.

Taf. XLVII, Fig. 7. Zelle von der Seite. 500:1.

D. miles CL. [var. aggregata WEBER v. BOSSE [4])]. (190, 200 m.)

Syn. *Heteroceras Schroeteri* FORTI [5])

Eine Form, die nur in den allerwärmsten Meeresabschnitten heimisch zu sein scheint. Ob die var. *aggregata* Existenzberechtigung hat, und nicht vielleicht nur ein Aneinanderhängenbleiben nach der Zellteilung vorliegt, wie bei der Kettenbildung der Ceratien, wäre festzustellen.

Taf. XLVII, Fig. 8 a. Einzelne Zelle. 500:1.

Fig. 8 b. Kolonie von 3 Zellen. 250:1.

D. Fungi.

Die ganze schwebende Meeresvegetation ist von einer bei Landpflanzen häufigen und mannigfaltigen Gefahr fast ganz frei, der Gefahr Parasiten zum Opfer zu fallen. Nur ein einziger klarer Fall solcher Art ist mir begegnet — wenn von dem zweifelhaften Falle bei *Anabaena* S. 403 und den auf *Dactyliosolen* sitzenden in der Stationsaufzählung mit Fragezeichen versehenen Gebilden abgesehen wird — und nur an einer Station 244, 20—0 m. Hier fielen Zellen von *Rhizosolenia alata* auf, die ein abnormes Aussehen trugen, bisweilen überaus zarte Mycelfäden aufwiesen und in sonst unversehrten Zellen eigenartige Inhaltskörper führten, die in einzelnen ·Fällen entleert waren und dann einen die Zellhaut durchbohrenden Mündungskanal erkennen ließen. Es handelte sich offenbar um einen zu der Familie der

1) SCHÜTT in ENGLER-PRANTL, l. c. I, 1 b, S. 16.
2) SCHÜTT in ENGLER-PRANTL, l. c. I, 1 b, S. 27.
3) MURRAY and WHITTING, l. c. p. 331, Pl. XXXI, Fig. 10.
4) A. WEBER v. BOSSE, Études sur les algues de l'archipel Malaisien. Ann. de Buitenzorg, T. XVII, 1901, p. 140, Pl. XVII, Fig. 3, 4.
5) A. FORTI, Ber. d. Deutsch. Bot. Ges., 1901, S. o.

Chytridiaceae

gehörigen Pilz, den ich des Mycels, des endophytischen Sporangiums und des Mündungskanales wegen der Gattung

Entophlyctis A. FISCHER

zurechnen muß.

E. Rhizosoleniae n. sp.

Von der Lebensgeschichte konnten dem Alkoholmaterial nur Bruchstücke abgewonnen werden. Das Eindringen der Parasiten bleibt unaufgeklärt. Wucherndes Mycel in einer befallenen Zelle zeigt Fig. 10a, Kontraktion des Inhaltes und Einziehen resp. Absterben des Mycels Fig. 10b, Bildung eines großen Schwärmsporangiums Fig. 10c und entleertes Sporangium Fig. 10 d.

Taf. LIV, Fig. 10a, c und d. (1000:1) 666.

Fig. 10b. (500:1) 333.

III. Allgemeiner Teil.

a) Pflanzengeographische Ergebnisse.

Gegenüber dem antarktischen Phytoplankton dessen wesentlicher Charakterzug in seiner Massenhaftigkeit und überaus großen Gleichförmigkeit gefunden wurde, wie im ersten Abschnitte dieser Bearbeitung [1]) geschildert worden ist, stellt die schwebende Vegetation der tropischen und temperierten Meere eine außerordentlich verschiedenartige, stets wechselnde Vergesellschaftung sehr zahlreicher Formen dar. Während die Antarktis neben reichlichen Mengen zahlreicher Diatomeenformen immer nur vereinzelte Individuen aus wenigen Gattungen und Arten anderer Pflanzenklassen zeigte, sind im wärmeren Wasser der niederen Breiten meist geringere Mengen Phytoplankton zu beobachten; in diesen quantitativ oft unansehnlichen Fängen herrscht jedoch ein geradezu staunenswerter Reichtum an Arten und Gattungen, die sich ziemlich gleichmäßig auf Diatomeen und Peridineen verteilen. Bisweilen kommt eine dritte Klasse, die der Schizophyceen, deren Angehörige in vereinzelten Fäden oder Bruchstücken überall häufig sind, zu einer vorherrschenden Stellung im Phytoplankton. Damit ist dann aber in der Regel seine bunte Mischung zerstört; es tritt eine einzige Art mit geringen Einschlägen einer oder mehrerer' nahe verwandter Species an Stelle des sonst herrschenden Formenreichtums.

Die hier zu bearbeitenden Gebiete entfallen teils auf den Atlantischen, teils auf den Indischen Ocean, und die Temperatur- und sonst in Betracht kommenden Verhältnisse der beiden Meere sind recht verschiedenartig in den von der Expedition berührten Teilen. So wird es sich empfehlen, die Darstellung zunächst auf einen Ocean zu beschränken und später erst die Uebereinstimmung oder Abweichungen des anderen hervorzuheben. Da das Hauptinteresse der Expedition dem bis dahin stark vernachlässigten Indischen Ocean galt, ihm auch eine weit größere Zahl von Beobachtungs- und Fangstationen zugefallen sind, so soll er hier vorangestellt werden.

Die horizontale Verteilung des Phytoplanktons im Indischen Ocean.

Der Reiseabschnitt durch den Indischen Ocean beginnt mit Station 162 auf 43° 44'4 S. Br., 75° 33'7 O. L. Die Temperatur des Oberflächenwassers, die bei der vorhergehenden Station, den Kerguelen, 4° betragen hatte, ist hier auf 8°,8 gestiegen, und die weiter folgenden Fangstationen lassen eine stetige Zunahme der Wasserwärme erkennen, bis bald nach dem Eintritt in den Indischen Südäquatorialstrom die Temperatur von 25° und darüber erreicht wird, die dann bis zum Schlusse der Expeditionsarbeiten im Roten Meere mit geringen Schwankungen dauernd erhalten bleibt.

Während nach den Phytoplankton-Protokollen der vor den Kerguelen liegenden Fangstationen [2]) *Chaetoceras criophilum* CASTR. und *Thalassiothrix antarctica* SCHUMEKR die vorherschenden Formen gewesen waren, ließ sich bereits im Gazellebassin [3]) eine Aenderung feststellen, die in dem

---

1) G. KARSTEN, Antarktisches Phytoplankton, l. c. S. 5—8.
2) G. KARSTEN, Antarkt. Phytopl., l. c. S. 63—66.
3) l. c. S. 67.

Auftreten von *Planktoniella Sol* neben 5 verschiedenen *Ceratium*-Arten ihren Ausdruck fand und auf gelegentlich überwiegenden Einfluß wärmeren Wassers schließen läßt, das die genannten Formen in dem geschützten Gazellebassin zurückgelassen haben mag. *Planktoniella* (Taf. XXXIX) wird von jetzt ab ein häufiger, wenn auch mehr den tieferen Regionen angehöriger Planktont, und die Gattung *Ceratium*, wie überhaupt die Peridineen, wachsen mit der Annäherung an den Aequator resp. mit der Temperaturerhöhung an Individuenzahl wie an Reichhaltigkeit ihrer Formen. Als vorherrschende Bestandteile zeigen sich zunächst häufig die *Rhizosolenia*-Arten: schon Station 161 *Rhizosolenia crassa* Schimper, eine außerhalb der Kerguelen nicht wieder beobachtete Form, sodann besonders *Rhizosolenia hebetata* (Bail.) f. *semispina* Gran sowohl wie f. *hiemalis* Gran (so z. B. St. Paul, Kratersee); daneben ist auch *Rhizosolenia alata* Brtw. in größerer Menge vertreten oder bisweilen, z. B. Station 164, gar vorherrschend. *Thalassiothrix antarctica* Schimper bleibt in den ersten Stationen des Indischen Oceans noch häufig, besonders in der var. *echinata* n. var. (Taf. XLVI, Fig. 10). Aber das in der Antarktis kaum irgendwo gänzlich fehlende *Chaetoceras criophilum* ist alsbald fast vollkommen verschwunden. An seine Stelle tritt *Chaetoceras peruvianum* Brtw., und zwar beinahe durchweg in der einzelligen Form, selten in mehrzelligen Ketten. *Chaetoceras atlanticum* Cl. und *neglectum* G. K., *Nitzschia seriata* Cl., *Fragilaria antarctica* Castr., *Dactyliosolen laevis* G. K., *Rhizosolenia inermis* Castr., *Corethron Valdiviae* G. K., ebenso in der Tiefe *Halosphaera viridis* Schmitz und *Actinocyclus Valdiviae* G. K. treten mehr oder minder häufig noch auf und erinnern an die antarktische Flora. Als neue Formen kommen hinzu *Bacteriastrum*-Arten, *Rhizosolenia amputata* Ostf., Taf. XLII, Fig. 2, *Rhizosolenia quadrijuncta* H. P., Taf. XXIX, Fig. 12, *Thalassiothrix heteromorpha* n. sp., eine durch die für die Gattung charakteristische Torsion der Zelle, durch die scharfe Zuspitzung des einen in Schalenansicht vorliegenden, durch starke Verbreiterung des in in Gürtellage befindlichen Zellendes, wie durch ihre Länge und Geradlinigkeit leicht kenntliche Art. Die tordierte Stelle ist nur bei genauer Untersuchung unweit des verbreiterten Zellendes erkennbar (Taf. XLVI, Fig. 11). Von der Gattung *Peragallia*, die gleichsam ein Bindeglied zwischen *Rhizosolenia* und *Chaetoceras* sein soll, wurden nur unvollständige Bruchstücke gefunden, die keine genauere Bestimmung zuließen. Hie und da auftretende Massen kleinster Discoideenzellchen, von geringer Gallertmasse in unregelmäßigen Klümpchen zusammengehalten, schienen *Thalassiosira subtilis* Ostf. zu entsprechen. *Asteromphalus heptactis* Ralfs und verschiedene *Coscinodiscus*-Arten waren hin und wieder anzutreffen. Von Peridineen zeigten sich neben den vielen *Ceratium*-Arten besonders *Peridinium* in zahlreichen Formen, Taf. L. LIII, *Diplopsalis lenticula* Bergh, *Gonyaulax polygramma* Stein, *Goniodoma*, *Podolampas*, *Dinophysis homunculus* Stein, *Cladopyxis brachiolata* Stein in Cystenform, endlich vereinzelte Fäden von der häufigsten Schizophycee, *Trichodesmium Thiebaultii* Gomont.

Bei den sehr vereinzelt sich weiterhin findenden *Corethron*-Zellen ist außerordentlich schwer zu sagen, ob *Corethron Valdiviae* G. K. oder *Corethron criophilum* Castr. vorliegt, da die scharfen, bei den antarktischen Individuen von *Corethron Valdiviae* stets deutlich ausgeprägten Zackendornen des hyalinen Saumes an den Borsten, bei den zarteren Zellen des wärmeren Wassers so abgeschlissen werden, daß der Nachweis fast unmöglich wird; sie sind daher als *Corethron criophilum* aufgeführt.

Die *Ceratium*-Arten sind teils *Ceratium furca* Duj. und *Ceratium fusus* Duj. in verschiedenen Formen, dann aber besonders *Ceratium tripos*-Arten. An den ersten Stationen überwiegen die von mir als *Ceratium tripos* sectio *rotunda* (vergl. Systematischer Teil, S. 404) zusammengefaßten Arten, wie *Ceratium tripos azoricum* Cl. var. *brevis* Ostenf., *Ceratium heterocamptum* (Joerg.), *Ceratium coarctatum* Pavillard, *Ceratium lunula* Schimper, *Ceratium arcuatum* Gourret, Taf. XLVIII, Fig. 1—7; daneben von der sectio *protuberantia* die schwerfälligen Formen der subsectio *tergestina*, wie *Ceratium tripos longipes* Cl. mit var. var., Taf. XLVIII, Fig. 11, 12. Station 163 unter 41° 5′,8 S. Br., 76° 23′,5 O. L. finden sich die ersten Angehörigen der subsectio *macroceras*, Taf. XLIX, Fig. 26, 27, Station 166 unter 37° 45′,2 S. Br., 77° 34′,3 O. L. *Ceratium tripos inversum* n. sp. (= patentissimum non Ostf. Taf. XXI, Fig. 23, Atlant. Phytopl.) und die zierlichste Form von *Ceratium tripos macroceras* Ehrg., die var. *tenuissima* n. var., Taf. XLIX, Fig. 28, endlich auch solche der subsectio *flagelliferum*, Taf. XLIX, Fig. 22—25. Unterschiede gegenüber denselben atlantischen Arten kommen später zur Sprache.

Weitere Bereicherung ist gleichzeitig durch Angehörige der Gattung *Bacteriastrum* eingetreten, die der Antarktis fehlt. Station 169 unter 34° 13′,6 S. Br., 80° 30′,9 O. L. ist *Hemiaulus Hauckii* Grun. zu nennen, eine stellenweise vorherrschende Art, ferner neue *Podolampas*- und *Dinophysis*-Arten, *Oxytoxum scolopax* Stein, Cysten von *Cladopyxis brachiolata* Stein, besonders aber die *Pyrocystis*-Arten *Pyrocystis pseudonoctiluca* J. Murray, *fusiformis* J. Murray und *lunula* Schütt. Auf der nächsten Station, 32° 53′,9 S. Br., 83° 1′,6 O. L., finden sich die ersten Exemplare von *Ornithocercus* und *Ceratocorys* und schließlich folgen Station 174 unter 27° 58′,1 S. Br., 91° 40′,2 O. L. die ersten großen *Rhizosolenia*-Arten, wie *Rhizosolenia Castracanei* H. P., *Rh. Temperei* H. P., Taf. LIV, Fig. 1, *Rhizosolenia squamosa* n. sp., Taf. XLII, Fig. 3, sowie die kleinere *Rhizosolenia calcar avis* Schulze, Taf. XLI, Fig. 5; Taf. XLII, Fig. 1, von Coscinodiscoideen *Valdiviella formosa* Schimper, eine von Schimper benannte *Planktoniella* ähnliche Form, Taf. XXXIX, Fig. 12, Taf. XL, Fig. 13, deren Flügelrand sich nach außen verjüngt und oberflächlich mit Radiallinien gezeichnet ist, *Asterolampra marylandica* Ehrg. und *Antelminellia gigas* Schütt; von Peridineen *Pyrophacus horologium* Stein, *Ceratium tripos*, subsectio *volans* vergl. Taf. XLIX, Fig. 17, 18, alsdann auf der nächsten Station 175 unter 26° 3′,6 S. Br., 93° 43′,7 O. L. *Ceratium tripos robustum* Ostenf. u. Schm., Taf. XLVIII, Fig. 13, und *Ceratium reticulatum* Pouchet var. *contorta* Gourret, Taf. L, Fig. 4. Endlich tauchen auf Station 177 unter 21° 14′,2 S. Br., 96° 9′,6 O. L. *Amphisolenia bifurcata* Murr. and Whitg., *Ceratium gravidum* Gourret und *Pyrocystis hamulus* Cl. auf, Station 178 unter 18° 17′,6 S. Br., 96° 19′,8 O. L. schließt sich *Heterodinium Blackmani* Kofoid und auf der nächsten Station 179 bei 15° 8′,1 S. Br., 96° 31′,7 O. L. *Amphisolenia Thrinax* Schütt an. Als letzte charakteristisch tropische Warmwasserformen folgen endlich Station 181 unter 12° 6′,8 S. Br., 96° 44′,4 O. L. *Climacodium Frauenfeldianum* Grun. und *Ceratium* (*ranipes* Cl.) *palmatum* Br. Schröder, Taf. L, Fig. 6, 7, und Station 182 bei 10° 8′,2 S. Br., 97° 14′,9 O. L. als Schlußglied *Gossleriella tropica* Schütt, Taf. XL, Fig. 14—17.

Damit haben wir verfolgt, wie mit zunehmender Erwärmung des Meeres von 4° bis 27° ca. der Formenreichtum sich steigert, wenn auch nur die allerwichtigsten und am meisten charakteristischen Arten genannt worden sind. Freilich bleiben von den aus der Antarktis mitherübergenommenen Formen nur *Chaetoceras atlanticum* Cl. und *Nitzschia seriata* Cl. im Warmwasser erhalten, während *Thalassiothrix antarctica* SCHIMPER, *Fragilaria antarctica* CASTR., *Rhizosolenia inermis* CASTR., *Actinocyclus Valdiviae* G. K., *Dactyliosolen laevis* G. K., *Chaetoceras neglectum* G. K. nach und nach zurückbleiben. Dieser Verlust wird aber mehr als wieder eingeholt durch die große Zahl bisher nicht genannter Formen, die sie ersetzen, wie z. B. *Asterolampra rotula* GRUN., *Euodia inornata* CASTR., *Dactyliosolen meleagris* n. sp., *Asteromphalus heptactis* RALFS, *Bacteriastrum varians* LAUDER, *B. elongatum* CL., *Rhizosolenia imbricata* BRTW., *Rhizosolenia styliformis* BRTW., *Rhizosolenia amputata* OSTF., *Chaetoceras neapolitanum* BR. SCHRÖDER, *Chaetoceras coarctatum* LAUDER, *Tropidoneis Proteus* n. sp., *Chuniella Novae Amstelodamae* n. sp., *Ceratocorys asymmetrica* n. sp., daneben besonders auch die hier nicht genannten Arten der formenreichen Gattungen *Ceratium* und *Peridinium*.

Aus dieser Zusammenstellung läßt sich entnehmen, daß **das antarktische Phytoplankton, als Einheit betrachtet, bei den Kerguelen mit einer scharfen Grenze endet.** Es wird durch ein Plankton abgelöst, das durch *Planktoniella* und die *Ceratium tripos*-Formen einen Warmwasserplankton-Anstrich erhält, daneben freilich zunächst noch *Thalassiothrix antarctica* und die anderen genannten Formen als antarktische Elemente einhergehen läßt.

SCHIMPER setzt die Grenze des tropischen Phytoplanktons gegen Süden auf die Station 169, die am 6. januar unter 34° 13',6 S. Br. und 80° 30',9 O. L. erreicht war, mit der Begründung, daß hier die von den Oberflächenformen scharf geschiedene Schattenflora zuerst auftrete, die seiner Meinung nach[1] in dem antarktischen Gebiete „weit weniger ausgeprägt ist als in den wärmeren Meeren". Nach den Darlegungen in der ersten Lieferung dieser Phytoplanktonbearbeitung[2] ist jedoch eine Scheidung in Oberflächen- und Tiefenphytoplankton auch im antarktischen Meere überall scharf durchgeführt, wenn auch die Arten, die SCHIMPER als ihre charakteristischen Vertreter ansah — also besonders *Planktoniella* — fehlen, weil sie eben specifische Warmwasserformen sind. Sie werden durch die zahlreichen *Coscinodiscus*- und *Actinocyclus*-Species vertreten.

Somit kann diese Begründung der Grenze nicht als zutreffend anerkannt werden. Andererseits ist sie aber auch willkürlich gesetzt, weil auf der Strecke Kerguelen-Padang eben Station 169 die erste Serie von Schließnetzfängen aufweist; es hätte sich bei früherer Gelegenheit, etwa bereits bei Station 162, wahrscheinlich dasselbe Bild durch Schließnetzfänge erhalten lassen, und dann wäre dieser Punkt als Grenze anzunehmen gewesen. Somit wird es geboten sein zu sagen: **Von den Kerguelen an nordwärts in der Fahrtrichtung der „Valdivia" beginnen tropische Warmwasser-Planktonformen, trotz niedriger Temperatur, einzusetzen, indem die zunächst noch vorwiegenden, dann beigemischten antarktischen Formen mehr und mehr zurückbleiben und neu auftauchende Warmwasserformen an ihre Stelle treten.**

Mit Station 182 und den zwei nächstfolgenden haben wir den Höhepunkt des tropisch-indischen Phytoplanktons, soweit wirkliches Hochseeplankton in Betracht kommt, erreicht. Peridineen und Diatomeen halten sich, zahlenmäßig betrachtet, etwa die Wage, vom Gesichtspunkt der Verwendbarkeit für das Zooplankton stehen die Peridineen wohl stets höher im Werte, da

---

1) Nach den Reiseberichten der Deutschen Tiefsee-Expedition, l. c. S. 47.
2) G. KARSTEN, Antarktisches Phytoplankton, l. c. S. 13—15.

ihnen einmal die Kieselschale fehlt, zweitens ihr Plasmakörper größere Masse, im Durchschnitt genommen, besitzen dürfte als derjenige der Diatomeen.

Z. B. sei hier der Befund von Station 183 unter 8° 14′,0 S. Br., 98° 21′,6 O. L. aus 100 m Tiefe angeführt:

Diatomeen.

Asterolampra marylandica EHRBG.
Bacteriastrum varians LAUDER.
 „ elongatum CL.
Chaetoceras coarctatum LAUDER.
 „ furca CL.
 „ lorenzianum GRUN.
 „ neapolitanum BR. SCHRÖDER.
 „ peruvianum BRTW.
Climacodium Frauenfeldianum GRUN.
Coscinodiscus excentricus EHRBG.
Dactyliosolen tenuis (CL) GRAN.
Gossleriella tropica SCHÜTT.
Hemiaulus Hauckii GRUN.
Planktoniella Sol SCHÜTT.
Rhizosolenia amputata OSTF.
 „ imbricata BRTW.
 „ hebetata f. semispina GRAN.
 „ quadrijuncta H. P.

Schizophyceen.

Trichodesmium Thiebautii GOMONT.

Peridineen.

Amphisolenia Thrinax SCHÜTT.

Ceratium fusus DUJ.
 „ „ (lange Form).
 „ „ var. concava GOURRET.
 „ furca DUJ. var. baltica MÖB.
 „ palmatum BR. SCHRÖDER.
 „ tripos arcuatum GOURRET var. gracilis OSTF.
 „ „ azoricum CL. var. brevis OSTF. u. SCHM.
 „ „ coarctatum PAVILLARD.
 „ „ flagelliferum CL.
 „ „ macroceras EHRBG. var. tenuissima n. var.
Ceratocorys horrida STEIN.
Goniodoma armatum JOHS. SCHM.
Ornithocercus magnificus STEIN.
 „ quadratus SCHÜTT.
 „ splendidus SCHÜTT.
Peridinium (divergens) elegans CL.
 „ acutum n. sp.
Pyrocystis fusiformis J. MURRAY.
 „ hamulus CL.
 „ pseudonoctiluca J. MURRAY.

Eine wesentliche Veränderung beginnt aber schon bei der Station 185 unter 3° 41′,3 S. Br., 100° 59′,5 O. L. sich geltend zu machen, beeinflußt durch die Nähe von Sumatra; das oceanische Phytoplankton wird mit neritischen Formen durchmischt, und die für Landeinflüsse d. h. stärkeren Zustrom von Nährstoffen in hohem Grade empfänglichen Diatomeen erfahren eine starke Vermehrung, Schizophyceen sind vielfach die herrschenden Formen.

Als Ausdruck des neritischen Einflusses betrachte ich das vorherrschende Auftreten von Schizophyceen. Neben den Trichodesmium-Arten: Trichodesmium Thiebautii GOMONT und Trichodesmium contortum WILLE, die auch sonst häufig, wenn auch nur in kleinen Mengen, gefunden werden, handelt es sich besonders um Katagnymene pelagica LEMM. und Katagnymene spiralis LEMM., Taf. XLV, Fig. 5, 6. Dunkelbraune Fäden, aus zahlreichen, niedrigen, im Querschnitt kreisrunden Zellen durchweg gleicher Größe zusammengesetzt und von einer eng anschließenden

Scheide umgeben, schwimmen in weiten Gallerthüllen überall in den oberflächlichen Wasserschichten und verfärben das Meer weithin. Die Fäden enden beiderseits mit abgerundeten Zellen. Eine Art hat ihren Namen von den mehr oder minder spiraligen Windungen des ca. 20 μ dicken Fadens, die andere erreicht bisweilen mehr als den doppelten Durchmesser und besteht aus wenig geschlängelten oder geraden Fäden. In beiden Arten ist die äußere Schleimhülle von dem drei- bis mehrfachen Durchmesser des Fadens selber. In der *Katagnymene* Gallerte fanden sich eigenartige kleine Naviculaceen, die als *Stigmaphora*-Arten (Taf. XLVII, Fig. 3, 4) beschrieben sind; sie sind auch aus der Bucht von Villefranche bekannt und wahrscheinlich neritischen Vorkommens.

Ebenso ist *Anabaena* spec. (vergl. Systematischer Teil, S. 402, und Allgemeiner Teil, weiter unten), nur in der Nähe Sumatras an zwei Stationen nachgewiesen und als neritisch anzusehen (Taf. XLV, Fig. 8).

Die eigenartigste Schizophycee ist *Richelia intracellularis* SCHMIDT, die in Symbiose mit *Rhizosolenia*-Arten lebt, in deren Zellen oberflächlich oft in großer Menge ihre kurzen charakteristischen Fäden stets in Längsrichtung der Wirtszelle ausbreitet, sich rechtzeitig in je 2 Fäden teilt und mit diesen an die entgegengesetzten Zellpole wandert, so daß die *Rhizosolenia*-Tochterzellen ihre Gäste von vornherein mit auf den Weg bekommen. Dieselbe Schizophycee kommt nun zwar auch frei vor, wird dann aber ihrer geringen Größe wegen leicht übersehen. Sie findet sich endlich auch in den Ketten von *Chaetoceras contortum* in die Lücken zwischen den einzelnen ziemlich weit stehenden Zellen eingewandert. Es wird später versucht werden, das Verhalten der Art von ökologischen Gesichtspunkten aus zu deuten. Taf. XLV, Fig. 3, 4. Von OSTENFELD und SCHMIDT ist die Form vereinzelt im Roten Meer, und massenhaft in der Malakka-Straße und im inneren Teil des Golfes von Siam gefunden worden; die Art wird uns an der afrikanischen Küste abermals begegnen, während sie auf der freien Hochsee fehlt. Alles dies berechtigt uns, sie ebenfalls als neritischen Bestandteil des Phytoplanktons anzusprechen.

Die Phytoplanktonfänge in der Nähe Sumatras und auf der Fahrt durch das Mentawei-Becken, zwischen den Inseln hindurch bis zu den Nikobaren sind durch großen Reichtum und Mannigfaltigkeit der Formen ausgezeichnet. Es sind die Stationen 185—212. Diese Planktonmassen kann ich jedoch durchweg nicht für oceanisch halten, es überwiegt hier überall der Einfluß der Landnähe und der relativ geringen Meerestiefe. Zunächst sind zahlreiche am Grunde oder Ufer lebende Arten nur zufällig im Plankton mitenthalten, wie *Navicula corymbosa* AG., *N. ramosissima* AG., *Pleurosigma litorale* W. SM., *P. angulatum* W. SM., *Nitzschia Closterium* W. SM., *N. (Sigma)* spec., *Synedra crystallina* KTZG., *Licmophora* spec., *Lyngbya aestuarii* LIEBMANN u. s. w.

Sodann ist eine sehr große Zahl der neu auftretenden Planktonten neritischer Natur, wie sich für die Diatomeen auf Grund vorliegender Erfahrungen leicht feststellen läßt[1]), während für die Peridineen entsprechende Vergleichsbeobachtungen und Angaben noch fehlen. Immerhin wird auch bei dieser Klasse ein gewisser Prozentsatz neritischer Formen angenommen werden dürfen. Die wichtigsten bisher auf der Fahrt durch den Indischen Ocean nicht gefundenen, weil neritischen Planktonformen der Diatomeen, die hier auftreten, sind: *Chaetoceras lorenzianum* GRUN., *Ch. contortum* SCHÜTT, *Ch. diversum* CL., *Ch. sociale* LAUDER, *Cerataulina Bergonii* H. P., *C. compacta*

---

[1] H. H. GRAN, Nord. Plankton, l. c. giebt z. B. bei den von ihm aufgeführten Arten stets an, ob Küstenform oder oceanisch.

Ostf. (vermutlich!), *Asterionella japonica* Cl., *Detonula Schroederi* P. Bergon, *Bellerochea malleus* Van Heurck und *B. indica* n. sp., *Lauderia borealis* Gran und *L. punctata* n. sp. (Taf. XLII, Fig. 7), *Lauderiopsis costata* Ostf., *Rhizosolenia setigera* Brtw., *Navicula membranacea* Cl. und die Gattungen *Streptotheca*, *Lithodesmium*, *Skeletonema*, vermutlich auch *Guinardia*. Für neritisch glaube ich auch halten zu müssen *Chaetoceras aequatoriale* Cl. (Taf. XLV, Fig. 1), das immer nur in Küstennähe auftritt, aber zu selten ist, um ein genaues Urteil zu erlauben.

Ueber das Verhältnis der drei großen Planktonklassen im neritischen Plankton bis zu den Nicobaren ist zu sagen, daß meist die Schizophyceen vorherrschen, besonders sobald die beiden *Katagnymene*-Arten auftreten; daß an einzelnen Stellen aber die Diatomeen die Oberhand gewonnen hatten, daß die Peridineen, besonders zahlreiche *Ceratium tripos*-Formen stets einen sehr erheblichen aber auf der in Rede stehenden Strecke niemals einen vorwiegenden Teil des Phytoplanktons stellten. Unter 19 Fängen, die deutliche Vorherrschaft einer Klasse erkennen ließen, waren 13mal die Schizophyceen, 6mal die Diatomeen der obsiegende Teil; und bei den Diatomeen waren bald die *Chaetoceras*-Arten, bald die Rhizosolenien überwiegend.

Die kurze Strecke quer durch den Busen von Bengalen brachte eine Vorherrschaft der Peridineen, vor allem zahlreicher *Ceratium tripos*-Arten. Die neritischen Planktonten traten sehr zurück; *Richelia intracellularis* blieb jedoch in einzelnen Exemplaren, und zwar in verschiedenen Species von *Rhizosolenia* als Wirten, bis Colombo erhalten. An Stelle des neritischen *Chaetoceras lorenzianum* Grun. waren hauptsächlich große Ketten von *Chaetoceras coarctatum* Lauder zu beobachten, deren Zellen fast regelmäßig zahlreiche Vorticellen trugen, und daneben *Chaetoceras sumatranum* n. sp., Taf. XLV, Fig. 2, eine neue Art mit ungewöhnlich großen Zellen. Beide waren bereits in dem Kanal westlich von Sumatra beobachtet, traten dort aber gegen *Ch. lorenzianum* mehr in den Hintergrund. *Rhizosolenia*-Arten waren sehr zahlreich; *Rh. hebetata* (Bail) f. *semispina* Gran, *Rh. calcar avis* Schulze und *Rh. styliformis* Brtw. sind wohl die häufigsten, *Rh. robusta* Norman und die ihr ähnelnde *Rh. annulata* n. sp. Taf. XLI, Fig. 4, die auffälligsten Arten. *Pyrocystis*-Zellen fanden sich stets vertreten, in der tieferen Lage herrschte Reichtum an *Coscinodiscus*, *Planktoniella*, *Valdiviella* und *Gossleriella*. Station 216 vor Colombo trat der Nähe des Landes entsprechend wieder Schizophyceenplankton, und zwar von *Trichodesmium Thiebaulii* Gomont vorherrschend auf, im Hafen selbst zeigte ein Fang von Arnstein eine ungeheuere Menge von *Skeletonema costatum* Grun. neben vereinzelten anderen neritischen Formen.

Schon auf der ersten Station hinter Colombo Station 217 unter 4° 56′,0 N. Br., 78° 15′,3 OL. war rein oceanisches Phytoplankton erreicht. *Chaetoceras peruvianum* Brtw. *Ch. tetrastichon* Cl., *Ch. sumatranum* n. sp., und *Ch. coarctatum* Lauder, *Rhizosolenia calcar avis* Schulze, *Rh. robusta* Norman, *Rh. hebetata* f. *semispina* Gran *Rh. amputata* Ostf. und die großen *squamosen* Arten neben sehr zahlreichen *Ceratium* und *Ceratium tripos*-Arten, *Goniodoma*, *Ceratocorys*, *Amphisolenia*, *Ornithocercus* und allen Pyrocysteen bilden von hier ab den Grundtypus bis zur Station 239 unter 5° 42′,3 S Br, 43° 36′,5 O L, wo mit der Annäherung an den gewaltigen afrikanischen Kontinent die neritischen Planktonelemente wieder mehr hervortreten.

Doch finden sich in dem langen Laufe von Station 217 bis 239 noch einige Abschattierungen, die Interesse erwecken. Bei dem großen Malediven-Atoll Suadiva tritt vorherrschend eine als var. *Suadivae* n. var. bezeichnete Wuchsform von *Ch. peruvianum* auf, die sich durch eine ganz außergewöhnliche Borstenlänge und -spannung der stets einzeln bleibenden Zelle auszeichnet. Taf. XLIII, Fig. 3. Ueberhaupt wirkte die Nähe des Atolls bereits auf die Phytoplanktonflora in Richtung einer Förderung der Diatomeen ein, wie Schimper ausdrücklich hervorhebt und wie auch aus dem Materiale erkennbar ist. Zwei weitere interessante *Chaetoceras*-Arten, *Ch. bacteriastroides* n. sp., Taf. XLIV, Fig. 2, und *Ch. buceros* n. sp., Taf. XLIV, Fig. 1, setzen hier ein, sie sind in tieferen Wasserschichten zu Hause. Auch ein weiteres neues, großzelliges *Chaetoceras* der Borealia, das uns bis an die afrikanische Küste begleiten wird, tritt bei Suadiva zuerst in Erscheinung; es hat nach dem Mittelpunkte seines Verbreitungsgebietes den Namen *Ch. Seychellarum* n. sp. erhalten. Taf. XLIII, Fig. 4. Die Verteilung der vorherrschenden Formen auf der Reise von Ceylon bis Station 239 geht am besten daraus hervor, daß von 18 Stationen, bei denen vorherrschende Formen genannt sind, eine auf *Chaetoceras*-Arten fällt (das eben genannte Atoll Suadiva), eine auf Goscinodiscoideen, neun auf *Rhizosolenia*-Arten, sechs auf Peridineen und eine auf *Pyrocystis*; die Schizophyceen fallen also auf dieser Strecke bei den vorwiegenden Formen gänzlich aus. Von den Seychellen ab wird häufiger eine durch Vermehrung der charakteristischen Federstacheln von 6 auf 7 und 8 ausgezeichnete Form von *Ceratocorys horrida* STEIN beobachtet, die *Ceratocorys horrida* var. *africana* n. var. genannt worden ist. Taf. LII, Fig. 1—3.

Das erste Anzeichen des neritischen mit Station 239 unter 5° 42',0 S. Br., 43° 36',5 O. L. wieder einsetzenden Phytoplanktons ist *Richelia intracellularis* SCHM., die mit sehr winzigen Exemplaren in *Rhizosolenia styliformis* beginnt, dann aber auch in *Rh. hebetata* f. *semispina* GRAN, *Rh. cylindrus* CL. und in den Lücken der Ketten von *Chaetoceras contortum* SCHÜTT sich reichlich zeigt. Das Wiederauftreten von *Chaetoceras lorenzianum* GRUN, *Lithodesmium*, *Cerataulina* und *Streptotheca*, neben direkten Uferformen, wie *Biddulphia mobiliensis* (BAIL.) und *Isthmia*-Arten, das Vorherrschen von Schizophyceen Station 240 unter 6° 12',9 S. Br., 41° 17',3 O. L. — wo *Trichodesmium erythraeum* EHRBG. mit wenig *Trichodesmium tenue* WILLE dazwischen das ganze Phytoplankton ausmacht — alles das sind Zeichen neritischen Charakters in der Schwebeflora. Daneben sind natürlich auch hier oceanische Vertreter der Gattungen *Chaetoceras* (*Ch. coarctatum* LAUDER mit Vorticellen, *Ch. peruvianum* BRTW., *Ch. Seychellarum* n. sp., *Ch. tetrastichon* CL.), *Rhizosolenia* (*Rh. hebetata* [BAIL] f. *semispina* GRAN, *Rh. calcar avis* SCHULZE, *Rh. styliformis* BRTW., *Rh. imbricata* BRTW., *Rh. squamosa* n. sp., *Rh. Temperei* H. P., *Rh. robusta* NORMAN, *Rh. quadrijuncta* H. P., *Rh. Stolterfothii* H. P., während die auf der Hochsee häufige *Rh. amputata* OSTF. fehlt) und andere vorhanden. So Station 239 selbst z. B. *Climacodium Fraunfeldianum* GRUN, das hier außerordentlich reichlich vorkommt und der Oberfläche bis 100 m Tiefe gefunden ward mit einem Maximum bei 60—45 m; von hier aus' nach oben stärker abnehmend als gegen die Tiefe hin. Die mit Annäherung an die Küste verbundene Zunahme des Diatomeenplanktons wird auch dieses Mal bemerkbar. *Rhizosolenia cochlea* BRUN und *Rh. hyalina* OSTF. treten neu auf. Peridineen bleiben daneben häufig, besonders verschiedene *Ceratium*-Arten und von *Ceratium tripos* eine Mischung von Vertretern der Subsektionen *macroceras*, *volans*, *flagelliferum* mit dem dickwandigen *Ceratium tripos vultur* CL. und vereinzelten Exemplaren der kurzen, schwerfälligen Sectio *rotunda*. Auffallend ist die erhebliche Zunahme der Gattung

Peridinium selbst in sehr großen Arten, wie *Peridinium grande* KOFOID, Taf. LII, Fig. 4, und andere. Bei Station 245 unter 5^0 $27',9$ S. Br., 39^0 $18',8$ O. L. findet sich noch einmal vorherrschendes *Chaetoceras*- und *Bacteriastrum*-Plankton, darunter die eigenartige Mittelform *Chaetoceras peruvio-atlanticum* n. sp., welche Charaktere der *Phaeoceras*-Sektionen Atlantica und Borealia in sich vereinigt (vergl. Systemat. Teil, S. 385, Taf. XLIII, Fig. 1). Station 247 bei 3^0 $38',8$ S. Br., 40^0 $16',0$ O. L. folgt ein vorwiegendes *Rhizosolenia*-Plankton mit sehr zahlreichen Arten, während die Peridineen im allgemeinen zurücktreten und nur die langhörnigen *Ceratium tripos*-Arten der Subsektionen *flagelliferum, volans, macroceras* reichlicher zu beobachten sind.

Bei Station 250 unter 1^0 $47',8$ S. Br. und 41^0 $58',8$ O. L. ist plötzlich eine erhebliche Veränderung zu konstatieren [1]), wo die Fahrt aus dem Südäquatorialstrom, der sein südhemisphärisches, 28—$28,8^0$ warmes Wasser mit der Schnelligkeit von $2,4$ Seemeilen in der Stunde nach Nordost führt, in die unter dem Einfluß des Nordost-Monsuns mit $2,2$ Seemeilen Geschwindigkeit nach Südwest fließende Trift nordhemisphärischen Wassers von nur $27,1^0$, $26,4^0$ und $25,8^0$ übertritt. Infolge davon ist die Dichte des Wassers eine völlig veränderte, und die Rückwirkung dieses Faktors auf die Zusammensetzung des Phytoplanktons ist unverkennbar. Die leicht schwebenden *Bacteriastrum*-Arten und alle langhörnigen *Chaetoceras*-Formen, wie *Ch. Seychellarum* n. sp., *Ch. tetrastichon* CL., sind mit einem Schlage verschwunden, nur in der Tiefe von 100 m werden noch einzelne spärliche Bruchstücke von ihnen gefunden. Dagegen sind die neritischen *Chaetoceras sociale* LAUDER, *Ch. contortum* SCHÜTT, *Ch. Willei* GRAN, *Ch. lorenzianum* GRUN. um eine neue Art, deren Schwebehörner äußerst winzige Entwickelung zeigen, *Ch. filiferum* n. sp., Taf. XLIV, Fig. 5, vermehrt, die aber nur kurze Zeit erhalten bleibt. Die großen squamosen *Rhizosolenia*-Arten, wie *Rh. Temperei* H. P., *Rh. squamosa* n. sp., fehlen oder zeigen nur Bruchstücke in der Tiefe, dagegen sind die *Rh. quadrijuncta* H. P., *Rh. robusta* NORMAN, *Rh. Stolterfothii* H. P., *Rh. imbricata* BRTW., *Rh. calcar avis* SCHULZE, *Rh. cochlea* BRUN, *Rh. styliformis* BRTW. vorhanden, und die neuen Arten *Rh. africana* n. sp., Taf. XLI, Fig. 8, und *Rh. similis* n. sp., Taf. XLI, Fig. 9, stellen relativ dickwandige und schwerfällige Ersatzformen für die großen *Rhizosolenia Temperei* etc. -Zellen dar.

Am auffälligsten ist der Unterschied in der Vertretung der Peridineen. An Stelle der leichten, langarmigen *Ceratium tripos*-Arten der Subsektionen *macroceras, flagelliferum, volans* sind lediglich die *rotunda*-Formen, wie *azoricum* var. *brevis* OSTF. u. SCHM., *lunula* SCHIMPER var. *robusta* n. v., *gibberum* var. *sinistra* GOURRET vorhanden, und die dickwandige Subsectio *robusta*. Nur in der Tiefe konnten vereinzelte Bruchstücke von *macroceras* EHRB. nachgewiesen werden.

Dieser Zustand bleibt mit geringen, auf den wechselnden Landabstand zurückzuführenden Schwankungen während der weiter nordwärts gehenden Fahrt erhalten; die Dichte und der Salzgehalt nehmen langsam zu, die Temperaturen bleiben in der Regel unter 28^0. Zwar kommen hie und da wieder einzelne Exemplare leichter schwebender Formen vor, doch die schwerfälligen Arten aller Klassen behalten die Oberhand. Für das nach und nach ausscheidende *Chaetoceras coarctatum* LAUDER tritt *Chaetoceras sumatranum* n. sp. wieder auf und übernimmt auch die Rolle als Träger von Vorticellen-Kolonien. *Rhizosolenia amputata* OSTF. stellt sich wieder ein.

Nur als das Schiff zu den Stationen 267 und 268 (diese unter 9^0 $6',1$ N. Br., 53^0 $41',2$ O. L.) weiter vom Lande abgebogen war und Wasser etwas minderer Dichte, ein wenig ver-

---

1) Vergl. Reiseberichte der Deutschen Tiefsee-Expedition 1898—1899, I. c. S. 63, 64 u. 103—104.

ringerten Salzgehaltes und etwas höherer Temperatur in größerer Entfernung vom Lande (170 See-meilen) erreicht hatte, zeigten sich die früher beobachteten langhörnigen *Ceratium tripos*-Formen der *macroceras*-, *flagelliferum*- und *volans*-Untersektionen, *Ceratium (ranipes* CL) *palmatum* BR. SCHRÖDER und die große *Rhizosolenia Temperei* H. P. von neuem. Die dickwandigen *Ceratium tripos robustum* OSTF. und *vultur* CL waren hier meist in Kettenbildung eingetreten oder hatten ihre Antapikalhörner, bisweilen auch den Apex nachträglich verlängert, um den Formwiderstand zu erhöhen und so vor dem Untersinken bewahrt zu bleiben. Taf. LI, Fig. 12, 13, 14.

Die große Menge von reichgemischtem Phytoplankton an den Stationen der auf drei Seiten rings geschlossenen Bucht von Aden muß wohl auf die von Osten hineinstreichende Strömung zurückgeführt werden. Denn es finden sich in dem sehr salzigen und dichten Wasser außer den zu erwartenden schweren, kurzen Formen, z. B. von *Ceratium*, auch die langhörnigen vor, außer den dickwandigeren Rhizosolenien auch die großen squamosen Zellen von *Rhizosolenia Castracanei* H. P. und *Rhizosolenia Temperei* H. P. Freilich sind die verschiedenen *Chaetoceras*-Arten wie die hierher gerateten Schizophyceen, welche an Orten geringeren Salzgehaltes besser gedeihen, alsbald zu Grunde gegangen, und nur ihre Ueberreste sind in den tieferen Schichten noch nachweisbar. Dagegen scheinen andere Arten sich gerade hier sehr wohl zu fühlen. So konnten auf Station 269 unter 12° 51',8 N. Br., 50° 10',7 O. L. allein 3 neue, besonders ansehnliche *Peridinium*-Arten beobachtet werden, *Peridinium pustulatum* n. sp. (Taf. LII, Fig. 5), *Peridinium remotum* n. sp. (Taf. LIII, Fig. 5) und *Peridinium longipes* (Taf. LIII, Fig. 6). Station 270, weiter im Inneren der Bucht, herrschen die gleichen Verhältnisse; doch sind hier auch die bis dahin der zunehmenden Salinität standhaltenden Rhizosolenien von der Oberfläche verschwunden und in ihren abgestorbenen Zellen mit *Chaetoceras* und *Climacodium Frauenfeldianum* zusammen 100 m tief hinabgesunken. Nur *Rhizosolenia hyalina* OSTF. scheint widerstandsfähiger zu sein und in gewissem Grade auch *Climacodium Frauenfeldianum* GRUN., denn beide Formen halten bis ins Rote Meer bei 37 und 38 pro mille Salzgehalt noch als vorherrschende Arten aus. Station 274 unter 26° 27',3 N. Br., 34° 36',7 O. L. sind bei 40 pro mille Salz freilich nur noch Spuren von Phytoplankton übrig geblieben.

Es ist in den Ausführungen über die horizontale Verbreitung des indischen Phytoplanktons der Versuch gemacht, die zur Beobachtung gelangten Verschiedenheiten dem Abwechseln der oceanischen und neritischen Formelemente in erster Linie zur Last zu legen. Dabei darf aber nicht verschwiegen werden, daß SCHIMPER's hinterlassene Notizen diese Differenzen als Ausdruck verschiedener Florengebiete aufzufassen suchen. Er bezeichnet den Abschnitt der Reise vom Eintritt in das Mentawei-Becken an bis Ceylon als das Gebiet des „bengalischen Planktons". Da, wie er zugiebt, das Bild durch die neritischen Einflüsse sehr gestört wird, so beginnt mit dem Verlassen der Nikobaren erst das reine „bengalische Plankton, ohne Küsteneinflüsse". Es ist nach SCHIMPER „charakterisiert durch das Vorherrschen von *Rhizosolenia semispina* unter den Diatomeen, durch das Vorkommen von *Richelia intracellularis* SCHM., des Vorticellen tragenden *Chaetoceras coarctatum* LAUDER und der *Valdiviella formosa* SCHIMPER." Nun sahen wir jedoch *Valdiviella formosa* nach den durchgeführten Untersuchungen des Materials bereits lange vor den Cocos-Inseln auftreten und konnten die Form weit über Ceylon hinaus verfolgen. *Chaetoceras coarctatum* LAUDER mit seinen Vorticellen tritt bei denselben Cocos-Inseln ebenfalls auf und reicht bis Dar es Salam oder etwas weiter, ohne vorher irgendwo völlig ausgeschaltet zu werden. *Richelia intracellularis* Schm. ist seiner vorher geschilderten Verbreitung nach mit ziemlicher Sicherheit als neritisch anzusprechen. Das Vorherrschen von *Rhizosolenia hebetata* (Bail.) f. *semispina* Gran läßt sich freilich ohne genaue Zählung weder behaupten noch verneinen. Von Ceylon ab bis Station 239 unter 5° 42',3 S. Br., 43° 36',5 O. L. soll eine wesentlich verschiedene, als „arabisches Plankton" bezeichnete Pflanzengesellschaft herrschen. „*Rhizosolenia semispina* wird durch die verwandte *calcar avis* ersetzt, eine neue *Rhizosolenia amputata* Ostf. kommt zum Vorschein. *Richelia* und *Valdiviella* sind ganz, das Vorticellen tragende *Chaetoceras* fast ganz verschwunden. Dieser Zustand bleibt **auf der Hochsee** im großen und ganzen unverändert, obwohl die Rhizosolenien bald reichlich, bald wenig auftreten, bis Station 238, wo *Rhizosolenia* und überhaupt Diatomeen fehlten." „Station 239 trat ein wesentlicher Unterschied zum Vorschein, indem *Rhizosolenia semispina* wieder auftrat, *Rhizosolenia calcar avis* und *amputata* fehlten! Die Rückkehr zum bengalischen Typus war Station 240 noch weit mehr ausgeprägt, indem nicht bloß *Richelia intracellularis* wieder auftrat, *Rhizosolenia calcar avis* und *amputata* konstant fehlten, sondern auch das Vorticellen tragende *Chaetoceras* häufig wird, und die im arabischen Plankton höchstens spurenweise auftretenden Oscillarien massenhaft auftreten; auch ganz vereinzelt *Katagnymene spiralis*! Vielleicht ist das Auftreten der Oscillarien auf den Einfluß der Küstennähe zurückzuführen; ganz bestimmt ist dies von dem *Climacodium*!) anzunehmen." Später soll dann wieder der arabische Charakter hervortreten u. s. w.

Dagegen ist nun geltend zu machen, daß *Rhizosolenia amputata* Ostf. dem ganzen Indischen Ocean eigentümlich ist; zuerst konnte die Species bei Station 164 beobachtet werden, vor allem ist sie auch dem von Schimper als bengalischen Plankton herausgehobenen Teil nicht fremd, wie Durchsicht des Stationsverzeichnisses lehrt. *Valdiviella* ist Station 218, 221, 226, 228 u. s. w. festgestellt, im „arabischen Plankton" also mehrfach nachgewiesen. *Chaetoceras coarctatum* Lauder konnte bereits vorhin als im ganzen Indischen Ocean verbreitet dargetan werden. *Richelia intracellularis* (und in gewissem Grade die Schizophyceen überhaupt) konnten mit guten Gründen als Anzeichen neritischen Charakters aufgefaßt werden. So bleibt auch hier nur das nicht ohne weiteres abzuschätzende Vorherrschen einer der beiden häufigsten *Rhizosolenia*-Arten übrig; da beide aber auf jeder Station fast aufgeführt sind, wird sich darauf ein fundamentaler Unterschied nicht gründen lassen. **Demnach scheint die Scheidung in oceanische und neritischen Teil — da die Grenzen mit denen Schimper's zusammenfallen — den Thatsachen, wie sie jetzt klargelegt werden konnten, besser zu entsprechen, als die Einteilung in zwei verschiedene Florengebiete.**

Die vertikale Verbreitung des Phytoplanktons im Indischen Ocean.

Wie stellt sich nun zu dieser horizontalen Verteilung des Phytoplanktons die Verbreitung der lebenden Pflanzenwelt in die Tiefe; bis zu welcher Tiefe finden sich assimilierende Organismen im Indischen Ocean, und in welchem Abstande von der Oberfläche lebt die Hauptmasse der vorher genannten Formen?

---

1) *Climacodium* ist in seinen beiden Arten; *Cl. Frauenfeldianum* Grun. und *Cl. biconcavum* Cl. wohl sicher als rein oceanische Form zu betrachten, wird auch von Gran (Nord. Plankton, l. c. S. 100) so aufgefaßt; ich weiß nicht, was Schimper zu der gegenteiligen Annahme veranlaßt haben kann.

Die Beantwortung dieser Fragen war ja für das antarktische Meer bereits im ersten Teile der Phytoplanktonbearbeitung gegeben [1]); die Resultate mögen hier in aller Kürze nochmals angeführt sein. Die obersten 200 m enthalten den Hauptteil des lebenden, organische Masse produzieren. den Phytoplanktons und zwar steigert sich die Menge von 0—40 m, bleibt 40—80 m etwa konstant uud fällt dann ab. Einzelne lebende Zellen sind jedoch bis 400 m ca. stets nachweisbar. Die ganze Masse von konsumierenden Meeresorganismen lebt also auf Kosten der oberen 200 bis 400 m; sei es daß die Konsumenten die lebenden Pflanzen selbst oder ihre wie ein Regen zu Boden fallenden absterbenden und toten Ueberreste verzehren. Das Oberflächenplankton wird von den Gattungen *Chaetoceras*, *Rhizosolenia* und *Thalassiothrix* vorzugsweise gestellt, dem Tiefen- plankton gehören fast ausschließlich *Coscinodiscus*-Arten und dieser Gattung nahe stehende Formen an.

Es wird zweckmäßig sein, kurze Zusammenfassungen über die Resultate der wichtigsten Schließnetzfänge, die ja allein die gewünschte Auskunft einwandsfrei ergeben können, der Dis- cussion voranzustellen, und ich nehme dazu die von SCHIMPER an Bord angefertigten Berichte, die gleich nach Untersuchung des frischen Materials abgefaßt sind, indem ich nur die Be- stimmung der Formen berichtige, und wichtig scheinende Ergänzungen, die meine Durcharbeitung des Materials ergab, einfüge [2]).

„Schließnetzzüge vom 6. Januar. Station 169, 34° 13',6 S. Br., 80° 30',9 O. L.

I. 0—100 m. 1) 0—10 m. Das vegetabilische Plankton ist sehr spärlich und vorwiegend von *Peridinium (divergens)*, dann von *Ceratium fusus* DUJ. gebildet, weniger *Ceratium tripos* (Subsectio *macroceras*). Von Diatomeen sind wohl ziemlich viel leere oder mit ganz ab- gestorbenen Inhaltsresten noch versehene Schalen vorhanden, lebende Exemplare hingegen ganz zurücktretend: *Synedra spathulata* SCHIMPER, *Rhizosolenia alata* BRTW., *Rhizosolenia hebelata* (BAIL.) f. *semispina* GRAN. Von *Asteromphalus heptactis* RALFS 1 Exemplar. [Temperatur bei 0 m = 18,5°. Nach SCHOTT aus Station 168 uud 170 kombiniert!]

2) 20—40 m. Das vegetabilische Plankton ist wiederum sehr spärlich und dem ober- flächlichen ähnlich. Auch hier herrschen *Peridinium (divergens)* und *Ceratium fusus* DUJ.! vor, während die teils sehr schlanken (Subsektionen *macroceras*, *flagelliferum*), teils weniger schlanken (Sectio *rotunda*) Formen des *tripos*-Typus zurücktreten. Die Diatomeen sind ebenfalls vornehm- lich durch leere oder durch abgestorbene Exemplare vertreten: *Synedra spathulata* SCHIMPER, *Rhizosolenia alata* BRTW. und *Rhizosolenia hebelata* (BAIL.) f. *semispina* GRAN. (*Nitzschia seriata* CL. und) Spuren von *Thalassiosira subtilis* OSTF. (einige Exemplare von *Planktoniella Sol* SCHÜTT). [Temperatur bei 25 m (= 19,2° Station 170) wäre hier wohl auf 18° anzusetzen.]

3) 40—60 m. Das Plankton ist etwas reichlicher, die Peridineen sind spärlicher, nament- lich tritt *Peridinium (divergens)* zurück. Diatomeen: *Synedra spathulata* SCHIMPER, *Rhizosolenia*, *Thalassiosira*, *Chaetoceras*, *Bacteriastrum*. In wenigen Exemplaren zeigt sich die in den höheren Stufen fehlende *Planktoniella Sol* SCHÜTT und *Asteromphalus heptactis* RALFS. 1 Exemplar *Corethron*. [Temperatur bei 50 m = 16°.] (*Planktoniella Sol* hier nach meinen Beobachtungen bereits über- wiegend.)

---

1) G. KARSTEN, Antarktisches Phytoplankton, l. c. S. 10.
2) Meine Zusätze meist in Klammern.

4) 60—80 m. Das Plankton ist sehr reichlich, indem *Synedra spathulata* SCHIMPER eine sehr starke Zunahme erfahren hat. Die anderen Bestandteile zeigen keine wesentliche Veränderung (nur tritt ein *Coscinodiscus incertus* n. sp. neu auf). [Temperatur bei 75 m = 15,4° (Station 170).]

5) 80—100 m. Die Planktonmenge ist wiederum ungefähr auf diejenige der Stufe 3 zurückgesunken. Die Peridineen sind wenig verändert, doch scheinen die in keiner Stufe reichlichen, sehr schlanken Formen des *tripos*-Typus zu fehlen. Eine starke Abnahme hat *Synedra spathulata* SCHIMPER erfahren, hingegen ist *Planktoniella Sol* SCHÜTT jetzt beinahe zur vorherrschenden Form geworden, auch *Asteromphalus heptactis* RALFS zeigt bedeutende Zunahme. Sonstige Diatomeen dieselben wie in 3 und 4: *Rhizosolenia*, *Chaetoceras*, *Nitzschia seriata* CL., *Thalassiosira*, *Bacteriastrum*. [Temperatur bei 100 m = 13,4°.]

II. Schließnetzzug 300—400 m. Lebend zeigten sich nur mehrere Exemplare von *Planktoniella Sol* SCHÜTT, sowie des meist assimilierenden *Peridinium (divergens)*. Erstere zeigen vielfach Störungen in der Anordnung der Chromatophoren, die auf ungünstige Bedingungen bezw. beginnendes Absterben hinweisen, und tote Exemplare sind häufiger als lebende. Außerdem viele leere Schalen der höher lebenden Diatomeen und eines *Coscinodiscus (incertus* n. sp.)." [Temperatur bei 400 m = 11,7°.]

Eine Ergänzung für die Tiefenlage von 300 m bis 500 m bildet der folgende Bericht.

„Schließnetzzüge vom 12. Januar. Station 175, 26° 3',6 S. Br., 93° 43',7 O. L. 300—350, 350—400, 400—500 m.

Das oberflächliche Plankton ist reichlich und hauptsächlich von 3 Diatomeen gebildet, *Hemiaulus Hauckii* GRUN., in meist abgestorbenen langen spiraligen Fäden, und 2 *Rhizosolenia*-Arten. Schlanke tropische Ceratien des *tripos*-Typus aus den Subsektionen *macroceras*, *flagelliferum* und *volans* sind reich vertreten, außerdem sind *Pyrocystis pseudonoctiluca* J. MURRAY und einzelne Exemplare von *Antelminellia gigas* SCHÜTT vorhanden.

Die Schließnetzfänge ergaben einander ganz ähnliche Resultate.

I. 300—350 m. Es sind zahlreiche kurze Bruchstücke des in den oberflächlichen Schichten lange Fäden bildenden *Hemiaulus Hauckii* GRUN. vorhanden, beinahe ausnahmslos sind sie abgestorben und gebräunt, nur ganz vereinzelt zeigen sich lebende Zellen. Lebend wurden außerdem nur ein *Coscinodiscus* in einem einzigen Exemplar gefunden, dessen Chromatophoren die normale Lage eingebüßt hatten, und 2 Exemplare der nicht assimilierenden *Diplopsalis lenticula* BERGH. (oder einer ähnlichen Peridinee). In leeren Schalen waren vertreten: *Planktoniella Sol* SCHÜTT *Rhizosolenia* und *Ceratium*.

II. 350—400 m. Hier sind wiederum kurze abgestorbene Fragmente des *Hemiaulus* reich vertreten. Der einzige Unterschied im Vergleich zum vorigen Fange ist das Auftreten vereinzelter Exemplare der *Halosphaera viridis* SCHMITZ. Es wurden im ganzen deren 5 beobachtet, die sämtlich viele Stärkekörner, dagegen kein Chlorophyll oder solches nur in Spuren enthielten. Die Stärkekörner waren infolge von Totalreflexion schwarz umrandet, was auf starke Abnahme des Plasma hinweist. Außerdem waren sie nicht, wie im normalen Zustande, gleichmäßig, sondern bei 3 Exemplaren netzig verteilt und bei den beiden anderen zusammen mit den Plasmaresten zu einem desorganisierten Klumpen zusammengehäuft. Lebend wurde außerdem ein Exemplar des nicht assimilierenden *Peridinium (divergens)* gefunden. Schalen ohne Inhalt oder mit abgestorbenen Inhaltsresten wurden beobachtet von *Rhizosolenia, Asteromphalus, Ceratium, Pyrocystis, Planktoniella.*

III. 400—500 m. Der Fang glich dem vorhergehenden, auch in Bezug auf *Halosphaera*, welche wiederum in einigen Exemplaren mit ähnlichen Anzeichen mehr oder weniger fortgeschrittener Desorganisation beobachtet wurde. Ein Exemplar von *Coscinodiscus* sp. wurde, anscheinend normal und gesund, gesehen, und einige Bruchstücke von *Hemiaulus* enthielten wiederum lebende Zellen.

Ganz überwiegend waren, wie in den anderen Fängen, tote, meist leere Diatomeen und Peridineen, *Hemiaulus* (vorherrschend), *Rhizosolenia, Ceratium, Ornithocercus, Pyrophacus, Synedra spathulata* SCHIMPER, *Peridinium (divergens).*"

Nicht übergehen möchte ich die Stufenfänge aus dem Kanal zwischen Sumatra und den Mentawei-Inseln, von denen kein SCHIMPER'sches Protokoll vorliegt.

Schließnetzfänge vom 31. Januar. Station 191, 0° 39',2 S. Br., 98° 52',3 O. L. 30—210 m.

An der Oberfläche herrscht ein nicht allzu reichliches, aber für die Gegend typisches Phytoplankton. Die beiden *Katagnymene*-Arten und *Trichodesmium contortum* WILLE, *Richelia intracellularis* SCHM. (in *Rhizosolenia styliformis* BRTW.) vertreten zusammen mit *Chaetoceras lorenzianum* GRUN. das neritische Plankton. *Chaetoceras peruvianum* BRTW., *Hemiaulus Hauckii* GRUN. und *Euodia inornata* CASTR. sind ebenso wie *Ceratium tripos volans* CL. var. *elegans* BR. SCHRÖDER, *Ceratium fusus* DUJ., *Ceratocorys, Ornithocercus, Peridinium* und *Pyrocystis* Vertreter der oceanischen Elemente darin. Vereinzelte Formen der Schattenflora, wie *Asteromphalus*, finden sich. Temperatur 29,4°.

1) Bei 30—80 m treten eine Zelle von *Planktoniella Sol* SCHÜTT und eine *Halosphaera* zu den Oberflächenformen hinzu, *Trichodesmium, Peridinium* und *Pyrocystis* sind daneben gefunden. Temperatur bei 50 m = 27,7°.

2) 85—120 m. Neue Formen, die hier zur Beobachtung kamen, sind *Asterolampra marylandica* EHRBG., *Coscinodiscus gigas* EHRBG. var. *Diorama* GRUN., *Gossleriella tropica* SCHÜTT; *Planktoniella Sol* SCHÜTT und *Halosphaera viridis* SCHMITZ bleiben intakt erhalten, während die Mehrzahl der sonst an der Oberfläche herrschenden Arten, darunter *Chaetoceras, Rhizosolenia*, die Ceratien, *Pyrocystis* u. s. w., abgestorben sind und *Katagnymene* nur noch in völlig desorganisierten Massen zu erkennen ist. Temperatur bei 100 m = 27,3°, bei 125 m = 19,6°.

3) 145—180 m. Zwei *Planktoniella*-Zellen, *Thalassiosira* und *Euodia* sind in beginnender Desorganisation vorhanden, daneben ein *Peridinium (divergens)*. Temperatur bei 150 m = 16,2°.

4) 190—210 m endlich, sind an intakten lebenden Zellen noch gefunden eine *Halosphaera*, 3 verschiedene *Coscinodiscus*-Zellen, eine *Gossleriella*; dagegen sind 1 *Euodia* und 3 *Planktoniella* im Beginne der Desorganisation, von *Rhizosolenia hebetata* (BAIL.) f. *semispina* GRAN findet sich ein Fragment. *Goniodoma*- und *Peridinium*-Zellen sind normal erhalten, *Ceratium tripos intermedium* JOERG dagegen abgestorben und *Ornithocercus* desorganisiert. Von den ganzen

Schizophyceen lassen sich keine Spuren mehr vorfinden. Temperatur bei 200 m = 12,6⁰¹). Die Tiefe betrug hier nur 750 m.

Weitere wichtige Schließnetzfänge folgen in kurzen Abständen auf der Strecke Colombo-Dar es Salam. Sie seien wiederum nach SCHIMPER's Berichten hier angeführt.

Schließnetzfänge.

18. Februar. Station 218, 2⁰ 29',9 N. Br., 76⁰ 47',6 O. L.

I. 2000—1700 m. Lebend nur *Peridinium (divergens)* (nicht assimil.), im übrigen bloß Schalen mit oder ohne Inhaltsreste, vorwiegend von *Rhizosolenia*, untergeordnet von *Ceratium*, *Coscinodiscus*, *Planktoniella*, *Pyrocystis*.

II. 300—200 m. Temperatur bei 200 m 13⁰ C.

Lebend waren einige Vertreter der Schattenflora in spärlichen Exemplaren: *Halosphaera*, *Planktoniella*, *Coscinodiscus* (2 Arten, wohl *C. excentricus* EHRBG. und *C. guineensis* G. K.) *Diplopsalis lenticula* BERGH. Im übrigen enthielt der Fang nur tote Schalen, wiederum vorwiegend von *Rhizosolenia*, vereinzelt von *Pyrocystis*, *Pyrophacus*, *Planktoniella Sol.* SCHÜTT, *Ceratium* sp. div., *Phalacroma*, *Chaetoceras*, *Coscinodiscus*.

III. 100—80 m. Temperatur bei 100 m 26,1⁰ C.

Die Zahl der lebenden Pflanzenindividuen ist beträchtlich gestiegen. Es sind ausschließlich Vertreter der Schattenflora: *Coscinodiscus guineensis* G. K. *Gossleriella tropica* SCHÜTT, *Planktoniella Sol.* SCHÜTT und *Diplopsalis lenticula* BERGH. Schalen wie II.

IV. 80—60 m. Temperatur bei 50 m 27,3⁰ C.

Die Schattenflora ist bis auf ganz vereinzelte Exemplare von *Planktoniella*, *Coscinodiscus* und *Diplopsalis* verschwunden. Dagegen ist die tiefer ganz fehlende Lichtflora in großer Mannigfaltigkeit und Menge der Individuen vertreten, namentlich *Rhizosolenia* und *Pyrocystis pseudonoctiluca* J. MURRAY, *Pyrocystis fusiformis* J. MURRAY, auch *Amphisolenia*, *Ceratium*, *Pyrophacus*. Die Fänge (V) 60—40 m und (VI) 40—20 m ergaben ganz ähnliche Resultate wie 80—60 m. Von 20 m bis zur Oberfläche wurde nicht gefischt. Temperatur an der Oberfläche 28,0⁰ C.

21. Februar. Station 220, 1⁰ 57',0 S. Br., 73⁰ 19',1 O. L.

I. 3000 m. Nur tote Schalen, namentlich von *Rhizosolenia*, außerdem von *Euodia*, *Coscinodiscus*, *Asteromphalus*, *Planktoniella*, mit oder ohne Inhalt.

22. Februar. Station 221. 4⁰ 5',8 S. Br., 73⁰ 24',8 O. L.

I. 1600—1000 m. Lebend einige Exemplare von *Peridinium (divergens)*. Außerdem tote Schalen, mit oder ohne Inhalt von *Coscinodiscus excentricus* EHRBG., *Asteromphalus Wywillii* CASTR., *Rhizosolenia*, *Euodia*, *Planktoniella*, *Valdiviella formosa* SCHIMPER, *Gossleriella tropica* SCHÜTT, *Chaetoceras*.

II. 220—185 m. Temperatur bei 215 m 13,2⁰, bei 184 m 14,3⁰.

Lebend, außer einem Exemplar von *Pyrocystis lunula* SCHÜTT und einem *Chaetoceras*, nur

---

1) Die angegebenen Temperaturen waren von SCHIMPER aufgeführt, nur diese letzte Zahl fehlte dort und ist nach SCHÜTT l. c. Temperaturkurve No. 31, Temperaturreihe No. 40 ergänzt.

Vertreter der Schattenflora, in ziemlich beträchtlicher Individuenzahl: *Antelminellia gigas* SCHÜTT, *Planktoniella Sol* SCHÜTT, *Halosphaera*, *Coscinodiscus guineensis* G. K. und das indifferente *Peridinium (divergens)*, *Asterolampra marylandica* EHRBG., *Valdiviella formosa* SCHIMPER. Außerdem sind tote Schalen von Diatomeen und Peridineen vorhanden.

III. 180—145 m. Aehnlich wie II. Temperatur 175 m = 16,2°.

IV. 140—105 m Temperatur bei 100 m 20,3°.

Wie III, außerdem *Gossleriella* (Schattenflora) und je ein Exemplar von *Pyrocystis pseudonoctiluca* J. MURRAY und *lunula* SCHÜTT.

28. Februar. Station 227, 2° 56′,6 S. Br., 67° 59′,0 O. L.

I. 1000—800 m. Lebend ein Exemplar von *Phalacroma doryphorum* STEIN, sonst nur tote Schalen mit oder ohne Inhalt, namentlich von *Antelminellia gigas* SCHÜTT und *Rhizosolenia*.

II. 800—600 m. Lebend mehrere, meist sehr kleine Exemplare von *Peridinium (divergens)* und 2 Exemplare von *Halosphaera*, letztere mit zusammengehäuften reduzierten Chromatophoren und reichem Stärkegehalt. Schalen wie in I.

III. 600—400 m. Lebend sind mehrere Exemplare von *Peridinium (divergens)*, *Halosphaera* (Struktur wie in II), 4 *Coscinodiscus*. Zahlreiche Schalen.

1. März. Station 228, 2° 38′,7 S. Br., 65° 59′,2 O. L.
Fortsetzung der vorhergehenden Fänge.

IV. 420—350 m. Normal aussehende Exemplare von *Planktoniella Sol* SCHÜTT, *Valdiviella formosa* SCHIMPER und *Antelminellia gigas* SCHÜTT in Mehrzahl vorhanden. Außerdem je ein Exemplar von *Pyrocystis lunula* SCHÜTT und *Phalacroma doryphorum* STEIN; *Halosphaera* nicht beobachtet. Schalen immer noch vorherrschend.

V. 320—250 m. Lebende Exemplare reichlicher: *Planktoniella Sol* SCHÜTT und *Valdiviella formosa* SCHIMPER, *Antelminellia gigas* SCHÜTT, *Halosphaera* (Struktur wie in II), *Coscinodiscus*, *Peridinium (divergens)*. Schalen, namentlich von *Rhizosolenia*, sind massenhaft vorhanden.

VI. 280—150 m. Sehr zarte Formen von *Antelminellia gigas* SCHÜTT; *Halosphaera* hat jetzt meist normale Struktur. Ein lebendes Exemplar von *Pyrocystis pseudonoctiluca* J. MURRAY und eins von *Ceratium gravidum* GOURRET.

2. März. Station 229, 2° 38′,9 S. Br., 63° 37′,9 O. L.

I. 1600—1400 m. Lebend mehrere Exemplare von *Peridinium (divergens)* und eins von *Phalacroma doryphorum* STEIN. Im übrigen Schalen mit oder ohne Inhalt reichlich.

II. 1000—800 m. Lebend außer *Peridinium (divergens)* mehrere *Halosphaera* mit den erwähnten Anomalien, letztere auch in abgestorbenen Exemplaren, ein winziger *Coscinodiscus* und je ein *Coscinodiscus* und eine *Planktoniella* in stark verändertem Zustande. Unter den äußerst zahlreichen Schalen herrscht *Coscinodiscus* vor.

II. 800—600 m. Lebend nur *Peridinium (divergens)*, Schalen von *Coscinodiscus noduliser* JANISCH, *Coscinodiscus Ela* etc. massenhaft.

IV. 600—400 m. Lebend mehrere *Halosphaera* mit den oben erwähnten Anomalien, ferner einige Exemplare von *Planktoniella Sol* Schütt und ein Exemplar *Coscinodiscus*. Viele Schalen.

V. 400—200 m. Lebend zahlreiche völlig normale Exemplare von *Coscinodiscus excentricus* Ehrbg., *Coscinodiscus nodulifer* Janisch, *Coscinodiscus Eta* n. sp., ferner *Planktoniella, Valdiviella, Asteromphalus* und *Halosphaera,* letztere stets noch abnorm. Tote *Halosphaera* reichlich.

VI. 200—20 m. Außer der Lichtflora zeigt der Fang eine ganz außergewöhnlich große Individuenzahl der Schattenarten. *Planktoniella, Valdiviella,* verschiedene Arten von *Asteromphalus* und *Coscinodiscus* sind zahlreich, etwas weniger reichlich *Halosphaera,* meist normal, *Gossleriella* Lichtformen: *Rhizosolenia, Ceratium* etc.

Die nächsten Schließnetzfänge liegen näher der afrikanischen Küste. Der eine, den ich nach Schimper's Bericht folgen lasse, fällt noch auf das Gebiet des offenen Meeres; an der Oberfläche sind keine Diatomeen vorhanden, nur Peridineen.

Schließnetzzüge vom 10. März. Station 236, 4^{0} 38',6 S. Br., 51^{0} 16',6 O. L.

I. 2600—2300 m. Schalen von *Euodia* (mit Inhalt), *Coscinodiscus* (zum Teil mit Inhalt), *Ornithocercus* (leer), *Rhizosolenia* (leere Fragmente), *Asteromphalus* (leer), *Chaetoceras* (ein kleines Bruchstück). Temperatur bei 2700 m = 2,0°.

II. 180—130 m. Eine mäßige Anzahl lebender Exemplare von *Planktoniella Sol* Schütt, *Coscinodiscus*-Arten, *Gossleriella, Halosphaera.* Daneben zahlreiche tote Schalen von *Ceratium* (mit Inhaltsresten), *Planktoniella* (meist mit Inhalt), *Coscinodiscus* (meist leer). Temperatur bei 150 m = 15,2°.

III. 120—100 m. Aeußerst zahlreiche lebende Exemplare von *Planktoniella Sol* Schütt, weniger *Valdiviella formosa* Schimper, außerdem in Mehrzahl lebende Exemplare von *Coscinodiscus, Asteromphalus, Euodia, Gossleriella, Peridinium (divergens)* und einzelne von *Pyrocystis lunula* Schütt und *Pyrocystis fusiformis* J. Murray. Tote Exemplare von *Pyrocystis pseudonoctiluca* J. Murray, *Ceratium* etc.

IV. 100—65 m. Zahlreiche Exemplare von *Pyrocystis pseudonoctiluca* J. Murray, der Mehrzahl nach jedoch abgestorben, eine *Amphisolenia Thrinax* Schütt, lebend. Einzelne Exemplare von *Planktoniella Sol* Schütt und *Valdiviella formosa* Schimper, aber, mit Ausnahme eines einzigen, tief modifiziert. Ein Exemplar *Coscinodiscus* und eine *Halosphaera,* lebend. Viele *Ceratium,* aber sämtlich abgestorben, der Inhalt völlig geschrumpft und gebräunt. Temperatur bei 100 m. = 20,0°, bei 80 m = 24,5°, bei 60 m = 27,7°.

Oberfläche: Viele lebende *Ceratium, Pyrocystis, Goniodoma, Ornithocercus,* keine Diatomeen. Temperatur 28,1°[1]).

Der andere Schließnetzfang trifft bereits das unter dem Einfluß der Küste des mächtigen Kontinentes beginnende neritische Phytoplankton. Station 239, 5^{0} 42',3 S. Br., 43^{0} 36',5 O. L.

1) 0—13 m. Viel *Rhizosolenia imbricata* Brtw., *Climacodium Frauenfeldianum* Grun. und *Chaetoceras tetrastichon* Cl., daneben zahlreiche langhörnige Ceratien aus den Subsektionen *volans, flagelliferum, macroceras* und kürzere der Sectio *rotunda.* Einige Schalen von *Planktoniella Sol*

. 1) Temperaturangaben nach Schott, l. c.

SCHÜTT und ein Exemplar von *Antelminellia gigas* SCHÜTT mit in Unordnung befindlichen Chromatophoren. Temperatur bei o m = 28,8° [1]).

2) 3—20 m. Ziemlich das Gleiche, die Ceratien sehen hier normaler aus.

3) 23—40 m. *Climacodium Frauenfeldianum* GRUN. vielfach, die Ceratien an Zahl vermindert, aber ziemlich die gleichen Arten, *Ceratocorys horrida* STEIN neu hinzugekommen. Temperatur bei 25 m = 28,5°.

4) 44—61 m. Weitere Zunahme von *Climacodium Frauenfeldianum* GRUN. Immer noch dieselben Ceratien. *Antelminellia*- und *Planktoniella*-Schalen. Temperatur bei 50 m = 28,0°.

5) 64—81 m. Die ersten lebenden *Planktoniella*-Zellen. Immer noch viel *Climacodium Frauenfeldianum* GRUN., *Ceratocorys horrida* STEIN var. *africana* n. var.

6) 85—103 m. *Planktoniella Sol* SCHÜTT, *Amphisolenia Thrinax* SCHÜTT, *Ornithocercus magnificus* STEIN, starke Abnahme von *Ceratium*. Temperatur bei 100 m = 24,6°.

7) 104—121 m. *Planktoniella Sol* SCHÜTT, *Antelminellia gigas* SCHÜTT, *Coscinodiscus nodulifer* JANISCH, *Asterolampra marylandica* EHRBG., *Chaetoceras Seychellarum* n. sp. *Ceratium* ganz vereinzelt.

1500 m. Lange Ketten von *Ceratium tripos vultur* CL. mit Inhalt. *Antelminellia gigas* SCHÜTT mit Chromatophoren und *Pyrocystis pseudonoctiluca* J. MURRAY.

Endlich zeigt der letzte Schließnetzfang bei Station 268, 9° 6',1 N. Br., 53° 41',2 O. L., nochmals die Schattenflora in ihrer Vollzahl beisammen.

1) 0—17 m. Ausschließlich Peridineenplankton, vorzugsweise langgliederige *Ceratium*-Arten, daneben *Amphisolenia, Ornithocercus* und *Peridinium*. Temperatur bei o m = 27,5°.

2) 4—24 m. Kaum verändert; vereinzelt tritt *Planktoniella* auf, und Schalen von *Coscinodiscus excentricus* EHRBG. Ceratien vielfach in Bruchstücken. Temperatur bei 25 m = 27,0°.

3) 15—42 m. Die langhörnigen Ceratien treten gegen diejenigen der Sectio *rotunda* zurück. *Ceratocorys, Ornithocercus* mehrfach, *Trichodesmium tenue* WILLE. *Planktoniella* mehrfach. Schalen von *Coscinodiscus nodulifer* JANISCH.

4) 46—63 m. Die gedrungenen *Ceratium*-Formen haben die längeren fast vollständig verdrängt; die Coscinodiscoideen nehmen erheblich zu: *Coscinodiscus nodulifer* JANISCH, *C. subtilissimus* n. sp., *Planktoniella Sol* SCHÜTT, *Ornithocercus, Phalacroma, Podolampas*. *Rhizosolenia*-Arten in Bruchstücken. Temperatur bei 50 m = 26,4°.

5) 67—80 m. *Valdiviella formosa* SCHIMPER und *Thalassiothrix heteromorpha* n. sp. neu hinzugekommen. Die Ceratien nur noch sehr wenig zahlreich. *Trichodesmium tenue* WILLE hält aus.

6) 88—105 m. Die oben genannten *Coscinodiscus*-Arten, *Planktoniella, Gossleriella tropica* SCHÜTT und *Halosphaera viridis* SCHMITZ sind vorhanden, daneben noch einige schwerfälligere Ceratien, *Amphisolenia, Ornithocercus, Phalacroma* und *Peridinium*. Temperatur bei 100 m = 23,5°.

Sucht man jetzt die aus den Schließnetzfängen erhaltenen Resultate anders zu formulieren, so würde das Ergebnis lauten müssen:

Die Hauptmasse des tropischen Planktons ist in den oberen 200 m enthalten, und unterhalb von 400 m sind überall nur noch vereinzelte lebende

---

1) Temperaturen 239 und 268 nach SCHOTT, l. c.

Zellen zu finden. Bei Einteilung in Zonen von je 20 m wird eine stetige Zunahme bis zur Tiefe von 80 m die Regel sein. Doch ist die Tiefenabstufung minder gleichmäßig als in der Antarktis, denn wie der Vergleich der Schließnetzfänge Station 268 zeigt, ist dort bereits bei ca. 60 m eine maximale Phytoplanktonmenge erreicht, die Stufe bis 80 m ist durch Ausfallen der Ceratien der Masse nach sehr gemindert, und die dann erst einsetzende Coscinodiscoideen-flora wird in der Stufe bis 100 m den Ausfall wohl nicht ganz wieder einbringen können. Station 239 dagegen zeigt die entsprechenden Verschiedenheiten erst ca. 20 m tiefer in fast gleicher Weise eintreten, und Station 236 hat das Maximum der Coscinodiscoideen ebenfalls erst unterhalb von 100, vielleicht sogar von 120 m. Wenigstens lassen die Stationen 221 und 228 vermuten, daß der Schwerpunkt der Schattenflora hier näher bei 200 m liegt als bei 100 m, oder doch daß sie nicht so plötzlich gegen die Tiefe abschneidet, wie es für andere Fälle festgestellt ist.

In dem neritischen Phytoplankton an der Westseite Sumatras liegt dagegen das Maximum lebender Zellen sicherlich weit näher der Oberfläche, da die Schizophyceen, wie verschiedene Befunde erweisen, das Hinabsinken in tiefere Schichten resp. die damit verbundene Verdunkelung nicht zu ertragen vermögen (vergl. z. B. Station 186 100 m, Station 189 30—0 m, Station 197 Anm. SCHIMPER, Station 200 100 m u. s. w.). Dagegen hat bereits Station 169, d. h. der erste im Indischen Ocean gemachte Stufenfang, seine maximale Phytoplanktonmenge bei 80 m und die Coscinodiscoideenstufe bei 100 m.

Innerhalb der oberen 80 m scheint eine weitere Gliederung nicht strenge durchgeführt, doch läßt sich aus einem Vergleich zahlreicher Stationen, welche auf 30—0 m und gleichzeitig auf 100 oder 200—0 m ausgeführte Fänge besitzen, darauf schließen, daß die langhörnigen Ceratienformen zunächst der Oberfläche leben, daß die leichtesten Diatomeenformen, wie die *Rhizosolenia*-Ketten, von ihnen verdrängt, erst in den nächst daran schließenden Schichten Platz finden, daß dagegen die Ceratien wieder den Schizophyceen weichen müssen, sofern sie im neritischen Schizophyceenplankton überhaupt häufig sind. Die großen, einzeln lebenden *Rhizo-solenia*-Zellen von *Rh. Temperei* H. P., *Rh. Castracanei* H. P., *Rh. squamosa* n. sp., *Rh. robusta* NORM. halten sich überhaupt etwas tiefer als ihre kleineren Gattungsgenossen, und wenn diese einen sehr bedeutenden Durchmesser erreichen (z. B. Station 269 *Rh. styliformis* 120 μ), so sinken sie ebenfalls in etwas tiefere Lagen zurück. Auch die *Chaetoceras*-Ketten zeigen in den verschiedenen Arten eine gewisse Tiefenabstufung. *Chaetoceras peruvianum* BRTW. scheint die obersten Schichten 10—0 m zu bevorzugen, *Chaetoceras coarctatum* LAUDER dagegen findet sich an den meisten Stationen erst von 20—0 m an oder noch tiefer (vergl. Station 181, 182, 198). Die neuen Formen *Chaetoceras bacteriastroides* n. sp. und *Chaetoceras buceros* n. sp. fehlen 30—0 m, treten erst in der Schicht 100—0 m auf (Station 220, 221, 226). Ebenso fehlen *Chaetoceras sumatranum* n. sp., *Ch. tetrastichon* CL. und *Ch. Seychellarum* n. sp. Station 220 auf 30—0 m, *Ch. indicum* n. sp. ist hier abgestorben; an der gleichen Station bringt ein Fang 200—0 m alle drei Formen und *Ch. buceros*, *Ch. bacteriastroides* dazu lebend herauf; dasselbe wiederholt sich Station 226. In 10—0 m sind *Ch. tetrastichon* CL., *Ch. coarctatum* LAUDER tot, 200—0 m dagegen am Leben, und *Ch. bacteriastroides* gesellt sich ihm hier bei. Kurz, aus alledem geht hervor, daß *Chaetoceras peruvianum* BRTW. eine hoch schwebende Art ist, daß dagegen *Ch. suma-tranum*, *Ch. Seychellarum*, *Ch. tetrastichon*, *Ch. coarctatum*, *Ch. bacteriastroides* und *Ch. buceros* in den Lagen unterhalb 30 m bessere Existenzbedingungen finden.

Bezüglich der wichtigeren Peridineengattungen ist es schwieriger, genaue Angaben über ihr Tiefenoptimum zu machen, da sie nach den Stationsprotokollen fast in allen Schichten verbreitet zu sein scheinen. Immerhin gelingt es, nachzuweisen, daß *Ornithocercus* und *Ceratocorys* in mehreren Stationen (z. B. 183, 185, 186, 214 etc.) in den oberflächlichen Fängen fehlen, dagegen den tieferen Fängen regelmäßig angehören. Daß die *Peridinium*-Arten, *Diplopsalis* und *Phalacroma* mehr den tiefer lebenden Formen zuzurechnen sind, geht aus den gegebenen Schließnetzprotokollen ja zur Genüge hervor. *Amphisolenia* dürfte in ihren gewöhnlicheren Arten *palmata* und *bidentata* der Oberfläche angehören, dagegen ist *A. Thrinax* Schütt häufiger in den tiefer gehenden Fängen wahrgenommen. Die Gattung *Ceratium* endlich ist ja mit so außerordentlich mannigfaltigen Formen vertreten, daß sie für alle Schichten besondere Arten und Varietäten entwickelt zu haben scheint. Die schweren, der Formwiderstände entbehrenden Zellen von *Ceratium gravidum* Gourret oder die ganz kurzgehörnten *C. tripos azoricum* Cl. var. *brevis* Ostf. oder *C. tripos gibberum* Gourret werden natürlich tiefere Lagen einnehmen müssen, resp. dichterem Wasser angepaßt sein, als die leichten Arten der *flagelliferum*- oder *volans*-Subsektionen. Und zwischen diesen beiden Extremen sind ja eine Fülle verschiedenster Abstufungen vorhanden.

Minder häufige und in weniger zahlreichen Arten verbreitete Gattungen von Planktonten liefern naturgemäß nur wenig Material für solche Vergleichung; doch dürfte es bei genügend gesteigerter Zahl von Beobachtungen gelingen müssen, für jede Art schließlich eine bevorzugte Tiefenlage festzustellen.

Einen Beweis dafür liefern ja schon für einen wichtigen Teil des Planktons die oben mitgeteilten Schließnetzfänge, welche zeigen, daß in dem tropischen Indischen Ocean eine typische Tiefenvegetation oder mit Schimper's Ausdruck „Schattenflora" („dysphotische Vegetation") herrscht, wie eine solche ja auch in der Antarktis seiner Zeit im ersten Teil dieser Mitteilungen nachgewiesen werden konnte. In ihren produktiven Bestandteilen setzt sich auch innerhalb der Tropen die Schattenflora ausschließlich aus Diatomeen zusammen, denen sich einige zumeist chlorophyllfrei auftretende, also wohl saprophytisch lebende Peridineen anreihen.

Die Gattung *Coscinodiscus* zwar, die in der Antarktis einen so überraschenden Formenreichtum aufzuweisen hatte, ist in den tropischen Meeren weniger entwickelt; die in den kalten südlichen Meeren häufigen *Actinocyclus*-Arten sind fast ganz verschwunden. Dafür finden *Asteromphalus* und besonders die mit Schwebeflügeln verschiedener Art versehenen Gattungen *Valdiviella*, *Planktoniella* und *Gossleriella* sehr reichliche Verbreitung, und als Riese unter ihnen tritt außerordentlich häufig *Antelminellia gigas* Schütt auf. Von Peridineen sind besonders *Peridinium*-Arten, *Phalacroma*, *Diplopsalis* in tieferen Lagen zu finden; jedoch sind alle drei meistens, wenn auch nach Schimper's Notizen nicht ausnahmslos, als chlorophyllfreie, sich saprophytisch ernährende Zellen zu beobachten. Ein letzter wichtiger Komponent der tropischen Schattenflora ist *Halosphaera viridis* Schmitz.

Die Tiefenlage dieser Formen wechselt nun aber nach den verschiedenen Stationen nicht unerheblich, ja *Halosphaera* ist öfters als Oberflächenform beobachtet, und beim Suadiva-Atoll ist die gesamte Tiefenvegetation im flachen Wasser der Küste anzutreffen.

Eine allgemein zutreffende Erklärung für alle beobachteten Fälle zu geben, wird zur Zeit kaum möglich sein, da offenbar an verschiedenen Orten verschiedene Faktoren in Frage kommen. Zunächst ließe sich ja eine Beeinflussung durch die Temperatur vermuten. Die den Schließnetzzügen beigesetzten Temperaturangaben der in Frage kommenden Tiefen lassen aber einen Einfluß der höheren oder geringeren Wasserwärme auf die Verteilung als sehr unwahrscheinlich erkennen; *Planktoniella Sol* z. B. ist Station 169 bei 16° und bei 12° unverändert erhalten, sie tritt Station 239 bei ca. 25°, Station 268 bei 26,4° so gut wie 23,5° auf und kommt Station 191 bei 27,3°, wie bei 19,6° und bei 16,2° vor, Temperaturdifferenzen können hier also für die Beschränkung auf die tieferen Wasserschichten kaum ernstlich in Frage kommen. Es wird daher ebenso, wie es für die antarktischen Formen[1]) durch Versuche von SCHIMPER nachgewiesen werden konnte, auch hier in erster Linie an die Belichtungsdifferenzen der verschiedenen Tiefenlagen zu denken sein.

Aber auch dabei sind noch verschiedene Umstände in Betracht zu ziehen. Einmal ist die Durchsichtigkeit der oberen Wasserschichten in sehr hohem Grade abhängig nicht nur von der größeren oder geringeren Menge, sondern auch von der gröberen oder feineren Beschaffenheit[2]) des Planktons. Eine Vergleichung der betreffenden Fundstellen mit den Durchsichtigkeitsbeobachtungen bei SCHOTT[3]) ergiebt jedoch durchaus keine irgendwie zufriedenstellenden Resultate.

Für einige Fälle höheren Vorkommens sind mit ziemlicher Sicherheit Vertikalströmungen anzunehmen. Hierher rechne ich in erster Linie das häufige Auftreten von *Planktoniella Sol* neben *Asteromphalus heptactis* in den Schichten bis zu 40, vereinzelt sogar 20 m unter der Oberfläche bei Station 169, worauf noch später zurückzukommen sein wird. Auch für Station 268 wäre dieselbe Möglichkeit in Erwägung zu ziehen, wo *Planktoniella* bis zu 4—24 m unter der Oberfläche gefunden ist. Zwar ist an der ganzen um das Kap Guardafui[4]) herum liegenden ostafrikanischen Küste ein typisches Auftriebsgebiet vorhanden — aber nur für die Zeit des Südwest-Monsuns, während der Aufenthalt der Tiefsee-Expedition noch durchaus unter Herrschaft des Nordost-Monsuns stand. Demnach könnte diesmal nur ein ganz lokaler Auftrieb in Betracht kommen. jedenfalls darf in dem Auftreten der Schattenformen in höheren Wasserschichten unter Umständen ein wertvolles Hilfsmittel erblickt werden, auf etwaiges lokales Vorkommen aufwärts gerichteter Wasserbewegung hinzuweisen, das vor anderen den Vorzug besitzt, schnell und sicher nachweisbar zu sein.

Endlich wäre noch daran zu denken, daß aus der Tiefe senkrecht aufsteigende Inseln auch unter den Tropen eine erhebliche Verdunkelung für die tieferen Schichten der nächstumliegenden Wasserstrecke bedeuten müssen. Wie eine auf freiem Felde gezogene Mauer der niedrigen Bodenvegetation auf jeder Seite nur die eine Hälfte des Licht spendenden Himmels frei läßt, so wird auch hier an den Steilküsten einer Koralleninsel derselbe Fall vorliegen müssen. Und was für Oberflächenschichten vielleicht weniger in Betracht kommt, wird in 100—300 m Tiefe bereits sehr viel fühlbarer geworden sein. Das Auftreten der gesamten Schattenflora im flachen Küstenwasser des Suadiva-Atolls könnte vielleicht auf derartige Ursachen zurückgeführt werden, da sehr steil aufragende Wände ja eine den Atollen allgemein zukommende Eigenschaft darstellen.

Die relativ geringe Zahl der Komponenten in der für den ganzen Indischen Ocean gleichförmigen Schattenflora scheint zunächst in einem gewissen Gegensatz zu der Reichhaltigkeit der

---

1) G. KARSTEN, Antarkt. Phytoplankton, l. c. S. 16, 17.
2) Vergl. dazu G. SCHOTT, l. c. S. 230, 231.
3) G. SCHOTT, l. c. S. 203—207.
4) Ders., l. c. Atlas, Taf. XXXIX und A. PUFF, Das kalte Auftriebswasser etc., Diss. Marburg, 1890, S. 61.

Oberfläche zu stehen, doch sind immerhin ca. 20 verschiedene *Coscinodiscus*-Arten im systematischen Teil aufgeführt, von denen freilich nur wenige eine größere Verbreitung an verschiedenen Stationen zeigten, wie *Coscinodiscus nodulifer* JANISCH, der überall häufige *Coscinodiscus excentricus* EHRBG. und vor allem der große *Coscinodiscus rex* WALLICH = *Antelminellia gigas* SCHÜTT. Alle diese Formen fallen minder ins Auge als die zierliche, im Indischen Ocean sehr verbreitete *Planktoniella* mit ihrem Schweberand und die elegante, nicht allzu seltene *Gossleriella*. Von *Asteromphalus*-Arten ist *A. heptactis* RALFS die häufigste; im äquatorialen Teile treten aber *A. Wywillii* CASTR. und *A. elegans* GREV. ihm vollkommen an die Seite. Ob *Asterolampra* als Tiefenform aufzufassen ist, war bisweilen zweifelhaft, da sie relativ häufig in oberflächlichen Schichten ebenfalls auftrat, doch überwiegt ihr Vorkommen in den bis 100 und 200 m ausgeführten Planktonfängen.

Damit wären die Coscinodiscoideen-Tiefenformen wohl erschöpft, höchstens könnte die an den letzten Stationen angetroffene *Coscinosira* noch genannt werden; alle sonst zu Ketten verbundenen Arten, wie *Skeletonema, Stephanopyxis* etc., sind an oberflächliche Wasserschichten gebunden. Somit bliebe nur noch *Halosphaera* zu nennen. Es ist auffallend, daß diese Art im Indischen Ocean so häufig an der Oberfläche sich einstellte, auch wenn die sonstigen Angehörigen der Schattenflora sich in normaler Tiefe hielten. Doch scheint dieser Vorgang für die Art charakteristisch zu sein; sie wäre den Planktonfischern in Neapel gewiß erst viel später bekannt geworden [1], wenn sie stets an ihren ca. 200 m tiefen (normalen?) Aufenthalt gebunden wäre. Solange der Entwickelungsgang von *Halosphaera* so ungenügend erforscht ist, bleibt stets die Möglichkeit zu erwägen, daß gewisse Entwickelungszustände, z. B. die Schwärmer, überhaupt an der Oberfläche leben, daß also die Zellen vor der Schwärmerbildung auftauchen müssen.

Demnach können wir die Beobachtungen über die Verteilung des indischen Phytoplanktons kurz zusammenfassen: Die Hauptmasse des indischen Phytoplanktons ist an die obersten 200 m gebunden. Auf die ganz oberflächlich lebenden leichten *Ceratium*-Formen und Schizophyceen folgen die *Rhizosolenia*-Ketten der Arten *semispina, alata, styliformis, calcar avis* etc., die *Chaetoceras peruvianum*- und *Bacteriastrum*-Kolonien, alsdann die kompakteren Peridineen, wie *Ceratium tripos*, Sectio *rotunda, Amphisolenia* etc., die großzelligen Rhizosolenien, wie *Castracanei, Temperei, squamosa, robusta, Chaetoceras Seychellarum, sumatranum, coarctatum, bacteriastroides* und *buceros*. Die *Pyrocystis*-Arten ebenso wie *Ornithocercus, Ceratocorys* u. s. w. scheinen an keine Höhenlage gebunden zu sein. So steigert sich die Ansammlung von der Oberfläche bis zu ca. 60, 80 und 100 m. Durch Zurückbleiben der oberflächlicheren Arten entsteht bisweilen ein Rückschlag an Masse, bevor die Schattenflora aus *Planktoniella, Valdiviella, Coscinodiscus, Antelminellia* und *Halosphaera* einsetzt und bis ca. 150 m durchschnittlich, eine ziemlich dichte Vegetation bildet. Dann nehmen ihre Zellen langsam an Häufigkeit ab, bis ca. 400 m; farblose *Peridinium-, Phalacroma-* und *Diplopsalis*-Zellen gehen noch weiter in die Tiefe. Schließlich bleibt aber nur noch der ständige, nach unten langsam dünner werdende Regen von abge-

---

[1] FR. SCHMITZ, *Halosphaera*, l. c. Mitteil. d. Zoolog. Station Neapel, Bd. I, 1879, S. 67.

storbenen, zu Boden fallenden Teilen aus der lebenden Pflanzendecke der oberflächlichen Schichten. Die vereinzelten Vorkommnisse von sehr viel tiefer gefundenen, vollkommen normalen, lebenden Pflanzenzellen sind als Schwebesporen aufzufassen und finden weiterhin noch Erwähnung. Zunächst wollen wir aber mit dieser ausführlicher gehaltenen Beschreibung des indischen Phytoplanktons dasjenige des Atlantischen Oceans vergleichen.

Horizontale Verbreitung des atlantischen Phytoplanktons.

Nach den Ergebnissen der Phytoplanktonfänge, wie sie im 2. Teil dieser Bearbeitung [1] vollständig mitgeteilt worden sind, beginnt der erste Warmwasser-Anstrich des Pflanzenlebens und damit die genauere Aufführung der Fänge im Tagebuche SCHIMPER's mit Station 14 unter 43° 32',1 N. Br., 14° 27' W. L, also nur wenig nördlich von der Breite des Cap Finisterre. Es finden sich ohne genauere Tiefenangabe [2] *Planktoniella Sol* SCHÜTT, *Halosphaera viridis* SCHMITZ und eine Anzahl von *Ceratium tripos*-Formen, darunter *macroceras* EHRBG. und *C. tripos intermedium* JOERGENSEN, außerdem *C. reticulatum* POUCHET, also Formen, die wärmeres Wasser andeuten; die Oberflächentemperatur hatte zum ersten Male 20° erreicht. In dem bis 200 m Tiefe ausgeführten Fange sind die *C. tripos macroceras*-Formen sogar als vorherrschend genannt und *C. tripos flagelliferum* CL. als zweite langarmige Form beobachtet. Station 21 unter 33° 48',9 N. Br., 14° 21',5 W. L. kommen *Hemiaulus Hauckii* GRUN., *Cerataulina Bergonii* H. P., *Pyrocystis pseudonoctiluca* J. MURRAY, *Ornithocercus magnificus* STEIN und *Dinophysis homunculus* STEIN als weitere Warmwasserformen hinzu; die Oberflächentemperatur beträgt 22,1°.

Station 26 unter 31° 59',3 N. Br., 15°,5 W. L. bringt *Halosphaera*, *Ornithocercus* und *Antelminellia* an der Oberfläche; *Halosphaera* zeigt sich auch 1500 m tief „ziemlich viel". Erst Station 32 unter 24° 43'4 N. Br., 17° 1',3 W. L. wird bei einem bis 200 m ausgeführten Planktonfang *Gossleriella tropica* SCHÜTT beobachtet. Vorherrschend ist *Ceratium tripos flagelliferum* CL., und daneben sind sehr zahlreiche weitere, meist der schwereren Sectio *rotunda* angehörige Ceratien vorhanden, ebenso *Diplopsalis*, *Pyrophacus*, *Podolampas*, *Phalacroma*, mehrere *Peridinium*, verschiedene *Pyrocystis*-Formen und *Halosphaera*, so daß die Peridineen entschieden überwiegen. Von Diatomeen sind nur *Chaetoceras*-Bruchstücke, *Rhizosolenia hebetata* f. *semispina* GRAN, *Dactyliosolen meleagris* G. K., *Hemiaulus*, *Cerataulina* und die bereits genannte *Gossleriella* zur Stelle, im SCHIMPER'schen Material derselben Station fand sich *Antelminellia* noch dazu ein. Das Bild bleibt im ganzen zunächst unverändert. An der Oberfläche herrscht meist wechselvolles Peridineenplankton oder die Schizophyceae *Trichodesmium Thiebautii* GOMONT. Diese tritt freilich erst reichlicher auf mit Station 40 unter 12° 38',3 N. Br., 20° 14',9 W. L, nachdem die kältere Canarische Strömung verlassen und das Schiff in den Guineastrom bei ca. 26° Oberflächentemperatur eingetreten war. Hier stellte sich auch *Planktoniella* wieder ein, außerdem *Chaetoceras coarctatum* LAUDER, das bisher gefehlt, außerdem *Ceratocorys horrida* STEIN, *Goniodoma*, *Ornithocercus*, *Phalacroma*. Auf der nächsten Station 41 unter 8° 58' N. Br., 16° 27'9 W. L. wurden die großen *Rhizosolenia robusta* NORMAN, *Rh. Castracanei* H. P., *Rh. Temperei* H. P. und *Rh. quadrijuncta* H. P.

---

1) G. KARSTEN, Atlantisches Phytoplankton, l. c. S. 179.
2) Das Material muß nach dem Stationsverzeichnis aus 200 m Tiefe stammen.

zuerst beobachtet, daneben *Chaetoceras tetrastichon* Cl., wiederum *Ch. coarctatum* Lauder und *Climacodium biconcavum* Cl. So geht es weiter; Station 44 herrscht an der Oberfläche reines Peridineenplankton vor, von *Ceratium* neben überwiegend schwereren Arten der Sectio *rotunda* auch leichtere Zellen von *C. tripos volans* Cl. und *C. tripos macroceras* Ehrbg. Als eigenartig fällt bei Station 45, unter 2^0 56',4 N. Br., 11^0 40',5 W. L. und immer noch im Guineastrom gelegen, die vorwiegende Bedeutung von *Pyrocystis pseudonoctiluca* J. Murray auf, die neben zahlreichen aus *volans, flagelliferum* neben schwereren Arten gemischten *Ceratium tripos*-Formen unbedingt herrscht. Diatomeen sind überhaupt nicht resp. nur in Bruchstücken vorhanden.

Es folgt jetzt ein scharfer Vorstoß nach Süden, der über den Aequator hinausführt (Station 48, 0^0 9',3 S. Br., 8^0 29',5 W. L.) und den im Nordsommer so weit nördlich gehenden Südäquatorialstrom erreichen läßt. Die Oberflächentemperatur sinkt auf $23,6^0$, die Dichte steigt, und das Phytoplankton ist mit einem Schlage von allen *Ceratium tripos volans* Cl. und *Ceratium tripos flagelliferum* Cl. gereinigt, nur die kurzen dicken Formen, wie *C. tripos azoricum* Cl., *C. tripos gibberum* Gourret, *C. tripos lunula* Schimper, *C. tripos arcuatum* Gourret etc. bleiben übrig; daneben *Ornithocercus, Ceratocorys, Goniodoma, Podolampas*. Diatomeen treten vollkommen zurück. So geht es von Station 46 bis 50. Von Station 51 an (unter 0^0 55',7 N. Br., 4^0 37',6 W. L.) beginnt mit Wiedereintritt in den Guineastrom die rückläufige Erscheinung. Die Temperatur steigt auf $24,2^0$, und *Ceratium fusus* Duj., *Ceratium tripos volans* Cl. treten zunächst neben den plumperen Formen auf und verdrängen bei weiterer Fahrt die schweren *rotunda*-Arten gänzlich, so daß Station 54 unter 1^0 51',0 N. Br., 0^0 31',2 O. L. *Ceratium tripos volans* Cl. und *C. tripos macroceras* Ehrbg. stark vorherrschen und es dann im Schimper'schen Tagebuch heißt: „Nachmittags (fahrend), Oberfläche: Starke Zunahme ganz lang- und dünngehörnter Ceratien; keine dicken Formen gesehen."

Station 55 unter 2^0 36',5 N. Br., 3^0 27',5 O. L. macht sich ein Vorherrschen von Diatomeen, *Thalassiothrix acuta* G. K., *Rhizosolenia styliformis* Brtw. und *Rh. quadrijuncta* H. P., *Chaetoceras coarctatum* Lauder und einer Masse kleiner Zellen von *Navicula corymbosa* Ag. bemerkbar; dieser letztgenannte Bestandteil ist wohl sicher bereits neritischer Art und deutet die Annäherung an die Küste an. Von Peridineen herrschen die schlanken *Ceratium tripos volans* Cl. neben *Peridinium (divergens)*-Arten bei weitem vor. Bei Victoria in der innersten Ecke des Golfes von Guinea ist dann ein überreiches neritisches Plankton, das fast ausschließlich Diatomeen umfaßt, vorhanden. Auffallend ist die völlige Uebereinstimmung der Diatomeen-Elemente mit den an der Westküste von Sumatra im Indischen Ocean beobachteten Formen. Es sind vor allem zu nennen: *Chaetoceras lorenzianum* Grun., *Ch. diversum* Cl., *Ch. sociale* Lauder, *Ch. contortum* Schütt, *Ch. subtile* Cl., *Lauderia borealis* Gran, *Cerataulina Bergonii* H. P., *Asterionella notata* Grun., *Synedra nitzschioides* Grun., *S. affinis* Ktzg., *Nitzschia Closterium* W. Sm., *N. longissima* (Bréb.) Ralfs, *Navicula membranacea* Cl., *Biddulphia mobiliensis* (Bail.) Grun., *Guinardia flaccida* H. P., *Lithodesmium undulatum* Ehrbg., *Aulacodiscus Victoriae* G. K., *Skeletonema costatum* (Grev.) Grun., *Rhizosolenia setigera* Brtw. Die Uebereinstimmung mit dem neritisch-indischen Phytoplankton ist von auffallender Vollkommenheit. Nur ist das indische um einige Gattungen und Arten reicher, wie *Streptotheca* und *Bellerochea*; dort fehlt dagegen *Aulacodiscus*. Auf die Uebereinstimmung des neritischen Phytoplanktons ist noch wieder zurückzukommen. Abweichend von dem indischen Plankton ist das Auftreten von Coscinodiscoideen-Oberflächenformen anscheinend neritischer Art,

Das Indische Phytoplankton nach dem Material der deutschen Tiefsee-Expedition 1898—1899.

447

nämlich *Actinocyclus dubiosus* G. K. (Taf. XXVII, Fig. 1, z) und *Coscinodiscus Janischii* SCHM. (Taf. XXV, Fig. 9).

Die weiter folgenden Stationen bleiben zunächst noch unter dem Einfluß der Küstennähe, wie die Beimischung von *Biddulphia mobiliensis* (BAIL) GRUN. und *Guinardia flaccida* H. P. bezeugt. Im übrigen herrschen die mannigfaltigsten Peridineen vor, wenigstens der Masse nach.

Die Liste von Station 65 unter 1° 56',7 S. Br., 7° 48',5 O. L. mag als Beispiel hier angeführt sein:

Diatomeen.

Chaetoceras furca CL, Bruchstücke.
    „   *peruvianum* BRTW.
    „   *coarctatum* LAUDER.
Guinardia Blavyana H. P.
Climacodium Frauenfeldianum GRUN.
Hemiaulus Hauckii GRUN.
Nitzschia seriata CL.
Rhizosolenia alata BRTW.
    „   *calcar avis* SCHULZE, Bruchstücke.
    „   *cylindrus* CL.
    „   *delicatula* CL.
    „   *imbricata* BRTW.
    „   *robusta* NORMAN.
    „   *Stolterfothii* H. P.
    „   *stricta* G. K.
(nicht squamose Vertreterin der indischen *Rh. ampulata* OSTF. im Atlantischen Ocean; dieser Form bis auf den Bau des Gürtels fast genau gleichend [Taf. XXIX, Fig. 11]).

Peridineen.

Pyrocystis fusiformis J. MURRAY.

Pyrocystis pseudonoctiluca J. MURRAY, als vorherschende Arten.

Ceratium gravidum GOURRET var. *praelonga* LEMM.
    „   *fusus* DUJ.
    „   *furca* DUJ. (lange Form).
    „   „ var. *incisa* G. K.
    „   *reticulatum* POUCHET var. *contorta* GOURRET.
    „   *tripos lunula* SCHIMPER.
    „   „ *macroceras* EHRBG.
    „   „ *flagelliferum* CL.
    „   „ *volans* CL.
    „   „ (*patentissimum* OSTF.) *inversum* G. K.
Ceratocorys horrida STEIN.
Peridinium (divergens) elegans CL.
    „   „ *oceanicum* VANHÖFFEN.
Ornithocercus quadratus SCHÜTT.
Pyrophacus horologium STEIN.

Schizophyceen.

Trichodesmium contortum WILLE.

Die folgenden Stationen 66 u. s. w. lassen den Einfluß der nahen Küste hie und da wohl bemerken, Station 67 z. B. in dem Ueberwiegen der Diatomeen, zum Teil neritischer Arten, an der Oberfläche; es sind vor allem *Chaetoceras peruvianum* BRTW. in meist einzelligen Individuen, *Ch. coarctatum* LAUDER, *Ch. lorenzianum* GRUN. und *Ch. Ralfsii* CL, daneben *Rhizosolenia alata* BRTW. in sehr schmächtigen Exemplaren. Doch ist es nicht allein die Nähe des Landes, die hier in Betracht kommt. Die Stationen 68—71 liegen vor der Kongomündung, der seine gewaltigen Wassermassen dem Meerwasser beimischt und es weithin braun färbt. Zur Charakterisierung des Phytoplanktons möge folgende Tagebuchnotiz SCHIMPER'S dienen: „40 Seemeilen von der Kongomündung Seewasser braun gefärbt. Viel Ceratien, vornehmlich ganz kurzarmige mit großer Kapsel; viel *Pyrocystis*, ziemlich viel *Coscinodiscus*. Ziemlich viel *Peridinium (divergens)*, einzelne *Biddulphia mobiliensis* und ziemlich viel *Pyrocystis fusiformis* J. MURRAY; Fehlen der Rhizosolenien."

Die letzte Bemerkung giebt wohl das beste Merkmal; es scheint, daß die stets sehr nahe der Oberfläche lebenden Rhizosolenien gegen das leichtere, dem Meerwasser aufgelagerte Süßwasser empfindlicher sind als die anderen genannten Formen, dasselbe dürfte für *Chaetoceras* gelten, dessen keine Erwähnung geschieht.

Nach Verlassen der Kongomündung ging die Fahrt bis zur großen Fischbai unweit des Landes, und so bleibt der starke neritische Einschlag des Phytoplanktons weiter erhalten. Das Pflanzenleben ist von einem ungewöhnlichen Reichtum, der seine höchste bisher überhaupt zur Beobachtung gelangte Steigerung in der großen Fischbai unter 16° 36',0 S. Br., 11° 46',5 O. L. erfährt. Es sind fast ausschließlich Diatomeen, die das Wasser bewohnen, und vorwiegend neritische Arten, wie *Chaetoceras sociale* LAUDER, *Ch. didymum* EHRBG., *Ch. seiracanthum* GRAN, *Biddulphia mobiliensis* (BAIL) GRUN., *Bacteriastrum varians* LAUDER, *Nitzschia Closterium* W. SM., *Navicula corymbosa* AG., *Pleurosigma*-Arten, *Bellerochea malleus* VAN HEURCK, *Coscinodiscus Janischii* SCHM., *Guinardia flaccida* H. P., *Paralia sulcata* (EHRBG.) CL. *Stephanopyxis* u. s. w. Als oceanische Arten kommen dazwischen vor *Corethron criophilum* CASTR., *Nitzschia seriata* CL., *Thalassiosira excentrica* G. K., *Rhizosolenia alata* BRTW., *Rh. robusta* NORMAN, *Rh. quadrijuncta* H. P., *Coscinodiscus excentricus* EHRBG., *Ceratium fusus* DUJ. und C. *furca* DUJ.

Der auffälligste Charakterzug der ganzen südwestafrikanischen Küste ist aber die auffallend niedrige Temperatur, die seit Verlassen der Kongomündung andauernd fällt und von 24,4° auf 16,5° durchschnittlich herabsinkt. Diese niedrige Wassertemperatur wird durch das aus der Tiefe emporquellende Auftriebwasser bedingt, dessen Grundursache SCHOTT [1]) in dem Abschwenken der Benguelaströmung von der südwestafrikanischen Küste sieht, wodurch zwischen Strom und Küste Wasserersatz aus der Tiefe eintreten muß. Kühleres Wasser ist im allgemeinen der Diatomeen-vegetation günstig, besonders wenn es als Auftriebwasser in die Tiefe gesunkene Nährstoffe führt, und so verstehen wir, daß auch nach Verlassen der Küste bei Station 82 z. B. unter 21° 53',0 S. Br., 6° 58',6 O. L. das Phytoplankton als „überreich" bezeichnet wird. Vorherrschend sind die Diatomeen, besonders *Chaetoceras atlanticum* CL. var. (Taf. XXXI, Fig. 1), *Ch. peruvianum* BRTW., *Nitzschia seriata* CL., *Rhizosolenia stricta* G. K., *Rh. hebetata* f. *semispina* GRAN, *Synedra*, *Thalassiothrix* etc., doch auch *Ceratium fusus*, C. *furca* und verschiedene Formen von C. *tripos* treten hier bei dem größeren Abstand von der Küste reichlicher wieder auf, während die eigent-lichen Warmwasserformen, wie *Ceratocorys*-, *Ornithocercus*-, *Dinophysis*-, *Podolampas*-, *Phalacroma*-etc.-Arten, nicht mehr gefunden werden, ebenso fehlt *Gossleriella* vollständig, und sogar die minder empfindliche *Planktoniella* ist außerordentlich selten geworden.

Diese Verhältnisse bleiben ungefähr die gleichen, bis in Kapstadt wiederum die neritischen Einflüsse das Uebergewicht erlangen und die bekannten Formen der Dauersporen bildenden, neritischen *Chaetoceras*-Arten, *Biddulphia mobiliensis* (BAIL.) GRUN., *Nitzschia Closterium* W. SM., *Bellerochea malleus* VAN HEURCK, *Coscinodiscus Janischii* SCHM. u. s. w. hervortreten lassen.

Die Stationen 92—114 gelten dem Abstecher in den Agulhasstrom bis Port Elizabeth. Die Wassertemperatur ist außerordentlich wechselnd, die Tiefe des Bodens sehr gering, ebenso gering die Entfernung von der Küste. Kein Wunder also, daß die neritischen Elemente weitaus überwiegen. Andererseits aber treten hier typische Warmwasserformen bei Temperaturen von

---

1) SCHOTT, Tiefsee-Expedition, Bd. I, l. c. S. 127.

Das Indische Phytoplankton nach dem Material der deutschen Tiefsee-Expedition 1898—1899.

449

nur 14,3° auf, wie *Dinophysis homunculus* STEIN, *Goniodoma acuminatum* STEIN und *Planktoniella Sol* SCHÜTT oder wie *Ceratium (ranipes* CL. —) *palmatum* BR. SCHRÖDER Station 97 bei 16,1° und *Chaetoceras furca* CL. Station 101 bei 16,9°. Fast an jeder Station sind daneben *Coscinodiscus Janischii* SCHM., *Chaetoceras sociale* LAUDER, *Ch. didymum* EHRBG. etc., *Guinardia, Stephanopyxis* und andere Küstenformen in Menge vorhanden. So entspricht das Phytoplankton vollkommen einem küstennahen Mischwassergebiete, wie SCHOTT es von oceanographischen Gesichtspunkten aus folgendermaßen geschildert hat[1]): „Auf der Agulhasbank .... kann je nach Wind und Strom der thermische Zustand des Flachseegebietes, und zwar offenbar in seiner ganzen (geringen) Tiefe wechseln: man kann einmal fast tropisch warmes Wasser bis zu 20° und darüber, bei einer zweiten Gelegenheit aber vielleicht eine bis auf nahezu 10° herabgehende Wasserwärme vorfinden. Dabei ist das mittlere Maximum der Wassertemperatur auf der Agulhasbank um 4 Grad höher als das entsprechende Maximum in der mehr als 10 Breitengrade näher zum Aequator gelegenen Walfisch-Bucht und das mittlere Minimum des Bankwassers ist sogar um 5 Grad höher als das entsprechende Minimum von der Walfisch-Bucht. Dies führt zu dem Schlusse, daß im allgemeinen auf der Agulhasbank doch das warme Wasser des tropischen Indischen Oceans vorherrscht, wenn auch zeitweise Ueberflutungen aus anderer Quelle vorkommen." Wenn wir nun aus den für die Beobachtungsstationen veröffentlichten Phytoplanktonlisten (cf. Atlant. Phytoplankton) nachweisen können, daß die letzten atlantischen Fundstellen von *Dinophysis, Goniodoma, Ceratium palmatum* BR. SCHRÖDER, *Chaetoceras furca* CL. an der Kongomündung, zum Teil noch viel weiter nördlich liegen, so ist das Vorkommen dieser Warmwasserarten in der Agulhasströmung wohl mit Sicherheit auf das Konto des warmen Indischen Oceans zu setzen, ebenso wie die im Antarktischen Teil[2]) Station 115—117 aufgeführten *Planktoniella*-Zellen, *Dinophysis*- und auch *Trichodesmium*-Exemplare nur mit den Ausläufern der Agulhasströmung dorthin gelangt sein können.

Die vertikale Verteilung des atlantischen Phytoplanktons.

Für diesen Reiseabschnitt stehen nur wenige Stufenfänge zu Gebote, doch läßt sich das Bild aus den bis 200 m gehenden Planktonfängen und den Vertikalnetzfängen einigermaßen vollständig erhalten.

Station 14[3]) sind bereits einige Vertreter der Coscinodiscoideen vorhanden: *Coscinodiscus* in mehreren Arten und *Planktoniella*, dazu *Halosphaera*, nach den früheren Erfahrungen dürfen die *Peridinium (divergens)*-Exemplare ebenfalls der tieferen Region zugeschrieben werden. Schließnetzfänge aus ca. 2000 m bringen nur totes Material von Peridineen. Dagegen scheint es sich Station 26, Vertikalnetzfang aus 1500 m nach SCHIMPER's Tagebuch: „Nur *Halosphaera* ziemlich viel", um lebende Zellen zu handeln, wenn es auch nirgends ausdrücklich erwähnt wird. Station 32 tritt in einem bis 200 m gehenden Planktonfang *Gossleriella* zuerst auf. Die Station

---

1) SCHOTT, Tiefsee-Expedition, l. c. S. 130.
2) G. KARSTEN, Antarktisches Phytoplankton, l. c. S. 33, 34.
3) Es ist versehentlich bei dem Material SCHIMPER keine Tiefenangabe gemacht. Da nach dem Stationsverzeichnis nur bei 200 m gefischt ist, stammt auch sein Material aus dieser Tiefe, wie bereits vorher erwähnt ist.

liegt unter 24° 43′,4 N. Br., 17° 1′,3 W. L. Nach den Angaben bei Schott[1]) über die Temperaturreihen der beiden Nachbarstationen darf für 100 m 18°, für 200 m 16,6° angenommen werden. *Diplopsalis*, *Goniodoma*, mehrere *Peridinium*-Arten, *Phalacroma*, zahlreiche *Pyrocystis*-Formen und *Halosphaera* befinden sich unter anderem im gleichen Fange; Schimper's Material brachte noch *Antelminellia gigas* Schütt als weiteren Repräsentanten der Schattenflora hinzu.

Station 41 unter 8° 58′,0 N. Br., 16° 27′,9 W. L. erlaubt etwas weiter gehende Schlüsse. An der Oberfläche herrscht Schizophyceenplankton von *Trichodesmium Thiebautii* Gomont, daneben zahlreiche Peridineen, besonders *Ceratium*-Formen; bis zu 50 m ist das Bild dasselbe. Bei 200 m aber sind alle Schizophyceen abgestorben; es leben hier dagegen *Antelminellia*, *Planktoniella*, *Asteromphalus* in mehreren Arten, außerdem mehrere *Peridinium*-Species, *Phalacroma doryphorum*; auch *Ornithocercus* und *Ceratocorys* sind gefunden. An der folgenden Station bringt das Schließnetz neben totem Material lebende Zellen von *Halosphaera*: 8 Individuen, von *Planktoniella*: 2 Zellen, von *Peridinium* sogar 11, wenn auch zum Teil stark kontrahiert, und schließlich ein kurzes Fadenfragment von *Trichodesmium*; eine zweite Probe desselben Fanges enthält lebende Zellen von *Antelminellia*, *Coscinodiscus rectangulus* G. K. (Taf. XXVI, Fig. 17), *Rhizosolenia Temperei* H. P. und mehrere *Peridinium*-Arten: *P. (divergens) oceanicum* Vanhöffen, *P. (divergens) elegans* Cl. und *P. (divergens) excavatum* G. K. (Taf. XXIII, Fig. 15).

Die reichhaltigste Zusammensetzung von allen oceanischen Fängen des Atlantik ergab endlich ein Planktonnetzzug aus 200 m Station 43 unter 6° 29′,0 N. Br., 14° 35′,5 W. L. Hier waren von Vertretern der Schattenflora versammelt: *Antelminellia gigas* Schütt, *Asteromphalus heptactis* Ralfs, *Coscinodiscus excentricus* Ehrbg., *C. centrolineatus* G. K., *Gossleriella tropica* Schütt, *Planktoniella Sol* Schütt, *Euodia cuneiformis* (Wallich), ferner von Peridineen *Ornithocercus*, *Ceratocorys*, *Diplopsalis*, *Phalacroma*, mehrere *Peridinium*-Arten und *Heterodinium scrippsi* Kofoid.

Ein Schließnetzfang von Station 48, 0° 9′,3 S. Br., 8° 29′,5 W. L. brachte aus 250—130 m Tiefe lebend herauf: 4 *Planktoniella*-Zellen, 5 *Halosphaera*, 1 *Ornithocercus* und 1 *Ceratium tripos lunula* Schimper als einzigen lebenden Rest einer an der Oberfläche vorherrschenden Peridineenflora. Station 54 und 55 zeigen Vertikalnetzzüge aus 600 m Tiefe lebende Exemplare von *Antelminellia* an, im zweiten Fall begleitet von *Ceratium tripos lunula* Schimper.

Bei Station 64, zwischen Kamerun und der Kongomündung, also innerhalb der neritischen Zone des Oberflächenphytoplanktons gelegen, gestattet der Vergleich eines oberflächlichen mit einem Zuge aus 200 m, zu sagen, daß der neritische Charakter nicht in die tieferen Regionen eindringt; es fanden sich hier von Angehörigen der Schattenflora: *Antelminellia gigas* Schütt, *Coscinodiscus excentricus* Ehrbg., *C. symmetricus* Grev. var. *tenuis* G. K., *Asteromphalus heptactis* Ralfs, *Planktoniella Sol* Schütt, *Gossleriella tropica* Schütt, ferner *Ceratocorys*, *Ornithocercus*, *Peridinium (divergens)* spec.

Station 65 sind zwei Schließnetzfänge gemacht, von denen mir kein Material zu Gebote stand; nach Schimper waren 280—130 m lebende Zellen gefunden: 1 *Ceratium fusus* Duj., 1 *Ceratium tripos azoricum* Cl., 4 *Peridinium (divergens)*, 2 *P. ovum!*, (= *ovatum* [Pouchet] Schütt?), 1 *Ornithocercus magnificus* Stein, 2 *Goniodoma acuminatum* Stein, 2 *Hemiaulus Hauckii* Grun., 2 *Coscinodiscus* spec., 3 *Planktoniella Sol* Schütt, *Rhizosolenia* spec. div., 2 *Trichosdesmium*

---

spec. Beim zweiten Fange 570—420 m ist keine Unterscheidung zwischen lebenden und toten Zellen versucht.

Ebenso sind Station 66 zwei Schließnetzzüge angestellt. In dem mir vorgelegenen Material fanden sich nur tote *Coscinodiscus varians* G. K. Exemplare und ebenfalls tote *Peridinium (divergens) oceanicum* VANHÖFFEN. Nach SCHIMPER's Tagebuch hatte er aus der Tiefe von 500—350 m lebend beobachtet: *Goniodoma* 2, *Peridinium (divergens)*, *Diplopsalis lenticula* BERGH, 2 *Coscinodiscus* spec., 1 *Planktoniella Sol* SCHÜTT, und bei 700—600 m Tiefe lebend 1 *Peridinium (divergens)* mit rotem Inhalt und *Peridinium ovum?* (ev. = *ovatum* [POUCH.] SCHÜTT).

Station 67 endlich, Schließnetzfang aus 200—100 m fand ich lebend nur *Coscinodiscus varians* G. K., *C. varians* var. *major* G. K., *C. excentricus* EHRBG. und *Peridinium (divergens)*; SCHIMPER konnte dagegen beobachten: *Coscinodiscus* spec., stark vorherrschend, *Rhizosolenia* spec. 7, *Asteromphalus* spec. 2, *Euodia* spec. 1, *Planktoniella Sol* SCHÜTT mehrfach, *Peridinium Steinii* JOERGENSEN einzeln, *P. (divergens)* ziemlich, *Diplopsalis lenticula* BERGH viel, *Dinophysis homunculus* STEIN 2, *Phalacroma*, *Goniodoma* hie und da, *Halosphaera* viel.

Weitere Schließnetzfänge stehen nicht zur Verfügung. Soweit sich nach dem Vergleich der oberflächlichen und der bis 200 m reichenden Planktonfänge erkennen läßt, verarmt das Tiefenplankton bis Kapstadt hin nach und nach; *Planktoniella* wird spärlich, *Gossleriella* fehlt schon lange vorher, die Peridineen werden ebenfalls bald vermißt. Nur *Halosphaera* bleibt erhalten, und in der Gattung *Coscinodiscus* treten neue Arten auf, wie *C. centrolineatus* G. K., *C. intermittens* G. K. und der zum Oberflächenplankton haltende *C. Janischii* SCHM. Als weitere im Indischen Ocean fehlende Gattung zeigt sich hie und da: *Actinoptychus* entweder als *A. vulgaris* SCHM. oder meist in der Species *A. undulatus* (BAIL.) RALFS (Taf. XXVII, Fig. 5—8). Es erscheint zweifelhaft, ob nicht auch in diesen Arten Oberflächenformen vorliegen, aber mangels entscheidender Schließnetzfänge kann ich darüber nichts Bestimmtes aussagen.

Die Stationenreihe nach Port Elizabeth in der Agulhasströmung und die wenigen vor Eintritt in die eigentliche Antarktis gelegenen Stationen zeigen ein Wiederauftreten von *Planktoniella*, eine Bereicherung an *Coscinodiscus*-Arten, wie *C. Simonis* G. K. (Taf. XXV, Fig. 6), *C. excentricus* EHRBG., *C. lineatus* EHRBG. Die Gründe für die Anreicherung werden wie beim Oberflächenplankton auf die aus dem Indischen Ocean Plankton beibringende wärmere Agulhasströmung zurückzuführen sein.

Sucht man zu einem Schlusse über die vertikale Phytoplanktonverbreitung im Atlantischen Ocean zu gelangen, so wird ja im großen und ganzen das für das Indische Meer Gesagte zu wiederholen sein, daß Peridineen und leichtere Diatomeenarten das Oberflächenplankton bilden, welches etwa bei 80—100 m sein Maximum erreicht, von oben her langsam zunehmend, nach unten schneller abfallend. Die Schattenflora schließt von 80 m ab daran. Ihre Ausdehnung in die Tiefe scheint nach einigen Angaben SCHIMPER's im Atlantik noch etwas weiter zu gehen, als im Indischen Ocean festgestellt war, doch möchte ich darüber ein festes Urteil nicht abgeben, da das Material dafür nicht ausreicht. Auch liegen die Verhältnisse im Atlantischen Ocean verwickelter als im Indischen, da auf der durchfahrenen Strecke die starke Temperaturdepression längs der südwestafrikanischen Küste Verhältnisse schafft, die denen des gleichmäßig warmen Indischen Oceans nicht direkt verglichen werden können. Daher wird es notwendig sein, in die Diskussion einzelner Punkte einzutreten, die als wesentlich verschieden in den beiden Vergleichsmeeren aufgefallen sind, damit vielleicht auf diese Weise näherer Aufschluß über diese oder jene Frage gewonnen werde.

Vergleich des indischen mit dem atlantischen Phytoplankton.

Zur Einschränkung der vielleicht mißverständlichen Ueberschrift dieses Kapitels ist zu sagen, daß nur das auf der „Valdivia"-Reise beobachtete Phytoplanktonmaterial herangezogen werden soll, daß der Atlantische Ocean also nur in seinen östlichen Küstengebieten in Frage steht. Bei dieser Einschränkung treten Unterschiede seines Phytoplanktons zu dem des Indischen Oceans recht deutlich hervor.

Betrachten wir zunächst lediglich die Reichhaltigkeit an verschiedenen Formen und beginnen mit dem oceanischen Teil. Die großen *Chaetoceras*-Arten des Atlantischen Oceans beschränken sich auf *Ch. peruvianum* BRTW. und eine einzellige Varietät von dieser Art, *Ch. atlanticum* CL., *Ch. coarctatum* LAUDER, ganz selten *Ch. furca* CL. Die gelegentlich beobachteten *Ch. densum* CL., *Ch. boreale* BAIL., *Ch. decipiens* CL. sind nördliche Arten, die mehr vereinzelt auftraten und nirgends erheblichere Verbreitung zeigten. Alle übrigen im atlantischen Phytoplankton [1]) aufgeführten *Chaetoceras*-Formen sind mehr oder minder typische Küstenformen. Im Indischen Ocean sind dagegen neben den ebenfalls verbreiteten Arten *Chaetoceras coarctatum* LAUDER und *Ch. peruvianum* BRTW., mit einer abweichenden einzelligen Varietät, eine Reihe weiterer Formen beobachtet, wie *Ch. sumatranum* n. sp., *Ch. Seychellarum* n. sp., *Ch. bacteriastroides* n. sp., *Ch. buceros* n. sp., *Ch. tetrastichon* CL., *Ch. furca* CL.; sämtlich Arten von weiter oder allgemeiner Verbreitung im Indischen Ocean; dazu kommen die minder verbreiteten, aber höchst charakteristischen Species, wie *Ch. peruvio-atlanticum* n. sp., *Ch. aequatoriale* CL., *Ch. indicum* n. sp. Es besteht also für die Gattung *Chaetoceras* ein großer Ueberschuß von Formen auf Seite des Indischen Meeres.

Nehmen wir als zweiten Prüfstein die Gattung *Rhizosolenia*. Im Indischen Ocean begegnen neben den allverbreiteten Arten *Rhizosolenia hebetata* f. *semispina* GRAN und ihrer Winterform, *Rh. hebetata* f. *hiemalis* GRAN, *Rh. styliformis* BRTW., *Rh. imbricata* BRTW. und *Rh. alata* BRTW. in allgemeinerer Ausdehnung folgende Formen: *Rh. calcar avis* SCHULZE, *Rh. cochlea* BRUN, *Rh. robusta* NORMAN, *Rh. ampulata* OSTP., *Rh. Castracanei* H. P., *Rh. Temperei* H. P., *Rh. squamosa* n. sp., *Rh. africana* n. sp., *Rh. similis* n. sp., *Rh. quadrijuncta* H. P., *Rh. hyalina* OSTF., *Rh. cylindrus* CL., wenn von nur vereinzelt beobachteten Arten abgesehen wird. Dagegen treffen wir in dem Atlantik dieselben Formen, doch fehlen (außer *Rh. hebetata* f. *hiemalis* GRAN, die jedoch zu anderer Jahreszeit dort vorkommen mag) *Rh. ampulata* OSTF., *Rh. squamosa* n. sp., *Rh. africana* n. sp., *Rh. similis* n. sp., *Rh. cochlea* BRUN; dafür besitzt der Atlantische Ocean die *Rh. stricta* G. K., eine der *Rh. ampulata* OSTF. in allem gleichende Art, die aber kein schuppenförmiges Gürtelband besitzt, sondern darin dem Bau der *Rh. alata* BRTW. folgt (Taf. XXIX, Fig. 11). Somit bleibt auch für diese Hauptgattung ein guter Ueberschuß zu Gunsten des Indischen Oceans übrig. — Bei den Coscinodiscoideen treffen wir wohl annähernd gleichmäßige

---

[1]) Cf. KARSTEN l. c.

Verhältnisse auf beiden Seiten. Von der Gattung *Coscinodiscus* selbst abgesehen, sind *Asteromphalus*-Arten in beiden Meeren häufig, *Planktoniella Sol* ist in beiden zu Hause, *Actinoptychus* mit 2 Arten ist atlantisch, *Asterolampra* mit ebenfalls 2 Arten indisch; *Coscinosira* indisch, *Stephanosira* atlantisch. Es bleibt *Valdiviella* zu Gunsten des Indischen Oceans, *Aulacodiscus* (neritisch) für den Atlantik übrig.

Die Peridiniaceen sind wohl im Indischen Meere wiederum reicher entwickelt als im östlichen Atlantischen Ocean, wenigstens war zu jeder atlantischen Form eine Parallelform im indischen Plankton zu finden, während die ganze Subsectio *robusta* der Gattung *Ceratium tripos* mir im Atlantischen Ocean nicht begegnet ist. Auch die Gattung *Peridinium* dürfte erheblich mehr indische als ostatlantische Arten aufzuweisen haben. Die Schizophyceen endlich sind mit *Richelia* bisher auf Indisches, Rotes Meer und Mittelmeer beschränkt, *Katagnymene* schien im Ostatlantik zu fehlen, so daß wiederum ein Ueberschuß indischen Formenreichtums zu konstatieren ist.

Die große Uebereinstimmung des neritischen Planktons aus dem Atlantischen und Indischen Ocean ist bereits hervorgehoben worden; es konnte ein größerer Reichtum des indischen Phytoplanktons auch hier festgestellt werden, da die Gattung *Streptotheca*, ferner eine *Hemiaulus*-, eine *Cerataulina*- und eine *Bellerochea*-Art dem Indischen Ocean allein angehören.

Somit kommen wir zu dem Resultat, daß die Reichhaltigkeit des Phytoplanktons an verschiedenen Formen im Indischen Ocean größer ist als im östlichen Atlantischen. Daß die Masse, soweit sich bis jetzt sagen läßt, in beiden Meeren einander annähernd die Wage hält, möchte man aus der Planktonkurve, die Schott[1]) nach dem vorläufigen Resultat von einigen Stationen giebt, schließen.

Bereits in den einleitenden Worten dieser allgemeinen Besprechung der Resultate war des Formenreichtums und der bunten Mischung des Phytoplanktons als eines Zeichens seiner Herkunft aus Warmwassermeeren gedacht. Da muß man sich jetzt fragen: worin unterscheiden sich denn das Ostatlantische und das Indische Meer derartig, daß ihr Phytoplankton solche Differenzen aufweisen kann?

Damit kommen wir zu einem Punkte zurück, der bereits in der Beschreibung der horizontalen Planktonverbreitung im Atlantik kurz erwähnt worden ist, zu der niedrigen Wassertemperatur des südöstlichen Atlantischen Meeres, die genauere Betrachtung erfordert, bevor eine Erklärung an der Hand der Darlegungen von Schott versucht wird.

Die normalen Wassertemperaturen [2]) im Jahresdurchschnitt für die verschiedenen Breiten sind:

Breite:	0	5	10	15	20	25	30	35°
°C	26,3	26,1	25,5	24,5	23,0	21,1	19,2	16,7

Der Vergleich mit dem beobachteten jährlichen Temperaturdurchschnitt zeigt für die Küste von Deutsch-Südwestafrika eine negative Anomalie diesen Normaltemperaturen gegenüber von — 8°, das Wasser ist also im Jahresdurchschnitt 8° zu kalt, und „so ziemlich die gesamte östliche Hälfte des südatlantischen Oceans ist bis nach dem Aequator hin zu kalt". Auf der Karte IX im Atlas von Schott liegt z. B. die Südgrenze der durchschnittlichen Jahrestemperatur von 25° an der atlantischen Küste Afrikas etwa bei 4° S. Br., an der indischen Ostküste Afrikas dagegen

---

1) G. Schott, Deutsche Tiefsee-Expedition, I. Oceanographie, l. c., Jena 1902, Atlas, Taf. XXXVIII.
2) l. c. S. 128.

unter 25° S. Br., also 21 Breitengrade südlicher, d. h.: durch 21 Breitengrade S. Br. ist der Indische Ocean an der afrikanischen Ostküste um 5°—10° wärmer als der Atlantische an der afrikanischen Westküste.

Die Erklärung der ungünstigeren atlantischen, der günstigeren indischen Temperaturverhältnisse ergiebt sich aus dem verschiedenen Verlauf der Meeresströmungen. Sucht man mit Schott[1]) den ganzen Kreislauf der Meeresströmungen unter einen einheitlichen Gesichtspunkt zu bringen, so sind die von dem regelmäßigen Passatwinde in Bewegung gesetzten oberflächlichen Aequatorialströmungen der Ausgangspunkt. Der Nordäquatorialstrom im Atlantischen Ocean hat als Fortsetzung den Golfstrom, der Südäquatorialstrom den Brasilienstrom. Außerdem aber tritt südlich von St. Paul ein erheblicher Teil des Südäquatorialstromes auf die Nordhemisphäre über und verstärkt den Golfstrom zu der weitaus mächtigsten aller hier in Betracht kommenden Strömungen. Die enormen Wassermassen, die in diesen schnell fließenden großen Oberflächenströmen den Aequatorialgegenden andauernd entführt werden, müssen natürlich einen Ersatz finden. Das geschieht einmal durch die rückkehrenden kühlen Strömungen, den nördlichen Canarienstrom, den südlichen Benguelastrom, welche auf beiden Hemisphären die Stromkreise schließen. Nun geht aber aus bestimmten Thatsachen (Verschiedenheit der Stromversetzungen etc., cf. Schott, l. c.) mit Sicherheit hervor, daß die rückkehrenden Ströme das Deficit nicht vollständig zu decken im stande sind; daher muß in den Aequatorialgegenden zur Kompensation des größeren Abflusses auch noch Wasser aus der Tiefe heraufgehoben und mit in die Oberflächenströmung einbezogen werden. Dieses aufsteigende kühlere Tiefenwasser kommt auf den Karten X und XI des Atlanten von G. Schott, welche die Temperaturverteilung in 50 und 100 m Tiefe anzeigen, als ein von der afrikanischen Küste in äquatorialer Breite den Ocean quer durchsetzendes Band zum Vorschein und lehrt, daß bereits in 50 m Tiefe unterm Aequator nur mehr 16—17°, z. B. im Golf von Guinea, herrschen. Es ist also nur eine ganz flache Schicht Warmwasser dem südlichen und äquatorialen Atlantischen Ocean aufgelagert.

Im Indischen Ocean dagegen fehlt jeder nördliche größere Abstrom warmen Aequatorwassers, nur im Süden ist der Agulhasstrom als Hauptabfluß dafür vorhanden. Demnach geht der Nachschub von kaltem Tiefenwasser in der äquatorialen Breite niemals bis an oder dicht unter die Oberfläche, sondern über dem ganzen Indischen Meere lagert eine ca. 100 m mächtige Schicht von Warmwasser, und es wird dieses gleichmäßig warme Wasser durch die regelmäßigen Monsune einmal an die indische, das andere Mal an die ostafrikanische Küste geworfen, ohne daß ein andauerndes Abströmen eintreten kann. Damit ist der wesentliche Unterschied der Wärmeverteilung in den beiden Oceanen gegeben.

Für die Erklärung der großen Temperaturanomalie der westafrikanischen Küste, von der wir ausgingen, würden die bisher erwähnten Thatsachen nicht ganz ausreichen. Es kommt als wichtiger Faktor hinzu, daß der kühle nordwestwärts fließende Benguelastrom vor dem Südost-Passatwinde läuft und, da der Passatwind nur an der Südspitze Afrikas noch zu finden ist, weiter nördlich aber von der afrikanischen Küste zurücktritt[2]), auch der Strom, dem Winde folgend, westwärts ins Meer ausbiegt. In diesen frei werdenden Raum zwischen Benguelastrom und Festland drängt notwendigerweise das kalte Tiefenwasser nach. Es breitet sich an der Oberfläche

1) l. c. S. 162 ff., Taf. XXXIX des Atlas.
2) G. Schott, Tiefsee-Expedition, Bd. I, S. 124 ff.

aus, und diesem kalten Auftriebwasser ist die erwähnte negative Temperaturanomalie zu verdanken.

Der Vollständigkeit halber muß noch darauf hingewiesen werden, daß auch nördlich des Aequators an der marokkanischen Westküste ein ähnliches Gebiet kalten Auftriebwassers liegt, dessen Ursachen Schott[1]) der Hauptsache nach auf Windverhältnisse glaubt zurückführen zu können. Die negative Temperaturanomalie beträgt hier jedoch nach Angabe der Karte VIII[2]) nur bis 3°, und sie bleibt mehr auf die Küstennähe beschränkt, da sich weiter draußen die letzten südlichen Ausstrahlungen des Golfstromes in den Canarienstrom[3]) einmischen und die Temperatur der Wasseroberfläche im entgegengesetzten Sinne beeinflussen.

jetzt mag die Fahrt der „Valdivia" im Atlantischen Ocean nochmals verfolgt werden unter Berücksichtigung der verschiedenen Stromgebiete, ihrer Oberflächentemperaturen, Dichteverhältnisse und ihrer Phytoplanktonformen. S t a t i o n 1 4 beginnt mit 20,1°, Golfstromwasser[4]) nach NO. fließend und 1,02543 Wasserdichte[5]), Phytoplankton langarmige *Ceratium tripos macroceras*, daneben *Ceratium tripos arcuatum, longipes, intermedium*. — S t a t i o n 1 7. Temperatur 21,9°, Einsetzen der canarischen Strömung, schwache Bewegung nach S. und SO., Wasserdichte 1,02572. Phytoplankton bleibt zunächst ungeändert, an den weiteren Stationen nehmen *Ceratium tripos arcuatum, lunula, coarctatum* auf Kosten der langarmigen Formen zu, ohne daß diese ganz verschwinden; in tieferem Wasser tritt Station 32 einmal *Gossleriella* auf. — S t a t i o n 3 6. Temperatur 24,4°, Eintritt in die warme Guineaströmung, Wasserdichte 1,02391. Phytoplankton zunächst sehr unbedeutend: *Ceratium tripos macroceras, C. fusus*; später die langarmigen Arten, wie *Ceratium tripos (patentissimum* Ostf. =) *inversum* G. K., *Ceratium tripos flagelliferum, Ceratium tripos volans, C. reticulatum* Pouchet var. *contorta* Gourret, erheblich zunehmend. Station 43 und 46 in tieferem Wasser *Gossleriella*. — S t a t i o n 4 7. Temperatur 23,6°, Eintritt in kühleres Wasser, dem letzten Ausläufer des Benguelastromes angehörend (mit Station 46), Wasserdichte 1,02403. Im Phytoplankton vorherrschend die massiveren *Ceratium tripos lunula, azoricum, arcuatum, gibberum*. — S t a t i o n 5 4. Wassertemperatur 25,0°, wieder im Guineastrom (seit Station 51), Wasserdichte 1,02364. Im Phytoplankton vorherrschend die langarmigen *Ceratium tripos volans, macroceras, flagelliferum*, später näher am Lande neritisches Diatomeenplankton, Wasserdichte sinkt auf 1,01878 und tiefer. — S t a t i o n 6 4. Temperatur 24,6°, indifferentes Wasser, Wasserdichte 1,02324. Phytoplankton vorwiegend langarmige *Ceratium tripos macroceras, inversum, flagelliferum, volans, C. reticulatum* var. *contorta*. *Gossleriella* in tieferer Lage. Annähernd konstante Verhältnisse bis vor S t a t i o n 7 3. Temperatur 21,3°, Wasserdichte 1,02557. Temperatur fällt dann weiter. S t a t i o n 8 3 z. B. 16,5°, Wasserdichte 1,02612. Phytoplankton zunächst überreiches Diatomeenplankton, jedoch wenig mannigfaltig, von Peridineen nur kurze Exemplare von *Ceratium fusus*; später vorherrschend *Chaetoceras, Synedra* und *Thalassiothrix*, daneben verschiedene *Ceratium tripos intermedium, heterocamptum, inversum*. Auf diesem Niveau bleiben Temperatur und Wasserdichte bis Kapstadt, im Phytoplankton spielt hauptsächlich die Abwechslung oceanischer und neritischer Formen eine Rolle.

---

1) G. Schott, l. c. S. 121.
2) Derselbe, l. c., Atlas.
3) Derselbe. l. c., Atlas, nach Taf. XXXIX und Taf. VIII.
4) Nach dem Stationsverzeichnis der Expedition, wo auch die Stromgrenzen angegeben sind.
5) Nach G. Schott, l. c. S. 198 f.

58*

Das atlantische Plankton der „Valdivia"-Expedition kann nach dieser Uebersicht nur auf der Strecke von Station 36—45 und Station 51 ca.—72 als typisch tropisches Warmwasserphytoplankton bezeichnet werden, während die übrigen Stationen den verschiedenen Auftriebgebieten mit kälterem Wasser und größerer Wasserdichte angehören, in denen die Reichhaltigkeit der Formen abnimmt. Die Golfstromstationen 14—16, die canarischen Stromstationen 17—35, die Benguelastromstationen 46—50 und 73 bis Kapstadt können trotz der meist tropischen, vielfach sogar äquatorialen Lage ihrem Phytoplankton nur einen subtropischen oder gar temperierten Charakter verleihen. Damit ist der wesentliche Unterschied gegenüber dem typisch tropischen Phytoplankton des Indischen Oceans klar hervorgehoben, wo nur an den allerersten auf die Kerguelen zunächst folgenden Stationen niedrige Wassertemperatur und Beimischung antarktischer Elemente den Charakter beeinträchtigen.

Heteromorphie der atlantischen und indischen Tropenformen gleicher Species.

Beschränken wir vorerst unsere Betrachtung auf die einander vergleichbaren wirklich tropischen Warmwassergebiete der beiden Oceane, so sind ihnen ja viele Arten gemeinsam. In der Ausgestaltung der Formen wird man bei eingehender Vergleichung mancher Species aber doch bald auf Unterschiede aufmerksam, welche eine Unterscheidung der aus dem Atlantischen und der aus dem Indischen Ocean stammenden Individuen ermöglichen. Nicht bei allen Pflanzen freilich ist das zutreffend. Wie aber z. B. die im indisch-malayischen Tropengebiet aufwachsenden und die in Westafrika heimischen Exemplare von *Eriodendron anfractuosum*. DC. = *Ceiba pentandra* (L.) Gaertn.[1]) derart verschiedenen Habitus besitzen, daß man zunächst nicht für möglich hält, beide einer und derselben Species einordnen zu müssen, während andere Gewächse, z. B. die Kokospalme, über ihr ganzes den Erdkreis umspannendes Verbreitungsgebiet durchweg denselben Typus beibehalten, so kann auch bei mikroskopischen einzelligen Pflanzen ein gleicher Unterschied beobachtet werden. Die überall verbreiteten *Coscinodiscus*-Arten, wie *C. excentricus* Ehrbg. u. a. treten immer in der gleichen Gestalt auf, sei es daß sie der Antarktis, dem Atlantik oder dem Indischen Meere entstammen; wenn Abweichungen vorkommen, wie sie Taf. XXXVII Fig. 1 und 2 dargestellt sind, so fallen sie durch ihre Seltenheit auf, oder es liegen andere Species vor, wie von ihrem abweichenden Plasmakörper bezeugt wird. Ebenso verhält es sich mit der ubiquitären *Rhizosolenia hebetata* (Bail.) f. *semispina* Gran, deren Fähigkeit, eine Winterform und eine Sommerform auszubilden, verschiedenen Entwickelungszuständen entspricht, die aber überall in identischer Ausbildung angetroffen werden. Dagegen sind die atlantischen Exemplare von *Planktoniella Sol* von den indischen meist verschieden, letztere zeichnen sich durchschnittlich durch sehr viel breiteren Schweberand aus, als die atlantischen ihn aufweisen[2]). Es wird unten der Nachweis geführt werden, daß der Schweberand einmal nachzuwachsen vermag, daß er andererseits von der Mutterzelle bei der Teilung auf eine der Tochterzellen übergeht,

---

1) W. Busse, Der Kapokbaum, in Karsten und Schenck, Vegetationsbilder, 4. Reihe, Heft 5, Tafel XXVII. Jena 1906.
2) Vergl. die genauen Zusammenstellungen darüber unten S. 515, Taf. XXXIX.

und daß nach einer unbestimmten Reihe von Generationen ein Ersatz durch einen neuen gleichen Schwebeflügel geschaffen wird [1]. Das, was an dieser Stelle hier interessiert, ist der Nachweis, daß mehrere Generationen nacheinander von der Schwebeeinrichtung Gebrauch machen und diese andauernd zu vervollkommnen oder sie zu ersetzen vermögen.

Nicht anders steht es mit den Peridineen. Da bei der Zellteilung der Ceratien jede Tochterzelle die entsprechenden der anderen Tochterzelle zugefallenen Teile ergänzen muß, ist sie in dieser Periode des Nachwachsens auf die Hälfte des einer Zelle sonst zur Verfügung stehenden Formwiderstandes angewiesen. Kein Wunder, daß solche nachwachsenden Zellen meist in etwas

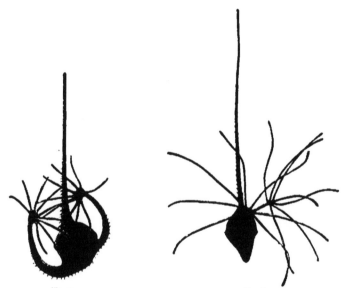

Fig. 1a.   Fig. 1b.
Ceratium palmatum Br. Schröder, 250 : 1.
1 a aus dem östlichen Atlantik, Station 68.   1 b aus dem Indischen Ocean, Station 198.

tieferen Wasserschichten angetroffen werden, als ihrem sonstigen Optimum entsprechen würde. Aber auch hier läßt sich aus bestimmten Anhaltspunkten der Nachweis führen, daß an bereits fertig erscheinenden Zellen ein Nachwachsen ihrer Hörner stattfindet [2]. Auch dieser Vorgang ist mir im atlantischen Tropenplankton nicht begegnet, auch er zeugt also von einer durch Generationen fortgesetzten Vermehrung des Formwiderstandes.

Vergleicht man nun die Resultate, wie sie für die am meisten charakteristischen Formen, die Ceratium-Arten, auf den Tafeln XIX—XXIII für die wenigen antarktischen und zahlreichen

---

1) S. unten S. 516.
2) Vergl. unten S. 528, Taf. LI, Fig. 12—14.

atlantischen Formen, Taf. XLVIII—LI für die indischen Formen wiedergegeben sind, an ihren entsprechenden gleichnamigen Vertretern, so treten die Unterschiede deutlich hervor; auch ist fast durchweg die gleiche Vergrößerung zur Anwendung gelangt. Es soll durchaus nicht geleugnet werden, daß einzelne atlantische Individuen die gleichen Ausmaße wie die entsprechenden indischen erreichen, z. B. dürfte das einzige in kleinerem Maßstabe Taf. XXI, Fig. 20 wiedergegebene Exemplar von *Ceratium tripos volans* den indischen auf Taf. XLIX nicht erheblich nachstehen, ebenso erwähnt O. ZACHARIAS[1]) Individuen derselben Species aus dem Meere zwischen Capverden und St. Paul von ähnlichen Dimensionen. Worauf es aber hier ankommt, ist nicht die Ausdehnung, einzelner Individuen, sondern die in allen Formenkreisen im Indischen Ocean gleichmäßig vorhandene Neigung, den Formwiderstand ganz außergewöhnlich zu steigern. Besonders charakteristisch tritt der Unterschied an den hier paarweise in gleicher Vergrößerung wiedergegebenen atlantischen und indischen Vertretern von *Ceratium (ranipes* CL. —) *palmatum* BR. SCHRÖDER und den Variationen von *Ceratium reticulatum* POUCHET hervor, wobei möglichst ähnliche Zellen zur Nebeneinanderstellung ausgesucht worden sind. Die sehr viel zierlichere Ausgestaltung der indischen Exemplare tritt in allen Fällen deutlich hervor. Die einzelnen Finger bei *Ceratium palmatum* (Fig. 1) sind fast 2/3 länger an dem indischen Exemplar, die kaum angedeutete kleine

Fig. 2a.   Fig. 2b.
Ceratium reticulatum POUCHET var. *contorta* GOURRET. 125 : 1.
2a aus dem Ostatlantik, Station 73.   2b aus dem Indischen Ocean, Station 175.

Krümmung an *Ceratium reticulatum* var. *spiralis* KOFOID (Fig. 3) des Atlantischen Meeres ist bei dem indischen Exemplar zu einer langen Spirale ausgewachsen.

Wir sind also zu dem Resultat gekommen, daß gerade die ausgeprägten Schwebeformen, wie *Planktoniella Sol* und die langgehörnten *Ceratium*-Arten, im Indischen Ocean durchweg mächtiger ausgebildete Formwiderstände besitzen als im atlantischen Plankton, und daß sie auch deren andauernde Weitervergrößerung sich angelegen sein lassen, so daß der Habitus zweier specifisch gleicher Individuen verschiedener Herkunft ein gänzlich abweichender wird.

1) O. ZACHARIAS, Periodizität, Variation und Verbreitung etc., l. c. S. 558.

Die Begründung ist die gleiche, wie für das in der Beschreibung der Horizontalverbreitung des Phytoplanktons hervorgehobene veränderte Aussehen und die verschiedene Zusammensetzung beim Eintritt in Strömungen verschiedener Temperatur oder sonst verschiedenen Charakters. In der Zusammenstellung von Schott[1]) findet sich die Dichte des Oberflächenwassers für die tropischen Stationen des Atlantischen Oceans und die indischen Stationen angegeben, und man kann daraus ersehen, daß die Zahlen für den Atlantischen Ocean sich stets um 1,023 . . bewegen oder höher sind, sie fallen tiefer (sogar bis 1,00004), nur an der Niger- und Kongomündung durch den Einfluß der Süßwassermengen, die sich hier dem Meerwasser beimengen, und für eine sehr kurze Strecke im Guineastrom Station 40 und 41 auf 1,02209 durch eine plötzliche Abnahme der Salinität bei ziemlich hoher Temperatur. Im Indischen Ocean dagegen ist die Temperatur durchweg höher, die Salinität, besonders im östlichen Teil geringer, und so sieht man von Station 179 ab die Wasserdichte auf 1,022 . . und 1,021 . . sinken, bis im Bereiche der Seychellen und an der ostafrikanischen Küste salzigeres Wasser die Dichte wieder auf 1,023 . . und im Roten Meere noch erheblich weiter erhöht. Diese anscheinend geringfügige Differenz der Wasserdichte in der dritten Decimalstelle ist der einzige

Fig. 3a. Fig. 3b.
Ceratium reticulatum Pouchet var. *spiralis* Kofoid. 125:1.
3a aus dem östlichen Atlantik, Station 72. 3b aus dem Indischen Ocean, Station 186.

ausfindig zu machende Grund für die Habitusdifferenzen des tropisch atlantischen und tropisch indischen Phytoplanktons.

Für die damit in Zusammenhang stehende Thatsache der längeren Lebensdauer der Individuen resp. der Zellgenerationen, wie sie in der fortdauernden Verlängerung der *Ceratium*-Hörner, in der Verbreiterung der *Planktoniella*-Flügel zum Ausdruck gelangte, wird nur die größere Konstanz der Lebensbedingungen im Indischen Ocean verantwortlich gemacht werden dürfen. Es fehlen hier die scharfen Temperatur-, Salinitäts- und Dichtewechsel, wie sie im Ostatlantischen Ocean so häufig sind. Jeder derartige scharfe Wechsel wird zahllosen der empfind-

1) G. Schott, l. c. S. 198—207.

lichen Planktonzellen den Untergang bereiten müssen, und so kommt nur ein relativ geringer Prozentsatz in diesen Gewässern dazu, seine Formwiderstände derartig zu vervollkommnen, wie die indischen, in besseren oder jedenfalls konstanteren Verhältnissen lebenden Vertreter der gleichen Species es ungestört zu thun vermögen. Man braucht sich ja nur vorzustellen, wie einschneidend starke Erhöhung oder Erniedrigung des Salzgehaltes für die in Teilung begriffenen Ceratien sein müssen, um die erwähnten Wirkungen als notwendig anzuerkennen.

Neritisches und oceanisches Phytoplankton.

Bei der Beschreibung der horizontalen Verteilung des indischen Phytoplanktons sahen wir die wichtige Frage nach einer irgendwie gearteten örtlichen Einteilung der reichen und mannigfaltigen Flora zusammenschrumpfen auf die Entscheidung darüber, ob neritischer oder oceanischer Charakter vorliege; diese Erfahrung konnte bei der Vergleichung des ostatlantischen Planktons freilich nicht ganz bestätigt werden, da die verschiedenen in kurzen Zeiträumen nacheinander durchschnittenen Strömungen ihrem jeweiligen Charakter, d. h. besonders ihrer Temperatur Herkunft, Salzgehalt und Dichte entsprechend, verschiedenartige Organismenformen beherbergten. Trotzdem blieb auch hier als erste Frage stets die Beziehung des Phytoplanktons zur Küste resp. seine Unabhängigkeit von ihr im Auge zu behalten, und bevor wir auf eine genauere Unterscheidung der einzelnen Stromgebiete eingehen können, muß die Trennung in die beiden mannigfach ineinander greifenden Bestandteile mit Rücksicht auf ihren neritischen oder oceanischen Charakter durchgeführt werden.

Zur neritischen Flora zählen alle Formen und Arten, die in irgend einer Abhängigkeit zur Küste sei es eines Kontinentes, sei es einer Insel stehen, möge nun diese Abhängigkeit auf Ernährungseinflüssen beruhen oder darauf, daß die betreffenden Organismen einer dauernden Schwebfähigkeit ermangeln und zur Ablagerung ihrer irgendwie gestalteten Dauerorgane eines relativ nahen Meeresbodens bedürfen, von dem auftauchend sie eine neue Vegetationsperiode beginnen können.

Die wichtigsten neritischen Formen sind oben bei der Schilderung der horizontalen Verbreitung wohl bereits sämtlich genannt worden, so daß ihre Wiederholung füglich unterbleiben mag. Dagegen bedürfen einige andere Punkte, wie die Verbreitung der neritischen Formen ins Meer hinaus und an den Küsten hin, noch einer genaueren Besprechung.

Die größte Rolle im neritischen Plankton spielen ohne jeden Zweifel die Diatomeen. Diese haben die Fähigkeit, sich bei reichlich vorhandenen Nährstoffen ganz außerordentlich stark zu vermehren [1]. Sie sind daher in der Nähe der Küste in der Regel die vorherrschende Klasse im Phytoplankton. Nach den im „Valdivia“-Material gemachten Beobachtungen würde ich geneigt sein müssen, die Schizophyceen mit alleiniger Ausnahme von *Trichodesmium*, und zwar *Tr. Thiebautii* GOMONT, *Tr. lenue* WILLE, *Tr. contortum* WILLE [*Tr. erythraeum* EHRBG. muß wohl sicher als neritisch angesprochen werden], ebenfalls für neritisch zu halten. Dem stehen hinsichtlich der wichtigen Gattung *Katagnymene* jedoch frühere Beobachtungen entgegen. So verzeichnet LEMMERMANN [2], der Autor der Gattung, beide Arten: *Katagnymene pelagica* LEMM. und *K. spiralis* LEMM., aus dem Stillen Ocean zwischen Laysan und Hawaii, was kaum aus schlaggebend sein kann, außerdem aber aus dem Guinea-Strom im Atlantik 3^0 N. Br., 27^0 W. L., also

---

[1] G. KARSTEN, *Skeletonema*, l. c. S. 12, 13. Ders., Farblose Diatomeen, l. c. S. 429 ff.
[2] E. LEMMERMANN, Reise nach dem Pacifik, l. c., 1899, S. 354.

weitab vom Lande. Und ebenso giebt WILLE [1]) das Vorkommen beider Arten auf seiner Karte mehrfach an in großem Abstande von jeder Küste. Somit muß es zufällig sein, daß *Katagnymene spiralis* LEMM. sowohl wie *K. pelagica* LEMM. lediglich an der Küste von Sumatra, hier freilich massenhaft, und wieder bei Aden an der Küste von der „Valdivia"-Expedition angetroffen worden sind.

Was nun die erste Frage über das Vorkommen neritischen Planktons weitab vom Lande betrifft, so wird das natürlich ganz vom herrschenden Winde resp. stärkeren Küstenströmungen abhängig bleiben müssen. Ein Vergleich des Materials der atlantischen Stationen läßt erkennen, daß nur sehr wenige Fangstellen der Fahrt auch bei großem Abstand von der Küste völlig frei von neritischen Beimengungen gefunden sind. Die geringste Zahl neritischer Formen entfiel wohl auf die im Canarenstrom liegenden Stationen; da nach der mehrfach genannten Strömungskarte von G. SCHOTT das Wasser hier aus dem Ocean gegen die Küste und dann an ihr entlang strömt, ist diese Beobachtung ja leicht zu erklären. Dagegen führt sowohl die Guinea-Strömung wie die letzten Ausläufer des Benguela-Stromes neritische Formen mit sich, nur die weitest hinausgeschobenen Stationen 46—49 waren ganz frei davon. Im Innern des Golfes von Guinea, wie bei der weiteren Fahrt, Kongomündung, Große Fischbai, überwiegt natürlich der neritische Bestandteil vielfach. Daß aber auch die Stationen 82, 83 und 88, von der im Stationsverzeichnis gesagt wird: „Außerhalb, oder doch am Außenrande des Benguela-Stromes", noch neritischen Einfluß, allerdings immer mehr abnehmend, erkennen lassen, war mir doch überraschend.

Auf dem Hin- und Rückwege von Kapstadt nach Port Elizabeth war der neritische Charakter meist überwiegend und wohl nirgends völlig ausgeschlossen. Mit dem Eintritt in die antarktischen Gewässer schwanden die neritischen Formen sehr schnell. Die eisigen Küsten der Bouvet-Insel hatten kaum irgend einen Einfluß (es ist hier zweimal *Nitzschia Closterium* W. SM. beobachtet), aber bei den Kerguelen treten *Biddulphia*-Arten und richtige Grundformen, außerdem die nur hier beobachtete (endemische?) *Rhizosolenia crassa* SCHIMPER, Taf. XI, Fig. 6, als typisch neritischer Planktont reichlich auf.

Mit dem Eintritt in den Indischen Ocean schwinden neritische Planktonformen, doch bleiben einige Grundformen teils nur in Schalen, vereinzelt aber auch lebende Zellen, besonders von *Nitzschia Closterium*, im oceanischen Phytoplankton erhalten. Bei St. Paul und Neu-Amsterdam sind kleine *Nitzschia*- und *Synedra*-Formen, bisweilen vorherrschend, vorhanden, die wohl als neritisch angesprochen werden müssen, während dem sonst oceanischen Plankton weitere neritische Planktonten fehlen. Erst hinter Neu-Amsterdam tritt vereinzelt *Bacteriastrum* auf, ohne den sonst oceanischen Charakter des Phytoplanktons erheblich zu beeinflussen. Die Nähe der Cocos-Inseln verursachte Station 181—183 reichlicheres Auftreten von *Bacteriastrum varians* LAUDER, *B. elongatum* CL. und *Chaetoceras lorenzianum* GRUN. neben einzelnen Grundformen, bis endlich Station 185 mit Annäherung an Sumatra das neritische Plankton vorherrschend wird. Diese Rolle behält es, bis die Nikobaren verlassen werden (Station 212), ununterbrochen bei. Die Durchquerung des Golfes von Bengalen zeigt nur vereinzelte neritische Elemente erhalten, wie *Richelia intracellularis* SENN. Bei der Annäherung an Ceylon, Station 215, finden sich Bruchstücke von neritischen *Chaetoceras* und *Bacteriastrum*-Formen, vereinzelte *Skeletonema*- und *Richelia*-Exemplare an der Oberfläche, während in der Tiefe rein oceanischer Charakter herrscht.

---

1) N. WILLE, Schizophyceen der Plankton-Expedition, 1904, Taf. II.

Station 216, Westküste von Ceylon, läßt die neritische Vegetation mit *Bellerochea*, *Biddulphia*, *Bacteriastrum* wieder aufleben und eine Fülle von *Skeletonema* als vorherrschende Form auftreten. Gleich mit Rückkehr auf die freie See geht die ganze neritische Flora wieder verloren, erscheint aber bereits bei Suadiva reichlich von neuem mit *Cerataulina Bergonii* H. P., *Chaetoceras subtile* CL., *Ch. sociale* LAUDER, *Ch. Ralfsii* CL., *Streptotheca* etc. Im Chagos-Archipel dagegen kommt die oceanische Flora mehr zum Durchbruch; freilich sind einzelne neritische Formen, besonders die leicht schwimmenden *Bacteriastrum*-Arten in Bruchstücken beigemengt, bei Diego Garzia treten vereinzelte Grundformen hinzu, aber der oceanische Charakter überwiegt bis zu den Seychellen. Hier findet wiederum Scenenwechsel statt. *Chaetoceras lorenzianum* GRUN., *Ch. Ralfsii* CL., *Bacteriastrum delicatulum* CL., *B. minus* G. K., *Bellerochea indica* n. sp., *Guinardia*, *Lauderia*, *Streptotheca*, *Stephanopyxis*, *Cerataulina* u. s. w. beherrschen die Situation. Und abermals verschwinden auf der Weiterfahrt alle diese Arten, und die oceanischen Formen sind völlig frei von neritischen Beimengungen; bis mit Station 240 die Küste von Afrika ihren Einfluß geltend macht und die neritische Vegetation zunächst in reiner *Trichodesmium erythraeum* EHRBG.-Decke auftritt, um jedoch alsbald den alten, stets wieder neuen Bekannten der *Chaetoceras-Bacteriastrum-Biddulphia-Lithodesmium*-Gesellschaft den Platz zu überlassen.

Das Aufeinandertreffen der bisher verfolgten indischen Südäquatorialströmung mit dem Nordäquatorialstrom, Station 250, bedingt einen teilweisen Wechsel. *Bacteriastrum* fällt aus, ein neues *Chaetoceras filiferum* n. sp. tritt auf, das voraussichtlich neritisch sein dürfte. Die übrigen neritischen Planktonten gehen mit diesem *Chaetoceras filiferum* auf den nächstfolgenden Stationen verloren und die Peridineen und mit ihnen die oceanische Flora herrscht trotz der afrikanischen Küste bis Station 268. Im Busen von Aden machen sich dann die neritischen Arten wieder mehr geltend.

Suchen wir jetzt aus alledem das Facit zu ziehen. Lehrreich ist besonders der Vergleich der südwestafrikanischen und der am Indischen Ocean liegenden nordostafrikanischen Küste. Hier treibt der vom Nordostmonsun getriebene Nordäquatorialstrom das Hochseewasser bis an die Küste selbst, und obgleich die Stationen von 250 ab mit dem Vermerk: „Nahe unter der ostafrikanischen Küste" versehen sind, vermag die neritische Flora nicht hochzukommen. Dort treibt das unter dem saugenden Einfluß der Benguelaströmung dicht an der Küste aufquellende Tiefenwasser, im äußersten Süden noch begünstigt von dem etwa in Richtung des Küstenverlaufes wehenden Passatwinde, das Küstenplankton weit in die offene See hinaus.

Die Ausdehnung des neritischen Pflanzenlebens an der Meeresoberfläche hängt also ganz von den jeweiligen Wind- und Stromverhältnissen ab, wobei selbstverständlich eine stete Erneuerung von den Heimstätten der neritischen Formen aus notwendig wird, die mit ihrem ganzen Lebenscyklus an flaches Wasser gebunden sind [1]. Natürlich gelten die an den verschiedenen Orten angetroffenen Zustände nur für die betreffende Jahreszeit, wie sie ja auch nur aus den gleichzeitig herrschenden Wind- und Stromverhältnissen erklärt werden konnten.

Diese vielleicht ziemlich selbstverständlich erscheinenden Ergebnisse unserer Vergleiche sind aber für die Beantwortung der zweiten Frage von Wichtigkeit. Sie erklären uns, wie die rings von oceanischem Plankton umgeben scheinenden Inseln, z. B. im Indischen Ocean, trotzdem

---

[1] Vergl. auch H. H. GRAN, Norweg. Nordmeer, l. c. S. 105.

alle die gleiche neritische Flora aufweisen konnten. Bei der regelmäßigen Umkehr der Monsune wird in der entgegengesetzten Jahreszeit eben auch von der ostafrikanischen Küste ab das neritische Plankton weit ins Meer hinaus gelangen und an den Inselküsten ebenso geeignete dauernde Heimstätten finden können wie am Kontinente entlang.

Damit sind aber noch lange nicht alle sich hier bietenden Fragestellungen erschöpft. Eine Uebersicht der neritischen Formen ergiebt deren ungeheuer weite und gleichmäßige Verbreitung: *Biddulphia mobiliensis* ist in der Nordsee [1], an allen atlantischen Küsten [1], an den indischen Küsten, in der Cookstraße [2] (Stiller Ocean) nachgewiesen; *Bellerochea malleus* Van Heurck ist in der Nordsee [3], an den atlantischen Küsten [4], im Indischen Ocean an den verschiedensten Küsten gefunden; *Lithodesmium undulatum* Ehrbg. wird von Gran [5] für die südliche Nordsee, von mir [6] in einer identischen Form im Guinea-Golf, und jetzt im Indischen Ocean aufgeführt; *Streptotheca*, *Cerataulina*, *Guinardia*, *Lauderia*, *Detonula* sind von denselben Autoren für die genannten drei Meere nachgewiesen, und wenn man Lemmermann's [7] verdienstliche Zusammenstellungen vergleicht, so findet man für Formen wie *Stephanopyxis turris* Ralfs [8], *Skeletonema costatum* Cl. [9], *Chaetoceras sociale* Lauder [10], *Ch. contortum* Schütt [11], *Bacteriastrum varians* Lauder [12] u. s. w., wie für die vorher erwähnten Gattungen alsbald heraus, daß unter Zurechnung meiner Phytoplanktonbearbeitung der Tiefsee-Expedition alle diese Formen fast an allen Küsten der Erdoberfläche verbreitet sind. Als Regel läßt sich daraus ableiten, daß die neritischen Formen — es kommen neben den hier behandelten Diatomeen ja fast nur Schizophyceen in Betracht — in weit geringerem Maße von klimatischen, d. h. speciell Temperatureinflüssen abhängig zu sein scheinen, als — wie schon nach dem heutigen Stande der Kenntnisse behauptet werden darf — die große Mehrzahl der Hochseeformen es sein kann. Mit anderen Worten: Die neritischen Diatomeen sind in erster Linie den mit der Nähe der Küste verbundenen Ernährungsbedingungen unterworfen, alle weiteren Faktoren, besonders Temperatur, bis zu gewissem Grade auch Salzgehalt etc., kommen erst in zweiter Linie in Betracht. Die Verbreitung der neritischen Formen wird daher hauptsächlich entlang dem Küstenverlaufe erfolgt sein, und den Strömungen, deren Einfluß ja vorher festgestellt war, wird man nur für die Besiedlung der Inselküsten eine ausschlaggebende Bedeutung zuerkennen dürfen. Gewisse Grunddiatomeen, besonders leichte *Nitzschia*-Arten, *Nitzschia Closterium*, *N. longissima*, gewisse *N. (Sigma)*-Formen, außerdem *Synedra*-, *Rhabdonema*- etc. -Arten werden sich hierin den neritischen Planktonten ähnlich verhalten.

---

1) H. H. Gran, Nordisches Plankton, l. c. S. 106.
2) Lemmermann, Reise nach dem Pacifik, l. c. S. 315.
3) Gran, l. c. S. 112.
4) G. Karsten, Atlant. Phytopl., l. c. S. 208.
5) l. c. S. 112.
6) l. c. S. 198.
7) E. Lemmermann, Das Phytoplankton des Meeres, III. Beihefte Botan. Centralbl., Bd. XIX, Abt. II, Heft 1, 1905.
8) l. c. S. 39.
9) l. c. S. 40.
10) l. c. S. 60.
11) l. c. S. 54.
12) l. c. S. 52.

Wie steht es nun mit dem oceanischen Phytoplankton? Fassen wir zunächst einmal den Begriff scharf im Gegensatz zu dem neritischen, so ist der Schwerpunkt darauf zu legen, daß die oceanischen Arten in irgend einer Form schwebend ihren ganzen Lebenskreislauf zubringen können, daß sie demnach vom Meeresboden völlig unabhängig geworden sind. Ob dabei nun ein ununterbrochenes Fortvegetieren in immer neuen Zellgenerationen vorliegt, ob besondere für den Wechsel der Wasserschichten und relative Ruhe einer „Dauersporengeneration" [1], gegenüber der „Vegetationsgeneration", in Betracht kommende Formänderungen festgestellt werden können, oder endlich, ob die im äußeren Habitus unveränderten Zellen zu gewissen Zeiten in Tiefenlagen sich zurückziehen, die eine Fortsetzung der Assimilationsarbeit nicht gestatten, ist für die Sache selbst gleichgültig. Mit diesen drei Fällen werden aber die prinzipiellen Differenzen im Lebenscyklus der rein oceanischen Arten voraussichtlich erschöpft sein.

Ob es wirklich Formen giebt, die ununterbrochen in stets erneuerten „Vegetationsgenerationen" die Meeresoberfläche innerhalb der allein produktiven 400 m bewohnen, läßt sich zur Zeit noch nicht angeben. Es erscheint nicht ausgeschlossen, daß *Planktoniella*, *Gossleriella* und *Valdiviella* hier in Frage kommen, doch fehlen uns einstweilen noch die Stadien der Auxosporenbildung, die sich immerhin anders verhalten könnten. Vielleicht würde auch *Antelminellia gigas* SCHÜTT diesen in ununterbrochenen Vegetationsgenerationen lebenden Arten beizuzählen sein. Vom hohen Norden und Süden wären solche Formen ja natürlich ausgeschlossen, da ihre Assimilationsthätigkeit durch die Polarnacht unterbrochen würde.

Daher werden viele der hier vorzugsweise beheimateten *Coscinodiscus*-Arten dem dritten Typus zugezählt werden müssen, denjenigen Formen, die unverändert in größere Tiefen hinabsinken, um hier eine Ruhezeit zu verbringen, und dann zu einer neuen Vegetationsperiode emporsteigen. Dafür dient als Beweis der in vollkommen normalem Zustande bei Station 215 in Tiefe von 2500 m gefundene *Coscinodiscus Delta* n. sp. (Taf. XXXVI, Fig. 5), eine auffallend stattliche, auch in normaler Tiefe auf Station 226 wieder beobachtete Art. Außerdem ist aus den oben mitgeteilten Bordberichten SCHIMPER's auf das lebende Vorkommen von *Peridinium (divergens)* und *Phalacroma doryphorum* STEIN, Station 221 bei 1600—1000 m, Station 227 bei 1000—800 m, Station 229 bei 1600—1400 m, hinzuweisen, wie auf die Feststellung eines winzigen lebenden *Coscinodiscus* Station 229 bei 1000—800 m, wo auch „ein *Coscinodiscus* und eine *Planktoniella* in stark verändertem Zustande", aber lebend beobachtet werden konnten.

Als weiter hierhergehöriger Oceanplanktont ist *Halosphaera* zu nennen. Obgleich die Entwickelungsgeschichte dieser Alge nicht vollständig bekannt ist, glaube ich den Kreis ihres Auftretens in folgender Weise konstruieren zu dürfen [2]. Die Alge erscheint im Frühjahre, Mitte Januar bis Mitte April, im Mittelmeere an der Oberfläche in Form einkerniger, kugeliger Zellen, deren wandständiger Plasmaschlauch zahlreiche kleine Chlorophyllkörner eingebettet enthält. Solche Zellen sind auch im norwegischen Nordmeere vom August bis Mai regelmäßig zu beobachten. GRAN giebt ihren Durchmesser auf 70—160 μ an. Sie wachsen in der Zeit auf 238—476 μ nach GRAN heran; SCHMITZ konnte für seine größten Individuen 550—620 μ feststellen. Diese größten Zellen haben ihren Kern mehrfach geteilt; nach Abschluß der Teilungen umgeben sich

---

[1] Vergl. dazu G. KARSTEN, Antarktisches Phytoplankton, l. c. S. 21, überhaupt das Kapitel „Dauersporen", S. 19 ist für das Folgende zu beachten.
[2] Vergl. FR. SCHMITZ, *Halosphaera* etc., Mitteil. ads d. Zoolog. Station Neapel, Bd. I, 1878, S. 67, und H. H. GRAN, Norweg. Nordmeer, l. c. S. 12 ff.

die zahlreichen wandständigen Tochterkerne mit Plasma und Chlorophyllkörnern, und diese Tochter-zellen bilden sich zu Schwärmsporen aus. Durch Sprengung der alten Zellmembran und Bildung einer neuen mag die Entlassung der Schwärmer immerhin begünstigt werden. Die Schwärm-sporen entziehen sich durch ihre geringe Größe der Beobachtung, ihr Schicksal ist unbekannt. Ende Juli fand GRAN ganz winzige Halosphären von 45—86 μ Durchmesser, die jedenfalls aus den Schwärmern, mit oder ohne Kopulation, hervorgegangen sein dürften. GRAN schließt daher auf einen einjährigen Entwickelungsgang.

Es mag das für die nordischen Gewässer vollkommen zutreffen. Das sehr häufige, von verschiedenen Seiten festgestellte Vorkommen größerer, „vollkommen lebenskräftiger" *Halosphaera*-Zellen in großen Tiefen[1]) deutet aber doch wohl darauf hin, daß in wärmeren Meeren, die keine durch Temperatur- und Beleuchtungsverhältnisse bedingte so strenge Periodicität aufzuweisen haben, die Lebensdauer vielleicht nicht auf ein Jahr beschränkt zu sein braucht, daß vielmehr eine Ruheperiode in größerer Tiefe in den Entwickelungsgang der Form eingeschaltet ist oder doch sich einschalten kann. Die von SCHIMPER so häufig konstatierten *Halosphaera*-Zellen mit reichem Stärkegehalt außerhalb der produktiven Zone, in jedoch oft nur mäßigen Tiefen[2]) dürften kaum alle dem Untergange verfallen sein; sie würden Zellen darstellen, die auf langsamer Ab-wärtswanderung begriffen und mit Reservematerial für die Ruheperiode ausgestattet sind.

Eine Unterstützung könnte diese Auffassung darin finden, daß *Halosphaera* nicht die einzige Form zu sein scheint, die ein derartiges Verhalten besitzt. Auch *Pyrocystis*-Zellen sind häufiger in sehr erheblicher Tiefe, anscheinend lebend, angetroffen worden. So z. B. im Indischen Ocean an derselben Station 215 mit *Coscinodiscus Delta* n. sp. in 2500 m Tiefe, und sonst. K. BRANDT[3]) erwähnt ebenfalls, daß in den Schließnetzfängen der Plankton-Expedition *Pyrocystis*-Arten bis zu Tiefen von 1200 m gefunden sind. „Daß sie in der Tiefe noch gelebt haben, ist wahrscheinlich, aber nicht direkt von mir nachgewiesen worden." Da die neuerdings von APSTEIN[4]) beobachteten *Gymnodinium*-ähnlichen Schwärmzellen von *Pyrocystis lunula* SCHÜTT ebenfalls in den oberflächlichen Schichten gebildet werden, läge ein ganz analoger Fall für das von *Halosphaera* vorausgesetzte Verhalten bei *Pyrocystis* vor.

Das größte Interesse verdienen endlich die mit morphologisch wohl unterschiedenen „Dauersporengenerationen" ausgerüsteten Arten, die ja in größerer Zahl bereits bekannt sind[5]). Zwar läßt sich zur Zeit den für *Eucampia balaustium* CASTR., *Corethron inerme* G. K., *Chaetoceras criophilum* CASTR. bestehenden Verhältnissen aus dem indischen oder atlantischen Phytoplankton nichts Aehnliches zur Seite stellen. Für *Rhizosolenia hebetata* (BAIL) f. *hiemalis* GRAN kann ich nur sagen, daß sie in dem Kratersee von St. Paul die Hauptmasse der Vegetation bildete und offenbar nicht im Ruhestadium, sondern einer sehr lebhaften Vegetation begriffen war. Möglich, daß dieser Umstand mit der geringen Tiefe des Kratersees zusammenhängt, die nach der Angabe der bei CHUN[6]) reproducierten englischen Seekarte nur bis 56 m beträgt und dem-

---

1) Vergl. F. SCHÜTT, Hochseeflora, l. c. S. 46, zwischen 1000 und 3200 m. — K. BRANDT, Schließnetzfänge der Plankton-Expedition, l. c. S. 110.
2) Vergl. die oben gegebenen Bordberichte, S. 438, Station 227, 800—600 m und 600—400 m, Station 229, 1000—800 m und 600—400 m, ferner Station 175, 180 etc. in SCHIMPER's Tagebuch.
3) K. BRANDT, l. c. S. 110.
4) APSTEIN, *Pyrocystis lunula* etc., l. c., 1906, S. 266.
5) Vergl. G. KARSTEN, Antarkt. Phytopl., l. c. S. 19.
6) C. CHUN, Aus den Tiefen des Weltmeeres, l. c. S. 397.

nach einer Dauersporengeneration keine der stärkeren Belichtung entzogene Tiefenlage gewähren kann. Damit würde übereinstimmen, daß außerhalb des Kratersees die „Vegetationsgeneration" *Rhizosolenia hebetata* (BAIL.) f. *semispina* GRAN reichlicher vertreten war. Nebenbei mag hier bemerkt sein, daß in der dichten Masse von *Rhizosolenia hebetata* (BAIL.) f. *hiemalis* GRAN innerhalb des Kratersees vielfach Mikrosporenbildung aufgetreten war. Es konnten bis zu 64 Mikrosporenanlagen in einer unverletzten Zelle gezählt werden. Offenbar lagen hier in Bezug auf dichtes Vorkommen einer Species ähnliche Verhältnisse vor, wie sie Station 123 für *Corethron Valdiviae* G. K. gegeben waren.

Wenn es nun auch nicht gelungen ist, neue Fälle solcher Doppelgenerationen bei Diatomeen aufzufinden, so kamen andere Entwickelungszustände außer bei *Rhizosolenia* auch noch bei *Coscinodiscus* (spec.?) vor, nämlich ebenfalls Fälle von mehr oder minder weit vorgeschrittener Mikrosporenbildung, Taf. LIV, Fig. 3, 4. Nach der weiter unten zu entwickelnden Annahme sind diese Zustände bei Coscinodiscoideen Uebergänge zu den von G. MURRAY [1] abgebildeten Zellpaketen, also schwebende Ruhezustände, wenn auch nicht einer einzelnen Zelle, sondern einer verschieden großen Zahl von Tochterzellen (vergl. die Reproduktion einer entsprechenden Figur von MURRAY auf S. 497, Fig. 4).

Nun fügen sich hier einige unvollständige Angaben für Peridiniaceen daran. Zunächst ist in Fig. 6, Taf. LIV, ein unzweifelhafter Ruhezustand einer Peridinee, wahrscheinlich einer Art von *Peridinium (divergens)* selbst, dargestellt. Da sich dem Befund nichts Näheres über Art der Bildung entnehmen läßt, braucht nicht weiter darauf eingegangen zu werden. Taf. LIV, Fig. 7 giebt eine nach starker Kontraktion des Inhaltes geteilte *Peridinium (divergens)*-Zelle wieder, deren Tochterzellen noch nicht vollkommen ausgebildet sind. Bisher beschriebene Teilungen von *Peridinium*-Arten beziehen sich meist auf *Peridinium tabulatum* (EHRBG.) CLAP. et LACHM. und stellen eine Längs- oder schiefe Längsteilung dar. So bei KLEBS [2] Taf. II, Fig. 23, 24, ebenso beim gleichen Autor für *Gymnodinium fuscum* Taf. II, Fig. 25, und *Glenodinium cinctum* Taf. II, Fig. 29. BÜTSCHLI [3] reproduziert die Figur von STEIN, welche etwa der KLEBS'schen Fig. 24 entspricht. Auch bei BERGH [4] ist für *Peridinium tabulatum* eine gleiche Teilungsweise angegeben, nur fehlt die bei den anderen Autoren mitgezeichnete Gallerthülle, welche die Tochterzellen innerhalb des gesprengten Panzers noch zusammenhält. POUCHET [5] endlich giebt von *Peridinium (divergens* EHRBG.) var. *depressum* (BERGH) ein Teilungsbild, welches den längs durchgeteilten Plasmakörper innerhalb der noch geschlossenen Mutterzelle zeigt. Von allen diesen Zeichnungen und Angaben ist der von mir beobachtete Zustand erheblich verschieden. Fig. 7, Taf. LIV, zeigt die Membran der Mutterzelle fast vollkommen verquollen. Nur die Querfurche ist noch deutlich, und es ergiebt sich aus ihrer Lage mit Sicherheit, daß hier eine Querteilung der Mutterzelle stattgefunden hat. Ob nun die Teilungsrichtung wechseln kann — denn auch STEIN [6] gibt für *Peridinium tabulatum* bereits Querteilung innerhalb der Membran der Mutterzelle an, alle übrigen Autoren Längsteilung — das muß einstweilen dahingestellt bleiben. Zu beachten ist

---

1) G. MURRAY, Reproduct. of some marine Diatoms. Proceed. R. Soc. Edinburgh, Vol. XXI, 1897, p. 207, Pl. I—III.
2) G. KLEBS, Organisation der Flagellaten etc., l. c. S. 353, Taf. II, Fig. 23, 24, 25, 29.
3) BÜTSCHLI, Protozoa etc., l. c., S. 985, Taf. II, Fig. 6 c.
4) BERGH, Cilioflagellaten, l. c. S. 241, Taf. XV, Fig. 38.
5) G. POUCHET, l. c., 1883, p. 440, Pl. XX, XXI, Fig. 32.
6) Fr. V. STEIN, Organismus der Infusionstiere, l. c. S. 94.

aber, daß SCHÜTT [1]) (cf. Taf. XXIII, Fig. 75, 2) ein Zellenpaar von *Gymnodinium geminatum* SCHÜTT innerhalb einer dicken, geschichteten Gallerthülle in genau gleicher Lage, die eine Zelle unter der anderen, zeichnet, wie es Taf. LIV, Fig. 7 hier dargestellt ist. Untersuchungen an lebendem Material müssen darüber Aufklärung bringen.

Das häufigst angetroffene Entwickelungsstadium waren endlich die Gallertsporen. Diese fanden sich stets in ähnlicher Weise ausgebildet, wie SCHÜTT sie z. B. im ENGLER-PRANTL [2]) oder seinem Peridineenwerke abbildet, so daß ich keine Zeichnung davon gebe. Die Zahl der in einem Gallertklumpen vereinigten Sporen konnte bis auf 128 festgestellt werden. Die Zugehörigkeit zu einer bestimmten Art war kaum jemals mit Sicherheit anzugeben, da etwa nicht verquollene Ueberreste der Mutterzellmembranen dazu keine genügenden Anhaltspunkte lieferten. Immerhin werden diese Gallertsporen wohl die wichtigste, weil ausgiebigste Quelle der Vermehrung der Peridineen abgeben, und es ist mit Sicherheit anzunehmen, daß sie ihre ganze Weiterentwickelung in schwebendem Zustande durchmachen. Die weite Gallerthülle und der Fettgehalt des Plasmakörpers dürften die wesentlichen Bedingungen für die Schwimmfähigkeit der Sporenhäufchen darstellen.

Die drei wichtigsten Komponenten des oceanischen Phytoplanktons sind die Diatomeen, Peridiniaceen und die Schizophyceen. Die drei Klassen sind in den Ansprüchen, die sie an die äußeren Lebensbedingungen stellen, recht verschieden, und diese Differenzen sprechen sich ja schon zum großen Teil in ihren verschiedenen Hauptverbreitungsbezirken aus. Die Diatomeen sind in den kalten Meeren fast die einzigen Bestandteile des Phytoplanktons, wie ja u. a. aus der Bearbeitung des Pflanzenlebens der antarktischen Hochsee zur Genüge hervorgeht. Peridineen und Schizophyceen fehlen hier fast vollständig, beide sind an höhere Temperaturen gebunden. Im Phytoplankton des Atlantischen Oceans fanden sich die Peridiniaceen durchweg sehr reichlich mit Ausnahme derjenigen Stationen, die streng neritisch ausgeprägtes Phytoplankton aufzuweisen hatten, das von den Diatomeen gebildet wurde. Die Schizophyceen traten im Atlantik nur einmal vorherrschend auf, bei Station 41 unweit der afrikanischen Küste, wo Guineastrom und Nordäquatorialstrom nach der Karte von SCHOTT XXXIX in spitzem Winkel aufeinander treffen, also im wärmsten Teile der atlantischen Fahrt. Das Bild wiederholt sich im Indischen Ocean; nur sind die Schizophyceenmaxima gleichzeitig an den Küstenstrecken im neritischen Phytoplankton gelegen. Da ist denn hinzuzufügen, daß die indisch-neritischen Stationen abweichend vom Atlantik auch eine große Zahl von Peridineen aufzuweisen haben, also offenbar weniger exklusiv den Diatomeen vorbehalten sind, als es im Atlantischen Ocean zu beobachten war. Gegen Zunahme der Salinität scheinen Diatomeen und Peridiniaceen gleichmäßig unempfindlich zu sein, während von Schizophyceen nur *Trichodesmium erythraeum* EHRBG. ins Rote Meer hinein geht.

Der wichtigste Unterschied zwischen Diatomeen und Peridiniaceen besteht aber in ihrer sehr verschiedenen Befähigung, die gebotenen Nährstoffe auszunutzen. Die regelmäßig jedes Jahr wiederkehrenden beiden großen Diatomeen-Maxima der nordischen Meere führt GRAN [3]) mit Recht auf die dann gerade stattfindende Anreicherung der Nährstoffe zurück, die einmal im Frühjahr vorhanden ist, weil dem Meere im Winter bei ruhender Vegetation minder Nährstoffe:

1) FR. SCHÜTT, Peridineen der Plankton-Expedition, l. c. Taf. XXIII, Fig. 75, 2.
2) l. c. S. 15, reproduziert nach „Peridineen d. Plankt.-Exp.", l. c. Taf. XXVI, Fig. 91, 1.
3) H. H. GRAN, Norweg. Nordmeer, l. c. S. 112 ff.

entnommen als zugeführt werden; das zweite, das Herbstmaximum, stellt sich ein, sobald durch Absterben aller empfindlicheren Arten, die durch sie dem .Wasser entzogenen Nährstoffe ihm zurückgegeben werden. Die Vermehrungsfähigkeit der Diatomeen geht ins Unbegrenzte bei hinreichend gebotenen Nährstoffen, erst mit ihrer Erschöpfung hört die Vermehrung auf. Die Peridineen [1]) dagegen wachsen überhaupt langsamer als die Diatomeen, jede Zelle baut, wie wir später sehen werden, dauernd an ihrem Zellgerüst weiter, und sie erreichen dabei Formwiderstände, die ihre Zellkörper auch bei der geringsten Dichte des tropisch warmen Wassers an der Oberfläche schwebend erhalten können. Andererseits vermehren sie sich nicht sprungweise, sondern gleichmäßig und sie haben den Vorzug, zum Aufbau ihrer Wandungen der Kieselsäure nicht zu bedürfen, deren Mangel den Diatomeen doch bisweilen Schwierigkeiten bereiten möchte [2]). Die Ansprüche der Schizophyceen werden etwa die Mitte zwischen beiden halten, doch sind die Schizophyceen außerordentlich empfindlich gegen verminderte Beleuchtung, so daß sie in tieferen Wasserschichten als höchstens etwa 50 m in der Regel nur noch abgestorben und völlig desorganisiert gefunden wurden.

Aus diesen sehr verschiedenartigen Lebensbedingungen erklärt sich, daß die Peridiniaceen die typischen Hochseebewohner mit in den wärmeren Meeren überall gleichmäßiger Verbreitung sind, daß die gegen Temperaturdifferenzen minder empfindlichen Diatomeen bei jeder Annäherung des Landes oder flacher Stellen, die eine Einwirkung des Bodens erlauben, oder in Strömungen, die vom Lande her Nährstoffe mit sich führen, ein Uebergewicht erhalten, während die Schizophyceen, auf die wärmeren Meere beschränkt, neben beiden ihre Stelle finden.

Meeresströmungen und Phytoplankton.

Daß die Verbreitung der Meeresvegetation durch die Strömungen beeinflußt wird, hatte sich vorhin bereits bei Betrachtung des neritischen Phytoplanktons gezeigt. Hier soll nur von dem oceanischen Plankton die Rede sein. Der Einfachheit halber beginnen wir mit dem Indischen Ocean. Die Reise im Indischen Meere durchschnitt in der Richtung auf die Cocos-Inseln die ganze Breite der vor dem Südostpassat fließenden indischen Südäquatorialströmung und trat bald hinter den Cocos-Inseln, etwa unter 10⁰ S. Br., in die vom Nordwestmonsun bedingte, nach Osten laufende Gegenströmung ein. Die Grenze liegt zwischen Station 183 und 184. Sie geht am Phytoplankton und seiner Zusammensetzung spurlos vorüber. Ebensowenig Einfluß hatte der abermalige Wechsel aus dem Gegenstrom in den vom Nordostpassat abhängenden Nordäquatorialstrom, der bei den Nikobaren etwa erfolgte, und endlich der Rücktritt in den Gegenstrom kurz vor dem Suadiva-Atoll. In allen Fällen blieb die Zusammensetzung des Planktons unverändert; nur das vorher ausführlicher geschilderte, jedesmal an den berührten Küsten erfolgende Auftreten des neritischen Planktons und sein Verschwinden vor dem wieder erscheinenden oceanischen Phytoplankton beherrschte die Zusammensetzung der schwebenden

---

1) H. H. GRAN, l. c. S. 110.
2) O. RICHTER, Zur Physiologie der Diatomeen, l. c. S. 9, 87.

Pflanzengenossenschaft. Als aber an der ostafrikanischen Küste Süd- und Nordäquatorialstrom unvermittelt aufeinander trafen, war ein erheblicherer Unterschied zu beobachten.

Die Frage, woran dieser Unterschied liegt, ist bei Beachtung der Wasserdichte leicht zu beantworten. Es traf hier das bisher in Wasser von 1,022 .. lebende Phytoplankton auf schwereres Wasser von der Dichte 1,023 ... Dadurch war einer Reihe von Formen, besonders der *Ceratium tripos*-Arten, Sectio *rotunda*, der Eintritt ermöglicht, der ihnen bisher durch ungenügende Tragfähigkeit des leichten indischen Tropenwassers gesperrt gewesen, andere leichtere Formen derselben Gattung schieden dafür aus. Die Grenzlinie erscheint aber noch vertieft dadurch, daß eine bisher überwiegend neritische Küstenvegetation unter dem Einflusse der Strömung vom Meere her mehr und mehr rein oceanische Formen aufnehmen mußte, wogegen jene verschwinden. Darin liegt auch der Grund, der mich verhindert, hier eine wirkliche Florengrenze zu ziehen; es wäre notwendig, daß zuvor in der Zeit des entgegengesetzten Monsuns ebenso genaue Beobachtungen angestellt werden, die wahrscheinlich aber eine völlige Verlagerung der Grenze und überhaupt abweichende Verhältnisse aufzeigen würden. Nach alledem kann der Schluß nur lauten: Der ganze Indische Ocean entspricht einem einheitlichen, von dem Wechsel der Strömungen fast unabhängigen Florengebiet, in dem nur der Gegensatz zwischen Küsten- und Hochsee-Phytoplankton deutlich hervortritt.

Anders in dem Atlantik! Wenn wieder wie vorhin mit Station 14 begonnen wird, so bleibt die Fahrt trotz Beimengung einiger Warmwasserformen im temperierten Phytoplankton bei einer Wasserdichte von 1,025 .. Es ist der Canarenstrom, der das kühle dichte Wasser bis an die Grenze der Tropen behält. Formen, wie *Ceratium tripos longipes, arcuatum, lunula, intermedium,* herrschen neben den dickeren Arten von *macroceras.* Erst bei Station 36 bis 45 treten leichtere langarmige Formen, vor allem *Ceratium tripos volans* und *(patentissimum) inversum* neben *C. reticulatum* POUCHET var. *contorta* GOURRET vorherrschend auf; es ist der Guineastrom mit der Wasserdichte 1,023 .. bis 1,022 .. Der Benguelastrom unterbricht dieses Bild; die *Ceratium tripos volans* und *(patentissimum) inversum* scheiden aus, und *Ceratium tripos azoricum, lunula, arcuatum, longipes* treten an ihre Stelle bei Wasserdichte 1,024 .. Erst der Rücktritt in den Guineastrom bringt langhörnige Ceratien und Wasserdichte von 1,023 .. zurück. Dann beginnt die Herrschaft des neritischen Planktons, die großen Ströme münden ein, und erst hinter der Großen Fischbai, Station 82, begegnet wieder oceanisches Phytoplankton, das bei vorherrschenden Diatomeen aus den Gattungen *Chaetoceras, Thalassiothrix* und *Synedra* freilich mehr einen temperierten Eindruck macht; Wasserdichte 1,025 .. bis 1,026 ..

Danach hätte man an der Westseite Afrikas im Ostatlantik nach Ausschluß des temperierten Canarenstromes zwei Strömungsgebiete zu unterscheiden, das tropisch warme Guineastromgebiet und das kalte Benguelastromgebiet, das gerade unter dem Aequator tief in jenes einschneidet. Da die „Valdivia"-Fahrt von Kamerun bis zur Fischbai dicht an der Küste entlang geht, wird ein großes neritisches Phytoplanktongebiet eingeschoben, das die Schärfe der Grenzen mildert und weniger hervortreten läßt. Als charakteristisch kann man aber doch hervorheben: im tropischen Florengebiet des Guineastromes herrschen langhörnige Ceratien der *tripos inversum*- und *Polans*-Formen und *Ceratium reticulatum* POUCHET var. *contorta* GOURRET vor, im kühlen Florengebiet des Benguelastromes dagegen

die Diatomeen der Gattungen *Chaetoceras*, *Synedra* und *Thalassiothrix*. Der
Agulhasstrom endlich stellt einen Abfluß der tropisch-indischen Formen dar und ist ein Misch-
gebiet, das indischen, antarktischen und atlantischen Charakter vermengt, bald mehr diesen, bald
jenen, oder den dritten hervorkehrend.

Der Vergleich des Indischen Oceans mit dem Ostatlantischen lehrt, daß Stromgrenzen
mit Florengrenzen nur dann zusammenfallen, wenn die physikalischen Eigenschaften der Ströme, also Temperatur und Dichtigkeit (event. Salzgehalt),
erheblichere Unterschiede aufzuweisen haben, daß aber nach verschiedenen
Richtungen strömendes Wasser mit gleicher Temperatur und Dichtigkeit
hüben und drüben die gleiche Planktonflora beherbergt.

Den Beschluß dieses Kapitels mag eine Aufführung der wichtigsten oceanischen Planktonten
bilden, die im Atlantischen, Antarktischen, und Indischen Ocean begegneten, nach ihrem Vorkommen resp. nach ihren Lebensansprüchen.

1) Ubiquitäre Formen.

Diatomeen.	Peridineen.	Schizophyceen.

Nitzschia seriata CL.
 Rhizosolenia styliformis BRTW.
   „   *alata* BRTW.
   „   *hebetata* BAIL. f. *semispina* GRAN.
 Coscinodiscus excentricus EHRBG.
   „   *lineatus* EHRBG.
 Asteromphalus heptactis RALFS.
 Eventuell *Halosphaera viridis* SCHMITZ (vergl. Antarkt. Phytopl., Stationen 143, 144, 147 etc., „grüne Kugel-alge").
	Peridinium divergens EHRBG. (im weitesten Sinne).	

Es sind also nur einige Diatomeen, die im kalten und warmen Wasser gleich gut zu
leben vermögen.

2) Temperierte Formen, die an den Grenzen des Atlantischen mit dem Antarktischen und des Antarktischen mit dem Indischen Ocean vorkommen.

Diatomeen.	Peridineen.	Schizophyceen.

Chaetoceras atlanticum CL.
   „   *criophilum* CASTR.
 Thalassiothrix antarctica CASTR.
 Corethron Valdiviae G. K.
 Fragilaria antarctica CASTR.
 Rhizosolenia inermis CASTR. (scheint der atlantischen Grenze zu fehlen).
	Peridinium divergens EHRBG. s. a.
	 Ceratium fusus DUJ., kurz.
	   „ *furca* DUJ.
	   „ *tripos lunula* SCHIMPER.
	   „ „ *arcuatum* SCHIMPER.
	   „ „ *intermedium* JOERG.
		Trichodesmium Thiebautii GOMONT.

3) Temperierte bis tropische Formen des dichteren Wassers, die dem Atlantischen und Indischen Ocean gemein sind.

Diatomeen.	Peridineen.	Schizophyceen.
Chaetoceras peruvianum BRTW. *Rhizosolenia imbricata* BRTW.	*Pyrocystis pseudonoctiluca* J. MURRAY. „ *fusiformis* J. MURRAY.	

Diatomeen.	Peridineen.	Schizophyceen.
Rhizosolenia calcar avis SCHULZE. „ *quadrijuncta* H. P. *Planktoniella Sol* SCHÜTT. *Hemiaulus Hauckii* GRUN. *Coscinodiscus curvatulus* GRUN. *Thalassiosira subtilis* OSTF. *Corethron criophilum* CASTR. *Dactyliosolen meleagris* G. K. *Asteromphalus stellatus* RALFS.	*Pyrocystis hamulus* CL. (Fehlen im Südostatlantik.) *Ceratium tripos* (außer den bereits ge- nannten) *azoricum* CL. „ „ *gibberum* GOURRET. „ „ *heterocamptum* (JOERG.). „ „ *macroceras* EHRBG. „ „ *flagelliferum* CL. „ „ (*patentissimum* OSTF. ==) *inversum* G. K. (ver- einzelt). „ „ *volans* CL. (ganz ver- einzelt im Atlantik'). „ *gravidum* GOURRET. *Phalacroma doryphorum* STEIN. *Peridinium Steinii* JOERGENSEN. *Podolampas bipes* STEIN. *Goniodoma acuminatum* STEIN. *Ornithocercus magnificus* STEIN. *Pyrophacus horologium* STEIN. *Ceratocorys horrida* STEIN. *Diplopsalis lenticula* BERGH.	

4) Tropisch-äquatoriale Formen, die dem Ostatlantischen und Indischen Meere gemeinsam sind (außer den bereits genannten).

Diatomeen.	Peridineen.	Schizophyceen.
Gossleriella tropica SCHÜTT. *Antelminellia gigas* SCHÜTT. *Chaetoceras furca* CL. „ *coarctatum* LAUDER. *Climacodium Frauenfeldianum* GRUN. „ *biconcavum* CL. *Rhizosolenia Temperei* H. P. „ *Castracanei* H. P. „ *robusta* NORMAN. *Coscinodiscus varians* G. K.	*Amphisolenia palmata* STEIN. *Dinophysis homunculus* STEIN. *Ceratium palmatum* BR. SCHRÖDER. „ *reticulatum* POUCHET var. *con-* *torta* GOURRET. „ (*patentissimum* OSTF. ==) *in-* *versum* G. K., vielfach. „ *volans* CL., vielfach. *Ornithocercus splendidus* SCHÜTT. *Heterodinium scrippsi* KOFOID.	*Trichodesmium contortum* WILLE.

5) Temperierte atlantische Formen, die dem Indischen Ocean fehlen.

Diatomeen.	Peridineen.	Schizophyceen.
Rhizosolenia stricta G. K. *Synedra auriculata* G. K. „ *stricta* G. K. *Thalassiothrix acuta* G. K. *Coscinodiscus varians* G. K. (im Indischen Ocean tropisch) (von weiteren *Coscino-* *discus*-Arten ist abgesehen). *Thalassiosira excentrica* G. K. *Chaetoceras decipiens* CL. „ *convolutum* CASTR. „ *furca* CL. (im Indischen Ocean tropisch). *Eucodia cuneiformis* WALLICH. *Actinoptychus undulatus* EHRBG. „ *vulgaris* SCHUMANN.		*Trichodesmium contortum* WILLE (im Indischen Ocean tropisch).

60*

6) Temperierte indische Formen, die dem Atlantik fehlen.

Diatomeen.	Peridineen.	Schizophyceen.
Actinocyclus Valdiviae G. K.	*Ceratium tripos tergestinum* SCHÜTT.	
Chaetoceras tetrastichon CL.	„　„　*longipes* var. *cristata* n. var.	
Thalassiothrix antarctica var. *echinata* n. var.	„　„　*balticum* SCHÜTT.	
„　*heteromorpha* n. sp.	„　„　*coarctatum* PAVILLARD.	
Rhizosolenia simplex G. K.	„　„　*declinatum* G. K.	
„　*curvata* O. ZACHARIAS.	„　„　*inclinatum* KOFOID. (mehr tropisch).	
„　*amputata* OSTF.	„　„　*macroceras* var. *tenuissima* n. var. (mehr tropisch).	
„　*squamosa* n. sp.		
„　*Temperei* H. P. (im Atlantik nur erst tropisch).	„　„　*volans* var. *elegans* BR. SCHRÖDER (mehr tropisch).	
„　*Castracanei* H. P. (im Atlantik nur erst tropisch).	„　„　*limulus* GOURRET.	
Dactyliosolen tenuis (CL.) GRAN.	„　„　*robustum* OSTF. u. SCHM. (mehr tropisch).	
„　*laevis* G. K.	„　„　*azoricum* var. *brevis* OSTF. u. SCHM.	
(*Valdiviella formosa* SCHIMPER, mehr tropisch!)	*Dinophysis homunculus* STEIN (im Atlantik tropisch).	
Asterolampra marylandica EHRBG. [1]).	*Gonyaulax polygramma* STEIN.	
„　*affinis* GREV.	*Peridinium (divergens) oceanicum* VANHÖFFEN.	
Euodia inornata CASTR.	*Oxytoxum scopolax* STEIN.	
(Von *Coscinodiscus*-Arten ist abgesehen.)	*Cladopyxis brachiolata* STEIN.	
	Amphisolenia bifurcata MURR. and WHITT.	

7) Tropisch-äquatoriale atlantische Formen, die dem Indischen Ocean fehlen.

Diatomeen.	Peridineen.	Schizophyceen.
Actinocyclus dubiosus G. K. (wahrscheinlich freilich neritisch).		

8) Tropisch-äquatoriale indische Formen, die im östlichen Atlantik fehlen (vergl. auch die temperierten, die hier nicht wiederholt sind).

Diatomeen.	Peridineen.	Schizophyceen.
Rhizosolenia squamosa n. sp.	*Amphisolenia Thrinax* SCHÜTT.	*Richelia intracellularis* SCHM.
„　*annulata* n. sp.	*Ceratium tripos vultur* CL.	*Katagnymene pelagica* LEMM.
„　*similis* n. sp.	„　„　var. *sumatrana* n. var.	„　*spiralis* LEMM.
„　*africana* n. sp.	„　„　*arcuatum* var. *robusta* n. var.	
„　*cochlea* BRUN.	„　„　*lunula* SCHIMPER var. *robusta* n. var.	
„　*hyalina* OSTF.		
Chaetoceras sumatranum n. sp.		
„　*aequatoriale* CL.		

---

1) *Asterolampra* scheint nur der Ostseite des Atlantik zu fehlen, da LEMMERMANN von einem Fang 21° S. Br. und 26° W. L. *Asterolampra marylandica* EHRBG. und *Asterolampra rotula* GREV. als häufig anführt. LEMMERMANN, Reise nach dem Pacifik, l. c. S. 332.

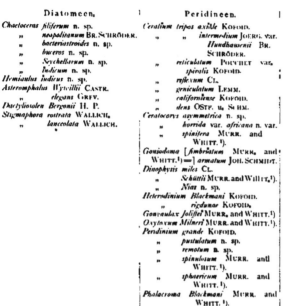

Diatomeen.	Peridineen.	Schizophyceen.
Chaetoceras filiferum n. sp.	*Ceratium tripos axiale* KOFOID.	
„ *neapolitanum* BR. SCHRÖDER.	„ „ *intermedium* JOERG. var.	
„ *bacteriastroides* n. sp.	*Hundhausenii* BR.	
„ *buceros* n. sp.	SCHRÖDER.	
„ *Seychellarum* n. sp.	„ *reticulatum* POUCHET var.	
„ *indicum* n. sp.	*spiralis* KOFOID.	
Hemiaulus indicus n. sp.	„ *reflexum* CL.	
Asteromphalus Wyvillii CASTR.	„ *geniculatum* LEMM.	
„ *elegans* GREV.	„ *californiense* KOFOID.	
Dactyliosolen Bergonii H. P.	„ *dens* OSTF. u. SCHM.	
Stigmaphora rostrata WALLICH.	*Ceratocorys asymmetrica* n. sp.	
„ *lanceolata* WALLICH.	„ *horrida* var. *africana* n. var.	
	„ *spinifera* MURR. and	
	WHITT.[1]).	
	Goniodoma [*fimbriatum* MURR. and	
	WHITT.[1]) =] *armatum* JOH. SCHMIDT.	
	Dinophysis miles CL.	
	„ *Schüttii* MURR. and WHITT.[1]).	
	„ *Nias* n. sp.	
	Heterodinium Blackmani KOFOID.	
	„ *rigdunae* KOFOID.	
	Gonyaulax Joliffei MURR. and WHITT.[1])	
	Oxytoxum Milneri MURR. and WHITT.[1]).	
	Peridinium grande KOFOID.	
	„ *pustulatum* n. sp.	
	„ *remotum* n. sp.	
	„ *spinulosum* MURR. and	
	WHITT.[1]).	
	„ *sphaericum* MURR. and	
	WHITT.[1]).	
	Phalacroma Blackmani MURR. and	
	WHITT.[1]).	

Am Schlusse dieser vergleichenden Uebersicht über die Verbreitung wird es noch am Platze sein, anzuführen, was sich über die Begründung des Ausschlusses einiger Formen von einem der beiden Oceane sagen läßt. Es ist in erster Linie die außergewöhnlich niedrige Temperatur der ganzen Küstenstrecke im Atlantik, die sich ja weit in den Ocean hinein, besonders im Süden geltend macht, welche viele Arten hier ausschließt. *Amphisolenia Thrinax* SCHÜTT ist von SCHÜTT z. B. im Atlantischen Ocean zuerst beobachtet worden; die Art wird wie die anderen von ihm genannten typischen Warmwasserformen vermutlich im Floridastrom oder im Sargassosee angetroffen sein; dem von der „Valdivia" durchfahrenen Teil des östlichen Atlantik fehlt die Art oder ist, wie andere Warmwasserformen, z. B. *Gossleriella tropica* SCHÜTT, *Ornithocercus splendidus* SCHÜTT etc., überaus selten.

Einen ursprünglich lokalen Lebensbedingungen angepaßten Formenkreis dürften die eigenartigen Formen der *Ceratium tripos* Subsectio *robusta* vorstellen. Diese massig entwickelten, dickwandigen Formen[2]) würde man auf den ersten Blick kaum für Warmwassertypen halten mögen. Sie entstammen jedoch dem Roten Meer mit seiner abnormen Wasserdichte und gleichzeitig

[1]) Alle von MURRAY and WHITTING benannten Formen sind also auch im Atlantik vorhanden, wenn auch in westlicheren Teilen; die von KOFOID benannten Species sind bereits aus dem Pacifik bekannt, cf. G. MURRAY and FRANCIS G. WHITTING, New Peridin. from the Atlantic, l. c., und C. A. KOFOID, 1907, lc.

[2]) Vgl. besonders die Abbildung Fig. 17 bei OSTENFELD, Röde Hav, l. c. S. 166.

hohen Temperatur; es sind also Warmwasserformen, die an dichtes Wasser sich angepaßt haben. Daß sie sich von ihrem mutmaßlichen Entstehungscentrum bereits über einen großen Teil des gleichmäßig warmen Indischen Oceans ausgedehnt haben, kann man ja aus den Listen ersehen; dabei haben sie aber auch dem leichteren Wasser Konzessionen machen müssen, wie aus ihrem häufigen Auftreten in Ketten und dem Vergleich ihrer Formen Taf. XLVIII, Fig. 13 mit der Abbildung von Ostenfeld an der genannten Stelle hervorgeht. Die an der ganzen ostafrikanischen Küste häufigen Variationen der überall sonst dünnwandigen Zellen von *Ceratium tripos arcuatum* und *C. tripos lunula*, die mit var. *robusta* gekennzeichnet sind, verdanken ebenfalls dem dortigen dichten Wasser ihre Entstehung.

Endlich mag noch auf die eigenartigen antarktischen *Coscinodiscus*-Arten kurz hingewiesen sein, die auf der Taf. IV zusammengestellt waren, also die Species *C. bifrons* Castr. und die anschließenden: *C. Janus* Castr., *C. australis* G. K., *C. planus* G. K., *C. Castracanei* G. K. und *C. chromoradiatus* G. K. Sie bilden einen völlig isolierten, nur hier zur Ausbildung gelangten Typus, den z. B. Rattray kaum als zu *Coscinodiscus* zugehörig anerkennen wollte.

Quantitative Verteilung des Phytoplanktons und ihre Abhängigkeit von äusseren Faktoren.

Für die qualitative Verteilung des Phytoplanktons dürften in den vorstehenden Kapiteln die beobachteten Thatsachen genügende Beleuchtung erfahren haben. Die quantitative Zusammenstellung der Planktonfänge liegt zwar noch nicht vor, doch verdanke ich dem freundlichen Entgegenkommen des sie bearbeitenden Herrn Professor Dr. C. Apstein eine Anzahl von Angaben, die ich nach den von G. Schott [1]) bereits früher gegebenen, ebenfalls von Apstein erhaltenen Daten für einige andere Stationen ergänze. — Alle Zahlen beziehen sich auf das unter 1 qm Oberfläche bis zu der angegebenen Tiefe enthaltene Planktonvolumen, auf ganze ccm abgerundet. Die Differenzen einiger meiner Zahlen gegenüber den bei Schott angegebenen beruhen nach freundlicher Mitteilung von Herrn Professor Apstein darauf, daß an verschiedenen Stationen mit mehreren Netzen und aus verschiedenen Tiefen gefischt ist.

(Siehe Tabelle S. 475 und 476.)

Versucht man das hier gegebene Zahlenmaterial mit den uns bereits bekannten wechselnden Verhältnissen der Strömungen, Landnähe, Auftriebgebiete u. s. w. in Beziehung zu setzen, so ist als ein Hauptresultat voranzustellen, daß überall organisches Leben festgestellt werden konnte. Der Reichtum freilich ist sehr verschieden.

Setzt man, um für die Vergleichung bequemere Zahlen zu haben, die im Golfstrom gefundene Menge (Station 14) gleich drei, so bleibt diese Zahl für die Canarenströmung erhalten und wechselt auch erst nach Ueberschreitung der Höhe von Cap Verde im Guineastrom, wo sie auf 15, dann auf 18 steigt. Das kurze in den letzten Ausläufern des Benguelastromes liegende eingeschobene Stück Weges zeigt eine annähernde Verdoppelung der Menge auf 31, dann 30, 25. Mit dem Rücktritt in den Guineastrom fällt plötzlich der Planktongehalt auf 12 und bleibt auch trotz der Nähe des Landes im neritischen, reichhaltigen Plankton auf dieser

---

1) Schott, Tiefsee-Expedition, Bd. I, S. 230.

Station No.	Geographische Breite	Länge	Temperatur an der Oberfläche	Tiefe des Fanges in m	Menge pro 1 qm in ccm	Qualitative Beschaffenheit des Phytoplanktons
14	43° 32′,1 N.	14° 27′ W.	20,1°	200	34	temperiertes Plankton, erstes Auftreten einzelner Warmwasserarten.
32	24° 43′,4 N.	17° 1′,3 W.	21,6°	200	27	ebenso; *Gossleriella* und vereinzelte langarmige Ceratien.
39	14° 30′,5 N.	21° 51′,8 W.	27,3°	200	34	kurzes Peridineenplankton.
41	8° 58′ N.	16° 27′,9 W.	25,4°	200	150	Schizophyceenplankton und langarmige Ceratien.
43	6° 29′ N.	14° 35′,5 W.	26,0°	200	177	der am meisten tropische Fang im Atlantik; *Gossleriella*, langarmige Ceratien.
46	1° 27′,8 N.	10° 16′,5 W.	23,6°	200	313	kurzes Peridineenplankton überwiegend.
48	0° 9′,3 S.	8° 29′,8 W.	23,6°	200	209	ausschließlich kurzes Peridineenplankton.
49	0° 20′,2 N.	6° 45′ W.	23,1°	200	345	ebenso.
55	2° 36′,5 N.	3° 27′,5 O.	24,7°	200	123	Diatomeen herrschen vor; von Peridineen langhörnige Ceratien.
58	3° 31′ N.	7° 25′,6 O.	25,3°	200	122	neritisches Diatomeenplankton mit vielen verschiedenen Ceratien.
64	0° 25′,8 N.	7° 0′,3 O.	24,6°	200	184	langarmige Ceratien überwiegen, daneben Coscinodiscoideen, *Gossleriella*.
67	5° 6′,2 S.	9° 58′,6 O.	24,1°	200	326	Diatomeen-Kettenformen vorherrschend.
68	5° 47′,4 S.	11° 30′,8 O.	23,9°	140	204	langes und kurzes Peridineenplankton.
72	7° 46′,8 S.	11° 8′,1 O.	23,9°	200	347	Diatomeen und Peridineen.
78	16° 38′,7 S.	11° 44′,1 O.	16,4°	18	3440	fast ausschließlich neritische Diatomeen.
84	25° 25′,3 S.	6° 12′,4 O.	16,5°	200	95	vorherrschend Diatomeen, daneben lange und kurze Ceratien.
86	28° 28′,8 S.	6° 13′,9 O.	16,1°	200	41	Diatomeen und Peridineen, einzelne neritische Arten.
90	33° 20′,3 S.	15° 58′,2 O.	16,5°	200	599	vorherrschend Schattenformen in dem nur 54 ccm betragenden mikroskopischen Plankton!
93	33° 43′,6 S.	18° 4′,2 O.	15,6°	90	870	neritische Diatomeen herrschen unbedingt vor.
106	35° 26′,8 S.	20° 56′,2 O.	16,9°	80	354	ebenso.
108	35° 19′,3 S.	20° 15′,3 O.	16,6°	100	129	Diatomeen ebenso, Peridineen erheblich vermehrt.
117	37° 31′,4 S.	17° 1′,6 O.	16,9°	200	48	vereinzelte kurze Peridineen und wenig Diatomeen.
123	49° 7′,5 S.	8° 40′,7 O.	3,2°	200	1224	*Corethron Valdiviae*-Plankton.
127	54° 29′,3 S.	3° 43′ O.	— 0,5°	200	333	typisch antarktisches Diatomeen- und *Phaeocystis*-Plankton.
139	55° 1′ S.	21° 34′ O.	— 1,0°	200	129	Coscinodiscoideen herrschen vor.
149	62° 26′,6 S.	53° 21′,6 O.	— 1,0°	200	1238	*Chaetoceras criophilum*, *Fragilaria antarctica*, *Thalassiothrix antarctica* und *Rhizosolenia* herrschen vor.
161	48° 57′,8 S.	70° 0′,6 O.	4,0°	70	300	neritische *Rhizosolenia crassa* herrscht vor, daneben *Chaetoceras*.
168	36° 14′,3 S.	78° 45′,5 O.	16,5°	100	2747	vorherrschend Rhizosolenien, eine kleine *Synedra* (neritisch), *Chaetoceras* und längere Ceratien daneben.
169	34° 13′,6 S.	80° 30′,9 O.	17,1°	100	887	Diatomeen und längere Ceratien; unten Schattenformen spärlicher.
170	32° 53′,9 S.	83° 1′,6 O.	19,3°	100	126	kürzeres Peridineenplankton herrscht vor.
171	31° 46′,4 S.	84° 55′,7 O.	19,7°	100	455	unbestimmtes Plankton: verschiedene Peridineen und Diatomeen.
172	30° 6′,7 S.	87° 50′,4 O.	20,4°	100	550	Diatomeen fehlen an der Oberfläche, längere und kürzere Ceratien vorherrschend.
174	27° 58′,1 S.	91° 40′,2 O.	22,6°	200	48	vorherrschend *Hemiaulus Hauckii*, Schattenformen und verschiedene Ceratien.
175	26° 3′,6 S.	95° 43′,7 O.	23,0°	100	196	*Hemiaulus* und große Rhizosolenien, zahlreiche verschiedene Ceratien.
181	12° 8′ S.	96° 45′,7 O.	27,7°	50	31	Peridineen Warmwasserformen.
182	10° 8′,2 S.	97° 14′,9 O.	27,6°	100	79	typisch tropisches Peridineen- und Diatomeenplankton.
190	0° 58′ N.	99° 43′,2 O.	29,3°	200	354	Schizophyceen an der Oberfläche; neritisch; Schattenflora sehr reich.
215	7° 1′,2 N.	85° 50′,5 O.	26,4°	200	68	oceanisches Plankton; Peridineen langhörnig, reiche Schattenflora.
220	1° 57′ S.	73° 10′,1 O.	27,6°	200	61	ebenso.

Station No.	Geographische		Temperatur an der Oberfläche	Tiefe des Fanges in m	Menge pro 1 qm in ccm	Qualitative Beschaffenheit des Phytoplanktons
	Breite	Länge				
226	4° 5',8 S.	70° 1',9 O.	27,3°	200	163	*Rhizosolenia* vorherrschend, reiches Diatomeen- und Peridineenplankton.
231	3° 24',6 S.	58° 38',1 O.	27,1°	200	95	*Rhizosolenia* stark vorherrschend, daneben lange Ceratien und *Chaetoceras*.
236	4° 38',6 S.	51° 16',6 O.	27,7°	200	136	lange und kurze Ceratien, wenig Diatomeen.
259	2° 58',8 N.	47° 6',1 O.	27,5°	200	271	kurze schwere Ceratien vorherrschend.
268	9° 6',1 N.	53° 41',2 O.	27,3°	200	75	Peridineen überwiegen oben, unten ziemlich reiche Schattenflora, aber ohne *Gossleriella*.

Zahl stehen. Erst in dem als indifferent bezeichneten Wasser, das zum Niger, Kongo und Benguelastrom Beziehungen haben soll, hebt sich die Menge wieder auf 18 und 33, fällt vor dem Kongo auf 20, um mit Erreichung der Auftriebzone auf 35 und in der Großen Fischbai, trotz der geringen Wassertiefe von nur 18 m, auf die niemals beobachtete Höhe von 544 anzuschwellen.

Im Benguelastrom fällt das Volumen alsdann wieder auf 10 und sinkt am Rande des südatlantischen Stromstillengebietes sogar auf 4 hinab; dabei ist die Temperatur des Wassers genau die gleiche wie in der Großen Fischbai. Im südlichen Benguelastrom kommt dem Planktonvolumen die Zahl 60 zu, jedoch ist die Menge mikroskopischen Materials darin nur auf 5 zu bewerten. Auf das neritische Plankton der Agulhasbank entfallen an den verschiedenen Stationen 87, 35 und 13 als Verhältniszahlen der beobachteten Volumina. Der Beginn jener Benguelaströmung, die im Guinea-Golf eine erste erhebliche Planktonmenge aufzuweisen hatte, führt nur die Ziffer 5, bei einer Temperatur von 16,9°.

In der Antarktis tritt gleich zu Anfang jene Mikrosporen führende *Corethron Valdiviae*-Station mit dem ansehnlichen Volumen 122 auf, es folgen die Zahlen 33, 13, 124, ohne daß bestimmte Beziehungen hier zu entdecken wären. Das neritische Kerguelenplankton beziffert sich auf 30.

Eine völlig unerwartete Anschwellung des Planktonvolumens auf 275 nördlich von Neu-Amsterdam bei Station 168 läßt nach der Natur des Oberflächen- und Tiefenplanktons einmal neritischen Einfluß, zweitens Auftriebströmung vermuten, da Tiefenformen bis an die Oberfläche gelangt sind, und das vorwiegende Auftreten einer kleinen *Synedra*, die nicht zu den sonst gefundenen Planktonten gehört, nur auf den Einfluß einer Küste zurückgeführt werden kann. , Als solche kommt natürlich nur Neu-Amsterdam in Betracht. Diese vermutliche Auftriebzone inmitten des Stromstillengebietes muß eine größere Ausdehnung besitzen, denn auch Station 169 weist die hohe Volumenzahl 89 auf, und auch hier war zu bemerken, daß die reich entwickelte Schattenflora von *Coscinodiscus, Asteromphalus (Actinocyclus)* und besonders *Planktoniella* in die Zone von 60—20 m unter der Oberfläche hineinreichte. Ob die sonst nicht in der Weise zu beobachtende Knickung der Temperaturkurve auf der Schott'schen Tafel für Station·168[1], die von 700 m bis 100 m steiler aufwärts führt, also relativ niedriger bleibende Temperaturen angiebt, als dem Verlaufe von 1000 m bis 700 m entspricht, etwa auf emporsteigendes Tiefenwasser hinweisen könnte, mag hier nur angedeutet sein. — Bei Station 170 fällt die Zahl auf

1) G. SCHOTT, Tiefsee-Expedition, Bd. I, Taf. XIX, Temperaturreihe No. 36.

13 ab. Weitere Stationen des Stromstillengebietes zeigen wieder ansehnlichere Volumina, 46 und 55, aber mit Eintritt in die Südäquatorialströmung findet man nur die Zahlen 5 und 20, sie gehen schließlich sogar auf 3 und 8 herunter. In der Küstenregion Sumatras erreicht das neritische Plankton freilich ansehnlichere Werte, so steigt das Volumen Station 190 auf 35. Das oceanische Plankton in der Bai von Bengalen beziffert sich dagegen nur auf 7, zwischen Malediven und Chagos-Archipel auf 6. Es folgen unbedeutendere Schwankungen der bald vorwiegend Diatomeen, bald Peridineen enthaltenden Planktonmenge von 16, 10 und 14 auf der Fahrt über die Seychellen an die afrikanische Küste; freilich sind nur oceanische Planktonstationen herausgegriffen. Ebenso sind die Stationen 259 nahe der ostafrikanischen Küste, mit dem Volumen 27, und Station 268, etwas weiter entfernt von ihr, mit der Menge 8, unter dem Einfluß des NO.-Passates, im Grunde genommen, von oceanischem Charakter.

Aus der Uebersicht läßt sich einmal der Schluß ziehen, daß die größten Fänge stets vorherrschend Diatomeen aufzuweisen haben oder ausschließlich aus solchen bestehen, daß die Stationen mit vorherrschendem Peridineenplankton meist nur mittlere Werte erreichen. Nun sind ja die Eigenschaften dieser beiden Klassen von Planktonten oben dahin erklärt worden, daß einmal in Bezug auf die Temperatur die Peridineen den höheren Temperaturen besser angepaßt sind, während die Diatomeen mindere Empfindlichkeit zeigen und im kalten Wasser der geringeren Konkurrenz wegen durchaus vorherrschen, daß zweitens in Hinsicht der Beziehungen zwischen Wachstum und Ernährungsbedingungen die Diatomeen eine unbegrenzt scheinende Vermehrungsfähigkeit und damit schnelle Aufarbeitung der vorhandenen Nährstoffmenge als charakteristische Eigenschaft aufweisen, während langsames, gleichmäßiges Wachstum mehr den Peridineen eignet. — Aus diesen Tatsachen läßt sich aber noch nicht jeder Zug in dem Bilde der Verteilung hinreichend erklären; man müßte sonst annehmen dürfen, im neritischen — also vorwiegend aus Diatomeenformen bestehenden — Plankton, wo ja Nährstoffe vom Lande her reichlich zur Verfügung stehen, auch jedesmal sehr erhebliche Volumina zu finden. Das ist zwar häufig, aber durchweg der Fall; z. B. in der Kamerunbucht ist das Volumen des sehr mannigfaltigen Phytoplanktons gering, weit geringer als im Südäquatorialstrom, der ihr darin um mehr als das Doppelte überlegen ist. Es kommen also noch weitere Faktoren in Betracht, und das sind vor allem anderen die Strömungen und zwar die Vertikalströme.

Vorkommen von Vertikalströmungen und ihr Einfluss.

Hier muß noch einmal auf den bereits vorher beim Vergleich des atlantischen und indischen Phytoplanktons im Anschlusse an G. Schott[1]) dargestellten Kreislauf der großen Meeresströmungen zurückgegriffen werden. Eine Frage ist nach der vorher gegebenen Uebersicht noch nicht berührt, die nämlich, wo denn eigentlich der große Ueberschuß warmen Wassers verbleibt, den der Golfstrom aus den beiden Aequatorialströmen nach Norden entführt. Dieses warme

1) G. Schott, Tiefsee-Expedition, Bd. 1, S. 162 ff. O. Pettersson, Die hydrographische Untersuchung des Nordatlantischen Oceans 1895—96. Petermann's Mitteil., Bd. XLVI, 1900, S. 1 ff.

Wasser wird nach und nach durch Verdunstung salzreicher, also schwerer werden, es erleidet außerdem eine langsame Abkühlung, die das specifische Gewicht wiederum erhöht, also nimmt es im weiteren Verlaufe eine absteigende Richtung ein. Dies absteigende Golfstromwasser ist, obgleich es sich bereits gegen seinen Ursprungsort merklich abgekühlt hat, immer noch erheblich wärmer, als es der inzwischen erreichten höheren Breite und größeren Tiefe entsprechen würde. Es wird also als erwärmender Faktor wirken müssen. Auf diesen relativ warmen absteigenden Wassermassen beruht die höhere Bodenwärme des Nordatlantischen Oceans gegenüber dem Südatlantischen und Indischen Ocean auf gleichen Breitengraden [1]. Dieses Wasser muß dann am Boden entlang oder jedenfalls in großer Tiefe äquatorwärts zurückkehren, um wieder in den Kreislauf einzutreten.

Worauf es hier ankam, war der Nachweis absteigender wärmerer Wassermengen, die gewissermaßen als Kompensation der bereits betrachteten aufsteigenden kälteren Vertikalströmungen im Gesamtkreislauf betrachtet werden können. Wie diese an den im Verhältnis zu ihrer Umgebung geringeren Temperaturgraden erkannt werden, so jene an der von ihnen verursachten Temperaturerhöhung; die relativen Temperaturen sind als Kriterien für vertikale Wasserströme also an erster Stelle zu berücksichtigen. Bevor nun auf die Bedeutung der Vertikalströmungen beider Richtungen für das Phytoplankton eingegangen werden kann, wäre es notwendig, zu zeigen, wo im Laufe der „Valdivia"-Expedition derartige Ströme sich bemerkbar gemacht haben.

Nun mußten Auftriebströmungen schon vielfach erwähnt werden, da die Fahrt im Atlantischen Ocean gerade durch die ausgedehntesten Auftriebgebiete an der nordwest- und südwestafrikanischen Küste ging. Sie waren durch ihre starke negative Temperaturanomalie charakterisiert und zeigten eine außerordentliche, in einzelnen Fällen geradezu erstaunliche Massenentwickelung ihres qualitativ verarmten Phytoplanktons. — Wo die entgegengesetzt gerichteten absteigenden Vertikalströme beobachtet sind, ergiebt sich aus der oceanographischen Bearbeitung der Expedition. SCHOTT [2] sagt: „Das (warme) Oberflächenwasser mancher Meeresgegenden wird, vorzugsweise an den Luvküsten tropischer Windgebiete, durch direkte mechanische Wirkung des Windes oder auch der Strömungen aufgehäuft und muß, wenigstens zum Teil, abwärts durch Niedersinken in die Tiefe entweichen." Er bezeichnet als ein derartiges „Abtriebgebiet" die Bucht von Kamerun. Das oben aufgestellte Kriterium für absteigende Warmwassermassen: die Erhöhung der Tiefentemperatur gegenüber entsprechenden Orten ohne Wasserabtrieb, ist in der That vorhanden. Denn das Profil V, Taf. XXX bei SCHOTT, welches das Querschnittsbild des Atlantischen Oceans in 1—2° N. Br. giebt, läßt ein deutliches Absteigen der Linien gleicher Temperatur an der Kamerunküste erkennen. Die Ursachen weist SCHOTT hier in der Richtung der Guineaströmung nach, deren Eindrängen in die Kamerunbucht von den vorherrschenden südlichen Winden und dem Südwestmonsun wesentlich unterstützt wird, so daß ein Rückfließen ausgeschlossen ist, und ein Niveau-Ausgleich nur durch Abtrieb in die Tiefe möglich wird.

Ein schwächerer ähnlicher Austausch trat im Verlaufe der „Valdivia"-Reise noch bei Sumatra [3] in Erscheinung. Man wird aber wohl annehmen müssen, daß zur Zeit des indischen

---

[1] G. SCHOTT, l. c. S. 169. — H. MOHN, PETERMANN'S Mitteil., Ergänzungsbd. XVII, 1885. Heft 79, S. 15 ff.
[2] G. SCHOTT, l. c. S. 172.
[3] Derselbe, l. c. S. 174. Taf. XI und Profil VI, Taf. XXX.

Südwestmonsun, wo die Wassermassen gegen die ihrem Verlaufe quer oder schräg vorgelegte Insel anprallen, hier eine stärkere Anstauung und entsprechend größere Ausdehnung in die Tiefe zu finden ist.

Für uns erhebt sich jetzt die Frage nach der Bedeutung derartiger vertikaler Wasserbewegungen für die Entwickelung des Phytoplanktons. Zwei Veröffentlichungen von A. NATHAN-SONN [1]) beschäftigen sich eingehend mit ihrer Beantwortung, und wir wollen seine Ausführungen einmal genauer ansehen.

NATHANSOHN wendet sich zunächst gegen die bekannte Stickstoffhypothese von K. BRANDT, der annahm, daß Stickstoff der im Minimum zur Verfügung stehende Nährstoff für das Phytoplankton sei, daß die Phytoplanktonmenge also mit Vermehrung des Stickstoffgehaltes steigen müsse. Den besonders von der Plankton-Expedition festgestellten größeren Reichtum kalter Meere an Phytoplankton gegenüber den Tropenmeeren suchte BRANDT dadurch zu erklären, daß die andauernd von den Flüssen ins Meer entführten Ammoniak-, Nitrit- und Nitratmengen in den wärmeren Meeren alsbald zersetzt und verbraucht werden. Die ammoniakalischen Verbindungen werden durch nitrifizierende Bakterienarten, welche Ammoniak zu Salpetriger- und Salpetersäure oxydieren, verändert, die Nitrite und Nitrate dann durch denitrifizierende andere Bakterienformen unter Abscheidung gasförmigen Stickstoffes zerstört. Durch niedrige Temperaturen dagegen wird die Thätigkeit der denitrifizierenden Organismen vermindert oder völlig lahmgelegt, so daß die Nitrite und Nitrate erhalten bleiben und dem Phytoplankton als Nahrung dienen können.

Diese zunächst hypothetischen Sätze waren dann von BRANDT oder auf seine Anregung hin [2]) näher geprüft worden, und es hatte sich das Vorkommen denitrifizierender Arten in der Ostsee, an der holländischen Küste und überhaupt in wohl allgemeiner Verbreitung nachweisen lassen. Auch die erwartete Beeinflussung ihrer Thätigkeit durch die Temperaturdifferenzen konnte bestätigt werden. Dagegen liefen die Versuche, nitrifizierende Bakterien ebenso häufig im Meere zu finden, zunächst nicht völlig befriedigend ab.

Durch die Beobachtung [3]), daß eine dritte Gruppe von Stickstoffbakterien, die stickstoffbindenden *Azotobacter*- und *Clostridium*-Arten, eine ziemlich allgemeine Verbreitung besitzen, sich auch an der Meeresoberfläche vorfinden, wäre eine weitere Stickstoffanreicherung gegeben, deren Umfang und Bedeutung freilich vorläufig nicht hinreichend geklärt erscheint.

NATHANSOHN stützt seine Einwendungen vor allem auf den nicht genügend durchgeführten Nachweis nitrifizierender Bakterien, die er in Neapel stets mit durchaus negativem Erfolg gesucht habe (S. 366); ebensowenig habe er im Golf von Neapel stickstoffbindende Arten nachweisen können (S. 432). In der Ostsee erhaltene Resultate seien nur mit Vorsicht zu verallgemeinern (S. 367). Außerdem sei die Denitrifikation des Meeres durchaus nicht notwendig, da in den an Ammoniak reichsten Küstenregionen eine ständige Abgabe des Gases an das Land stattfinden

---

1) A. NATHANSOHN, Vertikale Wasserbewegung und quantitative Verteilung des Planktons im Meere. Sonderabdruck Ann. d. Hydrobiologie u. maritimen Meteorologie, 1906. — Derselbe, Ueber die Bedeutung vertikaler Wasserbewegungen für die Produktion des Planktons im Meere. Abh. Sächs. Ak. d. Wiss. Math.-physik. Kl., Bd. XXIX, 1906, S. 359.

2) Die betreffenden Arbeiten von BRANDT, BAUR, GRAN finden sich im Literaturverzeichnis zum Antarktischen Phytoplankton vollständig aufgeführt. l. c. S. 133.

3) W. BENECKE und J. KEUTNER, Stickstoffbindende Bakterien etc. Ber. D. Bot. Ges., Bd. XXI, 1903, S. 333. — J. REINKE, Die zur Ernährung der Meeresorganismen disponiblen Quellen an Stickstoff, Ibid. S. 371. — K. BRANDT, Bedeutung der Stickstoffverbindungen etc. l. c. Brih. Bot. Centralbl., Bd. XVI, 1904, S. 383. — J. KEUTNER, Vorkommen und Verbreitung stickstoffbindender Bakterien im Meere. Wiss. Meeresunters., N. F. Bd. VIII, Kiel 1904.

müsse, wo es vom Erdboden gebunden werde (S. 364, 365); auch seien die Küsten bewohnenden Algen im stande, verhältnismäßig große Mengen von salpetersauren Salzen zu speichern (S. 368). Der Gegensatz zwischen kalten und warmen Meeren dürfe nicht ausschließlich als ausschlaggebend betrachtet werden, denn die Resultate der „Challenger-" und „Plankton"-Expeditionen zeigten auch in den äquatorialen Breiten wiederum ein bedeutendes Anschwellen der Planktonmenge, eine Thatsache, die man weder zur Küstennähe, noch zur Wassertemperatur in Beziehung zu bringen im stande sei (S. 369). Ebenso vermöge man die Thatsache, daß nach Ablauf des jährlichen Frühjahrsmaximums der Diatomeen im offenen Meere nur an den Stromgrenzen eine intensive Diatomeenentwickelung fortdauere, nicht lediglich durch Temperaturdifferenzen zu erklären (S. 370).

Zunächst sei hier eingeschaltet, daß die beiden ersten angeführten Einwendungen von NATHANSOHN hinfällig sind. Es ist inzwischen gelungen, den einwandfreien Nachweis für das Vorkommen nitrifizierender Bakterien im ganzen Bereich des Golfes von Neapel zu führen[1]; freilich waren Nitratbildner nur in nächster Nähe der Küste zu finden, Nitritbildner dagegen waren noch 2 km vom Lande entfernt vorhanden, ebenso fanden sie sich in Schlammproben von Helgoland, und zwar stets in den obersten Schlicklagen. Der negative Erfolg NATHANSOHN's ist auf ungeeignete Nährlösung zurückzuführen. Desgleichen ergab sich[2], daß *Azotobacter* ebenfalls im Busen von Neapel zu finden ist und daß NATHANSOHN's Versuche, ihn nachzuweisen, aus demselben Grunde wie oben fehlschlagen mußten. Somit ist die BRANDT'sche Stickstoffhypothese durch diese Gegengründe noch nicht entkräftet worden. Endlich ist ja durch die zunächst freilich nur für die Ostsee gültigen Untersuchungen von M. KEDING[3] das häufigere Vorkommen von *Azotobacter* auf bodenbewohnenden Meerespflanzen wie der euryhaline Charakter des Organismus festgestellt worden, so daß seiner ganz allgemeinen Verbreitung im Meere keine Hindernisse entgegenstehen.

Demnach hat es vorläufig auch keine Bedeutung, auf die Stichhaltigkeit der Behauptung NATHANSOHN's, daß die weitaus größte Stickstoffmenge bereits an der Küste dem Meere in Form von Ammoniakgas oder durch salpeterspeichernde Algen wieder entrissen werde, näher einzugehen, besonders da jeder Versuch eines Vergleiches mit den von BRANDT angegebenen Zahlen für die Stickstoffabgabe von seiten der Kontinente vermieden ist. Bei den bedeutenden Entfernungen vom Lande, in denen das Wasser der großen Ströme von dem Meerwasser noch deutlich unterschieden werden kann, und bei dem enormen Oberflächenareal, das solches Flußwasser überdeckt (vergl. z. B. SCHOTT, l. c. S. 213), wäre die Behauptung NATHANSOHN's jedenfalls genauer zu belegen gewesen, wenn ihr eine erheblichere Beweiskraft beigemessen werden sollte.

Als berechtigt erweisen sich aber NATHANSOHN's Einwendungen gegen die ausschließliche Betonung der Temperaturdifferenzen des phytoplanktonreichen und -armen Meerwassers. Bei einem Vergleich der vorhin für die „Valdivia"-Fänge angegebenen Verhältnisse zeigt sich ja, daß die beiden Maximalfänge bei Temperaturen von ca. 16° erhalten waren, daß freilich dem antarktischen Kaltwasser ebenfalls bedeutende Massen eigen sind, und daß in den wärmeren Meeren sehr kom-

---

[1] PETER THOMSEN, Ueber das Vorkommen von Nitrobakterien im Meere. Ber. D. Bot. Ges., 1907, S. 16.
[2] W. BENECKE, Stickstoffbindende Bakterien aus dem Gulfe von Neapel. Ibid. S. 1.
[3] M. KEDING, Weitere Untersuchungen über stickstoffbindende Bakterien. Wiss. Meeresunters., N. F., Bd. IX, Kiel 1906, S. 275.

plizierte Verhältnisse vorhanden sein müssen, wenn das Planktonvolumen jedesmal den genauen Ausdruck dafür abgeben soll.

Wenn nun NATHANSOHN[1]) den vertikalen Wasserbewegungen eine ausschlaggebende Bedeutung für die Planktonproduktion zuerkennen zu dürfen glaubt, so ist dasselbe ja bereits früher hervorgehoben worden. So schreibt A. PUFF[2]): „Bevor wir unsere Betrachtung über die Verbreitung und den Einfluß des kalten Auftriebwassers an der Ostseite des Nordatlantischen Oceans und der benachbarten Meeresteile beendigen, möchte ich nicht unterlassen, noch auf die große Bedeutung hinzuweisen, welche das Auftriebwasser hier sowohl als an allen Küsten niederer Breiten für die Entwickelung der Meeresfauna hat. Kein Wasser im Ocean wimmelt so von Leben als das Auftriebwasser tropischer Breiten. Ein an Bord geschöpfter Eimer Wasser ist meist ganz trübe von lebenden Organismen, der Nahrung zahlloser Fische, welche ihrerseits den Hauptunterhalt der Küstenbewohner bilden. Die Fruchtbarkeit des Meeres muß an den meisten Auftriebküsten die Unfruchtbarkeit (Trockenheit) des Landes ersetzen" etc. (Sperrung von mir.)

Und noch mehr sind die gerade für uns in Frage stehenden Beziehungen zwischen Vertikalströmungen und Phytoplanktonernährung von NATTERER[3]), freilich ohne speciellen Hinweis auf diese Folgerungen, aufgedeckt worden. Einige Seiten vor der von NATHANSOHN citierten Stelle heißt es: „Dort, wo die Verengerung des südlichen Ionischen Meeres beginnt, und wo sich dem aus Westen kommenden Meeresstrom der steile, von Südwest nach Nordost streichende unterseeische Abhang des Plateaus von Barka in den Weg stellt, wurden — im ersten Expeditionsjahre — an der Oberfläche des Meeres ebenso hohe Werte für salpetrige Säure gefunden, wie sonst nur in großen Tiefen. Dieses Oberflächenwasser war eben wahrscheinlich vor relativ kurzer Zeit in der Tiefe gewesen und nur durch die von Westen immerfort nachrückende Wassermasse an diesem einseitigen steilen Ufer emporgedrückt worden.

Etwas ganz Analoges zeigte sich zwischen Rhodus und Kleinasien, wo man also auch annehmen kann, daß Tiefenwasser, diesmal aus dem Meere zwischen Kleinasien und dem Nildelta stammend, emporgedrückt wird."

Es bleibt jedoch NATHANSOHN's unbestrittenes Verdienst, die ganze oceanographische, auf botanischer Seite wenig bekannte Litteratur durchgearbeitet zu haben, um von allen Seiten her die Bausteine für eine festere Fundamentierung der die ausschlaggebende Bedeutung von Auftriebströmen für Planktonernährung illustrierenden Beobachtungen herbeizutragen.

Nach allem, was wir vorher gesehen haben, sind ja die oberen 200—400 m die einzigen produktiven Schichten der Weltmeere; hier allein wird die Nahrung für alle tiefere Zonen bewohnenden Organismen bereitet. Diesen Wasserschichten werden also andauernd die zum Aufbau der Zellen, der Wände sowohl wie ihrer Protoplasmaleiber, notwendigen Baustoffe entnommen. Sie müssen demnach schließlich ärmer daran werden. Das geht ja schon daraus hervor, daß die großen Wucherungsperioden der Diatomeen plötzlich wegen Erschöpfung der Nährstoffe ab-

---

1) l. c. Annalen d. Hydrographie etc., S. 2, und Abh. d. Akad., l. c. S. 372.
2) A. PUFF, Das kalte Auftriebwasser etc., l. c. S. 56.
3) K. NATTERER, Chemische Untersuchungen im östlichen Mittelmeer, l. c. S. 70. (Sperrung von mir!)

261

brechen. Ebenfalls ist schon wiederholt dargethan, daß die absterbenden und abgestorbenen Zellen langsam in die Tiefe versinken, daß nicht alle Ueberreste den Grund erreichen, sondern bereits früherer Auflösung anheimfallen (cf. Antarkt. Phytopl., S. 11—13). Es wird also die Summe der den oberen 400 m entzogenen Baustoffe auf alle tieferen Schichten verteilt, ein immerhin sehr ansehnlicher Betrag wird am Meeresboden erst seine einstweilige Ruhe finden. Wo sich nun Verhältnisse derart einstellen, daß Wassermassen der tieferen Schichten nach oben zur Kompensation oberflächlicher Ableitung emporgezogen werden, wie an der südwestafrikanischen Küste, Großen Fischbai etc., oder wo — wie es nach NATTERER für das Ionische Meer und für die vorher erwähnten Stationen der „Valdivia"-Expedition bei Neu-Amsterdam der Fall sein dürfte — durch Konfiguration des Meeresbodens das Wasser eines Tiefenstromes zum Emporsteigen gezwungen wird, da bringt es die in die Tiefe gesunkenen Baustoffe wieder mit an oder dicht unter die Oberfläche empor. Und unter dem Einflusse des Lichtes und der durch solches Auftriebwasser geförderten Ernährung tritt an solchen Orten eine sehr viel stärkere Vermehrung ein, als wie sie ohne den Vertikalstrom möglich sein würde. Derartige Stellen bilden also die Bedingungen für Planktonmaxima.

Andererseits ist an solchen Orten, wo durch Warmwasseranstau eine absteigende Wasserbewegung stattfindet, ungefähr das Gegenteil zu beobachten. Die in tiefere Lagen hinabgedrückten Wassermassen der Oberfläche sind alle gleichmäßig verarmt, und da die Anstatt bewirkende Luftbewegung nur immer weitere Oberflächenschichten zum Ersatz herbeizubringen vermag, die ihrerseits gerade so nährstoffarm sind, so tritt an solchen Orten eine besondere Verminderung des Planktons auf. Der plötzliche Abfall der Volumina in dem Abtriebgebiet der Kamerunbucht trotz der Nähe des Landes ist ein gutes Beispiel; es wurde hier durch die gegen das Land stehende Strömung und Windrichtung immer neues nährstoffarmes Wasser herangetrieben, jeder Zufluß von der nährstoffreichen Küste her aber verhindert.

Da vorher bereits gezeigt worden ist, daß die Thermoisobathen, also die Tiefenlinien gleicher Temperatur, nicht von den Polen gleichmäßig gegen den Aequator hinabsinken, sondern vielmehr etwa von den Grenzen des Tropengebietes (den Roß-Breiten) ab gegen den Aequator hin wieder ansteigen, so ist die größere Planktonmenge in den äquatorialen Oberflächenschichten leicht zu erklären.

Ein nährstoffreiches, kühleres Tiefenwasser befindet sich in nur sehr geringer Entfernung — im Atlantik oft weniger als 50 m — unter der warmen Decke, und da es zum Teil, wie bereits angeführt wurde, zur Kompensation mit in den Oberflächenstrom einbezogen wird, trägt es zu dessen besserer Versorgung mit Nährstoffen erheblich bei. Damit ist die Möglichkeit für eine gegen den Aequator hin ansteigende Planktonmenge gegeben[1]), im Vergleich mit denjenigen Breitengraden, unter denen die Thermoisobathen ihren Tiefstand erreichen. Daß diese letzteren Gegenden gleichzeitig die Orte sind, an denen durch starke Verdunstung die Salinität der Oberflächenschichten zuzunehmen beginnt, und der langsame Abstieg der Wassermassen in dem großen thermischen Gesamtkreislauf seine Anfänge zeigt, kann die Erscheinung der hier herrschenden Planktonarmut nur noch schärfer hervortreten lassen.

Auf der häufig angezogenen Karte XXXIX von SCHOTT sind diese Gebiete als die Stromstillen bezeichnet; es ist im Nordatlantik das durch seine Planktonarmut seit der HENSEN'schen

---

1) Vergl. die oben S. 475, 476 gegebenen Zahlen.

Expedition hinreichend bekannt gewordene Sargassomeer; im Südatlantik fällt von der „Valdivia"-Expedition die besonders arme Station 86 in das Stromstillengebiet, und im Südindischen Ocean entspricht die ebenso arme Station 174 dieser Lage; die weit reicheren Fänge 171/2 müssen zur Zeit unbekannten, vermutlich durch die Bodenkonfiguration bedingten lokalen Verhältnissen zugeschrieben werden.

In der genannten Abhandlung von NATHANSOHN finden sich nun durch genaue Vergleichung der einschlägigen Litteratur einige schwierigere Specialfälle großen Planktonreichtumes auf Auftriebströmungen zurückgeführt. Im Irmingermeer fand die HENSEN'sche-Expedition das größte ihr begegnete Planktonvolumen mit 2410 ccm auf 1 qm Oberfläche bis zu 400 m Tiefe[1]. Irmingersee und der südliche Teil der Davisstraße bilden nach den Angaben von PETTERSSON[2] ein zusammengehöriges Wassergebiet, das im Osten vom Irmingerstrom, im Westen vom Polarstrom umflossen wird. „Zugleich dringt von Südosten her eine breite Zunge salzigen atlantischen Wassers, der westlichste Arm der Golfstromtrift, vor, erst an der Oberfläche, dann als Unterstrom. Durch Kontakt dieser Meeresströmungen mit dem Wasser und Eis des Polarstromes und dem wärmern und salzigern Wasser des Atlantischen Oceans bildet sich ein Mischwasser von einem Salzgehalt zwischen 34 $^0/_{00}$ und 35 $^0/_{00}$, welches das ganze westatlantische Gebiet von der Oberfläche bis zum Grunde füllt." NATHANSOHN[3] fügt hinzu: „Diese Gleichmäßigkeit der Konzentration ermöglicht nun eine thermische Vertikalcirkulation, die sich bis auf den Meeresgrund erstreckt. Das findet in der Thatsache seinen Ausdruck, daß die Temperatur der Oberfläche dieses Gebietes in allen Jahreszeiten fast konstant bleibt." Was für uns das Wesentliche darstellt, ist, daß diese Vertikalcirkulation fortdauernd das nährstoffreiche Grundwasser wieder der belichteten Oberfläche zuführt und damit die große Planktonmenge andauernd mit neuen Nährstoffen versorgt und erhält.

Ein zweiter, bisher schon oft beobachteter, aber noch nicht hinreichend erklärter Fall besonderen Planktonreichtumes liegt, wie oben schon kurz angeführt worden ist, an den Grenzen zweier in entgegengesetzter Richtung aneinander vorbeifließender schneller Meeresströme[4] vor. Die Ströme müssen stets Wasserteile des zwischen ihnen verbleibenden ruhenden Grenzgebietes mit sich reißen und dadurch Kompensationen von unten herbeiführen.

Fließen solche Strömungen nun aber in mehr weniger Nordsüd- oder Südnordrichtung, so gelangen sie durch die Erdrotation und den verschieden großen Abstand der polaren und der äquatorialen Punkte der Erdoberfläche von der Rotationsachse im ersteren Falle in Gebiete mit zunehmender, im anderen Falle in solche mit abnehmender absoluter Bewegung im Raume, während ihnen vermöge der Massenträgheit noch die alte Bewegungstendenz innewohnen muß. Sie werden daher in beiden Fällen die Neigung haben, nach rechts auszuweichen, und eine Erhöhung der rechten Stromseiten muß die Folge sein.

Auf den linken Seiten muß daher zur Kompensation dieses Ueberdruckes ein Wasserauftrieb stattfinden, und das wird je nach ihrer Orientierung entweder zwischen beiden Strömen oder auf ihren Außenseiten der Fall sein.

---

1) F. SCHÜTT, Analytische Planktonstudien, l. c. Tabelle I.
2) O. PETTERSSON, Wassercirkulation im Nord-Atlant. Ocean, l. c. S. 64.
3) A. NATHANSOHN, Abh. Sächs. Akad. d. Wiss., l. c. S. 383.
4) NATHANSOHN, l. c. S. 396 f. — H. MOHN, Strömungen des europ. Nordmeeres, l. c. S. 10. — K. E. V. BAER, Ueber Flüsse und deren Wirkungen. Studien aus dem Gebiete der Naturw., S. 110 ff., St. Petersburg 1873.

Ebenso hält NATHANSOHN [1]) die großen Planktonmengen von der Insel Ascension — die Plankton-Expedition [2]) erhielt hier 680 ccm auf 1 qm — für Folgen eines Vertikalauftriebes, der auch die hier liegende Kälteinsel im Oberflächenwasser bedingen soll — 22° gerade unter 0° Br. —, während SCHÜTT in dem kalten Wasser eines letzten Ausläufers des Benguelastromes die Ursache suchen möchte.

Auch bringt NATHANSOHN für den größeren Reichtum der äquatorialen Breiten, der ja bereits erwähnt und auf seine nächsten Ursachen zurückgeführt ward, Belege aus den Fahrten der Plankton-Expedition (S. 405), des „Challenger" und „Vettor Pisani" (S. 408) nicht nur aus dem Atlantischen Ocean, sondern auch aus dem Pacifik.

Somit sind wir im wesentlichen zu dem Ergebnis gelangt, daß in den vertikalen Strömungen Faktoren vorliegen, welche einen außerdentlich großen Einfluß auf die Verteilung der Planktonmassen ausüben. Aufsteigende Strömungen führen regelmäßig zu einer großen Planktonvermehrung; absteigende sind für die Verarmung in einzelnen Specialfällen als Ursache nachzuweisen, wie auch für den geringen Planktongehalt der ganzen stromstillen Gebiete als in hohem Grade mitverantwortlich zu betrachten.

Die verschiedenen Nährstoffe.

Die befruchtende Wirkung der Auftriebströme legt ja nun Zeugnis dafür ab, daß der Meeresoberfläche irgend ein für die Ernährung des Phytoplanktons notwendiger Bestandteil in zu geringer Menge zur Verfügung steht, als daß ohne Hinzutreten von Küstennähe oder Tiefenauftrieb überall eine gleichmäßig reichliche Planktonmasse gefunden werden könnte. Welcher Nährstoff im Minimum vorkommt, ist jetzt die Frage. Die Hypothese von BRANDT, die dem Stickstoff diese Rolle zuschieben will, ist, wie gezeigt werden konnte, durch die Einwände von NATHANSOHN nicht ohne weiteres widerlegt worden. Die S. 481 erwähnte Angabe von NATTERER, der niemals Salpetersäure, dagegen fast regelmäßig Salpetrige Säure im Tiefenwasser vorfand und deren Aufsteigen mit Tiefenströmen nachweisen konnte, würde zu den neuen Befunden von THOMSEN [3]), daß die im Mittelmeer nachgewiesenen Nitrobakterien nur Nitrite, nicht aber Nitrate zu bilden im stande sind, sogar recht gut passen. Freilich wäre es notwendig, den Nachweis auch für die offene Hochsee zu erbringen.

Von RABEN [4]) ausgeführte Stickstoffbestimmungen für zahlreiche Wasserproben, die periodisch an fest bestimmten Stationen, meist der Oberfläche, entnommen wurden, haben zum Teil relativ ansehnliche Werte für Nitrit + Nitratstickstoff ergeben. Sie sind von besonderem Interesse wegen der sich darin aussprechenden Periodicität, welche aus nachher zu erwähnenden Gründen freilich zunächst noch mit einem gewissen Vorbehalt aufgenommen werden muß. Ich gebe die Resultate für die im jahre 1904 regelmäßig untersuchten Stationen und den Stickstoffgehalt des Oberflächenwassers als Ammoniak und als Nitrit + Nitrat in Milligrammen auf je 1 Liter.

1) l. c. S. 407.
2) F. SCHÜTT, Analytische Planktonstudien, l. c. Tabelle V b. S. 67—70.
3) P. THOMSEN, Vorkommen von Nitrobakterien im Meere, l. c.
4) E. RABEN, Quantitative Bestimmung von Stickstoffverbindungen im Meerwasser, l. c. S. 97. — Ders., Weitere Mitteilungen etc., l. c. S. 282.

Station	Februar		Mai		August		November		Station
	Ammoniak	Nitrit + Nitrat	Ammoniak	Nitrit + Nitrat	Ammoniak	Nitrit + Nitrat	Ammoniak	Nitrit + Nitrat	
					Nordsee.				
1.	0,071	0,168	0,089	0,294	0,075	0,097	0,035	0,047	1.
2.	0,038	0,184	0,060	0,217	0,048	0,084	0,043	0,058	2.
3.	0,036	0,196	0,052	0,288	0,061	0,081	0,029	0,095	3.
4.			0,062	0,195	0,034	0,081	0,028	0,077	4.
5.			0,057	0,254	0,053	0,081	0,022	0,082	5.
6.			0,057	0,260	0,097	0,074	0,036	0,115	6.
7.			0,075	0,175	0,065	0,083	0,028	0,111	7.
8.	0,083	0,239	0,088	0,190	0,051	0,074 (Mittel)	0,029	0,123	8.
9.			0,110	0,207	0,084	0,071	0,120	0,118	9.
10.			0,110	0,152	0,061	0,067	0,042	0,115	10.
11.			0,040	0,224	0,057	0,077	0,036	0,116	11.
12.			0,041	0,233	0,058	0,084	0,043	0,107	12.
13.			0,042	0,185			0,045	0,096	13.
14.	0,059	0,192	0,048	0,168	0,061	0,084	0,042	0,101	14.
15.	0,041	0,316	0,045	0,218			0,045	0,100	15.
					Ostsee.				
1.	0,093	0,152	0,047	0,147	0,064	0,122	0,045	0,068	1.
2.	0,059	0,190	0,050	0,182	0,055	0,097	0,045	0,072	2.
3.	0,040	0,200	0,049	0,160	0,053	0,087	0,042	0,061	3.
4.	0,041	0,210	0,067	0,170	0,047	0,100	0,047	0,064	4.
5.	0,041	0,192	0,063	0,154	0,053	0,106	0,042	0,070	5.
6.	0,062	0,192	0,048	0,178	0,040	0,048	0,042	0,089	6.
7.	0,066	0,210	0,055	0,177	0,055	0,096	0,053	0,063	7.
8.	0,064	0,212	0,060	0,182	0,055	0,094	0,083	0,072	8.
9.	0,085	0,193	0,074	0,165	0,076	0,083	0,055	0,072	9.
10.	0,121	0,196	0,084	0,177	0,051	0,101			10.
11.	0,057	0,194	0,074	0,174	0,069	0,088	0,049	0,073	11.
12.	0,070	0,168	0,064	0,177	0,060	0,091	0,047	0,068	12.
13.	0,084	0,152	0,094	0,169	0,060	0,083			13.

Die Tabellen zeigen, daß fast immer mehr Nitrit- + Nitratstickstoff als Ammoniakstick-stoff vorhanden ist, und daß die Gesamtstickstoffmenge im Winter und Frühjahr doppelt so groß ist wie im Sommer, wo die Vegetation ihren Höhepunkt erreicht. Im November stellt sich in der Nordsee bereits langsam der winterliche Reichtum wieder ein. In der Ostsee dagegen sind einmal die Differenzen zwischen Winter und Frühjahr bereits erheblicher als dort, vermutlich weil ihr flaches geschlossenes Meeresbecken schnellerer Erwärmung fähig ist, daher das Phyto-plankton sich etwas früher zu entwickeln und als Stickstoff zehrenden Faktor bemerkbar zu machen vermag als in der Nordsee, andererseits ist das Stickstoffminimum erst im November erreicht, was mit dem auf Mitte Oktober fallenden Peridineenmaximum [1]) der Ostsee in direktem Zusammen-hange stehen dürfte.

Der gemachte Vorbehalt bezieht sich darauf, daß nach RABEN's [2]) Angabe die Zahlen für Februar und Mai nach einer anderen Methode gewonnen sind als diejenigen für August und November, und daß die Stickstoffwerte des Winters und Frühjahrs eventuell zu hoch ausgefallen sind. Bei den sehr erheblichen Differenzen der Jahreszeiten wird aber wohl auch bei kleinen Abstrichen das Hauptresultat kaum einer wesentlichen Aenderung bedürfen. Ein Stickstoff-

---

[1]) V. HENSEN, Bestimmung des Planktons u. s. w., l. c. S. 71 ff.

[2]) E. RABEN, l. c. S. 279.

minimum im nordischen Hochsommer käme also als Phytoplankton ein-
schränkender Faktor eventuell in Betracht.

Eine Ergänzung zu diesen Daten geben die Kieselsäurebestimmungen desselben Forschers[1],
die aber leider minder vollständig ausgeführt sind. Immerhin läßt sich erkennen, daß das
Maximum gelöster Kieselsäure in Ost- und Nordsee übereinstimmend im August gefunden wird.
In der Ostsee bleibt der hohe Kieselsäuregehalt im Herbste erhalten — da hier ja dann die
Peridineen herrschen — in der Nordsee ist eine Abnahme im November festgestellt, entsprechend
dem (kleineren) Herbstmaximum der Diatomeen. Uebereinstimmend für beide Meere ist im
Februar bis Mai das Kieselsäureminimum gefunden, welches zu dem großen Frühjahrsmaximum
der Diatomeen in direkter Beziehung steht.

Für tiefere Meere als die Nord- und Ostsee wird die Bestimmung der Kieselsäuremengen
noch mit anderen Erscheinungen in Verbindung gebracht werden müssen. Ihr specifisches Gewicht
ist sehr hoch. Die abgestorbenen Zellen, die nicht mehr im stande sind, ein Uebergewicht durch
Lebensvorgänge wieder auszugleichen, werden demnach alsbald zu Boden sinken. Während dieses
Sinkvorganges wird aber von seiten des Meerwassers fortdauernd an der Auflösung der Kieselschalen gearbeitet, und wenn es sich um dünnschalige Formen handelt, wird diese Arbeit auch
von Erfolg begleitet sein. Die Grundproben aus dem tiefen Antarktischen Meere und ihr Vergleich mit dem an der Oberfläche lebenden Plankton legen ja hinreichend Zeugnis dafür ab[2].
Andererseits wird in einer gewissen Tiefe, gleichmäßigen Fall vorausgesetzt, die Summe der
dünnschaligen Rhizosolenien bereits ihrem Auflösungsschicksal verfallen sein. Wenn nun aber
die Gleichmäßigkeit des Falles in einer bestimmten Tiefe durch größere Wasserdichte einen
Aufenthalt erleidet, das Fallen sich also verzögert und die Schalen länger der lösenden Wirkung
ein und derselben Wasserschicht ausgesetzt bleiben, so wird diese Schicht größere Mengen der
Kieselsäure aufnehmen müssen.

Eine solche Fallverzögerung geht regelmäßig in den sogenannten Sprungschichten[3] vor
sich, d. h. denjenigen Schichten, in denen der mehr oder weniger gleichmäßige Temperaturabfall
einen plötzlichen Sprung erreicht. Der Betrag der Temperaturdifferenzen auf je 5, 10 oder 25 m,
der als Schwellenwert für Feststellung einer Sprungschicht gelten soll, wird von den verschiedenen
sonstigen Umständen abhängen müssen; so ist von SCHOTT die Differenz von 2^0 für je 25 m
angenommen. Er findet dann nach den auf der „Valdivia"- und auf sonstigen Expeditionen
gemachten Beobachtungen, daß die Mittellage der Sprungschicht im Atlantischen Ocean
zwischen 25—80 m, im Indischen zwischen 90—140 m und im Stillen Ocean zwischen
110—180 m liegt. An den Grenzen dieser Sprungschichten würden alle zu Boden fallenden
toten Zellen also wegen des Eintrittes in ein dichteres Medium einen längeren Aufenthalt erleiden
müssen, dessen Bedeutung für die Beherbergung von „Dauersporengenerationen" und „Schwebesporen" bereits im Antarktischen Phytoplankton[4] gewürdigt worden ist. Doch auch für die
vermöge höheren specifischen Gewichtes zu Boden sinkenden Nährstofflösungen, z. B. eben der
Kieselsäure, müssen diese Sprungschichten eine zeitweise Ruhelage bedeuten. So erscheint

---

1) E. KARSTEN, l. c. S. 287. Es sind nur die auf die Oberfläche Bezug habenden Zahlen berücksichtigt, da ohne Angabe der
Temperatur resp. Dichteverhältnisse die Zahlen keine Schlußfolgerungen erlauben.
2) G. KARSTEN, Antarkt. Phytopl., l. c. S. 116.
3) G. SCHOTT, Tiefsee-Expedition, Bd. I, l. c. S. 178 ff.
4) G. KARSTEN, Antarkt. Phytopl., l. c. S. 32.

es wohl begreiflich, daß in den Planktonfängen aus dem tropisch Atlantischen Ocean die Beimengung der zur Kompensation in die Oberflächenströme mithineingerissenen tieferen Schichten eine größere Massenentwickelung gestattet, da die Sprungschicht in nur geringem Abstand von der Oberfläche sich befindet, als im Indischen Ocean, wo sie durchschnittlich mehr als 50 m tiefer liegt [1]).

Dafür aber, daß diese angenommene Bedeutung für Ansammlung specifisch schwererer Nährlösungen den Sprungschichten thatsächlich zugeschrieben werden darf, kann ich folgendes Beispiel für das Süßwasserplankton aus dem dänischen Fursee bei Lyngby anführen, das ich der Liebenswürdigkeit des Herrn Dr. WESENBERG-Lund verdanke und mit seiner Zustimmung mitteilen darf, unter ausdrücklicher Betonung, daß er das Ergebnis nur als ein ganz vorläufiges angesehen wissen wolle:

„Das Furseeplankton im September-Monat 1906 bestand ganz hauptsächlich aus *Fragilaria crotonensis* und *Tabellaria fenestrata*. Am 5. Oktober waren die Fragilarien ganz von der Oberfläche verschwunden. Durch horizontale Schließnetzproben in ca. 30 m Tiefe zeigte es sich, daß die Fragilarien aber hier zahlreich standen; an der Oberfläche war damals ein ausgesprochenes *Tabellaria-Melosira*-Maximum vorhanden. — Die Fragilarien in der Tiefe waren hauptsächlich abgestorbene oder absterbende Zellen (wasserhell, ohne Oeltröpfchen und Chromatophoren). Die chemischen Untersuchungen gaben den folgenden Kieselsäuregehalt in g 700:

Tiefe	Temperatur	Kieselsäuregehalt
0 m	12,8 °	0,0016 mg
13 „	12,8 °	0,0011 „
17 „	12,8 °	0,0012 „
20 „	12,8 °	
23 „	9,6 ° } Sprungschicht	
26 „	7,8 °	
30 „	7,4 °	
31 „	—	0,0030 „

Es zeigte sich also, daß 2 1/2mal mehr Kieselsäure in der Wasserschicht mit den abgestorbenen Fragilarien vorhanden war, als in den anderen Schichten. Weil die zahlreichen Bodenproben, die WESENBERG-Lund vom Fursee untersucht hat, nur ganz vereinzelte Schalen von *Fragilaria crotonensis*, dagegen große Mengen von *Melosira*, Stephanodiscen u. a. enthalten, glaubt er, daß die Verhältnisse so zu verstehen sind, daß die abgestorbenen Fragilarien in tieferen Wasserschichten in Auflösung sind, und daß der größere Kieselsäuregehalt des Wassers hier jene Fragilarien als Hauptursache hatte."

So verschieden in vielen Punkten die Meeres- und Seen-Oekologie sein mag, jedenfalls ist uns diese letztere ihrer leichteren Zugänglichkeit halber von höchstem Werte, und die hier völlig exakt nachweisbaren Resultate dürfen unbedenklich mutatis mutandis auch auf die Meeresverhältnisse übertragen werden, wie es in den vorstehenden Ausführungen geschehen ist. Da die Kieselsäure nach den genauen Feststellungen von O. RICHTER [2]) als unentbehrlicher Nährstoff für Diatomeen erwiesen ist, so kann eine zeitweilige erhebliche Verarmung der Oberfläche daran immerhin eine Beeinflussung für das Diatomeenplankton bedeuten.

Von weiteren Nährstoffen käme noch die Kohlensäure in Betracht. NATHANSOHN [3]) weist in seinen Ausführungen auf die verschiedene Bindungsweise der Kohlensäure als den in erster

1) Man wolle dazu die oben S. 475 und 476 gegebenen Zahlen der quantitativen Fänge vergleichen.
2) O. RICHTER, Zur Physiologie der Diatomeen, l. c. S. 16.
3) A. NATHANSOHN, l. c. S. 437.

62*

Linie zu beachtenden Faktor hin. So wichtig das ist, sprechen doch die von BRANDT [1]) angeführten Zahlen für „freie (nicht gebundene) Kohlensäure" mit 2,1—9,2 ccm auf 1 Liter nicht gerade für die Wahrscheinlichkeit, daß Kohlensäure der im Minimum vorhandene Nährstoff sei. Besonders muß doch auch auf die innige stets eintretende Durchmischung des Phyto- und Zooplanktons hingewiesen werden. Daneben ist die stete Kohlensäureabsorption des Neeres aus der Atmosphäre, das Freiwerden von Kohlensäure aus den Ammoniakbindungen durch ihren starken Ammoniakdruck, auf den NATHANSOHN [2]) in anderem Zusammenhange hinweist, zu beachten.

Daß trotzdem hie und da eine relative Kohlensäurearmut auftreten kann, geht freilich aus den starken Veränderungen im Gasgehalt des Neerwassers an Sauerstoff und Kohlensäure hervor, wie sie von PETTERSSON [3]) und von KNUDSEN [4]) verschiedentlich in den nördlichen Neeren festgestellt sind, je nachdem Phytoplankton oder animalisches Plankton die Ueberhand hatte, oder ersteres im Licht oder im Dunkeln vegetierte. „KNUDSEN's Beobachtungen ergeben, daß die Einwirkungen von Plankton auf die Gase des Wassers so bedeutende sind, daß auch im Oberwasser Spuren dieser Einwirkung längere Zeit deutlich bleiben, weil der Austausch mit der Atmosphäre das Gleichgewichtsverhältnis zwischen Sauerstoff und Kohlensäure im Wasser nur langsam wieder herstellt" [5]). Daß nun endlich wärmere Neere absolut kohlensäureärmer sein müssen als kalte, worauf NATHANSOHN [6]) hinweist, läßt ja wiederum den Einfluß der kühlen und gleichzeitig durch die in der Tiefe stattfindenden Zersetzungsvorgänge kohlensäurereicheren Auftriebströme auch für diesen Nährstoff deutlich hervortreten.

Bei dem steten Wechsel aller im Neere vorliegenden Verhältnisse dürfte die bisher wohl immer stillschweigend gemachte Annahme, daß stets ein und derselbe Nährstoff im Minimum vorhanden sei und das Hindernis für ausgiebige Vermehrung bilde, gar nicht zutreffend sein können. Kommt es im Effekt doch schließlich vollkommen auf das Gleiche heraus, ob Nangel an Kohlensäure, Stickstoff, Phosphorsäure, Kieselsäure (für die Diatomeen) oder an anderen notwendigen Baustoffen das Wachstum und Vermehrung hindert. Und ebenso sind Auftriebströme für jeden Nährstoff gleichmäßig geeignet, Ersatz aus der Tiefe zu schaffen. Demnach wird bei unserer noch unvollkommenen Einsicht in den ganzen Komplex der Erscheinungen es dem Thatbestande am besten entsprechen, die Möglichkeit, der im Minimum vorhandene Nährstoff zu sein, jedem der genannten Körper zuzuerkennen, so daß für jeden Einzelfall der Sachverhalt erst festgestellt werden muß. Für die Erreichung weiterer Fortschritte im Erkennen des Zusammenhanges wird es förderlicher sein, alle Möglichkeiten im Auge behalten und nachprüfen zu müssen, als wenn der in bestimmten Fällen etwa erbrachte Nachweis, daß Kohlensäure- oder Stickstoff-Nangel vorgelegen habe, gleich verallgemeinert und als überall gültiges Resultat hingestellt wird.

1) K. BRANDT, Stoffwechsel, Bd. II, l. c. S. 69.
2) l. c. S. 365.
3) O. PETTERSSON, Die hydrographischen Untersuchungen des Nord-Atlant. Oceans 1895—96. PETERMANN's Mitt., Bd. XLVI, 1900, S. 6, 7.
4) Nach den Angaben von PETTERSSON, l. c.
5) PETTERSSON, l. c.
6) A. NATHANSOHN, l. c. S. 441.

Der schlechte Erhaltungszustand des Oberflächenplanktons.

Schon im Antarktischen Phytoplankton [1] mußte auf ein häufiges Vorkommen hingewiesen werden, daß nämlich die obersten 20 m einmal verhältnismäßig planktonarm zu sein pflegen, andererseits die hier gefundenen Zellen einen systrophen Plasmabau besitzen. Dies sollte nach Schimper's Angaben unter niederen Breitengraden nicht zu beobachten sein, und Schimper führt dieses verschiedenartige Verhalten darauf zurück, „daß bei höherer Temperatur das ökologische Lichtoptimum bei höherer Intensität liegt".

Bei weiterem Fortschreiten meiner Untersuchungen ist es mir fraglich erschienen, ob diese Erklärung aufrecht erhalten werden kann. An ganz außerordentlich zahlreichen Stationen findet sich die Bemerkung eingetragen: „Phytoplankton in sehr schlechtem Zustande", und bei genauerer Prüfung ist es bald ersichtlich, daß es besonders häufig die der Wasseroberfläche nächstgelegenen Schichten sind, welche diese Bezeichnung aufzuweisen haben, während in 20—30 m Tiefe der weit bessere Erhaltungszustand oft auch direkt bestätigt wird. So sind die Oberflächenschichten in schlechter Verfassung z. B. an den Stationen: 8, 45, 50, 54, 145, 149, 169, 192, 193, 208, 217, 218, 221, 222, 229, 234, 239, 271. Man sieht, es sind hier nur wenige antarktische Stationen mitgezählt, die Hauptzahl entfällt gerade auf die äquatorialen Gebiete. Die Erscheinung äußert sich hier auch abweichend von dem Befunde, von dem Schimper ausgeht. Der Plasmakörper — und zwar speciell der Diatomeen, weniger der Peridineen — ist kontrahiert und abgestorben. Die Zelle wird, besonders bei den zartwandigen *Rhizosolenia*-Arten, dann wohl in der Regel bald zerbrochen, und das massenhafte Auftreten von *Rhizosolenia*-Bruchstücken ist ja oft genug erwähnt. Andere Zellen, wie *Pyrocystis pseudonoctiluca* und Peridineen, zerbrechen nicht so leicht — es hängt das im wesentlichen natürlich mit der Spröde der dünnen Kieselschalen zusammen, die nur, solange ein turgeszenter Plasmakörper sie aussteift, einigen Widerstand zu leisten vermögen, während die Cellulosemembranen der Pyrocysteen und Peridineen mehr oder minder große Elasticität besitzen, resp. auch Knickungen vertragen, und dadurch vor dem Bruche besser geschützt sind. Immerhin ist aber auch bei ihnen eine Kontraktion oder sonst anormales Verhalten des Plasmaleibes in den oberflächlichsten Schichten häufiger zu beobachten.

So scheint mir die Schädigung der Angehörigen des Phytoplanktons in den Oberflächenschichten eigentlich in den niederen Breiten eine tiefer gehende, in der Regel mit Absterben der Individuen endende zu sein, während die in der Antarktis sich einstellende starke Systrophe durchaus noch nicht tödlich für die Zellen zu sein braucht.

Daß Schimper dies entging, liegt wohl daran, daß in dem gleich nach dem Heraufkommen untersuchten Plankton das tote Material naturgemäß nur mindere Beachtung finden konnte, als die noch lebenden Zellen: bei Durchsuchung des Alkoholmaterials dagegen konnte dieser Umstand kaum übersehen werden.

Die von Schimper gegebene Erklärung des Verhaltens dürfte insoweit richtig sein, daß in der That dem ungeminderten Licht der Oberflächenlage der ganze schädigende Einfluß zugeschoben werden muß. Die Planktonten sind auf das durch einige Meter Wasser durchgegangene gemilderte

---

[1] G. Karsten, Antarktisches Phytoplankton, S. 14—17.

Licht allein abgestimmt, die direkte Insolation an der Wasseroberfläche vermögen sie nicht zu ertragen. In den kalten antarktischen Regionen kann aber auch das direkte Licht die Zellen nicht ernstlich schädigen; sie reagieren durch eine Zusammenlagerung der Chromatophoren darauf, die erst nach längerer Dauer zu einer Gefahr für das Leben der Pflanze werden kann. Dagegen sind die schädigenden Wirkungen der tropischen senkrecht niedergehenden Sonnenstrahlen, wenn sie nicht durch eine hinreichende Wasserschicht abgeschwächt werden, viel größer. Der Plasmakörper kontrahiert sich und muß absterben, wenn es der Zelle nicht gelingt, ihre normale Belichtung in etwas tieferer Lage wieder zu erreichen. — Das scheint mir die Erklärung für die oft so auffallende Schädigung der in den alleroberstsen Schichten des Meeres — speciell des äquatorialen Meeres — enthaltenen Phytoplanktonangehörigen zu sein.

Beziehen wir diese neuen Erfahrungen nun zurück auf die vorher erörterte Ernährungsfrage, so ist daraus zu entnehmen, daß abgestorbene Zellen, von deren Zersetzungsprodukten also auch die lebenden Planktonten Nutzen ziehen könnten, sich auch in den obersten Wasserschichten finden. Freilich werden sich solche abgestorbenen Zellen, wie ihre Bruchstücke nur kurze Zeit an der Oberfläche halten, und diesem Umstande ist es wohl zuzuschreiben, daß sie die Fruchtbarkeit der nächst unter ihnen befindlichen Lagen nicht in bemerkbarer Weise zu beeinflussen vermögen.

Nur ein Bestandteil des Phytoplanktons scheint vorhanden zu sein, dessen Lebensbedingungen die für Diatomeen speciell schädliche Lage direkt in den alleroberstsen Wasserschichten geradezu fordern, die Schizophyceen. In dieser Eigenschaft oder Fähigkeit der Schizophyceen liegt der Grund für ihre früher hervorgehobene Exklusivität. Wo Schizophyceen einmal die Oberhand erlangt haben, kann in der Regel keine andere Klasse von Phytoplanktonten mit ihnen konkurrieren. Sie decken die Oberfläche mit einer gleichmäßigen Schicht und nehmen den darunter liegenden Wasserschichten zu viel Licht, als daß eine regelrechte Planktonflora aufkommen könnte. Ein Beispiel[1]) dafür scheint Station 240 abzugeben, wo einzelne Fänge ausschließlich *Trichodesmium*-Fäden enthielten, in anderen eine ungewöhnlich hohe Lagerung der Elemente der Schattenflora zu Tage tritt, während *Rhizosolenia*- und *Chaetoceras*-Ketten zum großen Teil nur in abgestorbenem Zustande unter der Schizophyceendecke gefunden werden konnten. Aehnlich verhält sich Station 200, wo an der Oberfläche eine dichte Lage von *Katagnymene pelagica* Lemm. ausschließlich vorhanden war, und in 100 m die übrigen Planktonten sich der Mehrzahl nach abgestorben zeigten.

Aus diesem großen Lichtbedürfnisse der Schizophyceen erklärt sich andererseits ihre überaus große Empfindlichkeit gegen Versinken in tiefere Lagen. Ueberall, im Atlantik sowohl wie im Indischen Ocean, sind an Stellen mit vorherrschendem Schizophyceenplankton die tieferen Wasserschichten zwar gefüllt mit den hinabsinkenden Fäden der Oberflächeplanktonten, aber sehr selten werden unter den großen Massen noch lebende Elemente festgestellt. Die Schizophyceen sterben in der Regel bereits in der geringen Tiefe von etwa 50 m durchweg ab. Nur ihre Dauersporen, deren Plasma in einen Ruhezustand eingetreten ist, bleiben auch in größeren Tiefen lebendig; sie sind es, die, vom Boden resp. aus tieferen Wasserschichten aufsteigend, die Vegetation wieder von neuem beginnen lassen können.

----

1) Die gleiche Beobachtung findet sich im Challenger Report, l. c. Narrative of the cruise, Vol. I, 2, p. 544, 545 und 607.

Damit wären die Fragen, die der pflanzengeographischen Bearbeitung des Materials der Deutschen Tiefsee-Expedition sich darboten, wohl sämtlich zur Sprache gekommen. Es schließen einige Beobachtungen an, die das Material in Hinsicht der Entwickelungsgeschichte einzelner Formen und Formenkreise zu machen erlaubte.

b) Botanische Ergebnisse.

„Mikrosporen" bei Diatomeen.

Im ersten Teile dieser Phytoplankton-Untersuchungen, der sich auf das antarktische Phytoplankton bezog, sind Beobachtungen über „Mikrosporenbildung bei Solenoideen" enthalten[1], die bereits vorher in den Berichten der Deutschen Botan. Gesellschaft[2] veröffentlicht worden waren. Diese Mitteilung hat H. Peragallo veranlaßt, sich über die Prioritätsfrage hinsichtlich der Mikrosporenentdeckung und über einige sonstige Punkte meiner Veröffentlichung zu äußern in einer Schrift: „Sur la question des spores des Diatomées"[3]. Ich hatte behauptet, daß erst durch die Mitteilungen von H. H. Gran etwas mehr Klarheit geschaffen sei „darüber, daß diese Mikrosporenbildungen nicht einem krankhaften Zustande entsprechen, wie nach den ersten ungenauen Angaben anzunehmen war, sondern einen bisher noch unbekannt gebliebenen normalen Entwickelungsabschnitt der Planktondiatomeen darstellen".

Demgegenüber weist Peragallo auf einen Satz von Rabenhorst[4] hin, der bereits 1853 das Austreten von mit 2 Cilien begabten Schwärmzellen bei *Melosira varians* beobachtet habe. Diese Tatsache war mir nicht unbekannt, hat doch Pfitzer[5] sie ausführlicher angeführt. Pfitzer führt die Beobachtung Rabenhorst's auf Parasiten zurück, die in der *Melosira* sich entwickelt hätten.

Nachdem die Frage einmal wieder aufgeworfen, war es notwendig, sie zu erledigen. Eine möglichst objektiv gehaltene Darstellung der Reihenfolge und Resultate aller mir bekannt gewordenen neueren Veröffentlichungen über die Mikrosporenbildung bei Diatomeen wird auch den Anteil der einzelnen Forscher zur Genüge erkennen lassen. Es mag dann jeder über die Berechtigung meiner früheren, oben angeführten Beurteilung sich selbst ein Urteil bilden.

Die fragliche Stelle bei Rabenhorst lautet: „Die Zelle schwillt blasenartig auf und wird währenddem von mehr oder minder zahlreichen Brutzellen erfüllt, die, anfangs unregelmäßig gestaltet, später eine regelmäßige länglich-eiförmige Gestalt annehmen. Sobald sie dieselbe erreicht haben, tritt eine Strömung im Lumen der Zelle von der Rechten zur Linken ein, die Mutterzelle spaltet sich, die Bruten strömen aus, in demselben Moment, wo sie austreten, werden an der vorderen lichten Stelle zwei straffe Wimpern sichtbar, zeigen ein leichtes Schwärmen von sehr kurzer Dauer, setzen sich an und erreichen in kürzester Zeit die Größe der Mutterzelle oder überragen dieselbe an Größe. Die Existenz der Mutterzelle hört mit dem Zeugungsakte auf." Dieser Satz ist veröffentlicht 1853; erinnert man sich daran, daß in derselben Zeit die Algen-

---

1) l. c. S. 107.
2) l. c. Bd. XXII, 1904, S. 544.
3) Université de Bordeaux. Soc. sc. d'Arcachon, Station biologique, travaux des laboratoires, T. VIII, 1906.
4) L. Rabenhorst, Die Süßwasser-Diatomaceen etc., Leipzig 1853. S. 3, Taf. X, Suppl.-Fig. 18.
5) E. Pfitzer, Bau und Entwickelung der Bacillariaceen, Bonn 1871. S. 109.

untersuchungen von NAEGELI, THURET, PRINGSHEIM und DE BARY stattfanden, daß also das wissenschaftliche Interesse gerade den Thallophyten zugewandt war, so muß das völlige Unbeachtetbleiben der Mitteilung von RABENHORST besondere Gründe gehabt haben. Es war einmal die ganze Angabe auf eine einmalige, trotz vieler Bemühungen nicht wieder gelungene Beobachtung gegründet; und auch bis zum heutigen Tage hat sie nicht wiederholt werden können. Zweitens ist die Beschreibung des Vorganges trotz ihrer scheinbaren Präcision so ungenau, daß man nicht einmal erfährt, ob die Schwärmer Farbstoff enthielten, also Chromatophoren besaßen oder nicht; drittens widerspricht das Auswachsen der Schwärmer „in kürzester Frist" zur Größe der Mutterzelle oder darüber hinaus jeglicher Erfahrung. Bei sorgfältiger Vergleichung der zugehörigen Figuren scheint mir am wahrscheinlichsten, daß bei der der Beobachtung zu Grunde liegenden Auxosporenbildung das Perizonium platzte; das ausströmende Plasma mit den kleinen Chromatophoren strömte natürlich momentan aus dem Risse heraus, und der Diffusionsstrom täuschte RABENHORST die Bewegung der für Schwärmer gehaltenen Chromatophoren vor. Daraus erklärt sich auch, daß das Schwärmen „von sehr kurzer Dauer" war. Was nun das Auswachsen zur Größe der Mutterzelle betrifft, so wäre dieser Vorgang doch gewiß einer weiteren Figur wert gewesen. Da eine solche leider fehlt, und die Kürze des Textes keinerlei Anhalt gewährt, so kann ich nur eine Vermutung aussprechen, die dahin geht, daß die ins Wasser ausgetretenen Chromatophoren, beim alsbaldigen Absterben sich aufblähend, die ungefähre Größe der Mutterzelle erreichten.

Eine Bestätigung für das Zutreffen dieser Deutung für den ganzen Vorgang findet sich darin, daß RABENHORST die anderen drei Auxosporen von *Melosira varians*, die nichts Derartiges erkennen ließen, ebenfalls mit seinen „Brutzellen" von länglich-eiförmiger Gestalt gefüllt zeichnet; es sind eben die Chromatophoren, die naturgemäß darin enthalten sein müssen. Ein besonderer Grund endlich dafür, diese Angaben von RABENHORST für irrtümlich zu halten, ist jetzt nach Bekanntwerden der Mikrosporen und ihrer Bildung darin gegeben, daß in keinem Falle eine zur Auxospore anschwellende Zelle gleichzeitig zur Mikrosporenbildung schreitet, wie es dort angegeben war. Ein solches Zusammentreffen für ein und dieselbe Zelle müßte nach der heutigen Auffassung ja auch geradezu als widersinnig erscheinen, während alle Beobachtungen übereinstimmend berichten, daß zwar auf dem Höhepunkt der Vegetation, also gleichzeitig, beide Prozesse zu finden sind, jedoch stets an verschiedenen Individuen.

Zu den weiteren Angaben PERAGALLO's möchte ich zunächst bemerken, daß die Anführung von J. E. LÜDERS neben O'MEARA und CASTRACANE dem Irrtume Vorschub leisten möchte, es seien auch von J. E. LÜDERS Angaben über Mikrosporenbildung gemacht. Vielmehr muß demgegenüber festgestellt werden, daß diese ausgezeichnete Beobachterin zuerst die Angaben von SMITH und von HOFMEISTER über Cysten und Sporangialzellen auf ihren wahren Wert zurückgeführt hatte und die Ursachen der Irrtümer darlegte[1]. Mit den phantastischen Angaben CASTRACANE's[2] sich zu beschäftigen, liegt um so weniger Grund vor, als die einzig mögliche Antwort bereits von MIQUEL[3] gegeben worden ist.

---

[1] JOH. E. LÜDERS, Beobachtungen über Organisation, Teilung und Kopulation der Diatomeen. Bot. Ztg., Bd. XX, 1862, S. 41 ff., und vorher Bot. Ztg., 1860, S. 378.

[2] F. CASTRACANE, De la réproduction des Diatomées. Le Diatomiste, T. II, 1893—1896, p. 4 ff. — Ders., ibid. p. 118.

[3] P. MIQUEL, Des spores des Diatomées. Le Diatomiste, T. II, p. 26. — Derselbe, Du rétablissement de la taille et de la rectification de la forme chez les Diatomées. Ibid. p. 61 ff. (speciell p. 97).

Eine unerwartete Hülfe bot sich den Anschauungen CASTRACANE's in einem Artikel von COOMBE [1]) im Diatomiste, und es ist erfreulich, daß man hier endlich die Möglichkeit hat, der Sache näher zu kommen, denn dies ist die erste derartige Veröffentlichung, die von verständlichen Figuren begleitet ist. Der Verfasser erklärt hier, daß CASTRACANE's Angaben über Vorkommen von kugeligen, scharf umschriebenen, endochrom-haltigen Ballen durchaus nicht auf *Melosira varians* allein zutreffen, sondern er besitze gerade 5 oder 6 teils marine, teils Süßwasserformen, die sich in dem beschriebenen Zustande befänden.

Wenn man sodann das vorgebrachte Material würdigt, da ergiebt sich, daß hier zumeist Fälle vorliegen, die verschiedene Entwickelungszustände aus der Auxosporenbildung wiedergeben, daß daneben Cysten von Rhizopoden abgebildet werden mit den erhaltenen Schalen von Diatomeenzellen, deren Plasmakörper verdaut worden ist. Dies letztere Faktum wird vom Verfasser selber angeführt. Daneben liegen dann noch Gruppen von Diatomeen gleicher Art in sehr wechselnder Größe vor, woraus nach keiner Seite hin eine für unsere Frage erhebliche Folgerung möglich ist, und endlich bleibt auf Taf. XII die Fig. 10, deren zugehöriger Text also lautet: „Group of *Navicula radiosa* containing frustules of sizes varying from 65 μ to about 5 μ. — Note. The [2]) open frustule contains two round spores like bodies similar in size and color to those mixed with the minute frustules in the same gathering.“ Die Erklärung dafür ist recht einfach und leicht zu geben. Es liegen *Navicula*-Zellen im Beginne der Auxosporenbildung vor. Die Zweiteilung des Inhaltes ist erfolgt, und die Kontraktion der beiden Tochterzellen zu den innerhalb der Mutterschalen liegenden und diese zum Auseinanderklaffen zwingenden Kugeln ist vollendet; doch ist durch die Präparation die zweite zugehörige Mutterzelle entfernt worden. Vielleicht gehören die im Zellhäufchen sonst verteilten Plasmaballen solchen anderen Mutterzellen an. Daß eine Gallertausscheidung nicht in jedem Falle mit der paarweisen Kopulation der Naviculaceengameten einherzugehen braucht, habe ich bereits früher [3]) nachgewiesen, und somit liegt in dieser als Beweismittel für Castracane-COOMBE einzig übrig bleibenden Figur nichts weiter vor als eine gestörte *Navicula*-Konjugation, deren eine Mutterzelle fortgeschwemmt worden ist.

Im Jahre 1896 veröffentlichte dann G. MURRAY [4]) einen Aufsatz, in dem er für *Coscinodiscus concinnus* und mehrere *Chaetoceras*-Arten Teilung des Zellinhaltes in successive 2, 4, 8, 16 Teile nachwies, die sich abrunden und mit Chlorophyllkörnern wohl ausgerüstete „Mikrosporen“ bilden. Ueber das Vorhandensein und Schicksal des Kernes wird nichts mitgeteilt. Es kamen gleichzeitig Pakete von 8 oder 16 kleineren, mit fertigen Schalen versehenen *Coscinodiscus*-ähnlichen Zellen, die von einer Hüllgallerte zusammengehalten werden, zum Vorschein, von denen MURRAY annehmen möchte, daß sie demselben Entwickelungskreis angehören, obwohl das durchaus nicht bewiesen werden konnte. Was aus den Mikrosporen von *Chaetoceras* wird, bleibt ungewiß.

Eine kurze, auf Beschreibung zweier fast unkenntlicher Tafeln beschränkte Mitteilung von

---

1) J. NEWTON-COOMBE, On the reproduction of the Diatomaceae. Le Diatomiste, T. II, p. 152, und besonders p. 165 ff., PL. X—XIII.

2) Sperrung von mir.

3) G. KARSTEN, Diatomeen der Kieler Bucht, 1899, *Pleurosigma Nubecula* p. 74. Dies., Unters. über Diatomeen, I—III, Flora 1896—1897.

4) GEORGE MURRAY, On the reproduction of some marine Diatoms. (7. Dec. 1896.) Proceedings R. Soc. Edinburgh, 1896—1897, p. 207, PL. I—III.

COOMBE [1]) erweitert die Kenntnisse dahin, daß *Coscinodiscus*-Zellen es nach dem 16er Stadium auch noch durch eine weitere Teilung bis auf 32 Mikrosporen bringen können, deren weiteres Schicksal dunkel bleibt.

Da erschien 1902 die wichtige Arbeit von H. H. GRAN [2]): „Das Plankton des Norwegischen Nordmeeres" und brachte zum ersten Male den wirklichen Nachweis von einer Beteiligung des Zellkernes an der Mikrosporenbildung und der successiven Zerlegung des Zellinhaltes in 128 kleine Zellchen, deren weiteres Schicksal unbekannt bleibt. Die Abbildungen zeigen den Vorgang ganz klar; da sich keinerlei Kontraktion des Zellinhaltes bemerkbar macht, geht für jeden, der die Wirkungsweise von Fixierungsmitteln kennt, unzweideutig hervor, daß keine erhebliche Veränderung gegenüber der Lagerung in der lebenden Zelle vorhanden war. Im folgenden Jahre erscheint die Veröffentlichung von P. BERGON [3]), welcher Mikrosporenbildung bei *Biddulphia mobiliensis* an lebendem Material beobachtete. Eine Durchteilung der Sporen bildenden Mutterzelle soll hier vorangehen und darauf in jeder der beiden durch äußerst dünne, kaum sichtbare Membranen getrennten und gegeneinander abgerundeten Tochterzellen 16 Mikrosporen gebildet werden. Mikrosporen von *Chaetoceras* gelangten ebenfalls zur Beobachtung. Er erwähnt außerdem kleinste, in Paketen zusammengedrängte Zellchen von *Asterionella spathulifera*; der Umriß der Pakete gleicht einem vergrößerten Abguß einer normalen *Asterionella*-Zelle. Diese *Asterionella* ist dieselbe Art, welche, einen Monat später in überwältigender Masse auftretend, die bis dahin vorherrschende *Biddulphia* ablöst.

Im Mai 1903 beobachtete dann wieder H. H. GRAN [4]) bei *Chaetoceras decipiens* an lebendem Material Mikrosporenbildung, stellte darauf an diesem sogleich konservierten Fange die Kernteilung wie die Weiterteilung der Chromatophoren fest: es bleibt einer jeden der schließlich 32 Tochterzellen die normale, feststehende Zahl von Chromatophoren erhalten. Die Mikrosporen haben innerhalb der Mutterzelle „keine eigentliche Membran"; weiteres konnte an dem konservierten Material über die „kleinen Zellen, die wahrscheinlich im nacktem Zustande ausschlüpfen müssen", nicht ermittelt werden. Die von MURRAY und BERGON beobachteten Zellaggregate hält GRAN für „absterbende von Gallerte umhüllte Massen" und meint, sie seien „rein pathologisch zu erklären".

Die zweite, bereits beim Erscheinen der ersten in Aussicht gestellte Mitteilung von BERGON [5]) erschien 1904 und bezieht sich auf Beobachtungen aus dem Winter 1903—1904. Leider fehlt auch hier noch jedwede Textzeichnung oder Tafelbeigabe. Der wesentliche Inhalt der Publikation ist, daß die Beobachtungen des vorhergehenden Jahres bestätigt werden konnten, daß ein Hinausgehen der Mikrosporen über 32 vorkommt, daß die Teilungen auf Karyokinese beruhen, daß sie nicht immer gleichmäßig in allen Tochterzellen stattfinden, und daß die Sporen während des Ueberganges aus dem 16-zelligen in den 32-zelligen Zustand beweglich werden. jede besitzt

---

1) J. NEWTON COOMBE, The reproduction of Diatoms, (10. Oct. 1898.) Journ. R. Microscop. Soc. London, 1899, p. 1, Pl. I—II.

2) H. H. GRAN, Das Plankton des Norweg. Nordmeeres, Report on Norwegian Fishery and marine Investig., Vol. II. No. 5, 1902, 1 Taf.

3) P. BERGON, Note sur un mode de sporulation observé chez le *Biddulphia mobiliensis* BAILEY. Bull. de la Soc. sc. d'Arcachon, 1902, Bordeaux 1903.

4) RÖMER und SCHAUDINN, Fauna arctica, Bd. III, 3. H. H. GRAN, Die Diatomeen der arktischen Meere. 1. Diatomeen des Planktons, Jena 1904.

5) P. BERGON, Nouvelles recherches sur un mode de sporulation u.s.w., wie oben, Bull. d'Arcachon, 1903, Bordeaux 1904.

(meist 2) lange, am Ende etwas aufgeschwollene Geißeln, mit deren Hilfe sie sich in der Mutterzelle herum bewegen, endlich diesen Schutzort verlassen und im Freien umherschwärmen, bis sie sich mit Hilfe einer Geißel an benachbarten Fremdkörpern festsetzen und schließlich zur Ruhe kommen. Was aus den Schwärmern wird, ist unbekannt. Desgleichen fand BERGON einmal in einer *Chaetoceras*-Zelle — Endzelle einer in Mikrosporenbildung befindlichen Kette — 2 sehr kleine Sporen in deutlicher, wenn auch langsamer Bewegung. Sie verließen die Zelle und zeigten sich mit Geißeln versehen, deren Zahl und Natur jedoch nicht genauer festgestellt werden konnten. Endlich beobachtete BERGON noch in einer Zelle von *Ditylium Brightwellii* einmal zahlreiche in lebhafter Bewegung begriffene Körper, die wahrscheinlich Mikrosporen gewesen sein dürften.

Als nächste Veröffentlichung schließt sich dann ein Aufsatz von mir daran[1], der später in fast unveränderter Form in das „Phytoplankton[2] des Antarktischen Meeres" aufgenommen ist. In einer als *Corethron Valdiviae* bezeichneten Art hatte sich reichliche Bildung von Mikrosporen gezeigt, deren Entwickelung an dem vorzüglich konservierten Material in allen Stadien, zum Teil mit Einschluß der karyokinetischen Figuren verfolgt werden konnte bis zu einer Zahl von 128 Tochterzellen, also Mikrosporen. Die Thatsache, daß es gelang, verschiedene Zwischenstadien[3] aufzufinden, welche von diesen Mikrosporen zu den *Corethron*-Zellen zurückleiten konnten, veranlaßte mich, mit aller Reserve den hypothetischen Entwickelungsgang so anzunehmen, daß diese Mikrosporen, aus zwei verschiedenen Mutterzellen zugleich austretend, sich paarweise vereinigen, daß sie also Gameten darstellen. Die Zygoten wachsen heran und bilden bei der Keimung je 2 Tochterzellen. jede Tochterzelle hat 2 Kerne. Einer von ihnen nimmt erheblich an Größe zu und bleibt als Großkern bestehen, der andere schwindet. Sodann bekleidet sich jede Tochterzelle mit einer Schale an demjenigen Ende der langgestreckten Zelle, welches den Großkern enthielt, der jetzt bereits den einzigen Zellkern darstellt. Andere Schale und Gürtelband müssen danach entstehen, die normale Zellgröße durch Auxosporenbildung hergestellt werden.

Im wesentlichen veranlaßt durch die Aufnahme dieser Darstellung in das „Phytoplankton des Antarktischen Meeres", entstand, wie es scheint, die Schrift von H. PERAGALLO[4], die ich bereits am Eingange dieses Kapitels anführen mußte. Ihr weitaus größerer Teil ist der ausführlichen Darstellung der im Vorhergehenden geschilderten historischen Entwickelung der Frage gewidmet, und PERAGALLO kommt zu dem von niemandem bestrittenen Resultat, daß BERGON zuerst am lebenden Objekt die ganze Entwickelung der Mikrosporen hat verfolgen und ihre Bewegungsfähigkeit beobachten können. Zu bedauern bleibt nur, daß es ihm trotz der Gunst der Bedingungen nicht gelang, die Weiterentwickelung festzustellen.

Ob damit nun für alle Mikrosporen bildenden Formen deren Beweglichkeit festgestellt ist, erscheint doch recht zweifelhaft. Die Befunde bei *Corethron* hatten mich jedenfalls veranlaßt, die Bewegungslosigkeit für wahrscheinlicher zu halten, auch nachdem mir der Widerspruch dieser

---

[1] G. KARSTEN, Die sogenannten „Mikrosporen" der Planktondiatomeen und ihre weitere Entwickelung, beobachtet an *Corethron Valdiviae* n. sp. Ber. d. Deutsch. Bot. Ges., 1904, S. 544.

[2] l. c. S. 107.

[3] Die Einzelheiten sind an den genannten Orten leicht einzusehen, so daß ich auf eine Wiederholung hier verzichten darf. PERAGALLO hat mich in seiner gleich genauer zu analysierenden Schrift offenbar mehrfach mißverstanden, wie im folgenden noch erwähnt werden muß.

[4] H. PERAGALLO, Sur la question des spores des diatomées. Soc. scient. d'Arcachon, Année 8, Travaux 1904—05, Toyes 1905.

Annahme zu den Beobachtungen von BERGON bekannt geworden war [1]). PERAGALLO tadelt sodann, daß ich durch Verknüpfung zweier an verschiedenen Fängen festgestellten Thatsachen versucht hatte, die Entwickelung von der Mikrospore zurück zu den Corethron-Zellen zu verfolgen. Mir scheint mit Unrecht. Denn es kam nicht nur darauf an, die Lücken im beobachteten Entwickelungsgang von Corethron zu schließen, sondern die eigenartigen Befunde an den als Zwischenstufen angenommenen Gebilden forderten durch ihre Aehnlichkeiten mit gewissen Entwickelungsstadien der verwandten Desmidiaceen für sich selber eine Deutung. Durch die Verbindung beider Thatsachen und Einreihung in einen und denselben Lebenszirkel konnte die zunächst wahrscheinlichste Lösung der Frage gegeben werden. Selbstverständlich muß man sich des vorerst hypothetischen Charakters dieser Lösung stets bewußt bleiben. Ist es doch auch für weiteres Arbeiten leichter, eine bestimmte Vorstellung zu widerlegen oder zu bestätigen, als ohne eine solche Arbeitshypothese aufs Geratewohl zu suchen.

Wenn ich jetzt nach Durchsprechung der vorliegenden Bemerkungen in der Litteratur auf die Mikrosporenfrage zurückkomme, so muß ich gestehen, daß bei der weiteren Bearbeitung des „Valdivia“-Materials bisher nicht viel Neues dafür gefunden werden konnte. Nur einige über verschiedene benachbarte Fangstationen verstreute Funde von Mikrosporen bei einer, vielleicht auch verschiedenen, nicht näher bestimmbaren Coscinodiscus-Arten liegen vor. Fig. 3 und 4 auf Taf. LIV zeigen das hier in Betracht kommende Material. Fig. 3 läßt an den ziemlich scharfen Umrissen der in Frage stehenden Masse noch erkennen, daß es sich um eine Art von Coscinodiscus oder jedenfalls eine Coscinodiscoidee handeln muß. Die Zelle ist in Tochterzellen zerfallen, und diese liegen in Form kugelrunder Plasmaballen in der langsam mehr und mehr vergallertenden Mutterzellmembran. Die Teilungen sind nicht ganz gleichmäßig erfolgt; die linke Zellhälfte ist gegen die rechte um einen Teilungsschritt im Rückstande. In jeder der 6 zur Zeit vorhandenen Tochterzellen sind aber 2 Kerne im vakuoligen Plasma deutlich sichtbar, ein Zeichen, daß die weitere Zerlegung in noch kleinere Zellen alsbald erfolgt sein würde. — Fig. 4 zeigt ein sehr viel weiter vorgeschrittenes Stadium. In der fast ganz verquollenen Gallerte liegen in 4 Packen je 8 ovale Tochterzellen [2]) noch paarweise geordnet von der letzten jüngst erfolgten Teilung her, die aus 16 Zellchen 32 entstehen ließ. Hier ist meist nur ein Kern deutlich, daß aber die Teilung noch weiter gehen kann, lehrten mich andere aufgefundene Fälle, die mindestens 128 entsprechend kleinere Zellen in der Gallerthülle enthielten.

Mit diesen Ergebnissen ist ja nichts Neues gewonnen; wir haben vorher gesehen, daß MURRAY dieselben Resultate für Coscinodiscus concinnus erhalten hatte. Wenn man aber jetzt zugeben will, daß die Beobachtungen MURRAY's, die zuerst gerade von mir mit großem Miß-

---

1) G. KARSTEN, Antarkt. Phytopl., l. c. S. 111 weise ich in der Anmerkung auf den Widerspruch mit den Resultaten BERGON's hin. Im Übrigen möchte ich, an die Beschwerde PERAGALLO's, l. c. S. 11, daß die Arbeiten BERGON's nicht berücksichtigt seien, anknüpfend, ausdrücklich betonen, daß die Veröffentlichung in einem kleinen Vereinsblättchen nicht zur Verbreitung einer Arbeit dieser Art. So ist das Bulletin d'Arcachon z. B. sogar auf der durch Vollständigkeit bekannten Kgl. Bibliothek in Berlin nicht zu erlangen gewesen. Und wenn die Herren ihre Veröffentlichungen auch dem Referenten des Spezialgebietes in JUST's Botanischem Jahresbericht, damals PFITZER, vorenthielten, so ist eine Klage über Nichtberücksichtigung wenig am Platze. So hätte ich über den Inhalt der Arbeit von BERGON, Études sur la flore diatomique du bassin d'Arcachon etc. (Extrait du Bulletin de la Soc. scient. d'Arcachon 1902, Bordeaux 1903), nichts erfahren können, wenn nicht zufällig durch die Liebenswürdigkeit des Herrn Dr. O. MÜLLER die Schrift mir bekannt geworden wäre.

2) Daß es sich nicht um die in mancher Hinsicht sehr ähnlichen Peridineengallertsporen handelt, geht aus der sehr dünnen Zellmembran hervor, die ich bei jenen stets mehr gequollen und doppelt konturiert angetroffen habe.

Das Indische Phytoplankton nach dem Material der deutschen Tiefsee-Expedition 1898—1899.

497

trauen aufgenommen waren [1]), sich nach und nach bestätigt haben, so darf man auch die weiteren Angaben von ihm einer genaueren Prüfung unterziehen. Da sieht man, daß gleich zu Beginn der Mikrosporenbildung der noch ungeteilte, kontrahierte, ebensowohl wie der in 2, in 8 und in 16 Tochterzellen zerlegte Plasmakörper die Fähigkeit besitzt, sich innerhalb der Mutterzelle, oder aber nach deren Vergallertung in der die 1, 8 oder 16 Tochterzellchen umhüllenden Gallertmasse mit den der Art eigentümlichen Schalen zu umgeben, diese also auf der Plasmaoberfläche auszuscheiden (Textfig. 4). Den vorher erwähnten Einwand GRAN's, daß es sich hier um pathologische, im Absterben begriffene Zellen handle, kann man zugeben, insofern als die 8er und 16er Zellklumpen, der Abbildung nach, in diesem Falle dem Absterben verfallen scheinen. Aber die Frage, wie 8 resp. 16 Zellen gleicher Art und übereinstimmender Größe in die Gallertmasse hinein kommen, ist damit nicht erledigt. Und mir scheint, sie läßt sich kaum anders beantworten als dahin, daß aller Wahrscheinlichkeit nach eine in Mikrosporenbildung begriffene *Coscinodiscus*-Zelle den Ausgangspunkt gebildet hat.

Fig. 4. *Coscinodiscus concinnus*. Packet mit 8 jungen Zellen. 500:1. Nach G. MURRAY.

Sollte sich das bestätigen, so wäre die Fähigkeit dieser Art festgestellt, durch äußere oder innere Faktoren die im Entstehen begriffene oder mehr oder minder vorgeschrittene Mikrosporenbildung zu unterdrücken und jede der bereits vorhandenen Zellen in eine kleinere *Coscinodiscus*-Zelle der betreffenden Species auszugestalten. Welche Einflüsse das sein mögen, läßt sich freilich auch nicht einmal erraten. — Wie aber, wenn dies die normale Entwickelung der Mikrosporen für *Coscinodiscus* wäre?

Vergegenwärtigt man sich, daß die Gattungen und Familien der Grunddiatomeen eine scharf ausgesprochene Sexualität besitzen, die sich nach den Untersuchungen der 90er Jahre des vorigen Jahrhunderts in zahlreichen specifisch verschiedenen Formen [2]) äußert, daß einzelne Arten dann wieder ihre Sexualität verloren haben und apogam geworden sind, daß die ganzen Sexualvorgänge hier mit dem Vorgange der Auxosporenbildung auf das engste verknüpft sind, so tritt die scharfe Scheidung dieser pennaten Formen unseren centrischen Planktonangehörigen gegenüber deutlich hervor. Bei diesen centrischen Planktonformen findet Auxosporenbildung so gut wie bei den pennaten Formen statt, aber jede Andeutung einer Sexualität ist hier geschwunden oder, um keinen mißverständlichen Ausdruck zu gebrauchen, fehlt.

Demgegenüber ist es wahrscheinlich gemacht [3]), daß die centrischen Planktonformen vielleicht mit der Ausbildung von Mikrosporen gleichzeitig ihre Sexualorgane entwickeln. Die von BERGON festgestellte Bewegung der Mikrosporen bei gewissen Formen kann diese Wahrscheinlichkeit nur erhöhen [4]).

1) G. KARSTEN, Diatomeen der Kieler Bucht, l. c. S. 155.
2) H. KLEBAHN, Beiträge zur Kenntnis der Auxosporenbildung, l. c. — G. KARSTEN, Untersuch. über Diatomeen, I—III, l. c. — Ders., *Coranois, Surirella* etc., l. c. — F. OLTMANNS, Algen, Bd. I, 122.
3) G. KARSTEN, Mikrosporen etc., l. c. S. 553, und Antarktisches Phytoplankton, l. c. S. 113.
4) P. BERGON, Nouvelles recherches etc., l. c. p. 7. Es scheint, daß auch BERGON und PERAGALLO Sexualorgane in den Mikrosporen vermutet haben. Wenigstens hat PERAGALLO, cf. l. c. p. 14, nach einer Reduktionsstellung zur Bildung der Mikrosporen

Ebenso wie bei den verschiedenen Formenreihen der pennaten Diatomeen die Sexualität in ganz verschiedener Art und Weise sich Geltung verschafft hat, so kann man mit einigem Recht entsprechende Verschiedenheiten bei den vermuteten Sexualvorgängen der Planktonformen voraussetzen, und wir dürfen besonders annehmen, daß der bei den Grundformen so häufig und in der allermannigfaltigsten Art aufgedeckte Verlust der Sexualität auch bei den Planktonformen wiederkehren wird. — Wäre es nun nicht möglich, daß das von MURRAY beschriebene Verhalten von *Coscinodiscus concinnus*, nach den Ergänzungen, die ich aus der Entwickelung einer wahrscheinlich anderen Art geben konnte, einen solchen Fall von Geschlechtsverlust darstellt, derart, daß die Zerlegung der Zelle in Mikrosporen verschieden weit gedeiht, dann aber die direkte Umbildung dieser Zellen oder Zellchen in kleine *Coscinodiscus*-Individuen erfolgt, deren jedes durch Auxosporenbildung die normale Größe wieder erreichen kann?

Vergleich der centrischen und pennaten Diatomeen zur Klarstellung ihrer Beziehungen zu einander.

So schwach eingestandenermaßen die Fundamente für diesen Gedankengang einstweilen noch sind, so ist damit doch die Möglichkeit gegeben, neue Gesichtspunkte für die ganze Diatomeenkunde zu gewinnen. Ich habe bereits am angeführten Orte in der ersten Mitteilung über die *Corethron*-Mikrosporen darauf hingewiesen, daß die Verwandtschaft der centrischen und pennaten Formen dann eine viel weitläufigere sein möchte, daß beide auf ganz verschiedene Gruppen der Conjugaten hinführen würden.

Eine wesentliche Stütze dieser Anschauung ist darin gegeben, daß Mikrosporen, so oft sie in den letzten Jahren auch beobachtet sind, noch niemals bei einer pennaten Form vorgekommen sein dürften. Der einzige Fall, daß so etwas in der Litteratur erwähnt wird, ist der bei COOKE im Diatomiste, den ich auf die gestörte Auxosporenbildung einer *Navicula* zurückführen konnte.

Daß damit eine erhebliche Differenz zwischen centrischen und pennaten Diatomeen nachgewiesen ist, die eine genauere Untersuchung der sonst bestehenden Unterschiede zwischen beiden rechtfertigt, läßt sich nicht verkennen. Nach der Zusammenstellung von SCHÜTT im ENGLER-PRANTL umfassen die Centricae folgende Familien: Discoideae, Solenoideae, Biddulphioideae und Rutilarioideae. Sehen wir von den letztgenannten, die nur eine einzige lebende Gattung *Rutilaria* umfassen, deren Auxosporenbildung noch unbekannt ist, ab, so steht fest, daß alle daraufhin beobachteten centrischen Formen ihre Auxosporen in der Weise entwickeln, daß eine Mutterzelle aus ihrem gesamten Plasmakörper, der in irgend einer Weise aus den Schalen sich befreit, eine neue vergrößerte Zelle bildet, die, zunächst von einem schwach verkieselten Perizonium umhüllt, in diesem die neuen Schalen eine nach der anderen ausscheidet. Ist die Schalenform wie bei *Gallionella*- und *Melosira*-Arten, vielleicht auch *Coscinodiscus*, eine kugelig gewölbte Fläche, so

gesucht, aber nichts Derartiges nachweisen können. So wenig Beweiskraft auch ein solcher negativer Befund besitzen mag, so ist doch der Hinweis am Platze, daß nach der von mir für *Corethron* vertretenen Auffassung die Kernreduktion, wie bei den Desmidiaceen, erst bei der Zygotenkeimung auftreten sollte, hier aber gar nicht gefunden werden konnte.

wird vielfach die erste Schale der inneren Wölbung des Perizoniums so fest angelegt, daß eine spätere Trennung beider nicht mehr stattfindet. Ob in allen Fällen, wie ich es früher annahm [1], eine unterdrückte Zellteilung dieser Form der Auxosporenbildung zu Grunde liegt, mag dahingestellt bleiben, da kein weiteres Material darüber zur Verfügung steht. Wesentlicher ist es zur Zeit, darauf hinzuweisen, daß **kein Fall einer erheblich abweichenden Form der Auxosporenbildung für irgend eine centrische Art bisher bekannt geworden ist.**

Eine sexuelle Vereinigung zweier irgendwie gestalteter Plasmakörper entfällt hier bei der Auxosporenbildung also ganz. Die Sexualität ist nach den vorher entwickelten Deutungen vielmehr auf einen für die centrischen Formen allein charakteristischen Vorgang, die Mikrosporenbildung, übergegangen. Mikrosporen würden demnach Gameten vorstellen. In vielleicht zahlreichen Fällen sind diese aber nicht mehr in der Lage, ihrer Funktion zu entsprechen, die Formen sind apogam geworden, wofür wahrscheinlich in *Coscinodiscus* ein Beispiel vorliegt.

Ein weiteres für die centrischen Formen charakteristisches Merkmal scheint die Entwickelung abweichend geformter Ruhesporen oder Dauerzellen zu sein. Solche sind bekannt für *Chaetoceras* [2], *Bacteriastrum* [3], *Rhizosolenia* [4], *Lauderia* [5], *Detonula* [6], *Thalassiothrix gravida* [7], *Melosira hyperborea* [8], *Melosira italica* KTZG. [9], und eine entsprechende Rolle spielen in anderen Fällen voraussichtlich auch die als „Winterformen" oder „Dauersporengenerationen" bezeichneten, durch dickere Schalen und deren einfachere Ausgestaltung von den typischen „Sommerformen" oder „Vegetationsgenerationen" unterschiedenen Zellen [10]. Es soll nicht geleugnet werden, daß dies Verhalten ja vielfach sich mit den abweichenden ökologischen Verhältnissen wird erklären lassen, aber es fällt doch auf, daß solche Formunterschiede bei den zahlreichen, aus der Reihe

---

1) G. KARSTEN, Diatomeen der Kieler Bucht, l. c. S. 182 f. Hier findet sich auch S. 185 die Zusammenstellung der bis 1899 beobachteten Fälle von Auxosporenbildung nach diesem als Typus IV aufgestellten Modus. Seitdem sind folgende weitere Fälle gleicher Art zur Kenntnis gelangt: *Melosira granulata* (EHRBG.) RALFS in HOLMBOE, Norske Ferskvandsdiatomeer, 1899; *Rhizosolenia styliformis* BRIGHTW. in H. H. GRAN, Nordmeer, 1902; *Cyclotella bodanica* var. *lemanica* O. MÜLLER in BACHMANN, PRINGSHEIM's Jahrb., Bd. XXXIX, 1903; *Thalassiosira biaculata* (GRUN.) OSTF. in OSTENFELD, Flödes etc., 1903; *Melosira islandica* O. MÜLLER in O. MÜLLER, Pleomorphismus etc., PRINGSHEIM's Jahrb., Bd. XLIII, 1906; *Detonula Schroederi* GRAN in Ha. SCHRÖDER, Vierteljahrsschr. Naturf. Ges. Zürich, Bd. LI, 1906; *Rhizosolenia inermis* CASTR., *Rh. semispina* HENSEN, *Rh. bidens* G. K., *Corethron Valdiviae* G. K., *C. inerme* G. K. in G. KARSTEN, Antarkt. Phytopl., l. c. 1905; *Hemiaulus chinensis* GREV., *Biddulphia mobiliensis* BAIL. und *Rhizosolenia Stolterfothii* H. P. bei J. PAVILLARD, L'étang de Thau etc., l. c. 1905, Pl. II, Fig. 8—11, Pl. III, Fig. 6, 11.

2) Zusammenstellung der zahlreichen Beobachtungen, soweit nordische Formen in Betracht kommen, bei H. H. GRAN, Nord. Plankton, l. c. S. 58—98.

3) H. H. GRAN, ibid., S. 57. und G. KARSTEN, Atlant. Phytopl., 1906, S. 170.

4) V. HENSEN, Bestimmung des Planktons etc., l. c. S. 85, Taf. V, Fig. 38.

5) H. H. GRAN, Planktondiatomeen, Nyt Mag. for Naturv., Bd. XXXVIII, 2, 1900, S. 111, und P. BERGON, Études etc., 1903, Pl. I, Fig. 14.

6) Nach GRAN, ibid., S. 113.

7) H. H. GRAN, ibid., S. 111.

8) H. H. GRAN, Ice-floes etc., l. c. S. 52, Taf. III, Fig. 11—15.

9) O. MÜLLER, Pleomorphismus etc., l. c. S. 75.

10) G. KARSTEN, Antarkt. Phytopl., l. c. 1905, S. 19. — H. H. GRAN, Fauna arctica, l. c. 1904, S. 524 f. Die betreffenden Arten sind: *Rhizosolenia hebetata* BAIL. forma *hiemalis* GRAN und *Rh. hebetata* forma *semispina* HENSEN als Subspecies von *Rhizosolenia semispina* HENSEN, Sodann *Eucampia balaustium* CASTR., *Corethron inerme* G. K., *Chaetoceras criophilum* CASTR. Ein sehr interessanter Fall ist dann noch von P. BERGON, Notes sur certaines particularités etc., Bull. d'Arcachon, 1905, p. 247, leider wiederum ohne Abbildung, mitgeteilt für *Stephanopyxis turgida*. Es bildet sich in der Kette zuerst ein Paar sehr viel dickerer Schalen Rücken an Rücken und durch den nächsten Teilungsschritt 2 weitere Paare, die beiden Grenzzellen mit ungleichen Schalen geben zu Grunde, die beiden mit dicken Schalen versehenen Zellen bleiben als Ruhesporen oder Dauersporengeneration erhalten. Die Zeit des Auftretens ist Oktober-November und Januar in den beobachteten Fällen. Erste Erwähnung und Abbildung bei C. H. OSTENFELD, Jagttagelser etc., l. c., 1901, S. 280, 290.

der pennaten Diatomeen stammenden Planktonten, wie *Thalassiothrix*, *Fragilaria*, *Nitzschia seriata*, *Navicula membranacea* u. s. w., nicht wenigstens in einem Falle auch gefunden worden sind.

Dieser Umstand läßt eine Vergleichung der verschiedenen Art und Weise wünschenswert erscheinen, die man von centrischen und von pennaten Formen für die Herstellung des „Formwiderstandes" verwendet findet. Die in tieferen Lagen schwebenden Discoideen werden hauptsächlich durch Modifikationen des specifischen Gewichtes ihres Zellinhaltes das Uebergewicht ihrer relativ dicken und schon der weiten Bogenspannung nach mit Notwendigkeit fest gebauten Schalen ausgleichen müssen. Das gleiche Mittel wird von der Mehrzahl der pelagischen Naviculaceen und Nitzschioideen zur Anwendung gebracht, jedoch mit der Abänderung, daß bereits der Schalenbau auf das unbedingt nötige Maß an Wandstärke beschränkt bleibt. Man vergleiche z. B. *Navicula pellucida* G. K., *N. oceanica* G. K., *Pleurosigma directum* GRUN., *Scoliopleura pelagica* G. K., *Nitzschia [pelagica* G. K.[1]) =] *oceanica* G. K. und die *Chuniella*-Arten, wie sie auf Taf. XVIII Antarktisches Phytoplankton dargestellt sind, mit anderen Vertretern derselben Gattungen, aber nicht pelagischer Lebensweise. Freilich gehören diese Formen auch demgemäß nicht zum Tiefen-, sondern zum Oberflächenplankton.

Sehr viel ausgiebiger wird in der Familie der Solenoideen von auffälligeren Mitteln zur Erhöhung des Formwiderstandes Gebrauch gemacht. Hier ist es vor allem die Einschiebung ungezählter Zwischenbänder bei den *Dactyliosolen-*, *Lauderia-* etc. und besonders *Rhizosolenia*-Zellen, sodann die Verbindung dieser Zellen zu Ketten, welche die leichtschwebenden Formen auszeichnet. *Corethron* fügt diesen Mitteln die Aussendung zahlreicher langer Borstenhaare hinzu, wobei freilich die Kettenbildung beeinträchtigt wird. Es ermöglicht aber dadurch, wie besonders durch seine Widerhaken eine völlige Verfilzung großer Zellmengen zu schwebenden Verbänden größten Volumens bei äußerst geringfügiger Masse. *Chaetoceras* und *Bacteriastrum* endlich aus der Familie der Biddulphioideen bringen meist unter Verzicht auf die Zwischenbändereinschiebung — von der nur *Peragallia*, eine offenbar nicht häufige Gattung, Gebrauch macht — die Aneinanderreihung der Zellen zu Ketten und gleichzeitig die Aussendung mächtiger weit ausgebreiteter Borstea- und Hörnermassen, die im Wasser allseitig abstehen und häufig durch zahlreiche abgespreizte feine Härchen den Formwiderstand weiter vermehren, das äußerste Maß dessen hervor, was an Abänderung der Ausgangsform zur Erhöhung der Schwebfähigkeit von Diatomeen geleistet worden ist.

Demgegenüber fehlt das Mittel der Zwischenbänder-Einschiebung den pennaten Planktonformen fast gänzlich. Sie erreichen dasselbe Ziel auf ganz anderem Wege, indem bei *Synedra-* und *Thalassiothrix-*Arten, vereinzelt auch bei *Nitzschia* (*N. Gazellae* G. K.) an Stelle der Pervalvarachse die Apikalachse eine entsprechende übermäßige Verlängerung erfährt, wie auf Taf. XVII, XVIII Antarktisches Plankton, Taf. XXX Atlantisches Phytoplankton und Taf. XLVI Indisches Plankton zu ersehen ist. Die Kettenanreihung von Zellen findet sich freilich bei *Fragilaria*-Arten, bei *Navicula membranacea* CL. und bei *Nitzschia seriata* CL. in mehr oder minder ausgeprägter Weise, bei *Fragilaria* bei weitem am vollkommensten vertreten, die Hörnerbildung aber ist den pennaten Formen wiederum völlig fremd.

Dagegen besitzen die *Navicula-* und *Nitzschia-*Arten wenigstens in der Bewegungsfähigkeit ein Mittel, das vielleicht für die Erhöhung der Schwebfähigkeit mit in Betracht kommen kann

---

[1] Cf. G. KARSTEN in Arch. f. Hydrobiologie u. Planktonkunde, Bd. 1, 1906, S. 380, Anm.

Das Indische Phytoplankton nach dem Material der deutschen Tiefsee-Expedition 1898—1899.

501

und den centrischen Planktonformen durchaus abgeht, da ja gerade wie beim Schwimmen von Tieren und Menschen stets neue Wassermassen zum Tragen in Anspruch genommen und die Reibung der Zellen am Medium erhöht werden muß. Diese Fragestellung hatte ich bereits im Antarktischen Plankton [1]) aufgeworfen, und PERAGALLO [2]) hat die Liebenswürdigkeit gehabt, darauf zu antworten und hervorzuheben, daß sowohl die *Chuniella*-Arten, wie die Ketten von *Navicula membranacea* [3]) und *Nitzschia seriata* lebhafte Bewegung bei Beobachtung lebenden Materials zeigen; man wird also das Gleiche für die übrigen Naviculoideen und Nitzschioideen voraussetzen dürfen. Daß damit ein prägnanter Beweis für das Preiseschwimmen (nicht Gleiten) der Diatomeen geliefert ist, mag nur nebenbei erwähnt sein. Als unberechtigt muß ich aber den Einwand PERAGALLO'S abwehren, den er in Bezug auf meine Vergleichung von *Nitzschia seriata*-Ketten mit denen von *Nitzschia (Bacillaria) paradoxa* GRUN. macht. Daß die Zellen auch bei *Nitzschia seriata* CL. zu irgend einer Zeit gegeneinander beweglich gewesen sein müssen, geht ja unzweifelhaft daraus hervor, daß ihre Rücken an Rücken entstandenen Schalen in die bekannte Lagerung verschoben sind, in der nur die Zellenden aneinander haften. Hier scheinen sie dann freilich zu verwachsen, wie aus der mir entgangenen Angabe von PERAGALLO [4]) hervorgeht, daß beim Zerbrechen der Kette ein kleines dornähnliches Fragment der abgebrochenen Schale an der neuen Endzelle resp. Schale haften bleibt.

Machen wir jetzt die Gegenrechnung auf und sehen uns die charakteristischen Abweichungen in der Entwickelungsgeschichte der pennaten Formen den bisher betrachteten centrischen gegenüber genauer an! Mag der letzterwähnte Punkt, der die Dauersporen betraf, hier vorangestellt werden, so sind wirkliche Ruhesporen bei den zu den Pennatae rechnenden Familien der Naviculoideae, Achnanthoideae, Nitzschioideae (inkl. der mit ihnen, nach dem gleichen Raphenbau zu urteilen, näher verwandten Surirelloideae) und Fragilarioideae [5]) nicht bekannt geworden. Nur die sogenannten Craticularzustände [6]) lassen sich ihnen an die Seite stellen, Zustände, welche ihr Charakteristikum darin besitzen, daß um den zusammenschrumpfenden Plasmakörper innerhalb seiner ihn umkleidenden Schalen weitere Schalenpaare nach und nach ausgeschieden werden, deren Ausmaße dem andauernden Zusammenschrumpfen entsprechend stets geringer werden.

Während sodann die Mikrosporenbildung den pennaten Formen gänzlich fehlt, tritt in der Art der Auxosporenentwickelung eine außerordentliche Mannigfaltigkeit auf, im schroffen Gegensatz zu der Einförmigkeit dieses Vorganges bei den Centricae. Wenn ich mich hier, da die Sexualität den wesentlich hervortretenden Zug gegenüber den centrischen Formen bildet, der Auf-

---

1) l. c. S. 22.

2) H. PERAGALLO, Sur la question des spores des Diatomées. Bulletin de la Station biologique d'Arcachon 1904—1905, Tmyes 1906, p. 17 u. 18.

3) P. BERGON, Certaines particularités etc., l. c. p. 253, beschreibt die Bewegung genauer. Er geht dabei von der unrichtigen Voraussetzung aus, daß die Unterlage des Objektträgers notwendig sei, daß also nur die diesen berührende Zelle einer aufgerichteten Kette die Bewegung verursache. Von O. MÜLLER ist (Ortsbewegung, Bd. IV, S. 112) ausdrücklich nachgewiesen, daß eine Unterlage nicht notwendig ist, daß die Bewegung vielmehr frei durch das Wasser hindurch ebensowohl erfolgen könne; es werden daher auch alle 12 Zellen gleichmäßig an der Bewegungsleistung teilgenommen haben.

4) H. et M. PERAGALLO, Les Diatomées marines de France, p. 208. Es ist erfreulich, zu sehen, daß auch PERAGALLO jetzt die Wichtigkeit der Chromatophoren für systematische Zwecke anerkennt, wenigstens geben die neuesten Tafeln dieses Werkes auch die Chromatophoren wieder.

5) H. PERAGALLO, Question des spores etc., l. c. p. 15, erwähnt, BERAUS habe für *Meridion circulare* und eine *Navicula* der Lyratae „statospores« parfaitement endochromées" gefunden. Mangels genauerer Angabe der Veröffentlichung habe ich darüber nichts weiter in Erfahrung bringen können.

6) E. PFITZER, Bacillariaceen, 1871, S. 102 ff. — G. KARSTEN, Diatomeen der Kieler Bucht, l. c. S. 156.

fassung, wie sie OLTMANNS [1]) vertreten hat, anschließe, so lassen sich alle Vorgänge auf den Typus II meiner Bezeichnungsweise [2]) zurückführen, daß nämlich 2 aneinander gelagerte Mutterzellen sich teilen und nach einer weiteren Kernteilung in jeder der 4 Tochterzellen diese wechselseitig verschmelzen lassen. So entstehen jedesmal 2 Zygosporen oder Auxosporen, die beträchtlich heranwachsen, von ihrem schwach verkieselten Perizonium umhüllt. Nach Erreichung ihrer definitiven Größe werden nacheinander die beiden Schalen auf der Oberfläche des ein wenig kontrahierten Plasmakörpers abgeschieden, und alsdann schlüpft die erste Zelle einer größeren neuen Generation aus jeder der beiden Zygoten hervor, indem sie das, meist bereits an beiden Scheitelwölbungen vergallertende, Perizonium vollends durchbrechen. Besondere Aufmerksamkeit verdient die doppelte Kernteilung [3]) in den beiden Ausgangszellen, in der, obgleich bei der Schwierigkeit der Objekte ganz klare Resultate noch nicht erreicht werden konnten, doch zweifelsohne eine Reduktionsteilung erblickt werden muß, wie sie den Sexualakten vorangeht. So sieht man in jedem der 4 zusammenlagernden Gameten nach erfolgter zweiter Teilung des Kernes je einen langsam zum Kleinkern degenerieren, der alsbald völlig zu Grunde geht, während der andere, der Großkern, als Sexualkern auftritt und nach paarweiser Vereinigung der einander gegenüberliegenden Plasmaballen mit dem entsprechenden Großkern verschmilzt. Dieser ganze Vorgang ist also für die Auxosporenbildung der pennaten Formen typisch. Eine bei *Surirella* [4]) sich findende Abweichung (von mir l. c. als Typus III bezeichnet), besteht darin, daß die Kernteilungen zwar ebenso verlaufen, aber die Zerlegung jeder Mutterzelle in 2 Gameten unterbleibt; es wird schließlich nur einer der Kerne Großkern, die übrigen 3 degenerieren. Demgemäß stellt jede Mutterzelle in ihrer Totalität einen Gameten dar, und es resultiert nur eine Zygospore. Aehnlich verhält sich *Cocconeïs*, mit dem Unterschiede, daß die zweite Kernteilung ausfällt, also nur ein Großkern und ein Kleinkern in jeder je einem Gameten entsprechenden Mutterzelle gebildet werden. Mit *Cymatopleura* setzt dann eine trotz völlig gleichen Anfanges anders auslaufende Auxosporenbildung ein, insofern als die Verschmelzung der Gameten unterbleibt; jeder austretende Plasmakörper wächst für sich allein zu einer Auxospore aus, die Gattung ist apogam geworden.

Vereinzelte Fälle von Apogamie finden wir mit sehr verschiedener Abstufung in fast allen Familien der pennaten Diatomeen. Für die Achnanthoideae wäre *Achnanthes subsessilis* [5]) mit geschwächter Sexualität zu erwähnen, bei der die beiden nach Typus II gebildeten Gameten derselben Mutterzelle sich zu einer Auxospore vereinigen, für die Nitzschioideae außer der bereits genannten *Cymatopleura* noch *Nitzschia paradoxa* [6]), welche einen unterdrückten Teilungsvorgang freilich noch in ihren Chromatophoren erkennen läßt, aber ohne Aneinanderlagerung zweier Zellen den ganzen Inhalt einer Mutterzelle zu einer Auxospore auswachsen läßt.

Während nun für diese frei beweglichen Zellen, welche also die Vereinigung zweier Zellen durchweg gestatten würden — auch *Cocconeïs* ist frei beweglich, wie gegenteiligen Angaben gegenüber noch einmal festgestellt sei, da es auf seiner Unterschale, die dem Substrat

1) F. OLTMANNS, Morphologie und Biologie der Algen, Bd. I, 1904, S. 122 ff.
2) G. KARSTEN, Diatomeen der Kieler Bucht, l. c. S. 184.
3) H. KLEBAHN, *Rhopalodia* etc. PRINGSH. Jahrb., Bd. XXIX, 1896, S. 615. — G. KARSTEN, Diatomeen, I—III. Flora, 1896—1897, Ergänzungsbd., und Diatomeen der Kieler Bucht, 1899.
4) G. KARSTEN, Auxosporenbildung von *Cocconeïs*, *Surirella* und *Cymatopleura*, Flora, 1900, S. 253.
5) G. KARSTEN, Diatomeen der Kieler Bucht, l. c. S. 43.
6) Ibid. S. 125.

anliegt, mit typischer Naviculaceenraphe ausgerüstet ist — ein Grund des Auftretens von Apogamie durchaus nicht ohne weiteres zu erkennen ist, liegen die Verhältnisse etwas anders für die Familie der Fragilarioideae. Die Angehörigen dieser Familie entbehren durchweg der Beweglichkeit; ob sie früher beweglich gewesen, wie bereits vermutet worden ist [1], läßt sich nicht genau feststellen. Jedenfalls lernten wir ja in *Fragilaria*, *Synedra*, *Thalassiothrix* wichtige Mitglieder des Phytoplanktons kennen. Wie mögen sie sich in Bezug auf die Auxosporenbildung verhalten?

Beginnen wir mit *Synedra* [2], so ist nur für *Synedra affinis* Auxosporenbildung in der Weise beobachtet, daß die Zellen sich teilen und jede Tochterzelle zur Auxospore auswächst, eine zweite Teilung des Kernes läßt sich häufiger nachweisen, die dann aber durch Verschmelzung der beiden Kerne, ohne weitere Spuren zu hinterlassen, zurückgeht. Danach ist also diese Form apogam geworden, während sie noch deutlich auf eine früher nach Typus II verlaufende Bildungsweise hinweist. Bei den Tabellarieen ist *Rhabdonema arcuatum* [3] untersucht; es stimmt mit *Synedra* überein, nur war die 2. Kernteilung nicht mehr nachzuweisen. *Rhabdonema adriaticum* [4] geht noch einen Schritt weiter zurück; es stößt einen der beiden Tochterkerne aus dem Plasmakörper aus und entwickelt aus der ganzen Mutterzelle nur eine Auxospore. Ferner ist *Meridion circulare* [5] beobachtet, doch findet sich darüber nur die kurze Angabe, daß aus zwei Mutterzellen durch Konjugation zwei Auxosporen entstehen. Endlich giebt es eine ältere Angabe über das Verhalten von *Eunotia (Himanthidium)* [6], nach der sich diese Gattung etwa wie *Cocconeis* oder *Surirella* verhalten dürfte. Bei den großen Differenzen, die schon innerhalb einer Gattung vorkommen, ist also ein Schluß auf die Form der Auxosporenbildung für *Tabellaria*, *Grammatophora*, *Striatella*, *Licmophora*, *Climacosphenia*, *Thalassiothrix*, *Asterionella*, *Diatoma*, *Plagiogramma*, *Fragilaria* u. s. w. nicht möglich. Immerhin bestätigen die wenigen Angaben, die vorliegen, bereits, daß einmal die Zurückführung der Auxosporenbildung für einige Arten auf den für alle pennaten Formen zu Grunde liegenden Typus II geboten ist, daß zweitens noch weitergehende Reduktion eine Form des Vorganges bewirkt hat, die man ohne genauere Kenntnis der Entwickelung geneigt sein möchte, dem bei den centrischen Arten herrschenden Typus IV zuzurechnen, daß ferner außer diesen apogam verlaufenden Fällen ältere, zum Teil unkontrollierbare Angaben über einige vielleicht mit Sexualität verbundene Auxosporenbildungen berichten. Also nur die Fragilarioideae könnten vielleicht noch Ueberraschungen bereiten, doch darf man annehmen, daß auch solche Fälle, wie derjenige von *Rhabdonema adriaticum*, bei genauer Beobachtung auf Typus II sich werden zurückführen lassen. Jedenfalls fehlt jede Angabe über etwaige Mikrosporenbildung.

Somit gelangen wir zu dem Schlusse, daß die centrischen und pennaten Diatomeenformen, abgesehen von den Verschiedenheiten ihrer Umrißform, ihres Bauplanes, ihrer mangelnden oder vorhandenen Bewegungsfähigkeit, oder doch solcher Organe, die für zur Zeit nicht mehr funktionsfähige frühere Bewegungsorgane gelten können, so tief greifende Differenzen in ihrer

1) G. KARSTEN, Diatomeen der Kieler Bucht, l. c. S. 178.
2) G. KARSTEN, Diatomeen der Kieler Bucht, S. 25.
3) Ibid. S. 32.
4) Ibid. S. 33.
5) L. E. LÜDERS, Organisation, Teilung und Kopulation der Diatomeen, l. c. S. 57.
6) THWAITES, On conjugation in the Diatomaceae, Ann. and Mag. of Nat. History, Ser. 1, Vol. XX, 1847, p. 343. Pl. XXII, Fig. 2—5, wiederholt in W. SMITH, Synopsis, l. c. Taf. D, Fig. 380.

64*

ganzen Entwickelung, sowohl der Auxosporen wie der Sexualorgane aufweisen, daß sie in zwei scharf zu trennende Unterklassen zn zerlegen sind,
die auf zwei verschiedene Zweige der Conjugatae zurückgeführt werden
müssen, die Pennatae auf die Mesotaeniaceae oder deren Vorgänger, die Centricae auf die Desmidiaceae oder frühere ihnen ähnelnde Formen[1]).

Taf. LIV, Fig. 3.   Verquellende Discoideenzelle in Mikrosporenbildung. (500:1) 333.

Fig. 4.   Weiter vorgeschrittener Zustand mit 32 Mikrosporen. (500:1) 333.

Zur Phylogenie der Gattung *Rhizosolenia*.

Die zahlreichen Arten dieser großen Gattung sind von H. Peragallo[2]) nach der Struktur
ihrer Gürtelbänder in 3 verschiedene Sektionen eingeteilt. Die Annulatae haben ringförmige
Zwischenbänder, jedes von der Länge des Zellumfanges; die Squamosae besitzen einzelne
Schuppen, deren stets zahlreiche auf einen und denselben Querschnitt gehen, die Genuinae solche,
von denen meist nur 2 — höchstens 4 — auf dem gleichen Querschnitt sich finden[3]). Bei
diesen letzteren gehen die Schuppen demgemäß fast um den ganzen Zellumfang herum, cf. die
Tafeln X, XI, XXIX, XLI, XLII, bei jenen bedeckt jede nur einen entsprechend kleineren Teil des
Umfanges, cf. Taf. XI, XXIX, XXX, XLI, XLII. Da ist es sehr auffallend, daß Gran bei
Beobachtung der Auxosporenbildung von *Rhizosolenia styliformis*[4]) feststellen konnte, daß bei
dieser zu den Genuinae gehörigen Art die erste Schale trotzdem nach dem Bauplan der Squamosae zusammengesetzt war. Erst die weiter folgenden Schalen zeigten den normalen Bau der
Genuinae. Weitere Angaben über ähnliches Verhalten von *Rhizosolenia*-Auxosporen liegen bisher
nicht vor (Textfig. 5).

Wie nun bei höheren Pflanzen vielfach beobachtet werden kann und ganz allgemein
angenommen wird, wiederholen die Jugendstadien Entwickelungszustände, die in der Stammes-
geschichte mehr oder minder weit zurückliegen und aus den weiter folgenden Stufen des Einzel-
entwickelungsganges völlig verschwunden sind. Eins der bekanntesten Beispiele sind die ersten
doppelt gefiederten Blättchen, welche gleich nach den Kotyledonen der phyllodinen *Acacia*-Arten
Australiens auftreten, während die Folgestadien keine Spur mehr davon erkennen lassen. Die
Abstammung der phyllodinen Arten von solchen, die doppelt gefiederte Blättchen besaßen, geht
daraus hervor.

Aller Wahrscheinlichkeit nach wird man mit gleicher Berechtigung folgern dürfen, daß
die squamosen Gürtelbänder der ersten Auxosporenschale einem früheren Zustande der *Rhizosolenia*

---

[1]) Dieses Kapitel war im wesentlichen im August 1906 fertiggestellt und führt die bereits im Antarktischen Phytoplankton
S. 113 ausgesprochenen Gedanken über die Notwendigkeit einer Trennung der Diatomeen, ihrer verschiedenen Abstammung gemäß, in
zwei Unterklassen genauer aus. Gerade vor Absendung des M.S. erhalte ich noch eine Veröffentlichung von H. Peragallo: Sur
l'évolution des Diatomées, Soc. scient. d'Arcachon, T. IX, 1906, p. 110, in der ganz ähnliche Folgerungen gezogen werden, obgleich
der Verf. von ganz anderen Gesichtspunkten ausgeht und die Entwickelungsgeschichte völlig unberücksichtigt läßt. Es ist erfreulich,
eine auf anderem Wege erhaltene Bestätigung seiner Anschauungen zu vernehmen. Eine mir zugeschriebene Behauptung möchte ich
aber nicht unwidersprochen lassen. S. 117 übersetzt Peragallo einen Satz aus den „Diatomeen der Kieler Bucht", S. 145: „Le type
excrochromatique, en tout cas, ne constitue pas un type inférieur etc.", während es, sinngemäß übersetzt, heißen müßte: Le type excrochromatique ne constitue pas en tout pas un type inférieur etc., was, wie leicht ersichtlich ist, einen erheblich verschiedenen Sinn ergiebt.

[2]) H. Peragallo, Monogr. du genre *Rhizosolenia*. Diatomiste, T. I, p. 79—82, 99—117, p. 108, Pl. I—V.

[3]) Vergl. dazu G. Karsten, Antarkt. Phytoplankton, l. c. S. 94.

[4]) H. H. Gran, Norw. Nordmeer, 1902, S. 173.

styliformis entsprechen. Das heißt mit anderen Worten, daß die Vorfahren von *Rhizosolenia styliformis* squamosen Bau besaßen.

Somit muß man annehmen, daß die Squamosae einen älteren Typus der Gattung *Rhizosolenia* darstellen als die Genuinae, daß diese in der phylogenetischen Entwickelungsreihe jünger und wohl den herrschenden äußeren Verhältnissen besser angepaßt sein dürften.

Da ist es denn interessant, zu sehen, daß vielen *Rhizosolenia*-Formen sowohl eine squamos, wie eine „genuin" gebaute Form entspricht, die teilweise geographisch getrennt vorkommen, teilweise aber auch am gleichen Standorte untereinander gemengt sich finden. Das erstere ist bei der im Indischen Ocean häufigen squamosen *Rhizosolenia amputata* Ostf. verwirklicht, welcher im Atlantischen Ocean die ihr ohne eingehende Untersuchung völlig ähnelnde *Rhizosolenia stricta* G. K. von genuinem Bau entspricht. Taf. XXIX, Fig. 11 stellt *Rhizosolenia stricta* dar, mit der man Taf. XLII, Fig. 2 vergleichen wolle, die *Rhizosolenia amputata* wiedergiebt.

Ebenso sind *Rhizosolenia alata*, genuin gebaut, und *Rhizosolenia africana*, von squamosem Bau, einander entsprechende Formen, *Rhizosolenia similis*, squamos, und *Rhizosolenia styliformis*, genuin; in diesen beiden Fällen kommen die Parallelformen neben- und durcheinander im Indischen Ocean vor.

Lassen wir die anderen Formen, deren Auxosporen nicht bekannt sind, beiseite und halten uns an *Rhizosolenia styliformis*, so wird es nicht allzuweit gefehlt sein, anzunehmen, daß die *Rhizosolenia similis* den Vorfahren von *Rhizosolenia styliformis*, von welchen die squamose Erstlingsschale in ihrem Entwickelungsgange erhalten blieb, ähnlich sehe. Während nun *Rhizosolenia styliformis* zu den häufigsten Arten überall und so auch im ganzen Indischen Ocean gerechnet werden kann, ist *Rhizosolenia similis* sehr viel seltener und nur in einigen Fängen an der afrikanischen Küste nachgewiesen worden. Vielleicht wird sich bei weiterer Beobachtung dieser Befund als allgemeiner gültig herausstellen. Man würde damit einen Fall gefunden haben, in dem die Verdrängung einer älteren Art durch eine jüngere, ihr im Bautypus überlegene nachweisbar wäre. Worin freilich die Ueberlegenheit besteht, ob in dem festeren Gefüge weniger mit langen Randstrecken aneinander gefalzter Schuppen, gegenüber dem Aufbau aus sehr zahlreichen einzelnen Schuppenstücken, läßt sich nur vermuten, wenn man es auch aus der Thatsache, daß diese Falzstellen die schwachen Punkte im Rhizosolenien-Aufbau sind[1]), mit einer gewissen Wahrscheinlichkeit ableiten dürfte. — Ob sich vielleicht bei weiterer Kenntnis der Auxosporenbildung der Parallelformen eine von der im systematischen Teil[2]) gegebenen, immerhin schematischen Einteilung abweichende, natürlichere Anordnung ergeben wird, mag hier nur angedeutet sein.

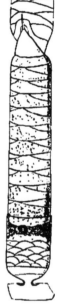

Fig. 5. *Rhizosolenia styliformis* Brtw. Zelle nach der Auxosporenbildung. Die Mutterzelle ist nur noch als ein Bruchstück vorhanden (unten), die Auxospore hat sich schon wenigstens 2 Mal geteilt. 225 : 1. Nach H. H. Gran.

---

1) Cf. Antarkt. Phytoplankton, S. 11 u. 12, und hier S. 509.
2) Cf. oben S. 375 ff.

Giebt es Diatomeenzellen, die andauerndes Schalenwachstum besitzen?

Die eigenartigen Wachstumsverhältnisse der Diatomeen [1] gestatten ihren Zellen bekanntlich nur eine Zunahme in Richtung der Pervalvarachse [2]. Es können sich demnach die beiden Schalen einer Zelle sehr wohl voneinander entfernen, die Gürtelbänder halten mit dem Zuwachs der Zelle Schritt und sorgen für ihre stete Umkleidung. Eine Vergrößerung der Schalen dagegen ist — darüber ist man wohl allgemein einig — im allgemeinen ausgeschlossen. Vielmehr müssen sich von einer Teilungsgeneration zur nächsten die Schalendurchmesser verringern, und zwar jedesmal um die Dicke der Schalenwand, da ja die Unterschale in die Oberschale eingepaßt ist, wie der Schachtelboden in ihren Deckel. Wie die Zellform im übrigen beschaffen ist, ob ihr Querschnitt in der Transapikalebene elliptisch, kreisrund oder viereckig, oder sonstwie gestaltet sein mag, das alles ändert an dem Wachstumsgesetze nichts.

Gelegentlich einer Besprechung [3] der bis dahin bekannt gewordenen Fälle von Auxosporenbildung suchte ich dies allen anderen Pflanzen gegenüber abweichend erscheinende Wachstumsverhalten durch den Hinweis dem Verständnisse näher zu bringen, daß eine jede wachsende Pflanzenzelle rings von gleichalterigen Membranstücken umgeben sei, während z. B. bei einer *Nitzschia* oder *Navicula* ein Wachstum in Längsrichtung der Schalen die gemeinsame und gleichmäßige Verlängerung einer älteren und einer jüngeren Schale voraussetzen müßte.

Im Zusammenhange mit dieser hier wohl zuerst betonten Differenz erscheint es plausibel, daß die Discoideen und vor allem die Solenoideen, deren Pervalvarachse länger zu sein pflegt, als die beiden übrigen Zellachsen, auch recht erhebliches Längenwachstum besitzen und stets unter die längsten Diatomeenzellen rechnen.

Die in der Ueberschrift des Kapitels gestellte Frage würde nun den Nachweis verlangen, ob etwa eine derartige Zelle auch im stande wäre, außer in Richtung ihrer Pervalvarachse sich zu strecken, eine Dehnung in Richtung ihres Querdurchmessers vorzunehmen. Sieht man sich die Zellformen daraufhin genau an, so erscheinen überall die Schalen als festgeschlossene Gebilde, die die Möglichkeit einer nachträglichen Vergrößerung ihres Durchmessers, oder bei nicht centrischen Formen eines der Durchmesser, als ausgeschlossen erscheinen lassen. Nur eine Form ist davon auszunehmen: *Rhizosolenia robusta* NORMAN.

Die Form ist in temperierten und tropischen Meeren sehr verbreitet, sie findet sich dargestellt [4] im Atlant. Phytoplankton, Taf. XXIX, Fig. 10, und hier Taf. LIV, Fig. 2.

Sie erreicht durch Aneinanderreihung ihrer ringförmigen Zwischenbänder, deren Treffpunkte häufig gerade in der konkaven Wölbung der Zelle liegen und dadurch schwer kenntlich werden, — jedoch auch an jeder anderen Stelle des Umkreises vorkommen zu können scheinen, — recht erhebliche Länge. Formen jeder beliebigen Größe finden sich nebeneinander fast bei jedem Auftreten.

Abweichend von allen anderen *Rhizosolenia*-Arten ist die Form und der Aufbau der Schalen. Schon bei den jüngsten, mit nur sehr wenig zahlreichen Ringen ausgestatteten Individuen ist

---

[1] E. PFITZER, Bau und Entwickelung, l. c. S. 21.
[2] O. MÜLLER, Achsen, Orientierungs- und Symmetrieebenen, l. c. Vergl. auch OLTMANNS, Algen, I, l. c. S. 93.
[3] G. KARSTEN, Auxosporenbildung der Diatomeen. Biolog. Centralbl., Bd. XX, 1900, Heft 8, S. 263.
[4] Vergl. im übrigen H. PERAGALLO, Monogr. du genre *Rhizosolenia*, l. c. p. 109, Pl. II, Fig. 1; Pl. III, Fig. 1—3. — Ders. in Diatomées marines de France, Pl. CXXIII, Fig. 1 u. 2, bisher ohne Text. — H. H. GRAN, Nord. Plankton, l. c. S. 50, Fig. 57.

stets eine Gliederung der Schalen in Teilstücke kenntlich, die, von einer mehr oder minder breiten Grundfläche ausgehend — dem Ansatz des Gürtels — nach der Zellspitze hin sich stetig verjüngen und am Scheitel unter dem Ansatz des Endstachels alle zusammenlaufen. Es wären also, wenn einmal von der bei der Mehrzahl der Individuen vorhandenen Schalenkrümmung und -wölbung abgesehen wird, diese Teilstücke lauter gleichschenklige Dreiecke mit sehr schmaler Grundfläche im Verhältnis zu ihrer bedeutenden Höhe. Die Grenzlinien dieser Dreiecke gegeneinander unterscheiden sich in nichts, soweit ich sehen kann, von den Grenzen der Gürtelringe gegeneinander. Beide haben auch das gemein, daß neue Gürtelringe andauernd eingefügt werden, und daß, nach dem Anschein und Befund der Individuen verschiedenster Größe zu urteilen, dasselbe mit den beschriebenen dreieckigen Schalensektoren der Fall ist. Man findet, und zwar regelmäßig in der Linie, wo die Ringenden des Gürtels aneinander stoßen, auch in den Schalen Grenzlinien vor, die nicht bis in die Spitze der Schale reichen. Das ist nicht etwa eine vereinzelte Beobachtung, sondern ein Vergleich des vorliegenden Materials wird sowohl an den recht guten Abbildungen von PERAGALLO, wie an denen von GRAN diese Thatsache erkennen lassen, und zwar stets in den Fällen, welche die Gürtelbandringe auf der hohen Kante der im Querschnitt elliptischen Zelle zusammentreffen lassen. Die von mir gegebene Zeichnung dagegen (Atlantisches Phytoplankton) führt diese Linie auf der konkaven Seite, und infolge davon ist auch an der Schale von derartigen nicht durchgeführten Grenzlinien nichts zu bemerken.

Auch die bereits häufiger angeführte Arbeit von BERGON[1]) bringt einige Details über die Schale von *Rhizosolenia robusta*. Er beobachtete die Neubildung von Schalenpaaren innerhalb des Gürtelbandes der Mutterzelle und konnte feststellen, daß zu einer Zeit, wo die jungen Schalen zwar noch lange nicht ausgewachsen, aber doch bereits mit Kieselsäure imprägniert waren, die charakteristischen Längslinien noch nicht sichtbar waren. Nun giebt er aber ferner an, daß diese jungen Schalen noch biegungs- und faltungsfähig waren, sie dürften also noch weiche, plastische Konsistenz besessen haben. Ganz dasselbe ist ja nun auch in den zahlreichen Fällen der Solenoideen zu beobachten, bei *Dactyliosolen-*, *Guinardia-*, *Lauderia-*, *Rhizosolenia*-Arten, daß die jüngst zuwachsenden Ränder des Gürtels ihre Schuppengrenzen und deren etwaige Strukturierung nicht deutlich hervortreten lassen, daß diese vielmehr erst kenntlich werden, nachdem sie bereits eine gewisse Entfernung von dem sie umhüllenden Gürtelbande der älteren umfassenden Schale erreicht haben, cf. Taf. XLI, Fig. 11 b. Somit wird hier wohl das gleiche Verhalten vorausgesetzt werden dürfen. Auf die Differenzen in der Stachelanlage, die BERGON zwischen dieser Form und *Rhizosolenia setigera* festgestellt hat, ist bei anderer Gelegenheit noch zurückzukommen, nur mag gleich hier erwähnt sein, daß auch mir frei schwimmende Zellen von *Rhizosolenia robusta* nicht eben selten begegnet sind, die ihren Stachel noch nicht ausgebildet hatten. Dagegen waren hier die Längslinien oder, wie ich sagen möchte, Grenzlinien der einzelnen dreieckigen Schalensektoren immer, wenn auch nicht stets mit derselben Deutlichkeit, zu erkennen.

Diese Thatsachen deute ich dahin, daß an der genannten Stelle der Schale neue Schalensektoren eingefügt werden können, indem von der Grenze der Schale gegen das Gürtelband her die schmalen dreieckigen Stücke entweder zwischen die bereits vorhandenen gleichen Sektoren eingeschoben werden, oder aber indem die Schale am ganzen Rande weiterwächst und dabei derartige neue Sektoren einwachsen läßt.

---

[1] P. BERGON, Études sur la flore diatomique d'Arcachon etc., l. c., 1903. Fig. 58.

Es wird hier vielleicht eingewendet werden, daß eine derartige Querschnittsvergrößerung der Schale ohne eine gleichzeitige des Gürtels unmöglich sei. Es besteht ja aber auch nicht die geringste Schwierigkeit in der Annahme, daß die Gürtelbänder, deren stete Neueinschiebung am freien Ende, in der Längsrichtung der Zelle, ja bekannt ist, der, wie gesagt, langsam erfolgenden Querschnittsvergrößerung der Schale in gleichem Tempo folgen. Diejenigen, welche eine solche Möglichkeit nicht zugeben wollen, würden die Erklärung dafür zu geben haben, wie es kommt, daß einzelne der dreieckigen Sektoren gegen die Schalenbasis hin plötzlich durch eine oder mehrere nicht gegen die Spitze weiter geführte Grenzlinien geteilt werden. Mir scheint ohne die gemachte Annahme eine Erklärung nicht gut möglich zu sein.

Geht man jetzt nochmals auf den vorher als hypothetische Ursache der Unmöglichkeit eines Schalenwachstumes genannten Umstand zurück, daß *Navicula*- resp. *Nitzschia*-Zellen bei einer Längsstreckung ihrer Schalen ungleichaltrige Membranstücke zu gleichmäßigem Wachstume müßten veranlassen können, so erkennt man, daß diese Schwierigkeit bei dem erörterten Bauplan der *Rhizosolenia robusta*-Zellen fortfällt, da ja jede der beiden Schalen eine solche „Einschubzone" sich reserviert hat, also beide darin gleichartig ausgerüstet sein dürften. Während eine Auxosporenbildung nach dieser Anschauungsweise für *Rhizosolenia robusta* nicht mehr unbedingt erforderlich sein würde, — womit nicht gesagt sein soll, daß sie nicht doch noch bisweilen vorkommen mag, — scheint nach dem Auftreten der sehr kleinen Zellen und ihrer großen Zahl, in der man sie beisammen findet, Mikrosporenbildung häufiger sich einzustellen. Vielleicht gelingt es bald weiteren Beobachtungen, diesen bisher einzigartigen Fall an lebendem Material genauer zu untersuchen und festzustellen, ob die nach Vergleichung reichlichen konservierten Materials gemachten Voraussetzungen wirklich zutreffen. Gerade ein Meeresinstitut, wie dasjenige von Arcachon nach BERGON'S Beschreibung zu sein scheint, wäre zur Lösung dieser und ähnlicher Fragen ja vorzüglich geeignet.

Taf. LIV, Fig. 2. *Rhizosolenia robusta* NORM. Schale mit Imbrikationslinien. Der Gürtel trägt die Enden der Ringschuppen auf der Flanke. (500:1) 333.

Der Längenzuwachs der Solenoideenzellen.

Die langgestreckten Zellen der Gattungen *Dactyliosolen*, *Guinardia*, *Lauderia*, *Rhizosolenia* besitzen durchweg Gürtelbänder, die aus Membranstücken sehr verschiedenartiger, aber für die betreffende Species konstanter Form bestehen, welche außerdem in den meisten Fällen leicht zu erkennen sind. Betrachtet man die Abbildungen derartiger Zellen, soweit diese Schuppen oder Ringe oder Platten zur Wiedergabe gelangt sind, so tritt hervor, daß in allen Fällen diese Zeichnung des Gürtels eine außerordentliche Regelmäßigkeit aufweist. Die Ringe sind bei einem Individuum, abgesehen von der übereinstimmenden feineren Struktur ihrer Oberfläche, stets von gleicher Breite, so bei *Dactyliosolen*, *Guinardia*, *Lauderia*, die Zelle mag so lang werden, wie sie will. Taf. IX, Fig. 10, 11, Taf. XXIX, Fig. 1—6, Taf. XLI, Fig. 11 b, Taf. XLII, Fig. 7. Die Spirale der trapezförmigen Schuppen bei den *Rhizosoleniae genuinae* verläuft über die ganze Zelle oder jedenfalls über jeden Gürtel in äußerster Regelmäßigkeit. Taf. X, Fig. 4—6, Taf. XI, Fig. 3—5, Taf. XXIX, Fig. 11, Taf. XLI, Fig. 6. 7. Die Ringe der annulaten Rhizosolenien, die Schuppen der Squamosae derselben Gattung sind überall innerhalb einer Zelle oder doch eines jeden

Gürtels — in beiden Fällen vielleicht abgesehen von den ersten Ansätzen an die Schale, die sich deren Form anpassen müssen — völlig oder doch nahezu gleich. Taf. XI, Fig. 1. u. 6, Taf. XXIX, Fig. 10, 12, Taf. XXX, Fig. 14—16, Taf. XLI, Fig. 1, 3, 4, 8, 9, Taf. XLII, Fig. 2, 3. Der Schluß, der sich daraus ziehen läßt, wird lauten müssen, daß die Zuwachse offenbar außerordentlich gleichmäßig von statten gehen.

Das könnte nun nach den bisherigen Betrachtungen entweder darauf beruhen, daß für jede Form, oder jede Species etwa, die betreffenden Gürtelglieder stets gleiche Größe erhalten, daß also, ganz gleichgültig, ob eine oder mehr Zeiteinheiten auf die Bildung verwendet worden sind, das Resultat stets das gleiche sein muß; oder aber daß die äußeren Umstände, d. h. die Ernährung, Temperatur und sonstige das Wachstum beeinflussende Faktoren, während der Bildungszeit überaus gleichmäßige gewesen sind.

In einigen seltenen Fällen erlauben abweichend gebaute Zellen, die Entscheidung zu treffen, welche der beiden Möglichkeiten vorliegt. Die Fig. 13 auf Taf. XXIX und die Fig. 1 auf Taf. LIV stellen Zellen oder Fragmente von solchen dar, die eine Unregelmäßigkeit in der Steilheit der Spirale und damit Größe der Trapezglieder resp. in der Größe und Form der Schuppenglieder aufzuweisen haben. Damit scheidet die ersterwähnte Annahme vollkommen aus; die Gürtelglieder sind einer Formänderung zugänglich, und die Frage gewinnt an Interesse, da eine Beeinflussung durch äußere Faktoren angenommen werden muß.

Andererseits geht aber aus der Seltenheit derartiger Funde zur Genüge hervor, wie konstant im allgemeinen die Lebensbedingungen für die Planktonten sein müssen, da unter vielen Tausenden von Exemplaren, die mir von beiden Formen vorbeipassiert sind, nur so überaus wenig zahlreiche Fälle derartige Abweichungen erkennen ließen.

Sucht man jetzt noch zu erfahren, was für äußere Faktoren etwa in Betracht kommen, so können die Fundorte der Stücke von Wichtigkeit sein. Da es sich um schnell vergängliche Rhizosolenia-Zellen handelt, so kann der Ort, wo die Zellen, deren Gürtelbänder vorliegen, gelebt haben, nicht weit entfernt sein.

Es ist ja bereits im allgemeinen Teil des Antarktischen Phytoplanktons auf die Thatsache hingewiesen, daß das vollkommene Fehlen von Solenoideenresten am Meeresboden auf das leichte Zerfallen der Zellen in ihre Gürtelglieder und die dadurch bei völlige Auflösung der Reste im Meerwasser außerordentlich vergrößerte Oberfläche zurückgeführt werden muß (l. c. S. 11). Inzwischen ist es mir möglich gewesen, die Thatsache des leichten Zerfalles quasi experimentell zu begründen. Das Material, von SCHIMPER gesammelt, befand sich vielfach infolge verschiedener bereits in der Einleitung S. 3 und 4 geschilderten Verhältnisse nicht in der Verfassung, die wünschenswert gewesen wäre und die unter anderen Verhältnissen auch wohl hätte innegehalten werden können. Es befand sich darunter eine Probe von fast reinem Rhizosolenia-Plankton aus dem Kratersee von St. Paul und zwar Rh. hebetata Bail. forma hiemalis GRAN; die Zellen dürften durchweg oder in ihrer Mehrzahl lebend gewesen sein. Jetzt aber waren sie durchaus in ihre Schalen und trapezförmigen Gürtelbandglieder zerfallen. Die halbgefüllten Gläser hatten offenbar die in ihnen enthaltene Flüssigkeitsmenge und Rhizosolenia-Zellen stark schütteln lassen bei jedem Transporte des ganzen in einem Kasten verpackten Materials, und dieser wiederholten Durchschüttelung hatten die Zellen nicht widerstehen können; sie lagen jetzt nur noch in Form ihrer Teile vor, wie sie auf Taf. XLII, Fig 4 a und 4 b sich dargestellt finden.

289

Dadurch möchte der oben ausgesprochene Schluß, daß die Fundstelle der Fragmente nicht weit von dem Ursprungsorte der Zelle entfernt sein kann, gerechtfertigt erscheinen. Das Fragment von *Rhizosolenia hebetata* forma *semispina* HENSEN stammte aus dem Grenzgebiet des Agulhasstromes, die Zelle von *Rhizosolenia Temperei* aus dem Ursprungsgebiet der äquatorialen Gegenströmung. In beiden Fällen liegt also die Möglichkeit vor, daß die Zellen ihr Wachstum unter mehr oder minder verschiedenartigen Bedingungen, raschem Wechsel von Temperatur oder Konzentrationsänderungen, vielleicht auch veränderten Ernährungsbedingungen durchführen mußten: alles Faktoren, von denen man wohl annehmen darf, daß sie eine erhebliche Beeinträchtigung der normalen Entwickelung der Zellen herbeizuführen geeignet sind. Auch diese Fragen wären einer experimentellen Behandlung voraussichtlich zugänglich, und ihre Beantwortung könnte uns manchen Einblick in den Lebensprozeß und Wachstumsverlauf dieser einzelligen Pflanzen gewähren.

Taf. XXIX. Fragment von *Rhizosolenia hebetata* BAIL. f. *semispina* GRAN. (500:1) 250.

Taf. XLII, Fig. 4 a, 4 b. Zerfallene Zellen von *Rhizosolenia hebetata* BAIL. f. *hiemalis* GRAN. (1000:1) 800.

Taf. LIV, Fig. 1. Zelle von *Rhizosolenia Temperei* H. P. (250:1) 166.

Extramembranöses Plasma.

Der Begriff des extramembranösen Plasma ist von F. SCHÜTT [1]) eingeführt, der das Entstehen und nachträgliche centrifugale Anwachsen jener auffallend großen Flügelleisten vieler Peridineen-Zellen auf einen aus den zahlreichen Poren ihrer Membran austretenden und auf der Zelloberfläche sich ausbreitenden Plasmaüberzug zurückzuführen suchte, dessen wesentliche Aufgabe eben im Aufbau jener centrifugalen Membranaufsätze bestehen sollte. Diese Vorstellung meinte er auf die, seiner Ansicht nach, den Peridineen nahestehenden Diatomeen übertragen zu können. Auch hier sollten die angeblich centrifugalen Wandverdickungen durch ein unsichtbares die Kieselschalen überziehendes Außenplasma den Schalen aufgesetzt werden [2]). Auch Gallertstiele und Schläuche wurden der Thätigkeit dieses allgegenwärtigen unsichtbaren Plasma zugeschrieben [3]). Weitere Ausdehnung erfuhr die Vorstellung in einer zweiten Arbeit desselben Autors [4]), welche für die Peridineen einige positive Grundlagen der Vorstellung brachte, durch eine ungerechtfertigte Ausdehnung auf die Diatomeen und Desmidiaceen jedoch die Kritik herausforderte [5]). Es sollten von *Cyclotella socialis*, einer in Kolonien beisammenlebenden Planktonform aus Süßwasserseen, pseudopodienähnliche Plasmafäden ausgesponnen werden, die, büschel-

---

1) F. SCHÜTT, Peridineen der Plankton-Expedition, I, 1895, l. c. S. 111 ff. Den ersten Hinweis auf diesen Gedanken, der von SCHÜTT übersehen zu sein scheint, finde ich jedoch bei BÜTSCHLI (Protozoa Dinoflagellata, l. c. S. 956), „Wie geschieht es, daß in der soliden Flügelleiste der Dinophysiden, welche außer direktem Kontakt mit dem Körperplasma ist, nachträglich netzförmige Verdickungsleisten zur Entwickelung kommen, oder daß, wie es nach den Angaben von STEIN sicher scheint, der freie Rand der ebenso soliden hinteren Randleiste der Querfurche bei *Histioneis crateriformis* nachträglich noch weiter wächst?

Man wird versucht, auf Grund solcher Erscheinungen an die Möglichkeit eines äußeren Wachstums zu glauben, ja man könnte daran denken, die so verbreitete Porosität der Hüllen damit in Verbindung zu bringen. Ich muß mich jedoch begnügen, auf diese Frage hingedeutet zu haben, deren Lösung von einem eingehenderen Studium der Hüllen zu erwarten ist." (Sperrung von mir.)

2) l. c. S. 131.

3) l. c. S. 132, 133.

4) Ders., Centrifugales Dickenwachstum der Membran und extramembranöses Plasma. PRINGSHEIM's Jahrb. f. wiss. Bot., Bd. XXXIII, 1899.

5) Botan. Ztg., 1899, II. Abt., Referat von G. KARSTEN, S. 329.

förmig von der Zelloberfläche ausstrahlend, die Zellen beisammenhielten. Die angegebenen Reaktionen der Fadenbüschel stimmen mit denen der durch Gallertporen ausgesandten Gallertstiele[1]) völlig überein. Doch sollten kleine, durch Hämatoxylin sich blau färbende Knötchen an den Fäden und den Membranen die Existenz des extramembranösen Plasmas beweisen. Gegen die sehr berechtigte Kritik wandte sich Schütt[2]) nun in einem Aufsatz, der den Forderungen eines strengeren Nachweises an den Flügelleisten von *Ornithocercus* nachkam, die Diatomeen jedoch völlig unbeachtet ließ.

Inzwischen war aber durch Veröffentlichungen von anderer Seite die Frage wesentlich verschoben worden. Durch seine Arbeiten über die Ortsbewegung der Diatomeenzellen hatte O. Müller[3]) bei den pennaten Formen, sowohl der Naviculoideen, wie der Nitzschioideen, eine Durchbrechung der Raphe und frei darin strömendes Plasma nachgewiesen, das auch über die Raphenränder seitlich hervortritt und durch die bei der Strömung gegen das umgebende Wasser an der Berührungsfläche entwickelte lebendige Kraft die Fortbewegung der Zelle bewirkt. Hier war also dem extramembranösen Plasma die Funktion der Ortsbewegung übertragen. In den daran und an die genannten Veröffentlichungen von Schütt anschließenden Arbeiten über Kammern und Poren in den Diatomeenzellmembranen wies dann derselbe Forscher[4]) bei sehr zahlreichen verschiedenen Diatomeen das Vorkommen von offenen Poren nach, die teils der Gallertausscheidung, teils anderen Funktionen, hauptsächlich wohl dem Stoffwechsel dienen. Er zeigte außerdem, daß die Uebertragung der bei Peridineen festgestellten Verhältnisse des Membranaufbaues durch extramembranöses Plasma auf die Diatomeen bereits aus dem Grunde unhaltbar sei, weil entsprechende centrifugale Wandverdickungen bis auf ganz vereinzelte Fälle den Diatomeen fehlen. Einen solchen Fall führt Müller noch näher aus[5]): „Bei *Triceratium Favus* würde man sich den Vorgang so vorzustellen haben, daß durch die Randporen der soeben ausgeschiedenen Zellhäute jederseits lebendes Plasma tritt, die jungen Zellhäute trennt und in dem so gebildeten Intercellularraume den Aufbau der centrifugalen Verdickungen vollzieht. Eine solche Betätigung des, in diesem Sinne, extramembranösen Plasmas wäre von der Bildung der centripetalen Membranverdickungen innerhalb des Zellraumes der Tochterzellen nicht verschieden; hier wie dort würden die Verdickungen in einem plasmaerfüllten Raume entstehen."

Inzwischen hatte Schütt einen vollkommenen Frontwechsel vollzogen. Seine Arbeit: „Centrifugale und simultane Membranverdickung"[6]) behält die Annahme des Vorkommens centrifugaler Bildungen bei Diatomeen nur noch für die Gattungen *Chaetoceras*, *Bacteriastrum* und *Peragallia* bei. Für alle anderen Fälle wird „simultan gebildete Wandverdickung" angenommen, d. h. „daß äußere Membrananhänge, wo sie vorhanden sind, nicht centrifugal aus der fertigen

---

1) G. Karsten, Diatomeen der Kieler Bucht, 1899, l. c. S. 157. Auf ähnliche Bildungen, wie Schütt sie für *Cyclotella socialis* angiebt, macht P. Bergon, Études etc., 1903, l. c. p. 42 für *Lauderia annulata* Cl. (var. nov.?) aufmerksam. Außer den von O. Müller, Kammer und Poren, IV, nachgewiesenen Zellverbindungen durch in Röhren verlaufende leichte Plasmafäden, sah er aus ähnlichem, jedoch weit kürzeren seitlichen Porenkanälchen feine, lange, allseitig ausstrahlende starre Fäden ausgesponnen, die beim Glühen verschwanden. Nach der angegebenen Konsistenz zu urteilen, wäre auf eine Gallertmodifikation zu schließen. Der Verfasser stellt weitere Untersuchung dieser und ähnlicher für *Thalassiosira* und eine *Cyclotella*-Art beobachteten Gebilde in Aussicht.

2) F. Schütt, Erklärung des centrifugalen Dickenwachstumes der Membran. Bot. Ztg., 1900, II. Abt., No. 16/17.

3) O. Müller, Ortsbewegung etc., l. c. I—V, 1893—1897.

4) Ders., Kammern und Poren in der Zellwand der Bacillariaceen, I—IV. Ber. d. Deutsch. Bot. Ges., 1899—1901.

5) O. Müller, Kammern und Poren, II, l. c. S. 444.

6) Pringsheim's Jahrb. f. wiss. Bot., Bd. XXXV, 1900.

Membranfläche hervorwachsen, sondern simultan mit der Membrangrundfläche entstehen" [1]. Auf solche Weise sollen nach Schütt die Kieselstäbchen von *Skeletonema* gleichzeitig mit der Schale (resp. vor ihr) gebildet werden. Es wären diese Kieselstäbchen dann einer nachträglichen Verlängerung nicht fähig. Hätte Schütt unvoreingenommen die Zeichnungen meiner Arbeit [2] über Formänderungen von *Skeletonema* verglichen, so wäre ihm klar geworden, daß ein Ausschließen nachträglicher Verlängerung der *Skeletonema*-Stäbchen den Thatsachen widerstreitet, denn die Differenzen bewegen sich zwischen 0 und 16—17 mm (an den Zeichnungen gemessen), was mit der Annahme „individueller Unterschiede" [3] unverträglich sein dürfte. Wie das Wachstum der Stäbchen zu stande kommt, hatte ich damals nicht untersucht, es kam mir in erster Linie auf den Nachweis selbst an. Diese Lücke in der Beweisführung ward durch eine Veröffentlichung von O. Müller [4] geschlossen, die zeigte, daß die „Kieselstäbchen von *Skeletonema* vielmehr hohle Röhren sind, die, mit Plasma ausgekleidet, den Zusammenhang von Zelle zu Zelle aufrecht erhalten und somit dem von mir nachgewiesenen nachträglichen Wachstum keinerlei Schwierigkeiten bereiten. Damit war die Annahme simultaner Bildung von Wandverdickungen sowohl wie das extramembranöse Plasma für diesen Fall beseitigt und das succedano Wachstum der Kieselstabröhren erklärt. Für *Lauderia annulata*, deren ähnliches Verhalten Müller [5] in derselben Arbeit zur Sprache gebracht hatte, ist jetzt durch P. Bergon [6] der Nachweis am lebenden Objekt erbracht worden, daß bei sich teilenden Zellen die beiden Plasmakörper der Tochterzellen durch Plasmafäden von Oberfläche zu Oberfläche verbunden bleiben, deren Zahl und Anordnung genau derjenigen der Kieselröhrchen fertiger Zellen entspricht, so daß deren Ausscheidung von seiten dieser fadenförmigen Plasmastränge nicht bezweifelt werden kann.

Schütt untersucht in der genannten Arbeit [7] dann weiter die Ausbildung der *Rhizosolenia*-Stacheln. Für *Rhizosolenia setigera* Brightw. (= *Rh. Hensenii* Schütt) findet er, daß die Stachelspitze der zuerst ausgebildete Teil ist. Darin stimmt ihm Bergon [8], der die Verhältnisse an lebendem Material untersuchen konnte, bei. Die Zeitdifferenzen zwischen fertiger Ausbildung des Stachels und der Schale sind nach den Angaben des letzteren recht groß. Ein gleiches Verhalten ist für *Rhizosolenia semispina* [9] Hensen (= *Rh. setigera* Schütt) zu konstatieren. Hier muß aber, und das gilt auch für *Rh. styliformis* und andere, hinzugefügt werden, daß ein weiteres nachträgliches Wachstum des Stachels und der Schalenspitze längere Zeit andauert. Die Fig. 4a, 5b, 6b, Taf. X, Antarkt. Phytoplankton, zeigen, daß die fest mit dem Stachel der Schwesterzelle verwachsene Schale tiefe Eindrücke von ihm zurückbehält, und die Deformierung der ersten Schuppen an der Verwachsungsstelle, resp. die Verschiebung der Schuppengrenzen an dieser Linie lassen darauf schließen, daß nach erfolgter fester Aneinanderlagerung noch länger dauernde Verschiebungen durch Längsstreckung der Schale mit Stachel stattgefunden haben. Da der

---

1) l. c. S. 507.
2) G. Karsten, Formänderungen von *Skeletonema costatum* (Grev.) Grün. und ihre Abhängigkeit von äußeren Faktoren. Wissensch. Meeresuntersuchungen, Bd. III, Heft 7, Kiel 1897.
3) F. Schütt, 1900, S. 492.
4) O. Müller, Kammern und Poren, Bd. IV, 1901, l. c. S. 200.
5) l. c. S. 203.
6) P. Bergon, Études, l. c. p. 71.
7) F. Schütt, 1900, l. c., S. 510.
8) P. Bergon, Études etc., l. c. p. 57.
9) F. Schütt, 1900, l. c. S. 512.

Stachel eine mit dem Zelllumen kommunizierende Höhlung enthält, ist eine Erklärung dieses Wachstums ja nicht schwierig. Ob aber die Flügelung der Stachelbasis (cf. l. c. Taf. X, Fig. 4 a, 6 c, Taf. XI, Fig. 6, 6 b) einer Abspaltung von der anliegenden Schwesterschale entspricht, oder wie sie sonst zu stande kommt, bliebe zu untersuchen.

Für *Rhizosolenia robusta* ist dagegen das Verhalten ein völlig anderes. Der Stachel wächst hier erst nach Anlage der ganzen Schale als Ausstülpung der Schalenspitze hervor, wie daraus zu folgern ist, daß man jüngere Schalen häufig mit sehr kurzem Stachel oder ohne solchen antrifft. Auch konnte Bergon [1] den Vorgang am lebenden Objekt direkt verfolgen und feststellen, daß der Stachel erst beginnt auszuwachsen, wenn die oberen, zuerst gebildeten Teile der Schale verkieselt sind. So läßt sich eben ein Schema überhaupt nicht aufstellen, jeder Einzelfall verlangt für sich eingehende Untersuchung.

Für *Corethron* habe ich (vergl. Antarkt. Phytopl., Taf. XII u. XIII, Text S. 101 ff.) nachgewiesen, daß die einzelnen Borsten der Borstenkränze von Hohlräumen durchzogen und mit Plasma gefüllt sind, welches mit dem Zellplasma in dauernder Verbindung bleibt. Es ist wohl vorauszusetzen, daß die einzelnen Zähnchen der Borsten je einer Ausstülpung dieser Röhre ihre Anlage verdanken, die nach definitiver Fertigstellung mit Membransubstanz ausgefüllt ward. So ist die Annahme von Schütt [2], „daß die Stäbchen oder Stacheln nicht durch centrifugale Verdickung fertiger Membranen gebildet werden, sondern aus dem Plasma direkt hervorgehen, also Simultanbildungen mit der Grundmembran sind", nicht zutreffend. Vielmehr konnte am genannten Orte (S. 103) gezeigt werden, daß eine stetige Verlängerung der Borsten mindestens bis zur Trennung der Tochterzellen voneinander stattfindet, daß endlich nach der Trennung die Borsten der oberen Zackenkrone durch Nachwachsen an der Basis eine Umbiegung um ca. 135° erleiden.

Es wird nicht überflüssig sein, darauf hinzuweisen, daß für alle diese Formen das Wachstum der Borsten, Stäbchen, Stacheln im Schutze des von den Mutterzellgürtelbändern gebildeten Intercellularraumes von statten ging, daß also der von O. Müller angenommene und vorhin (S. 511) angeführte Fall vorlag; daß man aber auch hier extramembranöses Plasma anzunehmen kaum in Verlegenheit kam — es sei denn für den Flügel des *Rhizosolenia*-Stachels.

Centrifugale Bildungen findet Schütt [3] nun bei den Gattungen *Chaetoceras*, *Bacteriastrum*, *Peragallia* in den soliden Knötchen, Sägezähnen und Stacheln, die den Hörnern als lokale Membranverdickungen aufgesetzt sind. Er sagt [4]: „Man muß sich hiernach entweder doch zu der Annahme entschließen, daß die Hörner verhältnismäßig lange Zeit ohne eigentliche Membran verbleiben, daß also auch das, was ich früher für Membran angesehen habe, nur eine festere, plasmatische Hautschicht sei, und dann macht das nachträgliche Verschmelzen der Hörner keine Schwierigkeiten der Erklärung, und auch die Stacheln auf den Hörnern lassen sich als Simultanbildungen auffassen, oder man nimmt Flächenwachstum der Hornmembran an, dann können die Stacheln darauf nur durch centrifugales Dickenwachstum entstanden sein. Für dieses aber ist

---

1) P. Bergon, Études etc., l. c. p. 58—60.
2) F. Schütt, l. c. 1900, S. 520.
3) Ders., ibid. S. 525.
4) l. c. S. 526.

aus früher schon entwickelten Gründen auch die Annahme extramembranösen Plasmas als Bildner der Verdickungsschichten unentbehrlich".

Auch hier scheint der nächstliegende einfachste Fall übersehen zu sein, wie es schon bei *Skeletonema* geschehen. Die großen *Chaetoceras*-Formen der Untergattung *Phaeoceras* [1]) haben fast alle scharfe Stacheln oder Spitzen auf ihren Hörnern, die sich freilich als solide Membranauswüchse in fertigem Zustande darstellen. Die Anlage dürfte aber doch wohl mit Hilfe einer, vielleicht für unsere optischen Hilfsmittel nicht immer direkt nachweisbaren, haarfeinen Ausstülpung des in die Länge wachsenden, mit Plasma ausgekleideten Hornes erfolgen, wie es auch für die Haarbildungen höherer Pflanzen bekannt ist. Daß später diese Stacheln und Spitzen als massive Membranverdickungen auftreten, kann das Zutreffen dieser nächstliegenden Annahme keineswegs beeinträchtigen; kennt man doch dergleichen ebenfalls für höhere Pflanzen. Demnach scheint mir auch für die später massiven Hornaufsätze von *Chaetoceras* und den beiden ihm nahestehenden Gattungen die Annahme extramembranösen Plasmas auszuschließen zu sein. Ob allerdings die Verwachsung der *Chaetoceras*-Hörner an den Kreuzungsstellen gleich am Beginn des Hervorsprossens aus der Mutterzelle geschieht, kann nur durch Beobachtung am lebenden Objekt festgestellt werden. Aber auch in solchen Fällen, wo die Hörner erst in einiger Entfernung von den Ausgangszellen einander kreuzen, wie bei *Chaetoceras contortum*, Taf. XLV, Fig. 3, und ähnlichen Formen, wäre die nächstliegende Möglichkeit doch wohl das überall innerhalb der Hörner vorhandene Zellplasma und eine eventuelle Verlangsamung der definitiven Verkieselung und Verhärtung der für die Kreuzung in Betracht kommenden kleinen Membranstrecken, deren Plasticität auch nach bereits erfolgter Einlagerung von Kieselsäure aus den vorher erwähnten Beobachtungen von BERGON [2]) an *Rhizosolenia robusta* z. B. ja genügend hervorgeht.

Einige neue von den bisher betrachteten Fällen abweichende Beobachtungen zu machen, gestattete das reichlich in den Planktonfängen der „Valdivia" enthaltene Material von *Planktoniella* und *Gossleriella*.

Entwickelung des Schwebeflügels von *Planktoniella* [3]).

Vergleicht man eine größere Menge von Individuen der zierlichen in den tropischen Meeren häufigen *Planktoniella*, so stellt sich alsbald heraus, daß die Schalengröße wie diejenige des Flügelrandes außerordentlich veränderlich ist. Eine Durchsicht der hier beistehenden Tabelle, welche jedesmal die Zahlen für den Durchmesser der ganzen Zelle, der Schale und des Flügels enthält, lehrt,

---

1) G. KARSTEN, Antarkt. Phytopl., Taf. XV, Fig. 5, 6, 9—9c zeigen zunächst den gröberen Stachel der Sectio Atlanticae als direkt mit dem Zellumen in Verbindung stehend. Fig. 8, 8a läßt den direkten Uebergang des Zell-, d. h. Horninnenraumes in die großen Stacheln von *Ch. criophilum* ebenfalls erkennen. Ders., Atlant. Phytopl., Taf. XXXIV, Fig. 1b, 1c, zeigt bei Bildung von *Bacteriastrum*-Dauersporen Stacheln aus der abgerundeten Zelle hervorsprossen; sollten diese, wie zu vermuten ist, mindestens so groß werden, wie die Taf. XXXIII, Fig. 15 und 20 von verschiedenen *Chaetoceras*-Arten abgebildeten, und sollte ihr Zellumen durch Membranabscheidung nachträglich zu massiven Gebilden werden, so wäre hier derselbe Fall vorhanden, der sich nach meiner Auffassung sehr gut ohne extramembranöses Plasma erklären läßt.

2) BERGON, Études, l. c. p. 59.

3) Da die Unterscheidung von *Planktoniella Sol* von der *Pl. Woltereckii* SCHIMPER, cf. G. KARSTEN, Atlant. Phytopl., S. 157, Taf. XXVII, Fig. 3, lediglich auf dem Verhältnis von Schale zu Flügel beruht, mußte die Unterscheidung der beiden Species hier vorläufig unberücksichtigt bleiben.

Planktoniella-Messungen.

Material Station 14, 200 m				Material Station 169, 100—0 m				Material Station 182, 200 m mit erneuertem + altem Flügel				
Zelle μ	Schale μ	Flügel μ	S. : F.	Zelle μ	Schale μ	Flügel μ	S. : F.	Zelle μ	Schale μ	neuer μ	alter μ	S. : F.
36	16	10	8 : 5	60	16	22	8 : 11	186	70	46	16	35 : 31
40	16	12	4 : 3	88	26	30	13 : 15				= 62	
40	16	12	4 : 3	90	34	28	17 : 14	212	72	48	20—24	11 : 10
42	10	16	5 : 8	90	26	32	13 : 16				= 68—72	
44	16	14	8 : 7	92	36	28	9 : 7	240	84	52	18—28	21 : 20
56	16	20	4 : 5	100	32	34	16 : 17				= 70—80	
56	24	16	3 : 2	104	32	36	8 : 9					
56	24	16	3 : 2	120	32	44	8 : 11					
56	32	12	8 : 3	130	40	46	2 : 3					
92	36	28	9 : 7	124	36	44	9 : 11					
96	24	36	2 : 3	132	36	48	3 : 4					
96	28	34	14 : 17									
100	28	36	7 : 9									
112	44	36	11 : 9									

Da der alte Flügel am Rande mehr oder minder faltig und verschlissen zu sein pflegt, sind die Zahlen der breitesten und der schmalsten Stellen gegeben.

daß einmal die Dimensionen der Zellen überhaupt, in vielleicht noch höherem Grade aber das Verhältnis von Schalendurchmesser zur Breite des Schweberandes wechseln. Als Formwiderstand kommt ja nun bei der im Wasser schwebenden Zelle der Flügelrand als ein die Schale rings umlaufendes Gebilde in Betracht; für einen Größenvergleich wird daher die für die Flügelbreite gewonnene Zahl zu verdoppeln sein, um für ökologische Betrachtungen vergleichbare Werte zu erhalten. Dann liegt nach den oben mitgeteilten Messungen das Verhältnis Schale : Flügel × 2 für meine Beobachtungen zwischen den Grenzen 8 : 6 und 2 : 6. Das heißt, in Worte übertragen: in einem Grenzfalle ist die doppelte Flügelbreite gleich ³/₄ des Schalendurchmessers, im anderen Falle dagegen gleich dem dreifachen Schalendurchmesser oder ³/₁.

Darf man diese durch Beobachtung ermittelte erhebliche Differenz nun etwa lediglich „individuellen Unterschieden" zur Last legen, oder ist es wahrscheinlicher, daß mit verschiedenem Alter der Zelle resp. des Flügels eine Veränderung der Dimensionen stattfinde? Nach dem bekannten Wachstumsgesetze der Diatomeenzellen kann ein Zuwachs der Zelle nur in Richtung der Pervalvarachse erfolgen, eine Vergrößerung des Durchmessers der kreisförmigen Schalen ist demnach ausgeschlossen. Will man also eine Veränderung der Dimensionen von Schale + Schwebeflügel annehmen, so kann nur der Flügel die veränderliche Größe sein. Die Fragestellung wäre demnach: lassen sich Beobachtungen machen, die für ein nachträgliches Wachstum des Schwebeflügels sprechen oder nicht?, und eventuell: wie hat man sich einen solchen Wachstumsvorgang zu denken?

Ein optischer Durchschnitt durch eine Planktoniella-Zelle zeigt die beiden ineinander geschachtelten Schalen. Der äußeren Schale, welche die innere rings umschließt, sitzt der Flügelrand auf, oder, falls ein längeres Gürtelband gebildet sein sollte, würde der Flügel mit diesem fest verbunden sein. Der Flügel besteht aus radial gestreckten Kämmerchen, die am inneren wie äußeren Rande fest abgeschlossen sind und durch die Radialstreben voneinander abgetrennt werden. Entsprechend dem größeren Radius und Umfang nimmt der tangentiale Durchmesser der Kämmerchen von innen nach außen zu. Die Wandungen der Flügelkämmerchen sind in dem gleichen Maße wie die Schale selbst verkieselt und in konzentrierter Schwefelsäure völlig unlöslich.

Sollte also ein Wachstum des Flügels in radialem Sinne erfolgen, so müßte lebendes Plasma im Zusammenhange mit der wachsenden Membran nachweisbar sein. Eine einfache Ueberlegung lehrt, daß ein Hinausschieben des ganzen Flügels von der Zelle aus nicht genügen würde, da gleichzeitig eine tangentiale Ausdehnung erfolgen muß. Es bleibt also nur die Möglichkeit des extramembranösen Plasmas oder eines inneren Plasmabelages der einzelnen Kämmerchen. Direkt nachweisbar ist in der Regel weder ein äußerer noch ein innerer Plasmabelag. Für den äußeren fehlen aber allem Anscheine nach an der fertigen, geflügelten Zelle auch die Bedingungen, daß nämlich Poren auf der Schale vorhanden seien, die den Austritt gestatten. Wie steht es mit einem inneren Plasmabelag?

Häufig findet sich in den Ecken zwischen Radialstreben und Außenwand eine Ansammlung von Wandsubstanz (Taf. XXXIX, Fig. 1), die doch nur durch allmähliche Aufeinanderlagerung durch ein lebendiges Plasma hierher gelangen konnte. Diese Ansammlung ist in vielen Fällen am ganzen Umkreis ausgebreitet (Fig. 2), eine erhebliche Verdickung der Radialstreben und des inneren Kreises geht nebenher. Bisweilen lassen sich innerhalb der verdickten Membran noch die früher bis an den Rand freiliegenden Radialstreben durchscheinend erkennen, ein Zeichen für eine seit der ersten Ausbildung des Flügels stattgehabte sekundäre Veränderung (Fig. 3), und ebenso gelingt es hie und da, eine Differenzierung des verdickten Außenrandes nachzuweisen in eine dichtere äußere Wandmasse und eine mehr hyaline oder leicht gekörnelte, ihr innen aufgelagerte, dünnere, ungleichmäßige Schicht, die man für Plasma oder eine in Bildung begriffene Membranschicht halten muß. — Weiter finden sich in dem Materiale einiger Stationen recht häufig lebende *Planktoniella*-Individuen, deren Radialkämmerchen alle oder zum Teil am Rande aufgetrieben sind, Fig. 4 ist ein Beispiel dafür. Die alte äußere Umgrenzung ist noch sichtbar, Fig. 4 a. Diese Auftreibung ist sicherlich kein normaler Vorgang, ist aber hier von Wert als Zeugnis dafür, daß ein von innen wirkendes Agens vorhanden ist, das solche Auftreibungen ermöglicht. Selbst wenn nun die Auftreibung durch parasitäre Einflüsse oder, was wahrscheinlicher ist, durch andere Bedingungen hervorgerufen wird, ohne ein auf der Innenseite der Wand vorhandenes lebendiges Plasma kann sie nicht zu stande kommen. In Fig. 5 ist der Vorgang noch ein wenig weiter gediehen, und hier ist auch in allen Radialkämmerchen ein körnerarmes, fast homogenes Plasma am Außenrande wohl bemerkbar. Die in Fig. 4 und 4 a noch deutliche Wand des alten Außenrandes ist geschwunden.

Einen weiteren Beweis dafür, daß der anscheinend tote Flügelrand von der lebenden Zelle aus noch zu weiterem Wachstume angeregt werden kann, ist in den Figg. 6, 6 a und 7 zu erblicken. Es wird hier augenscheinlich ein neuer Flügelrand auf der Innenseite des alten angelegt und ausgebildet. Sehr wohl von diesem Vorgange zu unterscheiden sind ähnlich aussehende Zellen, bei denen der Flügelrand in toto sich einseitig gekrümmt hat, so daß von der einen Schalenseite aus eine konvexe, von der anderen eine konkave Wölbung sich an die etwa flache Schale anschließt. Sieht man solche Zellen von der konkaven Seite aus, so tritt die konvexe untere Begrenzung der Kämmerchen als äußerer geschlossener zweiter Ring um die kleinere innere Grenze der oben liegenden Konkavseite auf, und es resultiert ein sehr ähnliches Bild, das aber mit der Fig. 7 eben nur die Aehnlichkeit gemein hat. Verhältnis Schale : Flügel in der

Tabelle S. 515 unter Station 182, 200 m. Weitere Exemplare erwiesen dann die Abstoßung und das Verschleißen des äußeren Flügels, der der Zelle so lange gedient hatte, bis sein Ersatz völlig herangewachsen war. Auch hieraus geht unabweisbar hervor, daß innerhalb des Flügelrandes Wachstumsvorgänge stattfinden, daß also lebendes Plasma in den Radialkammern erhalten bleibt, resp. wieder hineingelangen kann.

Die größten der gefundenen *Planktoniella*-Exemplare, von denen in Fig. 7 und 8 Beispiele gegeben sind, ließen nun auch erkennen, daß an der Gürtelseite der Schale bei Einstellung auf den optischen Querschnitt unterhalb einer jeden Radialstrebe des Flügelrandes eine relativ breite, offene Verbindung von der lebenden Zelle in den Flügelrand hinein vorhanden ist. Diese Poren sind zweifellos die Eingangspforten für das Plasma, dessen Thätigkeit am Außenrande der Radialkämmerchen oder bei Anlage eines Erneuerungsflügels nachgewiesen werden konnte.

Bei den kleineren Individuen liegen die Verhältnisse natürlich ebenso, doch entzogen die Poren sich hier der direkten Beobachtung. Der genauere Verlauf des Verbindungskanales, ob er etwa zunächst innerhalb der Radialstreben seinen Weg nimmt und erst in der Nähe der Peripherie in die einzelnen Kämmerchen ausmündet, oder ob er dies bereits gleich beim Eintritt in den Flügel (beiderseits?) der Radialwände thut und die Kommunikation von der Zelle in den Schwebeflügel damit herstellt, war auch an den großen Individuen nicht zu entscheiden.

Wie mag nun die Zellteilung dieser *Planktoniella* verlaufen, das ist eine Frage, die bei der Häufigkeit der Form wohl entschieden werden könnte und Anspruch auf Interesse besitzt. Daß der Flügelrand jeder Zelle nur an der größeren Außenschale (oder dem Gürtelbande) festsitzen kann, ist ja klar. Treten nun solche Zellen in Teilung, so wird die bisher innere kleinere Schale zur Außenschale der neuen kleineren Tochterzelle. Sobald die Trennung der beiden Tochterzellen eintritt, hat also die größere, im Besitz der Außenschale verbliebene den alten Flügelrand miterhalten, die kleinere dagegen besitzt auf ihrer Außenschale (der früheren Innenschale der Mutterzelle) keinen Flügelrand. Es ist sehr wahrscheinlich, daß hier die größeren Tochterzellen sich dem MÜLLERschen Gesetz [1]) gemäß doppelt so häufig teilen als die kleineren; sonst müßten flügellose Planktoniellen ungleich häufiger zu finden sein. Dabei darf freilich nicht vergessen werden, daß solche in der Regel für *Coscinodiscus excentricus* gehalten werden möchten, dem die Schalen ja völlig gleichen.

Die wenigen Exemplare, die ich in Bildung des Schwebeflügels begriffen finden konnte, sind in Fig. 9—11 a, Taf. XXXIX, dargestellt. Das jüngste Exemplar, Fig. 9, gleicht völlig einem *Coscinodiscus excentricus* in der Schale, unterscheidet sich jedoch durch eine große Zahl in etwa gleichen Abständen auf der Gürtelseite hervorsprossender Protuberanzen von homogenem Aussehen, das auf gallertige bis membranöse Beschaffenheit schließen lassen würde. Nachdem vorher an den großen Individuen die Poren an der Gürtelseite der Schalen nachgewiesen werden konnten, ist wohl kein Zweifel möglich, daß es sich hier wirklich um extramembranöses Plasma handelt, welches aus den Poren ausgetreten diese Knöpfchen gallertartiger Masse als den Anfang einer Membran gebildet hat.

---

1) O. MÜLLER, Zellhaut und das Gesetz der Zellteilungsfolge von *Melosira* etc. PRINGSHEIMs Jahrb. f. wiss. Bot., Bd. XIV', S. 233—290, Berlin 1883.

Die Fig. 10 läßt sodann erkennen, daß sich von den Poren aus eine deutlich sichtbare Schicht derselben Substanz von Knopf zu Knopf ausgebreitet hat, daß diese gleichzeitig bereits erheblich weiter über den Zellumriß hinausgetreten sind. Damit ist die Rolle des extramembranösen Plasmas zu Ende, es bildet die äußere, alsbald in Membran umgewandelte Abgrenzung, die auf andere Weise nicht gut zu stande kommen konnte. Der weitere Ausbau des Flügels erfolgt dann aber durch das auf der Innenseite des Flügelrandes in die Kämmerchen tretende Zellplasma.

Die (wegen Verlorengehens des Präparates nur nach der ersten Skizze entworfene) Fig. 11, 11 a giebt wahrscheinlich ein weiteres Zwischenstadium vor Erreichung des definitiven Zustandes wieder, wie ich aus der auffallend geringen Dicke des äußeren Teiles der Radialstreben annehmen möchte.

Der einmal gebildete Schwebeflügel wird dann stets nach dem Rechte der Primogenitur auf die ältere Tochterzelle vererbt; er wird vermutlich mehreren Generationen zu dienen im stande sein, um schließlich durch einen von innen nachrückenden Ersatzflügel verdrängt und dem Untergang preisgegeben zu werden. Die jüngere Tochterzelle aber muß jedesmal auf die soeben beobachtete Weise sich in den Besitz eines neuen Schwebeapparates setzen.

Nach dieser ganzen Entwickelungsgeschichte kann ich mich nicht mehr für die Abtrennung der *Planktoniella Wollereckii* SCHIMPER von *Planktoniella Sol* erklären. Es dürfte sich vielmehr um verschiedene Entwickelungsstadien verschieden großer Zellen von einer und derselben Form handeln, die dann *Planktoniella Sol* SCHÜTT heißen muß. Warum die im Indischen Ocean gefundenen Formen meist erheblich besser entwickelte Schwebeapparate aufweisen, als die vom Atlantischen Ocean stammenden (vergl. die Tabelle S. 515), ist bereits bei Besprechung der pflanzengeographischen Ergebnisse erörtert und konnte auf die verschiedene Dichte des atlantischen und indischen Meerwassers zurückgeführt werden.

Valdiviella formosa SCHIMPER.

Der *Planktoniella Sol* anscheinend sehr ähnlich, ist diese bisher nur vom Indischen Ocean bekannte Form von SCHIMPER mit richtigem Blick generisch getrennt worden. Schon die Schalen sind verschieden (Taf. XXXIX, Fig. 12), obgleich beide dem *Coscinodiscus excentricus* entsprechen würden, wenn sie frei vorkommen. Die Sechsecke der Schale sind bei *Valdiviella* in der Regel vom Rand bis zur Mitte ganz oder fast gleich groß, während sie bei *Planktoniella* im Centrum erheblich größer sind und gegen den Rand hin abnehmen.

Der Flügelrand baut sich ebenso wie bei *Planktoniella* aus radialen Kämmerchen auf, doch erkennt man alsbald, daß diese eine abweichende Form besitzen müssen. Die Radialstreben verjüngen sich hier nämlich nach dem Rande hin allmählich, aber deutlich, so daß eine *Valdiviella*-Zelle von der Gürtelseite ihren Flügelrand mit schmaler Kante aufhören läßt, während bei *Planktoniella* der äußere Rand eher ein wenig breiter sein dürfte als die Ansatzfläche an der Schale. Jedes *Valdiviella*-Kämmerchen ist also nach außen keilförmig zugeschärft. Deshalb erscheint die Randbegrenzung hier weit zarter als bei *Planktoniella*. Endlich ist die Oberfläche der Flügelaußenwände zart, aber deutlich radial gestreift, während bei *Planktoniella* keinerlei Zeichnung wahrnehmbar ist, Taf. XL, Fig. 13.

Trotz dieser Unterschiede wird man vorläufig bis zum Beweise des Gegenteils das Recht haben, anzunehmen, daß die Eigenschaften des Schwebeflügels, seine Anlage und Wachstum den für *Planktoniella* nachgewiesenen Verhältnissen entsprechen. Einige Beobachtungen, die ich in dieser Richtung machen konnte, seien hier kurz erwähnt.

Zunächst erkennt man bei *Valdiviella* leichter als bei *Planktoniella* die Poren an der Gürtelseite, welche auch hier gerade den Radialstreben, resp. Radialwänden der Kämmerchen entsprechen. Da diese in größerer Zahl vorhanden sind als bei *Planktoniella*, so stehen auch die Poren so viel dichter bei einander. Einige Messungen über die auffallend wechselnde Flügelbreite machen auch hier ein länger andauerndes Nachwachsen des Schweberandes wahrscheinlich; die Möglichkeit dafür ist ja in der Anwesenheit von Plasma, das aus der Zelle in die einzelnen Kämmerchen eintreten kann, gegeben. Dem äußeren Anscheine nach möchte ich hier eine noch längere Entwickelungsdauer des Schweberandes annehmen, als sie bei *Planktoniella* besteht. Endlich ist auch bei *Valdiviella* die Neubildung eines Flügels unter dem bis dahin vorhandenen nicht ganz selten. Wenigstens traten in dem Material der Stationen 200 (bis 250 etwa) Bilder auf, die den für *Planktoniella* wiedergegebenen von Station 182 (Fig. 7) vollkommen entsprachen. Neubildung am Rande freier Schalen kam hier bisher nicht zur Beobachtung, doch wird man die Verhältnisse von *Planktoniella* direkt auf *Valdiviella* übertragen dürfen.

Zelldurchmesser μ	Schalendurchmesser μ	Flügelrandbreite (einfach gemessen) μ
66	22	22
74	28	23
74	26	24
79	28	26
80	27	26
84	36	24
84	31	26
85	37	24
102	54	24
114	44	35
114	49	32
122	64	29
124	54	35
154	58	48
172	72	50
176	74	52 [1]
198	68	64
220	78	70 · 72 [1]
224	76	72—76 [1]
234	70	82 [2]
242	76	82—84
254	74	88—92 [1]
312	112	100 [1]

Gossleriella tropica Schütt [2].

Diese schöne Form ist von Schütt auf der Plankton-Expedition zuerst beobachtet worden. Die Zellen sind von der Gestalt der *Coscinodiscus*-Zellen, mehr oder minder hoch und ringsum von einem Kranze wagerecht abgespreizter Stacheln von zweierlei verschiedenen Arten, die nicht

[1] Flügel doppelt, d. h. Erneuerungsflügel angelegt. cf. *Planktoniella*.
[2] F. Schütt, Hochseeflora, 1894, S. 20.

regelmäßig abwechseln, umgeben (Taf. XI., Fig. 14). Aus Messungen ergab sich ein Durchmesser der Zelle von 124—135 μ wechselnd, dazu der Stachelkranz von 50—60 μ Breite, so daß die vollständig ausgerüstete Zelle 224—255 μ Durchmesser besitzt. Die Chromatophoren sollen nach SCHÜTT rundlich-lappig sein und je ein Pyrenoid in der Mitte führen. In den besterhaltenen Exemplaren fand ich eine mehr längliche Form; das Pyrenoid war bisweilen minder gut zu erkennen, doch offenbar überall vorhanden.

Die eine Stachelform ist erheblich stärker als die andere; sie sitzt auf einer etwas angeschwollenen Basis, in die hinein man das Zelllumen deutlich sich fortsetzen sieht [1]). Die anderen Stacheln sind sehr viel schmächtiger, von oben bis unten massiv. Beide enden in haarscharfen Spitzen, meist sind die stärkeren auch die längeren, in anderen Fällen sah ich die schwächeren über sie hinausragen; endlich fand ich einzelne Zellen, die nur eine Mittelform zwischen beiden ohne charakteristische Unterschiede besaßen; sie waren an der Basis alle hohl. In der Regel aber folgen auf eine stärkere mit hohler Basis 1—5 oder mehr massive schmächtigere.

In seiner Arbeit über centrifugale und simultane Membranverdickungen kommt SCHÜTT[2]) auf diese Form zurück. Er erkennt, daß neben den bisher allein beschriebenen Individuen andere sich finden, die einen gleichen Stachelkranz auf der anderen Schale führen, der jedoch nicht nach außen, sondern nach innen geklappt ist (Fig. 14). Es ist die Frage: wie entstehen die Stacheln und wie gelangen sin in die richtige Lage?

Wenn SCHÜTT[3]) annimmt, „daß die Stacheln in diesem eingeklappten Zustand nach der Zellteilung in dem nur niedrigen Intercellularraum ausgebildet werden", so ist das ein Irrtum. Es ist ja klar, daß der ausgespreizte Stachelkranz der äußeren Schale angehören muß; sollten nun die eingeklappten Stacheln im Intercellularraum bei der Zellteilung entstehen, so würde in der nächsten Generation eine innere Schale mit dem Stachelkranz versehen sein, die bisher innere Schale dagegen, welche jetzt zur äußeren Schale der kleineren Tochterzelle geworden ist, würde keinen Stachelkranz besitzen. — Vielmehr entsteht der Stachelkranz für die spätere Tochterzelle lange vor Einleitung der Zellteilung frei auf der Oberfläche der kleineren Schale.

Zu beachten ist ferner, daß der abspreizende Stachelkranz nicht, wie bisher angenommen wurde, am Schalenrande steht. Fig. 15 zeigt eine *Gosleriella*-Zelle von der Gürtelseite, die äußere Schale ist mit *a*, die Lage der inneren, nicht sichtbaren mit *i* bezeichnet. Dann erkennt man etwa im Aequator der Zelle eine Reihe von kleinen Kreisen (*s*), es sind die Querschnitte der Stacheln. Der Stachelkranz steht also bei vollentwickelten Zellen in der Mitte der Gürtelseite auf der äußeren Schale, besser dem äußeren Gürtelband. Die innere Schale besitzt noch kein Gürtelband, sie schließt als flacher oder (der Zellform entsprechend) in der Mitte ein wenig eingesenkter Deckel die Zelle, indem sie genau in die vom äußeren Gürtelband gebildete Röhre sich hineingepaßt hat.

Die Hauptschwierigkeit besteht darin, die Stachelanlage und ihre Lagenänderung zu erklären. SCHÜTT[4]) erörtert die verschiedenen Möglichkeiten. Ein „Herausklappen nur durch

---

1) Es läßt sich das auf der Zeichnung nicht zur Darstellung bringen, da es natürlich nur im optischen Durchschnitte zu erkennen ist, der wiederum das in Fig. 14 gegebene Oberflächenbild nicht würde zur Geltung gelangen lassen, welches die innere Schale nach oben gekehrt mit dem in Bildung begriffenen Stachelkranze der nächsten Tochterzelle aufweist.

2) P. SCHÜTT, l. c. 1900, S. 522.

3) Vergl. SCHÜTT, l. c., 1900, S. 523.

4) l. c., 1900, S. 523, 524.

Spannungsverhältnisse" weist er ab, auch einseitig verstärktes Wachstum ist ihm unwahrscheinlich. Dann fährt er fort: „ich glaube vielmehr, daß die Ursache der Veränderung in der Grundmembran der Schale zu suchen ist, derart, daß der Rand der Schalenmembranfläche noch nicht vollkommen ausgebildet ist, solange die Stacheln in eingeklapptem Zustande verharren müssen, und daß er mitsamt seinen Stachel- und Hörnchenanhängen so lange in zurückgeklapptem Zustande verharrt, bis er nach der Zelltrennung zum Gürtelbandrande vorgeschoben ist, und daß dann der Schalenrand mit allen Anhängen zugleich ausgeklappt wird und daß darauf erst der innerste, in das Gürtelband eingreifende Teil des Schalenrandes ausgeschieden wird . . . . . . An dieser Stelle war mir der Fall besonders deswegen interessant, weil er 1. ein scheinbar typisches Beispiel von sehr weitgehendem, centrifugalem Dickenwachstum darstellt, 2. weil sich aber trotzdem nachweisen läßt, daß auch hier die Anfangszustände der äußeren Zellanhänge im Schutz des stillen Wassers im Intercellularraum ausgebildet sein können, daß dann aber auf die Zelltrennung nachträglich noch eine weitgehende Veränderung folgen muß, und 3. daß sich also auch die Ausbildung dieser Anhänge, die bisher zu den extremsten Fällen von centrifugalem Dickenwachstum gerechnet werden mußten, dennoch auf Simultanbildung zurückführen läßt."

Es ist bereits gezeigt, daß die unter 2. aufgeführte Vorstellung nicht zutrifft. Trotzdem ist ein richtiger Kern in dem langen Vordersatz enthalten, wenn auch gleich hinzugefügt werden muß, daß der Schluß unter 3. wiederum den Verhältnissen nicht entspricht.

Es gelang, in dem „Valdivia"-Material Zellen aufzufinden, die den Entwickelungsgang des Stachelkranzes verfolgen lassen. In der Fig. 16 ist die Zeichnung des äußeren Stachelkranzes auf den optischen Durchschnitt der Zelle eingestellt. Bei ein wenig tieferer Einstellung tritt dann auf der unteren (inneren) Schale ein ganz schwacher zum Umfang konzentrischer Kreis hervor, bis zu dem sich die Spitzen des ebenfalls schwach durchschimmernden jungen Stachelkranzes verfolgen lassen. In Fig. 17 — deren äußerer Stachelkranz, wenigstens in den stärkeren Stacheln, bei der Bildung beeinträchtigt worden zu sein scheint — ist die Entwickelung des jungen Stachelkranzes fast beendet. Man erkennt die konzentrische Kreislinie erheblich weiter nach innen vorgeschoben und weiter gegen das Centrum hin eine zweite noch schwächere, über die nur die stärkeren Spitzen hinausragen.

Mir scheint hier auf dem flachen, des Gürtelbandes noch entbehrenden (inneren!) Schalendeckel ein ganz dünner Ueberzug von extramembranösem Plasma ausgebreitet zu sein, der am unfertigen Schalenrande aus der Zelle ausgetreten sein könnte und, langsam gegen das Centrum der Schale vordringend, die Stacheln ausbildet. Zwar nicht alle. Die stärkeren, mit hoher Basis versehenen werden diesen inneren Hohlraum bei der Anlage bis in die Spitze hinein besitzen, sie können also von innen her die weiteren Baustoffe heranbringen. Die schmächtigeren dagegen werden wohl ausschließlich dem extramembranösen Plasma ihr Dasein verdanken. jene konzentrischen Kreise auf der Schale entsprechen also dem jeweils bis dahin vorgedrungenen Plasmabelag, jedoch bestehen sie nicht mehr durchweg aus Plasma.

In Fig. 17 ist der innerste konzentrische Kreis von noch etwas feinkörnigem Aussehen zwar wahrscheinlich als Plasma anzusprechen, der äußere dagegen besitzt bereits in den der Schale unmittelbar aufliegenden Teilen eine etwas festere Konsistenz und ist zu einer unmeßbar dünnen membranartigen Schicht geworden, die den Stachelkranz auf der Schalenoberfläche festhält. Der weiter vorgeschobene innere Kreis verschwand nach Behandlung mit konzentrierter

Schwefelsäure vollständig, der äußere dagegen blieb erhalten. Nach Entfernung der Säure ließ ich die Zelle eintrocknen. Beim langsamen Entschwinden der Feuchtigkeit klebten am äußeren Stachelkranz die schmächtigeren Haarstacheln stets von beiden Seiten an den dazwischen befindlichen stärkeren, offenbar zusammengebracht durch die Kohäsion des ihnen adhärierenden Wassers, das beim langsamen Eintrocknen sich zwischen den Stacheln am längsten erhalten konnte. Der innere Stachelkranz dagegen lag in schönster Ordnung ausgebreitet auf der Schale, weil er vor völlig vollendeter Ausbildung durch jene unmeßbar dünne membranartige Schicht angeheftet ist, die bis zu dem Zeitpunkte, wo die eine Mutterzelle sich in 2 Tochterzellen trennen wird, bereits vergangen, aufgelöst sein dürfte.

Es ist offenbar ein besonderer Glückszufall, der mich diese *Gossleriella*-Stadien auffinden ließ und die wiedergegebene Lösung der Frage gestattete. Wären die Zellen nicht eben im geeigneten Momente gestört worden, so hätte sich, wie aus der Vergleichung anderer *Gossleriella*-Individuen zu folgern ist, das extramembranöse Plasma bis ins Centrum ausgedehnt und die ganze Schale mit völlig gleichmäßiger Schicht überdeckt, die eine Unterscheidung nicht mehr gestattet. Es geht dann innerhalb dieser Schicht die Differenzierung der schmächtigen Haarform noch weiter; sie lassen sich als ganz außerordentlich feine, kaum sichtbare Fädchen bis ins Centrum verfolgen. Ihrer Anlage nach, kann man daher sagen, sind die schmächtigeren Haare stets länger als die kräftigeren. Würden diese letzteren nun ebenfalls vom extramembranösen Plasma ausgeschieden, wozu die Möglichkeit nach Lage der Umstände ja gegeben ist, so wäre nicht einzusehen, warum sie nicht in gleichem Maße Verlängerung erfahren. Aus dieser Verschiedenheit, sowie daraus, daß zu gewissen Zeiten der Entwickelung die kräftigeren Haare mit ihren Spitzen dem konzentrischen Kreise des extramembranösen Plasmas vorausgeeilt sind (Fig. 17), glaube ich folgern zu müssen, daß die kräftigen Stacheln mit Hilfe eines sie durchziehenden Kanales wachsen, die schmächtigeren aber vom extramembranösen Plasma als centrifugale Wandverdickungen ausgeschieden werden.

Für die Erklärung der Richtungsänderung des zunächst gegen das Schalencentrum gerichteten Stachelkranzes ist die Aufsicht auf das Gürtelband Fig. 15 von Bedeutung. Es war für die erste Anlage angenommen, daß die Stacheln am Schalenrand ansetzen. Nehmen wir die Schale a als Beispiel an, so liegt der Schalenrand entweder bei der konvexen Linie a—a oder bei x—x; es ist das für die Lösung der Frage unerheblich. Im ersteren Falle wäre ein komplexes Gürtelband vorhanden, im zweiten Falle hätte die Schale einen umgebogenen Rand, an den dann erst das glatte Gürtelband ansetzt. jedenfalls aber ist nach Anlegung des Stachelkranzes auf der gegen das Schalencentrum hin gelegenen Seite ein nachträgliches Wachstum erfolgt, das ihn auf das Gürtelband hinaufgeschoben hat. Bei dieser Wachstumsverschiebung hat die Basis des Stachelkranzes über die Wölbung der Schale gegen das Gürtelband hin fortgleiten müssen. Damit ist aber die mechanische Notwendigkeit gegeben, daß der Stachelkranz der Lage des Membranstückes, auf dem er festsitzt, entsprechend seine Richtung verändert. Nehmen wir an, das Membranstück lag vorher horizontal und gleitet über die Wölbung fort in die vertikale Lage, so müßte der Stachelkranz um 90° aufgerichtet werden. Das scheint nun mit den Thatsachen in Widerspruch zu stehen, da die Lagendifferenz 180° beträgt. Es ist jedoch vorher darauf hingewiesen, daß die Schalen nicht flach, sondern gegen das Centrum eingesenkt sind. Da ist die Annahme gerechtfertigt, daß das basale Membranstück des Randes, an dem der Stachelkranz zunächst fest-haftet, aufgerichtet gewesen ist, daß es also durch Einschiebung des Gürtelbandringes nicht nur um 90°, sondern um 180° aus der aufgerichteten Vertikalen in die abwärts gerichtete Vertikale verschoben wurde, womit der Stachelkranz gezwungen war, seine einwärts gerichteten Stacheln nach außen zu wenden.

Es ist mir nun in der That nachträglich noch gelungen, eine *Gossleriella*-Zelle in eine derartige Lage zu bringen, daß beide Schalen voneinander gelöst und etwa in einem ihrer Durchmesser geknickt im Präparate lagen. Es ergab sich dabei eine Durchschnittsansicht des inneren Schalendeckels, die erkennen ließ, daß dieser Deckel rings innerhalb des Randes eine flache Rinne bildet, die außen von einem steil aufragenden überaus kurzen Randstück selber begrenzt wird. Dieses kurze Randstück ist es, an das die Stacheln ansetzen.

Auf diese Weise scheint mir die Erklärung des eigenartigen Verhaltens von *Gossleriella* möglich zu sein und mit allen bisher bekannten Thatsachen im Einklang zu stehen.

Wenn wir damit das extramembranöse Plasma bei den Diatomeen verlassen, so mag zum Schlusse hervorgehoben werden, daß der wirkliche Nachweis des Vorkommens von extramembranösem Plasma für die erste Anlage des Flügelringes von *Planktoniella* geführt werden konnte — und höchst wahrscheinlicherweise wird sich *Valdiviella* ebenso verhalten — ferner für erste Anlage und Wachstum des Stachelkranzes von *Gossleriella*, deren schmächtigere Stacheln dem extra-membranösen Plasma allein ihre Bildung verdanken. Für alle anderen bisher bekannten Fälle bei Diatomeenzellen dürfte es unnötig sein, die Mitwirkung von extramembranösem Plasma anzunehmen.

Tafel XXXIX.

Fig. 1—11. *Planktoniella* Sol. SCHÜTT.

Fig. 1. Zellenskizze. Ansammlung der Membransubstanz in den Ecken der Radialstreben gegen den Flügelrand. (1000:1) 750.

„ 2. Starke Membranansammlung auf der Innenseite des Flügelrandes. (1000:1) 750.

„ 3. Ebenso, mit Plasma (?) an der inneren Flügeloberfläche. (1000:1) 750.

„ 4. Zelle mit Flügelauswucherungen. (500:1) 375.

„ 4a. Stück derselben Zelle. (1000:1) 750.

„ 5. Andere Zelle mit ebensolchen Auswucherungen. Der Flügelrand ist an den betreffenden Stellen aufgelöst. (1000:1) 750.

„ 6. Zelle, nicht völlig intakt. Innerhalb der Kämmerchen des alten Flügels beginnt sich ein neuer zu bilden. (500:1) 375.

„ 6a. Stückchen derselben Zelle stärker vergrößert. (1000:1) 750.

„ 7. Zelle mit fast ausgewachsenem neuen Flügelrand; der alte geschrumpft an der Peripherie. (500:1) 375.

„ 8. Dieselbe Zelle (oder eine entsprechende); Ansatz des Flügels an die Schale. (1000:1) 750.

„ 9. junge Zelle mit den Protuberanzen des extramembranösen Plasmas, der ersten Anlage der Radialstreben. (1500:1) 1175.

Fig. 10. Etwas älteres Stadium. Verbindung der jungen Radialstreben durch einen Ring von extramembranösem Plasma. (1500:1) 1175.

„ 11. Aeltere Flügelanlage um eine junge Zelle. Die Radialstreben am Rande noch äußerst zart. (500:1) 375.

„ 11a. Stückchen derselben Zelle stärker vergrößert. (1500:1) 1175.

„ 12. *Valdiviella formosa* SCHIMPER. Zelle mit Inhalt. Flügel rings stark gekürzt wiedergegeben. (1000:1) 750.

Tafel XL.

Fig. 13. *Valdiviella formosa* SCHIMPER. Zelle mit Schalenzeichnung und ganzem Flügel. (1000:1) 800.

Fig. 14—17. *Gosleriella tropica* SCHÜTT.

„ 14. Zelle mit doppeltem Stachelkranz und Plasmakörper. (500:1) 400.

„ 15. Gürtelbandaufsicht mit dem Stachelkranzansatz *s*, die Außenschale resp. ihr Gürtelband *a—a* umhüllt die nicht sichtbare, bei *i* liegende Innenschale vollständig. (1000:1) 800.

„ 16 u. 17. Entwickelung des Stachelkranzes auf der freien Oberfläche der Innenschale durch eine dünne Schicht von extramembranösem Plasma, das sich vom Rande her über die Schale ausbreitet. Der zur Zeit funktionierende Stachelkranz der übergreifenden Außenschale rings am Rande abgespreizt. (1000:1) 800.

Peridineen.

Der außergewöhnlich empfindliche Plasmakörper der Peridineen hat meinen Beobachtungen die Beschränkung auferlegt, daß nur die Körperform zur Beobachtung und Wiedergabe gelangen konnte, während der interessantere und wichtigere Teil der Bearbeitung ausschließlich Beobachtungen an lebendem Material vorbehalten bleiben muß. Immerhin erfordern einige Punkte ein näheres Eingehen.

In allen gegebenen Figuren ist der Apex von *Ceratium* und *Peridinium*, welche die häufigsten und wichtigsten Formen der Familie sind, den Beobachtungen gemäß offen gezeichnet worden. Nun soll nach F. SCHÜTT's einleitender Beschreibung der Peridiniaceen im ENGLER-PRANTL [1] die Apikalöffnung „durch ein mit mehreren kleinen Poren versehenes Polarplättchen geschlossen" sein; die Behauptung wird durch eine darüber stehende Figur von *Blepharocysta* gestützt.

Ohne diese Thatsache anzweifeln zu wollen, muß ich betonen, daß bei den mir vorgelegenen Formen der beiden genannten Gattungen nichts davon zu beobachten war und daß es auch nicht gelang, in dem großen Peridineenopus von SCHÜTT oder in der sonstigen Litteratur über diesen Punkt eine genauere Aufklärung zu finden. Und doch wäre eine solche Fragestellung um so berechtigter, als ja die Möglichkeit einer Turgescenz der Zelle von ihrer Beantwortung zum großen Teil abhängen dürfte. Wenn es bei Diatomeenzellen auffällig erscheint, daß die in ihnen verschiedentlich festgestellte hohe Turgorspannung ihre beiden Schalen nicht auseinanderdrängt, so wäre es ebenfalls merkwürdig, wenn in *Peridinium*- oder *Ceratium*-Zellen bei offenem

1) ENGLER-PRANTL, I, 1 b, S. 12.

Das Indische Phytoplankton nach dem Material der deutschen Tiefsee-Expedition 1898—1899.

525

Apex und ebenfalls offener Geißelspalte überhaupt ein erheblicher Turgordruck zu stande käme, wobei von den offenen Antapikalhörnern mancher Formen einstweilen völlig abgesehen sein mag. In gemessenen Fällen betrug die Weite der Apikalöffnung bis zu ca. 10 μ, sie mag unter Umständen auch wohl noch weiteren Durchmesser zeigen. Nun ist ja allerdings der Apex meist am Ende einer längeren Röhre gelegen, und diese wird durch Plasma ausgefüllt, das an den Wänden und in sich selbst erhebliche Reibungswiderstände entwickeln kann. Bei anderen Formen aber, z. B. bei *Ceratium gravidum* GOURRET, ist die Apikalöffnung ohne derartige Röhre direkt am Central-körper als kreisrundes Loch zu sehen und von einem oft recht ansehnlichen Durchmesser. Daher wird stets entweder eine erhebliche Viskosität oder Zähigkeit des Protoplasma nötig sein, um die Oeffnung gegen irgendwie stärkeren Turgordruck geschlossen zu halten und ein Hinaus-gedrängtwerden zu vermeiden, oder aber es kann nur eine relativ niedrige Turgescenz in den Zellen vorausgesetzt werden.

Wenn die Entscheidung dieser Fragen naturgemäß auch der Beobachtung lebenden Materiales vorzubehalten ist, so lassen sich doch aus den vorliegenden Angaben von SCHÜTT[1] vielleicht bereits Schlüsse ziehen. Auf den ersten Seiten seines Werkes ist im Zusammenhange mit der Besprechung der Hautschicht der Zellen häufiger von Plasmolyse die Rede, und es wird auf Abbildungen von *Peridinium* (Taf. XIV, Fig. 46, 3), *Pyrocystis*-Arten (Taf. XXIV u. XXV), *Pouchetia Juno* (Taf. XXVII, Fig. 99, 1 u. 99, 2), *Diplopsalis lenticula* (Taf. XV, Fig. 50) hin-gewiesen, welche plasmolysierte Zellen mit mehr oder minder von der Zellhaut abgehobenem Plasmakörper zeigen.

In einem gewissen Widerspruche damit scheinen die Beobachtungen über die Schwellbar-keit[2] zu stehen, welche ergaben, daß gewisse *Gymnodinium*-Arten nicht plasmolysierbar sind, sondern durch Anwendung von Salpeterlösung wie von Osmiumsäure stark aufschwellen. SCHÜTT nimmt an, daß der Periplast „hier eine Zwischenstufe zwischen gewöhnlicher Hautschicht und fester Membran einnimmt". An gepanzerten Formen tritt solche Schwellbarkeit ebenfalls auf und konnte besonders für *Ceratium tripos*, also die uns speciell interessierende Form festgestellt werden. Sie führt hier entweder zur Sprengung des Panzers, oder der Zellinhalt wird „aus den Oeffnungen des Panzers herausgedrängt"[3]. Den Beginn dieses Prozesses der „Schwellblasen"-Bildung beschreibt SCHÜTT in ganz ähnlicher Weise[4], wie PFEFFER[5] das Auftreten von Vakuolen in Plasmodien bei der Lösung eingeführter kleiner Asparaginteilchen, nur daß die von ihrem starren Panzer eingeengte Plasmamasse der Ceratien schließlich gezwungen ist, sich Auswege zu schaffen.

Der Versuch der Plasmolysierung gepanzerter Formen hat ganz ähnliche Folgen. SCHÜTT beschreibt ihn in folgender Weise: „Die Grenzen der unschädlichen Reagenzeinwirkung scheinen bei den Peridineen sehr eng zu liegen, entsprechend der großen Empfindlichkeit des Peridineen-plasmas auf schädliche Einflüsse von außen. Das Peridineenplasma reagiert schon auf geringe

---

1) F. SCHÜTT, Peridineen, l. c. S. 1—7.
2) F. SCHÜTT, l. c. S. 99.
3) l. c. S. 101.
4) l. c. S. 102.
5) W. PFEFFER, Zur Kenntnis der Plasmahaut und der Vakuolen, Abh. Kg. Sächs. Ges. d. Wiss., math.-physik. Kl., Bd. XVI. Leipzig 1890, S. 187 ff.

Reaktionseinwirkungen verschiedenster Art, z. B. geringe Konzentrationsänderungen des umgebenden Mediums durch Schwellblasenbildung und Aufquellung verschiedener Teile des Plasmas. Da diese Reaktion empfindlicher ist und schneller wirkt als die einfache plasmolytisch-osmotische Wirkung der konzentrierteren Lösung, so erhalten wir bei schnellerer Konzentrationssteigerung des Mediums nicht dies gewohnte plasmolytische Bild, sondern die Zelle dehnt sich schon vorher aus, bevor die durch die Osmose in Wirkung tretende Saftraumverkleinerung zur Geltung kommen kann, und stirbt dann ab. Dies erklärt, warum die bei Pflanzenzellen gewohnte Wirkung stark konzentrierter Lösungen bei den Peridineenzellen nicht eintritt."

Jene „Schwellblasen" nun, mit deren Bildung die Sprengung der *Ceratium*-Zellen beginnt, sind doch nichts anderes als Vakuolen. Zur Existenz der Vakuolen[1], besonders aber zu einem starken Anwachsen ihres Umfanges ist eine gewisse osmotische Leistung des Inhaltes vorauszusetzen, da sie anders von der Umhüllung ausgeübten Centraldruck nicht widerstehen können. Die Körper, welche die Schwellblasenbildung hier bedingen, sind unbekannt. Sie sind aber in den *Ceratium*-Zellen bereits vorher vorhanden, resp. durch jenen äußeren Anstoß frei geworden. Jedenfalls tritt ihre osmotische Leistungsfähigkeit mit dem ersten Beginn des Absterbens der Zelle in Erscheinung, und es liegt nahe, in dieser plötzlichen Turgorerhöhung innerhalb eines darauf nicht eingerichteten Organismus die Ursache der ganzen Katastrophe für die betreffende Zelle zu suchen. — Eine indirekte Bestätigung dieses Erklärungsversuches könnte darin gefunden werden, daß SCHÜTT[2] angiebt: „Nicht bei allen Species ist die Quellbarkeit gleich stark. Besonders empfindlich habe ich einzelne Ceratien gefunden, z. B. *Ceratium tripos*, andere Gattungen, wie z. B. *Peridinium*, reagieren weniger heftig, und bei noch anderen, wie den Phalacromaceen und Prorocentraceen, habe ich diese Art der Reaktion noch nicht beobachtet." Phalacromaceen und Prorocentraceen aber entbehren einer Apikalöffnung! — Außerdem ist zu berücksichtigen, daß der starre, dicke Panzer der Peridiniaceen den Turgor hinsichtlich seiner Einwirkung auf Festigung der Zelle vollkommen ersetzt.

Ueber Wachstumsvorgänge der Peridineenzelle.

Das, was bisher über Wachstumsvorgänge an Peridineen bekannt ist, verdanken wir SCHÜTT, der besonders in seiner durch ein kritisches Referat von mir veranlaßten Untersuchung über das Wachstum der Flügelleisten von *Ornithocercus*[3] wertvolle Beobachtungen bringt. Das für uns hier in Betracht kommende wesentliche Resultat faßt SCHÜTT in die Worte zusammen: „Die Zelle baut während ihres ganzen individuellen Lebens an der Flügelleiste fort." Es bezieht sich das freilich nur auf die Strukturierung der Flügel, weniger auf den Größenzuwachs, immerhin ist es bisher die einzige derartige Beobachtung geblieben, die über die Zeitdauer Angaben bringt.

Was für das Dickenwachstum der Membran gültig ist, läßt sich für *Ceratium tripos* in gewissen Formen auch für das Längenwachstum nachweisen. Betrachten wir zunächst einmal den Vorgang der Zellteilung, der das Nachwachsen der Zellhälften einleitet. Die Teilung erfolgt derart, daß der einen, unteren Tochterzelle die beiden Antapikalhörner und vom Centralkörper

1) W. PFEFFER, l. c. S. 219.
2) SCHÜTT, l. c. S. 101.
3) F. SCHÜTT, Erklärung des centrifugalen Dickenwachstums der Membran. Botan. Ztg., 1900, II. Abt., No. 16 u. 17, S. 27 des S.-A.

ein am rechten Antapikalhorn entlang gelegenes Stück bis über die Querfurche hinaus verbleiben, während die obere Tochterzelle das Apikalhorn erhält und ein an der linken Körperseite liegendes, entsprechendes Stück des Centralkörpers bis unmittelbar unter den Ansatz des linken Antapikalhornes über die Querfurche hinaus. Während dieser Teilung, also bis zur Neubildung der jeder Tochterzelle fehlenden Platten, ist der Plasmakörper unbehäutet und damit eine die Kohäsion des Plasma übersteigende Turgorspannung ausgeschlossen [1]. Aber auch nachher, wenn der Centralkörper bereits ergänzt ist, sind noch offene, nur durch die Hautschicht des Plasma geschlossene Stellen vorhanden.

Sucht man nämlich in dem Material nach Zuständen, welche noch unabgeschlossenes Wachstum einer Hälfte erkennen lassen, so sind dergleichen nicht allzu selten zu finden. Auf Taf. XLVIII ist in Fig. 12c ein solches Individuum von *Ceratium tripos longipes* var. *cristata* von der Bauchseite (in der doppelten Vergrößerung wie die übrigen Zellen) wiedergegeben; nur das linke Antapikalhorn ist voll ausgezeichnet. Man erkennt, daß es noch lange nicht die definitive Länge erreicht hat, und außerdem, daß es mit offenem resp. nur durch eine äußerst zarte Plasmahaut geschlossenem Ende wächst, denn die Konturen der Zellwand ragen unabgeschlossen über den Plasmaleib hinaus. Dasselbe konnte ich mehrfach beobachten. Unter dem Vorbehalt, daß die lebenden Zellen das gleiche Verhalten zeigen, kann also gesagt werden, daß Beteiligung von Turgor am Wachstum in dem Sinne wie bei anderen Pflanzenzellen hier ausgeschlossen sein müßte. Fig. 4, Taf. XLVIII, ist ein in gleicher Ergänzung der Antapikalhälfte begriffenes Individuum von *Ceratium tripos arcuatum*, das sich ähnlich zu verhalten scheint. Hier wäre das schon auffallender, weil *Ceratium tripos arcuatum* normalerweise geschlossene Antapikalhörner zeigt. Es könnte aber möglicherweise eine Verletzung der zarten Enden den Austritt von Plasma aus den Spitzen erst verursacht haben. Zu positiv sicheren Resultaten kann man eben nur an lebenden Zellen gelangen.

Andere Beobachtungen gestatten jedoch weitere Schlüsse zu ziehen. Fig. 11, Taf. LI, zeigt eine Zelle von *Ceratium tripos macroceras*, dessen 3 Hörner in etwa gleicher Entfernung von ihren Enden eine nachträgliche Verlängerung zeigen. Man findet derartige Fälle hin und wieder, und sie dürften Anzeichen dafür sein, daß die Existenzbedingungen während der Lebensdauer dieser Zelle sich verändert haben. Ganz ebenso bildet z. B. Kofoid[2] *Ceratium californiense* Kofoid ab; auch seine Figur zeigt alle 3 Hörner von bestimmt hervortretenden Punkten ab ansehnlich weiter verlängert. Die nächstliegende Erklärung würde wohl sein, daß die Zelle in Wasser von geringerer Tragfähigkeit, als ihrem Bedürfnisse entsprach, geraten ist und durch Vermehrung des Formwiderstandes dem Hinabsinken entgegenarbeitet. Daß während der Neubildung einer Zellhälfte, wo ja der Formwiderstand vermindert sein muß, gegenüber demjenigen,

---

[1] Es ist vielleicht nicht überflüssig, darauf hinzuweisen, daß die Diatomeen sich in allen Beziehungen anders verhalten. Sie verlassen den Schutz der umschließenden mütterlichen Schalen erst, wenn die Anlage der beiden neuen Schalen so weit vorgeschritten ist, daß die Tochter- resp. Schwesterzellen als rings von Membran umschlossene Gebilde gelten können. Daß ihre Zellen trotz der Kaphendurchbrechung Turgorspannung von ziemlich hohem Betrage aufweisen, beruht darauf, daß die Raphe eben nur einen Schlitz von äußerst geringem Querschnitt darstellt, daß ebenfalls sonst vorhandene Poren, wie z. B. die Gallertporen, von winziger Größe sind, wie daraus hervorgeht, daß sie mikroskopisch nur schwierig nachgewiesen werden können. Auch die stark heranwachsenden Auxosporenbildungen der Diatomeen sind alsbald vom Perizonium umhüllt, das rings geschlossen ist und, durch Turgordruck gespannt, ein dem der meisten umhäuteten Pflanzenzellen analoges Wachstum aufweisen kann. Demnach ist auch auf diesem Gebiete eine Parallelisierung der Diatomeen und Peridineen undurchführbar.

[2] C. A. Kofoid, Univ. of California Publ., Zoology, Vol. III, 13. April 1907, Pl. XXIII, Fig. 8, 9. „Individual with abnormally long horns showing distal zone of recent growth in apical horn and proximal zones in the antapicals."

67*

welcher einer ausgewachsenen Zelle zu Gebote steht, ein Hinabsinken der *Ceratium*-Zellen statt-findet, geht aus einigen Beobachtungen am Material der „Valdivia" hervor. Station 238 zeigt z. B. 100 m tief eine ganze Zahl von derartigen unfertigen *Ceratium tripos* verschiedener Arten in jedesmal mehreren Exemplaren, die sonst an die oberflächlichen Schichten gebunden sind.

Wenn man nun auch für die Antapikalhörner vielleicht einwenden möchte, daß bei der großen Entfernung vom offenen Apikalende und der engen Passage durch die langgestreckten Arme des Reibungswiderstandes wegen eine Turgescenz an ihrem geschlossenen Ende ange-nommen werden könnte, so ist dieser Einwand für das gleichfalls nachwachsende Apikalende jedenfalls hinfällig; hier kann also bei dem nachträglichen Zuwachs keine Membranspannung durch einen von innen ausgeübten Turgordruck vorgelegen haben. — Noch klarer liegen die Verhältnisse für die Figg. 12 und 13 auf Taf. LI. *Ceratium tripos longipes* ist der Regel nach mit offenen Antapikalarmen versehen. So zeigen auch die hier vorliegenden Zellen deutliche Oeff-nungen an der Spitze ihrer Antapikalarme; nur an dem linken Arme der Fig. 12 könnte noch eine zarte Schlußmembran vorhanden sein. Beide Zellen sind trotzdem mit fast um die Hälfte nach-träglich verlängerten Antapikalarmen versehen, deren dünner gebliebene jüngere Membran sich sehr scharf von der stark verdickten älteren absetzt; Fig. 13 zeigt auch am Apikalhorn das gleiche Verhalten.

Diese Beobachtungen mußten hier eingehender behandelt werden, da sich einige Folge-rungen daraus ziehen lassen, die für uns nicht ganz bedeutungslos sind. Zunächst zeigt die Möglichkeit der Wiederaufnahme des Längenwachstums, daß, ebenso wie die Zelle von *Ornitho-cercus* ihr ganzes Leben lang an der Verzierung und Verstärkung ihres Flügels arbeitet, so auch die *Ceratium*-Zellen befähigt sind, ihr Leben lang an der weiteren Aus-dehnung ihrer Schwebefortsätze zu bauen. Daß diese Arbeit nicht überall so deutlich nachweisbar ist, wie in den beschriebenen Fällen, ändert an der Thatsache selbst nichts. Die im systematischen Teile angeführten Messungen von *Ceratium tripos volans* var. *elegans* Br. Schröder (S. 409, Taf. XLIX, Fig. 18) zeigen Zellen mit Antapikalarmen von 1000—1400 μ, also einer Aus-dehnung von ca. 2½ mm von einem Zellende zum anderen. Solche Zellen sind nach meiner Auffassung also ganz langsam herangewachsen, und auch hier werden, wie Schütt es für *Ornithocercus*-Flügel voraussetzt, mehrere Zellgenerationen erforderlich gewesen sein, um diese Länge zu erreichen.

Daraus geht aber wiederum hervor, wie ungenügende systematische Merkmale und Unter-schiede die Messungen der Peridineenzellen abgeben und wie wenig Wert auf Bestimmungen zu legen ist, die allein darauf gründen. Denn auch zu einer Zeit, wo die betreffenden Zellen erst den dritten oder vierten Teil ihrer späteren Ausdehnung erreicht hatten, gehörten sie natürlich derselben Species und Form an, genau so, wie die Figg. 12 und 13 durch ihre nachträgliche Verlängerung nicht der Zugehörigkeit zu der Species *longipes* verlustig gehen konnten. Mit der Wandverdickung bei zunehmendem Alter geht aber auch das Auswachsen der Kämme und Leisten parallel, so daß also die mit *robusta, cristata* etc. bezeichneten „Formen" der verschiedenen Arten, wenn nicht ausschließlich, so doch häufig nur Altersunterschieden der betreffenden Zellindividuen resp. Zellwandstücke entsprechen werden.

Ebenso skeptisch stehe ich der systematischen Verwertbarkeit der offenen oder geschlossenen Form der Antapikalhornendigungen gegenüber. Zuzugeben ist freilich, daß die Angehörigen der

Sectio *rotunda* durchweg zugespitzte und geschlossene Antapikalhornenden aufweisen. Bei den Protuberantia-Formen läßt aber dieser Unterschied völlig im Stich und wechselt augenscheinlich auch mit dem Alter der Zelle resp. der Antapikalhälfte. *Longipes*-Formen scheinen meist mit offenen Antapikalhörnern ausgerüstet zu sein; bei dem linken (in der Bauchansicht also rechts liegenden) Horn der Fig. 12, Taf. LI, war aber vorher bereits erwähnt, daß es eine deutliche Oeffnung vermissen läßt. Ebenso sind die typischen *macroceras*-Formen (Taf. XLIX, Fig. 26, 27) meist durch offene Antapikalarme ausgezeichnet, Fig. 11, Taf. LI, aber zeigt sie geschlossen; und bei den Uebergangsformen zu *flagelliferum* und *intermedium* hin hört schließlich jede Regel auf, wie man bei Vergleichung der vielfach bei stärkerer Vergrößerung gezeichneten Hornenden Taf. XLIX erkennt.

Auch die kleinen Anschwellungen, wie die Zuspitzung derselben Armendigungen kann ich nur für individuelle Merkmale halten. So zeigt auf Taf. XXII Fig. 29 b, zu *macroceras* gehörig, und Fig. 31 c, zu *flagelliferum* zählend, und auf Taf. XLIX Fig. 23 und 24 b, ebenfalls verschiedenen Varietäten von *flagelliferum* angehörig, wie Fig. 17 b, zu *volans* zu rechnen, eine solche Schwellung, während sie anderen Individuen derselben Formen fehlt. Die *robustum*-Zellen sind meist quer abgestutzt und geöffnet am Ende, so Fig. 13 a, Taf. XLVIII; Fig. 13 b und c dagegen zeigen beide Antapikalhornenden lang und spitz ausgezogen und mit nur sehr kleiner Oeffnung versehen.

Wie weit ferner durch Einreihung von bisher für verschiedene Species gehaltenen Formen in einen Entwickelungskreis die Zahl der *Ceratium tripos*-Arten vermindert werden kann, ist noch nicht vorherzusehen; einzelne Fälle glaube ich aber jetzt schon herausgreifen zu dürfen. So halte ich *Ceratium tripos contrarium* GOURRET für jüngere Zellen von *Ceratium tripos flagelliferum* CL.[1]. Man vergleiche die Figg. 30 a und b mit Fig. 32 a und b und Fig. 31 a und b, Taf. XXII. Ebenso scheint mir *Ceratium tripos dilatatum* G. K. jugendformen von *Ceratium tripos platycorne* DADAY zu entsprechen. Dazu wären zu vergleichen Taf. XIX, Fig. 9, 10, Taf. XLVIII, Fig. 10 a, 10 b, Taf. LI, Fig. 4 a, 4 b, und C. A. KOFOID, Bull. Museum Compar. Zoology, Vol. L, 6, New species of Dinoflagellates, Pl. IV, Fig. 25. Die Antapikalhörner schwellen zunächst an ihrem Ende mehr oder minder stark auf, Taf. XIX, Fig. 9, 10 die Ausdehnung und Verbreiterung nimmt nach und nach gegen die Hornbasis hin fortschreitend zu, Taf. XLVIII, Fig. 10 a, 10 b, und endlich ist eine im ganzen Verlauf gleiche Breite der Antapikalhörner erreicht, wie Fig. 4 a, 4 b, Taf. LI, es vorführen.

Ein weiterer Punkt, der einige Worte erfordert, ist die Kettenbildung der Ceratien. POUCHET[2] und BÜTSCHLI[3] kamen nicht zu einer ganz klaren Einsicht in die Entstehung der Ketten, die dann von SCHÜTT[4] richtig angegeben ist. Es verhält sich damit in der That genau so wie mit der Kettenbildung von *Fragilaria* oder anderen Diatomeen. Bei der Teilung bleiben die neugebildeten Ergänzungsstücke aneinander haften. Während es nun bei den Diatomeen so geschieht, daß die ganzen Schalenrücken — wenigstens zunächst — sich berühren, ist das Gleiche

[1] Es freut mich, hierin einmal mit M. J. PAVILLARD, Golfe du Lion etc., l. c. p. 229 übereinstimmen zu können.
[2] G. POUCHET, Contributions à l'histoire des Cilio-Flagellés. Journal de l'Anat. et de la Physiologie Paris, I, 1883, p. 399; II, 1885, p. 28; III, 1885, p. 525; IV, 1887, p. 87; V, 1892, p. 143.
[3] O. BÜTSCHLI, Protozoa, II. S. 995, in H. G. BRONN's Tierreich, Bd. I, 1883—87, Leipzig-Heidelberg.
[4] F. SCHÜTT, Peridiniaceae, in ENGLER-PRANTL, Nat. Pflanzenfamilien, I, 1 b, Leipzig, 1896, S. 14, Fig. 18.

bei der Formgestaltung von *Ceratium* ausgeschlossen. Vielmehr haftet nur die neugebildete
Apikalöffnung der unteren Zelle an der neugebildeten rechten ventralen Endstelle der Querfurche
der oberen Schwesterzelle (Taf. XLVIII, Fig. 14 b). Trifft man nun *Ceratium tripos*-Arten, für
die eine sehr dicke Wandung charakteristisch ist, in Kettenbildung an, so wird es oft möglich
sein, an dem verschiedenen Wanddurchmesser mit großer Schärfe die neugebildeten Teile, die
noch nicht Zeit hatten, eine erheblichere Celluloseauflagerung auf ihre primäre Membran fertig-
zustellen, von den älteren, mit stark verdickten Wänden versehenen Teilen zu trennen. Besonders geeignet sind für die Beobachtung Vertreter der Subsectio *robusta*, vor allem auch
deshalb, weil diese dickwandigen Formen an manchen Stationen sehr regelmäßig die Gelegenheit
ergreifen, den Formwiderstand und damit das Schwimmvermögen ihrer schweren Zellen durch
Kettenbildung zu erhöhen. Fig. 14, Taf. LI, zeigt an *Ceratium tripos vultur* var. *sumatrana* auch
ohne Einzeichnung der einzelnen Panzerplatten, wie der Zerfall der Mutterzelle stattgefunden
hat, und wie ihre Hälften aufgeteilt worden sind. An der jetzt unteren Zelle ist das antapikale
Ende das ältere, es reicht an der rechten Seite weit über die Querfurche hinaus, die ebenfalls in
ihrem rechten Teile der Mutterzelle unverändert entnommen ist. Man beachte auch dabei gleich,
daß die Antapikalhörner wiederum eine nachträgliche Verlängerung erfahren haben; die neuen
Zuwachsstücke sind mit noch ganz dünner Membran bekleidet, und da der Absatz der älteren
dicken Zellhaut deutlich hervortritt, sehen sie wie aus einer Scheide vorgestreckt aus. Auch
sind die Enden geschlossen, obgleich die Zellen dieser Art meist mit offenen Antapikalhörnern
aufzutreten pflegen, vergl. Taf. XLVIII, Fig. 15a, 15b. An der oberen Zelle ist natürlich das
apikale Ende der Mutterzelle entnommen, und man sieht die linke Hälfte der Querfurche und
darüber hinaus bis an die Basis des linken Antapikalhornes die alte verdickte Membran heran-
reichen. Das ganze Mittelstück ist neu entstanden und hat sich zwischen die beiden Hälften der
Mutterzelle eingeschoben, indem jede Hälfte zu einer ganzen Zelle ergänzt wurde. Dabei ist das
neugebildete Apikalhorn der unteren Zelle an der neugebildeten rechten Querfurchenecke der
oberen Zelle, und zwar auf der ventralen Seite, haften geblieben und vereinigt die beiden Zellen
zu einer Kette, die bei weiter eintretenden Teilungen sich in derselben Weise weiter verlängern
kann. Ob das Plasma an der Endöffnung des Apikalhornes nur die Festheftung bewirkt, oder
ob auch eine wirkliche Plasmaverbindung durch die ganze Kette zu stande kommt, ist eine
bereits von Bütschli [1]) aufgeworfene Frage, deren Bedeutung aber zur Zeit durch die Annahme
von extramembranösem Plasma an der Oberfläche jeder Zelle herabgemindert erscheint.

Als wesentliches Resultat dieser Betrachtung über das Wachstum
der Peridineenzellen können wir also festhalten, daß die Zellen nicht nur
an der Ausgestaltung ihrer Flügeloberfläche durch Generationen hin andauernd arbeiten, sondern daß die Erhöhung der Formwiderstände —
mindestens die Verlängerung der Arme in der Gattung *Ceratium* — ebenfalls über das Leben des Einzelindividuums hinaus von den Tochter- und
Enkelgenerationen weiter gefördert wird[2]).

---

1) Cf. Dinoflagellata, l. c. S. 995.
2) Einige unvollständige Beobachtungen über Ruhesporen, Gallertsporen etc. bei Peridineen sind in dem Abschnitt: Neritisches
und oceanisches Phytoplankton, S. 416, zusammengestellt unter Dauersporengenerationen.

Pyrocystis.

Die Gattung *Pyrocystis* stellt in ihren verschiedenen Angehörigen überaus häufige und im Warmwassergebiet wohl nirgends fehlende Vertreter, zu deren genauerer Bestimmung aber die Kenntnis der Entwickelungsgeschichte notwendig sein würde, wie sich aus den neuerdings bekannt gewordenen Angaben von Apstein [1]) ergiebt. Nach seinen Beobachtungen folgt, daß den Pyrocysteen eine große Mannigfaltigkeit von Formen zukommt, die sich in den Entwickelungs-gang einer Species einfügen. Da nun die Kugelform vielleicht in dem Kreislauf einer jeden Species wiederkehren dürfte, so wird man künftig auf den verschiedenen Durchmesser der Kugeln besonders zu achten haben. Das ist bei der Bearbeitung des „Valdivia"-Materials noch nicht geschehen, weil diese Sachlage erst bei Abschluß meiner Arbeiten bekannt geworden ist, und so konnte das Material der Tiefsee-Expedition nur nach den Umrißformen der Zellen in der Uebersicht des Materials aufgeführt und benannt werden.

Apstein beobachtete in der Nordsee eine kugelige *Pyrocystis*, die sich in den Größen-ausmaßen von *Pyrocystis pseudonoctiluca* J. Murray unterscheidet und schließlich als dem Ent-wickelungskreise von *Pyrocystis lunula* Schütt angehörig erwiesen werden konnte. *Pyrocystis pseudonoctiluca* J. Murray schwankt in der Länge ihres Durchmessers nach Merray (lebend gemessen?) von 600 bis 800 μ, nach Apstein an konserviertem Material von 350 bis 533 μ; nur einmal ist 178 μ gefunden worden. *Pyrocystis lunula* forma *globosa* Apstein zeigte dagegen lebend nur 120—172 μ, konserviert aber 62—124 μ (meist 107 μ) Durchmesser, so daß die Formen danach getrennt werden können.

In diesen kugeligen Zellen von *Pyrocystis lunula* f. *globosa* Apstein entstehen nun nach mitotischer Kernteilung 2, 4 oder der Regel nach 8 Tochterzellen. Die Teilung des Kernes geht oftmals noch einen Schritt weiter, da aber niemals mehr als 8 Tochterzellen beobachtet werden konnten, ist eventuelle Wiedervereinigung der 16 Kerne zu 8 möglich. Die 8 Tochter-zellen entsprechen der *Pyrocystis lunula* forma *lunula* Schütt. Diese *lunula*-Zellen führen ihren Kern an der konkaven Seite. Apstein konnte bei der Teilung hier niemals Chromosomen be-merken und nimmt daher direkte Kernteilung an. Es bilden sich auch hier 4 und darauf 8 Tochterzellen, doch wurden auch nur 5 und 6 in Einzelfällen beobachtet. Diese Tochterzellen sind nun *Gymnodinium*-ähnliche Schwärmer, wie sie nach Brandt [2]) u. a. auch bei Radiolarien verbreitet sind. Die Weiterentwickelung dieser Schwärmer bleibt festzustellen. Danach deutet Apstein den Kreis der Entwickelung nun folgendermaßen: „*Pyrocystis lunula* forma *globosa* bildet meist 8 *Pyrocystis lunula* forma *lunula* aus, wobei der Kern Mitose zeigt. Die *Pyrocystis lunula* forma *lunula* bildet in ihrem Innern ein oder durch direkte Teilung mehrere *Gymnodinium*-ähnliche Schwärmer aus. Ob unter letzteren sich Makro- und Mikrosporen werden unterscheiden lassen, bleibt noch zu untersuchen, und ob durch deren Kopulation eine Art geschlechtlicher Vorgang eingeleitet wird, der dann zur Bildung von *Pyrocystis lunula* forma *globosa* führt, bedarf noch der Aufklärung. In dem Falle würde *Pyrocystis lunula* forma *lunula* als Hauptform — als Geschlechtsgeneration — zu gelten haben, die *Pyrocystis lunula* forma *globosa* als Neben-form mit ungeschlechtlicher Fortpflanzung, falls nicht die oben erwähnte Verschmelzung der 16 Kerne zu 8 Kernen stattfmdet und dann als geschlechtlicher Vorgang zu deuten ist. Sollte

1) C. Apstein, *Pyrocystis lunula* und ihre Fortpflanzung. Wissenschaftliche Meeresuntersuchungen, N. F., Bd. IX, Kiel, 1906.
2) K. Brandt, Beiträge zur Kenntnis der Colliden, 1905; citiert nach Apstein.

sich nicht die vermutete Art der Fortpflanzung finden, so wäre der mitotischen Teilung wegen *Pyrocystis lunula* forma *globosa* die Hauptform und *Pyrocystis lunula* forma *lunula* die Neben-form wegen der direkten Teilung. In jedem Falle würden wir einen Generationswechsel zu konstatieren haben."

Dieses Ergebnis ist ja freilich noch sehr lückenreich, auch erscheint die Schwärmer-bildung mit direkter Teilung des Kernes etwas merkwürdig, besonders wenn eine eventuelle sexuelle Verschiedenheit der (Mikro- und Makro-)Schwärmer angenommen werden soll — immerhin erfahren wir aber aus der Arbeit zuerst, daß eine genetische Be-ziehung zweier verschiedener *Pyrocystis*-Zellen zu einander vorhanden ist, während bisher nur bekannt war, daß Bildung *Gymnodinium*-artiger Schwärmer in den *Pyrocystis*-Zellen stattfindet. Auch hier ist also nur von weiteren Beobachtungen lebenden Materials genauerer Aufschluß zu erwarten.

Für das „Valdivia"-Material und die Aufzählung der Formen an den einzelnen Stationen ist, wie schon bemerkt, eine Unterscheidung in *Pyrocystis pseudonoctiluca* und *P. lunula* nur nach ihren Umrißformen vorgenommen. Gelegentliche Zusätze wie „auffallend große Zellen", deuten bereits auf Unterschiede innerhalb der als *P. pseudonoctiluca* zusammengefaßten Zellen hin. Bisweilen fanden sich auch abweichend gestaltete Formen, die einmal zu der Vermutung be-rechtigen, daß *Pyrocystis hamulus* aus Zellen heranwächst, die unter *P. lunula* subsumiert worden sind, die andererseits darauf hinweisen, daß auch *P. fusiformis* einen kugeligen Entwickelungs-zustand besitzt, der die Unterscheidung zwischen den Arten noch weiter erschweren würde.

Zur Speciesfrage bei den Peridineen.

Hängt bei diesen Pyrocysteen also die feste Fassung einer Species noch wesentlich von der Erweiterung unserer Kenntnisse über den Entwickelungsgang der Formen ab, so sind die Schwierigkeiten bei den polymorphen *Ceratium*- und *Peridinium*-Arten anderer Natur. Bleiben wir einmal bei dem enfant terrible der Peridineen *Ceratium tripos* stehen.

Im Gegensatze zu der Mehrzahl der Autoren habe ich an *Ceratium tripos* als Haupt-species festgehalten und alle die zahllosen Formen dieser subsumiert, soweit sie eben in die gesteckten Grenzen entfallen, d. h. soweit ihre Antapikalhörner unverzweigt sind und mit den Enden oberhalb der nach unten gekehrten Scheitelfläche verbleiben, und soweit ihre Platten nicht retikuliert sind. Die Umständlichkeit längerer Namen, die ja überdies abgekürzt geschrieben werden können, scheint mir ein geringerer Uebelstand zu sein, als die Formverhältnisse nicht berücksichtigende Bezeichnungen, wenn sie auch noch so kurz sind. Ich habe im systematischen Teile S. 403 ff. diese Form als Untergattung von *Ceratium* bezeichnet und in Sektionen und Untersektionen eingeteilt, die im wesentlichen auf den Beobachtungen der Körperumrisse be-ruhen. Ganz damit einverstanden könnte ich sein, wenn diese Untersektionen als Grundlage je einer Species anerkannt würden. Hier sollen nur einmal die Schwierigkeiten, die einer scharfen Umgrenzung derartiger „Arten" von *Ceratium tripos* entgegenstehen, erörtert und auf einige Faktoren hingewiesen werden, die ich glaube für den außergewöhnlichen Spielraum der individuellen Formabweichungen mitverantwortlich machen zu können.

H. H. GRAN [1]) bespricht in seinem ausgezeichneten Werke die Gründe, welche ihn veranlassen, *Ceratium tripos longipes* und *C. tripos arcticum* als selbständige Arten voneinander zu trennen. Messungen zahlreicher hierher gehöriger Individuen mit einem Goniometer-Okular ergaben für die Winkel der Antapikalhörner Werte von -20^0 bis $+140^0$. Bei Eintragung der auf jeden Wert entfallenden Individuenzahlen ergaben sich zwei Gipfel der Kurve; Zellen mit konvergierenden bis schwach divergierenden Hörnern -20^0 bis $+40^0$ gehören zu C *tripos longipes*, solche mit stark divergierenden Hörnern 40^0-140^0 zu C. *tripos arcticum*. In dieser Weise läßt sich gewiß eine Unterscheidung treffen, wenn die Voraussetzungen eingehalten sind, die GRAN macht, daß nämlich nur vollentwickelte Zellen berücksichtigt werden. Wie wir aber vorher gesehen haben, ist es für einzelne Formen äußerst schwierig zu sagen, ob die betreffende Zelle wirklich ausgewachsen ist, da anscheinend vollentwickelte Zellen noch von neuem zu wachsen anfangen können, ja wahrscheinlich Zeit ihres Lebens niemals aufhören zu wachsen. Ebenso ergiebt sich aus dem Gesagten, daß es in einem sehr formenreichen Peridineenplankton unmöglich sein kann, für unentwickelte Zellen anzugeben, welcher Art resp. Subsectio sie zugerechnet werden müssen. Endlich zeigen die Tafeln XIX—XXII und XLVIII, XLIX und LI zur Genüge, daß die Fülle der Uebergänge, innerhalb der Subsektionen *arcuatum*, *macroceras*, *flagelliferum*, *tergestinum* die Zuteilung der Individuen zu dieser oder jener oft ganz unmöglich machen.

Dieser ungewöhnliche Polymorphismus ist besonders auffällig im Vergleich zu den doch annähernd unter gleichen äußeren Bedingungen lebenden Diatomeen, deren Formen und Strukturen mit großer Regelmäßigkeit innerhalb jeder Species festgehalten zu werden pflegen. Man wird daher äußeren Faktoren allein kaum die Schuld der Variabilität jener Ceratien, der Formenkonstanz dieser Diatomeen zuschieben können. Vielmehr müssen die Eigenschaften des Plasmakörpers und die Organisationsverhältnisse der Zellen in erster Linie dafür verantwortlich gemacht werden. Den Umständen gemäß sind wir auf Erörterung der letzteren beschränkt.

Die Vermehrung von Diatomeen wie Peridineen beruht vorzugsweise auf der Teilung der Zellen. Bei ersteren werden die neuen Schalen nach Teilung des Plasmakörpers im Schutze der alten Schalen und rings von Plasma umgeben angelegt, und erst nach Fertigstellung der jüngeren Schalen, oft sogar recht lange nachher, weichen die umfassenden älteren Schalen mit ihren Gürtelbändern völlig auseinander. Das neue Zellenpaar wird also in zusammenhängender Kette oder in den beiden Einzelzellen, erst nach vollständiger Ausbildung seiner schützenden Hülle der Außenwelt zugänglich; auf die Ausgestaltung dieser Hülle, eben der Schalen hat das Plasma der Mutterzelle, innerhalb dessen sie entstehen, den größten direkten Einfluß. Kein Wunder, daß sie den älteren Schalen aufs vollständigste gleichen.

Anders bei den Peridineen. Wir haben ja bereits verfolgt, wie bei der Teilung der *Ceratium*-Zellen nach Zerlegung des Plasmakörpers die beiden Hälften auseinanderweichen. Ob nun die Zellen nachher als Kette zusammenhängen oder ganz frei voneinander sind, an mehr als der einen Stelle bleibt für das bis dahin einheitliche Zellplasma keine Verbindung erhalten. Daher werden die neuen Platten der zu bildenden antapikalen wie apikalen Zellhälfte nur auf der Innenseite von geschlossener Plasmamasse umgeben. Sie werden trotz des ja nur unmeßbar dünnen Ueberzuges von extramembranösem Plasma den Einflüssen

[1] H. H. GRAN, Das Plankton des Norweg. Nordmeeres, Bergen 1902, l. c. S. 43 ff.

der Außenwelt viel mehr ausgesetzt sein als die im Zellinnern heranwachsenden Diatomeenschalen. Bei der aus SCHÜTT's Beobachtungen zu folgernden außergewöhnlichen Empfindlichkeit des Peridineenplasmas müssen die äußeren Faktoren auf die Ausbildung der Zellhüllen und ihrer Gestaltung um so leichter Einfluß gewinnen, als die Fertigstellung ja sehr lange Zeit in Anspruch nimmt, also mit ziemlicher Sicherheit auf stärkeren und wiederholten Wechsel von Temperatur, Beleuchtung, Salzgehalt, Dichte des Mediums, Wasserbewegung u. s. w., kurz aller irgend in Frage kommenden äußeren Verhältnisse gerechnet werden kann. Vergleicht man z. B. die in der Litteratur sich findenden Abbildungen von *Ceratium*-Ketten, so läßt sich die große Abweichung der einzelnen doch im nächsten Verwandtschaftverhältnis zu einander stehenden Zellen zur Genüge erkennen. Ganz abgesehen von der Länge der einzelnen Hörner sind die Winkel, die Formen der Antapikalhörner, ihre Krümmungen, kurz jede Ausgestaltung bei jeder Zelle anders als bei den übrigen. Man vergleiche z. B. SCHÜTT in ENGLER-PRANTL, l. c. S. 10, Fig. 13; Ders., Peridineen, l. c. Taf. IX, Fig. 38, 2; G. KARSTEN, Antarkt. Phytoplankton, Taf. XIX, Fig. 12 a; Ders., Atlant. Phytopl. Taf. XX, Fig. 8 b, und hier Taf. XLVIII, Fig. 13 a, Fig. 14 a, 14 b, Taf. LI, Fig. 8, Fig. 14; BR. SCHRÖDER, Phytoplankton d. Golfes v. Neapel, l. c. Taf. I, Fig. 17 m, K. OKAMURA, Annotated list etc., l. c. Taf. III, Fig. 1 a, 1 c.

Die lange Zeit, die bei Bildung einer solchen Kette langsamen Wachstumes in Betracht kommt, ist gewiß einer der gewichtigsten Umstände, da er ja außerordentliche Verschiedenheiten aller möglichen anderen Faktoren einschließen muß. Aber ob nicht auch die andersartige Entwickelungsweise mit Hilfe extramembranösen Plasmas einen gewissen Anteil an der Variabilität haben wird, ist eine Frage, die ich nicht übergehen möchte.

Es konnte vorhin gezeigt werden, daß die Entwickelung des Stachelkranzes von *Gossleriella* der einzige sichergestellte Fall bei Diatomeen ist, daß extramembranöses Plasma für die Anlage und die ganze Ausbildung mindestens der schwächeren Stacheln verantwortlich gemacht werden muß. Nun ist dieser Stachelkranz gleichzeitig ein Gebilde, das in sehr wechselnder Form auftritt und mehr Unregelmäßigkeiten aufweist, als in der Regel innerhalb einer Diatomeenspecies nachgewiesen werden können. Bald waren die Stacheln kurz, bald lang, bald fehlten die schwächeren völlig zwischen den stärkeren, und stets war ihre Stellung unregelmäßig, bald abwechselnd einzelne der beiden Formen, bald 3—4 hintereinander, bevor die andere Form eingeschaltet wurde. Da drängt sich denn doch der Gedanke auf, ob nicht die Anlegung und Ausbildung durch Außenplasma minder strikte Gesetzmäßigkeit der Organe verbürgen möchte, als die innerhalb des Plasmakörpers einer Mutterzelle vor sich gehende Gestaltung.

Schizophyceen.

Einige Beobachtungen über die im systematischen Teil aufgeführten Schizophyceen müssen auch hier erwähnt werden.

Daß durch Absterben einzelner oder mehrerer Zellen in den Reihen von *Katagnymene*-Arten der Zerfall der Fäden ermöglicht wird, ist bereits von dem Autor[1]) der Form beobachtet

---

1) LEMMERMANN, Reise nach dem Pacifik, l. c. S. 354.

worden. WILLE[1]) kann in diesem Vorgang keine normalerweise in den Entwickelungsgang der Zellreihen gehörige Vermehrungsart erblicken; er sieht vielmehr etwas Zufälliges darin und ist geneigt, „anzunehmen, daß die Fäden . . . . sich normal wie die *Oscillaria*-Arten dadurch vermehren, daß die Querwand an einzelnen Stellen platzt, wodurch „Synakineten", bestehend aus mehreren Zellen, gebildet werden, die dadurch frei werden, daß die Gallerthülle verschleimt . . . .". Ich muß gestehen, daß mir das „Platzen" der Querwand nach dieser Darstellung nicht ganz klar ist, denn als Querwand würden doch nur die zwischen den einzelnen Zellen bestehenden Scheidewände bezeichnet werden können. · Vielleicht soll aber mit dem Platzen der Querwand die Spaltung der Querwand gemeint sein, wie WILLE den Ausdruck im Nord. Plankton, XX, S. 2, gebraucht. Dann wäre der Vorgang ja sehr einfach; ich glaube aber kaum, daß diese Vorstellung die Regel trifft. Wenigstens nach meinen Beobachtungen im „Valdivia"-Material kann ich nur bestätigen, daß das Absterben einzelner oder mehrerer Zellen an beliebigen Stellen der Fäden ein oft zu beobachtender Vorgang ist. Die Einleitung läßt sich bereits an Fig. 6a, Taf. XLV, erkennen. Man sieht hier deutlich an mehreren Stellen, daß einzelne Zellen aufgebläht sind und sich mit konvexen Vorwölbungen in die Nachbarzellen hineindrängen. Der Vorgang geht dann nach und nach weiter und endet mit dem Absterben und Hinausgedrängtwerden der abgestorbenen Elemente aus dem Verbande. Fig. 5, Taf. LIV, zeigt das allmähliche Weiterfortschreiten des Prozesses an *Trichodesmium erythraeum* WILLE, wo er in genau derselben Weise verläuft. Meiner Ansicht nach, die ich durch zahlreiche Beobachtungen an dem „Valdivia"-Material stützen kann, welche den Vorgang bei *Trichodesmium* wie *Katagnymene* stets in gleicher Weise verlaufend erkennen ließen, ist hierin die gewöhnliche Art der Vermehrung zu erblicken; wenigstens ist es mir nicht gelungen, einen anderen Modus ausfindig zu machen.

Bisweilen geht nun das Absterben der Zwischenstücke so weit, daß nur eine einzige Zelle lebend erhalten bleibt. Diese rundet sich kugelig ab, und oft ist eine ganze Reihe solcher Kugeln in der zusammengefallenen Scheide zu erblicken. Diese Zellen oder doch ein Teil von ihnen · dürfte die nächste Vegetationsperiode erleben und neue *Katagnymene*-Fäden durch Teilungen aus sich hervorgehen lassen (Taf. XLV, Fig. 6b).

Der Beginn des Absterbens der ganzen Fäden ist stets dann gegeben, wenn die *Katagnymene*-Kolonien anfangen, in die Tiefe zu sinken. Es scheint, daß die Fäden eine stärkere Verdunkelung, wie sie damit verbunden ist, nicht zu ertragen vermögen. Die gleiche Erscheinung ist auch für andere Schizophyceen zu erwähnen, so daß die als Meeresplanktonten auftretenden Schizophyceen sehr lichtbedürftige Organismen darstellen. Da die genau entgegengesetzte Eigentümlichkeit, nämlich außergewöhnliche Unempfindlichkeit gegen Lichtentziehung für Süßwasser-Oscillarien verschiedentlich[2]) festgestellt werden konnte, scheint dies Verhalten der meerbewohnenden Schizophyceenplanktonten immerhin beachtenswert. Der Vergleich mit der im Süßwasserplankton auftretenden *Gloiotrichia echinulata* P. RICHTER zeigt aber, daß die Gewöhnung an schwebende Lebensweise die unabweisliche Forderung an die Zellen stellt, eine das Schwimmen in oberflächlichen Wasserschichten ermöglichende Organisation anzunehmen. Ob auch die *Trichodesmium*- und *Katagnymene*-Zellen Gasvakuolen führen, wie KLEBAHN[3]) sie für *Gloiotrichia* feststellen konnte,

---

1) N. WILLE, Schizophyceen der Plankton-Expedition, Kiel 1904. S. 51.
2) R. HEGLER, Untersuchungen über die Organisation der Phycochromaceenzelle. PRINGSH. Jahrb. f. w. Botanik, Bd. XXXVI, Leipzig 1901, S. 291; daselbst weitere Angaben.
3) H. KLEBAHN, Gasvakuolen, ein Bestandteil der Zellen der wasserblütebildenden Phycochromaceen. Flora, 1895. S. 241.

war bei der Konservierung des Materials in starkem Alkohol nicht mehr zu entscheiden. Aus demselben Grunde konnte auch WILLE [1]) keine bestimmten Angaben darüber machen. Die Diskutierung der verschiedenen Möglichkeiten wolle man dort vergleichen.

Weiter ist hier hinzuweisen auf die nicht genauer bestimmte *Anabaena*-Art von Station 200 und 207, vergl. Systematischen Teil, S. 402. Es ist dort gezeigt, daß in den Kolonien normaler *Anabaena*-Fäden, die mit Grenzzellen in der charakteristischen Weise den Fadenverlauf unterbrechen, anders gestaltete Zellen auftreten, welche ebenfalls noch eine fadenförmige Aneinanderreihung erkennen lassen. Die Zellen unterscheiden sich von den normalen dadurch, daß jede mit einem den Zelldurchmesser um das Doppelte an Länge übertreffenden Hals versehen ist. Taf. XLV, Fig. 8a, 8b, der am Ende eine weite Oeffnung besitzt. Die Zellen sind leer. Es muß also der Zellinhalt auf dem Wege durch den Hals entwichen sein, und die Länge des Halses läßt an bewegliche kleine Schwärmer denken. Sehr zu bedauern ist das Fehlen von Untersuchungen im lebenden Zustande, die nähere Aufklärung hätten bringen können; dies Objekt wäre also für die Zukunft im Auge zu behalten. Im Journal SCHIMPER's ist die Form nicht erwähnt. So läßt sich zur Zeit leider nicht entscheiden, ob es möglich ist, mit Hilfe dieses Befundes in die Entwickelungskette von *Anabaena* ein neues, bisher unbekanntes Glied einzufügen, oder ob es sich um parasitische Organismen, etwa Chytridiaceen handelt, welche die *Anabaena*-Zellen befallen und nach Aussaugung der Wirtszelle ein Ruhestadium durchmachen, um sie alsdann als Schwärmer wieder zu verlassen, wie es für die Taf. LIV, Fig. 10 wiedergegebene *Entophlyctis Rhizosoleniae* n. sp. anzunehmen ist, vergl. Systematischen Teil, S. 422.

Die interessanteste Form der aufgefundenen Schizophyceen ist endlich *Richelia intracellularis* J. SCHMIDT [2]) cf. Systematischen Teil, S. 403.

Richelia ist eine typische Nostocacee; sie bildet kurze gerade Zellfäden von 3 oder 4 bis zu 20 Zellen. Die eine Endzelle, seltener beide, sind von doppeltem Durchmesser und stellen Grenzzellen dar. Wie einige *Nostoc*- und *Anabaena*-Arten das Bestreben haben, in Hohlräume von Lebermoosen oder Azolla einzudringen, so ist dasselbe auch bei *Richelia* zu beobachten. Man findet die Zellreihen freilich bisweilen vollkommen freilebend, doch ist das das seltenere Vorkommen. Sehr häufig konnte die Alge in den Zelllücken von *Chaetoceras contortum* SCHÜTT beobachtet werden. Die Beschreibung der *Chaetoceras*-Art S. 391 zeigt, daß recht große Abstände zwischen den einzelnen Zellen der Ketten bestehen. In diesen Lücken fanden sich an gewissen Stationen 192—208 und 242—245 regelmäßig *Richelia*-Fäden eingedrungen, die von *Richelia intracellularis* specifisch nicht getrennt werden können. In älteren Zellreihen besonders fehlten sie kaum jemals, waren in anderen Fällen sogar in Mehrzahl in den Fensterchen zu erblicken, bis zu 3 konnte ich feststellen, vergl. Taf. XLV, Fig. 3, 3a, 3b.

Während diese Kombination meines Wissens bisher nicht beobachtet worden war [3]), ist das noch eigenartiger erscheinende Auftreten innerhalb der lebenden *Rhizosolenia*-Zellen ja ver-

---

1) WILLE, Schizophyceen der Plankton-Expedition, l. c. S. 53 ff. — Ders., Nord. Plankton, XX, S. 20.

2) OSTENFELD und SCHMIDT, Röde Hav, l. c., 1901, S. 146.

3) In der mir nach Abschluß dieses Kapitels zugehenden Publikation von O. OKAMURA, *Chaetoceras* and *Pyragollia* of Japan, l. c., 1907, finde ich den Fall bereits angeführt für *Chaetoceras compressum* (LAUDER) syn. mit *Ch. contortum* SCHÜTT. OKAMURA nennt es Parasitismus, wofür eine Begründung nicht erbracht ist. Mir scheint meine oben folgende Anschauung eher zutreffend zu sein. OKAMURA giebt Taf. III, Fig. 11a auch eine Abbildung von *Chaetoceras compressum* (LAUDER) mit den *Richelia*-Zellreihen.

Das Indische Phytoplankton nach dem Material der deutschen Tiefsee-Expedition 1898—1899.

537

schiedentlich festgestellt und abgebildet[1]) worden. Die *Richelia*-Fäden haben stets eine bestimmte Orientierung in den *Rhizosolenia*-Zellen; sie kehren die Grenzzelle immer gegen dasjenige Zellende, dem sie genähert liegen. Meist sind die in Einzahl oder in Mehrzahl vorhandenen Gäste sogar gerade unterhalb der Spitze, wo die Zelle ihren normalen Durchmesser gewinnt, zusammengedrängt. Sehr zahlreiche *Rhizosolenia*-Arten sind befähigt, den Gast ohne gegenseitige Beeinträchtigung aufzunehmen und zu beherbergen; so konnte ich sie beobachten in *Rhizosolenia styliformis* Brtw., *Rh. cylindrus* Cl., *Rh. hebetata* Bail. f. *semispina* Gran, *Rh. Temperei* H. P. und *Rh. similis* G. K. Nach Pavillard soll auch *Rh. setigera* Brightw. den Gast bisweilen beherbergen, doch handelt es sich nach der Abbildung um *Rh. hebetata* f. *semispina* Gran, die, seit Peragallo beide irrtümlicherweise nicht auseinandergehalten hat, bei den französischen (doch auch einzelnen deutschen) Autoren regelmäßig mit *setigera* verwechselt wird. Die *Rhizosolenia*-Zellen werden durch ihren Gast offenbar nicht beeinträchtigt, vielmehr fand ich sie bisweilen von ganz besonders gesundem Ansehen und mit reicherem Chromatophorenbelag ausgestattet als *Richelia*-freie Zellen. Es besteht auch eine gewisse Wechselbeeinflussung der beiden Komponenten. Denn zu einer Zeit, wo sonst noch keinerlei Anzeichen beginnender Zellteilung in den Wirtszellen zu bemerken sind, ist die *Richelia*-Kolonie bereits im Begriff, den Folgen der Zellteilung sich anzupassen. In Fig. 4a, Taf. XLV, sieht man die rings der Wand angelagerten Zellfäden mehr in die Mitte der *Rhizosolenia*-Zelle sich zurückziehen und die Teilung der erheblich verlängerten Fäden vornehmen. Dabei ist ersichtlich, daß auch am anderen Ende des Fadens eine Grenzzelle herausgebildet wird. Sodann rücken die Richelien in die beiden Zellenden auseinander, und wenn die Teilung der *Rhizosolenia*-Zelle alsdann vollzogen wird, erhält jede Tochterzelle eine Hälfte der bisher einheitlichen *Richelia*-Kolonie.

Das Zustandekommen dieser Symbiose ist wohl in folgender Weise zu erklären. Die langen *Rhizosolenia*-Zellen zerbrechen sehr leicht, ohne daß damit jedesmal der Tod der Zelle besiegelt wäre. Vielmehr schließt sich die Wunde oft zunächst durch eine Plasmahaut, die später durch eine neue Schale ersetzt wird. In der Zwischenzeit können aber Schlupfwinkel aufsuchende Richelien leicht in die Zelle eindringen und sich darin häuslich einrichten. Bei dem Bestreben, immer tiefer in die gefundene Höhlung hineinzugelangen, werden sie in den inzwischen wieder ergänzten und geschlossenen Zellen von der Außenwelt abgeschnitten. Sie müssen sich an dem neuen Wohnorte offenbar alsbald wohl fühlen, da sie sich stark darin vermehren und sich in der geschilderten Weise auf die Tochterzellen verteilen. An verschiedenen Stationen war es sehr schwer, *Rhizosolenia*-Zellen der betreffenden Arten ohne einen Gast anzutreffen.

Wenn sich beide Komponenten nach der gegebenen Schilderung in ihrem Zusammenleben wohl befinden, so müssen sie irgend welche Vorteile davon ziehen können. Der Nutzen, der den Richelien aus der Symbiose erwächst, läßt sich aus ihrer mit *Chaetoceras* eingegangenen Verbindung im Vergleich mit dem Verhalten der in den Rhizosolenien befindlichen Zellreihen erschließen.

Wie es auf dem Lande Pflanzen giebt, die den eigenen Stamm ungenügend fest ausbilden, dafür Schlingbefähigung oder Kletterorgane sich schaffen und dadurch von dem festen Aufbau anderer Pflanzen, an denen sie emporklimmen, Nutzen ziehen, so haben die Richelien sich daran angepaßt, die Lücken der *Chaetoceras*-Ketten und die leichtgebauten *Rhizosolenia*-Zellen

---

[1]) Außer bei Ostenfeld und Schmidt, Röde Hav, 1901, S. 146, auch bei H. Pavillard, Étang de Thau, l. c., 1905, p. 45, Pl. II, Fig. 3.

als Standorte zu wählen, an denen sie vor einem Hinabsinken in die Tiefe möglichst gesichert sind. Da bereits mehrfach darauf hingewiesen ist, daß die marinen Schizophyceenplanktonten eine stärkere Verdunkelung, wie sie in den tieferen Schichten herrscht, nicht vertragen können, sondern dabei schnell zu Grunde gehen, so ist die Benutzung der besten Planktonschwimmer, wie es die Rhizosolenien und *Chaetoceras*-Formen sind, gleichsam als Schwimmblase oder Korkgürtel, außerordentlich geeignet, den Richelien einen gut belichteten Platz möglichst lange zu erhalten. Bei dem schließlich aber doch unausbleiblichen Niedersinken sind meist Wirt wie Gast gleichmäßig geschädigt, oder bereits beide nur noch in abgestorbenem Zustande zu finden.

Wenn demnach der Nutzen für den Gast klar zu erkennen ist, so läßt sich derjenige des Wirtes bei der intimeren Verbindung, wie die *Rhizosolenia*-Zellen sie eingehen, nur erraten. Sie könnten z. B. durch ihren Stoffwechsel entweder direkt verwertbare Produkte an den Wirt abgeben, oder durch ausgeschiedene Gase seine Schwimmfähigkeit erhöhen. Es mag hier genügen, hervorzuheben, daß die *Richelia* führenden Zellen sich häufig durch besonders üppige Entwickelung und mit Chromatophoren reich gefüllte Zellen ungewöhnlicher Größe auszeichneten, daß also die Richelien sie zum mindesten nicht geschädigt hatten. Demnach ist kein parasitäres, sondern ein symbiotisches Verhältnis in der Verbindung von *Richelia* und *Rhizosolenia* zu erblicken.

Taf. XLV, Fig. 3. *Chaetoceras contortum* mit *Richelia intracellularis* in schmaler Gürtelansicht. (500:1) 400.

Fig. 3a, 3b. Dasselbe von der breiten Gürtelseite. (500:1) 400.

Fig. 4. *Richelia intracellularis* in *Rhizosolenia styliformis*, ganze Zelle. (250:1) 200.

Fig. 4a. Dasselbe. *Richelia* mehr in der Zellmitte befindlich in zahlreichen der Oberfläche angeschmiegten Exemplaren, die im Begriffe stehen, sich auf die bevorstehende Teilung der Wirtszelle einzurichten; nur die obere Wölbung ist gezeichnet. (250:1) 200.

Fig. 4b. Zwei *Rhizosolenia*-Schwesterzellspitzen mit *Richelia intracellularis*. (500:1) 400.

Diese verschiedenen auf die drei Hauptklassen der Phytoplanktonvertreter sich beziehenden Beobachtungen, die neben der systematischen Bearbeitung des „Valdivia"-Materials gemacht werden konnten, greifen auch in einige pflanzengeographische Fragen mit hinein, wie ja auch diese zum Teil von allgemeinerem botanischen Interesse waren, z. B. in dem Kapitel über die Heteromorphie der atlantischen und indischen Tropenformen identischer Species. Naturgemäß haften der Arbeit alle die Mängel an, die jeder auf die Benutzung konservierten Materials beschränkten Bearbeitung eigen sind. Wenn es trotzdem gelang, einzelne Fragen einigermaßen vollständig zu beantworten, so verdanke ich es in erster Linie der Reichhaltigkeit des Materials, das die Expedition heimgebracht hatte. Die Ausführungen über solche Fragen, die einen Abschluß an totem Material nicht erlaubten, mögen immerhin als Vorarbeiten für eine spätere Inangriffnahme des Gegenstandes am lebenden Objekt von Wert sein. Sie hätten ihren Zweck erfüllt, wenn sie zu einer baldigen Ausfüllung der gezeigten Lücken unseres Wissens durch Lebendbeobachtung geeigneter Formen anregen sollten.

Bonn, 27. August 1907.

Das Indische Phytoplankton nach dem Material der deutschen Tiefsee-Expedition 1898—1899.

539

Anhang.

Verzeichnis
der in dem Phytoplankton der Deutschen Tiefsee-Expedition 1898—99
benutzten Synonyme und Angabe der rechtmässigen Namen.

Angewandte Namen.	Giltige Namen.
Ceratium candelabroides (M.S. SCHIMPER). Antarkt. Phytopl, S. 66, 68.	*Ceratium candelabrum* (EHRBG.) STEIN.
Ceratium hexacanthum GOURRET. Atlant. Phytopl, Taf. XXIII, Fig. 1, 2.	*Ceratium reticulatum* POUCHET.
Ceratium hexacanthum GOURRET var. *contorta* GOURRET l. c. Fig. 2 c.	*Ceratium reticulatum* POUCHET var. *spiralis* KOFOID.
Ceratium ranipes CL. Atlant. Phytopl, Taf. XXIII, Fig. 3.	*Ceratium palmatum* BR. SCHRÖDER.
Ceratium tripos arcuatum GOURRET (pro parte). Atlant. Phytopl, Taf. XX, Fig. 13, 14.	*Ceratium tripos Karstenii* PAVILLARD.
Ceratium tripos arietinum CL. Atlant. Phytopl, Taf. XX, Fig. 6. Indisches Phytopl, Taf. XLVIII, Fig. 3.	*Ceratium tripos heterocamptum* (JOERG.) OSTF. and SCHMIDT.
Ceratium tripos indicum G. K. Indisches Phytopl, Taf. XLIX, Fig. 19, 20.	*Ceratium tripos inclinatum* KOFOID.
Ceratium tripos lunula SCHIMPER (pro parte). Atlant. Phytopl, Taf. XX, Fig. 10, 11.	*Ceratium tripos Schrankii* KOFOID.
Ceratium tripos lunula SCHIMPER (pro parte). Atlant. Phytopl, Taf. XX, Fig. 12 a, 12 b.	*Ceratium tripos anchora* SCHIMPER.
Ceratium tripos patentissimum (non OSTF.) G. K. Atlant. Phytopl, S. 145, Taf. XXI, Fig. 23.	*Ceratium tripos intersum* n. sp.
Ceratium tripos patentissimum OSTF. and SCHM. Röde Hav, p. 169, Fig. 22 (nec G. KARSTEN).	*Ceratium tripos volans* var. *patentissima* OSTF. and SCHM.
Ceratium tripos protuberans G. K. (pro parte). Atlant. Phytopl, Taf. XXII, Fig. 27 a—c und f, und *Ceratium tripos macroceroides* G. K. Atlant. Phytopl, Taf. XXII, Fig. 28 a, b.	*Ceratium tripos intermedium* JOERGENSEN.

Angewandte Namen.	Giltige Namen.

Ceratium tripos protuberans G. K. (pro parte).
Adant. Phytopl., Taf. XXII, Fig. 27 d, e, g und Fig. 29 a.
Indisches Phytopl., Taf. XLIX, Fig. 21 a, b.
Ceratium tripos volans.
Indisches Phytopl., Taf. XLIX, Fig. 17 a, b.

Ceratium tripos intermedium (JOERG.) var. *aequatorialis* BR. SCHRÖDER.

Ceratium tripos volans var. *tenuissima* KOFOID.

Coscinodiscus rex WALLICH.
Atlant. Phytopl., Taf. XXIV, Fig. 3 und 4.

Antelminellia gigas SCHÜTT.

Dinophysis Nias G. K.
Indisches Phytopl., S. 421, Taf. XLVII, Fig. 7.

Dinophysis triacantha KOFOID.
Bull. Museum Compar. Zoolog., Vol. L, 6, 1907, S. 196, Pl. XII, Fig. 74.

Guinardia Victoriae G. K.
Atlant. Phytopl., S. 161, Taf. XXIX, Fig. 5.
Lithodesmium Victoriae G. K.
Atlant. Phytopl., S. 171, Taf. XXVIII, Fig. 6.

Guinardia flaccida H. P.

Lithodesmium undulatum EHRBG.

Nitzschia pelagica G. K. (non O. MÜLLER, ENGLER's Jahrb., Bd. XXXVI, S. 176).
Antarkt. Phytopl., S. 129, Taf. XVIII, Fig. 10—10 b.

Nitzschia oceanica G. K.
Phytopl. D. Tiefsee-Exped. Archiv f. Hydrobiologie und Planktonkunde, Bd. I, 1906, S. 380, Anm. 1.

Peridinium (divergens) elegans (non CL) G. K.
Antarkt. Phytopl., Taf. XIX, Fig. 5, 6.

Peridinium (divergens) oceanicum VAN HÖFFEN

Peridinium (divergens) granulatum G. K.
Atlant. Phytopl., Taf. XXIII, Fig. 17.

Peridinium (divergens) elegans CL.

Peridinium Michaëlis STEIN.
Atlant. Phytopl. (verschiedentlich).

Peridinium Steinii JOERGENSEN.

Peridinium Steinii JOERGENSEN var. *elongata* n. var.
Indisches Phytopl., S. 451, Taf. L, Fig. 12 a—12 c.

Peridinium tenuissimum KOFOID.
Bull. Museum Comp. Zoolog., Vol. L, 6, p. 176, Pl. V, Fig. 34.

Peridinium conicum K. OKAMURA, l. c. p. 132, Pl. V, Fig. 36 a, b (non GRAN, Norw. Nordmeer, S. 189, Fig. 14, und OSTF. and SCHM., Röde Hav etc., l. c. S. 164, cf. dort citierte Synonyme und Abbildungen, da die beiden Hörner viel zu stumpf enden.)
Peridinium tessellatum n. sp.
Indisches Phytopl., Taf. L, Fig. 11 a, b.

Peridinium pyramidale G. K.
Atlant. Phytopl., S. 150, Taf. XXIII, Fig. 14 a, b.

Peridinium tumidum K. OKAMURA.
Plankt. of the Japan. coast, l. c. p. 133, Pl. V, Fig. 37.

Peridinium pallidum G. K. (non OSTF.)
Atlant. Phytopl., S. 150, Taf. XXIII, Fig. 13.

Peridinium (divergens) ellipticum n. sp.

Planktoniella Woltereckii (M.S. SCHIMPER).
Atlant. Phytopl., Taf. XXVII, Fig. 3, 4.

Planktoniella Sol SCHÜTT.

Angewandte Namen.	Giltige Namen.
Rhizosolenia hebetata BAIL. Antarkt. und Atlant. Phytopl. (verschiedentlich).	*Rhizosolenia hebetata* (BAIL.) f. *hiemalis* GRAN.
Rhizosolenia semispina HENSEN. Antarkt. und Atlant. Phytopl. (verschiedentlich).	*Rhizosolenia hebetata* (BAIL.) f. *semispina* GRAN.
Rhizosolenia curva G. K. Antarkt. Phytopl., S. 97, Taf. XI, Fig. 2—2 b.	*Rhizosolenia curvata* O. ZACHARIAS. Arch. f. Hydrobiologie, Bd. I, S. 120.
Xanthothrichum contortum WILLE. Antarkt. und Adant. Phytopl. (verschiedentlich).	*Trichodesmium erythraeum* EHRBG.
Oscillatoria oceanica G. K. Antarkt. Phytopl., S. 133, Taf. XIX, Fig. 13.	*Trichodesmium contortum* WILLE.

Litteraturverzeichnis zum Indischen Phytoplankton.

Abgeschlossen am 20. August 1907.

Zu vergleichen die Litteraturlisten S. 133 und 219.

APSTEIN, C., *Pyrocystis lunula* und ihre Fortpflanzung. Wissenschaftliche Meeresuntersuchungen, N. F. Bd. IX, S. 263, Kiel 1906.

v. BAER, K. E., Studien aus dem Gebiete der Naturwissenschaften, St. Petersburg 1873.

BENECKE, W., Ueber *Bacillus chitinovorus*, einen Chitin zersetzenden Spaltpilz. Bot. Ztg., 1905, Heft 12.

— Ueber stickstoffbindende Bakterien aus dem Golf von Neapel. Ber. D. Bot. Ges., Bd. XXV, 1907, S. 1.

BERGON, P., Note sur certaines particularités remarquables observées chez quelques espèces de Diatomées du Bassin d'Arcachon. Micrographe préparateur, T. XIII, Nov. 1905.

Études sur la flore diatomique du bassin d'Arcachon etc. Extr. du Bulletin de la Soc. scientif. d'Arcachon. Travaux de 1902, Bordeaux 1903, p. 39 ff.

BORGERT, A., Bericht über eine Reise nach Ostafrika und dem Victoria Nyansa nebst Bemerkungen über einen kurzen Aufenthalt auf Ceylon. Sitzungsber. der Niederrhein. Ges. f. Natur- und Heilkunde, Bonn 1907. Separatabdruck.

BROCH, HJ., Bemerkungen über den Formenkreis von *Peridinium depressum* s. lat. Nyt Mag. f. Naturvidensk., Bd. XLIV, Heft 2, S. 151, Kristiania 1906.

BÜTSCHLI, O., Protozoa. II. Mastigophora, aus H. G. BRON's. Klassen und Ordnungen des Tierreichs, Leipzig-Heidelberg 1883—87.

CASTRACANE, P., De la reproduction des Diatomées. Le Diatomiste. T. II, p. 4, 29 etc., Paris 1893.

— Les spores des Diatomées. Ibidem, p. 118.

COOMBE, J. N., On the reproduction of the Diatomaceae. Le Diatomiste, T. II, p. 152, 165, Paris 1893—1897.

— The reproduction of diatoms. Journ. R. microsc. soc., London 1899, p. 1, Pl. I, II.

FORTI, AL., *Heterocerras*, eine neue marine Peridineengattung. Ber. D. Bot. Ges., Bd. XIX, S. 6, Berlin 1901.

— Alcune osservazioni sul „mare sporco" ed in particolare sul fenomeno avvenuto nel 1905, Firenze 1906.

HIEGLER, R., Untersuchungen über die Organisation der Phycochromaceenzelle. PRINGSHEIM's Jahrb. f. wiss. Bot., Bd. XXXVI, S. 291, Leipzig 1901.

JOERGENSEN, E., Protist Plankton of Northern Norwegian Fjords. Winter and spring 1899—1900. Bergens Museums Skrifter, 1905.

KARSTEN, G., Untersuchungen über Diatomeen, I—III. Flora, 1896—97.

— Die Formänderungen von *Skeletonema costatum* (GREV.) GRUN. und ihre Abhängigkeit von äußeren Faktoren. Wissenschaftl. Meeresuntersuchungen, N. F. Bd. III, S. , 1897.

— Ueber farblose Diatomeen. Flora, 1901, Ergänzungsband LXXXIX, S. 404—433.

— Das Phytoplankton des Atlantischen Oceans nach dem Material der Deutschen Tiefsee-Expedition 1898—99, Bd. II, Teil.

— Ueber das Phytoplankton der Deutschen Tiefsee-Expedition. Archiv f. Hydrobiologie und Planktonkunde, Bd. , 1906. (Autoreferat.)

KEDING, MAX, Weitere Untersuchungen über stickstoffbindende Bakterien. Wissenschaftl. Meeresuntersuchungen, N. F. Bd. IX, S. Kiel 1906.

KLEBAHN, Gasvakuolen, ein Bestandteil der Zellen der wasserblütebildenden Phycochromaceen. Flora, 1895. S.

KLEBS, G., Ueber die Organisation einiger Flagellaten-Gruppen und ihre Beziehungen zu Algen und Infusorien. Unters. aus d. Botan. Institut in Tübingen, Bd. , S. 233—362, 1886.

KOFOID, C. A., Dinoflagellata of the San Diego region. On *Heterodinium*, a new genus of the Peridinidae. University of California Publications, Zoology, Vol. II, No. Jan. 1906.

— II. On *Triposolenia*, a new genus of the Dinophysidae. Ibidem, Vol. III, No. 6—8, Dez. 11., 1906.

— III. Descriptions of new species. Ibidem, Vol. III, No. , April 1907.

— Bulletin of the Museum of comparative Zoology at Harvard College, Vol. L., No. Reports on the scient. results of the expedition to the eastern tropical Pacific, in charge of ALEX. AGASSIZ, by the Fish Commission-steamer „Albatross" 1904—1905. IX. New species of Dinoflagellates. Cambridge Mass., Febr. 1907.

— The limitations of Isolation in the origin of species. Science, N. S. Vol. XXV, March 1907.

KRÜMMEL, O., und RUPPIN, E., Ueber die innere Reibung des Seewassers. Wissensch. Meeresuntersuchungen, N. F. Bd. IX, S. Kiel .

LÜDERS, JOHANNA E., Beobachtungen über Organisation, Teilung und Kopulation der Diatomeen. Bot. Ztg., Bd. XX, 1862, S. .

MÉRESCHKOWSKY, C., Sur *Catenula*, un nouveau genre de Diatomées. Scripta botanica Horti Univers. Petropolitanae, Fasc. XIX. St. Pétersbourg 1902.

MIQUEL, P., Des spores des Diatomées. Le Diatomiste, T. II, p. Paris 1893.

— Du rétablissement de la taille et de la rectification de la forme chez les Diatomées. Le Diatomiste, T. II, p. Paris 1893.

MOHN, Die Strömungen des europäischen Nordmeeres. PETERMANN's Mitteil., Ergänzungsbd. XVII, Heft Gotha 1885.

MÜLLER, O., Zellhaut und das Gesetz der Zellteilung von *Melosira arenaria* MOORE. PRINGSH. Jahrb. f. wiss. Bot., Bd. XIV, S. Berlin 1884.

— Pleomorphismus, Auxosporen und Dauersporen bei *Melosira*-Arten. PRINGSH. Jahrb. f. wiss. Bot., Bd. XLIII, , S. , Leipzig 1906.

MURRAY, G., and WHITTING, FR. G., New Peridiniaceae from the Atlantic. Transact. Linnean Soc. London 1899, Ser. , Bot., Vol. V, Pt. .

NATHANSON, AL., Vertikale Wasserbewegung und quantitative Verteilung des Planktons im Meere. Separatabdruck aus: Annalen der Hydrographie und maritimen Meteorologie, Berlin 1906.

— Ueber die Bedeutung vertikaler Wasserbewegungen für die Produktion des Planktons im Meere. Kgl. Sächs. Ges. d. Wissensch., Abhandl. math.-phys. Klasse, Bd. XXIX, V, S. , Leipzig 1906.

NATTERER, KONRAD, Chemische Untersuchungen im östlichen Mittelmeer. III. Reise S. M. Schiffes „Pola" im Jahre 1892. Berichte der Kommission für Erforschung des östlichen Mittelmeeres. VII. Denkschr. d. K. Akad. d. W., math.-naturw. Klasse, Bd. LX, Wien 1893.

OKAMURA, K., Some *Chaetoceras* and *Peragallia* of Japan. Botanical Magazine Tokyo, Vol. XXI, No. p. Tokyo 1907.

— An annotated list of Plankton Microorganisms of the Japanese coast. Annotationes zoologicae Japanenses, Vol. VI, Pt. 2, Tokyo 1907, p. .

Okamura, K., and Nishikawa, T., A List of the species of *Ceratium* in Japan. Annotationes zoologicae Japanenses, Vol. V, p. 3, Tokyo 1904, p. 121.

Ostenfeld, C. H., Jagttagelser over Plankton-Diatomeer. Nyt Magazin f. Naturvidenskab., Bd. XXXIX, Heft 4, S. 287, Kristiania 1901.

— Phytoplankton fra det Kaspiske Hav. Vidensk. Medd. fra den Naturk. Foren. Kjöbhavn, 1901, S. 129.

— Planktonprøver fra Nord-Atlanterhavet samlede i 1899 af Dr. Steenstrup. Medd. om Grönland, Bd. XXVI, S. 143, Kjöbhavn 1904.

— Catalogues des espèces de plantes et d'animaux observées dans le plankton recueilli pendant les expéditions périodiques depuis le mois d'août 1902 jusqu'au mois de mai 1905. Publications de circonstance, No. 33, Copenhague 1906.

Pavillard, M. J., Sur les *Ceratium* du golfe du Lion. Extrait du Bull. de la Soc. bot. de France, T. LIV (4. Sér., T. VII), Paris 1907, p. 148—154, et 2. Note, ibid. 225—241.

Peragallo, H., Diatomées de la baie de Villefranche, Toulouse 1888.

— Sur la question des spores des Diatomées. Société scient. d'Arcachon. Travaux des laboratoires, T. VIII, Troyes 1906. Separatabdruck.

— Sur l'évolution des Diatomées. Société scientifique d'Arcachon. Station biologique, Travaux des laboratoires, T. IX, Paris 1906, p. 110.

— et Peragallo, M., Les Diatomées marines de la France, publiées par M. J. Tempère, Paris 1897—1907.

Pettersson, O., Die hydrographischen Untersuchungen des Nordatlantischen Oceans in den Jahren 1895—1896. Petermann's Mitteil., Bd. XLVI, S. 1 ff., Gotha 1900.

— Die Wassercirkulation im Nordatlantischen Ocean. Ibid. S. 61 ff.

Pfeffer, W., Zur Kenntnis der Plasmahaut und der Vakuolen. Abhandl. d. Kgl. Sächs. Ges. d. Wissensch., math.-phys. Klasse, Bd. XVI, Leipzig 1890, S. 187.

Pouchet, G., Contributions à l'histoire des Cilioflagellés. Journ. de l'Anatomie et de la Physiologie, T. XIX, Paris 1883, p. 399; ibid. T. XXI, 1885, p. 28; ibid. p. 525; ibid. T. XXIII, 1887, p. 87; ibid. T. XXVIII, 1892, p. 143.

Puff, A., Das kalte Auftriebwasser an der Ostseite des Nordatlantischen und der Westseite des Nordindischen Oceans. Diss., Marburg 1890.

Raben, E., Ueber quantitative Bestimmung von Stickstoffverbindungen im Meerwasser, nebst einem Anhang über die quantitative Bestimmung der im Meerwasser gelösten Kieselsäure. Laboratorium für internationale Meeresforschung in Kiel, Biologische Abteilung I. Wissenschaftl. Meeresuntersuch., N. F. Bd. VIII, S. 83, Kiel 1905.

— Weitere Mitteilungen über quantitative Bestimmungen von Stickstoffverbindungen und von gelöster Kieselsäure im Meerwasser. Wissenschaftl. Meeresuntersuch., N. F. Bd. VIII, S. 279, Kiel 1905.

Rabenhorst, L., Die Süßwasser-Diatomaceen, Leipzig 1853.

Richter, O., Zur Physiologie der Diatomeen, I. Sitzgber. d. Kaiserl. Akad. d. Wiss. Wien, Math.-naturw. Kl., Bd. CXV, Abt. I, 1906.

Ruttner, Frz., Ueber das Verhalten des Oberflächenplanktons zu verschiedenen Tageszeiten im Großen Plöner See und in zwei nordböhmischen Teichen. Plöner Forschungsber., Bd. XII, S. 35, Stuttgart 1905.

Schröder, Bruno, Beiträge zur Kenntnis des Phytoplanktons warmer Meere. Vierteljahrsschr. d. Naturf. Ges. Zürich, Bd. LI, 1906, S. 319.

Schütt, F., Ueber die Sporenbildung mariner Peridineen. Ber. D. Bot. Ges., Bd. V, S. 364, Berlin 1887.

— Organisationsverhältnisse des Plasmaleibes der Peridineen. Sitzgber. Kgl. Akad. d. Wiss. Berlin, Bd. XXIV, S. 377, 1892.

— Centrifugales Dickenwachstum der Membran und extramembranöses Plasma. Pringsheim's Jahrb. f. wiss. Bot., Bd. XXXIII, H. 4, Berlin 1899.

— Erklärung des centrifugalen Dickenwachstums der Membran. Bot. Ztg. Abt. II, No. 16/17, Leipzig 1900.

— Centrifugale und simultane Membranverdickungen. Pringsheim's Jahrb. f. wiss. Bot., Bd. XXXV, H. 3, Leipzig 1900.

Smith, William, Synopsis of the British Diatomaceae, London 1853.

Thomsen, Peter, Ueber das Vorkommen von Nitrobakterien im Meere. Ber. D. Bot. Ges., Bd. XXV, S. 16, 1907.

Thomson, C. Wyville, and Murray, John, Report on the scientific results of the voyage of H. M. S. „Challenger" 1873/76. Narrative of the cruise, Vol. I, 1 and 2, London 1885.

THWAITES, G. H. K., On conjugation in the Diatomaceae. Ann. and Mag. of Nat. History, Ser. I, Vol. XX, 1847, p. 9, Pl. IV; and ibid., p. 343, Pl. XXII.

VANHÖFFEN, E., Die Fauna und Flora Grönlands, aus: E. v. DRYGALSKI, Grönland-Expedition d. Gesellsch. f. Erdkunde zu Berlin, Bd. II, Berlin 1897.

VOLK, RICH., Hamburgische Elbuntersuchung, I. Mitt. Naturhist. Museum, Bd. XIX, Hamburg 1903.

WALLICH, G. C., On siliceous organisms found in the digestive cavities of the Salpae. Transactions of the Micro-scop. Soc., New Ser. Vol. VIII, London 1860, p. 36, Pl. II.

WEBER VAN BOSSE, A., Études sur les algues de l'archipel Malaisien. Ann. de Buitenzorg, T. XVII (2. Sér. T. II), 1901.

WESENBERG-LUND, C., Studier over de Danske Söers-Plankton, I. Dansk Ferskvands-biologisk Laboratorium, Op. 5, Kjöbenhavn 1904.

— Ueber Süßwasserplankton. Prometheus, Bd. XVII, No. 882—884, 1906.

WEST, TUFFEN, Remarks on some Diatomaceae, new or imperfectly described. Transactions Microscop. Soc. London, New Ser. Vol. VIII, p. 147, London 1860.

ZACHARIAS, O., Ueber Periodicität, Variation und Verbreitung verschiedener Planktonwesen in südlichen Meeren. Arch. f. Hydrobiologie u. Planktonkunde, Bd. I, S. 498, Stuttgart 1906.

Inhaltsverzeichnis der Phytoplanktonbearbeitung der Deutschen Tiefsee-Expedition 1898—1899.

A. Das Phytoplankton des Antarktischen Meeres nach dem Material der Deutschen Tiefsee-Expedition 1898—1899.

B. Das Phytoplankton des Atlantischen Oceans nach dem Material der Deutschen Tiefsee-Expedition 1898—1899.

Tafel XXXV.

(Tafel I.)

Tafel XXXV.

(Tafel I.)

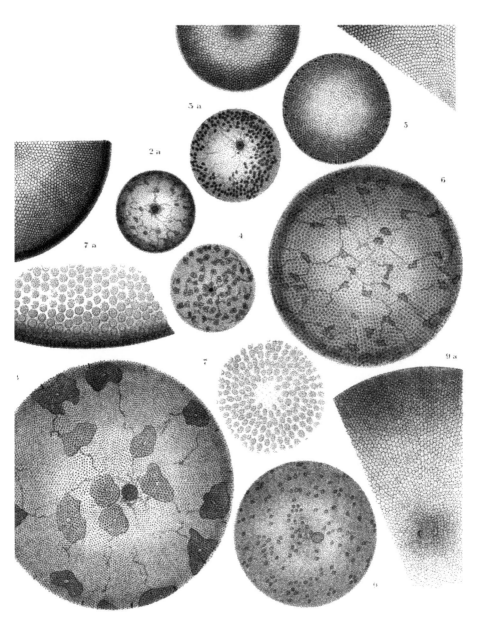

1. Coscinodiscus Kützingii. 2. C. incertus. 3. C. increscens. 4. C. subfasciculatus
5. C. difficilis. 6. C. symmetricus (var?) 7. C. gigas. 8. C. Alpha. 9. C. bisulcatus.
TAF. XXXV.

Tafel XXXVI.
(Tafel II.)

Tafel XXXVI.

(Tafel II.)

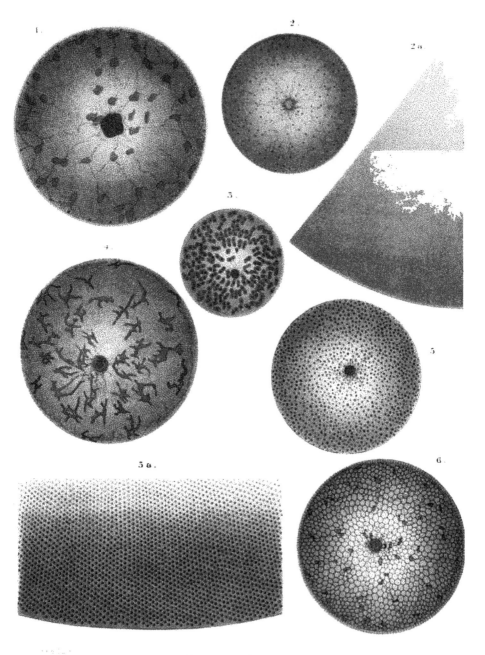

1. Coscinodiscus Beta. 2 C. subtilissimus 3. C. inscriptus
4. C. Gamma. 5. C. Delta. 6. C. nodulifer.

Tafel XXXVII.

(Tafel III.)

Tafel XXXVII.

(Tafel IIL)

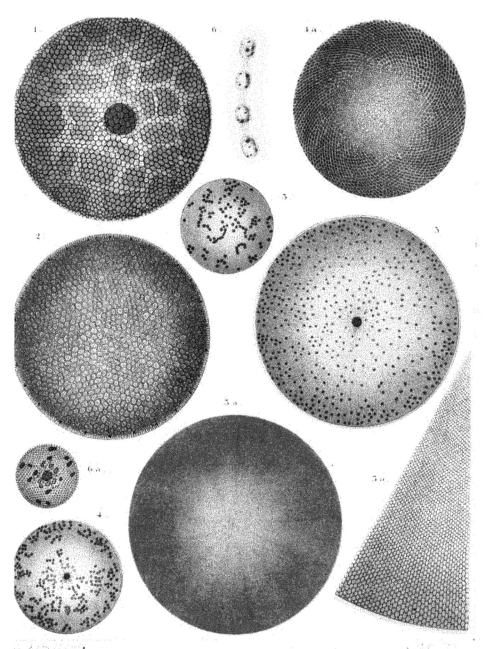

1. Coscinodiscus excentricus var. 2. C. excentricus var.
3. C. Eta 4. C. Zeta 5. C. Theta 6. Coscinosira Oestrupii

Tafel XXXVIII.

(Tafel IV.)

Tafel XXXVIII.

(Tafel IV.)

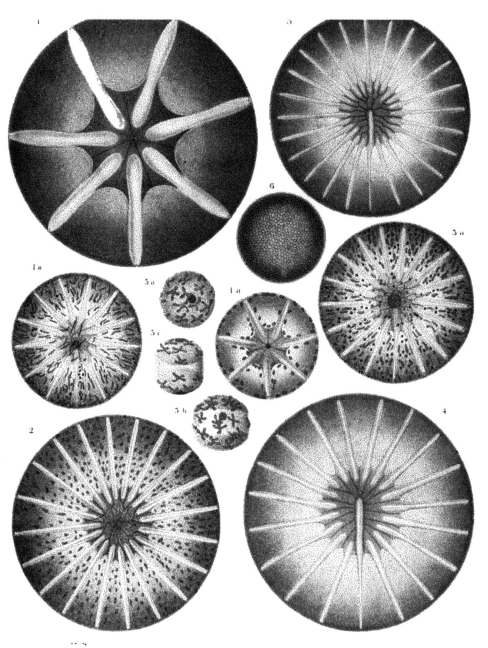

1. *Asterolampra marylandica.* 2. *A. rotula.* 3. *Asteromphalus elegans.*
4. *A. Wywilli.* 5. *Hyalodiscus parvulus.* 6. *Actinocyclus spec.*

Tafel XXXIX.

(Tafel V.)

Tafel XXXIX.

(Tafel V.)

Fig. 1—11. *Planktoniella Sol.* SCHÜTT.

Fig. 1. Zellenskizze. Ansammlung der Membransubstanz in den Ecken der Radialstreben gegen den Flügelrand. (1000:1) 750.

„ 2. Starke Membranansammlung ·auf der Innenseite des Flügelrandes. (1000:1) 750.

„ 3. Ebenso, mit Plasma (?) an der inneren Flügeloberfläche. (1000:1) 750.

„ 4. Zelle mit Flügelauswucherungen. (500:1) 375.

„ 4a. Stück derselben Zelle. (1000:1) 750.

„ 5. Andere Zelle mit ebensolchen Auswucherungen. Der Flügelrand ist an den betreffenden Stellen aufgelöst. (1000:1) 750.

„ 6. Zelle, nicht völlig intakt. Innerhalb der Kämmerchen des alten Flügels beginnt sich ein neuer zu bilden. (500:1) 375.

„ 6a. Stückchen derselben Zelle stärker vergrößert. (1000:1) 750.

„ 7. Zelle mit fast ausgewachsenem neuen Flügelrand; der alte geschrumpft an der Peripherie. (500:1) 375.

„ 8. Dieselbe Zelle (oder eine entsprechende); Ansatz des Flügels an die Schale. (1000:1) 750.

„ 9. junge Zelle mit den Protuberanzen des extramembranösen Plasmas, der ersten Anlage der Radialstreben. (1500:1) 1175.

„ 10. Etwas älteres Stadium. Verbindung der jungen Radialstreben durch einen Ring von extramembranösem Plasma. (1500:1) 1175.

„ 11. Aeltere Flügelanlage um eine junge Zelle. Die Radialstreben am Rande noch äußerst zart. (500:1) 375.

„ 11a. Stückchen derselben Zelle stärker vergrößert. (1500:1) 1175.

„ 12. *Valdiviella formosa* SCHIMPER. Zelle mit Inhalt. Flügel rings stark gekürzt wiedergegeben. (1000:1) 750.

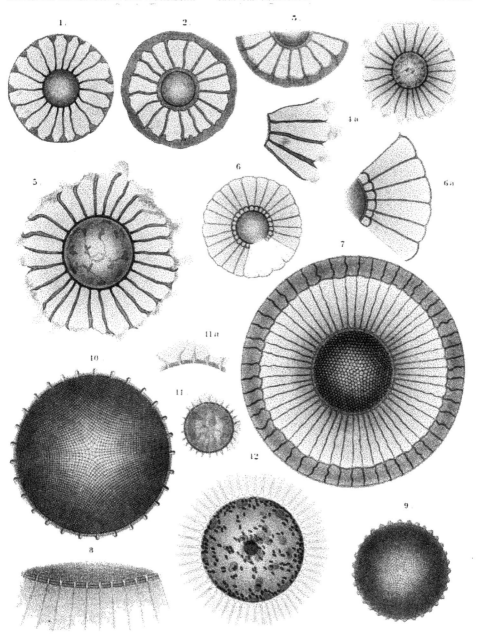

Tafel XL.
(Tafel VI.)

Tafel XL.

(Tafel VI.)

Fig. 13. *Valdiviella formosa* Schimper. Zelle mit Schalenzeichnung und ganzem Flügel. (1000:1) 800.

Fig. 14—17. *Gossleriella tropica* Schütt.

„ 14. Zelle mit doppeltem Stachelkranz und Plasmakörper. (500:1) 400.

„ 15. Gürtelbandaufsicht mit dem Stachelkranzansatz *s*, die Außenschale resp. ihr Gürtelband *a—a* umhüllt die nicht sichtbare, bei *i* liegende Innenschale vollständig. (1000:1) 800.

„ 16 u. 17. Entwickelung des Stachelkranzes auf der freien Oberfläche der Innenschale durch eine dünne Schicht von extramembranösem Plasma, das sich vom Rande her über die Schale ausbreitet. Der zur Zeit funktionierende Stachelkranz der übergreifenden Außenschale rings am Rande abgespreizt. (1000:1) 800.

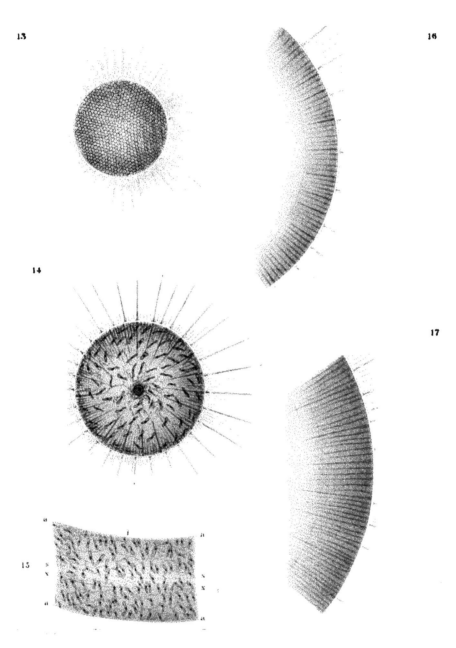

13. *Valdiviella formosa.* 14 17 *Gossleriella tropica*

TAF XI.

Tafel XLI.

(Tafel VII.)

Tafel XLI.

(Tafel VII.)

Fig. 1. *Rhizosolenia simplex* G. K. var. *major* n. var. a ganze Zelle. (125:1) 83. b Zellspitze mit Imbrikationszeichnung. (250:1) 166.

" 2. " *firma* n. sp. a Habitus des gefundenen Fragmentes mit Chromatophoren. (125:1) 83. b Zellspitze mit Zeichnung und Dickenangabe der Wandung. (1000:1) 800.

" 3. " *Stolterfothii* H. P. Zelle von auffallender Stärke. (1000:1) 666.

" 4. " *annulata* n. sp. a ganze Zelle. (250:1) 166. b Zellspitze mit Zeichnung der Oberfläche. (1000:1) 800.

" 5. " *calcar avis* SCHULZE. Habitus der Zelle. (500:1) 333.

" 6. " *cochlea* BRUN. a ganze Zelle. (250:1) 166. b Zellspitze und Inhalt. (500:1) 333. c Schalen- und Gürtelzeichnung nach trockenem Material. (1000:1) 800.

" 7. " *alata* BRTW. Zellspitze mit Schalen- und Gürtelzeichnung. (1000:1) 800.

" 8. " *africana* n. sp. a Habitus der Zelle. (125:1) 83. b Zellspitze mit Imbrikationslinien. (250:1) 166.

" 9. " *similis* n. sp. Zellspitze mit Imbrikationslinien. (500:1) 333.

" 10. *Detonula Schroederi* (P. BERGON) GRAN. Zellreihe. (1000:1) 800.

" 11. *Dactyliosolen Bergonii.* H. P. a Zellreihe mit Imbrikationslinien. (125:1) 100. b Zeichnung der Gürtelbänder. (1000:1) 800.

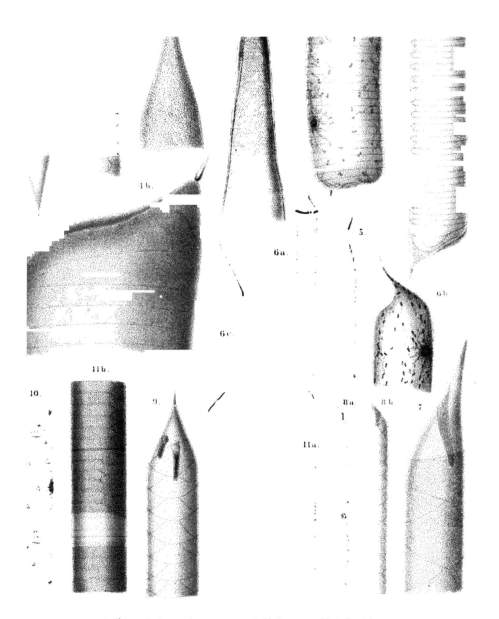

1. *Rhizosolenia simplex var. major.* 2. *Rh. firma.* 3. *Rh. Stolterfothii.*
4. *Rh. annulata.* 5. *Rh calcar avis.* 6. *Rh. cochlea.* 7. *Rh. alata.* 8. *Rh. africana.*
9. *Rh. similis.* 10. *Detonula Schroederi.* 11. *Lactyliosolen Bergonii.*

TAF XLI.

Tafel XLII.
(Tafel VIII.)

Tafel XLII.

(Tafel VIII.)

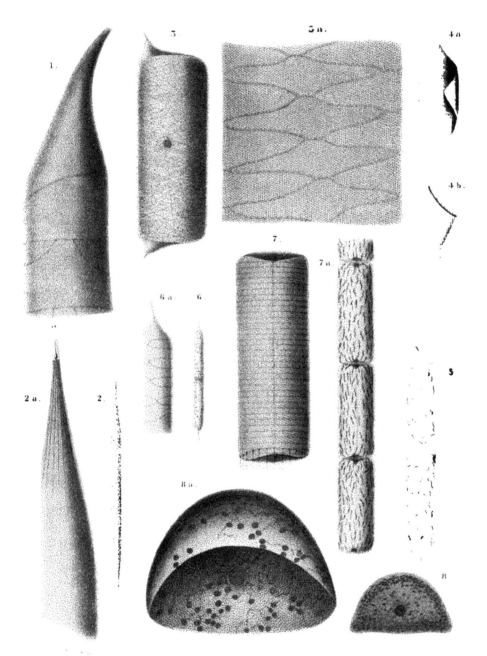

1. *Rhizosolenia calcar avis*   2. *Rh. ampulata*.   3. *Rh. squamosa*.   4 *Rh. hebetata*
5. *Rh. Murrayana*   6. *Rh. arquatorialis*.   7. *Lauderia punctata*.   8. *Euodia inornata*.

Tafel XLIII.

(Tafel IX.)

Tafel XLIII.

(Tafel IX.)

Fig. 1. *Chaetoceras peruvio-atlanticum* n. sp. a Zweizellige Kette mit Plasmakörper. (500:1) 333. b Habitusbild der Kette mit ihren Borsten. (125:1) 83.

„ 2. „ *indicum* n. sp. Ganze Zellkette mit Plasmakörper. (500:1) 333.

„ 3. „ *peruvianum* BRTW. var. *Suaditae* n. var. a Habitus der Zelle. 62:1. b Zelle mit Inhalt. (500:1) 333. c Borstenende. (500:1) 333.

„ 4. „ *Seychellarum* n. sp. a Habitus der Ketten, von der breiten Gürtelseite. (250:1) 166. b Mittelzellen mit Plasmakörper, ebenso. (1000:1) 666. c End- (a) und Mittelborsten (β), ebenso. (1000:1) 666. d Untere Endzelle mit ein wenig abweichender Stellung des Borstenansatzes, ebenso. (500:1) 333. e Zellform und Borstenansatz, halb von der schmalen Gürtelseite. (500:1) 333. f Schalenansicht und Borstenansatz. (500:1) 333.

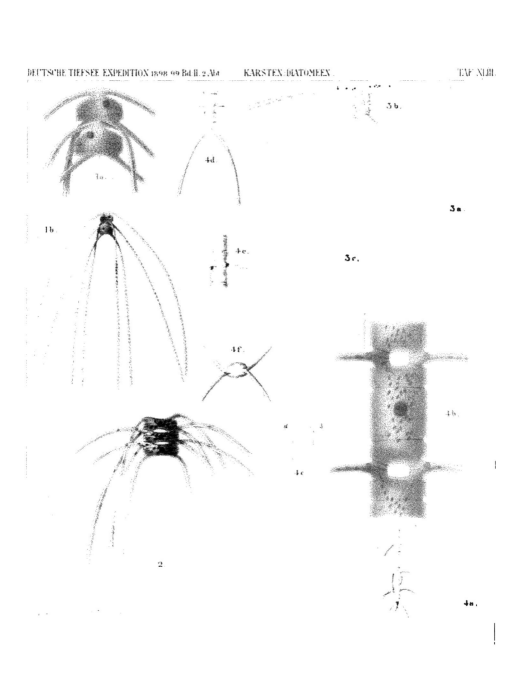

Tafel XLIV.
(Tafel X.)

Tafel XLIV.

(Tafel X.)

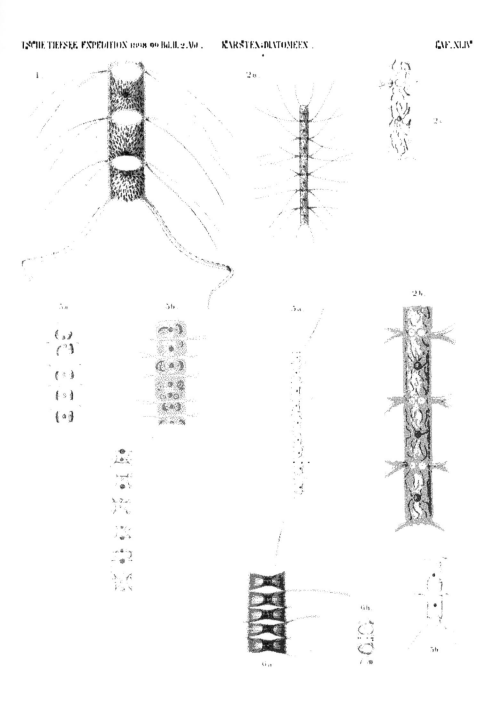

Tafel XLV.

(Tafel XI.)

Tafel XLV.

(Tafel XI.)

Fig. 1. *Chaetoceras aequatoriale* CL. Zelle mit Borstenansatz. (1000:1) 800.

" 1 a. " " " " Zelle mit vollständigen Borsten. (250:1) 166.

" 1 b. " " " Zwei gerade noch zusammenhängende Zellen. (250:1) 166.

" 1 c. " " " Borstenspitze. (1000:1) 800.

" 2. " *sumatranum* n. sp. Drei Zellen vom oberen Ende einer Kette mit Inhalt. (500:1) 333.

" 2 a. " " " Oberes Ende einer Kette mit den Borsten. (62:1) 48.

" 3. " *contortum* SCHÜTT mit *Richelia intracellularis* SCHM. von der schmalen Gürtel-seite. (500:1) 400.

" 3 a. " " " " " " " " von der breiten Gürtel-seite. (500:1) 400.

" 3 b. " " " " " " " " ebenfalls. (500:1) 400.

" 4. *Richelia intracellularis* SCHM. in *Rhizosolenia styliformis* BRTW. (250:1) 200.

" 4 a. " " " in *Rhizosolenia styliformis* BRTW. Vorbereitung der Richelien-ketten auf die bevorstehende Teilung der Wirtszelle. (250:1) 200.

" 4 b. " " " in *Rhizosolenia styliformis* BRTW. Zwei Zellspitzen mit den Bewohnern. (500:1) 400.

" 5. *Katagnymene spiralis* LEMM. Ein Faden in Gallertmasse. (125:1) 83.

" 6. " *pelagica* LEMM. Ein Faden in Gallerte. (250:1) 125.

" 6 a. " " " Fadenende mit in Bildung begriffenen Zerfallstellen. (500:1) 333.

" 6 b. " " " Faden, in kleine Zellreihen und einzelne Zellen zerfallen. (500:1) 333.

" 7. Chamaesiphonaccarum gen.? Zellkolonie in gallertigen oder häutigen verzweigten Scheiden. (500:1) 250.

" 8. *Anabaena* spec. Stück eines reich verschlungenen Fadens mit einigen interkalaren Grenz-zellen in Gallerte. (500:1) 400.

" 8 a. " " Flaschenförmige Zellen in einer Reihe. (500:1) 400.

" 8 b. " " Eine flaschenförmige Zelle. (1000:1) 800.

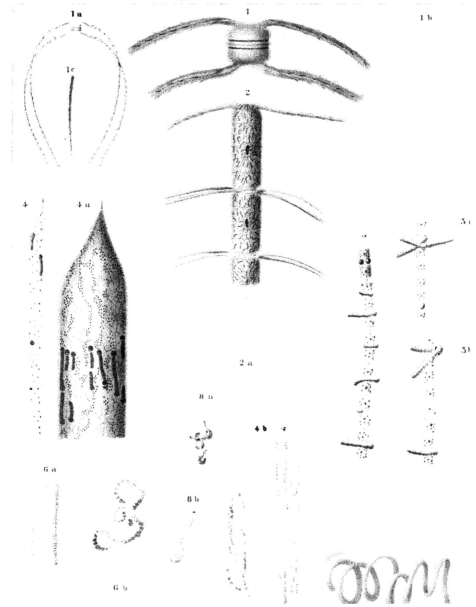

Tafel XLVI.
(Tafel XII.)

Tafel XLVI.
(Tafel XII.)

Fig. 1. *Bellerochea malleus* van Heurck. (1000:1) 666. Dreieckige Zellreihe mit Inhalt.

" 2. " *indica* n. sp. (500:1) 333. Zellreihe mit Inhalt.

" 3. *Hemiaulus Hauckii* Grun. (125:1). Halb von der schmalen Gürtelseite.

" 4. " *indicus* n. sp. (1000:1) 666. Zellen mit Inhalt.

" 4a. " " " " (250:1) 166. Habitus einer Zellreihe.

" 5. *Climacodium Frauenfeldianum* Grun. (250:1) 166. Zellreihe mit Inhalt.

" 6. *Skeletonema costatum* Grun. (1000:1) 666. Zellreihe mit Inhalt.

" 7. *Cerataulina compacta* Ostf. (500:1) 333. Zellen mit Inhalt.

" 8. *Streptotheca indica* n. sp. (500:1) 333. Zelle mit Inhalt.

" 8a. " " " " (250:1) 166. Zwei Zellen im Zusammenhang.

" 8b. " " " " (125:1) 83. Zellreihe.

" 9. (*Catenula* spec.?) Mereschkowsky. (1000:1) 666. Zellreihe, Chromatophoren unkenntlich.

" 9a. " " (1000:1) 666. Zellreihe von der hohen Kante
zeigt das Ineinandergreifen der Nachbarschalen.

" 10. *Thalassiothrix antarctica* Schimper var. *echinata* n. var. (62:1) 41. ⎱ Ganze Zellen ver-

" 10a. " " " " " " " " (62:1) 41. ⎰ schiedener Länge.

" 10b. " " " " " " " " (1000:1)666. Unteres Endstück
mit Schalenzeichnung.

" 10c. " " " " " " " " (1000:1). Ebenso, von der
Gürtelseite.

" 11 " *heteromorpha* n. sp. (62:1) 41. Ganze Zelle.

" 11a. " " " " " (1000:1) 666. Spitzes Ende in Schalenansicht.

" 11b. " " " " " (1000:1) 666. Zellmitte, Schalenansicht, Zellkern.

" 11c. " " " " " (1000:1) 666. Breites Ende in Schalenansicht mit
Drehungsstelle.

" 11d. " " " " " (1000:1) 666. Dasselbe in der Gürtelansicht.

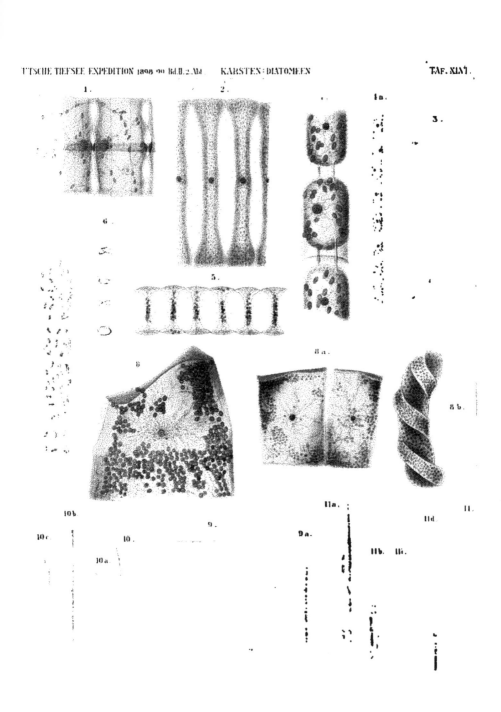

Tafel XLVII.
(Tafel XIII.)

Tafel XLVII[1].

(Tafel XIII.)

Fig. 1. *Tropidoneis Proteus* n. sp. a und b Schalenansichten. c—e Gürtelansichten, deren Verschiedenheiten durch sehr geringe Drehungen der Zelle bedingt sind. (500:1) 333.

„ 2. *Chuniella Novae Amstelodamae* n. sp. a Schalenansicht. (500:1) 333. b Gürtelansicht. (500:1) 333. c Schalenzeichnung. (1000:1) 800.

„ 3a. *Stigmaphora rostrata* WALLICH. Gürtelansicht. (1000:1) 666.

„ 3b. „ „ „ Schalenansicht (1000:1) 666.

„ 4. „ *lanceolata* WALLICH. Gürtelansicht. (1000:1) 666.

„ 5a. *Nitzschia obesa* CASTR. Gürtelansicht. (1000:1) 666.

„ 5b. „ „ „ Schalenansicht. (1000:1) 666.

„ 6a. *Heterodinium Blackmani* KOFOID. Rückenansicht. (500:1) 250.

„ 6b. „ „ „ Bauchansicht. (500:1) 250.

„ 7. *Dinophysis* [*Nias* n. sp. =] *triacantha* KOFOID. 500:1.

„ 8a. „ *miles* CL. Seitenansicht. 500:1.

„ 8b. „ „ „ Dreizellige Kolonie. 250:1.

„ 9. *(Ceratocorys)? asymmetrica* n. sp. 500:1. a und b Flankenansichten. c Dorsalansicht, d halb von der Ventralseite, halb von oben.

---

1) Abweichende Namen der Tafelbeschriftung mußten den hier angegebenen, die inzwischen veröffentlicht worden waren, weichen.

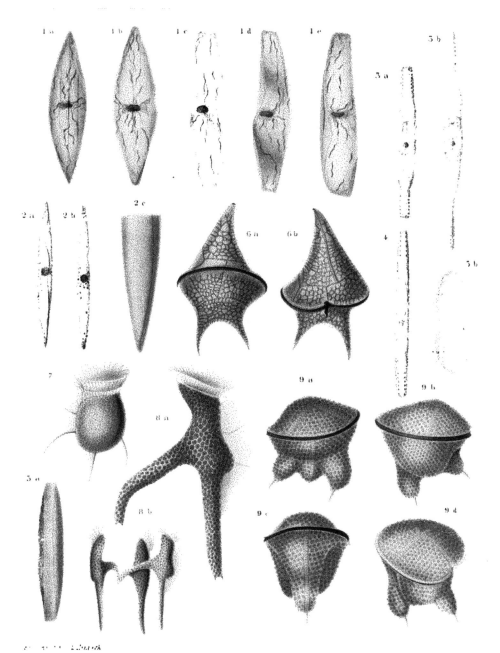

1 Tropidoneis Proteus.- 2. Chuniella Novae Amstelodamae -3. Stigmaphora rostrata.

Tafel XLVIII.

(Tafel XIV.)

1) Abweichende Namen der Tafelbeschriftung mußten den hier angegebenen, die inzwischen veröffentlicht worden waren, weichen.

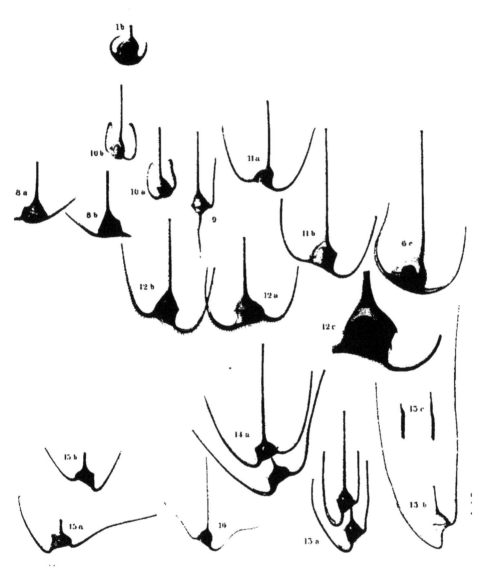

1.*Ceratium tripos azoricum var. brevis*. 2.*C.t. declinatum*. 3.*C.t. arcuatum*.
4.*C.t. arcuatum*. 5.*C.t. pulchellum*. 6.*C.t. arcuatum var. robusta*. 7.*C.t. coarctatum*.
8.*C.t. dens*. 9.*C. reflexum*. 10.*C. tripos platyconie*. 11.*C.t. longipes*. 12.*C.t. longipes var. cristata*.
13.*C.t. robustum*. 14.*C.t. vultur*. 15.*C.t. vultur var. sumatrana*. 16.*C.C. buceros*.

TAF. XLVIII.

Tafel XLIX.
(Tafel XV.)

Tafel XLIX[1].

(Tafel XV.)

Fig. 17a, 17b. *Ceratium tripos volans* var. *tenuissima* KOFOID. Bauchseiten. (250:1) 125.

„ 18a. *Ceratium tripos volans* var. *elegans* BR. SCHRÖDER. Rückenseite. (250:1) 125.

„ 18b. „ „ „ „ „ „ „ Bauchseite. (250:1) 125.

„ 19a, 20a. *Ceratium tripos inclinatum* KOFOID. Rückenseiten. (250:1) 125.

„ 19b, 19c, 20b. *Ceratium tripos inclinatum* KOFOID. Bauchseiten. (250:1) 125.

„ 19d. *Ceratium tripos inclinatum* KOFOID. Bauchseite. (500:1) 250.

„ 21a. „ „ *intermedium* JOERG. var. *aequatorialis* BR. SCHRÖDER. Rückenseite.
125:1.

„ 21b. „ „ „ „ „ „ Bauchseite. 125:1.
Armspitzen. 500:1.

„ 22a. „ „ *flagelliferum* CL var. *major* n. var. Rückenseite. (250:1) 125.

„ 22b u. 22d. *Ceratium tripos flagelliferum* CL var. *major* n. var. Bauchseite. 125:1.

„ 22c. *Ceratium tripos flagelliferum* CL var. *major* n. var. Bauchseite. (500:1) 250.
Armspitzen 22c. 500:1.

„ 23. „ „ „ „ var. *undulata* BR. SCHRÖDER. Rückenseite. 125:1

„ 24a u. 24c. *Ceratium tripos flagelliferum* CL var. *angusta* n. var. Rückenseite. (250:1) 125.

„ 24b. *Ceratium tripos flagelliferum* CL var. *angusta* n. var. Bauchseite. (250:1) 125.

„ 25a. „ „ var. *crassa* n. var. Rückenseite. (250:1) 125.

„ 25b u. 25c. *Ceratium tripos flagelliferum* CL var. *crassa* n. var. Bauchseiten. (250:1) 125.
Armspitzen 25c. 500:1.

„ 26a. *Ceratium tripos macroceras* EHRBG. Rückenseite. (250:1) 125.

„ 26b. „ „ „ „ Bauchseite. (250:1) 125.

„ 27a, 27c, 27e. *Ceratium tripos macroceras* EHRBG. var. *crassa* n. var. Bauchseiten.
(250:1) 125. Armspitzen 27a u. 27e. 500:1.

„ 27b u. 27d. *Ceratium tripos macroceras* EHRBG. Rückenseiten. (250:1) 125.
Armspitzen 27d. 500:1.

„ 28a. *Ceratium tripos macroceras* EHRBG. var. *tenuissima* n. var. Rückenseite. 125:1.

„ 28b. „ „ „ „ „ „ „ „ (500:1) 250

„ 28c. „ „ „ „ „ „ „ „ Bauchseite. 125:1.

„ 28d. „ „ „ „ „ „ „ „ „ (500:1) 250.

„ 28e. „ „ „ „ „ „ „ „ Armspitze 500:1.

---

[1] Abweichende Namen der Tafelbeschriftung mußten den hier angegebenen, die inzwischen veröffentlicht worden waren, weichen.

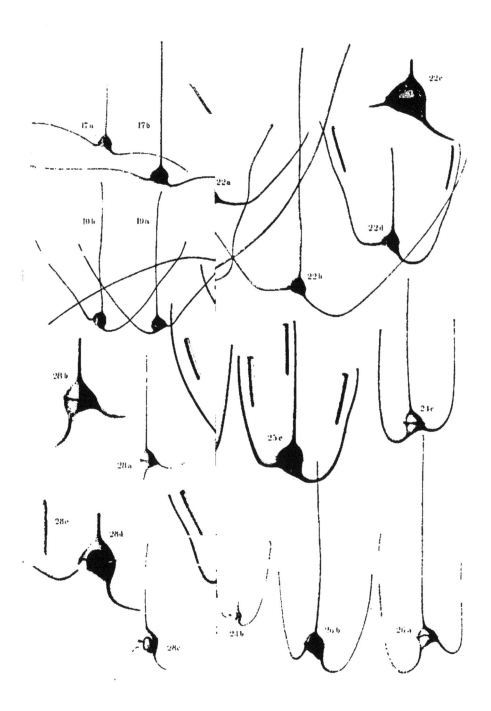

Tafel L.

(Tafel XVL)

Tafel L[1].

(Tafel XVI.)

Fig. 1 a. *Ceratium gravidum* GOURRET var. *cephalote* LEMM. Rückenseite. (250:1) 125.
„ 1 b. „ „ „ „ „ „ Bauchseite. (250:1) 125.
„ 2 a. „ „ „ „ var. *praelonga* LEMM. Rückenseite. (250:1) 125.
„ 2 b. „ „ „ „ „ „ „ Bauchseite. (250:1) 125.
„ 3 a. „ *geniculatum* LEMM. Flankenansicht. (250:1) 125.
„ 3 b. „ „ „ Bauchseite. (250:1) 125.
„ 4. „ *reticulatum* POUCHET var. *contorta* GOURRET. 125:1.
„ 5. „ „ „ var. *spiralis* KOFOID. 125:1.
„ 6. „ *palmatum* BR. SCHRÖDER. Rückenseite. (250:1) 125.
„ 7. „ „ „ „ „ Seitenansicht. (250:1) 125.
„ 8 a. *Peridinium (divergens) acutum* n. sp. Rückenseite. (1000:1) 500.
„ 8 b. „ „ „ „ „ „ Bauchseite. (1000:1) 500.
„ 9 a. „ „ „ *gracilis* n. sp. Rückenseite. (250:1) 125.
„ 9 b. „ „ „ „ „ „ Bauchseite. (250:1) 125.
„ 10 a. „ „ „ *bidens* n. sp. Rückenseite. (500:1) 250.
„ 10 b. „ „ „ „ „ „ Bauchseite. (500:1) 250.
„ 10 c. „ „ „ „ „ „ Struktur der Oberfläche. (1000:1), 666.
„ 11 a. „ „ [*tessellatum* n. sp. =] *tumidum* K. OKAMURA. Rückenseite. (500:1) 250.
„ 11 b. „ „ „ „ „ — „ „ „ Bauchseite. (500:1) 250.
„ 12 a, 12 c. *Peridinium (Steinii* JOERG. var. *elongata* n. var.) = *tenuissimum* KOFOID. Rückenseite. (500:1) 250.
„ 12 b. *Peridinium (Steinii* JOERG. var. *elongata* n. var.) = *tenuissimum* KOFOID. Bauchseite. (500:1) 250.
„ 13 a. „ *cornutum* n. sp. Rückenseite. (500:1) 250.
„ 13 b. „ „ „ „ „ Bauchseite. (500:1) 250.
„ 14. „ *umbonatum* n. sp. Rückenseite. (500:1) 250.
„ 15 a. „ *globulus* STEIN var. Rückenseite.
„ 15 b. „ „ „ Bauchseite. (500:1) 250.

1) Abweichende Namen der Tafelbeschriftung mußten den hier angegebenen, die inzwischen veröffentlicht worden waren, weichen.

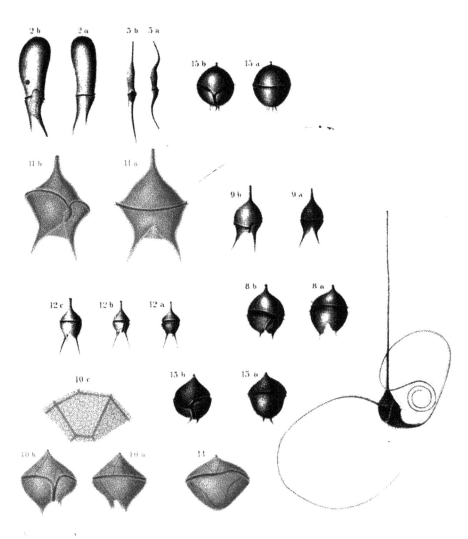

1. *Ceratium gravidum var. cephalote.- 2. C.g.var. praelonga .- 3. C.geniculatum .*
4. C. hexacanthum var. contorta .- 5. C.h.var. spiralis. - 6 7. C.minipes.
8 Peridinium divergens var. acuta .- 9. P.d.var. gracilis.- 10. P.d var. bidens. 11. P.d. var. tessellata
12. P. Nichaëlis var. elongata .- 13 P. cornutum . 14. P umbonatum 15. P. glabulus var.

TAF. I.

Tafel LI.
(Tafel XVII.)

Tafel LI.

(Tafel XVII.)

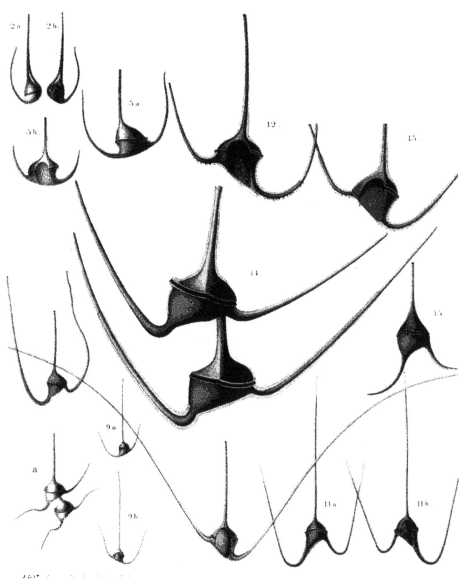

1. Ceratium tripos pulchellum 2. C. tr. axiale 3. C. tr. Schrœteri 4. C. tr. platycorne.
5. C. tr. lunula var. robusta. 6. C. tr. porrectum 7. C. tr. robustum 8. C. tr. buceros.
9. C. tr. inclinatum var. minor. 10. C. tr. intermedium var. Nordhauseni 11. C. tr. macroceras
12. 13. C. tr. longipes. 14. C. tr. vultur var. sumatrana. 15. Ceratium californiense.

Tafel LII.

(Tafel XVIII.)

Tafel LII.

Fig. 1—3. *Ceratocorys horrida* STEIN var. *africana* n. var.   500:1.

Fig. 1.   Linke Seitenansicht und Aufsicht auf die Vorderhälfte.

„   2.   Rechte Seitenansicht, ein wenig zum Rücken hin verschoben.

„   3.   Zelle vom Hinterende.

„   4.   *Peridinium (divergens) grande* KOFOID. a Rückenansicht. b Bauchansicht. (500:1) 400.

ı   5.   „   „   *pustulatum* n. sp. a Rückenansicht. b Bauchansicht. (500:1) 400.

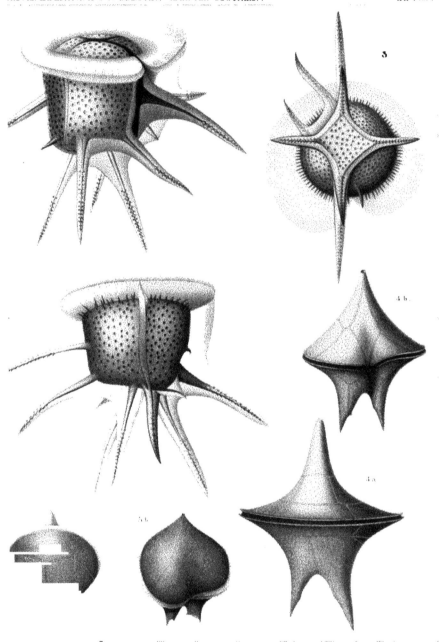

Tafel LIII.
(Tafel XIX.)

Tafel LIII.
(Tafel XIX.)

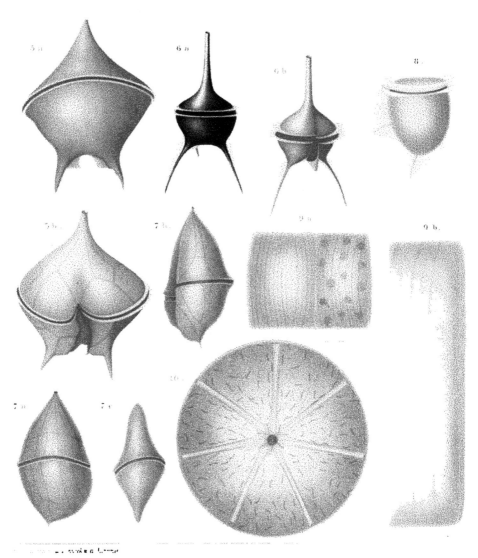

1. *Peridinium pulchellum*. 2. *P. asymmetricum* 3. *P. rotundatum*
4. *P. complanatum*. 5. *P. remotum*. 6. *P. longipes* – 7. *Steiniella cornuta*
8. *Phalacroma circumsutum*. 9. *Rhabdonema spec* 10. *Asterolampra marylandica var. major*

TAF. LIII.

Tafel LIV.
(Tafel XX.)

Tafel LIV.

(Tafel XX.)

Fig. 1. *Rhizosolenia Temperei* H. P. Unregelmäßiger Zuwachs an den Schuppen kenntlich. (250:1) 166.

" 2. " *robusta* NORM. Schalenzuwachs an den Imbrikationslinien kenntlich. (500:1) 333.

" 3. *Coscinodiscus* spec. Mikrosporen. (500:1) 333.

" 4. " " " (500:1) 333.

" 5. *Trichodesmium erythraeum* EHRBG. Zerfall des Fadens durch Hinausquetschen einiger Zellen. (1000:1) 666.

" 6. *Peridinium (divergens)* spec. Ruhespore? (500:1) 333.

" 7. " spec. Teilung des Inhaltes in zwei sehr viel kleinere Zellen. (250:1) 166.

" 8. *Fragilaria granulata* n. sp. Kleine Kette mit Plasmainhalt. (1000:1) 666.

" 9. *Stephanopyxis Palmeriana* var. *javanica* GRUN. a Schalenzeichnung mit Röhrchenansatz. (1000:1) 800. b Zellreihe im Zusammenhang. (125:1) 83.

" 10. *Entophlyctis Rhizosoleniae* n. sp. Beobachtete Entwickelungsstadien des Pilzes in *Rhizosolenia alata* BRTW. a, c, d (1000:1) 666. b (500:1) 333.

" 11. *Nitzschia Sigma* W. SM. var. *indica* n. var. a Zelle mit Chromatophoren in Gürtellage. b in Schalenlage. (500:1) 333.

" 12. *Pleurosigma Normani* H. P. var. *Mahé* n. var. a Zelle mit Chromatophoren. (500:1) 333. b Schalenzeichnung. (1000:1) 666.

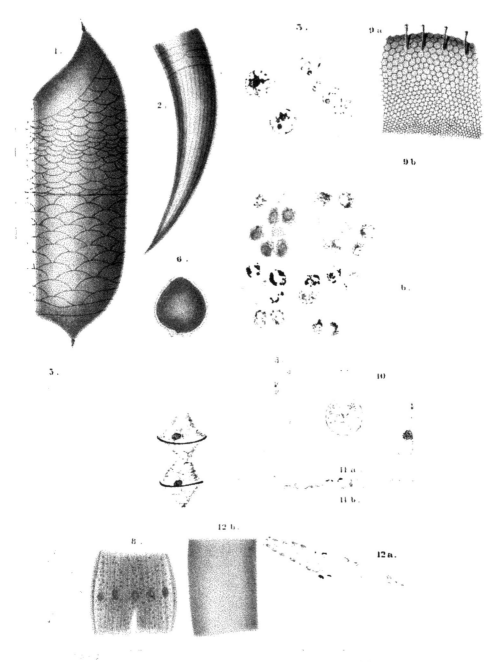

1. *Rhizosolenia Temperei* . 2. *R. robusta* . 4. *Coscinodiscus spec Mikrosporen*
5. *Trichodesmium erythraeum* . 6. *Peridinium Dauerspore* . 7. *Peridinium spec.*

Die Meeresalgen

der deutschen Tiefsee-Expedition

1898—1899.

Von

Th. Reinbold,
Major a. D. in Itzehoe.

Mit Tafel LV—LVIII [I—IV].

Eingegangen den 9. Juni 1906.

C. Chun.

Die Bearbeitung der während der Deutschen Tiefsee-Expedition vom † Prof. Dr. Schimper gesammelten Meeresalgen hatte ursprünglich Herr Dr. Möbius übernommen. Da aber verschiedene Verhältnisse ihn an der Durchführung der Arbeit hinderten, ward ich mit derselben betraut. Herr Dr. Möbius hatte bereits das Material — teils getrocknet aufgelegtes, teils in Alkohol etc. konserviertes — gesichtet, geordnet und einer ersten oberflächlichen Untersuchung unterzogen; seine dabei gemachten Notizen, begleitet von einigen mikroskopischen Präparaten, stellte er mir freundlicherweise zur Verfügung. Meine Arbeit wurde hierdurch nicht unwesentlich erleichtert.

Das von Schimper heimgebrachte Material ist, wenn man die Ausdehnung der Reise und die für Meeresalgen zum Teil oft recht günstigen Sammelorte in Betracht zieht, ein ansehnliches nicht gerade zu nennen. Der Botaniker der Expedition hatte bei den meist nur kurz bemessenen Aufenthalten am Lande sein Hauptaugenmerk auf die Landflora gerichtet, so daß ihm für ein methodisches Sammeln von Meeresalgen nur eine sehr beschränkte Zeit blieb, sie sind dadurch etwas stiefmütterlich behandelt worden. Mit um so größerer Freude begrüßte ich es daher, als nachträglich die Herren Dr. Apstein und Vanhöffen mir einiges, zum Teil recht interessantes Algenmaterial zur Verfügung stellten, welches sie gelegentlich auf der Reise gesammelt und aufgelegt. Dadurch ward dem Schimper'schen Material ein nicht unbeträchtlicher Zuwachs. So dürfte, abgesehen von einigen neu aufgestellten Arten, die nachfolgende Liste in pflanzengeographischer Hinsicht doch von Wert sein, besonders für unsere Kenntnis der Flora des Indischen Oceans. Die Algenvegetation der Seychellen und des Tschagos-Archipels war bislang fast ganz unbekannt, da nur ganz vereinzelte Algen von dort in der Litteratur gelegentlich erwähnt werden. Das betreffende vorliegende, ziemlich ansehnliche Material füllt daher eine bisher recht fühlbare Lücke in unseren Kenntnissen aus. Auf die Algenvegetation des Indischen Oceans im großen Ganzen etwas näher einzugehen, sei einem Anhang am Schluß der Liste vorbehalten!

Der Bestimmung einiger Gattungen der schwierigen Kalkalgen hat Herr M. Foslie-Drontheim sich freundlichst unterzogen, die Zeichnungen zu den Tafeln haben die Herren Drs. Anheusser, Darbishire und Herr C. G. Hewitt in zuvorkommendster Weise hergestellt; diesen Herren sei für ihre freundliche Mitarbeit hier besonders Dank gesagt, sowie auch allen denen, die in einzelnen Fällen mich mit ihrem Rat und sonstiger Hilfe unterstützten.

3

Algae.

Schizophyceae COHN. — Phycochromophyceae RABHST.

Hormogoneae THUR.

I. Heterocysteae HARV.

Calothrix AG.

C. aeruginea (KG.) THUR., Ess. classif. Nostoc, p. 381; BORN. et TUUR., Not. algol., p. 157, pl. XXXVII; BORN. et FLAH., Rev. Nostoc heteroc., p. 358. — *Leibleinia aeruginea* KG., Phyc. gen., p. 221.

Dar-es-Salaam. (Auf *Cladophora.*)

Bekannt vom Atlantischen Ocean (dem mittleren Teil und von den Falklands-Inseln), Mittelländischen Meer, Roten Meer, Stillen Ocean.

C. crustacea (SCHOUSB.) THUR., Not. algol., p. 13, pl. IV; BORN. et FLAH., Rev. Nostoc heteroc., p. 359. — *Oscillatoria crustacea* SCHOUSB., Herbar.

Sumatra. (Auf einer Muschel.)

Bekannt vom Atlantischen Ocean, Mittelländischen Meer, Stillen Ocean.

Nodularia MERT.

N. Harveyana (THWAIT.) THUR., Ess. classif. Nostoc, p. 378; BORN. et THUR., Not. algol., p. 122, pl. XXIX; BORN. et FLAH., Rev. Nostoc heteroc., p. 243. — *Spermosira Harveyana* THWAIT. in HARVEY, Man. Brit. mar. Alg., p. 234.

Mahé. (Vereinzelte, aber sicher bestimmbare Fäden zwischen *Enteromorpha.*)

Bekannt von der Meeresküste Schwedens und Englands. (Die Pflanze kommt auch in süßem und brackischem Wasser vor.)

Hormothamnion GRUN.

H. enteromorphoides GRUN., Alg. Novara, p. 34, t. I; BORN. et FLAH., Rev. Nostoc heteroc., p. 260.

Dar-es-Salaam.

Vereinzelte Filamente und Flöckchen zwischen anderen Algen. Die Zugehörigkeit zu der Gattung ist mir zweifellos, diejenige zu obiger Art zum mindesten äußerst wahrscheinlich, obgleich die Filamente etwas dicker sind (10–12 µ), als bei BORN. et FLAH. angegeben.

Bekannt von Florida, den Antillen, vom Stillen Ocean.

II. Homocysteae BORN. et FLAH.

Hydrocoleum KG.

H. lyngbyaceum KG., Spec. Alg., p. 259; GOMONT, Monogr. Oscill., p. 75, 76, pl. XII.

Mahé, Diego Garcia. (Epiphytisch auf anderen Algen.)

Bekannt vom Atlantischen Ocean, Mittelländischen Meer, von Borneo und Mauritius.

Symploca KG.

S. hydnoides KG., Spec. Alg., p. 273; GOMONT, Monogr. Oscill., p. 127, pl. II.

Var. *genuina.*

Dar-es-Salaam. (Anderen Algen angeheftet.)

Bekannt vom Atlantischen Ocean, Mittelländischen Meer, von Ceylon. Neu-Caledonien.

Lyngbya AG.

L. majuscula HARV., in HOOK., Engl. Flora Vol. V, 1, p. 370; GOMONT, Monogr. Oscill., p. 131, pl. III.

Dar-es-Salaam, Mahé.

Das Exemplar von Dar-es-Salaam zeigte ganz vereinzelte Abzweigungen, wie solche ausnahmsweise bei einzelnen *Lyngbya*-Arten mit dicken Scheiden vorkommen können (s. GOMONT, Monogr. Oscill., p. 139).

Bekannt aus fast allen wärmeren Meeren.

L. aestuarii (JÜRG.) LIEBM., Bemerk. Danske Algfl. in KROGS Tidskr., 1841, p. 492; GOMONT, Monogr. Oscill., p. 147, pl. III. — *Conferva aestuarii* MERT. in JÜRG., Dec. II, No. 8.

Dar-es-Salaam.

In fast allen Meeren verbreitet (auch im Brackwasser).

L. lutea (AG.) GOM., Ess. classif. Nostoc homoc. in Journ. de Bot., 1890, p. 354; Monogr. Oscill., p. 161, pl. III. — *Oscillatoria lutea* AG., Syst. Alg., p. 68.

Mahé.

Es lagen nur vereinzelte Fäden vor, die ich aber doch ziemlich sicher zu obiger Art rechnen zu können glaube und nicht zu der ähnlichen, anscheinend ziemlich weit verbreiteten *L. semiplena*.

Bekannt vom Atlantischen Ocean, Mittelländischen Meer.

L. confervoides AG., Syst. Alg., p. 73; GOMONT, Monogr. Oscill., p. 170, pl. III.

Dar-es-Salaam, Mahé.

Bekannt aus dem Atlantischen Ocean, dem Mittelländischen Meer, aus dem Indischen und Stillen Ocean.

Oscillatoria VAUCHER.

O. corallinae (KG.) GOM., Ess. classif. Nostoc homoc. in Journ. de Bot., 1890, p. 356 (pro parte); Monogr. Oscill., p. 238, pl. VI. — *Leibleinia Corallinae* KG., Spec. Alg., p. 276.

Mahé. (Auf *Cladophora*.)

Es lag nur spärliches Material vor, es stimmte aber gut mit der Beschreibung bei GOMONT, abgesehen von sehr geringen Abweichungen in den Abmessungen, die kaum ins Gewicht fallen dürften.

Bekannt aus dem Atlantischen Ocean, dem Adriatischen Meer.

O. Bonnemaisonii? CROUAN, in DESMAR., Pl. cryptog. de France, 2e Sér., No. 537; GOMONT, Monogr. Oscill. p. 235, pl. VI.

Dar-es-Salaam.

Ich bin über die Bestimmung nicht ganz sicher, da nur vereinzelte Fäden vorlagen. Die Pflanze gehört jedenfalls zur Sektion III (Margaritiferae) bei GOMONT und stimmt insoweit ganz gut zu obiger Art, nur fand ich die Trichome durchschnittlich 15 µ dick, während GOMONT 18—36 µ angiebt.

Bekannt vom Atlantischen Ocean (Frankreich) und Adriatischen Meer.

Chlorophyceae.

Ulvaceae.

Ulva (L.) WITTR.

U. Lactuca (L.) LE JOL., Liste alg. Cherbg., p. 38; DE TONI, Syll. T. I, p. 111; forma *genuina* HAUCK, Meeresalg., S. 435. — *Phycoseris rigida* KG., Tab. Phyc., Vol. VI, t. XXIII.

Canarische Inseln, Dar-es-Salaam, Kerguelen.

In allen Meeren verbreitet.

U. reticulata FORSK., Fl. Aegypt. Arab., p. 187; DE TONI, .Syll., T. I, p. 113. — *Phycoseris reticulata* KG., Tab. Phyc., Vol. VI, t. XXIX.

Sumatra.

Bekannt vom Roten Meer, Indischen und Stillen Ocean.

Enteromorpha LINK.

E. bulbosa (SUHR) KG., Spec. Alg., p. 482; DE TONI, Syll., T. I, p. 127. — *E. Hookeriana* KG. l. c. p. 480; Tab. Phyc., Vol. VI, t. XXXVII. — *E. africana* KG. l. c. p. 481. — *E. Novae Hollandiae* KG., Tab. Phyc., Vol. VI, t. XXXVIII. — *Solenia bulbosa* SUHR in Flora, 1839, p. 72, t. IV.

Insel Bouvet, Kerguelen.

Die vorliegenden Exemplare ähneln im Habitus der *E. Hookeriana* KG.

Bekannt vom Stillen Ocean (Chile, Peru, Tasmanien), Kap der guten Hoffnung, von den Falklands-Inseln, von Kap Horn.

E. compressa (L.), GREV.; Alg. Brit., p. 180 (excl. var.); DE TONI, Syll., T. I, p. 126; KG., Tab. Phyc., Vol. VI, t. XXXVIII. — *Ulva compressa* L., Flor. Suec., N. 1135.

Dar-es-Salaam.

In allen Meeren sehr verbreitet.

E. prolifera (MUELLER) J. AG., Alg. Syst., Vol. VI, p. 129; DE TONI, Syll., T. I, p. 122. — *Ulva prolifera* MUELLER, Fl. Dan., t. DCCLXIII, fig. 1.

Sumatra.

Das vorliegende Material stimmt sehr gut im Habitus mit dieser ziemlich variablen Art; die Zellen sind aber nicht nur in den jüngeren, sondern auch in den älteren Teilen des Thallus ziemlich deutlich in Längsreihen geordnet. Die ganze Struktur erinnert an *E. flexuosa*, deren Habitus aber ein völlig anderer. Da die Pflanze zu den Abteilungen Clathratae oder Crinitae sicher nicht zu ziehen ist, möchte ich glauben, daß sie doch am besten zu obiger Art zu stellen. Erfahrungsmäßig variieren manche *Enteromorpha*-Arten nicht unbeträchtlich in der mehr oder minder ausgeprägten Art der Anordnung ihrer Zellen in Längsreihen.

Bekannt vom Nordatlantischen Ocean, von Australien und Japan. (Vermutlich wohl weiter verbreitet!?)

E. lingulata J. AG., Alg. Syst, Vol. VI, p. 143; DE TONI, Syll., Vol. I, p. 128. — *E. compressa β lingulata* (J. AG.) HAUCK, Meeresalg., S. 428.

Dar-es-Salaam, Diego Garcia, Mahé, Sumatra.

Die Art ist nahe verwandt mit *E. crinita* (ROTH) J. AG., und es erscheint mir sehr zweifelhaft, ob beide zu trennen sind. Die Struktur ist bei beiden ziemlich die gleiche, und in der Verzweigungsart kommen oft so viele Variationen vor, daß es zuweilen schwierig ist, zu entscheiden, ob man eine stark verzweigte *E. lingulata* oder eine schwach verästelte *E. crinita* vor sich hat. Von den hier vorliegenden Exemplaren erscheinen diejenigen von Sumatra mir als typische, wie HAUCK l. c. beschreibt, dessen Zubeziehung der Pflanze zu *E. compressa* ich im übrigen nicht beizustimmen vermag; die Exemplare von den anderen Standorten nähern sich durch reichere und feinere Verzweigung mehr der *E. crinita*.

Bekannt vom Atlantischen Ocean, Adriatischen Meer, von Australien. (Vermutlich weiter verbreitet!?)

E. plumosa KG., Phyc. gen., p. 300, t. XX, fig. 1, non AHLNER; DE TONI, Syll., T. I, p. 132. — *E. paradoxa* KG., Tab. Phyc., Vol. VI, t. XXXV. — *E. Hopkirkii* M'CALLA in HARV., Phyc. Brit., t. CCLXIII.

Sumatra. (Fragment!)

Bekannt vom Atlantischen Ocean (Küsten Europas und Nordamerikas), Mittelländischen Meer, Stillen Ocean.

E. torta (MERT.) REINB., Rev. JÖRG. Alg. aquat. (Anhang) in N. Notarisia, 1893. — *E. percursa* HARV., Phyc. Brit. t. CCCLII, quoad fig. partim. — *Schizogonium tortum* KG., Tab. Phyc., Vol. II, t. XCIX, fig. 1 b -d. — *Conferva torta* MERT., Msc. in JÖRG., Decad., XIII, No. 6.

Im Roten Meer vom Schiffe abgekratzt (Herkunft daher zweifelhaft).

Ich vermag die vorliegende Alge nur zu obiger Art zu ziehen. Die sehr dünnen, mehr weniger gewundenen einfachen Fäden — nur ausnahmsweise findet sich ein kurzes proliferierendes Aestchen — zeigen in der Oberflächenansicht, je nach ihrer Stärke, die Zellen in 3—6—8 scharf ausgeprägten Längsreihen angeordnet.

Bekannt vom Atlantischen Ocean (Nordsee, Ostsee, Küsten von England, Frankreich, Nordamerika), von Australien.

Prasiola AG.

P. tessellata KG., Spec. Alg., p. 473; HARIOT, Alg. Cap Horn, p. 29, t. I. — *Mastodia tessellata* HOOK. et HARV., Crypt. antarct., Vol. II, p. 193, t. CXCIV.

Kerguelen.

Mastodia tessellata stellt nach HARIOT einen durch einen Pilz bewirkten krankhaften Zustand von *P. tessellata* dar. Die Gattung *Mastodia* ist daher zu streichen.

Das mir vorliegende Material (Alkohol), mit Stücken von *Ulva Lactuca* vermischt, war leider derartig zerrieben und in Zersetzung übergegangen, daß von dem Habitus der Alge nichts zu erkennen war. Einzelne einigermaßen erhaltene Fragmente gestatten aber doch eine zweifellose Bestimmung.

Bekannt von Kap Horn, Kerguelen.

Caulerpaceae.

Caulerpa LAMX.

C. Freycinetii AG., Spec. Alg., p. 446; WEBER v. BOSSE, *Caulerpa*, p. 310; DE TONI, Syll., T. I, p. 458; KG., Tab. Phyc., Vol. VII, t. IV.

Mahé.

Das vorliegende Exemplar gehört zur var. *typica*.

Bekannt von den Antillen, vom Roten Meer, Indischen und Stillen Ocean.

C. cupressoides (VAHL.) WEBER v. BOSSE, *Caulerpa*, p. 323. — *Fucus cupressoides* VAHL., Crypt. Flor. St. Croix, — d. var. *mamillosa* WEBER v. BOSSE, l. c. p. 332. — *Chauvinia ericifolia* KG., Tab. Phyc., Vol. VII, t. X.

Diego Garcia.

Var. bekannt von den Canarischen Inseln, Westindien, Diego Garcia, Insel Toud, Australien.

Codiaceae.

Codium STACKH.

C. tomentosum (HUDS.) STACKH., Ner. Brit., p. 21, t. VII; DE TONI, Syll., T. I, p. 491; KG., Tab. Phyc. Vol. VI, t. XCIV. — *Fucus tomentosus* HUDS., Fl. Angl., p. 584.

Sumatra.

Es ist sicher, daß manche Exemplare aus dem Indischen und Stillen Ocean, die in Herbarien als *Codium tomentosum* liegen, zu anderen Arten gehören (*C. galeatum, mucronatum*). Mir ist es aber nicht zweifelhaft, daß auch das echte *Codium tomentosum* in jenen Meeren vorkommt. Das vorliegende Exemplar gehört jedenfalls zu dieser Art.

Bekannt vom Atlantischen Ocean, Mittelländischen Meer, Kap der guten Hoffnung, Roten Meer, Indischen und Stillen Ocean.

Halimeda LAMX.

H. opuntia (L.) LAMX., Classif. Polyp. corall., p. 186; BARTON, *Halimeda* (in Siboga-Exp.), p. 18, t. II; DE TONI, Syll., T. I, p. 522; KG., Tab. Phyc., Vol. VII, t. XXI, fig. 1. — *H. multicaulis* KG., Tab. Phyc., Vol. VII, t. XXI, fig. 2. — *H. triloba* KG., l. c. t. XXII, fig. 3. — *Corallina opuntia* L., Syst. Nat., Vol. II, 1760, p. 805 (p. p.).

Mahé, Sumatra. Taf. LV [I] (Pflanze von Mahé).

Die Exemplare von Mahé stehen zwischen den Formen *typica* und *cordata* dieser bezüglich der Form der Glieder sehr vielgestaltigen Art.

In allen tropischen Meeren verbreitet.

H. macroloba DCNE., Arch. Mus. Hist. nat. Paris, T. II, 1841, p. 118; BARTON, *Halimeda*, p. 24, t. III; DE TONI, Syll., T. I, p. 520.

Dar-es-Salaam. Taf. LVI [II], Fig. 1.

Bekannt vom Indischen Ocean (auch von Dar-es-Salaam) und (weniger häufig) vom Stillen Ocean.

H. Tuna (ELL. et SOL.) LAMX., Classif. Polyp. corall., p. 186; BARTON, *Halimeda*, p. 11, t. I; DE TONI, Syll., T. I, p. 518; KG., Tab. Phyc., Vol. VII, t. XXI, fig. 4. — *Corallina Tuna* ELL. et SOL., Nat. Hist. Zoophyt., p. 111, t. XX.

Diego Garcia.

Bekannt vom Atlantischen Ocean, Mittelländischen Meer, Indischen und Stillen Ocean.

H. incrassata (ELL. et SOL.) LAMX., Classif. Polyp. corall., p. 186; BARTON, *Halimeda*, p. 25, t. IV. — *H. trident* KG., Tab. Phyc., t. XXII, fig. 2. — *Corallina incrassata* ELL. et SOL., Nat. Hist. Zoophyt, p. 111, t. XX.

Diego Garcia.

Das vorliegende Exemplar kommt der forma *ovata* BARTON l. c. nahe. Im Centralstrang laufen die Filamente frei nebeneinander, fusionieren nicht.

Bekannt vom Atlantischen, Indischen und Stillen Ocean.

H. cuneata HERING in Flora, 1846, p. 214; BARTON, *Halimeda*, p. 15, t. I; DE TONI, Syll., T. I, p. 526. — *H. obovata* KG., Tab. Phyc., Vol. VII, t. XXV, fig. 1.

Dar-es-Salaam.

Das vorliegende Exemplar gehört zur forma *typica* mit sitzenden Gliedern.

Bekannt vom Indischen und Stillen Ocean.

Avrainvillea DCNE.

A. comosa (BAIL. et HARV.) MURR. et BOODLE in Journ. Botany, 1889, p. 5; DE TONI, Syll., T. I, p. 515. — *Chlorodesmis comosa* BAIL. et HARV., Nereis Bor. Americ., T. III, p. 29.

Mahé.

Die vorliegende Pflanze gehört zweifellos zur Gattung *Avrainvillea*, das Material ist aber ziemlich mangelhaft und fragmentarisch, so daß die Möglichkeit nicht abzuweisen ist, daß *A. caespitosa* hier in Frage käme. Diese Art (von Ceylon und den Comoren bekannt) ist der obigen im ganzen sehr ähnlich, vielleicht sogar von ihr nicht sicher zu trennen. Alles in allem möchte ich aber doch fast glauben, daß hier die echte (bisher vom Indischen Ocean noch nicht bekannte) *A. comosa* vorliegt.

Bekannt vom Stillen Ocean.

Valoniaceae.

Dictyosphaeria DCNE.

D. favulosa (MERT.?) DCNE., Classif. des Algues, p. 32; DE TONI, Syll., T. I, p. 371; KG., Tab. Phyc., Vol. VII, t. XXV, fig. 1. — *Valonia favulosa* AG., Spec. Alg., p. 482. — *Ulva cellulosa* MERT., mscr.

Diego Garcia.]

Bekannt vom wärmeren Atlantischen, Indischen und Stillen Ocean.

8

Valonia GIN.

V. utricularis (ROTH) AG., Spec. Alg., p. 431; DE TONI, Syll., T. I, p. 376: KG., Tab. Phyc., Vol. VI, t. LXXXVI, fig. 2 b—d. — *Valonia utricularis* f. *aegagropila* HAUCK, Meeresalg., S. 469. — *Conferva utricularis* ROTH, Cat., Bd. I, S. 160.

Diego Garcia.

Ich bin mit HAUCK der Ansicht, daß *Valonia aegagropida* (ROTH) AG. nicht als Species zu unterscheiden, sondern als Form von *V. utricularis* anzusehen ist.

Bekannt vom Atlantischen Ocean, Mittelländischen Meer, Indischen und Stillen Ocean.

V. Forbesii HARV., Alg. Ceyl. exs., No. 75! DE TONI, Syll., T. I, p. 374.

Dar-es-Salaam.

Bekannt aus dem Indischen und Stillen Ocean.

Cladophoraceae.

Boodlea MURR. et DE TONI.

B. van Bossei REINB., Neue Chlorophyc. Ind. Ocean, in Nuov. Notar., 1905, p. 148.

Diego Garcia.

Das vorliegende Material scheint mir völlig identisch mit der l. c. beschriebenen, sehr charakteristischen Alge aus Niederländisch-Indien, ein geringer Unterschied dürfte darin zu finden sein, daß hier die bei dieser Art auftretenden Rhizoide nicht so zahlreich entwickelt sind, worauf aber bei dieser ziemlich variablen Pflanze kein großes Gewicht zu legen ist.

Bekannt aus dem Indischen Ocean (Lucipara-Insel).

Cladophoropsis BØRG.

Contrib. connaiss. *Siphonocladus* SCHM. in Overs. K. Danske Vid. Selsk. Forh., 1905, No. 3.

C. sundanensis REINB., Neue Chlorophyc. Ind. Ocean in Nuov. Notar., 1905, p. 147.

Diego Garcia.

Geringes fragmentarisches Material, aber doch genügend für die, wie ich nicht zweifle, zutreffende Bestimmung.

Bekannt vom Indischen Ocean (Insel Timor, Labuan).

Chaetomorpha KG.

Ch. indica KG., Spec. Alg., p. 376; DE TONI, Syll., T. I, p. 275.

Dar-es-Salaam, Sumatra.

Diese Art dürfte meines Erachtens mit *Ch. tortuosa* KG., Tab. Phyc., Vol. III, t. I.I. fig. 2 wohl ziemlich identisch sein.

Bekannt vom Rothen Meer und Indischen Ocean (Tranquebar).

Ch. aërea (DILLW.) KG., Spec. Alg., p. 379; DE TONI, Syll., T. I, p. 272.; *Ch. urbica* KG., Tab. Phyc., Vol. III, t. LIV.; *Ch. variabilis* l. c. Vol. III, t. LV; *Ch. vasta* l. c. Vol. III, t. LVI. — *Conferva aërea* DILLW., Brit. Conf., t. LXXX.

Dar-es-Salaam, Diego Garcia.

Die zahlreichen *Chaetomorpha*-Arten, besonders die von KÜTZING aufgestellten, dürften sich wohl ohne Zwang mehr zusammenlegen lassen. Die gegebenen Unterscheidungsmerkmale, Länge und Dicke der Zellen, sind, weil abhängig von dem zeitweiligen Entwickelungsstadium, doch nur von recht problematischem Wert, besonders wenn die Grenzen bezüglich der betreffenden Dimensionen zu eng ge-

9

zogen werden. Ebensowenig kann der Umstand als ein gutes Merkmal angesehen werden, ob die Pflanze angewachsen ist oder in Watten flottiert. So dürfte meines Erachtens auch schwerlich *Ch. Linum* von *Ch. aërea* zu trennen sein.

Wohl in fast allen Meeren verbreitet.

Cladophora KG.

C. mauritiana KG., Spec. Alg., p. 399; Tab. Phyc., Vol. IV, t. XII; De Toni, Syll., T. I, p. 328.

Dar-es-Salaam.

Geringfügiges Material, im übrigen mit dem KÜTZING'schen Originalexemplar und der betreffenden Abbildung genau stimmend. Vermutlich ist die Art hie und da mit der im Habitus ähnlichen *C. fascicularis* (MERT.) KG. verwechselt worden.

Bekannt von Mauritius, Hawaii, Ceylon.

var. *ungulata* BRAND, Anheftung der Cladoph. etc., in Beih. Bot. Centralbl., Bd. XVIII, H. 2, S. 180, Taf. V, Fig. 10.

Dar-es-Salaam.

Die vorliegende Alge ist, glaube ich, kaum von der BRAND'schen varietas, von welcher zum Vergleichen der Autor mir freundlichst ein Fragment des Originals zur Verfügung stellte, zu trennen; vielleicht könnte man nur von einer forma *tenuissima* sprechen, da die Ramelli, durchschnittlich etwas langgliedriger als bei der BRAND'schen Pflanze, ziemlich stark verdünnt sind (bis zu 20 μ). In einzelnen Teilen der vorliegenden Alge sah ich die Ramelli ausgeprägt sichelförmig gebogen, in anderen dagegen mehr gerade und mehr weniger sparrig abstehend. Die Hauptäste sind hier ziemlich dicht, dort entfernter mit büscheligen Aesten besetzt. Das Material war schwierig zu entwirren, es scheint in Watten flottierend gefunden zu sein. Gegen die typische Art betrachtet, macht unsere Pflanze einen sehr zierlichen Eindruck, so daß man zuerst fast fast in Versuchung geraten könnte, auf sie eine besondere Art zu gründen, wenn nicht die BRAND'sche Pflanze als Zwischenglied einen ungezwungenen natürlichen Uebergang herstellte.

Bekannt von Hawaii.

C. utriculosa KG., Phyc. gen., p. 209; Tab. Phyc., Vol. III, t. XCIV; De Toni, Syll., T. I, p. 312.

Dar-es-Salaam.

Ich glaube, die vorliegende Alge als eine Form von obiger Art ansehen zu können, welche in der Verzweigungsart der *C. Rissoana* KG., Tab. Phyc., Vol. III, t. LXXXVIII, ähnlich ist, aber längere Glieder aufweist. In dieser Beziehung würde sie mehr *C. longiarticulata* KG., Tab. Phyc., Vol. III, t. XCIV, gleichen. HAUCK (Meeresalg., S. 454) zieht diese beiden Arten zu *C. utriculosa*, während ARDISSONE (in Phyc. Medit.) sie zu *C. Kützingii* stellt. *C. utriculosa* scheint mir eine recht gut charakterisierte Art zu sein und als solche geeignet, um sie als Typ, als Centrum eine Anzahl Arten anzuschließen (eventuell als Formen oder Varietäten), welche in der Verzweigungsart, den Zelldimensionen etc. nur unwesentlich von ihr und untereinander abweichen. Es dürfte überhaupt meines Erachtens danach zu streben sein, möglichst viele derartige gut charakterisierte Arten als Centra aufzustellen, um welche sehr ähnliche Arten ohne Zwang zu gruppieren wären, wie HAUCK das bereits versucht hat. Ich glaube, man würde dadurch besser zu einer leidlichen Uebersicht und Ordnung in der Gattung *Cladophora* gelangen, die jetzt durch eine große Menge mangelhaft gekennzeichneter und oft schwer oder kaum voneinander unterscheidbarer Arten überlastet ist.

Bekannt vom Atlantischen Ocean, Mittelländischen Meer (vermutlich noch mehr verbreitet, wenn der Begriff dieser Art im weiteren Sinne aufgefaßt wird).

C. (Spongom.) pectinella ? GRUN., Alg. Novara, S. 40, t. II; De Toni, Syll., T. I, p. 338.

Mahé.

Ich sah nur einige kleine Fragmente, die aber sehr gut mit der recht charakteristischen obigen Art übereinstimmen; in Anbetracht des mangelhaften Materials möchte ich die Bestimmung als absolut sicher nicht hinstellen.

Bekannt von J. St. Paul (südlicher Indischer Ocean).

C. (Spongom.) pacifica (MOST.) KG., Spec. Alg., p. 419; Tab. Phyc., Vol. IV, t. LXXVIII; DE TONI, Syll., T. I, p. 339. — Conferva pacifica MOST., Pol Sud, Botan., T. I, p. 7, pl. XIV, fig. 2.

Kerguelen.

Es scheint mir wahrscheinlich, daß diese Art kaum von C. (Spongom.) Hookeriana KG., Tab. Phyc., Vol. IV, t. LXXVII, zu trennen ist (Malouinen-Inseln, Magelhaens-Straße), vielleicht auch nicht von C. (Spongom.) aegiceras (MONT.) KG.; sie alle gruppieren sich sehr natürlich um C. (Spongom.) arcta KG.

Bekannt von den Auckland-Inseln.

C.? incompta HOOK. fil. et HARV. in London Journ., 1845, p. 224 (sub Conferva); HOOK., Crypt. antarct., p. 496, t. CXCII, fig. 3; DE TONI, Syll., T. I, p. 353; SVEDELIUS, Alg. Magelh.-Str. in Svenska Exp., 1900, p. 292, t. XVII.

Kerguelen.

Diese interessante Alge, die, hat man einzelne Fragmente vor sich, den Eindruck eines kurzgliederigen Rhizoclonium machen kann, ist bei SVEDELIUS l. c. des näheren beschrieben, wo auch der Irrtum bei DE TONI bezüglich der Zelllängen berichtigt wird. Das vorliegende Material weicht insofern von der Beschreibung bei SVEDELIUS etwas ab, als die Fäden durchschnittlich dünner (80—120 μ, bei SVEDELIUS 120—170) sind, auch sind die vereinzelten vegetativen Aeste bei unserer Pflanze etwas dünner als die Hauptachsen, während sie bei SVEDELIUS gleiche Dicke zeigen. Mir erscheinen diese Unterschiede nicht genügend, um unsere Pflanze von obiger Art zu trennen. Ob sie sich als varietas oder forma sicher unterscheiden läßt, dürfte sich erst entscheiden lassen, wenn weitere Erfahrungen vorliegen, ob und welchen Schwankungen in den Zelldimensionen C. incompta unterliegt.

Nur vom Kap Horn bekannt.

C. arbuscula MÖB. u. REINB. n. sp.[1]).

Diagnose: Ziemlich rigide, 1½—3 cm hohe Pflänzchen mit langer, nur selten geteilter Basalzelle; aufs reichste (fast an jedem Gliede) trichotom, hier und da auch wohl dicho- oder polychotom verzweigt. Aestchen häufig opponiert, aber auch unregelmäßig entspringend. Die Zellen der Aeste sind meist mehr oder weniger keulenförmig, diejenigen der Aestehen cylindrisch, die Endzellen am Scheitel stumpf. Zellen durchschnittlich 2—5 mal länger als der Durchmesser, in den Aesten bis 250 μ, in den Aestchen 70—100 μ dick. Zellwände ziemlich dick.

Dar-es-Salaam. (Glas No. 9.) Taf. LVIII [IV], Fig. 1, 2.

Das Pflänzchen hat das Aussehen eines reich verzweigten Bäumchens, dessen Krone von breit-ovalem Umriß ist. Mit keiner mir bekannten Art näher zu vergleichen, außer vielleicht im Habitus mit C. pellucida, von der sie aber schon durch die Dimensionen und die Form der Zellen erheblich abweicht.

Zu bemerken sei noch, daß ich an der langen Basalzelle und auch hie und da an den Zellen der Hauptäste schwache Einbuchtungen und Einschnürungen beobachtete, wie solche in ausgeprägterer Weise für Apjohnia charakteristisch sind. Zu dieser Gattung ist die Pflanze aber keineswegs zu ziehen, und möchte ich annehmen, daß diese Einschnürungen und Einbuchtungen der Zellwände wohl nur zufälliger Natur sind.

---

1) Schott Herrn Dr. MÖBIUS war diese charakteristische Cladophora aufgefallen, er hatte sie in seinen Notizen interimistisch als C. arbuscula gekennzeichnet für den Fall, daß sie sich als neu herausstellen sollte. Ich habe daher diese sehr zutreffende Benennung adoptiert.

Phaeophyceae.

Dictyotaceae.

Haliseris Targ-Tozz.

H. polypodioides (Desf.) Ag., Spec. Alg., T. I, p. 142; Kg., Tab. Phyc., Vol. IX, t. LIII; De Toni, Syll., T. III, p. 254. — *Fucus polypodioides* Desf., Fl. Atlant., p. 421.

Dar-es-Salaam. (Fragment!)

Bekannt aus fast allen wärmeren Meeren.

Padina Adans.

P. pavonia (L.) Lamx., Dict. class. d'hist. nat., T. XII, p. 589; De Toni, Syll., T. III, p. 243. — *Zonaria pavonia* Kg., Tab. Phyc., Vol. IV, t. LXX. — *Ulva pavonia* L., Syst. nat., Vol. II, p. 719.

Dar-es-Salaam, Mahé, Sumatra.

Nur die Exemplare von Sumatra waren fruchtend, diejenigen von den anderen Standorten steril, daher nicht ganz ohne Zweifel.

Bekannt aus fast allen wärmeren Meeren.

P. Commersonii Bory., Voy. Coquille, No. 41, t. XXI, fig. 2; De Toni, Syll., T. III, p. 244.

Dar-es-Salaam, Diego Garcia, Sumatra.

Bekannt von den Antillen, vom Indischen und Stillen Ocean.

Gymnosorus J. Ag.

G. variegatus (Lamx.) J. Ag., Anal. alg. C., Vol. I, p. 11; De Toni, Syll., T. III, p. 227. — *Stypopodium fissum* et *St. laciniatum* Kg., Tab. Phyc., Vol. IX, t. LXIV. — *Dictyota variegata* Lamx., Essai, t. V, fig. 7.

Dar-es-Salaam.

Steriles Fragment zwar, aber unzweifelhaft durch die charakteristische Struktur!

Bekannt von den Antillen, Brasilien, vom Roten Meer, von den Philippinen und den Tonga-Inseln.

Dictyota Lamx.

D. Bartayresiana Lamx., Dictyot., No. 17; De Toni, Syll., T. III, p. 262. — *D. cuspidata* Kg., Tab. Phyc., Vol. IX, t. XX, fig. 2.

Diego Garcia.

Ich glaube, das vorliegende (fruktifizierende) Material mit ziemlicher Sicherheit zu obiger Art rechnen zu können, die weit verbreitet ist und beträchtlich zu variieren scheint, sowohl bezüglich der Breite des Thallus, der Verzweigungsart als auch bezüglich des mehr oder weniger häufigen Auftretens von Prolifikationen. Die „apices bifidi acuminati nigrescentes", welche die Diagnose betont, habe ich an unserer Pflanze nur vereinzelt konstatiert. Es dürfte sich das wohl wesentlich nur auf jugendliche Segmente beziehen, die älteren enden, wie ich an authentischen Exemplaren feststellte, fast stets mit stumpfer Spitze.

Bekannt aus fast allen warmen Meeren.

Dilophus J. Ag.

Sp.?

Sumatra.

Ein dichotom-fiederig zerteiltes Fragment! Der Querschnitt zeigt in der Mitte 4, an den beiden Kanten 2 Reihen von Innenzellen. Die Pflanze würde danach zu der Sektion: ancipites J. Ag. gehören. Die Verzweigungsart in Verbindung mit der Struktur würde es möglich erscheinen lassen, daß *D. Wilsonis* (Australien) vorliegt; eine sichere Bestimmung der Art erlaubt das mangelhafte Material nicht.

Fucoideae.

Fucaceae.

Turbinaria LAMX.

T. conoides KG., Tab. Phyc., Vol. X, p. 24, t. LXVI; DE TONI, Syll., T. III, p. 126.

Mahé, Sumatra.

Bekannt vom Roten Meer, dem wärmeren Indischen und Stillen Ocean.

T. trialata KG., Tab. Phyc., Vol. X, p. 24, t. LXVII; DE TONI, Syll., T. III, p. 127.

Mahé, Diego Garcia.

Bekannt von Westindien, vom wärmeren Indischen und Stillen Ocean.

T. Murrayana BART., Syst. struct. Turbinaria, p. 218, t. LIV, fig. 2; DE TONI, Syll., T. III, p. 127.

Sumatra.

Bekannt von Macassar, Neu-Guinea.

T. tricostata BART., l. c. p. 218; DE TONI, Syll., T. III, p. 127; var. *Weberae* BART., l. c. p. 219, t. LIV, fig. 4.

Sumatra.

Bekannt von der Insel Edam bei Batavia.

Sargassum AG.

S. siliquosum J. AG., Spec. Alg. Vol. I, p. 316; Spec. Sarg. Austral., p. 121, t. X; DE TONI, Syll., T. III, p. 107.

Sumatra.

Bekannt vom Indischen (Sunda-See) und Stillen Ocean (Chinesisches Meer).

S. Binderi SONDER in J. AG., Spec. Alg., Vol. I, p. 320 (p. p.); SONDER, Alg. trop. Austr., S. 43; DE TONI, Syll., T. III, p. 47.

Sumatra.

Das vorliegende Exemplar entspricht der forma *latifolia* SONDER, l. c. dieser sehr variablen Art. Im warmen Indischen und Stillen Ocean sehr verbreitet.

S. ilicifolium (TURN.) AG., Spec. Alg., Vol. I, p. 11; DE TONI, Syll., T. III, p. 36. — *Carpacanthus ilicifolius* KG., Tab. Phyc., Vol. XI, t. XLVI. — *Fucus ilicifolius* TURN., Hist. Fuc., t. LI.

Sumatra.

Form mit ziemlich rigiden Blättern; insofern der var. *oocystoides* GRUN. ähnelnd.
Bekannt vom warmen Indischen und Stillen Ocean.

S. microcystum J. AG., Spec. Alg., Vol. I, p. 323; KG., Tab. Phyc., Vol. XI, t. VI; DE TONI, Syll., T. III, p. 57.

Sumatra, Mahé.

Verbreitung wie vorige Art.

S. cristaefolium AG., Spec. Alg., Vol. I, p. 13; J. AG., Spec. Alg., Vol. I, p. 525; Spec. Sarg. Austr., p. 91; DE TONI, Syll., T. III, p. 51.

Sumatra.

Der Unterschied zwischen *S. cristaefolium* und *S. duplicatum* J. AG., Spec. Sarg. Austr., p. 90, ist mir aus J. AGARDH's Diagnosen und Bemerkungen nicht genügend klar; ein authentisches Exemplar der letzteren Pflanze habe ich leider nicht gesehen. Jedesfalls dürften die beiden Arten wohl einander nahe verwandt sein und nur in unwesentlichen Punkten voneinander abweichen. Wenn J. AGARDH betont, daß *S. duplicatum* sehr hervortretende, große, sichtbare Cryptostomata der Blätter zeigt, während *S. cristaefolium* kleinere, weniger auffallende aufweist, so möchte das meines Erachtens nicht allzu sehr

13

ins Gewicht fallen, da bei *Sargassum* die Cryptostomata häufig variieren. Auf die vorliegende Pflanze scheint mir im ganzen die Beschreibung von *S. cristaefolium* besser zu passen als diejenige von *S. duplicatum.*

Bekannt von Ceylon, Manilla, von den Sunda-Inseln.

S. subrepandum (FORSK.) AG., Spec. Alg., Vol. I, p. 8; J. AG., Spec. Sarg. Austr., p. 95; DE TONI, Syll., T. III, p. 62. — *Fucus subrepandus* FORSK., Fl. Aegypt. Arab., p. 192.

Dar-es-Salaam, Diego Garcia.

Bekannt aus dem Roten Meer und den angrenzenden Meeresteilen (in zahlreichen Formen),

S. Boveanum J. AG., Spec. Alg., Vol. I, p. 333; DE TONI, Syll., T. III, p. 93.

Rotes Meer.

Bekannt aus dem Roten Meer.

S. dentifolium (TURN.) AG., Spec. Alg., Vol. I, p. 8; DE TONI, Syll., T. III, p. 73. — *Carpacanthus dentifolius* KG., Tab. Phyc., Vol. XI, t. XXXIX. — *Fucus dentifolius* TURN., Hist. Fuc., t. XCIII.

Rotes Meer.

Bekannt nur vom Roten Meer.

S. tenue J. AG., Spec. Alg., Vol. I, p. 303; Spec. Sarg. Austral., p. 84. — *S. gracile* GREV., Alg. orient. in Ann. and Magaz. Nat. Hist., Vol. III, t. XI.

Rotes Meer.

Ich bin nicht völlig sicher bezüglich der Bestimmung dieser Alge, die wohl zweifellos zur Abteilung Carpophylleae J. AG. gehört. Sie stimmt im ganzen gut mit *S. gracile* GREV., welche Art J. AGARDH als Synonym unter *S. tenue* aufführt.

Bekannt von Ostindien, vom Busen von Aden.

S. heterocystum MONT., Cent., III, No. 54; DE TONI, Syll., T. III, p. 55. — *Carpacanthus heterocystus* KG., Tab. Phyc., Vol. XI, t. XI.

Sumatra.

Das Exemplar dürfte sich der var. *Timoriense* nähern. Uebrigens neigt GRUNOW (Alg. Novara, S. 26) zu der Ansicht, daß *S. heterocystum* vielleicht nur eine Varietät des sehr verbreiteten *S. polycystum* sei.

Bekannt von Cochinchina, Timor.

S. granuliferum AG., Spec. Alg., Vol. I, p. 31; Icon. ined., t. XI; KG., Tab. Phyc., Vol. XI, t. XVI; DE TONI, Syll., T. III, p. 101.

Sumatra.

Die vorliegende Pflanze entspricht durch einzelne kleine Abweichungen nicht völlig der typischen Form, dürfte aber doch wohl meines Erachtens zu der Art zu ziehen sein.

Bekannt vom warmen Indischen Ocean.

S. polycystum AG., Syst., p. 304; DE TONI, Syll., T. III, p. 103. — *S. brevifolium* GREV., Alg. orient. in Ann. and Magaz. Nat. Hist., Vol. III, p. 108, t. IV.

Mahé, Sumatra.

Die Art variiert stark. Das Exemplar von Sumatra dürfte zwischen der var. *manilense* GRUN. und var. *euryphyllum* GRUN. in der Mitte stehen, auch vielleicht der breitblätterigen Form von *S. gracile* sich nähern.

Bekannt vom warmen Indischen und warmen Stillen Ocean.

Ganz auffallend ist ein Exemplar von Mahé. Auf dieses ist eine Bemerkung von J. AGARDH in Spec. Alg., Vol. I, p. 311 zu beziehen: „adest quoque forma horrida et crinita caule nempe et ramis foliorumque margine in processus elongatos filiformes aut ipsos muriculatos abeuntibus".

Bei der vorliegenden Pflanze nun kommen diese fadenförmigen Aussprossungen auch an den Luftblasen und oft sehr zahlreich vor; diese forma luxurians wird dadurch so auffallend (Aehnliches habe ich noch nie bei einem *Sargassum* gesehen!), daß ich glaube, sie festlegen zu sollen, als:

forma *crinita* n. f. Aeste, Blätter, besonders reich aber die Luftblasen mit fadenförmigen Aussprossungen besetzt.

Mahé. Taf. LVI [II], Fig. 2, 3.

J. AGARDH hat die von ihm erwähnte besondere Pflanze von Ostindien und den Sunda-Inseln gesehen. Die Zugehörigkeit zu *S. polycystum* ist mir nicht zweifelhaft, da das mir vorliegende Exemplar fruktifizierte.

Durvillea BORY.

D. utilis BORY in Fl. des Malouines, No. 27; Voy. Coquille, p. 65, t. I u. II; DE TONI, Syll., T. III, p. 220.

Kerguelen.

Bekannt von Neu-Seeland, Tahiti, Chile, Kap Horn, von Kerguelen, Malouinen-Inseln.

Cystophyllum J. AG.

C. trinode (FORSK.) J. AG., Spec. Alg., Vol. I. p. 230; DE TONI, Syll., T. III, p. 153. — *Sirophysalis trinodis* KG., Tab. Phyc., Vol. X, t. L. fig. 1. — *Fucus trinodis* FORSK., Fl. Aegypt. Arab., p. 192.

Dar-es-Salaam.

Bekannt vom Roten Meer.

Cystoseira AG.

C. myrica (GMEL.) J. AG., Spec. Alg., Vol. I, p. 222; DE TONI, Syll., T. III, p. 168. — *Phyllacantha myrica* KG., Tab. Phyc., Vol. X, t. XXXVII. — *Fucus myricus* GMEL., Fuc., p. 88, t. III.

Rotes Meer.

Nur aus dem Roten Meer bekannt.

Phaeozoosporeae.

Laminariaceae.

Macrocystis AG.

M. pirifera (TURN.) AG., Spec. Alg., Vol. I, p. 46 (p.; p.) Revis., p. 17, t. XXVI; DE TONI, Syll., T. III, p. 372. — *Fucus pirifera* TURN., Hist. Fuc., Vol. I, t. CX (exkl. Synon. Esper).

Kerguelen, Insel St. Paul.

Bekannt vom Kap der guten Hoffnung. Kap Horn, Chile, Insel St. Paul, Port Philipp (Australien), Kalifornien.

Adenocystis HOOK. et HARV.

A. Lessonii HOOK. f. et HARV., Cryptag. autarct., p. 67, t. LXIX, fig. 2; DE TONI, Syll., T. III, p. 324; HARIOT, Alg. Cap Horn, p. 47, t. V. — *Chroa sacculiformis* REINISCH, in Ber. Deutsch. Bot. Ges., 1888.

Kerguelen.

Bekannt von Kap Horn, Kerguelen, Falklands-Inseln, Aucklands-Inseln, von Südgeorgien, von Neu-Seeland und Tasmania.

Desmarestiaceae.

Desmarestia LAMX.

D. chordalis HOOK. et HARV., Alg. antarct., p. 249; KG., Tab. Phyc., Vol. IX, t. LXVII; DE TONI, Syll., T. III, p. 457. — *Desmarestia viridis* v. *distans* HOOK. et HARV., Cryptag. antarct., p. 160. — *Trinitaria confervoides* BORG., Voy. Coquille, p. 216, t. XXIV, fig. 2.

Insel Bouvet, Kerguelen.

Die oberen und jüngeren Teile von *D. chordalis* können unter Umständen zu Verwechslungen mit *D. viridis* Anlaß bieten, welche Art in den antarktischen Meeren in kräftigeren Formen vorkommt als an den Küsten des mittleren und nördlichen Atlantischen Oceans. Abgesehen davon, daß *D. viridis* die regelmäßige opponierte Verzweigung bis in die Spitzen beizubehalten pflegt, so ist ein etwaiger Zweifel durch die Untersuchung der Struktur doch sofort zu lösen. *D. chordalis* besitzt eine Costa immersa, die bei *D. viridis* fehlt.

Bekannt von Kerguelen.

Ralfsiaceae.

Ralfsia BERK.

R. verrucosa? (ARESCH) J. AG., Spec. Alg., Vol. I, p. 62; DE TONI, Syll., T. III, p. 311; KG., Tab. Phyc., Vol. IX, t. LXXVII, fig. 2; REINKE, Atlas deutsch. Meeresalg., t. V u. VI. — *Cruoria verrucosa* ARESCH, Linn. 1843, p. 264.

Sumatra (auf einer Muschel).

Das sehr geringfügige Material (mit unentwickelten unilokulären Sporangien) erlaubte keine ganz sichere Bestimmung. Möglicherweise könnte auch *R. expansa* J. AG. vorliegen, die von Ternate angegeben wird. Diese Art ist mir aus eigener Anschauung nicht bekannt; nach der kurzen Diagnose scheint sie mir aber wenig von *R. verrucosa* verschieden. Ueber ihre Struktur habe ich nichts Näheres gefunden; für die Unterscheidung der *Ralfsia*-Arten ist aber gerade diese von Bedeutung, weniger der äußere Habitus. Erwähnt möge hier noch werden, daß es eine *Ralfsia* von Ceylon giebt, *R. ceylanica* HARV., Ceyl. alg., No. 59; eine Beschreibung dieser Art habe ich nicht auffinden können.

Bekannt vom nördlichen Atlantischen Ocean, Mittelländischen Meer, von den Sandwich-Inseln, von der Assab-Bai (var. *erythraea*).

Cutleriaceae.

Cutleria GREV.

C. sp.? (ein *Aglaozonia*-Stadium).

Mahé.

Eine kleine sterile, blattartige Scheibe auf einer Muschel. Die Struktur stimmt vollkommen mit derjenigen von *Aglaozonia reptans* (CRN.) KG. (*Aglaozonia parvula* ZAN.). Für die tropischen Meere findet man nur einmal eine *Cutleria* angegeben: *C.* (*multifida* var.?) *pacifica* GRUN. (Upolu), die anscheinend von *C. multifida* kaum specifisch verschieden sein dürfte. Ob unsere Pflanze dazu gehört, muß dahingestellt bleiben.

Sphacelariaceae.

Sphacelaria LGBY.

S. furcigera KG., Tab. Phyc., Vol. V, p. 27, t. XC; DE TONI, Syll., T. III, p. 506; SAUVAGEAU, Remarq. Sphacelariae, p. 145.

Dar-es-Salaam, Mahé, Sumatra.

Die Exemplare von dem ersten und dem letzten Standort repräsentieren die typische Form; sie waren mit Propagula versehen. Das Exemplar von Mahé (mit beiderlei Sporangien ausgestattet) zeigte im ganzen den Habitus von *S. furcigera*, weicht aber durch die geringeren Dimensionen bedeutend ab (Länge der Pflänzchen ca. 2 mm, Breite der Filamente ca. 12 µ, der Haare ca. 8 µ). Herr Prof. SAUVAGEAU war so freundlich, die Alge einer Begutachtung zu unterziehen, und äußerte sich dahin, daß es sehr möglich sei, daß sie zu *S. furcigera* gehöre, mit Sicherheit sei sie aber aus dem vorhandenen Material nicht zu bestimmen.

Bekannt vom Atlantischen, Indischen und Stillen Ocean.

S. tribuloides MENEGH., Lett. a CORINALDI, p. 2, No. 1; KG., Tab. Phyc., Vol. V, t. LXXXIX; SAUVAGEAU, Remarq. Sphacelariacées, p. 123.

Sumatra.

Die Pflanze war mit den charakteristischen Propagula versehen.

Bekannt vom nördlichen Atlantischen Ocean, Mittelländischen Meer, Roten Meer, von den Antillen.

Alethocladus SAUV.

Remarq. Sphacelariacées, p. 280.

A. corymbosus (DICKIE) SAUV., l. c. — *Sphacelaria corymbosa* DICKIE, Alg. Kerguelen, in Linn. Journ. Botan., Vol. XIV.

Kerguelen.

Leider war das mir vorliegende Material steril, wie denn die Fruktifikation bis heute noch ganz unbekannt ist.

Nur von Kerguelen bekannt.

Ectocarpaceae.

Ectocarpus LGBY.

E. geminatus HOOK. f. et HARV., in Lond. Journ. of Botany, Vol. IV, p. 251; ASKENASY, Alg. Gazelle, p. 16, t. V; DE TONI, Syll., T. III, p. 548.

Kerguelen.

Bekannt von Kap Horn, Falklands-Inseln, Kerguelen.

E. simpliciusculus AG., Bot. Zeit., 1827, S. 639; DE TONI, Syll., T. III, p. 538. — *E. irregularis* KG., Tab. Phyc., Vol. V, t. LXII, fig. 1.

Mahé, Sumatra.

Die sehr kleinen Pflänzchen dürften vielleicht zur var. *titiense* ASKENASY. Alg. Gazelle, p. 20, t. V, zu ziehen sein; auch bei unserer Pflanze ist ein deutlich ausgeprägter interkalarer Vegetationspunkt vorhanden. Die Dimensionen der Faden (15—16 µ breit) sowie der plurilokulären Sporangien (80 : 25 µ) sind aber etwas geringer, als ASKENASY für seine Pflanze angiebt. Mit HAUCK bin ich der Ansicht, daß *E. simpliciusculus* KG. mit der AGARDH'schen Art nicht identisch ist, wohl aber, daß *E. irregularis* KG. zu letzterer zu ziehen ist. Mit *E. irregularis* KG. würde im übrigen unsere Pflanze auch gut in Einklang zu bringen sein.

Bekannt vom nördlichen Atlantischen Ocean, Mittelländischen Meer (eine Var. im Stillen Ocean).

Encoeliaceae.

Hydroclathrus BORY.

H. cancellatus BORY. Dict. class., Vol. VIII, p. 419; DE TONI, Syll., T. III, p. 490; KG., Tab. Phyc., Vol. IX, t. LII, fig. 2.

Diego Garcia.

Bekannt von den wärmeren Teilen fast aller Meere.

17

Phyllitis KG.

Ph. fascia? (MUELL.) KG., Phyc. gen., p. 342, t. XXIV[III]; DE TONI, Syll., T. III, p. 487. — *Ph. caespitosa* LE JOL., Alg. Cherbg., p. 68. — THUR. et BORN., Etud. phyc., p. 10, pl. IV. — *Phycolapathum cuneatum* KG., Tab. Phyc., Vol. VI, t. XLIX. — *Fucus fascia* MUELL., Fl. Dan., t. DCCLXVIII. — *Phyllitis debilis* KG., Spec. Alg., p. 567. — *Phyllitis fascia* var. *debilis* HAUCK, Meeresalg., S. 391. — *Laminaria debilis* AG., Spec., Vol. I, p. 120.

Kerguelen.

Ueber die vorliegende (sterile) Pflanze bin ich sehr unsicher! Dem äußeren Habitus nach könnte sie gut eine *Phyllitis debilis* sein, eine Art, die in Länge und Breite recht veränderlich ist. Die beiden ziemlich vollständigen Exemplare messen ca. 9—10 cm in der Höhe und ca. 5 cm in der Breite, die Laminae sind unten ziemlich plötzlich in einen kurzen Stiel verschmälert. Ein drittes Exemplar ohne Basis erreicht die beträchtlichen Dimensionen von 12:8 cm. Die Substanz ist sehr dünn, so daß, legt man die Pflanze auf Gedrucktes, dieses deutlich durchscheint. Betrachtet man unter dem Mikroskop die Oberfläche, so treten die ziemlich dickwandigen Innenzellen durch die dünne Rindenschicht deutlich hervor. Diese beiden eben erwähnten Punkte treffen nun nach meiner Erfahrung bei der typischen *P. fascia* resp. *debilis* nicht zu, wo die Substanz im ganzen ziemlich derb ist, und die Innenzellen wenig oder gar nicht ersichtlich sind. Im übrigen ist die Struktur unserer Pflanze diejenige einer *Phyllitis*, die unter allen Phaeozoosporeen einen ziemlich charakteristischen Bau aufweist. KJELLMAN (ENGL. u. PRANTL, S. 293) giebt an, daß das Innengewebe mitunter von dünnen Gliederfäden durchzogen wird. Diese habe ich auch konstatiert, und zwar derart, daß sie zuweilen, zu dünnen Bündeln vereint, gleichsam als schwache Nerven in unregelmäßiger Weise das Innengewebe durchziehen, was besonders bei zerpflücktem oder zerdrücktem Material bemerkbar wird.

J. AGARDH hat nun in Anal. alg. C., II eingehend über die Struktur von *Phyllitis* gesprochen, speciell auch über diejenige einer neu aufgestellten Art. *P. tenuissima*. Ich muß allerdings gestehen, daß es mir aus seinen Ausführungen nicht möglich gewesen, mir ein genügend klares Bild der eigentümlichen Struktur dieser Art zu machen. In genauem Einklang mit derjenigen unserer Pflanze habe ich sie jedenfalls (soweit ich sie zu verstehen glaube) nicht bringen können. Uebrigens stellten sich einer sicheren feineren Untersuchung unseres Materials Schwierigkeiten entgegen, da es in getrocknetem Zustande vorlag. Jedoch läßt sich nicht abweisen, daß in gewissen Punkten (so z. B. der außerordentlichen Dünnheit der Frons) unsere Pflanze mit *P. tenuissima* stimmen könnte. J. AGARDH will sie verschiedentlich unter der Bezeichnung *Laminaria (Phyllitis) debilis* in Herbarien vorgefunden haben.

Phyllitis fascia (caespitosa, debilis) ist eine in wärmeren und kälteren Meeren ziemlich verbreitete Pflanze; aus letzteren wird sie vom Kap Horn, von Japan, von den Falklands-Inseln genannt. Das Vorkommen dieser Art in Kerguelen würde daher an sich nichts Unwahrscheinliches haben! Ich muß es aber vorläufig dahingestellt sein lassen, ob hier diese Art (oder eine besondere Form derselben) oder doch etwa die *P. tenuissima* J. AG. vorliegt; die Zugehörigkeit unserer Pflanze zur Gattung *Phyllitis* möchte ich aber für zweifellos halten. Eine Zubeziehung zur Gattung *Endarachne* J. AG., Anal. alg. C., III, p. 56, welche *Phyllitis* sehr nahe stehen soll, halte ich, es sei ausdrücklich bemerkt, für ausgeschlossen.

Rhodophyceae.

Bangiaceae.

Goniotrichum KG.

G. elegans (CHAUV.) LE JOL., Alg. Cherbg., p. 103; *G. dichotomum*, KG., Vol. III, t. XXVII. — *Bangia elegans* CHAUV., Mém. Soc. Linn. Norm., T. VI, p. 13.

Dar-es-Salaam, Mahé.

Bekannt vom Atlantischen Ocean, Mittelländischen Meer, von Japan, Neu-Guinea (wohl weiter verbreitet!).

18

Helminthocladiaceae.

Chantransia (D. C.) Schmitz.

C. microscopica (Kg.) Poslie, Contrib. alg. Norway, Vol. I, p. 54. — De Toni, Syll., T. IV, p. 70. — *Callithamnion microscopicum* Nägg. in Kg., Spec. Alg., p. 640; Tab. Phyc., Vol. XI, t. LVIII, fig. 2.

Mahé. (Auf *Cladophora*.)

Die Art zeichnet sich, abgesehen von der mikroskopischen Kleinheit, vor anderen Chantransien, dadurch aus, daß die kleinen Pflänzchen nicht aus einem mehr-, sondern einem einzelligen Discus entspringen.

Bekannt vom Atlantischen Ocean, Mittelländischen Meer, Indischen Ocean.

Chaetangiaceae.

Chaetangium Kg.

C. variolosum (Mont.) J. Ag., Spec. alg., Vol. II, p. 461; De Toni, Syll., T. IV, p. 118. — *Nothogenia variolosa* Kg., Tab. Phyc., Vol. XIX, t. XLVI. — *Chondrus variolosus* Mont., Prodr. Phyc. antarct., p. 6.

Kerguelen.

Nicht sehr hohe, aber fächerförmig breit-ausgebreitete Exemplare, die reichlich Cystocarpien trugen.

Bekannt von Kerguelen, den Falklands-Inseln, Auckland-Inseln.

Gelidiaceae.

Gelidium Lamx.

G. capillaceum (Gmel.) Kg., Tab. Phyc., Vol. XVIII, t. LIII. — *Pterocladia capillacea* Born. et Thur., Not. alg., p. 57, t. XX; De Toni, Syll., T. IV, p. 162.

Canarische Inseln.

Bekannt vom wärmeren Atlantischen Ocean, Mittelländischen Meer (Stillen Ocean?).

G. cartilagineum (L.) Gaill., Résum., p. 15; De Toni, Syll., T. IV, p. 152; Kg., Tab. Phyc., Vol. XVIII, t. LXI. — *Fucus cartilagineus* L., Spec. Pl., II, p. 1630.

Insel Neu-Amsterdam.

Bekannt vom Indischen und Stillen Ocean (Kap der guten Hoffnung, Insel St. Paul, Philippinen, Kalifornien, Japan).

var. *canariense* Grun. in Piccone, Alg. Croc. Corsaro, p. 56.

Canarische Inseln.

G. crinale (Turn.) J. Ag., Epic., p. 546; De Toni, Syll., T. IV, p. 146; *G. corneum* var. *crinale* J. Ag., Spec. Alg., Vol. II, p. 470. — *Acrocarpus crinalis* Kg., Tab. Phyc., Vol. XVIII, t. XXXIII a—c. — *Fucus crinalis* Turn., Hist. Fuc., t. CXCVIII.

Diego Garcia.

Verbreitet in fast allen Meeren.

var. *perpusillum* Picc. et Grun. in Picc., Alg. eryth.

Diego Garcia.

Bekannt vom Roten Meer (Massaua).

G. pusillum (Stackh.) Le Jol., Alg. Cherbg., p. 139; De Toni, Syll., T. IV, p. 147. — *Acrocarpus pusillus* Kg., Tab. Phyc., Vol. XVIII, t. XXXVII. — *Fucus pusillus* Stackh., Ner. Brit., t. VI.

var. *conchicola* Picc. et Grun., in Picc., Alg. eryth., p. 316.

Mahé.

Bekannt vom Roten Meer (Massaua).

Caulacanthus KG.

C. *ustulatus* (MERT.) KG., Phyc. gen., p. 395; Tab. Phyc., Vol. XVIII, t. XVIII; DE TONI, Syll., T. IV, p. 141. — Fucus *ustulatus* MERT., Herb. (fide KG.).

Canarische Inseln.

Bekannt vom Atlantischen Ocean (Küsten Spaniens und Frankreichs), Mittelländischen Meer, Kap Horn.

Gigartinaceae.
Callophyllis KG.

C. *variegata* (BORY) KG., Phyc. gen., p. 400; Tab. Phyc., Vol. XVII, t. LXXXVI; DE TONI, Syll., T. IV, p. 285. — Halymenia *variegata* BORY, Voy. Coq., p. 179, t. XIV.

Kerguelen.

Bekannt vom Indischen und Stillen Ocean (Peru, Chile, Feuerland, Kerguelen, Insel St. Paul, Neu-Guinea, Neu-Seeland, Auckland-Inseln).

C. *Hombroniana?* (MONT.) KG., Spec. Alg., p. 746; Tab. Phyc., Vol. XVII, t. LXXXIX; DE TONI, Syll., T. IV, p. 281. — Rhodymenia *Hombroniana* MONT., Voy. Pol. Sud, t. I, fig. 2.

Insel Bouvet.

Ich bin über die Bestimmung zweifelhaft! Das zwar fertile Exemplar (Cystocarpien) ist sehr fragmentarisch und schlecht erhalten. Der Thallus ist nicht unwesentlich breiter und weniger regelmäßig mit Fiedern besetzt als bei den mir bekannten typischen Exemplaren. Es scheint mir nach allem aber doch wahrscheinlich, daß hier eine breite Form der betreffenden Art vorliegen kann.

Bekannt von Neu-Seeland, Aucklands-Inseln, der Insel St. Paul.

Iridaea BORY.

I. *obovata* KG., Spec. Alg., p. 728; DE TONI, Syll., T. IV, p. 192.

Kerguelen.

Ein kleines Exemplar mit nicht völlig ausgebildeten Cystocarpien, welches mit der KÜTSING'schen Beschreibung gut stimmt.

Bekannt vom Kap Horn.

Ahnfeldtia FRIES.

A. *plicata* (HUDS.) FRIES, Fl. Scand., p. 310; DE TONI, Syll., T. IV, p. 254. — Gymnogongrus *plicatus* KG., Tab. Phyc., Vol. XIX, t. LXVI. — Fucus *plicatus* HUDS., Fl. Angl., p. 589.

Kerguelen.

Bekannt vom Atlantischen Ocean, aus den arktischen und antarktischen Meeren (Kap Horn, Kerguelen).

Gigartina STACKH.

G. *livida* (TURN.) J. AG., Spec. Alg., Vol. II, p. 270; DE TONI, Syll., T. IV, p. 213. — Fucus *lividus* TURN., Hist. Fuc., t. CCLIV.

Insel St. Paul.

Sterile junge Exemplare, daher ist die Bestimmung nicht absolut sicher, aber doch sehr wahrscheinlich.

Bekannt von Australien, Tasmanien, Neu-Seeland, Insel St. Paul.

G. *radula* (ESP.) J. AG., Alg. Liebm., Spec. Alg., Vol. II, p. 278; DE TONI, Syll., T. IV, p. 223. — Mastocarpus *radula* KG., Tab. Phyc., Vol. XVII, t. XL. — Fucus *radula* ESP., Icon. Fuc., Vol. II, p. 3, t. CXIII.

Kerguelen.

20

Bekannt vom Kap der guten Hoffnung, von Neu-Seeland, Australien, Auckland-Inseln, Kalifornien, Kerguelen.

G. spinosa (KG.) J. AG., Epic., p. 200; DE TONI, Syll., T. IV, p. 220. — *Mastocarpus spinosus* KG. in Bot. Zeit, 1847, S. 21; Tab. Phyc., Vol. XVII, t. XLVII.

Insel St. Paul.

Ein mit Cystocarpien versehenes Exemplar, welches mir mehr der typischen als der bei St. Paul gefundenen *G.* (*spinosa* var.?) *runcinata* GRUN. (Alg. Novara, p. 71) anzugehören scheint.

Bekannt von der Küste Kaliforniens.

G.? Valdiviae n. sp.

Diagnose: Pflänzchen bis zu 15 cm hoch, gesellig aus ziemlich kräftiger, scheibenförmiger Wurzelschwiele entspringend; Thallus an der Basis rundlich, bald aber ganz flach, in den stärkeren Teilen 3—4 mm breit, unregelmäßig seitlich-dichotom in einer Ebene, mehr oder weniger abstehend verzweigt. Segmente am leicht verdickten Rande mit rundlichen (oft nur papillenartigen) oder flachen Aussprossungen hier sparsam, dort reich besetzt, welche zuweilen zu fiederartigen Aestchen auswachsen. Die schmäleren Segmente sind nicht selten ziemlich regelmäßig gliederartig eingeschnürt. Substanz hornig. Früchte?

Südlich von Kapstadt, Station 114 b, aus 70 m Tiefe gedredgt. Taf. LVII [III], Fig. 1, 2.

Die vorliegende Pflanze war mir völlig unbekannt, ebenso wie Mrs. GEPP, der erfahrenen Kennerin der Kap-Algen, welche die Freundlichkeit hatte, sie einer Besichtigung zu unterziehen. Mrs. GEPP teilt meine Ansicht, daß hier eine *Gigartina* vorliegen dürfte, da unsere Alge die typische Struktur einer solchen zeigt. Mit irgend einer mir bekannten Art dieser Gattung zeigt sie kaum eine bemerkenswerte Aehnlichkeit. Bis zum Auffinden ausgebildeter Fruchtorgane muß die Stellung dieser charakteristischen Alge immerhin noch unsicher bleiben. Ich traf vereinzelt auf Stellen im Thallus, die den Beginn einer Fruchtbildung (Cystocarp) vielleicht indizierten konnten, irgend sichere Schlüsse waren aber nicht daraus zu ziehen.

Rhodophyllidaceae.

Rhodophyllis KG.

R. spec.?

Insel St. Paul.

Sterile Pflanze! Jedenfalls nicht die von St. Paul bekannte *R. capensis*, dem Habitus nach mit *R. angustifrons* HOOK. et HARV. zu vergleichen und vielleicht mit der Form „fronde angustiore" GRUN. (von Ost-Australien) in Herb. BINDER identisch.

R. spec.?

Insel Neu-Amsterdam.

Steriles, kleines, nicht sicher bestimmbares Fragment, welches im Habitus an *R. Gunnii* (Australien) erinnert.

Sphaerococcaceae.

Gracilaria GREV.

G. corniculata (R. BR.) J. AG., Spec. Alg., Vol. II, p. 595; DE TONI, Syll., T. IV. p. 451. — *Fucus corniculatus* TURN., Hist. Fuc., t. CLXXXII.

Insel Neu-Amsterdam.

Sterile Pflanze, welche im Habitus ziemlich gut mit der TURNER'schen Abbildung, sowie auch mit einem Exemplar von Ceylon (FERGUSON, Ceyl. alg., No. 401) stimmt. J. AGARDH in Epic., p. 424

21

führt als zweifelhaftes Synonym *Sphaerococcus spinulosus* KG., Tab. Phyc., Vol. XVIII, t. LXXXV, an. ich möchte eher annehmen, daß *Sphaerococcus spinescens* KG., l. c., t. LXXIX, zu *Gracilaria corniculata* gehört. An die Richtigkeit meiner Bestimmungen glaube ich um so mehr, als GRUN. (Alg. Novara, S. 83) die Art von St. Paul angiebt.

Bekannt von Australien, Ceylon, Insel St. Paul.

Hypnea KG.

H. divaricata GREV., Syn., p. 59; DE TONI, Syll., T. IV, p. 478.

Sumatra.

Bekannt vom Busen von Mexiko, vom Indischen und Stillen Ocean (Australien, Tonga-Insel).

H. Valentiae (TURN.) MONT., Canar. Cryptog., p. 161, in adnot.; DE TONI, Syll., T. IV, p. 479. — *Fucus Valentiae* TURN., Hist. Fuc., t. LXXVIII.

Dar-es-Salaam.

Die Art hat mit *H. cornuta* die charakteristischen sternförmigen Aestlein gemein, und es ist fraglich, ob beide Arten scharf voneinander zu trennen sind.

Bekannt vom Indischen Ocean, Roten Meer, Stillen Ocean.

H. musciformis (WULF.) LAMX., Essai, p. 43; DE TONI, Syll., T. IV, p. 472; KG., Tab. Phyc., Vol. XVIII, t. XIX. — *H. denudata* KG., l. c. t. XXI. — *Fucus musciformis* WULF., in JACQ. Coll., Vol. III, p. 154, t. XIV, fig. 3.

Sumatra.

Das vorliegende Exemplar ähnelt im Habitus der *H. denudata* KG.

Verbreitet in fast allen wärmeren Meeren.

H. hamulosa (TURN.) MONT., Pug. alg. Yemens, No. 16; DE TONI, Syll., T. IV, p. 477. — *Fucus hamulosus* TURN., Hist. Fuc., t. LXXIX.

Dar-es-Salaam, Diego Garcia.

Bekannt vom Roten Meer, dem Indischen und Stillen Ocean (Tonga-Insel).

H. pannosa J. AG., Alg. LIEBM., p. 11; KG., Tab. Phyc., Vol. XVIII, t. XXVII; DE TONI, Syll., T. IV, p. 482.

Diego Garcia.

Sterile Pflanze, die gut mit einem mir vorliegenden Originalexemplar stimmt, abgesehen davon, daß dieses etwas kräftiger ist.

Bekannt vom Busen von Mexiko, von Mauritius, vom Stillen Ocean (Tonga-Insel, Neu-Caledonien).

Gelidiopsis SCHMITZ.

G. rigida (VAHL.) WEB. VAN BOSSE, Not. alg. Arch. Malais., in Trav. bot. Néerl., No. 1. — *Gelidium rigidum* DE TONI, Syll., T. IV, p. 147. — *Echinocaulon rigidum, F. spinellum* KG., Tab. Phyc., Vol. XVIII, t. XXXVIII resp. XL. — *Fucus rigidus* VAHL., in Naturh. Selsk. Skr., Vol. V, p. 46.

Dar-es-Salaam, Sumatra.

Bekannt aus den tropischen und subtropischen Meeren.

G. variabilis (GREV.) SCHM., Mar. Flor. D. Ost-Afrika. S. 148; DE TONI, Syll., T. IV, p. 410. — *Gelidium variabile* KG., Tab. Phyc., Vol. XIX, t. XXIII. — *Gigartina variabilis* GREV., MGT.

Mahé, Diego Garcia.

Die vorliegenden sterilen Pflanzen sind nach ihrer Struktur zweifellose *Gelidiopsis*; ich glaube, sie als dünne Form der obigen Art ansehen zu können. Im Habitus ähneln sie sehr dem *Acrocarpus setaceus* KG., Tab. Phyc., Vol. XVIII, t. XXXIII.

Bekannt aus dem Indischen Ocean (Ceylon, Dar-es-Salaam).

G. intricata (KG.) VICKERS, Liste Alg. Barbados, p. 61. — *Gelidium intricatum* KG., Spec. Alg., p. 767. — *Acrocarpus intricatus* KG., Tab. Phyc., Vol. XVIII, t. XXXIII.

Canarische Inseln.

Das vorliegende Exemplar ist leider steril, zeigt aber deutlich die Struktur von *Gelidiopsis* und den Habitus von *Acrocarpus intricatus*. In VICKERS' Liste ist *Gelidium intricatum* J. AG. als *Gelidiopsis intricata* VICKERS in herb. aufgeführt, und es erscheint mir zweifellos, daß unter ersterer Alge *Acrocarpus intricatus* KG. repräsentiert ist. Im übrigen ist demnächst noch genauer festzustellen, welche *Acrocarpus*-Arten zu *Gelidium*, welche zu *Gelidiopsis* gehören, was nur durch sorgfältige Untersuchung der betreffenden Originalexemplare möglich sein wird. Ueber diese Frage *Gelidium*—*Gelidiopsis*—*Acrocarpus* hat SCHMITZ in Mar. Flor. D. Ost-Afrika, S. 148 ff. sich eingehend geäußert.

Bekannt vom Kap der guten Hoffnung, von Batavia, Australien, Valparaiso, von den Canarischen und Sandwich-Inseln.

Corallopsis GREV.

C. concrescens n. sp.

Diagnose: Pflänzchen, ca. 10—15 cm hoch, zu verworrenen Büscheln vereinigt. Thallus rund, unten 4, oben 1½—2 mm im Durchmesser, unregelmäßig allseitig, ziemlich sparrig verzweigt, fast durchgehends gegliedert, besonders evident in den oberen Teilen, in den unteren zuweilen weniger scharf ausgeprägt. Glieder 1½—3mal länger als der Durchmesser, nicht selten mehr oder weniger keulenförmig. An dem Thallus hier und da kleine, warzen- oder zapfenförmige oder kurze, cylindrische Aussprossungen. Die Aeste der Pflanzen sind an einzelnen Stellen so fest miteinander zusammengewachsen (sowohl durch Vermittlung der Aussprossungen als auch durch direktes Aneinandersaugen kleiner Teile der Oberflächen), daß sie ohne Zerreißung schwer sich trennen lassen. Im getrockneten Zustande schrumpft die Pflanze sehr ein.

Mahé, Dar-es-Salaam.　Taf. LVII [III], Fig. 3.

Mit *C. cacalia* hat unsere Pflanze eine gewisse Aehnlichkeit, sie unterscheidet sich aber von jener genügend durch größere Dicke, die sparrige Verzweigung, die kürzeren Glieder; außerdem tritt die Gliederung des Thallus bei *C. cacalia* nur im oberen Teil ein, und findet bei ihr ein Verwachsen einzelner Thallusteile miteinander, resp. verschiedener Pflanzen unter sich nicht statt. Man könnte vielleicht ja auch eine Varietas von *C. cacalia* annehmen, aber alles in allem genommen scheint mir die Aufstellung einer eigenen Art für unsere Pflanze doch gerechtfertigt und zutreffender. Das Material von Mahé war sehr ausgiebig und charakteristisch, das von Dar-es-Salaam mehr fragmentarisch, ich zweifle aber kaum, daß letzteres mit ersterem identisch ist. Frucht fand ich nicht vor.

Rhodymeniaceae.

Rhodymenia GREV.

R. palmata (L.) GREV., Alg. Brit., p. 93; DE TONI, Syll., T. IV, p. 512. — *Sphaerococcus palmatus* KG., Tab. Phyc., Vol. XVIII, t. LXXXIX, XC. — *Fucus palmatus* L., Spec., Vol. II, p. 1630.

Kerguelen.

Bekannt vom Atlantischen Ocean und von den kälteren Teilen des Indischen und Stillen Oceans (Falklands-Inseln, Kerguelen).

Rh. sp.?

Sumatra.

Steriles Fragment, möglicherweise zu *R. javanica* SOND. gehörig.

Champia DESV.

C. compressa HARV., Gen. S. Afr. Pl., p. 402; KG., Tab. Phyc., Vol. XV, t. LXXXIV; DE TONI, Syll., T. IV, p. 561.

Diego Garcia (Fragment!).

Bekannt von Ceylon, Neu-Caledonien, Carracas, vom Kap der guten Hoffnung.

Epymenia KG.

E. variolosa (Hook. et Harv.) KG., Spec. Alg., p. 780; De Toni, Syll., T. IV, p. 528. — *Rhodymenia variolosa* Hook. et Harv., in London Journ. Bot., Vol. IV, p. 259; Cryptog. antarct., p. 170, t. CLXXX.
Kerguelen.
Nur von Kerguelen bekannt.

Plocamium LAMX.

P. Hookeri Harv., Alg. antarct., p. 9; KG., Tab. Phyc., Vol. XVI, t. LII; De Toni, Syll., T. IV, p. 588.
Insel Neu-Amsterdam.

Die Bestimmung ist nicht ganz sicher (aber doch sehr wahrscheinlich), da nur ein steriles Fragment (Astspitze) vorlag.
Bekannt von Heard-Inseln, Süd-Georgien, Kerguelen.

P. coccineum (Huds.) Lgby., Hydroph., p. 39, t. IX; De Toni, Syll., T. IV, p. 590. — *P. Lyngbyanum* KG., Tab. Phyc., Vol. XVI, t. XLVI. — *Fucus coccineus* Huds., Fl. Angl., p. 586.
Kerguelen.
Bekannt aus fast allen Meeren.

P. rigidum Bory in Belang, Voy. Cryptog., p. 164?; J. Ag., Spec. Alg., Vol. II, p. 397; De Toni, Syll., T. IV, p. 592. — *P. robustum* et *P. condensatum* KG., Tab. Phyc., Vol. XVI, t. XLIX.
Insel Neu-Amsterdam.

Die vorliegenden Exemplare scheinen mir mit obiger Art recht gut zu stimmen. Vielleicht gehört hierher auch: *P. Suhrii* var. Grun. (Alg. Novara, S. 74). Uebrigens giebt Grunow dort irrtümlich an, J. Agardh ziehe *P. Suhrii* zu *P. rigidum*, thatsächlich führt er diese Art bei *P. nobile* an (s. Epicr., p. 341).
Bekannt vom Kap der guten Hoffnung.

Delesseriaceae.
Delesseria LAMX.

D. bipinnatifida Mont., Voy. D'Ordig., p. 31, t. VI. — *Hypoglossum bipinnatifidum* KG., Tab. Phyc., Vol. XVI, t. XV. — *Erythroglossum bipinnatifidum* J. Ag., Spec. Alg., Vol. III, 3; De Toni, Syll., T. IV, p. 718.
Kerguelen.
Bekannt von Peru, Insel Chiloe.

D. Lyallii Hook. et Harv. in Lond. Journ. Bot., Vol. IV, p. 252; Cryptog. antarct., p. 165, t. CLXXVI. — *Hypoglossum Lyallii* KG., Tab. Phyc., Vol. XVI, t. XIV. — *Glossopterus Lyallii* (Hook. et Harv.) J. Ag., Spec. Alg., Vol. III, 3; De Toni, Syll., T. IV, p. 721.
Kerguelen.
Bekannt aus den antarktischen Meeren (Kap Horn, Falklands-Inseln, Kerguelen).

D. dichotoma Hook. et Harv., Cryptog. antarct., p. 72, t. LXXI, fig. 2; KG., Tab. Phyc., Vol. XVI, t. XXIV. — *Schizoneura dichotoma* (Hook. et Harv.) J. Ag., Spec. Alg., Vol. III, 3; De Toni, Syll., T. IV, p. 725.
Kerguelen.
Bekannt aus den antarktischen Meeren (Campbell-Insel, Aucklands-Inseln, Kerguelen, Insel St. Paul, Neu-Seeland).

D. Davisii Hook. et Harv., Lond. Journ. Bot., Vol. IV, p. 252; Cryptogam. antarct., p. 164, t. CXCV; KG., Tab. Phyc., Vol. XVI, t. XVIII. — *Schizoneura Davisii* (Hook. et Harv.) J. Ag., Spec. Alg., Vol. III, 3; De Toni, Syll., T. IV, p. 726.
Kerguelen.
Bekannt von Kerguelen, Kap Horn, Falklands-Inseln, Neu-Seeland.

D. quercifolia BORY, Voy. Coq., p. 186, t. XVIII; KG., Tab. Phyc., Vol. XVI, t. XVIII. — *Schizoneura quercifolia* (BORY) J. AG., Spec. Alg., Vol. III, 3; DE TONI, Syll., T. IV, p. 727.

Kerguelen.

Bekannt von Kap Horn, Kerguelen, von den Falklands-Inseln.

D. pleurospora HARV., Fl. Nov. Zeal., p. 239; *D. propinqua* J. AG. in HOHENACK., Alg.; *D. laciniata* KG., Tab. Phyc., Vol. XVI, t. XIX.

Kerguelen.

Die Bestimmung ist nicht absolut sicher.

Bekannt von Kap Horn, Kerguelen.

Nitophyllum GREV.

N. multinerve HOOK. et HARV. in Lond. Journ. Bot., Vol. IV, p. 255; DE TONI, Syll., T. IV, p. 646.

Kerguelen.

Bekannt von Neu-Seeland, Kap Horn, Falklands-Inseln.

N. Grayanum J. AG., Bidr. florid. Syst., p. 48; Epic. p. 449; DE TONI, Syll., T. IV, p. 632.

Kerguelen.

N. Grayanum ist *N. Crozierii* sehr ähnlich, unterscheidet sich aber äußerlich schon durch eine derbere Substanz. Hiernach scheint mir das vorliegende Exemplar ziemlich sicher der ersteren Art zuzurechnen zu sein.

Bekannt von Kap Horn, Kerguelen, von den Falklands-Inseln.

Taenioma J. AG.

T. perpusillum J. AG., Spec. Alg., Vol. II, p. 1257; DE TONI, Syll., T. IV, p. 732 (*T. macrourum* BORN. et THUR., Not. alg., t. XXV. — *Polysiphonia nana* KG., Tab. Phyc., Vol. XIII, t. XXIX).

Sumatra.

Kleines Fragment mit wohlausgebildeten Stichidien! FALKENBERG, Rhodomel., p. 709 ist der Ansicht, daß vorläufig *T. macrourum* (Mittelländisches Meer) von *T. perpusillum* zu trennen sei.

Bekannt vom Kap der guten Hoffnung, Golf von Mexiko, von West-Australien, der Insel Batjan, den Fidji- und Tonga-Inseln.

Rhodomelaceae.

Laurencia LAMX.

L. perforata MONT., Fl. Canar., p. 155; KG., Tab. Phyc., Vol. XV, t. XLIX; DE TONI, Syll., T. IV, p. 785.

Dar-es-Salaam, Mahé, Diego Garcia.

Die vorliegenden Exemplare ähneln größtenteils der *L. decumbens* KG., Tab. Phyc., Vol. XV, t. LI, welche, ebenso wie *L. radicans* KG., l. c. t. L, wohl zweifellos zu obiger Art zu ziehen ist.

Bekannt aus fast allen wärmeren Meeren.

L. papillosa (FORSK.) GREV., Syn., p. 52; KG., Tab. Phyc., Vol. XV, t. LXII; DE TONI, Syll., T. IV, p. 789. — *Fucus thyrsoides* TURN., Hist. Fuc., t. XIX. — *Fucus papillosus* FORSK., Fl. Aegypt. Arab., p. 190.

Dar-es-Salaam.

In den meisten wärmeren Meeren verbreitet.

Chondria AG.

Ch. capensis (HARV.) J. AG., Spec. Alg., Vol. II, p. 809 (*Chondriopsis*), DE TONI, Syll., T. IV, p. 831. — *Laurencia laxa* HARV., Gen. Afric. Pl., p. 401 (exkl. Synon.). — *Laurencia capensis* HARV., Ner. austr., p. 86, t. XXXI; KG., Tab. Phyc., Vol. XV, t. XLIII.

25

Insel Neu-Amsterdam.

Steril! Im Habitus der *L. laxa* HARV. ähnlich!
Bekannt vom Kap der guten Hoffnung, von Insel St. Paul.

Leveillea DCNE.

L. jungermannioides (MART, et HER.) HARV., Mar. Bot. W.-Austr., p. 539; DE TONI, Syll., T. IV, p. 1033. — *L. gracilis* DCNE.; KG., Tab. Phyc., Vol. XV, t. VII. — *Leveillea Schimperi* KG., ibid. — *Amansia jungermannioides* MART. et HER. in Flora, 1836, p. 485 c. icone.
Sumatra.

Bekannt vom Roten Meer, Indischen und Stillen Ocean.

Tolypiocladia SCHMITZ.

T. glomerulata (AG.) SCHM. in ENGL. u. PRANTL, Nat. Pflanz., S. 442; FALKBG. Rhodomel., S. 177, t. XXI, fig. 27 —29; DE TONI, Syll., T. IV, p. 964. — *Polysiphonia calodictyon* HARV., Friendl. Isl. alg., No. 13; KG., Tab. Phyc., Vol. XV, t. XLVI, fig. a—c. — *Hutchinsia glomerulata* AG., Spec. Alg., Vol. II, p. 102.
Mahé.

Bekannt vom Indischen und Stillen Ocean.

Heterosiphonia (MONT.) FALKBG.
Rhodomel., p. 630.

H. Berkeleyi MONT., Prodr. Phyc. antatct., p. 4; FALKBG., Rhodomel., p. 633, t. XVI, fig. 2—5; DE TONI, Syll., T. IV, p. 1220. — *Polysiphonia Berkeleyi* KG., Tab. Phyc., Vol. XIII, t. LXX. — *Polysiphonia punicea* KG., l. c. t. LXIX.
Kerguelen.

Bekannt aus den antarktischen Meeren (Kap Horn, Südgeorgien, Kerguelen, Falklands-Inseln), von Neu-Seeland, Insel Chiloe.

Pterosiphonia FALKBG.

P. cloiophylla (AG.) FALKBG., Rhodomel., p. 271; DE TONI, Syll., T, IV, p. 991. — *Rytiphloea cloiophylla* KG., Tab. Phyc., Vol. XV, t. XVI. — *Polysiphonia cloiophylla* (AG.) J. AG., Spec., Vol. II, p. 935. — *Rhodomela cloiophylla* AG., Spec. Alg., Vol. I, p. 375.
Insel Neu-Amsterdam.

Bekannt vom Kap der guten Hoffnung, von der Insel St. Paul.

Polysiphonia GREV.

P. tenerrima KG., Phyc. gen., p. 417; Tab. Phyc., Vol. XIII, t. XXVIII; DE TONI, Syll., T. IV, p. 871. — *P. sertularioides* var. *tenerrima* HAUCK, Meeresalg., p. 220. — *P. codiicola* ZAN., KG., Tab. Phyc., Vol. XIV, t. LII.
Mahé, Sumatra.

Ich glaube, die vorliegende, kleine, zierliche epiphytische Polysiphonie ist ohne Zwang zu obiger Art zu ziehen. *P. codiicola* ZAN. dürfte auch hierher gehören, speziell Formen derselben, welche nach GRUNOW (Algen, Pidji-I., S. 26) im Roten Meer und im Persischen Meerbusen häufig vorkommen sollen.
Bekannt vom Mittelländischen Meer, Indischen Ocean.

P. abscissa HOOK. et HARV., Alg. antarct., No. 38, in Lond. Journ., Vol. IV, p. 266; KG., Tab. Phyc., Vol. XIII, t. LXX; DE TONI, Syll., T. IV, p. 879.
Kerguelen.

Steriles, kleines Fragment, dessen Bestimmung mir aber kaum zweifelhaft ist.
Bekannt vom Kap Horn, Neu-Seeland, Tasmanien, Kerguelen.

Herposiphonia NAEG.

H. prorepens (HARV.) SCHMITZ; FALKBG., Rhodomel., p. 316. — *Polysiphonia prorepens* HARV., Ner. austr., p. 50 (non *P. prorepens* J. AG., Spec. Alg., Vol. II, p. 917; KG., Tab. Phyc., Vol. XIV, t. XXXVI).

Sumatra, Dar-es-Salaam.

Ich bin geneigt, das kleine Fragment (mit Tetrasporen) von Sumatra für zu obiger Art gehörig zu halten, obgleich kein Originalexemplar derselben mir behufs Vergleichung vorgelegen hat. Bezüglich des sehr kleinen Fragmentes von Dar-es-Salaam bin ich dagegen sehr unsicher, es ist schwer mit der Pflanze von Sumatra in Einklang zu bringen und erinnert mehr an *H. tenella* oder *H. secunda.* SCHMITZ (in Mar. Flora D. Ost-Afrika) giebt allerdings *H. prorepens* für Dar-es-Salaam an.

Bekannt vom Kap der guten Hoffnung, von Dar-es-Salaam (von West-Australien?).

Lophosiphonia FALKBG.

L. obscura? (AG.) FALKBG., Rhodomel., p. 500; DE TONI, Syll., T. IV, p. 1069. — *Polysiphonia reptabunda* KG., Tab. Phyc., Vol. XIII, t. XXXIVb; *P. adunca* KG., l. c. Vol. XIII, t. XLa, b. — *Hutchinsia obscura* AG., Spec. Alg., Vol. I, p. 108.

Canarische Inseln.

Das Material war zu mangelhaft, um eine ganz sichere Bestimmung zu ermöglichen.
Bekannt vom Mittelländischen Meer, von Westindien.

Ceramiaceae.
Ballia HARV.

C. callitricha (AG.) MONT., in D'ORBIG., Dict. univ., t. II; KG., Tab. Phyc., Vol. XII, t. XXXVII; DE TONI, Syll. T. IV, p. 1393. — *Sphacelaria callitricha* AG., Syst., p. 106.

Kerguelen.

Bekannt von Australien, Tasmanien, Neu-Seeland, Kap Horn, Falklands-Inseln, Kerguelen.

Spyridia HARV.

S. filamentosa (WULF.) HARV., in HOOK., Brit. Flor., Vol. II, p. 336; KG., Tab. Phyc., Vol. XII, t. XLVIII; DE TONI, Syll., T. IV, p. 1427. — *Fucus filamentosus* WELF., Cryptog. aquat., p. 64.

Dar-es-Salaam.

Das Exemplar gleicht im Habitus der *S. crassa* und *S. divaricata* KG., Tab. Phyc., Vol. XII, t. XLIII resp. XLVII, welche beide Arten zweifellos zu *S. filamentosa* zu ziehen sind.
Bekannt aus fast allen wärmeren Meeren.

Plumariopsis DE TONI
Syll., T. IV, p. 1385.

P. Eatoni (DICK.) DE TONI, l. c. — *Ptilota Eatoni* DICK., in Journ. Linn. Soc. Bot., Vol. XV, p. 202.

Kerguelen (kleines, aber unzweifelhaftes Fragment!).

Nur von Kerguelen bekannt.

Antithamnion NAEG.

A. simile (HOOK. et HARV.) J. AG., Anal. alg., p. 20; DE TONI, Syll., T. IV, p. 1399. — *Callithamnion simile* HOOK. et HARV., in Lond. Journ. Botan., Vol. IV, p. 271; KG., Tab. Phyc., Vol. XI, t. LXXXII.

Kerguelen.

Bekannt von Südgeorgien, Kerguelen.

73*

Ceramium (ROTH) LGBY.

C. clavulatum AG., in KUNTH, Syn. pl. aequin., Vol. I, p. 2; DE TONI, Syll., T. IV, p. 1491. — *Centroceras clavulatum* MONT., Fl. Alg., p. 140; *Centroceras cryptacanthum* etc., Tab. Phyc., Vol. XIII, t. XVII—XX.

Canarische Inseln, Dar-es-Salaam, Sumatra.

Bekannt von allen wärmeren Meeren.

C. cinnabarinum (GRAT.) HAUCK, Meeresalg., S. 112; DE TONI, Syll., T. IV, p. 1493. — *Ceramium ordinatum* KG., Tab. Phyc., Vol. XIII, t. VII. — *Boryna cinnabarina* GRAT., Mscr.

Dar-es-Salaam, Sumatra.

Die Art wird oft mit *C. clavulatum* vereinigt, meines Erachtens sind beide auseinanderzuhalten. Bekannt vom Mittelländischen Meer (wohl weiter verbreitet?!).

C. repens HARV., Phyc. Austr. Syn., p. 48, No. 628; J. AG., Epicr., p. 92; DE TONI, Syll., T. IV, p. 1446.

Diego Garcia, Mahé.

Ich glaube, die vorliegende Alge mit der leider nur sehr kurz beschriebenen HARVEY'schen Art identifizieren zu können. Die fast mikroskopisch kleinen Pflänzchen wachsen epiphytisch auf anderen Algen, an denen sie sich mittelst wohlausgebildeter Haftscheiben befestigen. Dicke der Hauptäste 30—45 μ; Tetrasporen einseitig hervorbrechend.

Bekannt von Australien.

C. Kützingianum GRUN., Alg. Fidji-I., S. 31; DE TONI, Syll., T. IV, p. 1447. — *Gongroceras subtile* KG., Tab. Phyc., Vol. XIII, p. 1, t. II (non *Ceramium subtile* J. AG.).

var. *subverticillatum* GRUN., l. c.

Mahé.

Ich bin dieser fast mikroskopisch kleinen Alge schon häufig auf Algen aus dem wärmeren Stillen Ocean begegnet. Mit der vorigen Art hat sie große Aehnlichkeit, ist aber doch, wie ich glaube, nicht mit ihr zu identifizieren. Bei ungefähr gleichen Dimensionen unterscheidet sie sich von ihr durch stärkere, mehr geschwollene Rindengürtel und durch eine andere Anordnung der Tetrasporen (wenigstens was die var. betrifft). Auch fehlen ihr die sehr prägnanten Haftorgane jener; die Anheftung vollzieht sich durch einfache aus den Rindengürteln entspringende Haftfasern,' wie sie bei manchen *Ceramium*-Arten vorkommen.

Bekannt von Australien, Neu-Caledonien, Tonga-Inseln.

C. sp.?

Insel Neu-Amsterdam.

Steriles Fragment, welches einigermaßen an *C. isogonum* HARV. (Australien) erinnert.

C. sp.?

Dar-es-Salaam.

Steriles Fragment, welches an *C. strictum*, auch wohl an *C. gracillimum* erinnert. Besonders bemerkenswert scheint mir diese Pflanze durch das häufige Auftreten von sogenannten Blasenzellen in den Rindengürteln, wie solche bei *Antithamnion plumula* und *cruciatum* bekannt sind. Ueber diese Gebilde hat vor kurzem NESTLER in Wisschaftlichen Meeresuntersuchungen, Neue Folge, Bd. III: „Ueber die Blasenzellen bei *Ant. plumula* und *cruciatum*" nähere Untersuchungen veröffentlicht.

Derartige Blasenzellen sind meines Wissens bei einem *Ceramium* bisher noch nicht beobachtet.

Griffithsia AG.

G. Schimperi n. sp.

Diagnose: Sehr winzige, wenige Millimeter hohe, ineinander verworrene Pflänzchen; Hauptsprosse niederliegend wurzelnd, meist einfach (gelegentlich auch wohl aufrecht und dann schwach verzweigt), Aeste vertikal aufsteigend, häufig einfach, seltener mit Seitenästchen versehen; die obersten Glieder (1 bis höchstens 3) an den Scheiteln mit abfälligen Kränzen verzweigter, feiner Wimperhaare besetzt; Tetrasporen auf ziemlich derber Tragzelle in armen Wirteln, meist zu 4, am Scheitel der oberen Glieder der Aeste und Aestchen, ohne besondere Hülle.

Glieder der Hauptsprosse 70—80 μ dick, die der Aestchen meist bis auf 50—60 μ verdünnt, 2—6mal länger als der Durchmesser, im allgemeinen cylindrisch, an den Gelenken kaum eingeschnürt.

Mahé. No. 10. Epiphyt auf *Halimeda macroloba* (zuweilen auch in das Gewebe eindringend) zusammen mit *Ceramium repens, Laurencia perforata, Polysiphonia tenerrima*. Taf. LVIII [IV], Fig. 3, 4, 5.

Vollständige Pflänzchen unbeschädigt herauszupräparieren, hielt bei der Natur des Substrates sehr schwer.

Ausgezeichnet vor allen bekannten *Griffithsia*-Arten durch seine Winzigkeit; durch die hinfälligen Wimperkränze *G. thyrsigera* und *G. tenuis* nahestehend. Außer den reich entwickelten Tetrasporen fanden sich auch Cystocarpien und Antheridien vor, letztere ebenso angeordnet wie die Tetrasporen (Tragzellen in armen Wirteln), die Antheridienkomplexe gedrungen, wenig zerteilt; Cystocarpien, von Hüllästchen umgeben, endständig auf derben, keulenförmigen Tragzellen, die einzeln seitlich am Scheitel eines Gliedes der Aeste entspringen.

Rhizoide an den Hauptsprossen meist zahlreich, einzellig, kürzer oder länger, gewöhnlich in ein schildförmiges Haftorgan endend, häufig opponiert zu einem Ast oder auch wohl zu zwei nebeneinander entspringenden Aesten. Die wurzelnden Hauptsprosse sind im ganzen einfach, verzweigen sich aber auch wohl, wenn sie den Rand des Substrates erreichen und sich, da die Gelegenheit zum Wurzeln fehlt, aufrichten. Aeste und Aestchen entspringen meistens am Fuß, nicht am Scheitel der Mutterzelle, wie ASKENASY (Alg. Gazelle, S. 36), auch für *G. thyrsigera* angiebt.

Eine gewisse habituelle Aehnlichkeit könnte unsere Pflanze mit *G. radicans* KG., Tab. Phyc., Vol. XII, t. XXXIII (von Brasilien) aufweisen, deren Fruktifikation unbekannt ist. *G. radicans* scheint aber eine etwas kräftigere Pflanze zu sein, welcher die charakteristischen Wimperkränze fehlen.

Squamariaceae.
Peyssonnellia DCNE.

P. rubra ? (GREV.) J. AG., Spec. Alg., Vol. II, p. 503; DE TONI, Syll., T. IV, p. 1096. — *Zonaria rubra* GREV. in Linn., Transact., Vol. XV, No. 2, p. 340.

Mahé.

Der Struktur nach gehört meines Erachtens das vorliegende sterile Fragment zu obiger Art, deren Vorkommen in tropischen und subtropischen Meeren von J. AGARDH (Epic. p. 386) bestritten, von anderen dagegen behauptet wird. Ich lasse die Bestimmung zweifelhaft.

Bekannt vom Mittelländischen Meer (vom Indischen und Stillen Ocean?).

Carpopeltis SCHMITZ.

C. rigida (HARV.) SCHM., Mar. Florid. D. O.-Afrika, S, 168; DE TONI, Syll., T. IV, p. 1606. — *Cryptonemia rigida* HARV., Ceylon Alg. exs., No. 51.

Nicobaren.

Bekannt von Ceylon, Mauritius, Ostküste Afrikas.

Corallinaceae.

Corallina (TOURNEF.) LAMX.

C. muscoides KG., Tab. Phyc., Vol. VIII, p. 42, t. LXXXVI; DE TONI, Syll., T. IV, p. 1854.
Insel Neu-Amsterdam.

Bekannt von Senegambien, Insel St. Paul (sec. GRUN., Alg. Nov., S. 77).

C. rubens L., Syst. Nat., ed. XII, Vol. I, p. 1304; DE TONI, Syll., T. IV, p. 1836. — *Jania rubens* LAMX.;
KG., Tab. Phyc., Vol. VIII, t. LXXXIV, fig. 2—4.

. Dar-es-Salaam.

Bekannt aus fast allen Meeren.

C. pumila (LAMX.) KG., Tab. Phyc., Vol. VIII, p. 39, t. LXXXIII; DE TONI, Syll., T. IV, p. 1836. — *Jania
pumila* LAMX., Polyp. flex., p. 269, t. IX.

Dar-es-Salaam, Mahé.

Bekannt aus dem Roten Meer, vom Indischen und Stillen Ocean.

C. tenella (KG.) HEYDR., Beitr. Alg. O.-Asien, S. 301; DE TONI, Syll., T. IV, p. 1836. — *Jania tenella* KG., Tab.
Phyc., Vol. VIII, p. 41, t. LXXXV.

Dar-es-Salaam, Diego Garcia, Sumatra.

Bekannt aus wärmeren Meeren.

C. adhaerens (LAMX.) KG., Tab. Phyc., Vol. VIII, t. LXXXIII; DE TONI, Syll., T. IV, p. 1838. — *Jania adhaerens*
LAMX., Polyp. flex., p. 270.

Dar-es-Salaam.

Bekannt vom Roten Meer, aus Japan.

Ob die 2 vorstehenden Arten als gute und sichere zu betrachten sind, scheint mir sehr fraglich,
vielleicht stellen sie nur Formen von *C. rubens* dar!

C. pumila dagegen dürfte eine besser fundierte Art sein, soweit ich sie beurteilen kann, und
verschieden von *J. rubens*.

Melobesia LAMX.

M. farinosa LAMX., Polyp. flex., p. 315, t. XII, fig. 3; HAUCK, Meeresalg., fig. 107; DE TONI, Syll., T. IV, p. 1764.
Dar-es-Salaam, Mahé.

Das Exemplar von Dar-es-Salaam ist etwas unsicher.
Bekannt aus fast allen Meeren.

Lithothamnion PHIL.[1]).

L. simulans FOSL., Siboga Exp. Corall., p. 16, t. I, fig. 24, 25.
Mahé, Diego Garcia.

Bekannt von Niederländisch-Indien, vom Busen von Siam.

L. lichenoides (ELL. et GOL.) HEYDR., Melobes. (1897), S. 419, forma? *antarctica*; *Melobesia antarctica* HOOK. f. et
HARV., Ner. austr., p. 111; DE TONI, Syll., T. IV, p. 1752.

Kerguelen. (Auf *Ballia*.)

Die forma verbreitet im antarktischen Meere.

---

1) Die folgenden 3 Gattungen sind von Herrn M. FOSLIE bearbeitet.

Goniolithon FOSL.

G. myriocarpon FOSL., Siboga Exp. Corall., p. 45, t. IX, fig. 6, 7.
　Mahé, Diego Garcia.
　Bekannt vom Roten Meer, von Niederländisch-Indien.

G. Foslici (HEYDR.) POSL., Siboga Exp. Corall., p. 46, t. IX, fig. 1—5; DE TONI, Syll., T. IV, p. 1804. —
— *Lithothamnion Foslici* HEYDR. in Ber. tl. D. Bot. Ges., 1897, S. 58 partim.
　Mahé.
　Bekannt vom Indischen Ocean (Rotes Meer, Zanzibar, Maladiven und Laccadiven, Niederländisch-Indien).

Lithophyllum PHIL.

L. oncodes HEYDR., Lith. Mus. Paris, p. 533; FOSLIE, Siboga Exp. Corall., p. 57, t. XI, fig. 5—10; DE TONI, Syll., T. IV, p. 1787.
　Diego Garcia, Sumatra.
　Bekannt vom nördlichen Atlantischen, vom Indischen und Stillen Ocean.

L. Kaiserii HEYDR. in Ber. D. Bot. Ges., 1897, p. 412; FOSLIE, Lithoth. Laccad. Maldiv., p. 467, t. XXIV, fig. 5—7.
　Diego Garcia.
　Bekannt vom Indischen und Stillen Ocean.

L. affine POSL., On some Lithoth., p. 13; DE TONI, Syll., T. IV, p. 1779.
　Mahé.
　Bekannt vom Roten Meer.

L. Yendoi FOSL., Siboga Exp. Corall., p. 61, t. XI, fig. 1—4; DE TONI, Syll., T. IV, p. 1887. — *F. Mahëica* FOSL., Alg., Notis. II, p. 19.
　Mahé.
　Bekannt von Japan, Niederländisch-Indien, vom Busen von Siam, von den Carolinen-Inseln, die Form *mahëica* nur von Mahé.

Liste der Algen, geordnet nach den Fundorten.

1. Canarische Inseln.
Ulva lactuca (L.) WITTR.
Gelidium capillaceum (GMEL.) KG.
　" *cartilagineum* (L.) GAILL.
var. canariense GRUN.
Caulacanthus ustulatus (MERT.) KG.
Gelidiopsis intricata (KG.) VICK.
Ceramium clavulatum AG.
Lophosiphonia obscura? (AG.) FALKBG.

2. Kap der guten Hoffnung.
Gigartina Valdiviae n. sp.

3. Insel Bouvet.
Enteromorpha bulbosa (SUHR) KG.
Desmarestia chordalis HOOK. et HARV.
Callophyllis Hombroniana? (MONT.) KG.

4. Kerguelen-Insel.
Ulva lactuca (L.) WITTR.
Enteromorpha bulbosa (SUHR) KG.
Prasiola trisellata KG.
Cladophora pacifica (MONT.) KG.
　" *incompta* HOOK. fil. et HARV.
Durvillea utilis BORY.
Macrocystis pirifera (TURN.) AG.
Adenocystis Lessonii HOOK. fil. et HARV.
Desmarestia chordalis HOOK. et HARV.
Alethocladus corymbosus (DICK.) SAUV.
Ectocarpus geminatus HOOK. fil. et HARV.
Phyllitis fascia? (MUELL.) KG.
Chaetangium variolosum (MONT.) J. AG.
Callophyllis variegata KG.
Iridaea obovata KG.
Ahnfeldtia plicata (HUDS.) FRIES

Gigartina radula (ESP.) J. AG.
Rhodymenia palmata (L.) GREV.
Epymenia variolosa (HOOK. et HARV.) KG.
Heterosiphonia Berkeleyi MONT.
Polysiphonia abscissa HOOK. et HARV.
Plocamium coccineum (HUDS.) LGBY.
Delesseria Lyallii HOOK. et HARV.
    „   dichotoma HOOK. et HARV.
    „   quercifolia BORY
    „   Davisii HOOK. et HARV.
    „   pleurospora HARV.
    „   bipinnatifida MONT.
Nitophyllum Grayanum J. AG.
    „   multinerve HOOK. et HARV.
Ballia callitricha (AG.)
Plumariopsis Eatoni (DICK.) DE TONI
Antithamnion simile (HOOK. et HARV.) J. AG.
Lithothamnion lichenoides (ELL. et SOL.) HEYD. f.
    antarctica.

5. Insel St. Paul.

Gigartina livida (TURN.) J. AG.
    „   spinosa (KG.) J. AG.
Rhodophyllis spec.?

6. Insel Neu-Amsterdam.

Gelidium cartilagineum (L.) GAILL.
Rhodophyllis spec.
Grateloupia cornuculata (R. BR.) J. AG.
Plocamium Hookeri HARV.
    „   rigidum BORY
Chondria capensis (HARV.) J. AG.
Pterosiphonia clesophylla (AG.) FLKBG.
Ceramium spec.?
Corallina muscoides KG.

7. Sumatra (meistens Emmahafen).

Calothrix crustacea (SCHOUSB.) THUR.
Enteromorpha lingulata J. AG.
    „   plumosa KG.
    „   prolifera (MUELL.) J. AG.
Codium tomentosum (HUDS.) STACKH.
Halimeda opuntia (L.) LAMX.
Chaetomorpha indica KG.
Padina pavonica (L.) LAMX.
    „   Commersonii BORY
Dilophus sp.?
Turbinaria conoides KG.
    „   Murrayana BART.
    „   tricostata BART.
    var. Weberae BART.
Sargassum Binderi SOND.
    „   ilicifolium (TURN.) AG.
    „   microcystum J. AG.
    „   cristaefolium AG.
    „   heterocystum AG.
    „   granuliferum AG.
    „   polycystum AG.
Ralfsia verrucosa? (ARESCH.) J. AG.
Sphacelaria furcigera KG.
    „   tribuloides MENEGH.
Ectocarpus simpliciusculus AG.

Hypnea divaricata GREV.
    „   musciformis (WULF.) LAMX.
Gelidiopsis rigida (VAHL) WEB. v. BOSSE
Rhodymenia spec.?
Taenioma perpusillum J. AG.
Leuxilisa jungermannioides (MART. et HER.) HARV.
Polysiphonia tenerrima KG.
Herposiphonia prorepens (HARV.) SCHM.
Ceramium clavulatum AG.
    „   cinnabarinum (GRAT.) HAUCK
Corallina tenella (KG.) HEYDR.
Lithophyllum oncodes HEYDR.

8. Nicobaren-Inseln.

Carpopeltis rigida (HARV.) SCHM.

9. Insel Diego Garcia (Chagos-Archipel).

Enteromorpha lingulata J. AG.
Caulerpa cupressoides (VAHL.) WEB. v. B. var. mamillosa
Halimeda Tuna (ELL. et SOL.) LAMX.
    „   incrassata (ELL. et SOL.) LAMX.
Dictyosphaeria favulosa (MERT.?) DCNE.
Valonia utricularis (ROTH) AG.
Boodlea v. Bossei RBD.
Cladophoropsis zundanensis RBD.
Chaetomorpha aërea (DILLW.) KG.
Padina Commersonii BORY
Dictyota Bartayresiana LAMX.
Turbinaria trialata KG.
Sargassum subrepandum (FORSK.) KG.
Hydroclathrus cancellatus BORY
Gelidium crinale (TURN.) J. AG. et var. perpusillum
    PICC. et GRUN.
Hypnea hamulosa (TURN.) MONT.
    „   pannosa J. AG.
Gelidiopsis variabilis (GREV.) SCHM.
Champia compressa HARV.
Laurencia perforata MONT.
Ceramium repens HARV.
Corallina tenella (KG.) HEYDR.
Lithothamnion simulans FOSL.
Lithophyllum oncodes HEYDR.
    „   Kaiseri HEYDR.
Goniolithon myriocarpum FOSL.

10. Insel Mahé (Seychellen).

Nodularia Harveyana (THWAIT.) THUR.
Hydrocoleum Lyngbyaceum KG.
Lyngbya majuscula HARV.
    „   confervoides AG.
    „   fulva (AG.) GOM.
Oscillatoria Corallinae (KG.) GOM.
Enteromorpha lingulata J. AG.
Caulerpa Freycinetii AG.
Halimeda opuntia (L.) LAMX.
Avrainvillea comosa (BAIL. et HARV.) MURR. et BOODL.
Cladophora pectinella? GRUN.
Padina pavonia (L.) LAMX.
Turbinaria conoides KG.
    „   trialata KG.
Sargassum microcystum J. AG.
    „   polycystum AG.
    f. crinita h. f.

Cutleria spec.?
Sphacelaria furcigera Kü.
Ectocarpus simpliciusculus Ag.
Goniotrichum elegans (CHAUV.) LE JOL.
Chantransia microscopica Naeg.
Gelidium pusillum (STACK.) LE JOL.
   var. conchicola Picc. et Grun.
Gelidiopsis variabilis (GREV.) SCHM.
Corallopsis concrescens n. sp.
Laurencia perforata Mont.
Tolypiocladia glomerulata (Ag.) SCHM.
Polysiphonia tenerrima Kü.
Ceramium repens Harv.
Ceramium Kützingianum Grun.
Griffithsia Schimperi n. sp.
Prionnellia rubra? (GREV.) J. Ag.
Corallina pumila (LAMX.) Kü.
Melobesia farinosa LAMX.
Lithothamnion simulans Fosl.
Goniolithon Fosliei (HEYDR.) Fosl.
   „ myriocarpum Fosl.
Lithophyllum affine Fosl.
   „ Yendoi Fosl.
   f. Mahéica.

11. Dar-es-Salaam.
Calothrix aeruginea (Kü.) Thur.
Hormothamnion enteromorphoides Grun.
Symploca hydnoides Kü.
Lyngbya majuscula Harv.
   „ aestuarii (JÜRG.) LIEBM.
   „ confervoides Ag.
Oscillatoria Bonnemaisonii? Crn.
Ulva lactuca (L.) WITTR.
Enteromorpha compressa (L.) GREV.
   „ lingulata J. Ag.
Halimeda macroloba Dcne.
   „ cuneata Hering

Valonia Forbesii Harv.
Chaetomorpha indica Kü.
   „ aerea (DILLW.) Kü.
Cladophora mauritiana Kü. et var. ungulata Brand
   „ utriculosa Kü. f.
   „ arbuscula n. sp.
Haliseris polypodioides (DESF.) Ag.
Padina pavonia (L.) LAMX.
   „ Commersonii Bory
Gymnosorus variegatus (LAMX.) J. Ag.
Sargassum subrepandum (FORSK.) J. Ag.
Cystophyllum trinode (FORSK.) J. Ag.
Sphacelaria furcigera Kü.
Goniotrichum elegans (CHAUV.) LE JOL.
Hypnea Valentiae (TURN.) Mont.
   „ hamulosa (TURN.) Mont.
Gelidiopsis rigida (VAHL) WEB. v. B.
Corallopsis concrescens n. sp.
Laurencia perforata Mont.
   „ papillosa (FORSK.) GREV.
Herposiphonia prorepens (HARV.) SCHM.
Spyridia filamentosa (WULF.) Harv.
Ceramium clavulatum Ag.
   „ cinnabarinum (GRAT.) HAUCK
   „ spec.?
Corallina rubens L.
   „ pumila (LAMX.) Kü.
   „ tenella (Kü.) Heydr.
   „ adhaerens (LAMX.) Kü.
Melobesia farinosa LAMX.

12. Rotes Meer.
Enteromorpha torta (MERT.) Rbd.
Sargassum Boveanum J. Ag.
   „ dentifolium (TURN.) Ag.
   „ tenue J. Ag.
Cystoseira myrica (GMEL.) J. Ag.

Die Algenvegetation des Indischen Oceans.

Von vornherein darf man auf eine reiche Algenvegetation im Indischen Ocean rechnen. Nicht nur weist das einschließende Festland eine sehr ansehnliche Küstenentwickelung auf, sondern der Ocean schließt auch eine beträchtliche Zahl von größeren und kleineren Inseln, von Korallenriffen etc. in sich. Ueberdies sind die Küsten größtenteils für die Algenvegetation günstig, weit mehr z. B. als im Verhältnis im südlichen und mittleren Teil des Atlantischen Oceans, wo auf großen Strecken an der Ostküste Südamerikas und der Westküste Afrikas die Beschaffenheit des Strandes den Algenwuchs nicht nur nicht begünstigt, sondern oft geradezu ausschließt.

Eine allgemeine Uebersicht über die Flora des Indischen Oceans (allerdings nur bezüglich des zwischen den Wendekreisen belegenen Teiles) finden wir zuerst in v. MARTENS, Tange, Ostasiat. Exp. 1866. Seitdem ist nun zwar unsere Kenntnis in der betreffenden Frage ganz beträchtlich gewachsen, aber durchaus nicht in gleichmäßiger Weise für alle Teile des Meeresgebietes. Mancher Abschnitt kann, relativ gesprochen, als recht gut, gut, mancher als nur ziem-

33

lich gut oder nur mäßig erforscht bezeichnet werden, von einzelnen Teilen wissen wir dagegen nach wie vor wenig oder fast gar nichts. Versucht man die verschiedenen Teile des Oceans nach dem Grade ihrer mehr oder weniger guten Durchforschung von großen und allgemeinen Gesichtspunkten aus zu ordnen, so stehen obenan als am besten bekannt: das Rote Meer, die Küsten des Kaplandes, Ceylon und einzelne Teile von Niederländisch-Indien, wenn man für letzteres schon jetzt die Ergebnisse der „Siboga"-Expedition in Rechnung zieht, von welchen zur Zeit nur vorläufige Mitteilungen vorliegen. Es folgen dann: Deutsch-Ostafrika (und Sansibar), die Inseln Réunion und Mauritius und — im südlichen kälteren Teil des Oceans — die Insel Kerguelen und auch wohl die Insel St. Paul. Als ungenügender, mäßig bekannt sind die Insel Madagascar zu nennen, die Andamanen, Nicobaren, Lakkadiven und Maladiven, die Seychellen, der Tschagos-Archipel und der Busen von Siam, hier überall scheint eine noch genauere Durchforschung besonders dringend wünschenswert. Schließlich sind wenig oder gar nicht bekannt: die Küste Mozambique, die Delagoa-Bai (und die Küste nördlich und südlich derselben), Teile von Vorder- und Hinterindien, sowie von Arabien (Persischer Golf); außerdem fehlt über manche kleine Insel jegliche Kenntnis [1]).

Ueberblickt man die eben gegebene Einschätzung und Anordnung, so dürfte jedesfalls so viel daraus hervorgehen, so subjektiv und unsicher jene auch sein mögen, daß noch eine ganz beträchtliche Arbeit zu leisten ist, geraume Zeit vergehen wird, ehe die zahlreichen Lücken ausgefüllt sind, bis wir über die Algenvegetation des Indischen Oceans eine relativ genaue und gleichmäßige Kenntnis erlangt haben werden, eine solche etwa z. B., wie wir sie heute vom Mittelländischen Meere, von den Küsten Englands und Frankreichs besitzen; von einer absolut vollständigen Kenntnis der Flora ist allerdings auch hier nicht zu sprechen, wie das ja in den besonderen und so sehr schwierigen Verhältnissen für eine restlose Durchforschung eines jeden größeren Meeresabschnittes begründet liegt.

Wie schon in der Einleitung erwähnt, füllt die vorstehende Liste zwei bis dahin bestandene Lücken in unserer Kenntnis der Algenvegetation des Indischen Oceans aus; die Seychellen

---

1) Es dürfte hier vielleicht am Platze und von Interesse sein, das Wichtigste aus der Litteratur über die Algenvegetation des Indischen Oceans, vor allem die zusammenfassenden Uebersichten bezüglich einzelner Meeresabschnitte, zusammengestellt zu sehen. Die Darbietung eines erschöpfenden Litteraturverzeichnisses liegt, als über den Rahmen dieser Arbeit hinausgehend, nicht in meiner Absicht.
Indischer Ocean innerhalb der Wendekreise: V. MARTENS, Tange, Ostasiat. Exp., 1866.
Rotes Meer: ZANARDINI, Plantar. in mari Rub. hucusque collect. enumeratio, 1859. — PICCONE, Manip. di alghe del mar Rosso, 1889. — MONTAGNE, Pugill. alg. Yemnes.
Kap der guten Hoffnung: BARTON, Prov. List of the mar. alg. of the Cape of g. H., 1893, 1896. — HARVEY, Nereis australis. — ARESCHOUG, Phyceae capenses.
Niederländisch-Indien: V. WILDEMANN, Prodr. de la flore algol. des Ind. Néerl., 1897. — WEBER VAN BOSSE, Etud. sur les alg. de l'arch. Malais.
Ceylon: HARVEY, List of Ceylon algae. — FERGUSON, Ceylon algae (Exs.), MURRAY, Catal. of Ceylon alg. 1887. — SVEDELIUS, Algenveg., Ceylon, 1906.
Deutsch-Ostafrika (auch Sansibar): ENGLER, Pflanzenw. von Deutsch-Ostafrika. — SONDER, Algae Roscherianae. — HAUCK, Ueber einige von HILDEBRAND im Roten Meer und Indischen Ocean gesammelte Algen (in Hedwigia).
Mauritius: HARVEY, Algae Telfairiae. — DICKIE, On the algae of Mauritius (leg. PIKE).
Réunion: MONTAGNE et MILLARDET, Alg. de l'Ile de Réunion.
Madagascar: BORNET, Algues de Madagascar (leg. THIÉBAULT). — HAUCK, l. c. (auch Comoren-Inseln).
Siam: REINBOLD, Marine algae, in SCHMIDT, Flora of Koh Chang.
Lakkadiven und Maladiven: BARTON, List of marin. alg. coll. by GARDNER.
Nicobaren: GRUNOW, Algen „Novara"-Exp.
St. Paul: ASKENASY, Algen „Gazelle"-Exp. — GRUNOW, Algen „Novara"-Exp.
Kerguelen: DICKIE, Not. on algae found at Kerg. Isl. (leg. EATON)/[u. verschiedene kleinere Abhandlungen]. — ASKENASY, Algen „Gazelle"-Exp.

und der Tschagos-Archipel gehören nicht mehr zu den bisher fast ganz unbekannten Punkten, dank dem von den Inseln Mahé und Diego Garcia herbeigebrachten Algenmaterial.

Will man ein genaueres Bild über die Verbreitung der Algen in einem Ocean, über den etwaigen Zusammenhang einzelner besonderer Florengebiete untereinander oder mit denen benachbarter Meere zu gewinnen suchen, so ist es unerläßlich, in erster Linie die Meeresströmungen ins Auge zu fassen, denn sie bilden den wesentlichsten Faktor für die Verbreitung der Algen. Es sind nicht nur die durch Luftblasen schwimmfähigen größeren Pflanzen allein, die durch die Strömungen weite Reisen im Meere zu machen im stande sind, sondern auf ihnen auch oft zahlreiche kleine Epiphyten und anhaftende Sporen.

Betrachten wir in großen Umrissen die Strömungen im Indischen Ocean, so ist als die bedeutendste und wichtigste der südlich vom Aequator von Osten nach Westen laufende Aequatorialstrom zu bezeichnen. Beim Auftreffen auf die Nordspitze von Madagascar teilt er sich in den Agulhas- und Mascarenenstrom, welch letzterer direkt nach Süden ausbiegt, während ersterer um die Nordspitze Madagascars herumgeht und, einen kleinen Zweig nach Norden entsendend, an der Küste Afrikas entlang nach Süden strömt. Dieser warme Agulhasstrom stößt südöstlich vom Kap (auf ca. 40° S. Br.) auf kalte antarktische Ströme, infolgedessen er nach Osten umbiegt, wo der Mascarenenstrom auf seinem Wege nach Süden mit ihm zusammentrifft. Beide vereint, südlich von kalten Strömungen begleitet, nehmen ihren Lauf auf Cap Leuwin in Westaustralien zu. Hier biegt ein Teil des Stromes nach Norden aus und kehrt, auf diese Weise den Ring schließend, in den großen Aequatorialstrom zurück.

Gerade unter dem Aequator oberhalb des Aequatorialstromes läuft ein schwächerer Gegenstrom von Westen nach Osten. Durch die Richtungen und den Verlauf dieser eben skizzierten Strömungen ist angezeigt, daß die Algenfloren des Malayischen Archipels und von Westaustralien mit der Flora der Mascarenen und von Madagascar sowie mit derjenigen der Ostküste Afrikas (soweit sie der Agulhasstrom berührt) in Verbindung treten oder doch zum mindesten treten können. Weiter steht der Indische Ocean mit seinem Nachbar, dem Stillen Ocean, wo ebenfalls der große Aequatorialstrom von Osten nach Westen läuft, mehr oder weniger in direkter Verbindung, beide gehen in gewissem Sinne ineinander über. Anders liegt die Sache hinsichtlich des benachbarten Atlantischen Oceans. Einerseits hindert die feste Barrière des Festlandes von Afrika direkt ein weiteres Vordringen des Aequatorialstromes, andererseits lassen im Süden vom Kapland die kalten Strömungen den Agulhasstrom nicht in den Atlantischen Ocean gelangen. Eine Vermischung der Floren dieses und des Indischen Oceans scheint somit ausgeschlossen.

Bei diesen Betrachtungen ist lediglich mit den zur Zeit bestehenden Verhältnissen gerechnet; es muß dahingestellt bleiben, und die verschiedenen aufgestellten Hypothesen seien hier unerörtert, ob in historischen Zeiten die in Frage kommenden Verhältnisse nicht wesentlich anders gelegen, ob die Temperaturen der Meere, die Strömungen und die Richtungen letzterer dieselben waren wie heute etc. Mancherlei Anzeichen sprechen dafür, daß in früheren Zeiten die großen Oceane in anderer Weise in Zusammenhang gestanden haben als jetzt.

35

Erörtern wir nun des näheren die Frage nach dem Charakter der Flora des Indischen Oceans, nach der Möglichkeit, bestimmte Florengebiete abzugrenzen, die Verwandtschaft derselben untereinander oder mit denen benachbarter Oceane dem Grade nach festzulegen, so stellen sich dem besondere Schwierigkeiten, die sich übrigens bei der Betrachtung fast jeden Meeresgebietes ergeben, entgegen, wenn wir ganz von der augenblicklichen Lückenhaftigkeit an sich unserer Kenntnisse der Algenvegetation absehen. Diese besonderen allgemeinen Schwierigkeiten mögen im folgenden kurz angedeutet werden! Zuerst ist es an sich schon sehr mühsam, die Algen, die aus einem Ocean oder aus einem bestimmten Teil desselben zur Zeit konstatiert sind, in absoluter Vollständigkeit zusammenzutragen, da die betreffenden Angaben in der Litteratur zum Teil außerordentlich verstreut sind; manche Quellen sind zuweilen nur schwer zugänglich, ja unter Umständen fast unzugänglich. Ist es nun aber auch gelungen, die vorhandenen Daten möglichst vollständig zu vereinigen, so erheben sich oft berechtigte Zweifel, ob die angegebenen Pflanzen auch thatsächlich richtig bestimmt sind. Gerade im Gebiete der Algen stößt man ja verhältnismäßig recht häufig auf falsche Bestimmungen; selbst sehr zuverlässige und geübte Algologen sind erfahrungsmäßig vor offenbaren Irrtümern nicht ganz sicher, ganz abgesehen davon, daß über diese oder jene Pflanze die individuellen Meinungen zuweilen sehr verschieden sind. Zudem hat sich in neuerer Zeit immer mehr gezeigt — auf diesen Punkt haben J. AGARDH und SCHMITZ besonders aufmerksam gemacht — daß manche Algen, die man früher als mehr oder weniger kosmopolitisch ansah, bei genauerer kritischer Untersuchung sich an den räumlich voneinander entfernten Standorten oft als doch verschieden voneinander, als selbständige Arten herausstellten, ja daß sie in einzelnen Fällen sogar verschiedenen Gattungen angehörten. Natürlich soll damit keineswegs geleugnet werden, daß es Arten giebt, die in allen oder doch in fast allen Meeren vorkommen, als Kosmopoliten zu bezeichnen sind, nur ist deren Zahl jetzt gegen früher erheblich eingeschränkt. Ein weiterer Uebelstand liegt darin, daß die einzelnen Teile eines Oceans in ungleichmäßiger Weise, selten aber methodisch, durchforscht sind. Der eine Sammler hat nur in flachem Wasser das mit der Hand erreichbare oder an das Ufer geworfene Material zusammengebracht, ein anderer hat dagegen auch in größeren Tiefen gedredgt, ein Verfahren, welches unerläßlich ist, um eine Algenvegetation genau und gründlich kennen zu lernen, in den Tropen aber ganz besonders, wie neuerdings A. WEBER VAN BOSSE betont (Etud. alg. arch. Malais, p. 139), da hier viele rote Algen den Schatten der Tiefe aufsuchen. Diese Ungleichmäßigkeit im Sammeln geht nach einer anderen Richtung hin so weit, daß einzelne Sammler mit Vorliebe bestimmte Gruppen von Algen bevorzugen, andere dagegen vernachlässigen. So stößt man in manchen Listen von Kollektionen auf ein auffallendes Manko in grünen und blaugrünen Algen, die ja häufig als mehr oder weniger unscheinbar und auch wohl schwer unterscheidbar dem Laien wenig interessant erscheinen. In vielen Fällen ist aber mit ziemlicher Sicherheit zu vermuten, daß solches Manko an dem betreffenden Orte gar nicht existierte.

Es liegt auf der Hand, daß infolge von solch unvollständiger und ungleichmäßiger Durchforschung für einen Ocean und einzelne Teile desselben die so gewonnenen Zahlen der Gattungen und Arten eine wenig sichere Unterlage für die Schaffung eines zutreffenden Bildes von der thatsächlichen Zusammensetzung einer Flora (resp. für ihre Vergleichung mit anderen Floren) gewähren, daß sie nur einen bedingten und auch nur einen augenblicklichen Wert haben, da die Zahlen von heute auf morgen sich beträchtlich ändern können. Nehme man für den

Indischen Ocean einmal an, daß z. B. die Flora von Madagascar unerwartet eine solche genaue Durchforschung erführe, wie wir sie etwa von der Insel Guadeloupe besitzen, oder daß die Küste Mozambique uns derartig bekannt würde, wie etwa die Küsten Großbritanniens, so würde vermutlich die Zahl der Gattungen und besonders der Arten für den Indischen Ocean derart sich ändern und vermehren, daß das bisher gewonnene Bild der Flora sich vielleicht nicht unwesentlich anders gestalten würde. Bei der Lückenhaftigkeit unserer Kenntnisse sind wir nun ja allerdings vorläufig gezwungen, mit diesen mehr oder weniger unsicheren Grundlagen zu operieren, jedoch müssen wir uns hüten, schon jetzt absolut bestimmte und für alle Zeiten gültige Schlüsse daraus ziehen zu wollen.

Wenn wir nun fragen: bildet der Indische Ocean ein einheitliches charakteristisches Florengebiet? so möchte das meines Erachtens jedenfalls wohl allgemein zu verneinen sein, so verschieden auch im ganzen die Ansichten über die Aufstellung und Abgrenzung von Floren-gebieten sonst sein mögen. Die Flora des südlichen kälteren Teiles des Oceans ist von der des wärmeren nördlichen evident verschieden, sie ist wohl dem antarktischen Florengebiet (Kap Horn und die Inseln in den kälteren südlichen Teilen aller 3 Oceane), welches als gut charakterisiert erscheint, zuzurechnen. Die Flora des Kaplandes ist bisher meistens als einheitliches besonderes Florengebiet betrachtet worden. Es dürfte aber doch wohl jetzt ziemlich unzweifelhaft sein, daß man hier zwei verschiedene Teile unterscheiden muß, zwischen denen etwa das Cap Agulhas die Grenze bildet, westlich davon eine Flora, die, unter dem Einfluß kalter antarktischer Strömungen stehend, gewisse Anklänge an das antarktische Florengebiet aufweist, östlich davon eine Flora, die, unter der Herrschaft des warmen Agulhasstromes befindlich, einige Aehnlichkeiten mit der Flora von West-Australien zeigt, wenigstens was die Florideen anbelangt. Ob nun dieser Flora des östlichen Kaplandes (Natalküste), welche mit der des westlichen sich wohl nur wenig oder gar nicht vermischt, ein besonderer Charakter zuerkannt werden, ob man sie als geschlossenes Florengebiet auffassen kann, muß zur Zeit bis zu noch genauerer Durchforschung, besonders auch der weiter nördlich gelegenen Küstenstriche, dahingestellt bleiben. Schmitz (Florid. D. Ost-Afrika, in Engl. Bot. Jahrb, 1895) scheint es für wahrscheinlich zu halten; seine Ansicht basiert wesentlich auf den interessanten Algenfunden, die der verdienstvolle Sammler Dr. H. Becker-Grahamstown an der Kowiemündung nahe Port Alfred gemacht hat, wovon das Material ihm vorgelegen.

Die Flora des tropischen Teiles des Indischen Oceans scheint ziemlich gleichförmigen Charakters zu sein, besonders im Westen und Norden, im Osten zeigt sich vielleicht dadurch eine kleine Abweichung, daß hier gelegentliche Einmischungen von Algen von West- und Nord-Australien und dem benachbarten Stillen Ocean eintreten dürften. Ob nun diese Flora des tropischen Indischen Oceans als selbständiges Florengebiet anzusehen, das ist mir sehr zweifel-haft; ich möchte fast glauben, daß demnächst nach genauerer Durchforschung der tropischen Teile der 3 großen Oceane deren Floren als mehr oder weniger zusammengehörend sich er-weisen werden. Schon jetzt sind für die Flora der Tropen gewisse charakteristische gemein-same Kennzeichen festgestellt, die hauptsächlich in dem Ueberwiegen gewisser Algenfamilien und Gattungen resp. dem Fehlen anderer liegen. Meine Annahme wird dadurch gestützt, daß ja der tropische Indische und Stille Ocean mehr oder weniger direkt heutzutage in Verbindung stehen, und daß andererseits die Vermutung nicht von der Hand zu weisen ist, daß in früheren historischen

37

Zeiten auch eine Vermischung der Floren des Indischen und Atlantischen Oceans stattgefunden habe.

Eine vergleichende Zusammenstellung der Floren des tropischen Indischen und Stillen
Oceans hat v. MARTENS l. c. gegeben, welche jetzt nach Verlauf von 40 Jahren nicht mehr maß-
gebend sein kann. In neuerer Zeit hat sich MURRAY der dankenswerten Aufgabe unterzogen,
verschiedene Floren miteinander zu vergleichen. Im Anhange zu Catalogue of marine algae of
the W. India region, 1889, findet sich eine Vergleichung der Flora von Westindien mit derjenigen der 3 großen Oceane und in Phycol. Memoirs, Vol. II, 1893, giebt MURRAY „A comparison
of the marine flora of the warm Atlantic, Indian Ocean and the cape of G. H.". Auf die
MURRAY'schen Arbeiten zum Teil Bezug nehmend, veröffentlicht soeben SVEDELIUS eine kleine
Schrift: „Om likheten mellan Väst Ind samt Ind. och Still. Oc. mar. veget." (Botan. Notiser, 1906)[1].
Die von MURRAY gegebenen Zahlen haben sich natürlich im Laufe der Zeit nicht unwesentlich verändert, es dürften daher auch die daraus gezogenen Berechnungen etc. jetzt nicht
mehr genau stimmen. Im übrigen auf die eben angeführten interessanten Schriften verweisend,
will ich hier nur aus MURRAY's „Comparison" einige Zahlen citieren, die direkten Bezug auf eine
der vorliegenden Fragen haben. Für den wärmeren Atlantischen und den Indischen Ocean sind
gemeinsam: 103 gen., 173 spec. bei einem Total von 162 gen., 859 spec. in jenem Meeresteil
und 139 resp. 514 im Indischen Ocean. Die Vergleichsziffern, die MURRAY für letzteren und
das Kap giebt, dürften nach meiner Auffassung insofern nicht völlig das Richtige treffen, als
er die Kapflora als eine einheitliche ansieht, während, wie ich oben näher erörterte, die Zerlegung derselben in zwei gesondert zu betrachtende Teile geboten erscheinen dürfte.

Eine Vergleichung des tropischen Indischen und Stillen Oceans würde besonders interessant sein, ist aber zur Zeit wohl sehr unsicher, da letztgenannter Meeresteil noch große Lücken
bezüglich seiner Durchforschung zeigt, und die vorhandenen Daten schwierig zusammenzutragen sind.

Wenn nun in den vorstehenden Betrachtungen so vielfach „Lücken, Unsicherheiten" betont
werden, so sei zum Schluß bemerkt, daß der Indische Ocean nicht etwa besonders ungünstig
dasteht im Vergleich zu den anderen Oceanen. Auch für diese stoßen wir im großen ganzen
auf ziemlich große Schwierigkeiten! Im Atlantischen Ocean sind zwar die Küsten Europas und
Nordamerikas, das Mittelländische Meer, Westindien, Kap Horn gut, zum Teil sehr gut bekannt,
bezüglich einzelner Abschnitte im mittleren und südlichen Teil des Oceans sind unsere Kenntnisse aber noch sehr lückenhaft. Aehnlich liegen die Verhältnisse im Stillen Ocean; die Floren
von Südost-Australien, Neu-Seeland, Japan, Kalifornien sind als sehr gut durchforscht zu bezeichnen, aber andererseits giebt es auch hier, zieht man die Größe des Oceans in Betracht,
Abschnitte, besonders in den Tropen, wo eine genauere Kenntnis uns in empfindlicher Weise
mangelt. Es bleibt eben für alle Meere der Erde noch sehr viel zu thun übrig, ehe wir uns ein allgemeines, relativ genaues Bild über den Charakter der verschiedenen Algenfloren, ihre sichere
Abgrenzung gegeneinander und ihre gegenseitige Verwandtschaft machen können!

---

[1] Obgleich für unser Thema direkt nicht in Frage kommend, sei der Vollständigkeit wegen erwähnt: MURRAY and BARTON,
A comparison of the alcfic and antarctic mar. flor. (Phyc. Mem, Vol. III).

Tafel LV.
(Tafel I.)

Tafel LV.

(Tafel I.)

Halimeda opuntia (L.) Lamx. Form in der Mitte stehend zwischen f. *typica* und f. *cordata*.
Nat. Gr.

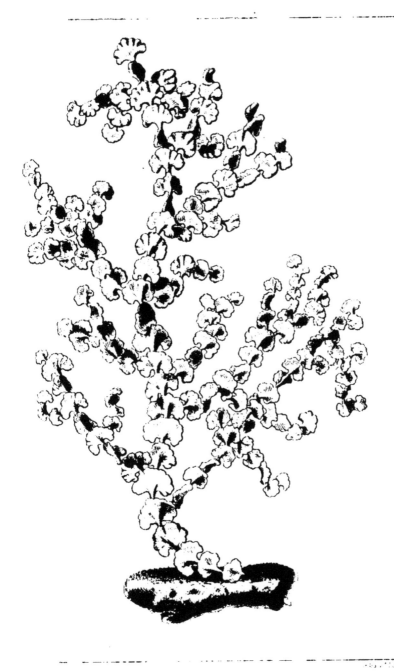

Tafel LVI.
(Tafel II.)

Tafel LVI.

(Tafel II.)

Fig. 1. *Halimeda macroloba* Dcne. Nat. Gr.

„ 2. *Sargassum polycystum* f. *crinita* n. f. Ein Aestchen. Nat. Gr.

„ 3. Dieselbe Pflanze. Fragment. Stärker vergrößert.

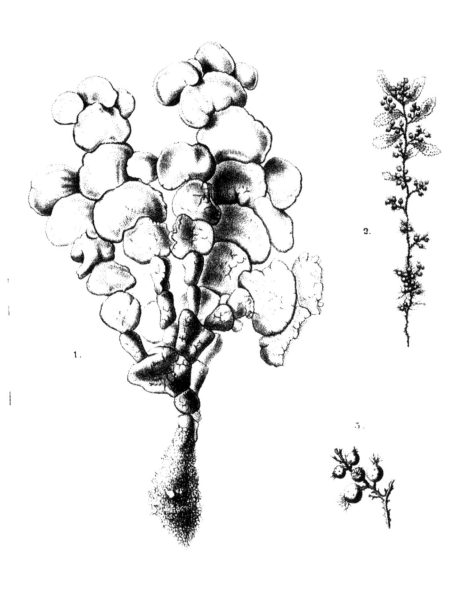

1. *Halimeda macroloba* Decne. - 2, 3 *Sargassum polycystum* f. *crinita* n f.

TAF II.

Tafel LVII.

(Tafel III.)

Tafel LVII.

(Tafel III.)

Fig. 1. *Gigartina? Valdiviae* n. sp. Ein Büschel von Pflänzchen, von denen einige fortge-
schnitten, mit nicht sehr zahlreichen Aussprossungen und Fiedern. Nat. Gr.

„ 2. Dieselbe Pflanze. Fragment (Spitze) mit sehr zahlreichen Aussprossungen und Fiedern.
Nat. Gr.

„ 3. *Corallopsis concrescens* n. sp. Nat. Gr.

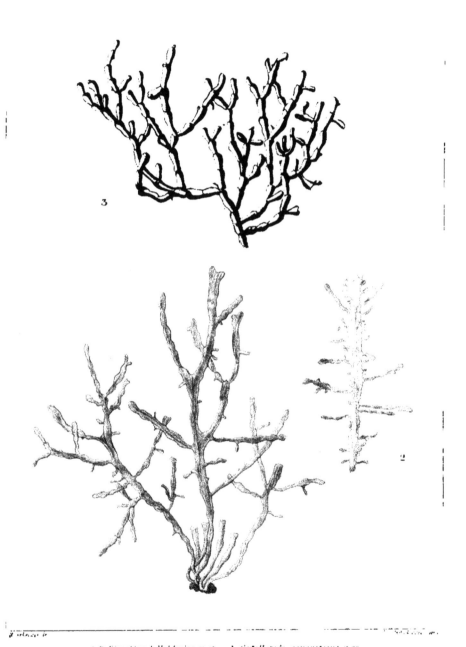

1, 2. *Gigartina ? Valdiviae* n. sp.   3. *Corallopsis concrescens* n. sp.

TAF. III.

Tafel LVIII.

(Tafel IV.)

Tafel LVIII.

(Tafel IV.)

Fig. 1. *Cladophora arbuscula* MÖB. u. REINB. n. sp. Eine Pflanze auf einem tierischen Gebilde haftend. Vergr. 1 : 9. (Einige Aeste und Aestchen sind nicht ausgeführt, um das Bild klarer zu machen.)

„ 2. Dieselbe Pflanze. Ein Ast. Vergr. 1 : 43.

„ 3. *Griffithsia Schimperi* n. sp. Fragment eines Pflänzchens. Vergr. 1 : 40.

„ 4. Dieselbe Pflanze. Fragment mit Tetrasporen. Vergr. 1 : 125.

„ 5. Dieselbe Pflanze. Spitze eines Aestchens, Antheridien-Komplexe und den Kranz der Wimperhaare zeigend. Vergr. 1 : 125.

Lightning Source UK Ltd.
Milton Keynes UK
UKHW022222140219
337291UK00006B/351/P